H. Rahmann/M. Rahmann · Das Gedächtnis

Hinrich Rahmann und Mathilde Rahmann

Das Gedächtnis
Neurobiologische Grundlagen

mit 193 Abbildungen und 14 Tabellen

Springer-Verlag Berlin Heidelberg GmbH

Professor Dr. rer. nat. H. Rahmann
Dr. rer. nat. M. Rahmann
Institut für Zoologie
der Universität Stuttgart-Hohenheim
Garbenstr. 30
7000 Stuttgart 70

ISBN 978-3-8070-0368-9   ISBN 978-3-642-54183-4 (eBook)
DOI 10.1007/978-3-642-54183-4

CIP-Titelaufnahme der Deutschen Bibliothek:

Rahmann, Hinrich:
Das Gedächtnis : neurobiolog. Grundlagen / Hinrich Rahmann
u. Mathilde Rahmann. – München : Bergmann ; New York ;
Berlin ; Heidelberg : Springer, 1988

NE: Rahmann, Mathilde:

© Springer-Verlag Berlin Heidelberg 1988
Ursprünglich erschienen bei J. F. Bergmann Verlag, München 1988

Inhaltsverzeichnis

Vorwort

Kaum ein anderes Gebiet der Biowissenschaften hat in den letzten Jahrzehnten einen so beachtlichen Zuwachs an Erkenntnissen erfahren wie die Neurobiologie, deren zentrales Anliegen die Aufklärung des Gedächtnisses in der ganzen Fülle der Einzelaspekte ist. Die Erforschung des Gedächtnisses als der Fähigkeit, individuell gesammelte Erfahrungen wieder abrufbar zu speichern, rückt in immer stärkerem Maß in das Zentrum des allgemeinen Interesses unserer Gesellschaft. Zwar verfügen auch Tiere über erstaunliche Gedächtnisleistungen, doch hat das Gedächtnis speziell für uns Menschen eine überragende Bedeutung, weil auf ihm die für die menschliche Kultur grundlegenden Phänomene der Traditionsbildung beruhen. Denn erst die Tradition gewährleistet über die bloße Weitergabe von erblich festgelegten Eigenschaften der Organismen hinaus eine kontinuierliche Verbindung von Generation zu Generation zwischen Vergangenheit und Zukunft, wobei überkommenes Gedankengut in Form von Wissen, Sitten und Gebräuchen mittels unterschiedlichster Informationsträger (z.B. Wort, Schrift, Bild, elektronische Datenträger) weitergegeben wird.

Ziel dieses Buches ist, über die bisher von den verschiedensten Disziplinen der Neurobiologie erarbeiteten Grundlagen der Gedächtnisforschung in einem überschaubaren Umfang zu informieren; es wendet sich vor allem an Studierende der Medizin, Zoologie, Biologie, Psychologie und Psychiatrie sowie entsprechend Interessierte. Aufbauend auf dem Abitur oder vergleichbarem biologischen Wissen setzt das Buch keine spezifischen Kenntnisse voraus, vielmehr wird sich darum bemüht, neu eingeführte wissenschaftliche Begriffe − soweit sie für das Verständnis wichtig sind − jeweils zunächst zu erläutern.

Um die Aufklärung des Phänomens Gedächtnis bemüht sich die Menschheit seit alters her. Mit den heute zur Verfügung stehenden wissenschaftlichen Möglichkeiten ist dieses Ziel näher gerückt. Es zu erreichen, wird jedoch nur mit Hilfe interdisziplinärer Forschung möglich sein. Daher haben die Verfasser versucht, den derzeitigen Stand der Gedächtnisforschung aus den Blickwinkeln der verschiedensten Forschungsdisziplinen der Neurobiologie zu betrachten. Ausgehend von den Erkenntnissen der vergleichenden Anatomie, Histologie und Cytologie sowie den wichtigsten Grundlagen der Neurophysiologie, Neurochemie sowie auch der Verhaltensforschung werden einige derzeit häufiger diskutierte Gedächtnishypothesen referiert. Davon ausgehend sowie vor allem auf eigenen Forschungsaktivitäten während der letzten 25 Jahre basierend wird das Funktionsmodell einer Gedächtnisbildung durch molekulare Bahnung in den Synapsen erläutert. Dieses Modell berücksichtigt zum einen neuere Erkenntnisse über eine außerordentlich ausgeprägte funktionsmorphologische Plastizität der Nervenendigungen (Synapsen) sowie zum anderen auch über eine hohe Anpassungsfähigkeit von wichtigen Stoffwechselvorgängen der Synapse, vor allem von bestimmten Glykolipiden, den Gangliosiden.

Die Verfasser sind einigen Mitarbeitern am Zoologischen Institut der Universität Stuttgart-Hohenheim, darunter vor allem Frau Dipl.-Biol. D. Freihöfer, Frau Dr. E. Zimmermann sowie den Herren Dipl.-Biol. H. Beitinger, Priv.-Doz. Dr. R. Hilbig, Dr. K.-H. Körtje, Priv.-Doz. Dr. W. Probst und cand. rer. nat. E. Ficker für ihre Mithilfe bei der Vorbereitung einzelner Teile des Manuskripts zu Dank verpflichtet. Herrn Graphiker H. Poeschel, Frau E. Herrmann sowie Frau Th. Predel gebührt besonderer Dank für die sorgfältige Anfertigung der Zeichnungen bzw. die aufwendigen Fotoarbeiten. Diesbezüglich sind wir auch Herrn Prof. Dr. H. Rösner, Dr. H. Streble, Herrn Dipl.-Biol. V. Seybold so-

wie Herrn Dr. B. Hedwig (Göttingen) für
die Anfertigung von Mikrofotos sehr verbunden. Dank gebührt auch dem Bergmann Verlag (München), speziell dessen
Verleger, Herrn Prof. Dr. H. J. Clemens,
für die gute Zusammenarbeit während der
Herausgabe des Buches.

Stuttgart, im Juni 1988   *Hinrich Rahmann*
Mathilde Rahmann

1. Zelluläre Grundlagen des Gedächtnisses

Zweifelsfrei stellt das Nervensystem höher entwickelter Tiere, speziell das der Wirbeltiere, die komplexeste Organisationsstufe der lebenden Materie dar. Hinsichtlich seines zellulären Aufbaus ist es im wesentlichen aus nur zwei verschiedenen Zelltypen, den Nervenzellen oder Neuronen (WALDEYER, 1891) sowie den Gliazellen (Neuroglia) zusammengesetzt. Auf die **Neuronen** entfallen dabei die spezifischen Sonderleistungen des Nervengewebes, nämlich die Aufnahme, Verarbeitung und Weiterleitung von Informationen von Zelle zu Zelle und vor allem die Informationsspeicherung und damit die Deponierung von Gedächtnisinhalten. Die Funktionen der **Neuroglia** sind demgegenüber nicht so eindeutig zu beschreiben: Einerseits isolieren, schützen und stützen die Gliazellen die Nervenzellen vor äußeren mechanischen Einflüssen, andererseits kommen der Neuroglia metabolische Aufgaben zu, eventuell im Sinne einer Stoffwechselsymbiose mit den Nervenzellen. Gewisse erregungsleitende Eigenschaften der Neuroglia und auch unterstützende und fördernde Aufgaben bei der Neuronendifferenzierung sind nicht auszuschließen.

An nichtneuronalen bzw. -glialen Bauelementen des Nervensystems sind noch die Blutgefäße zu erwähnen, die zweifellos eine wichtige Rolle bei der Erfüllung der Gesamtfunktion dieses Organsystems spielen, sowie die Hirnhäute, die als Bindegewebsderivate das ganze System umhüllen.

1.1 Nervenzellen (Neuronen)

1.1.1 Neuronentheorie

Die erregungsleitende Elementareinheit aller Nervensysteme sowohl der Wirbellosen als auch der Wirbeltiere ist die Nervenzelle, das Neuron, einschließlich der Fortsätze, den Nervenfasern. Trotz der großen Unterschiede im äußeren Erscheinungsbild der einzelnen Neuronentypen ist das Funktionsprinzip überall im wesentlichen das gleiche. Dadurch unterscheiden sich die Nervenzellen von allen übrigen Zellen. Wegen dieser Einzigartigkeit und auch im Hinblick auf die Erforschung des Phänomens der Informationsspeicherung im Nervensystem ist es notwendig, sich zunächst einmal mit dem Bau und der Funktion der einzelnen Elemente des zentralen Nervensystems zu befassen (Abb. 1.1).

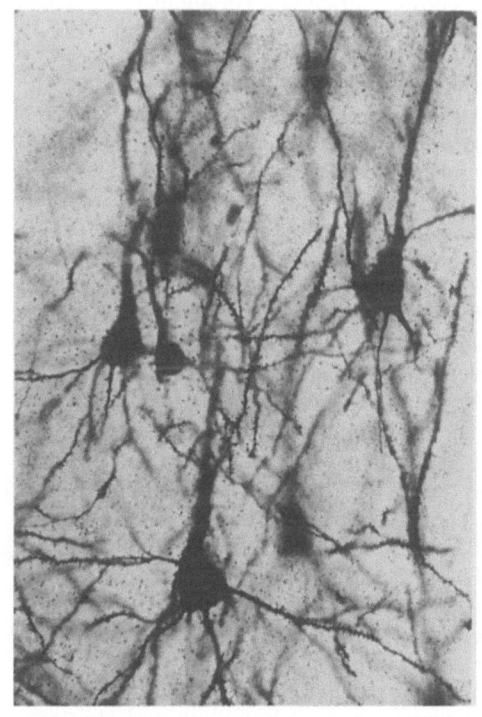

Abb. 1.1. Pyramidenzellen aus dem Großhirn eines Kalbes

Die Nervenzellen stellen extrem polar gebaute Zellsysteme dar, bei denen von einem nur etwa 40–60 μm großen Zellkörper (= Perikaryon, Soma) Fortsätze, die Nervenfasern, von z.T. außerordentlicher Länge (1 m und mehr) abgehen können. Dadurch stellten sich früher der genauen morphologischen Beschreibung große Schwierigkeiten entgegen. Bei der Feinheit der Nervenfasern und besonders der Endigungen war es lange Zeit allein aufgrund lichtmikroskopischer Untersuchungen (LM; maximale Vergrößerung mit modernsten Geräten etwa 1000fach) nicht möglich zu entscheiden, ob die einzelnen Nervenzellen im Bereich ihrer Faserendigungen im Sinne einer Vernetzung ohne Zellgrenzen als Neurencytium ineinander übergehen oder ob jede Zelle in sich geschlossen nur in besonders enger Nähe zur Nachbarzelle steht. Es wurden beide Ansichten vertreten. Um die Jahrhundertwende verfochten die Neuroanatomen HELD, NISSL, BAUER und STÖHR die „Neurencytium- oder Kontinuitätstheorie", dagegen standen die Vertreter der „Kontiguitäts- oder Berührungstheorie" mit den Anatomen WILHELM HIS (1887) in Leipzig, AUGUST FOREL (1888) in Zürich und vor allem WILHELM WALDEYER (1891) in Berlin. WALDEYER sowie SANTIAGO RAMON Y CAJAL (1888) in Barcelona wandten die bis dahin aufgrund der Arbeiten des Botanikers MATTHIAS SCHLEIDEN (1838) und des Zoologen THEODOR SCHWANN (1839) aufgestellte „Zell-Theorie", wonach jede Zelle in sich geschlossen ist, auf die Nervenzelle an und entwickelten die sogenannte „Neuronentheorie" (= Neuronendoktrin). Hiernach sind alle Nervenfasern Ausläufer der Nervenzellen (= Ganglienzellen, Neurone oder Neuren), die sich unabhängig voneinander aus Nervenbildungszellen (Neuroblasten) in speziellen Bildungszentren des Nervensystems (Matrixzonen) gebildet haben.

Um 1950 konnten vor allem E. DE ROBERTIS, S. PALAY und G. PALADE mit Hilfe der Elektronenmikroskopie (EM), welche Vergrößerungen bis zu 100 000fach erlaubt, zeigen, daß die Nervenzellen im Bereich ihrer Faserendbereiche nicht ineinander übergehen, sondern daß sie sich dort in Synapsen, morphologisch und physiolo-

gisch speziell eingerichteten Nervenfaserendformationen, lediglich berühren. Auch elektrophysiologisch wurde inzwischen eindeutig geklärt, daß die Nervenzellen gegeneinander abgegrenzt sind und durch Synapsen miteinander in Verbindung stehen, in denen nach einem· speziellen Modus die Übertragung von Impulsen von Zelle zu Zelle erfolgt.

Die wichtigste Erkenntnis der Neuronentheorie ist somit, daß ein Neuron als Elementareinheit des Nervensystems sowohl eine ontogenetische (entwicklungsgeschichtliche) als auch morphologische und physiologische, d.h. trophische und funktionelle Einheit darstellt, die für die Aufnahme, Verarbeitung, Weiterleitung und vor allem die Speicherung von Informationen in einem Organismus verantwortlich ist.

1.1.2 Äußere Aspekte der Nervenzelle

Die Nervenzellen, speziell der Wirbeltiere, sind sehr verschiedenartig gestaltet. Dies ist vor allem auf die stark variierende Größe des Zellkörpers (Perikaryon) sowie die unterschiedliche Anzahl und Anordnung der faserartigen Zellfortsätze zurückzuführen. Letztere lassen sich in zwei Kategorien unterteilen: 1. in die Dendriten, bäumchenartige Verzweigungen, meist in Vielzahl, mit der Aufgabe, der Zelle Erregungen zuzuführen; 2. in die Neuriten (= Axone), von denen von jeder Zelle nur einer ausgeht, mit der Aufgabe, Erregungen von der Zelle fortzuleiten. Der Neurit verzweigt sich erst in seinem weiteren Verlauf und gibt zum Teil Kollateralen (Seitenzweige) ab, die ebenso wie der Hauptast an anderen Neuronen oder auch Zellen von Erfolgsorganen z.B. Muskel-, Drüsen- oder Sinneszellen, in Form von synaptischen Endbäumchen (= Telodendrien) enden (Abb. 1.2).

Unterscheiden lassen sich Dendriten von den Neuriten dadurch, daß in ihrer kegelförmigen Basis (Ursprungskegel), aus der die Nervenfasern entspringen, bei den Dendriten Ribonucleoproteide, die sogenannten „Nissl- oder Tigroidschollen", wie im übrigen Zellsoma vorkommen; im Ursprungskegel des Neuriten dagegen fehlen diese Substanzen.

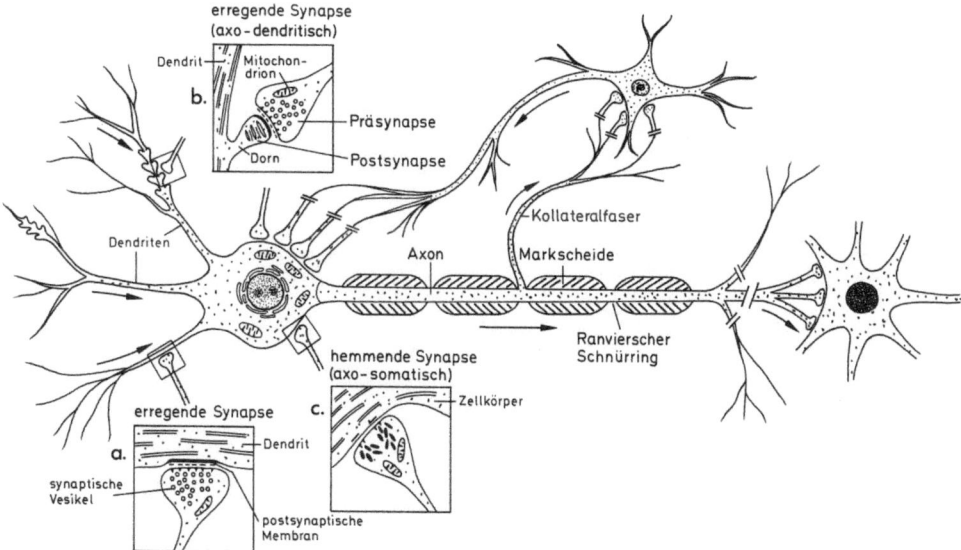

Abb. 1.2. Schema einer multipolaren Ganglienzelle mit axodendritischen (**a, b**) und axosomatischen Synapsen (**c**)

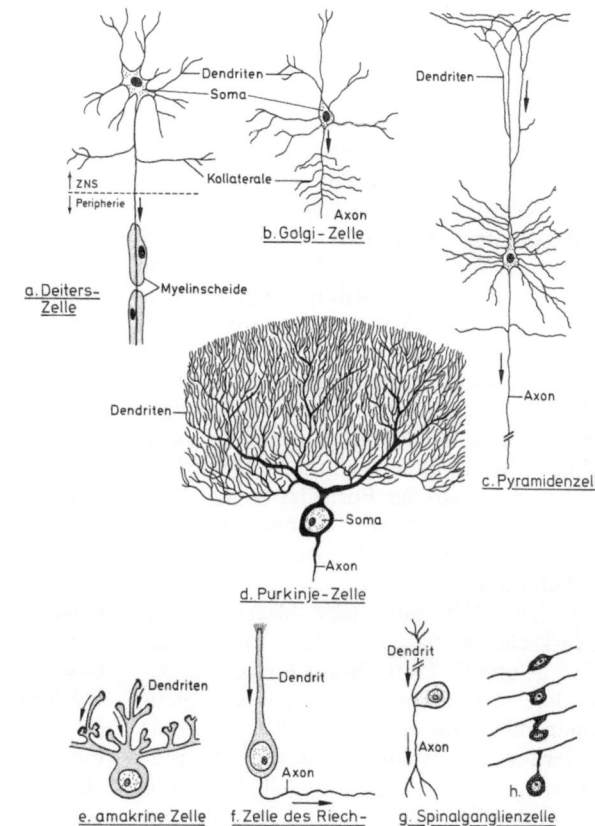

Abb. 1.3. Schema unterschiedlicher Nervenzelltypen
a: Deiters-Typus
b: Golgi-Typus
c: Pyramidenzelle aus dem Neocortex
d: Purkinje-Zelle aus dem Cerebellum
e: axonlose Zelle (amakrine Zelle aus der Retina)
f: bipolare Zelle aus dem Riechepithel
g: Umwandlung einer bipolaren in eine pseudounipolare Nervenzelle (Spinalganglienzelle, **h**)

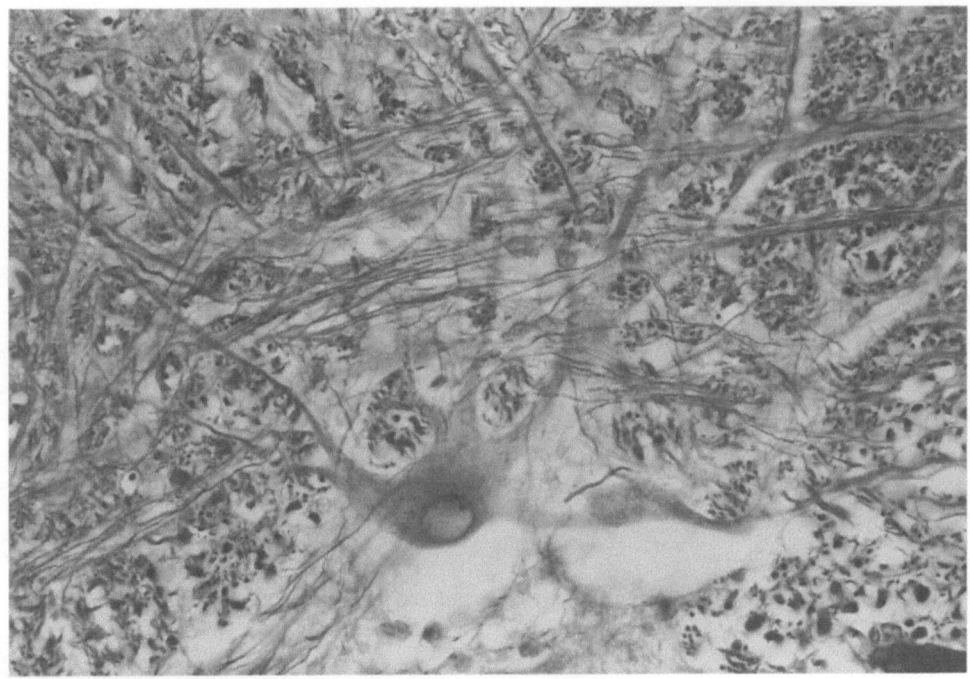

Abb. 1.4. Mauthner-Neuron aus dem ZNS eines Fisches

Die Nervenzellen lassen sich entsprechend ihrer Ausstattung mit oder ohne Dendriten in dendritische und adendritische Neurone unterscheiden. Unter den **dendritischen Neuronen** dominieren im Zentralnervensystem (ZNS) die multipolaren, mit vielen Dendriten ausgestatteten Ganglienzellen. Als markanteste Zellen dieses Typs gelten die nach ihrem Entdecker, dem Bonner Anatomen OTTO DEITERS (1865) benannten **Deiters'schen Zellen** aus dem Rückenmark der Säugetiere (Abb. 1.3). Sie haben zahlreiche Dendriten („protoplasmatische Fortsätze" nach Deiters) und ein einziges, besonders langes Axon (= Achsenzylinder nach Deiters) mit Kollateralen. Das Axon wird nach Austritt aus dem ZNS mit einer Myelinscheide (Markscheide, vgl. Kap. 1.2.4) umgeben. 1885 gelang C. GOLGI aus Pavia eine besondere färberische Darstellung von Neuronen mit Hilfe einer Kalium-Bichromat-Fixierung und anschließender Silberimprägnierung (Abb. 1.5). Die nach ihm benannten **Golgi-Neurone** (Abb. 1.3a) besitzen nur einen kurzen Neuriten, der sich unmittelbar am Nervenzellkörper (Perikaryon) in zahlreiche Kollateralen aufzweigt, die das ZNS verlassen. **Mauthner-Neurone** (Abb. 1.4) kommen bei Fischen und Amphibienlarven im Nachhirn vor; sie sind ebenfalls multipolar gebaut. Dem starken Axon lagern sich zahlreiche Dendriten anderer Zellen an. Die sogenannten **„Pyramidenzellen"** (Abb. 1.3c) aus der Großhirnrinde der Säuger besitzen einen apikalen Hauptfortsatz des Zellkörpers, der in zahlreiche Dendriten aufzweigt; weitere Dendriten entspringen dem Pyramidenmantel. Das Axon der Pyramidenzelle hat seinen Ursprung an der Basis der Zelle (Abb. 1.3c und 1.1), es kann eine außerordentliche Länge erreichen: einen Meter und mehr. Es verläßt den Cortex des Vorderhirns (Großhirnrinde) und tritt über die sogenannte **Pyramidenbahn** in das Rückenmark ein, verläuft im Rückenmark bis in die im Lendenmark (Lumbalmark) gelegenen Vorderhornzellen. Die nach ihrem Entdecker, dem tschechoslowakischen Anatom J. PURKINJE (1836) benannten **Purkinje-Zellen** im Kleinhirn (Cerebellum) sind bipolar ge-

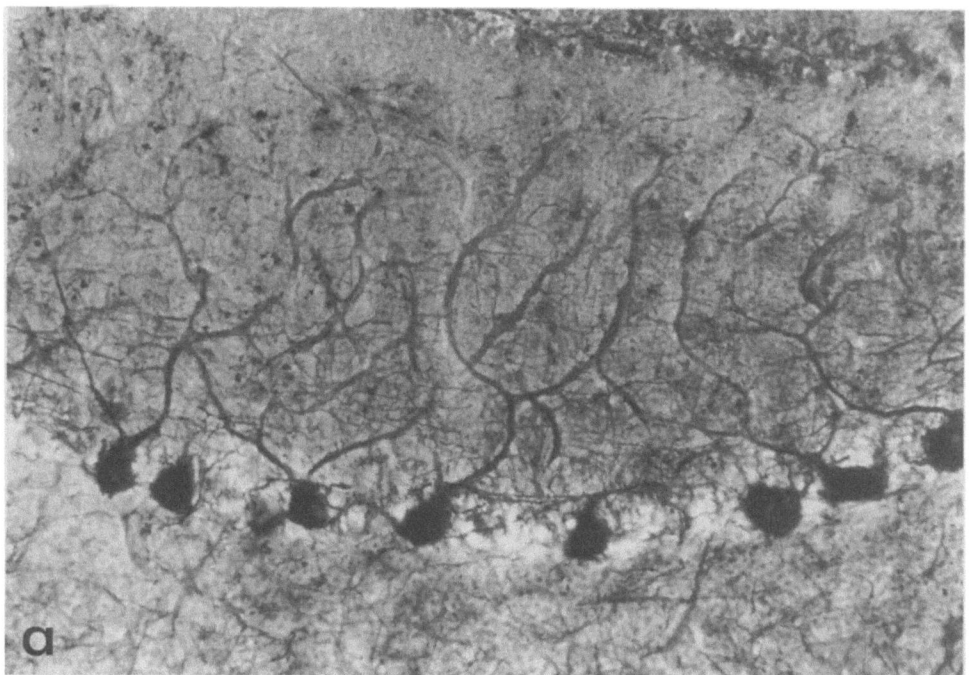

Abb. 1.5. Purkinje-Zelle aus dem Cerebellum des Meerschweinchens. **a:** Übersicht, **b:** Einzelzelle

baute dendritische Neurone: An ihrem spit-
zenwärtigen (apikalen) Pol entspringt ein
spalierobstartig verzweigter Riesendendrit,
an der Basis hingegen der Neurit (Abb. 1.3d
und 1.5a und b).

Axonlose Neurone mit nur einem ver-
zweigten Fortsatz finden sich u.a. in Form
der **amakrinen Zellen** in der Retina (Abb.
1.3e). Die **Spinalganglienzellen** (Abb.
1.3g), die **Epibranchialganglien** und viele
Neurone des vegetativen NS enthalten zwei
Fortsätze. Sie lassen sich entwicklungsgeschichtlich aus bipolaren, primären Sinneszellen mit kurzem Apikalfortsatz und einem
langen Neuriten ableiten (Abb. 1.3f). Bei
der Verlagerung dieser zunächst außen gelegenen Zellen in das Körperinnere entsteht ein Neuron mit zwei gegenüberliegenden Fortsätzen. Diese Art von Nervenzellen kann sich von einem bipolaren Bauplan
in einen pseudounipolaren umwandeln
(Abb. 1.3h).

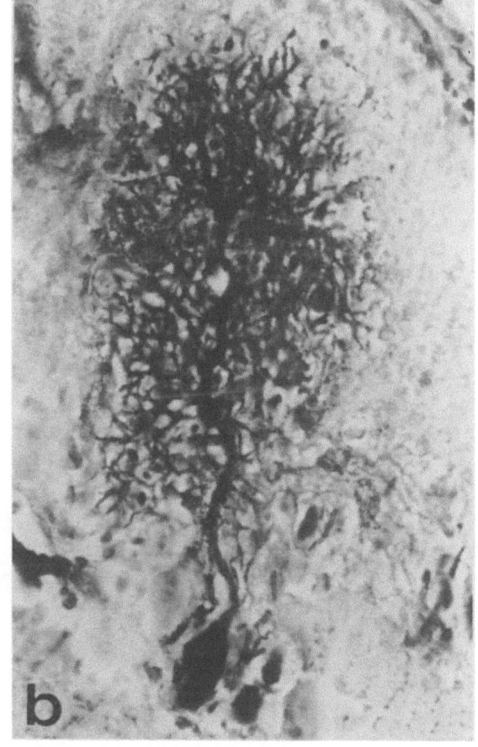

1.1.3 Feinbau der Nervenzelle

Trotz der Vielfalt der Grundbaupläne von
Nervenzellen erweist sich deren Feinbau als
recht einheitlich. Im folgenden sei zunächst
die Feinorganisation des Zellkörpers einschließlich der davon abgehenden Fasern
betrachtet. Gesondert werden anschließend − wegen ihrer funktionellen Eigen-
tümlichkeiten − die Nervenfaserendformationen mit ihren Verbindungsstellen zu anderen Zellen, den *Synapsen*, besprochen.

1.1.3.1 Nervenzellmembran (Neurilemm)

Die Nervenzelle einschließlich ihrer Fasern
wird − wie jede andere Körperzelle auch −
von einer 7,5 nm (= 75 Å) dicken Plasmamembran umgeben. Elektronenoptisch
stellt sie sich als dreischichtige Struktur dar,
aus zwei elektronendichten und einer elek-
tronendurchlässigen Schicht. Nach der gegenwärtigen Auffassung handelt es sich bei
der Neuroplasmamembran um eine Anordnung von gegensätzlich orientierten Lipiden als Grundlage sowie ganz oder teilweise
eingelagerten (intrinsischen bzw. extrinsi-
schen) Proteinen, die mehr oder weniger
miteinander verbunden sein können.

Lipid- und Proteinanteile befinden sich
entsprechend dem **„Fluid-Mosaik-Mem-
branmodell"** in weitgehend flüssigem (flui-
dem) Zustand (vgl. Abb. 7.5). Seitliche (la-

terale) Bewegungen der Lipide und auch
der Proteine innerhalb der Membran sorgen für ständige Substanzverschiebungen
und -umlagerungen. Diese vollziehen sich
im Wechselspiel mit der Zusammensetzung
des darunter befindlichen Neuroplasmas.
Letztlich ist dadurch bedingt, daß die verschiedenen, die Membran zusammenset-
zenden Verbindungen in derselben nicht
gleichförmig verteilt sind, sondern ein Muster von **„Mikrodomänen"** unterschiedlicher Substanzen bilden. Dieses Muster der
Membranzusammensetzung ist in den verschiedenen Bereichen der Nervenzelle (Perikaryon, Dendrit, Axon, Synapse) unterschiedlich. Hierdurch werden sicherlich die
z.T. beträchtlichen funktionellen Besonderheiten des Membrangeschehens einer
Nervenzelle mitbedingt.

Einzelheiten über den molekularen Aufbau der neuronalen Membran und deren
funktionelle Beteiligung an der Erregungsleitung und -übertragung werden in Kap.
7.1.1 referiert.

1.1.3.2 Nervenzellkörper (Soma, Perikaryon)

Im **Neuroplasma** des Nervenzellkörpers
(Perikaryon) finden sich alle lebenswichti-
gen Cytoplasmabestandteile einer Nervenzelle (Abb. 1.6): Zellkern (Nucleus), Golgi-
Apparat, glattes und rauhes endoplasmati-

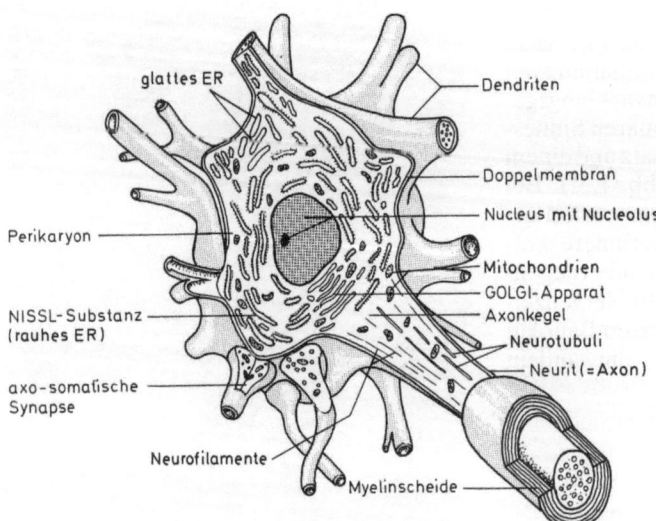

glattes ER · Dendriten · Doppelmembran · Nucleus mit Nucleolus · Perikaryon · Mitochondrien · GOLGI-Apparat · NISSL-Substanz (rauhes ER) · Axonkegel · Neurotubuli · Neurit (= Axon) · axo-somatische Synapse · Neurofilamente · Myelinscheide

Abb. 1.6. Übersichts-
schema zur ultrastrukturellen Organisation einer Nervenzelle

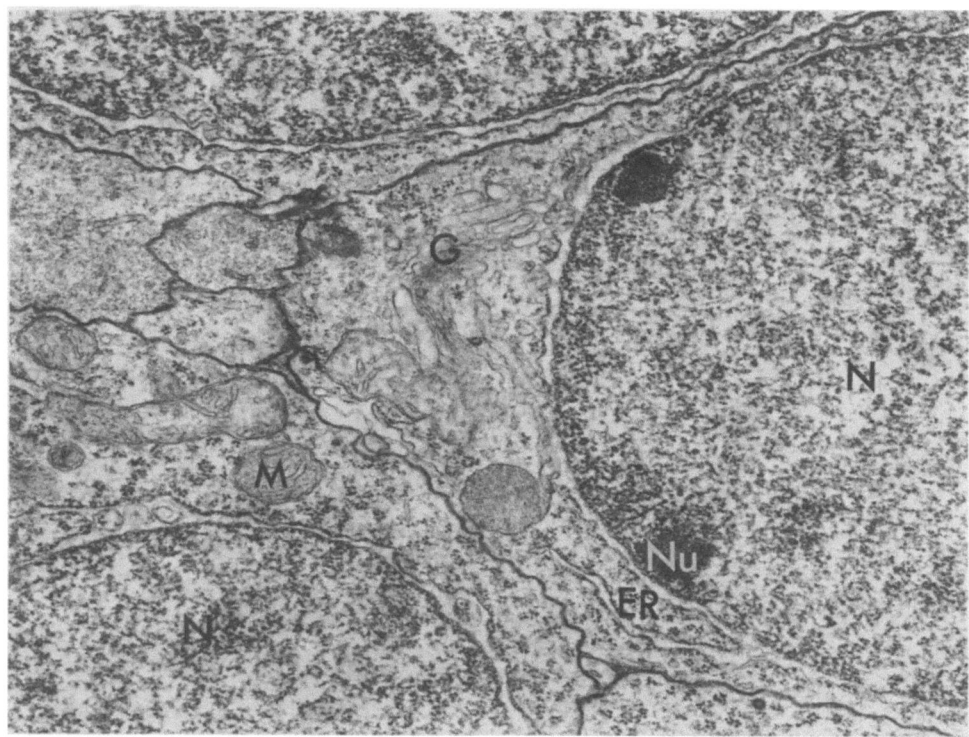

Abb. 1.7. Elektronenmikroskopische Aufnahme von drei aneinander grenzenden Nervenzellkörpern aus dem Tectum opticum eines Buntbarsches. N: Nucleus, M: Mitochondrium, G: Golgi-Apparat, ER: rauhes endoplasmatisches Reticulum, Nu: Nucleolus

sches Reticulum (ER), Ribosomen, Mitochondrien, Lysosomen, Neurotubuli und Neurofilamente. **Centriolen** jedoch fehlen; sie erübrigen sich wegen des Verlustes der mitotischen Teilungsfähigkeit der Neurone in der Postnatalphase. Dadurch ist gewährleistet, daß die wichtigsten Grundstoffwechselvorgänge nur zentral im Nervenzellkörper ablaufen. Schädigungen, die den Zellkörper des Neurons betreffen, führen daher zur Zerstörung der Nervenzelle, Schädigungen der Nervenfasern können dagegen reversible Ausfälle bedingen, da in ihnen mangels des rauhen ER keine eigenständige Proteinsynthese abläuft.

Der **Zellkern (Nucleus)** fällt aufgrund seines lockeren, elektronendichteren Materials (DNA-haltiges **Chromatin** sowie **Nucleolus** innerhalb der Karyolymphe) im Perikaryon besonders auf (Abb. 1.7). Die Größe des Zellkerns schwankt bei den verschiedenen Neuronentypen beträchtlich (3 bis etwa 10 μm Durchmesser); sie ist abhän-

gig vom jeweiligen Funktionszustand der Zelle, unterliegt also nicht einer strengen Kern-Plasma-Relation. Für die Purkinje-Zellen des Kleinhirns (Cerebellum) sowie die Pyramidenzellen der Ammonshornregion des Großhirns (Hippocampus) wurden doppelte DNA-Gehalte im Zellkern gegenüber den normalen Neuronen- und auch Gliazellkernen gemessen. Hierbei ist die Frage noch unbeantwortet, ob es sich um einen 4fachen (tetraploiden) Chromosomensatz oder um Riesenchromosomen (Polytänchromosomen) handelt. Für einzelne Neurone wurden sogar mehrere Zellkerne pro Zelle beschrieben.

Das locker innerhalb des Zellkerns angeordnete Euchromatin und Heterochromatin stammt von den **Chromosomen**, die aus **Desoxyribonucleinsäure (DNA)** und Proteinen bestehen und die genetische Basis für die Steuerung der Stoffwechselfunktionen (Zelldifferenzierung und Synthese von Proteinen sowie anderen Zellbausteinen)

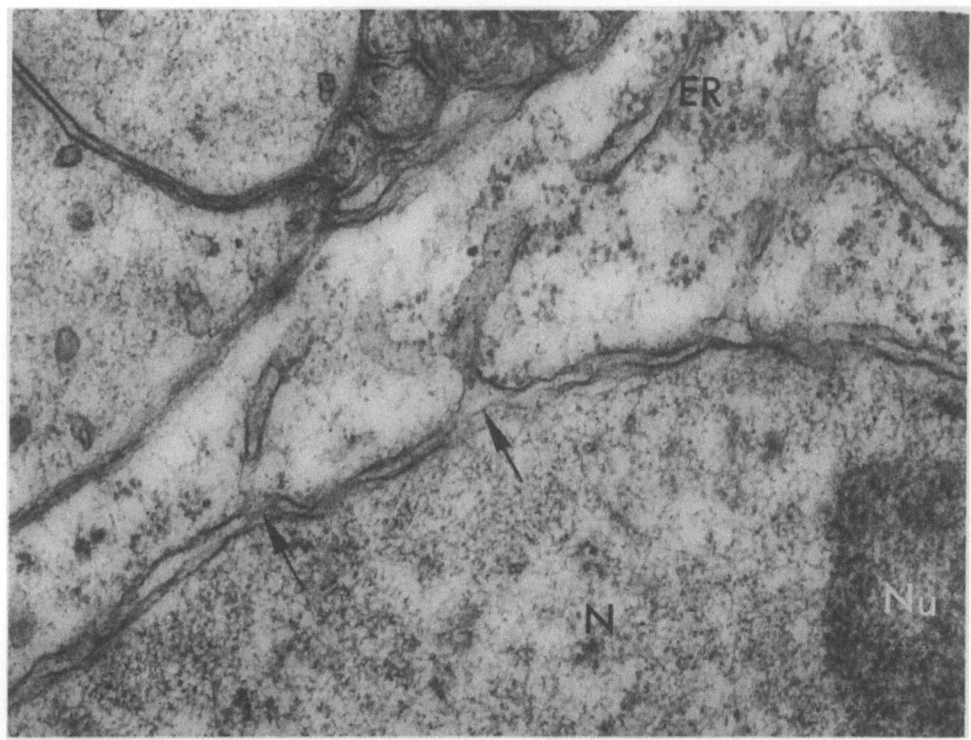

Abb. 1.8. Elektronenmikroskopische Teilaufnahme eines Nervenzellkörperbereiches aus dem Tectum opticum einer Forelle. Übergang der Kernmembran (↓) in das rauhe ER (übrige Beschriftung vgl. Abb. 1.7)

darstellen. Diese gewährleisten sie durch die in der Molekularbiologie hinlänglich bekannten Interaktionen zwischen der chromosomalen DNA im Zellkern und der dort synthetisierten **Boten-Ribonucleinsäure (messenger-RNA, m-RNA)** mittels der Vorgänge der **Transcription**. Die m-RNA wird durch Kernporen in das Neuroplasma geschleust und an dort liegende Ribosomen mit ihrer **ribosomalen RNA (r-RNA)** weitergereicht, an der sie unter Mitwirkung von frei im Neuroplasma vorkommender **Transfer-RNA (t-RNA)** und Aminosäuren neuronale Proteine synthetisieren **(Translation)**.

Elektronenoptisch fällt im Kern besonders die **Kernmembran** auf, deren beide Einzelmembranen von jeweils 7 nm Dicke in regelmäßigen Abständen ineinander übergehen und dadurch ca. 70 nm große **Kernporen** (bis zu 3000 pro Kern) bilden. Diese Poren sind durch ein 5–10 nm dickes Häutchen (Diaphragma) mit einer Verdik-

kung in der Mitte geschlossen. Durch die Kernporen wird die an der chromosomalen DNA synthetisierte RNA aus der Karyolymphe in das Neuroplasma geschleust. An anderen Stellen zweigt sich die Kernmembran auf und geht nahtlos in das **endoplasmatische Reticulum** im Neuroplasma über (Abb. 1.8).

Der **Nucleolus** innerhalb des Zellkerns (manchmal kommen sogar zwei vor) kann maximal ein Fünftel der gesamten Zellkerngröße ausmachen. Er besteht aus einem Anteil an fädiger r-RNA („pars fibrosa") und einem aus Proteinen mit speziellen Enzymfunktionen (Phosphatasen, Dehydrogenasen, ATPasen) bestehenden Teil („pars granulosa"). Proteine, die im Neuroplasma synthetisiert wurden und über die Zellkernporen in die Karyolymphe gelangten, treten im Zellkern mit der r-RNA des Nucleolus in Beziehung. Über seine Bedeutung als Anzeiger für die Stoffwechselaktivität einer Nervenzelle hinaus erlangte der

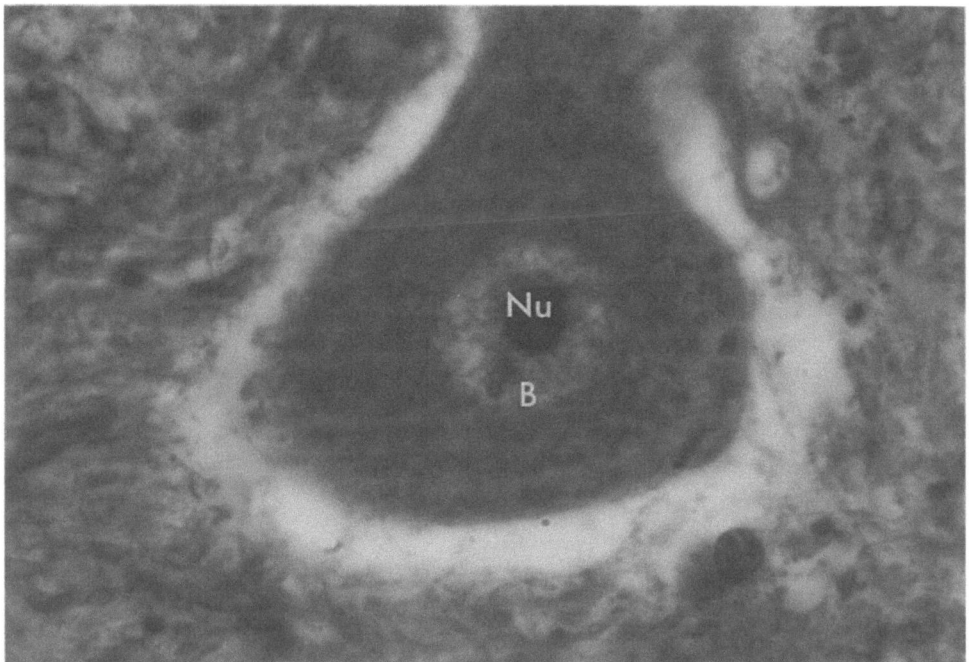

Abb. 1.9. Lichtmikroskopische Darstellung eines Barr'schen Körperchens (B), d.h. einer an ein x-Chromosom gebundenen Struktur am Nucleolus (Nu) von weiblichen Katzenneuronen

Nucleolus auch besonderen Stellenwert bei der Geschlechtsbestimmung: Am Nucleolus von weiblichen Katzenneuronen wurde nämlich ein Anhangskörperchen entdeckt (**Barr'sches Körperchen**, Abb. 1.9), das bei männlichen Katzen fehlt. Das Barr'sche Körperchen ist ausschließlich an das x-Chromosom gebunden. Zwischenzeitlich wurde es bei allen Säugetieren nachgewiesen und dient z.T. der Diagnostik genetischer Anomalien.

Nach der Ausschleusung von r-RNA aus dem Zellkern durch die Kernporen entstehen im Neuroplasma die kleinsten Zellorganellen, die **Ribosomen** (Abb. 1.10). Sie sind 12−25 nm groß und gliedern sich in zwei verschiedene Gruppen: Die eine Gruppe umfaßt Ribosomen, die einzeln oder in Rosettenform aus 5 bis 7 durch m-RNA zusammengehaltenen Einzelkörnern bestehen und frei im Neuroplasma auftreten. Sie heißen **Polysomen**. Die andere Ribosomengruppe ist mit ihren Untereinheiten an ein reichhaltig verzweigtes inneres Membransystem, das **endoplasmatische Reticulum (ER)** angelagert. Das mit Ribosomen besetzte sogenannte **rauhe ER** verleiht dem Nervenzellkörper aufgrund seiner kräftigen Anfärbbarkeit mit histochemischen Farbstoffen (Gallocyanin, Toluidin, Cresylviolett etc.) ein „getigertes" Aussehen, weshalb es auch als **Tigroidsubstanz (= Nissl-Substanz)** bezeichnet wird. Diese Nissl-Substanz ist in ihrem Vorkommen auf das Perikaryon sowie die Ansatzstellen der Dendriten am Zellkörper beschränkt (vgl. Abb. 1.7). Da das rauhe ER mit der Proteinsynthese der Nervenzelle im Zusammenhang steht und im Ursprungskegel der Neuriten sowie in allen weiter von der Zelle entfernten (distalen) Abschnitten der Nervenfasern fehlt, kann demzufolge in diesen Abschnitten auch keine Proteinsynthese stattfinden. Dies ist der eigentliche Grund für das Phänomen des **neuronalen Stofftransports** (vgl. Kap. 9.1), mit dessen Hilfe die im Zellkörper gebildeten neuen Syntheseprodukte zur Versorgung der Nervenfaserendformationen (Synapsen) kontinuierlich proximodistalwärts transportiert werden müssen. Wegen der großen Proteinsyntheseleistungen des rauhen ER im Peri-

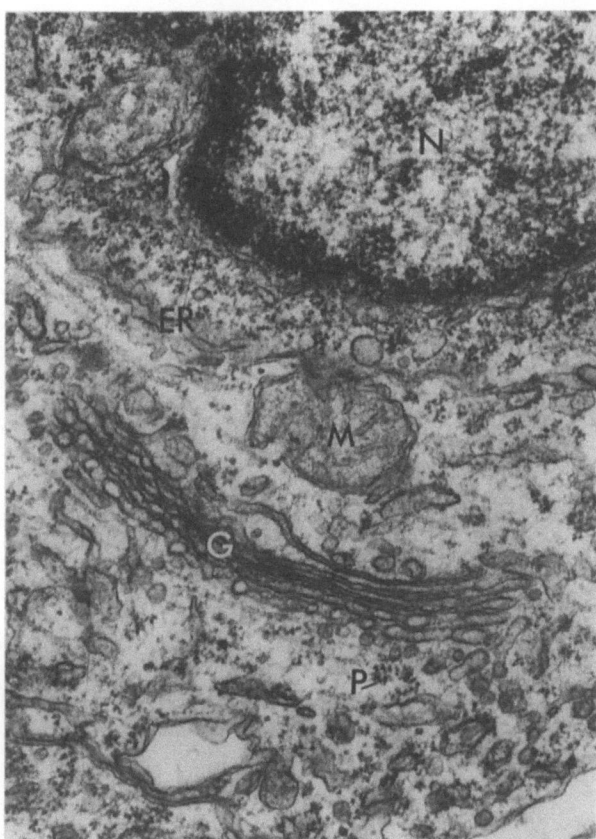

Abb. 1.10. Elektronenmikroskopische Aufnahme des Perikaryons einer Nervenzelle aus dem Tectum opticum eines Buntbarsches
N: Nucleus
M: Mitochondrium
G: Golgi-Apparat
P: Polysomen
ER: endoplasmatisches Reticulum

karyon wird dieses gelegentlich mit dem Ergastoplasma von Drüsenzellen verglichen. In Abhängigkeit vom Funktionszustand des Neurons, d.h. von der Intensität der Proteinsynthese, ist das histologische Erscheinungsbild der Nervenzelle sehr variabel. So ändert sich der RNA-Gehalt eines Neurons beispielsweise im Verlauf der Ontogenese während unterschiedlicher funktioneller Entwicklungsphasen oder auch unter pathologischen Einflüssen, bei denen die Nissl-Substanz eventuell völlig aufgelöst werden kann (Chromatolyse).

Das **glatte ER**, an dem keine Ribosomen angeheftet sind, kommt sowohl im Perikaryon als auch in den distalen Nervenfaserbereichen einschließlich der Synapsen vor. Ihm wird funktionelle Bedeutung bei der Lipidsynthese sowie beim neuronalen Transport zugesprochen.

Als Sonderbildung des glatten ER muß der sogenannte **Golgi-Apparat** angesehen werden. Dieser besteht zumeist aus mehreren **Dictyosomen**, das sind zusammenhängende Gebilde aus Lamellen, Vakuolensystemen und Vesikeln (Bläschen), die sich gürtelartig um den Zellkern anordnen (Abb. 1.10). Diese Membranstapel mit einem Durchmesser von jeweils 20−60 nm liegen mehr oder weniger gebogen, mit einer cis- und einer trans-Seite, aufeinander. Auf der cis-Seite fusionieren protein- und lipidbeladene Vesikel, die vom rauhen bzw. vom glatten ER stammen, mit den Lamellen, an denen sie eventuell mit Zuckermolekülen, Phosphat oder Sulfatgruppen beladen werden. Auf der trans-Seite des Golgi-Apparates werden ebenfalls Vesikel abgeschnürt, die − je nach Inhalt − entweder zur Plasmamembran als Membranbausteine wandern oder mit Sekretionsprodukten gefüllt werden oder auch zu den Lysosomen wandern.

Die **Lysosomen** vom Typ der Residually-sosomen kommen als sogenannte **Alters-pigmente** oder **Lipofuscine** vor allem im Perikaryon alternder Neurone vor. Bei ihnen handelt es sich um dichte, ca. 350 bis 600 nm große Körperchen von homogener Struktur und begrenzender Membran. Sie nehmen Abbauprodukte, die stoffwechseleigen oder -fremd sein können, in sich auf. Solange sie noch keinen Kontakt zum abbauenden Substrat haben, heißen sie **primäre Lysosomen**; haben sie hingegen schon abzubauendes Substrat aufgenommen, werden sie **sekundäre Lysosomen** genannt.

Manche Neurone enthalten ferner **Melanine**, wie z.B. Zellen der **Substantia nigra** im Mesencephalon, oder **Eisenverbindungen** (Zellen des Nucleus ruber). **Neurosekretgranula** werden von spezifischen Zellen z.B. im Hypothalamus gebildet und mit Hilfe des anterograden neuronalen Transports vom Zellkörper in die Nervenendigungen geschleust, von denen sie durch Exocytosevorgänge an Neurohämalorgane oder an die Blutbahn abgegeben werden (vgl. Kap. 3.2.2.4.1).

Wie in allen übrigen Körperzellen finden sich auch in Nervenzellen **Mitochondrien**. Es sind dies Organellen von wechselnder Größe, meist 1−2 µm lang oder rund. Sie sind aufgebaut aus einer umhüllenden Doppelmembran (Außenmembran) mit Einfaltungen der Innenmembran (Cristae mitochondriales) bzw. Röhrchen (Tubuli mitochondriales), die in den Innenraum (Matrix) hineinragen. Die Mitochondrien des Nervensystems gehören normalerweise zum Crista-Typ. Sie kommen sowohl im Perikaryon (bis zu 100 000) wie auch in den Fasern und Synapsen vor, wohin sie offensichtlich mit dem langsamen neuronalen Transport gelangen. Neuere EM-Untersuchungen deuten darauf hin, daß die äußere Mitochondrienmembran mit dem glatten ER in Verbindung stehen kann. Diese äußere Membran ist für Ionen und Wasser

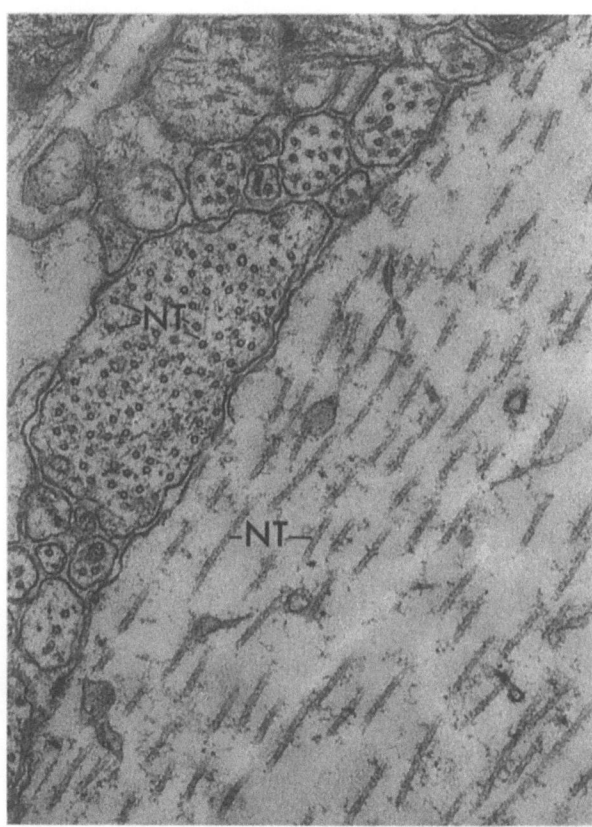

Abb. 1.11. Elektronenmikroskopische Aufnahme von längs- und quergeschnittenen Neurotubuli (NT) aus unmyelinisierten Nervenfasern des Tectum opticum der Forelle

durchlässig; die innere ist dagegen relativ impermeabel, so daß zu ihrer Überwindung spezielle Transportmechanismen erforderlich sind. Die wesentlichsten Funktionen der Mitochondrien dienen der Zellatmung. Die Ausstattung der Mitochondrien mit eigenständigen Ribosomen und DNA ist unter dem Gesichtspunkt der Endosymbionten-Hypothese zu betrachten.

Zusätzlich zu den bisher besprochenen Organellen enthält das Neuroplasma noch weitere strukturierte, fädige Elemente, die sich hinsichtlich ihres Durchmessers unterscheiden lassen in Neurotubuli (20–30 nm), Neurofilamente (10 nm) und Mikrofilamente (5 nm).

Die **Neurotubuli** (Abb. 1.11) sind morphologisch gleichzusetzen mit den Mikrotubuli anderer tierischer und pflanzlicher Zellen sowie dem Mitosespindelapparat. Sie sind aus **Tubulin** aufgebaut, einem Eiweiß mit einem Molekulargewicht von 120 000,

das aus zwei Untereinheiten besteht und eine außerordentlich hohe Bindungskapazität für **Colchicin** besitzt. Dieses Alkaloid der Herbstzeitlose (Colchicum autumnale) hemmt die Tubulifunktion dadurch, daß es das Tubulin in seine zwei Komponenten dissoziiert. Die Neurotubuli erfüllen wichtige Funktionen beim schnellen neuronalen Stofftransport (vgl. Kap. 9.1.2) solcher Verbindungen, die im Perikaryon synthetisiert werden und in die Nervenfaserendformation geschleust werden (= anterograder Transport), bzw. solcher Substanzen, die in der Nervenfaserendformation per Endocytose von der Synapsenmembran aufgenommen und rückwärts dem Perikaryon zugeliefert werden (= retrograder Transport).

Die **Neurofilamente** (Abb. 1.12) der Vertebratenneurone bestehen aus etwa 10 nm dicken Proteinfilamenten von unbestimmter Länge. Wie die Neurotubuli so sind auch die Neurofilamente tubulär aufgebaut, ihr

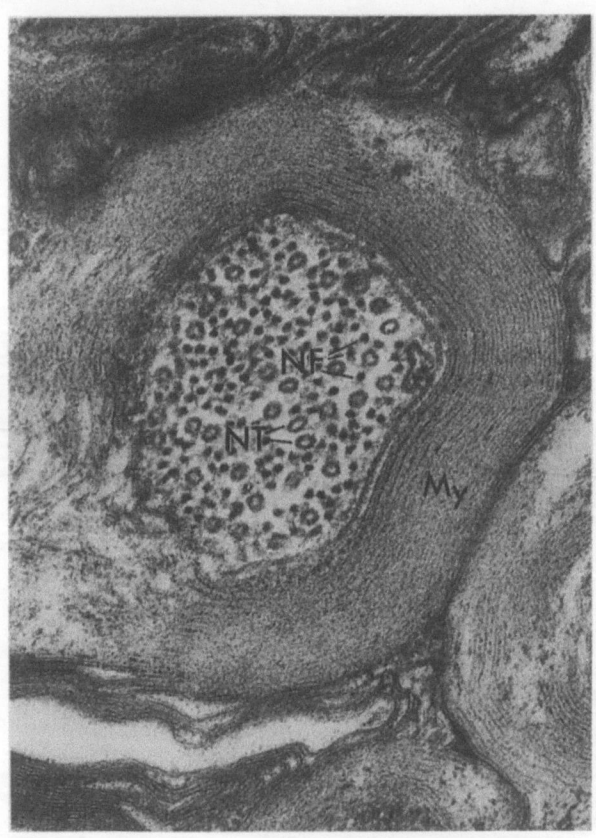

Abb. 1.12. Markscheide eines myelinisierten Axons aus dem Tectum opticum eines Goldfisches. Im Axoplasma quergeschnittene Neurofilamente (NF) und Neurotubuli (NT). My: Myelinscheide

Protein gehört jedoch zu den Globulinen mit einem Molekulargewicht von 80 000. Sie kommen vornehmlich in Nerven- und Gliafasern vor, und zwar in wesentlich größerer Anzahl als die Tubuli; mit zunehmendem Alter sowie bei Funktionsuntüchtigkeit (z.B. Alzheimer-Erkrankung) verändern sie sich in Form und Anzahl. Möglicherweise haben die Neurofilamente ähnlich wie die Tubuli Funktionen beim neuronalen Stofftransport zu erfüllen. Sicherlich aber dürften sie Stützfunktionen für die Längsorientierung der Nervenfasern ausüben.

Die **Mikrofilamente** sind mit nur 5 nm Durchmesser die kleinsten fibrillären Strukturen des Neuroplasmas. Sie bestehen aus neuronalem Actinprotein, das dem der Muskelzelle sehr ähnlich ist. Sie sind besonders häufig in wachsenden Nervenzellfortsätzen anzutreffen.

Alle bisher beschriebenen Zellorganellen liegen im Neuroplasma, in dem sie jedoch nicht wie in einer klaren Flüssigkeit frei herumschwimmen. Vielmehr bewegen sie sich, orientiert an einem feinen Maschennetz aus Neuroplasmafäden, dem sog. „Mikrotrabekelsystem". Diese Art von „Cytoskelett" der Nervenzelle stellt gewissermaßen eine „Zellmuskulatur" dar, die die Zellorganellen und die Elemente des Zellgerüstes (Tubuli und Filamente) je nach den augenblicklichen Zellaktivitäten umverteilt und neu arrangiert.

1.1.3.3 Nervenfasern (Dendriten, Neurit = Axon)

Vom Soma einer Nervenzelle gehen verschiedene Fasern ab, zahlreiche **Dendriten** sowie ein einziger **Neurit** oder das **Axon**.

Entsprechend der Richtung des Erregungsflusses bzw. der davon abhängigen Informationsübertragung wird zwischen zwei verschiedenen Nervenfasertypen unterschieden:

1. den **effektorischen** (auf andere Zellen einwirkenden), **efferenten zentrifugalen** (aus dem Zentrum wegführenden) Nervenfasern, die als
   a) motorische Efferenzen die Skelettmuskulatur,

   b) vegetativ-motorische Efferenzen das Herz und die glatte Muskulatur von Eingeweiden und als
   c) vegetativ-sekretorische Efferenzen Drüsen innervieren, oder
   d) die Empfindlichkeit peripherer Rezeptoren regulieren.
2. den **sensorischen** (mit Empfindungsvermögen ausgestatteten), **afferenten zentripetalen** (zum Zentrum hinführenden) Nervenfasern, die dem ZNS von den Sinnesorganen Empfindungen zuleiten, und zwar als
   a) viscerale Afferenzen aus den Eingeweiden und als
   b) somatische Afferenzen aus der Muskulatur, der Haut und den Sinnesorganen.

Des weiteren kann bei Nervenfasern funktionell und vor allem morphologisch unterschieden werden zwischen

- **marklosen, unmyelinisierten Fasern**, die phylogenetisch älter sind und eine wesentlich langsamere Erregungsleitungsgeschwindigkeit haben als die
- **markhaltigen, myelinisierten Fasern**, deren Fasern von Schwann'schen Zellen (Mark- oder Myelinscheide, vgl. Abb. 1.23) eingehüllt sind und die aufgrund der dadurch bedingten Isolierung wesentlich größere Leitungsgeschwindigkeiten erzielen.

Dendriten

Vom Feinbau her gesehen unterscheiden sich die Dendritenfortsätze eines Neurons nicht vom Somabereich, außer daß ihnen im distalen Abschnitt das rauhe ER und damit das Vermögen zu eigener Proteinsynthese fehlt. Wesentlichste Aufgabe der Dendriten dürfte in der Vergrößerung der rezeptiven Oberfläche einer Nervenzelle bestehen. In der Regel gehen von einem Nervenzellkörper (von 40 bis 60 μm Durchmesser) zahlreiche, mehrere 100 μm lange dendritische Fortsätze aus. Man hat errechnet, daß diese Fortsätze im Falle der Purkinje-Zelle des Kleinhirns die rezeptive Oberfläche des Somas um das Neunzigfache vergrößern, wobei auf ein solches Verzweigungssystem bis zu 100 000 Synapsen von anderen Zellen auftreffen. Neben der sensorischen, afferenten Funktion als Erregungsaufnahmestruktur haben die Dendriten die Aufgabe, die in den verschiedenen Terminalbereichen aufgenommenen Erregungen zu integrieren. Noch unbekannt ist bislang, ob und mit welchem Anteil ihrer ursprünglichen Teilerregung sich eine einzelne dendritische Endigung am Zustandekommen einer fortzuleitenden Potentialänderung im Bereich des Axonhügels beteiligt. Eine dendritische Sonderausprägung stellen die peripheren sensiblen oder afferenten, d.h. von der Peripherie zum Rückenmark führenden Fasern der **Spinalganglienzellen** dar. Diese besonders langen, spezialisierten Dendriten üben Leitungsfunktionen aus; sie nehmen Erregungen an ihrem rezeptiven Ende z.B. als Mechanorezeptoren auf und leiten diese am Soma der eigenen Ganglienzelle vorbei direkt zu einem im Rückenmark liegenden Motorneuron.

Neurit (Axon)

Ebenso wie die Dendriten verfügt auch der nur in Einzahl vorhandene Neurit oder das Axon über den gleichen feinstrukturellen Aufbau wie das Soma einer Nervenzelle. Auch im Axoplasma fehlt das rauhe ER, so daß die Versorgung des Axons und seiner Endigungen mit neuen Syntheseprodukten ebenfalls nur mit Hilfe des axonalen Transports (vgl. Kap. 9.1) gewährleistet werden kann. Axone können eine außerordentliche Länge von 1 m und mehr (z.B. Pyramidenbahnen im Rückenmark oder Motorneurone der Extremitätenmuskulatur) erreichen. Vom Axon können Axonkollateralen abgehen (vgl. Kap. 5), die sich ebenfalls wie der Hauptneurit stark verästeln und mit vielen anderen Neuronen Kontakt aufnehmen können. Am Axonhügel, dem Ursprungskegel des Neuriten am Zellsoma, dessen deutliche Aussparung von rauhem ER und anderen Organellen als einziges sicheres Unterscheidungsmerkmal gegenüber den Dendritenabgängen gilt, werden Erregungen in Form von Aktionspotentialen gebildet und fortgeleitet (vgl. Kap. 6). Die effektorische, efferente Fortleitung dieser elektrischen Potentiale bis zur präsynaptischen Endigung sowie die Informationsübertragung mit Hilfe von chemischen Transmittermolekülen zur nachgeschalteten Zelle sind die Hauptfunktion des Axons.

Der chemische Transmitter ist für die präsynaptischen Endigungen eines Axons und aller seiner Kollateralen derselbe (= **Dale'sches Prinzip**).

1.1.3.4 Feinbau der Synapsen

Der englische Physiologe CHARLES SHERRINGTON bezeichnete 1897 die Nervenfaserendformationen, von Axonen wie auch von Dendriten, durch die der Kontakt zu anderen Zellen (sonstigen Neuronen, Drüsen-, Sinnes- oder Muskelzellen) im Sinne einer morphologischen und physiologischen Verbindung hergestellt wird, als **Synapsen**. Wegen ihrer Bedeutung bei der Gedächtnisbildung ist eine detailliertere Besprechung der Morphologie von Synapsen sowie wesentlicher funktioneller Aspekte bereits an dieser Stelle unerläßlich:

Es werden drei Synapsentypen unterschieden:

1. **Effektorsynapsen** innervieren mit ihren Axonterminalen Drüsen- oder Muskelzellen.
2. **Rezeptorsynapsen** dienen der sensiblen Innervation, z.B. von Muskelspindeln oder Tastkörperchen in der Haut.
3. **Interneuronale Synapsen** stellen den Kontakt zwischen Nervenzellen her, und zwar in unterschiedlichsten Typen, bei denen eine Erregung über ein Axon in die am Faserende befindliche Präsynapse geleitet wird und von dort auf die Postsynapse der nachgeschalteten Nervenzelle übertragen wird:
   - **axosomatische Synapsen** verbinden die Axonenden mit einer Postsynapse, die direkt am Zellkörper einer nachgeschalteten Nervenzelle liegt (vgl. Abb. 1.2c);
   - **axodendritische Synapsen** münden mit den Axonendigungen an einem Dendriten, dessen postsynaptische Ausprägung das Axon z.T. in Form von einem sog. Dornfortsatz (spine) umgreifen kann (vgl. Abb. 1.2b);
   - **axoaxonale Synapsen** bilden den Kontakt zwischen einer Präsynapse und dem Neuriten einer Nachbarzelle;

- **dendrodendritische Synapsen** liegen zwischen zwei Dendriten;
- **interaxonale Synapsen** stellen synaptische Axonanschwellungen im Verlauf eines Neuriten dar.

Dieser Typ findet sich vor allem in der grauen Substanz des ZNS.

Relativ selten kommt ein einzelner Synapsentyp allein vor; zumeist finden sich die Synapsen mehr oder weniger zu Mustern geordnet, etwa in Form zahlreicher, serial hintereinander auftretender axodendritischer Synapsen. Auch **reziproke Synapsen** sind häufig, bei denen zwei Faserendigungen wechselseitig synaptische Kontaktzonen ausprägen. Als **synaptische Glomeruli** werden solche Kontaktmuster bezeichnet, bei denen Nervenfasern mit vielen synaptischen Kontaktstellen auf engstem Raum durch Gliastrukturen umfaßt werden.

Im Gegensatz zu den interneuronalen Synapsen innervieren die sog. **Effektorsynapsen** keine nachgeschalteten Nervenzellen, sondern glatte und quergestreifte Muskelzellen sowie Drüsenzellen. Besonders untersucht wurden hier an der quergestreiften Muskulatur die sog. **motorischen Endplatten** (Abb. 1.13 und 1.14). Diese stellen eine starke Aufzweigung einer peripheren Nervenfaser in viele Einzelfasern **(Endbäumchen = Telodendrien)** dar, die jeweils in einer Endplatte auf einer Muskelfaser münden. Innerhalb dieser ist das Sarkolemm, die Umhüllung der Muskelzelle, durch einen parallel gestellten, palisadenförmigen subneuralen Faltenapparat (junctional folds) unter der Mündungszone der Telodendrien stark vergrößert.

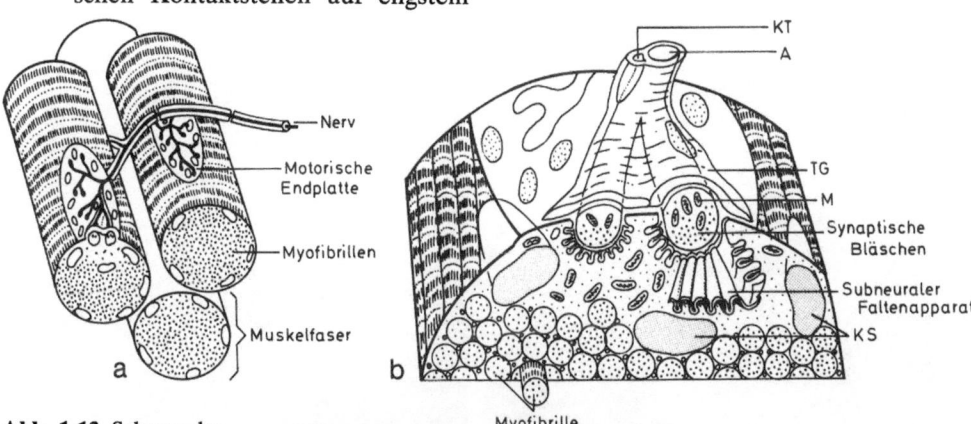

Abb. 1.13. Schema der licht- **(a)** und elektronenmikroskopisch **(b)** darstellbaren Organisation der motorischen Endplatten
A: Axon
TG: Teogliascheide
KT: Kern der Teogliazelle
M: Mitochondrien
KS: Kern des Sarkoplasmas der Muskelzelle.
(Nach ROHEN, 1971)

Abb. 1.14. Lichtmikroskopische Aufnahme einer motorischen Endplatte (vgl. Abb. 1.13)

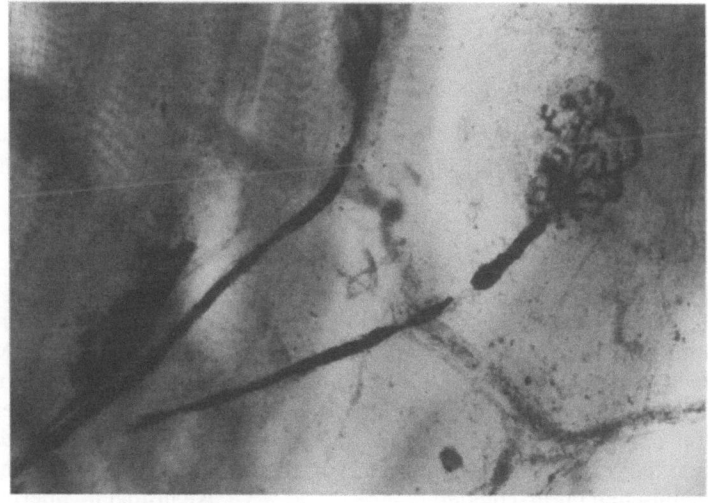

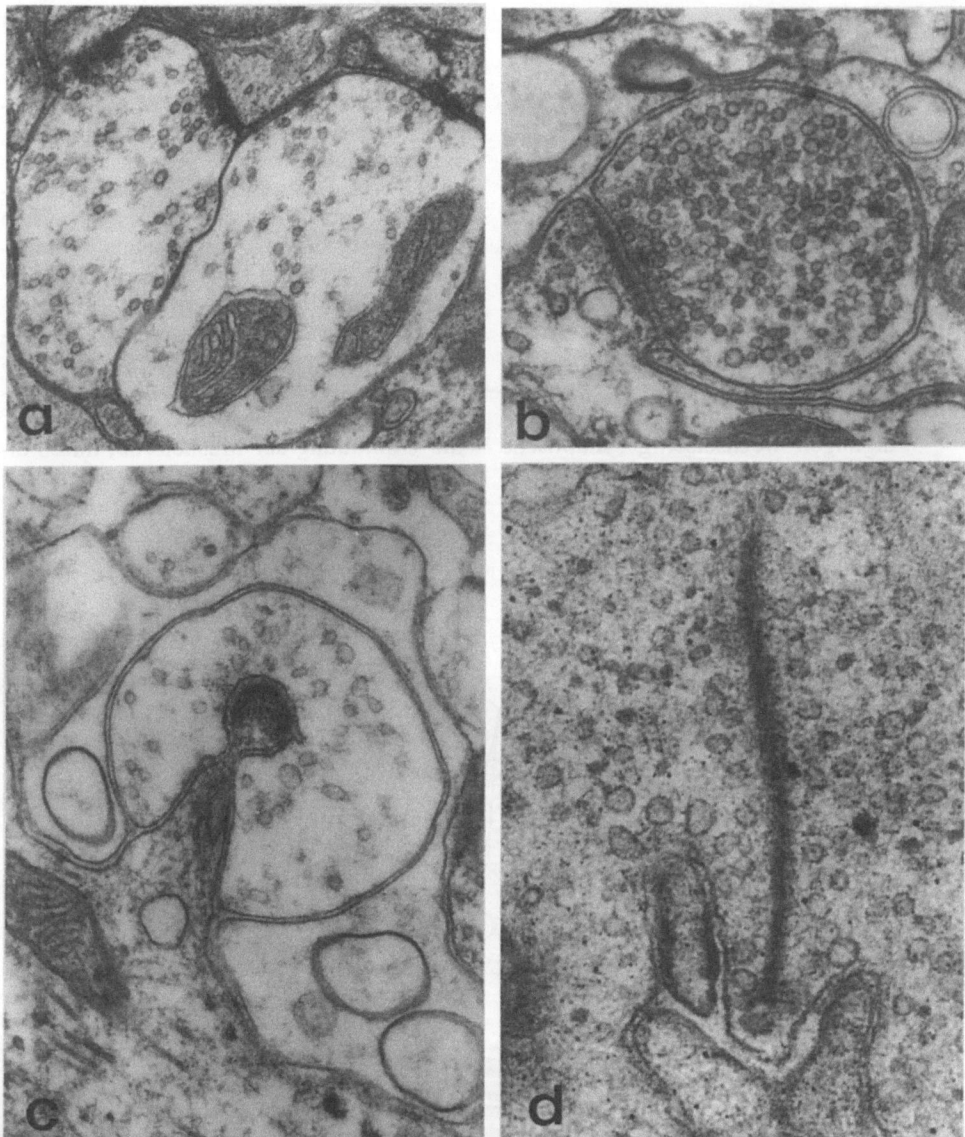

Abb. 1.15. Elektronenoptische Aufnahme einer elektrischen Synapse (gap junction; **a**), einer typischen chemischen Synapse (**b**), einer Spine-Synapse (**c**) aus dem Tectum opticum des Karpfens sowie einer „ribbon"-Synapse aus der Retina eines Goldfisches (**d**)

Aufgrund bedeutsamer Unterschiede in der morphologischen Ausprägung der synaptischen Kontaktbereiche und vor allem auch wegen prinzipieller Unterschiede in der Funktionsweise bei der Übertragung von Erregungsimpulsen werden die sogenannten elektrischen Synapsen von den chemischen unterschieden.

Im Falle der **elektrischen Synapsen** lagern sich die Nervenendigungen zweier Neurone mit ihren Membranen sehr eng zusammen, so daß sie nur durch einen 2–4 nm breiten Spalt voneinander getrennt sind. Ein elektrisch codiertes Erregungssignal kann hier über den Spalt hinweg in beide Richtungen übertragen werden, da die

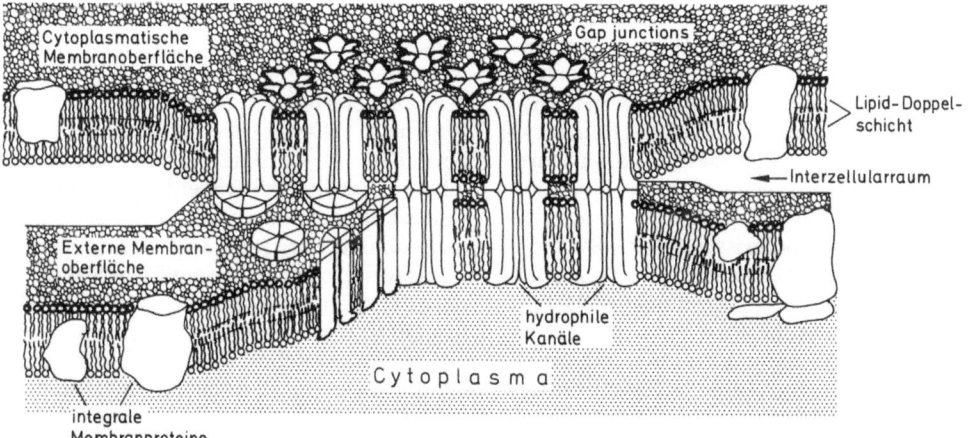

Abb. 1.16. Dreidimensionales Rekonstruktionsschema einer gap junction (= elektrische Synapse). Zusammensetzung der Kanalwände aus sechs Proteinuntereinheiten, die die Lipiddoppelschicht jeder Membran überbrücken

Membran einen herabgesetzten elektrischen Widerstand durch den Einbau transzellulärer Diffusionskanäle (gap junctions) besitzt (Abb. 1.15a). Diese Kanäle sind jeweils aus sechs Proteinuntereinheiten zusammengesetzt. Sie durchdringen röhrenförmig die Lipiddoppelschichten jeder der beiden beteiligten Plasmamembranen und gewährleisten hierdurch einen interzellulären Austausch von niedermolekularen Substanzen sowie von elektrischen Strömen (Abb. 1.16).

Elektrische Synapsen kommen vor allem im Nervensystem von Invertebraten vor. Seltener wurden sie für niedere Vertebraten, z.B. Fische, beschrieben. Bei Säugetieren dürften sie gegenüber den chemischen Synapsen eine Ausnahme darstellen.

Im Gegensatz zu den elektrischen Synapsen erfolgt die Leitung von Erregung in **chemischen Synapsen** immer nur in einer Richtung (unidirektional). Diese Polarität ist zurückzuführen 1. auf Unterschiede im Aufbau der beteiligten Nervenzellmembranen; 2. auf die Ausstattung der Präsynapse mit 30–60 nm großen **synaptischen Vesikeln** (Bläschen), welche chemische Überträgersubstanz **(Transmitter)** enthalten, sowie 3. auf einen mit 20–30 nm wesentlich breiteren Spalt (Abb. 1.15b) als bei elektrischen Synapsen. Dieser große Synapsenspalt ist nicht etwa optisch leer, sondern mit einem feinen, fädigen (filamentösen), elektronen-

dichten Material, dem molekularen Filz **(molecular fuzz)** ausgefüllt. Bei den Wirbeltieren wird dieser wahrscheinlich von den Sialinsäure-(= Neuraminsäure)haltigen Oligosaccharidseitenketten bestimmter Glykoproteine und Glykolipide (Ganglioside) gebildet. Dieses intersynaptische Molekularflechtwerk spielt aufgrund seiner hohen Affinität gegenüber Ca^{2+}-Ionen offenbar eine wichtige Rolle beim Prozeß der funktionellen **Bahnung (facilitation)** zwischen Nervenzellen als Grundlage für die Gedächtnisbildung (vgl. Kap. 11). Bei chemischen Synapsen erfolgt die Transmission von elektrischen Erregungsimpulsen über den Spaltraum hinweg vermittels chemischer Überträgersubstanzen (vgl. Kap. 7).

Die nähere Analyse der 1 bis 2 µm großen Synapsen (englisch: **synaptic knobs**, französisch: **boutons terminaux**) wurde erst ab 1950 mit der Einführung der Elektronenmikroskopie möglich. Die auffälligsten Strukturen sind in der Präsynapse die **synaptischen Vesikel**. Sie enthalten neben Enzymen, Ionen und verschiedenartigen Mediatoren vor allem **Transmittersubstanzen**. Von diesen sind mittlerweile mehr als 40 verschiedene Verbindungen beschrieben worden, die sich in zwei Gruppen, nämlich in **inhibitorisch** (hemmend) bzw. **exzitatorisch** (erregend) wirkende Substanzen unterteilen lassen (vgl. Kap. 7). Erregende Transmitter bewirken an einer postsynaptischen Membran deren Depolarisation; sie ermöglichen dadurch die Weiterleitung eines elektrischen Impulses in einer nachgeschalteten Zelle. Exzitatorisch wirkende Transmitterverbindungen sind z.B. Acetylcholin, Noradrenalin oder Glutaminsäure. Inhibitorische Transmitter (z.B. γ-Aminobuttersäure, Glycin) bewirken demgegenüber eine **Hyperpolarisation** der postsynaptischen Membran (Zunahme des Membranpotentials über den normalen Ruhewert hinaus). Dadurch wird das Membranpotential von einem kritischen Potential, bei dem eine fortgeleitete Erregung entstehen kann, entfernt und eine Impulsweiterleitung verhindert. Je nach Art der Transmittersubstanz, auf welche die Synapse reagiert, wird unterschieden in cholinerge, adrenerge, serotoninerge, glutaminerge Synapsen usw.

Im Gegensatz zum relativ einheitlichen Aufbau der elektrischen Synapsen (gap junctions) zeigt die vergleichende Morphologie der chemischen Synapsen eine große Variabilität verschiedenster Synapsentypen (Abb. 1.17): Der Grundtypus wird repräsentiert durch eine **einfache Synapse**, die jeweils mit spezifisch ausgeprägten prä- und postsynaptischen Membranverdickungen ausgestattet ist sowie mit einem deutlichen synaptischen Spalt von definierter Breite (A). Alle anderen mehr oder weniger spezialisierten **Synapsen** dürften sich hiervon ableiten, so die recht häufig auftretende „Spine"-Synapse (B) sowie die mit zusätzlichen Partikeln ausgestatteten „subjunctional" Synapsen (C). Die subsynaptische Verdickung kann durch sog. „subsurface cisterns" ersetzt sein (D). Im Falle der neuromuskulären Synapse wird die Nervenendigung und die Muskelzelle von einer Basalmembran getrennt (E). Bei Insekten können nen in der Präsynapse gegenüber dem Interzellularraum von postsynaptischen Elementen „T-Träger"-ähnliche Versteifungen ausgeprägt sein (F). In den Synapsen von Retinastäbchenzellen treten sogenannte synaptische Bänder (synaptic ribbons) auf (G, Abb. 1.17D). Ferner lassen sich zwischen zwei Zellen reziprok arbeitende Synapsenabschnitte belegen (H) sowie Kamm („crest")-Synapsen (J) oder serial hintereinandergeschaltete Synapsen (K). Darüber hinaus können mehrere Syn-

apsen konvergent auf eine Empfangszelle verschaltet sein (L), oder von einer einzigen Nervenendigung werden Erregungen divergent auf verschiedene Anschlußzellen übertragen (M). Diese verschiedenartigen synaptischen Verschaltungsmöglichkeiten dürften besondere Bedeutung beim Zustandekommen unterschiedlichster neuronaler Schaltkreise (vgl. Kap. 5) erlangen.

Als weitere Elemente der Feinstrukturierung der chemischen Synapsen treten, elektronenmikroskopisch betrachtet, vor allem die präsynaptischen Vesikel in Erscheinung, sowie im Bereich des eigentlichen synaptischen Kontaktes, d.h. in der Aktivzone, verschiedenartig ausgeprägte Membrandifferenzierungen.

Die **synaptischen Vesikel** können – je nach Synapsentyp – in Form, Größe und Inhalt sehr unterschiedlich sein. In der Mehrzahl der Synapsen finden sich kleine, runde 40–60 nm im Durchmesser betragende, elektronenoptisch leere Vesikel (**„small, clear vesicles"**), die als Transmitter Acetylcholin oder Aminosäuren beinhalten. In anderen Synapsen finden sich ähnlich kleine, jedoch abgeflachte Vesikel (**„flattened vesicles"**), die Glycin bzw. γ-Aminobuttersäure (GABA) enthalten. Vergleichbar klein, jedoch mit einem Glykokonjugatmantel umgebene Vesikel (**„coated vesicles"**) finden sich gelegentlich in nächster Nähe der präsynaptischen Membran; sie werden im Zusammenhang mit der Erneuerung von synaptischen Vesikelmembranbausteinen diskutiert. Elektronenoptisch undurchsichtig sind die **„dense core Vesikel"** unterschiedlicher Größe (∅ 50–150 nm), welche z.B. als Transmitter fungierende Catecholamine (Noradrenalin) oder als Neurohormone wirkende Polypeptide enthalten.

Bei noch größeren vesikulären synaptischen Strukturen mit elektronendichtem Inhalt (∅ 200–400 nm) handelt es sich um **Lysosomen**, die hydrolytische Enzyme enthalten und Stoffwechselendprodukte speichern.

An Membranbesonderheiten fallen auf der präsynaptischen Seite in Form eines präsynaptischen vesikulären Gitters angeordnete **„dense projections"** auf, kleine Hügelchen aus elektronendichtem Material (filamentartige Proteine). In zwischen ih-

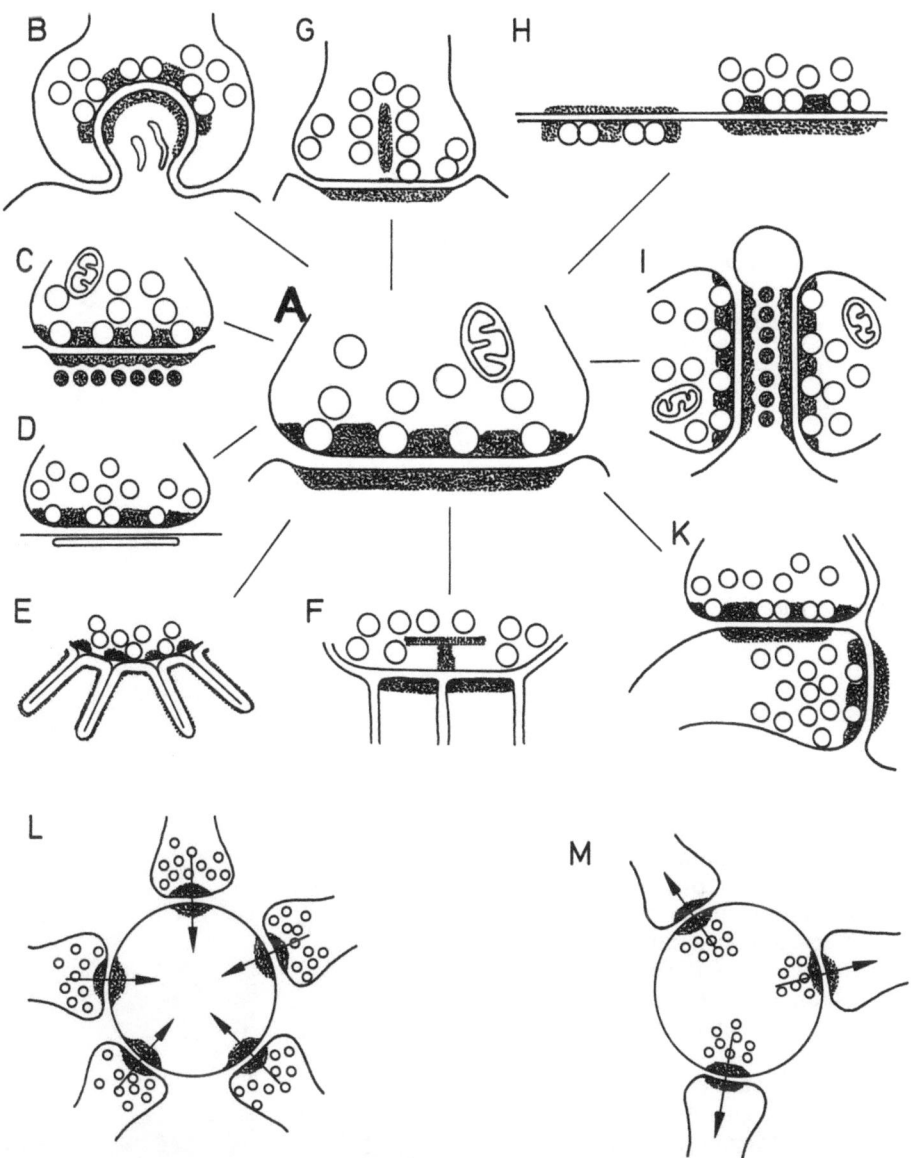

Abb. 1.17. Schematische Zusammenstellung unterschiedlicher Ausprägungen von chemischen Synapsen. **A:** Grundtyp, **B:** Spine-Synapse, **C:** „subjunctional"-Synapse, **D:** „subsurface cistern"-Synapse, **E:** neuromuskuläre Synapse, **F:** „T-Träger"-Synapse von Insekten, **G:** „synaptic ribbon"-Synapse, **H:** reziproke Synapse, **I:** Kamm-Synapse, **K:** seriale Synapse, **L:** Konvergenz-Synapsen, **M:** Divergenz-Synapse

nen ausgesparten Bereichen finden jeweils die synaptischen Vesikel Platz, die somit mit der Innenseite der synaptischen Membran in direkten Kontakt treten (Abb. 1.18). Im Falle eines Erregungsimpulses kann auf diese Weise der Transmitterstoff nach Öffnung der präsynaptischen Membran unmittelbar in den synaptischen Spalt abgegeben werden (vgl. Kap. 7).

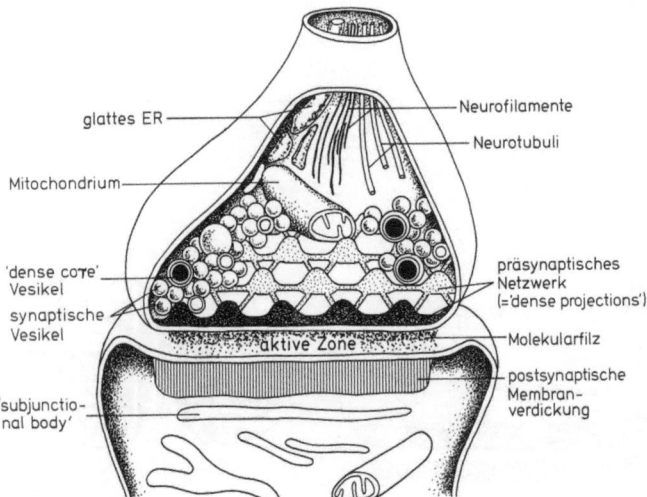

Abb. 1.18. Schematische Darstellung der prä- und postsynaptischen Membrandifferenzierungen sowie intrazellulären Organellenausstattung einer chemischen Synapse

Postsynaptische Membranverdickungen, die gegenüber dem präsynaptischen Gitterwerk liegen, sind im Vergleich zu dessen „dense projections" noch stärker ausgeprägt und erstrecken sich meist parallel zur Kontaktzone. Hier sind einerseits Rezeptormoleküle zur spezifischen Erkennung der Transmittersubstanzen sowie den Transmitter katabolisierende (abbauende) Enzyme lokalisiert. – Bei einigen Synapsen lassen sich unterhalb der postsynaptischen Membranverdickungen zusätzliche **„subjunctional bodies"** darstellen, deren Bedeutung noch unbekannt ist.

Neben diesen synapsenspezifischen Organellen bzw. Membranstrukturen finden sich in den Nervenendigungen auch Organelle des übrigen Neuroplasmas, wie die Mitochondrien, die der Bereitstellung von chemischer Energie dienen. Zwar laufen die meisten Stoffwechselvorgänge im Perikaryon der Nervenzelle ab, doch erfolgt in der Synapse u.a. eine Resynthese von Transmittern und deren Wiedereinbau in synaptische Vesikel. Neben den Mitochondrien finden sich in den synaptischen Endigungen häufig Strukturen des **glatten endoplasmatischen Reticulums (ER)**, denen man Transportfunktion von im Perikaryon synthetisierten Substanzen zur Peri-

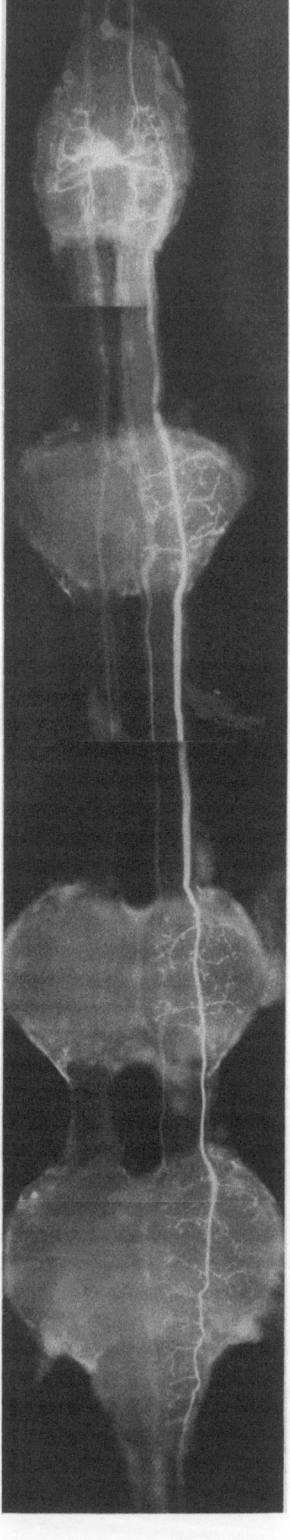

Abb. 1.19. Darstellung von Nervenbahnen im Bauchganglion der Feldheuschrecke Omocestus viridulus mit Hilfe einer intrazellulären Injektion des Fluoreszenzfarbstoffes Lucifer Gelb. Das markierte Neuron zieht vom Unterschlundganglion bis in die abdominalen Ganglien und ist während der Stridulation des Tieres rhythmisch aktiv. (Aufnahme B. HEDWIG, Zoologisches Institut der Universität Göttingen)

pherie zuschreibt. Darüber hinaus könnten ER-Bestandteile zur Neubildung der Membranen von Vesikeln oder/und der Plasmamembran dienen.

Auch **Neurofilamente** und dem neuronalen Stofftransport (vgl. Kap. 9) dienende **Neurotubuli** finden sich in den synaptischen Endigungen, die in ihrer Festigkeit zusätzlich durch die Mikrostrukturen des **Cytoskeletts** stabilisiert werden.

Zur **Identifikation neuronaler Synapsen** (Prä- oder Postsynapse etc.) sind verschiedene, jedoch jeweils sehr aufwendige Methoden entwickelt worden: Zum einen ist es möglich, aufgrund der Auswertung von Serienschnitten, den synaptischen Verbund ultrastrukturell zu rekonstruieren. Des weiteren läßt sich die Präsynapse durch Anwendung eines spezifischen, gegen eine Neurotransmittersubstanz entwickelten Antikörpers färberisch gegenüber der Post-

synapse hervorheben. Mit Hilfe von intrazellulären Injektionen kontrastverstärkender Moleküle (Procion Gelb, Lucifer Gelb, HRP = horse radish peroxidase) lassen sich unter Ausnutzung des axonalen Transportphänomens (vgl. Kap. 9) sowohl licht- als auch elektronenoptisch Nervenfaserendigungen lokalisieren. Als besonders eindrucksvolles Beispiel hierfür sei die färberische Darstellung einzelner Nervenzellen innerhalb der Bauchganglienkette von Heuschrecken vorgestellt (Abb. 1.19). Eine weitere Identifizierungsmöglichkeit bieten die sich an eine Durchtrennung von definierten Nervenfasern anschließenden degenerativen Veränderungen an. Hier nutzt man den Effekt, daß degenerierende Fasern eine besonders hohe Affinität zu Silbersalzen entwickeln, so daß sie sich damit spezifisch anfärben lassen (NAUTA-Methode).

1.2 Gliazellen und Nervenscheiden

Die Nervenzellen des zentralen Nervensystems werden von den durch RUDOLF VIRCHOW 1856 zum erstenmal beobachteten Neurogliazellen (= Glia im ZNS) bzw. im Falle des peripheren Nervensystems von den Schwann'schen Zellen mehr oder weniger lückenlos umhüllt.

Bei Fischen entfällt auf etwa 8 Neurone nur 1 Gliazelle, im ZNS der Säuger kommen demgegenüber auf 1 Neuron bis zu 10 Gliazellen. Generell erfüllen Gliazellen Schutz-, Stütz-, Isolier- und Ernährungsfunktionen, letztere möglicherweise im Sinne einer Stoffwechselsymbiose. Bisher überbewertet wurde allerdings die Ansicht, wonach die Glia wesentlichen Anteil an der Ausprägung der sog. **Blut-Hirn-Schranke** (BHS) haben soll, die kontrolliert, welche Substanzen aus der Blutbahn an die Nervenzelle weitergegeben werden und welche nicht. Im Gegensatz zu den Neuronen behalten Gliazellen zeitlebens die Fähigkeit zur Zellteilung. Bei Verlust von Neuronen durch Verletzungen (Läsionen) nehmen sie daher oftmals deren Platz ein. Bei gesteigerter Zellenneubildung **(Proliferation)** kann es zum entarteten Gliawachstum (= Glioma) kommen. Gliazellen haben an der

Informationsverarbeitung aufgrund nur sehr geringfügig ausgeprägter bioelektrischer Aktivitäten keinen nennenswerten Einfluß. Deshalb werden die Haupttypen der Glia hier auch nur kurz abgehandelt (Abb. 1.20).

1.2.1 Die Makro- oder Astrocytenglia

besteht aus großen, sternförmig gebauten Zellen mit unterschiedlich langen Fortsätzen. Astrocyten der weißen, nervenfaserreichen Substanz des Hirns enthalten dichte Fibrillenbündel im Zellkörper und in den Fortsätzen, weswegen sie auch als **faserige Astrocyten** bezeichnet werden. Im Gegensatz dazu sind die sog. **protoplasmatischen Astrocyten** der grauen Substanz ärmer an Fibrillen (Filamenten), dagegen reicher an Glykogen (Abb. 1.20a).

Beide Astrocytentypen umhüllen die Blutkapillaren, die im ZNS verlaufen und wickeln praktisch jede neuronale Membranoberfläche, sowohl den Bereich des Perikaryons als auch den der Dendriten und Axone einschließlich ihrer Kontaktstellen, ein. Des weiteren entsenden sie verbrei-

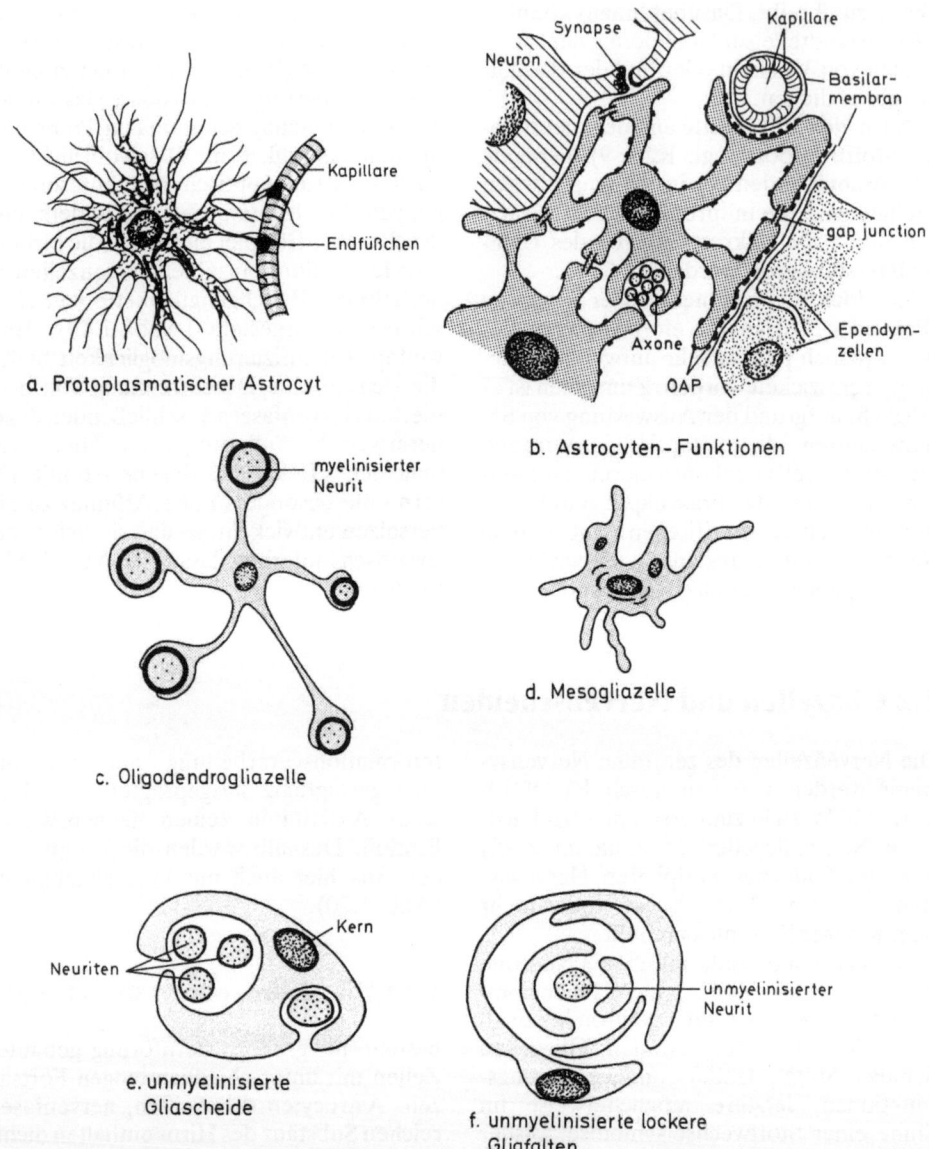

Abb. 1.20. Gliazelltypen im Zentralnervensystem der Wirbeltiere (**a–f**). (**b:** Den OAP (= orthogonal arrays of particles) und Laminae der Basilarmembran wird funktionelle Beteiligung bei der Nervenfaserregeneration zugesprochen)

terte Zellausläufer (**Gliafüßchen**) zu den Zellen der weichen Hirnhaut (**Pia mater**), die dem Gehirn und dem Rückenmark eng anliegt, sowie zu der einschichtigen Gliazellauskleidung der Hirnventrikel (**Ependym**; Abb. 1.20b). Folgende Funktionen werden der Astrocytenglia zugesprochen: mechanische Unterstützung der Nervenzel-

len, Reparatur von verletzten Nervengewebsanteilen aufgrund ihrer erhöhten Proliferationstätigkeit (= **Glianarben**), Isolation und Bündelung von Nervenfasern, Orientierungshilfe beim Auswachsen von Neuronen, Beteiligung am Stoffwechselgeschehen der Nervenzellen, vor allem hinsichtlich der Regulation des Ionen- und

Metabolithaushaltes im Sinne einer Stoffwechselsymbiose. In jüngster Zeit wird der Astrocytenglia spezifische Bedeutung für die **Regeneration** von Nervenfasern zugesprochen (vgl. Kap. 9.4) aufgrund ihrer bei Fischen gegenüber Säugern unterschiedlichen Membranausstattung mit sog. „orthogonal areas of particles" (OAP; siehe Abb. 1.20b).

1.2.2 Die Oligodendroglia

mit wenigen, dünnen Verzweigungen enthält auf ultrastrukturellem Niveau nur wenige Filamente und Glykogengrana, dagegen wesentlich mehr Mikrotubuli. Daher sind ihre Fasern nur schwer von Nervenfasern zu unterscheiden; sie bilden jedoch niemals synaptische Kontaktzonen. Die Oligodendrogliazellen bilden die Myelinscheiden um die Axone im ZNS sowie die Schwann'schen Markscheiden im peripheren Nervensystem (Abb. 1.21). Außerdem stehen sie in einer Art Stoffwechselsymbiose mit den von ihnen umhüllten Neuronen. Im ZNS vermag eine Oligodendrocyte 3 bis 5 Nervenfasern gleichzeitig mit einer Markscheide zu umgeben (Abb. 1.20c).

1.2.3 Die Meso- oder Mikroglia,

auch **Hortega-Zellen** genannt (Abb. 1.20d), leitet sich wahrscheinlich vom mesodermalen Bindegewebe ab, das gemeinsam mit den Blutgefäßen in das ZNS einwandert. Mikrogliazellen sind außerordentlich polymorph: Unter Einschmelzung ihrer sehr dünnen, stacheligen Fortsätze gestalten sie sich in phagocytierende Wanderzellen um, die bei Verletzung des Nervengewebes anfallende Gewebstrümmer beseitigen. Damit kommt ihnen vor allem große Bedeutung bei der Abwehr von Infektionen des ZNS zu.

Abb. 1.21. Markscheide (My) eines myelinisierten Axons aus der Sehschicht des Tectum opticum eines Goldfisches. Im Axoplasma quergeschnittene Neurofilamente (NF). Das Axon wird durch das Axolemm begrenzt (↓)

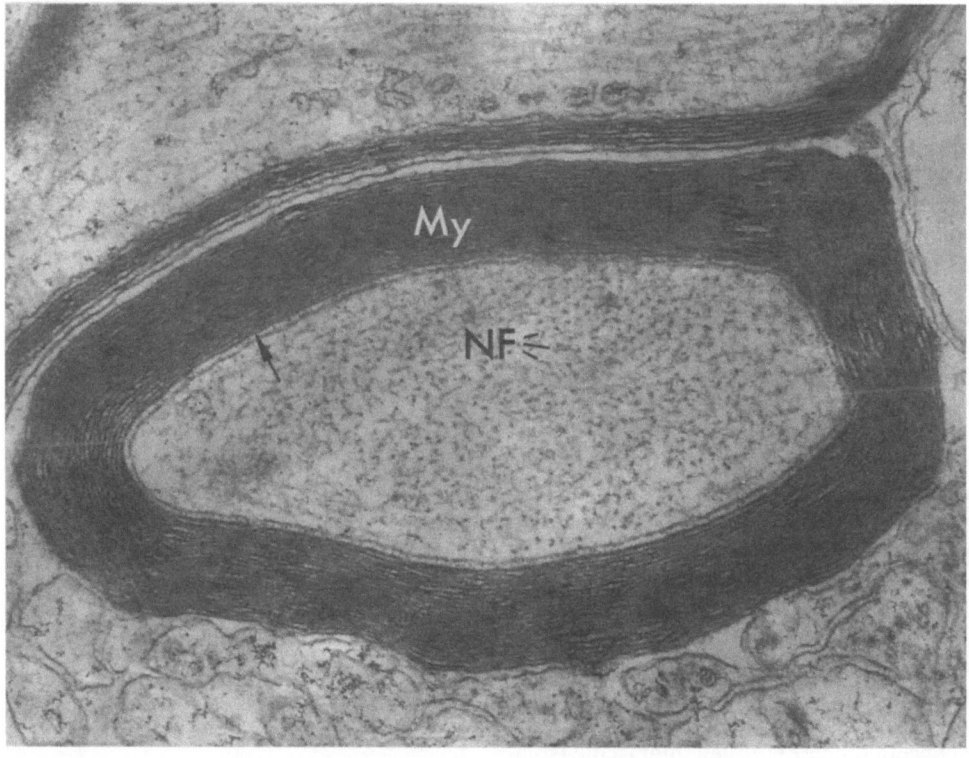

1.2.4 Neuralscheiden

Die Neuroglia, besonders die Oligodendro-cytenglia, spielt eine wichtige Rolle als **Neuralscheide** bei der Isolierung von längeren Nervenfasern, die Verbindungsfunktionen zwischen entfernt von der neuronalen Steuerzentrale liegenden Organen zu erfüllen haben. Dabei besteht die Aufgabe dieser Glia nicht nur im Schutz der Nervenfaser, sondern sie ermöglicht auch eine rationellere Erregungsfortleitung **(saltatorische Erregungsleitung)**. Am einfachsten werden Neural- oder Myelinscheiden dadurch gebildet, daß ein einzelnes Axon oder eine Gruppe von Axonen von einer einzigen Gliazelle, der Schwann'schen Zelle, locker ummantelt wird, was bei dünnen Fasern sowohl bei Wirbellosen als auch Wirbeltieren der Fall ist (Abb. 1.20 e,f). Der Bereich, an dem die Schwann'sche Zelle mit dem Axon zusammentrifft, wird **Mesaxon** genannt. Die Schwann'schen Zellen umwickeln von einem Axon jeweils kurze Abschnitte von 0,5 bis 3 mm Länge, wobei zwischen zwei Schwann'schen Zellen Lücken entstehen, die sog. **Ranvier'schen Schnürringe** bzw. **Ranvier'schen Knoten**. Hier endet die Myelinscheide der einen Zelle, und die nächste beginnt (Abb. 1.22). Der myelinisierte Abschnitt des Axons zwischen zwei Ranvier-Knoten wird **Internodium** genannt. Die starke elektrische Isolationswirkung der **Myelin- oder Markscheide** ist die Grundlage für die **saltatorische Erregungsleitung**, mit der ein elektrisch codiertes Erregungssignal von einem Schnürring zu dem nächsten sprunghaft weitergeleitet wird (vgl. Kap. 6.2.7).

Der Aufbau und die Entwicklung der Myelinscheide während der Ontogenese wurden mit Hilfe der Elektronenmikroskopie aufgeklärt. Im Verlauf der **Myelinisation** lagern sich Oligodendrocytenzellen den auswachsenden Nervenfasern an und verkleben stellenweise mit diesen. Aufgrund der normalen Drehbewegungen, die eine Nervenfaser beim Auswachsen vollführt, wird die Membran der Schwann'-schen Zelle allmählich aufgewickelt und ihr Cytoplasma an die Peripherie gedrückt (Abb. 1.23). Im Bereich eines Ranvier'-schen Schnürrings verzahnen sich die Schwann'schen Zellrollen, hier ist die Isola-

tionswirkung der Myelinlamellen unterbrochen, so daß im Bereich der Ranvier'schen Knoten Stoffaustauschvorgänge erfolgen können sowie eine Nachverstärkung der fortzuleitenden elektrischen Erregungsimpulse. Im Gegensatz zu den Membranen anderer Zellen, wie z.B. von Leberzellen, die etwa zu 60% ihres Trockengewichts aus Proteinen und zu 40% aus Lipiden bestehen, setzt sich die Membran der Myelinhüllen aus nur etwa 25% Proteinen gegenüber 75% Lipiden zusammen, unter denen neben Phospholipiden und Cholesterin vor allem Glykolipide, wie Cerebroside, domi-

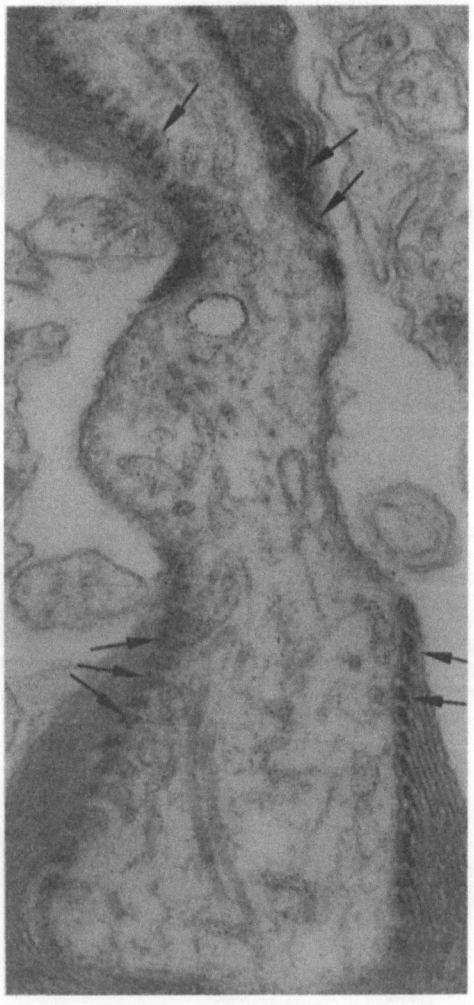

Abb. 1.22. Ranvier'scher Schnürring mit auslaufenden Myelinscheiden (↓) aus dem Tectum opticum einer Forelle (vgl. Abb. 1.21)

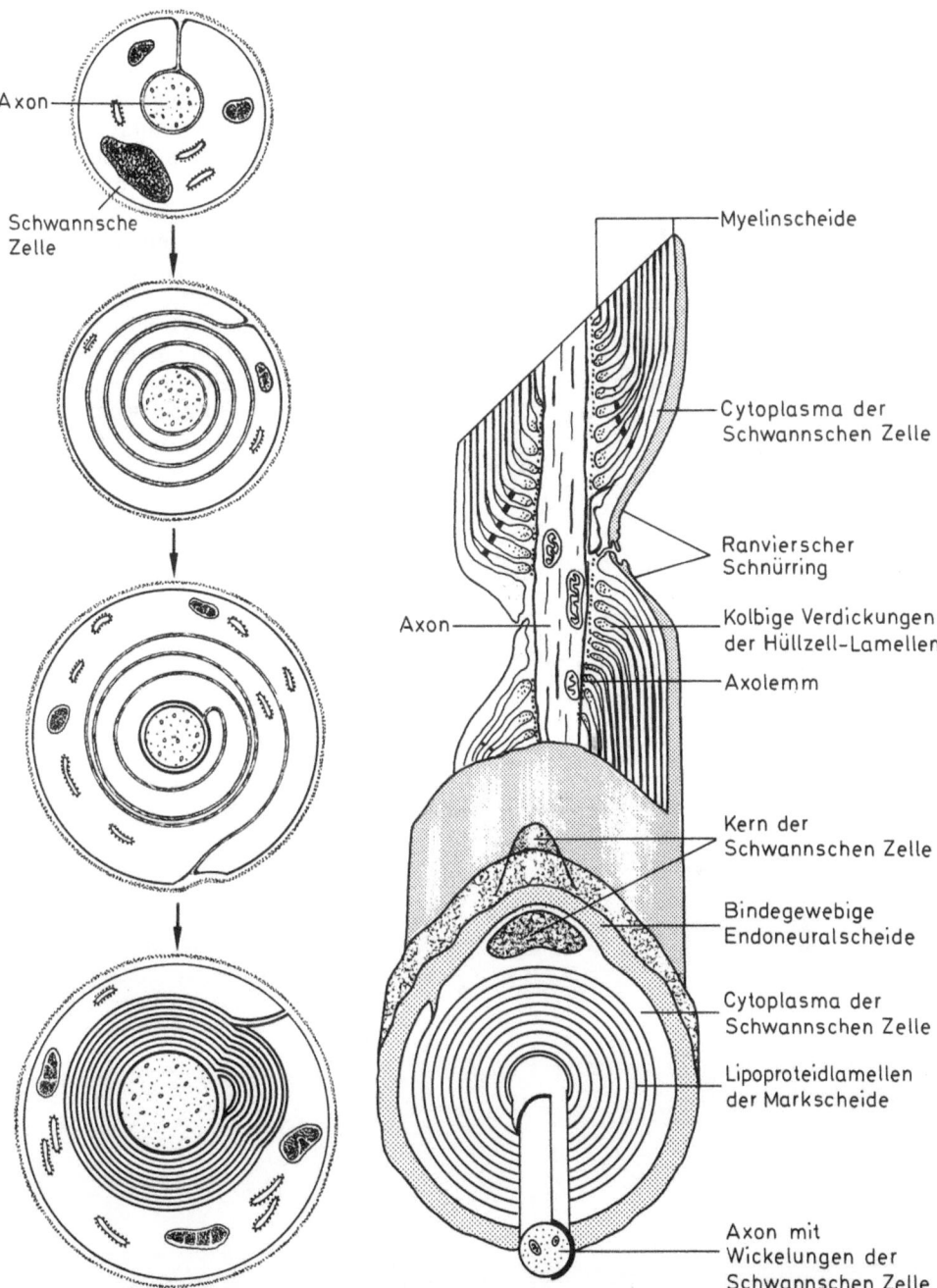

Abb. 1.23. Schema des Aufbaus eines myelinisierten Axons (rechts) sowie Entwicklung der Markscheide einer markhaltigen Nervenfaser (links). (Nach ROHEN, 1971; vgl. Abb. 1.22)

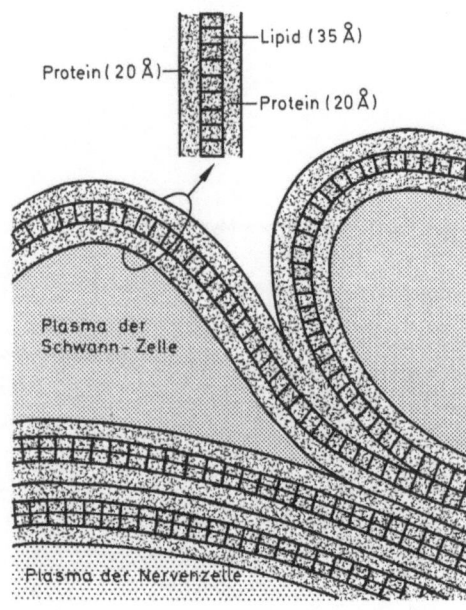

nieren. Charakteristische Myelinproteine sind das sog. basische Protein, Glykoproteine und Lipoproteine. Aufgrund des hohen Lipidanteils der Myelinscheiden stellen sich diese bei elektronenmikroskopischer Darstellung als helldunkle Membranstapel mit einem gleichmäßigen Periodenabstand von etwa 20 nm dar, was der Dicke von jeweils zwei aufeinanderliegenden Zellmembranen entspricht (Abb. 1.24).

Eine derart organisierte Nervenscheide findet sich nur bei den Wirbeltieren; sie ist der Grund dafür, daß bei ihnen gegenüber den Wirbellosen die Erregungsleitung über lange Strecken wesentlich schneller und ohne Intensitätsverlust erfolgt (vgl. Kap. 6.2).

Abb. 1.24. Schema des Lamellenaufbaus der Myelinscheide (vgl. Abb. 1.23)

2. Grundlagen der Entwicklung des Nervensystems der Wirbeltiere

Nachdem im vorangegangenen Kapitel die einzelnen Bestandteile und morphologischen Aspekte der einzelnen Bauelemente des Nervensystems vorgestellt wurden, soll im folgenden auf die Entwicklung und Differenzierung der neuronalen Strukturen näher eingegangen werden. Hierbei sollen besonders die zellspezifischen und molekularen Grundlagen der Neuronendifferenzierung, die Morphogenese größerer Schaltstrukturen im zentralen Nervensystem der Wirbeltiere detaillierter besprochen werden. Denn die entwicklungsabhängigen Vorgänge bilden u. a. die Voraussetzung für das Verständnis des Funktionsgeschehens im Nervensystem ingesamt, stellen sie doch die Grundlage für höhere assoziative Hirnleistungen, vor allem für die Ausprägung komplexerer Lern- und Gedächtnisleistungen dar.

Die Fähigkeit der Nervenzellen, Erregungen zu leiten und damit Informationen von einer Zelle auf die andere zu übertragen, gründet sich vor allem auf die präzise Verschaltung der Zellen untereinander, durch welche die spezifische Aktionsweise der Synapsen zur Wirkung kommen kann. Von besonderem Interesse ist hierbei die Erörterung der Erfordernisse und mögli-

chen zellulären Mechanismen, die der Bildung von neuronalen Strukturen zugrunde liegen, sowie die Darstellung des normalen Ablaufs der Entwicklung der Nervenzellen. Weiterhin interessiert die Frage nach den Grundlagen der Verschaltung überhaupt, d.h. wie die auswachsenden Nervenfasern ihre Zielzellen eigentlich erreichen. Es handelt sich hierbei um das fundamentale Problem der **Faserleitung** bzw. **-ausrichtung**. Ein weiterer Fragenkomplex gilt denjenigen Mechanismen, mit deren Hilfe Neurone unterschiedlicher Herkunft zwischen sehr verschiedenartigen Zielzellen zu unterscheiden vermögen, so daß im Endeffekt funktionstüchtige synaptische Verbindungen entstehen. Letzteres ist ein Problem der **neuronalen Spezifität**.

Im folgenden werden zur Beantwortung obiger Fragen zunächst die morphogenetischen Aspekte der Induktions- und Differenzierungsvorgänge der Nervenzellen bei der Bildung größerer neuronaler Verschaltungseinheiten und deren Hilfsstrukturen behandelt sowie anschließend einige wichtige zelluläre und molekulare Aspekte der Neuronendifferenzierung etwas detaillierter erörtert.

2.1 Morphogenetische Aspekte der Ausprägung von neuronalen Strukturen

Das zentrale Nervensystem (ZNS) der Wirbeltiere (Rückenmark und Gehirn) entsteht während der Embryonalentwicklung aus der Neuralplatte, die sich an der Rückenseite des Embryos befindet. (Im Gegensatz dazu liegen bei Wirbellosen die entsprechenden Anlagen für ein zentrales Nervensystem auf der Bauchseite.) Die **Neuralplatte** faltet sich im Verlauf der weiteren Entwicklung ein und bildet schließlich ein geschlossenes Neuralrohr um einen mit Ce-

rebrospinalflüssigkeit (Liquor) gefüllten Hohlraum **(Ventrikel)**, der die gesamte Länge des Rohres durchzieht. Im Kopfbereich treten zunächst Ausweitungen der Hirnventrikel sowie Verdickungen der Wandabschnitte auf, aus denen die drei ursprünglichen Hauptabschnitte des Hirns, nämlich Prosencephalon, Mesencephalon und Metencephalon, hervorgehen. Neuralrohr und Hirn werden von schützenden Hüllen (Meningen) und Knochenbildungen

(Wirbelsäule und Schädelkapsel) eingeschlossen.

Die fortschreitende Entwicklung und Ausreifung des Hirns, embryonal wie auch phylogenetisch betrachtet, beruht auf Wachstums- und Differenzierungsvorgängen auf zellulärer Ebene.

Man unterscheidet dabei acht verschiedene Schritte bzw. Stadien:

1. Induktion der Neuralplatte,
2. Vermehrung der Zellen bestimmter Regionen,
3. Wanderung der Zellen vom Ort ihrer Entstehung zu den Stellen, an denen sie schließlich bleiben,
4. Bildung anatomisch identifizierbarer Zellverbände,
5. Ausreifung (Differenzierung) der einzelnen Nervenzellen,
6. Bildung von Verbindungen zwischen den Nervenzellen,
7. selektiver Tod einzelner Nervenzellen und schließlich
8. Umstrukturierung einiger anfänglich gebildeter Verbände mit Stabilisierung der verbleibenden.

2.1.1 Induktion von Neuralplatte und Neuralleiste

In der menschlichen Embryonalentwicklung wird das Nervensystem sehr früh angelegt. Nach der Befruchtung der Eizelle und der Implantation des Keims in der Uterusschleimhaut, etwa am 6. Tag, bilden sich aus dem Zellkomplex des **Embryoblasten** zunächst die Amnion- und die Dottersackhöhle aus, am 7. bis 8. Tag dann die beiden Keimblätter Ektoderm und Entoderm. Zwischen diese beiden schiebt sich die Chorda-Mesodermplatte als erste eigene Organanlage für zukünftig im Inneren des Organismus gelegene Organe. Von diesem Mesoderm gehen noch nicht gänzlich erforschte Induktionswirkungen aus, die einen Teil des darüber gelegenen Ektodermmaterials veranlassen, sich in Nervengewebe umzuwandeln und eine Neuralplatte auszubilden (Abb. 2.1).

Bei der **Induktion** dieser lokalen Vorgänge spielen offenbar besonders zwei niedermolekulare Proteine durch ihr Konzen-

trationsverhältnis eine wichtige Rolle. Eines dieser Proteine scheint dafür verantwortlich zu sein, daß überhaupt Nervengewebe ausgebildet wird, das andere scheint durch unterschiedliche Konzentration in den einzelnen Abschnitten der Neuralplatte die regionalen Unterschiede bei der Ausprägung der Neuralanlage hervorzurufen. Die Isolation der in Frage kommenden Stoffe ist jedoch bisher noch nicht gelungen.

Auch spielt bei der Induktion eine zeitliche Komponente eine weitere wesentliche Rolle. Die zeitliche Abfolge, in der die Neuralplatte in einzelne Induktionsbereiche aufgegliedert wird, ist genau festgelegt. Als erstes werden die Bereiche für das Vorderhirn induziert, danach die für das Mittel- und Hinterhirn und zuletzt die für das Rückenmark.

a) Neuralplatte

Schon während ihrer Ausbildung werden die Einzelabschnitte der Neuralplatte offenbar aufgrund chemischer Einflußnahme dahingehend determiniert, wozu sie sich später entwickeln müssen. Durch diese Induktion bildet sich am Vorderende der Neuralplatte zunächst ein Feld, aus dem sowohl das Vorderhirn wie auch die Nervenzellen des Auges hervorgehen. Eine Schädigung dieses Feldes auf einem sehr frühen Stadium wird durch vermehrtes Zellwachstum wieder ausgeglichen, es folgt eine normale Weiterentwicklung. Tritt eine Schädigung des gleichen Feldes in gleichem Ausmaß zu einem etwas späteren Zeitpunkt der Entwicklung auf, findet kein vermehrtes Zellwachstum mehr statt, und es kommt zu Dauerschäden an Vorderhirn und/oder Augennetzhaut. Die Entwicklung ist also bereits in diesem Frühstadium der ersten Anlage eines einzigen Vorderhirnfeldes im Bereich der Neuralplatte vorgegeben.

Im Zuge der weiteren Entwicklung untergliedert sich das Vorderhirnfeld in verschiedene Felder – ein eigenes Vorderhirn- und ein Augenfeld. Es folgt dann im Vorderhirnfeld die Abgrenzung einzelner spezieller Zellgruppen, deren Entwicklung zu ganz bestimmten Gebieten des ausdifferenzierten Vorderhirns verfolgt werden kann.

Die Zellenzahl der Neuralplatte ist verhältnismäßig gering, nämlich nur etwa

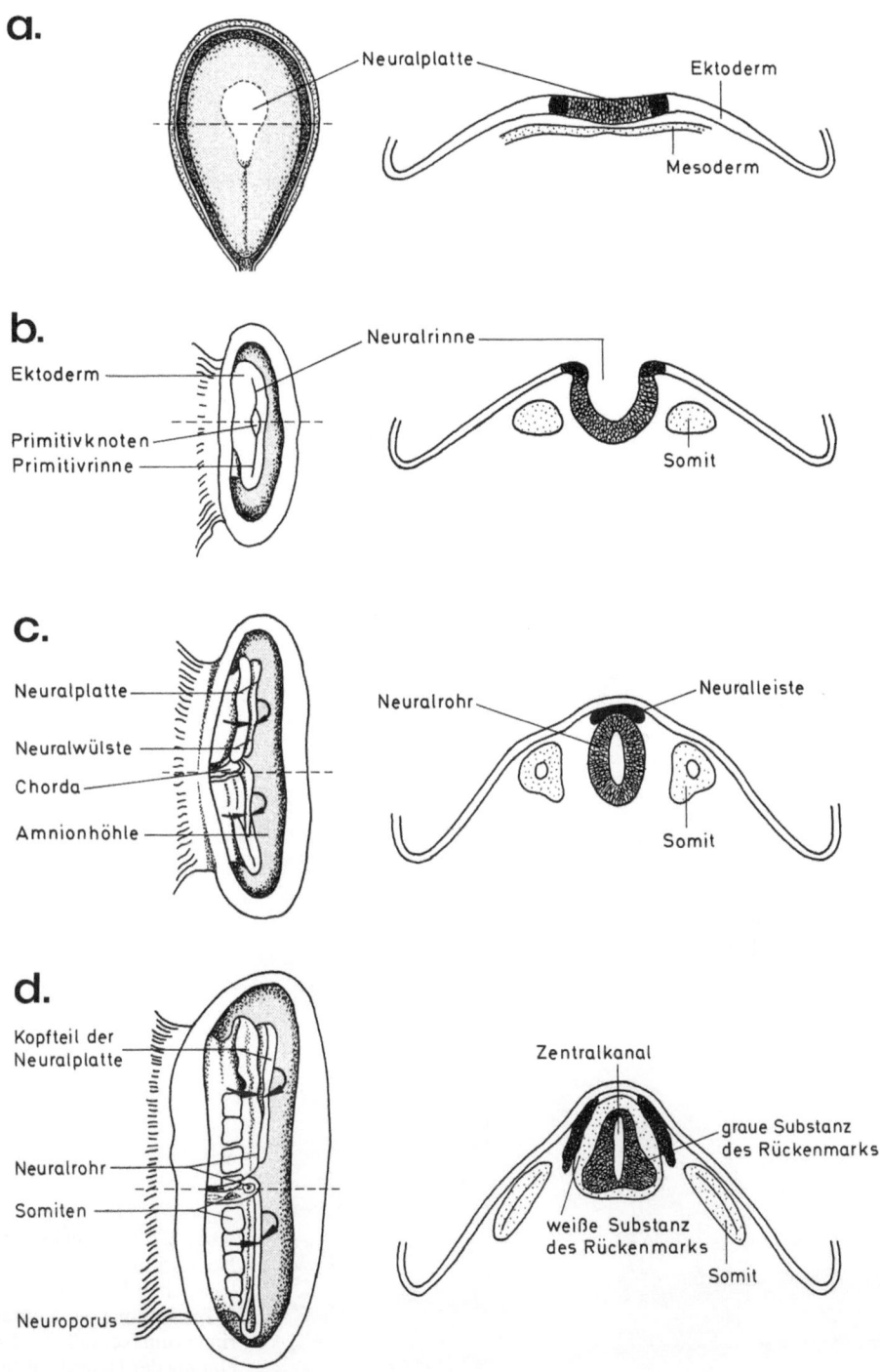

Abb. 2.1. Bildung des Nervensystems aus dem Ektoderm eines menschlichen Embryos im Verlauf der 3. und 4. Woche nach der Befruchtung. Äußere Gestalt des Embryos links, Querschnitt durch den Embryo jeweils rechts. **a:** Neuralplatten-Stadium, **b:** Neuralrinnenbildung, **c:** Neuralrohr-Stadium, **d:** Bildung des Rückenmarks

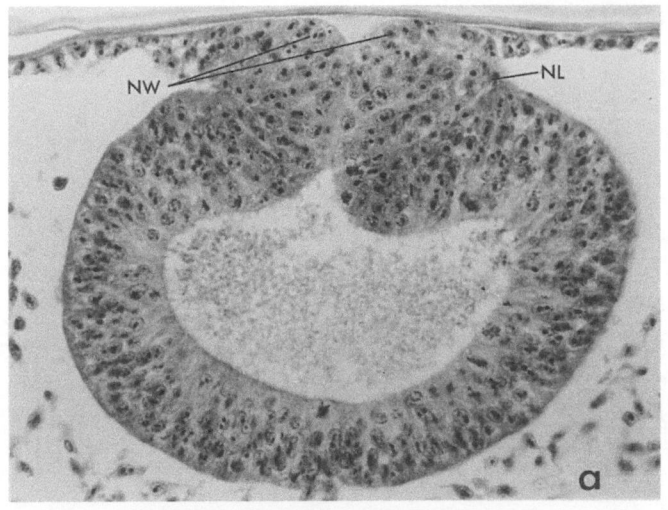

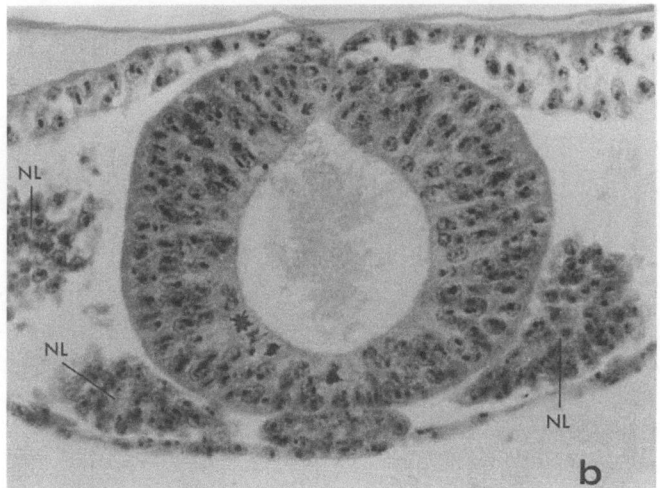

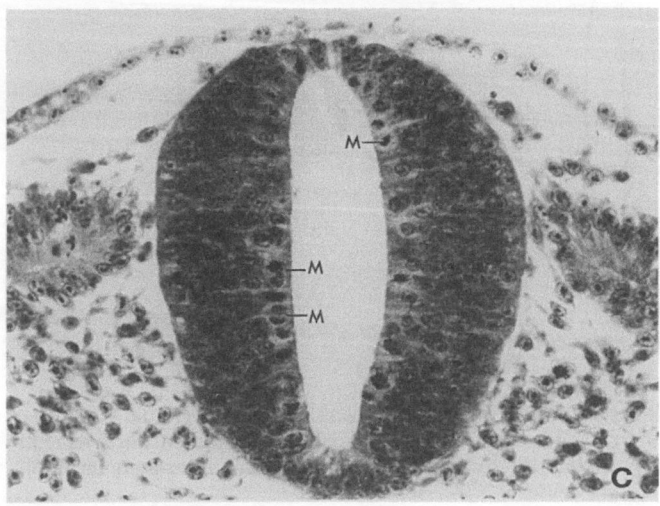

Abb. 2.2. Entwicklung des Neuralrohres und der Neuralleiste eines Kükens
a: Einsenkung der Neuralrinne zum Neuralrohr, Einebnung der Neuralwülste (NW) und Entstehung der Neuralleiste (NL)
b: Abwanderung der Zellen der Neuralleisten
c: periventrikuläre Mitosen (M) der Urneuroblasten

125 000, wie Untersuchungen an Amphibien ergaben. Etwa vom 18. Tag an beginnt die Neuralplatte jedoch, zu beiden Seiten der immer weiter einsinkenden **Neuralrinne** durch vermehrte Zellteilung Wülste zu bilden und sich auf diese Weise aufzufalten. Die **Neuralwülste** vergrößern sich zunehmend und schieben sich vor, bis sie sich schließlich berühren und miteinander verkleben. So bilden sie zwischen dem 21. und 31. Tag, von der Mitte her beginnend, in der gesamten Länge das **Neuralrohr** aus, welches zunächst noch vorn und hinten offen ist. Durch Einrollbewegungen der Neuralwülste verschwinden diese Öffnungen und beenden damit die Abgliederung des Neuralrohres vom Ektoderm. Es treten beim Menschen gelegentlich Mißbildungen auf, bei denen diese Entwicklung des Neuralrohres nicht vollständig abgeschlossen ist, z.B. bei Kindern mit Spaltbildungen am unteren Ende der Wirbelsäule **(Spina bifida)** oder mit Öffnungen im caudalen Bereich **(Myeloschisis**, Myelozele).

b) Neuralleiste

Schon während der Abfaltung des Neuralrohres wird an der Grenze zwischen dem Integument-Ektoderm und der Neuralplatte eine besondere Zellformation sichtbar

(Abb. 2.2). Diese löst sich kurz vor der Vereinigung der Neuralwülste vom Ektoderm ab, bleibt aber zunächst noch mit dem oberen Rand der Wülste verbunden. Während der Schließung des Neuralrohres wird somit auch diese von beiden Seiten herangebrachte Zellsubstanz zunächst zu einem einheitlichen Körper, nämlich der **Neuralleiste**, verbunden. Diese erfährt nach der endgültigen Schließung des Neuralrohres eine selbständige Entwicklung, insbesondere durch peripheres Wachstum, Auswanderung von Zellen zu anderen Körperteilen und verschiedenartigste Differenzierungen (Abb. 2.3). Von der Neuralleiste des Rückenmarks stammen ab:

- die Neuroblasten der **Spinalganglien** und der peripheren Ganglien,
- die Sympathicoblasten des **Grenzstrangs des Sympathicus** und der peripheren **vegetativen Ganglien**,
- die **parasympathischen Ganglien**,
- **Pigmentzellen** des Nebennierenmarks (Phäochromoblasten),
- alle Glio- und Spongioblasten der gesamten **peripheren Glia** und
- die **Melanoblasten** für die Pigmentzellen von Rumpf und Extremitäten.

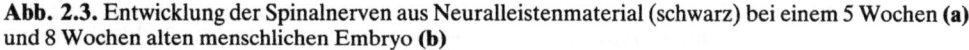

Abb. 2.3. Entwicklung der Spinalnerven aus Neuralleistenmaterial (schwarz) bei einem 5 Wochen **(a)** und 8 Wochen alten menschlichen Embryo **(b)**

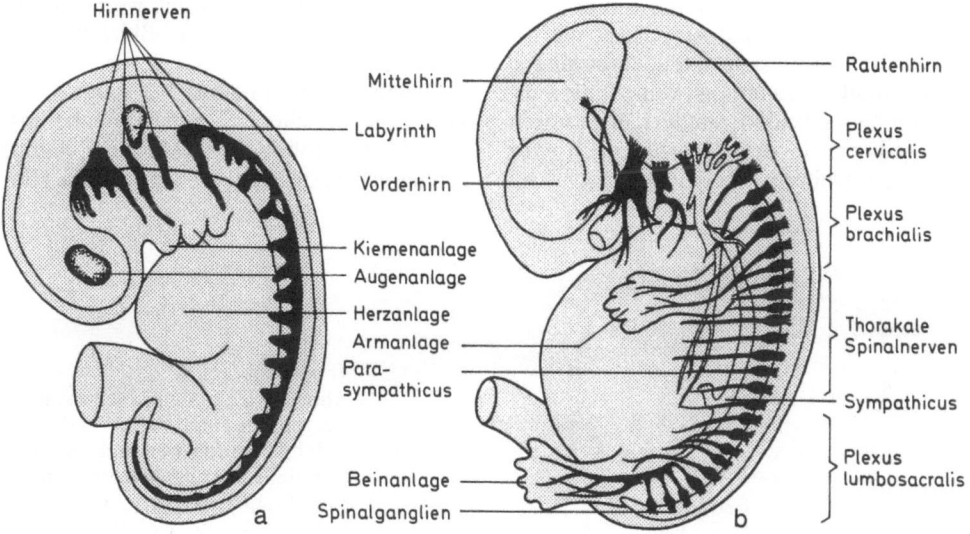

Hirnnerven

Mittelhirn

Labyrinth

Vorderhirn

Kiemenanlage
Augenanlage

Herzanlage
Armanlage
Parasympathicus

Beinanlage
Spinalganglien

a

Rautenhirn

Plexus cervicalis

Plexus brachialis

Thorakale Spinalnerven

Sympathicus

Plexus lumbosacralis

b

2.1.2 Vermehrung der Nervenzellen

Sobald das Neuralrohr geschlossen ist, steigt die Zellteilungsrate der Zellen sprunghaft an. Die zuerst dünne Wand des Neuralrohres wird in der Folge zu einem dicken Epithel, in dem die Zellkörper mehr oder weniger entfernt von der Innenwand zu finden sind. Vor der Ausdifferenzierung von typischen Gewebekomplexen nehmen noch alle Zellen an der Zellteilung teil, und zwar nach einem sehr merkwürdigen Modus: Nur an der Innenwand des Neuralrohres ist die Teilung von Zellen möglich (ventrikuläre Mitosen, vgl. Abb. 2.2c), nicht dagegen an der Außenseite. Sobald sich also eine Zelle geteilt hat, bildet sie einen Fortsatz aus, mit dem der Zellkörper mit der Innenwand verbunden bleibt. Der Fortsatz wächst in der Folgezeit aus und schiebt damit die Zelle immer weiter von der Innenwand fort (Abb. 2.4). Unterdessen wird im Zellkörper DNS für den nächsten Zellteilungsschritt synthetisiert. Dazu wird der Fortsatz zur Innenwand wieder rückgebildet und damit der Zellkörper wieder zur Innenwand zurückgeholt. Offenbar können nur hier die notwendigen Mitoseapparate ausgebildet werden. Nach erfolgter Zellteilung wiederholt sich der Vorgang des Herausgeschoben- und Wiederzurückgeholtwerdens so oft, wie für es jeden einzelnen Hirn- und Rückenmarksabschnitt offensichtlich erforderlich ist.

Nach der entsprechenden Anzahl von Teilungscyclen verlieren die zukünftigen Nervenzellen die Fähigkeit, DNS zu synthetisieren und damit sich zu teilen. Sie sind in diesem Stadium zwar noch keine funktionsfähigen Nervenzellen, sondern noch unreif und bedürfen in der Folgezeit noch ganz spezieller weiterer Entwicklungsschritte.

Neben den zukünftigen Nervenzellen sind jedoch bei der Vermehrung der primären Neuroblasten auch die Glioblasten, d.h. die zukünftigen Gliazellen des Hirns, entstanden (Abb. 2.5), die die Fähigkeit zur Teilung zeitlebens behalten und in der Folgezeit in engster Verbindung mit den Nervenzellen als Astrocyten oder Oligodendrocyten zu deren Versorgung und als Isolierungsmaterial gegenüber elektrischem Strom fungieren (vgl. Kap. 6.2.7).

Das Neuralrohr entwickelt sich im Rumpfbereich zum späteren Rückenmark, im Kopfbereich zum Hirn. Die Entwicklung geht im Prinzip zunächst in relativ gleicher Weise vor sich, zum **Rückenmark** etwas übersichtlicher, weil sie im gesamten Rohrbereich gleichmäßig vonstatten geht. Am Ende der Vermehrungsphase hat sich aufgrund der ventrikulären Mitosen die Ventrikularschicht des embryonalen Rückenmarks ausgebildet. Dabei wurde der vom Neuralrohr umschlossene Hohlraum von einem zylinderepithelartigen **Ependym** ausgekleidet. Diese Ependymzellen sind aus denjenigen Zellen hervorgegangen, die am Ende der neuralen Zellteilungscyclen ihr Teilungsvermögen nicht eingebüßt hatten (vgl. Abb. 2.5).

Im Kopfbereich bleibt das Neuralrohr nicht typisch röhrenförmig, sondern es werden sehr früh durch aufeinanderfolgende Erweiterungen und Verengungen des Neuralrohres die primären **Hirnbläschen** gebildet, nämlich zuerst das Vorderhirnbläschen (Prosencephalon) − das sich weiter unterteilt in das eigentliche Großhirnbläschen (Telencephalon) und das Zwischenhirnbläschen (Diencephalon) −, danach das Hinterhirnbläschen (Rhombencephalon). Das Mittelhirnbläschen (Mesencephalon) schließlich ist offenbar zunächst in das I Iin

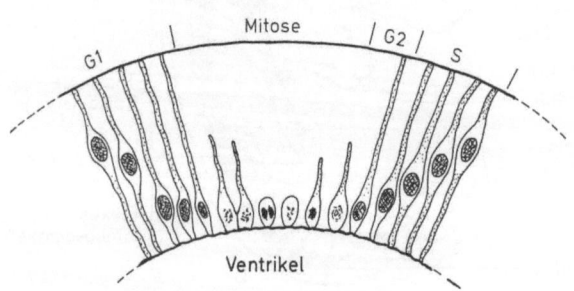

Abb. 2.4. Zellteilungscyclus von Nervenzellen und deren Wanderung in der Neuralrohrwandung zwischen Germinalzone und äußerer Hirnhaut. G und S: die verschiedenen Mitosephasen des Neuroblasten

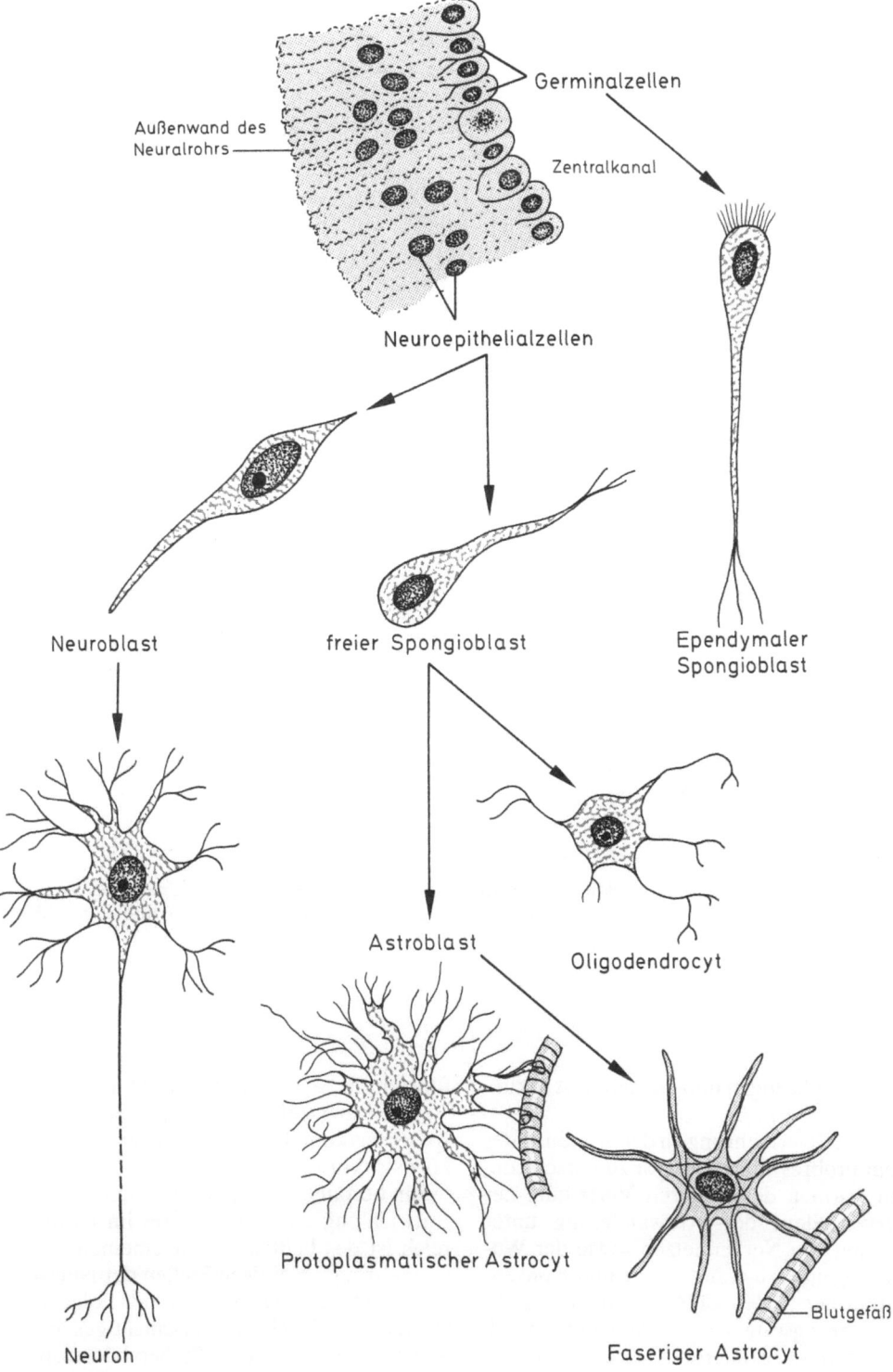

Abb. 2.5. Histogenese der Zellen des ZNS der Wirbeltiere

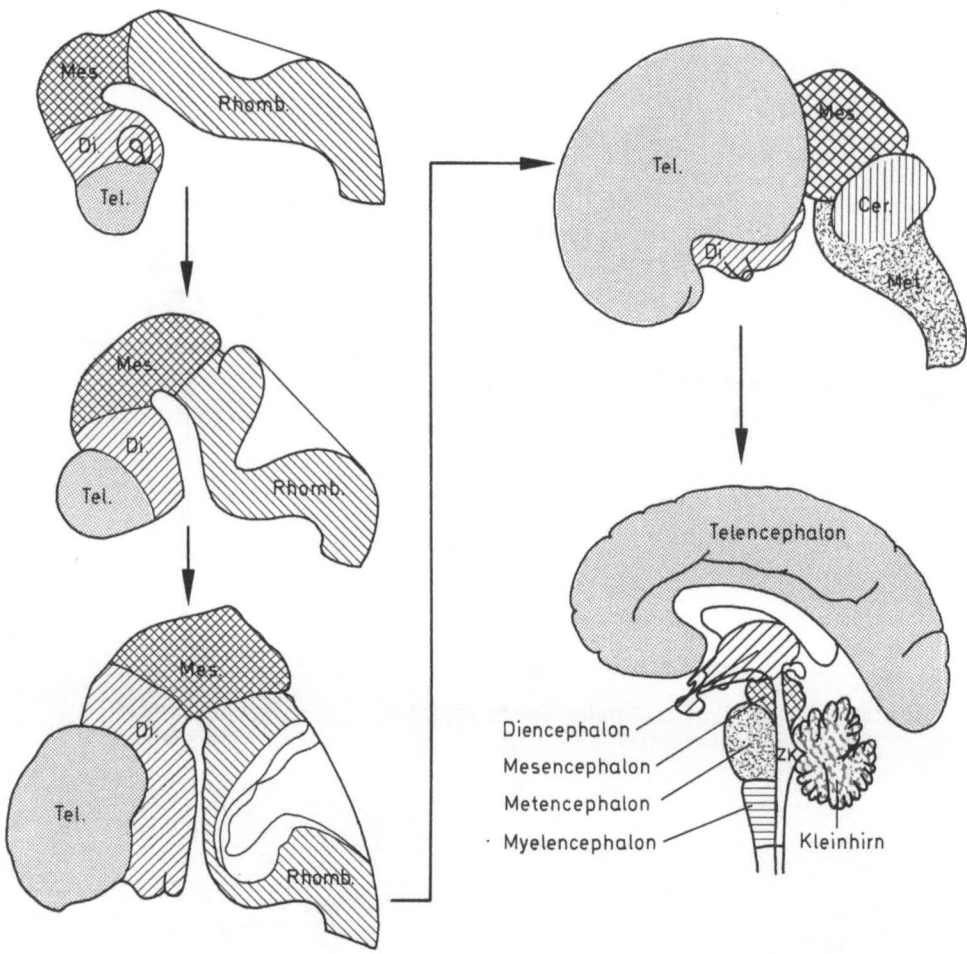

Abb. 2.6. Ontogenetische Entwicklung des ZNS höherer Wirbeltiere durch Differenzierung des Spinalrohres in Vorderhirn (Tel- und Diencephalon), Mittelhirn (Mesencephalon) und Hinterhirn (Rhombencephalon mit Met- und Myelencephalon)

terhirn einbezogen und entsteht erst sekundär (Abb. 2.6).

Die Zellvermehrung an der Wandung des Neuralrohres führt letztlich zu verschiedenen Formen der späteren Verteilung der Nervenzellen, der Auswanderung unter Bildung von Nervennetzen sowie der Wucherung und Auswanderung unter Konzentration der Zellen zu Zellagern. Die Zellvermehrungsrate ist jedoch nicht überall gleichförmig: Stellenweise treten enorme Zellvermehrungsraten auf, die zu besonderen Verdickungen der Hirnwandungen

führten. In anderen Bereichen bleibt die Vermehrung zurück. Dadurch ergibt sich später das komplizierte Relief der einzelnen Hirnstrukturen.

Ein besonderes Charakteristikum für die Entwicklung des Neuralrohres im Hirnbereich ist das Fehlen der allgemeinen Zellvermehrung an einigen Stellen der Neuralrohrwandung. Hier bleibt in der Folgeentwicklung lediglich ein einschichtiges Epithel erhalten. An diesen Stellen bilden später einwandernde Gefäße knäuelartige Geflechte, die **Adergeflechte (Plexus choroi-**

dei) aus, die dann hier in besonders inniger Verbindung zum Lumen der Ventrikel stehen (vgl. Abb. 3.5.4).

Die maximale Zahl an Nervenzellen in jeder Hirnregion wird von drei Faktoren bestimmt:

- von der Dauer der Zellteilungsphase, die Unterschiede von wenigen Tagen bis zu mehreren Wochen aufweisen kann;
- von der Dauer des einzelnen Zellteilungscyclus, der mit fortschreitender Entwicklung immer langsamer abläuft, von nur wenigen Stunden beim jungen Embryo bis zur Dauer von 5 Tagen in späteren Phasen, sowie
- von der Anzahl der Zellen, von der primär die Entwicklung einer bestimmten Hirnregion ausgegangen ist.

In einigen Fällen reicht für die Bildung bestimmter Hirnstrukturen die Vermehrung in der ursprünglichen Ventrikularschicht nicht aus (vgl. Abb. 2.7). Hier kann es zusätzlich zur Ausbildung einer **Subventrikularschicht** kommen, in der sich – im Gegensatz zur Norm – bereits abgewanderte zukünftige Nervenzellen noch weiter teilen. Diese Schicht ist vor allem im Vorderhirn besonders ausgeprägt und kommt auch im Hinterhirn, speziell im Kleinhirn, vor. In den wenigen Wochen der Aktivität dieser Subventrikularschicht werden hier zusätzlich noch Milliarden von besonders kleinen Nervenzellen produziert.

Diese **Neurogenese** im Sinne einer **mitotischen** Vermehrung von Nervenzellen findet bei höheren **Wirbeltieren** schon früh ihren Abschluß: bei Mäusen etwa in der 3. Woche postnatal, beim Menschen bis zum 2. Lebensjahr. Nur bei niederen Vertebraten (Fischen und Amphibien) bildet die Mantelzone auch noch im adulten Stadium Neuroblasten aus, die sich zu Neuronen ausdifferenzieren können. Hierauf gründet sich das hohe Regenerationsvermögen des ZNS bei den primitiven Vertebraten.

Die **Steuerung der Zellvermehrung** ist noch nicht geklärt, aber offensichtlich streng determiniert. Eine wesentliche Rolle scheint dabei die zeitliche Komponente zu spielen, denn es ist der jeweilige Zeitpunkt, an dem sich während der embryonalen Entwicklung eine Zelle bildet, ausschlaggebend für ihre zukünftige Weiterentwicklung. Eine aus dem Teilungscyclus ausscheidende Zelle, also junge Nervenzelle, gelangt nämlich anschließend voraussagbar an einen ganz bestimmten Platz, differenziert sich in ganz bestimmter Weise, und es scheint zu diesem Zeitpunkt auch schon festzuliegen, mit welchen Zellen spätere Verknüpfungen stattfinden.

Für diese Vorgänge der Zell-zu-Zell-Erkennung dürfte es ganz natürliche Erklä-

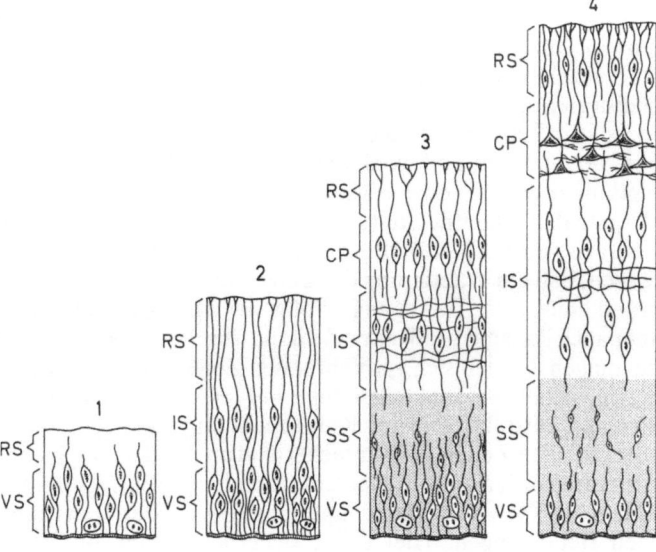

Abb. 2.7. Ontogenetische Bildung von Zellverbänden (Stratifikation) im ZNS der höheren Vertebraten
VS: Ventrikularschicht
RS: Randschicht
IS: Intermediärschicht
SS: Subventrikularschicht
CP: corticale Platte
1: Neuralrohr-Stadium
2: Stadium der Zellteilung und -auswanderung
3: Anlage der corticalen Platte im Vorderhirn
4: Ausdifferenzierung eines geschichteten Cortex

rungen geben. Einen Schlüssel dazu liefert wahrscheinlich die zur Zeit ins Blickfeld intensiver Forschung gerückte Stoffgruppe der Ganglioside, die zwar überall im Körper vorkommen, im Hirn jedoch besonders angereichert und komplex zusammengesetzt sind (vgl. Kap. 8.2).

2.1.3 Wanderung der Nervenzellen

Nach Beendigung der Zellteilungscyclen, deren Zahl für jedes Hirngebiet ebenfalls festgelegt zu sein scheint, wandern die Zellen aus der periventrikulären Matrixschicht zunächst in eine intermediäre Zellschicht aus (Abb. 2.7).

Diese Schicht besteht aus jungen, noch nicht ausdifferenzierten Nervenzellen **(Neuroblasten)**, die ihre Teilungsfähigkeit inzwischen eingebüßt haben, sowie aus ebenfalls noch nicht ausdifferenzierten Gliazellen **(Glioblasten)**, die die Teilungsfähigkeit zeitlebens nicht verlieren.

Relativ frühzeitig während der Ontogenese entstehen die Neuroblasten, aus denen sich später besonders große und/oder mit besonders langen Fortsätzen ausgestattete Nervenzellen entwickeln. Neuroblasten für kleinere Nervenzellen entstehen erst später. Die ersten funktionsfähigen Gliazellen entstehen offenbar gleichzeitig mit der Ausbildung der ersten Neuroblasten. Dies ist sehr wesentlich für die weitere Ausdifferenzierung und Organisation der neuronalen Strukturen insofern, als die ersten Gliazellen ein Stützgerüst für die auswandernden Nervenzellen darstellen. Diese ersten spezialisierten Gliazellen bleiben mindestens so lange in Funktion, bis die Auswanderung der Nervenzellen und wohl auch ihre Verbindung zu ersten Netzen abgeschlossen ist.

Aus zahlreichen Zellkulturexperimenten – zuerst von HARRISON (1910) – ist erwiesen, daß die Wanderung der Zellen aufgrund amöboider Bewegung erfolgt. Es ist aber auch bekannt, daß unter Zellkulturbedingungen aus den sich vermehrenden Zellen nie eine voll funktionsfähige nervöse Struktur entsteht. Die im Kulturmedium entstehenden Zellen sind einfacher und anders strukturiert als die entsprechenden Zellen im Gewebeverband unter natürlichen Bedingungen. Hier spielt sicherlich

die Wechselwirkung mit den Gliazellen eine ausschlaggebende Rolle. Störungen bei der Ausbildung der Gliazellen oder deren vorzeitiger Abbau führen zu Fehlleitungen und falschen Endpositionen oder überhaupt dem Unterbleiben einer Wanderung bestimmter Nervenzellen. Die falsch geleiteten Zellen finden dann auch keinen Kontakt zu anderen und sterben später ab.

Wie vollzieht sich nun eine „amöboide" Bewegung, was sind die Ursachen? Schon von RAMON Y CAJAL (1911) wurden auffällige Strukturen an den Enden von Nervenfasern entdeckt, die sogenannten **Wachstumskegel (growth cones)**. Elektronenoptische Untersuchungen stellten als Besonderheit kleine dünne Spitzen als Fortsätze von größeren Ausstülpungen **(Filopodia)** heraus. Mit diesen Spitzchen heftet sich die Zelle an die umgebende Struktur an. Die Wachstumskegel und ihre Fortsätze enthalten ein ganzes Netzwerk von **Mikrofilamenten**. Letztere sollen durch den Gehalt des Proteins **Actin** eine kontraktile Fähigkeit besitzen, als Grundlage für die Bewegung, mit deren Hilfe die ganze Zelle nachgezogen werden kann.

Außerdem enthalten die Wachstumskegel Mitochondrien, Mikrotubuli, Vesikel und Ribosomen. Die Kegel sind Orte hochenergetischer Stoffwechselprozesse. Ständig werden hier neue Membranen und andere Partikel gebildet, hierzu findet ein intensiver Transport von Material vom Zellkörper aus durch Axone und Dendriten statt (vgl. Kap. 9). Die Wachstumskegel von Axonen und Dendriten haben offenbar ähnliche Eigenschaften, sie sind insgesamt einfacher gebaut als später die ausdifferenzierten synaptischen Endigungen der funktionsfähigen Nervenzelle. Auch die Wachstumskegel der Glia sollen ähnlich strukturiert sein und nach dem gleichen Prinzip funktionieren.

Das Auswachsen der Nervenzellfortsätze kann durch vielerlei chemische Stoffe, die insbesondere mit der Membran reagieren, beeinflußt werden (vgl. Kap. 2.2).

Elektrophysiologisch wurde nachgewiesen, daß das Wachstum und die Funktion der Wachstumskegel und damit die aktive Bewegung der Zelle in Form der amöboiden Bewegung abhängig von der Anwesenheit von Ca^{2+} sind. Ca^{2+} wird in Verbindung

gebracht mit der Kontraktilität der Filamente; es beeinflußt die Form des Wachs-
tumskegels sowie die anderer Zellstrukturen und auch die Art der Bewegung. Eine
sinnvolle Hypothese zur Erklärung dieser
Befunde bietet sich mit dem Gangliosid-
funktionsmodell, welches im Zusammenhang mit der Funktion der Synapsen näher
erläutert wird (vgl. Kap. 8.2).

2.1.4 Bildung identifizierbarer Verbände

Im Normalfall erfolgt die Auswanderung
der Zellen aus der Ventrikularschicht bis in
die Intermediärschicht. Im Vorderhirn
(Telencephalon) jedoch durchwandert ein
Teil der Zellen diese Schicht und sammelt
sich in einer dritten Schicht, der sogenannten corticalen Platte (Abb. 2.7), aus der sich
die Großhirnrinde entwickelt. Außerdem
gelangt ein Teil der Zellen nicht bis in die intermediäre Schicht hinein, sondern lagert
sich darunter als Zwischenschicht zwischen
Ventrikularschicht und Intermediärschicht
als **Subventrikularschicht**. Diese Zellen
sind weiterhin teilungsfähig und bringen vor
allem im Großhirn und Kleinhirn große
Mengen an kleinen Nervenzellen hervor,
die durch Wanderung dann ebenfalls in die
Endpositionen gelangen. Im **Großhirn**
bauen sich daraus die mächtigen Basalganglien der Großhirnhemisphären auf, und
ein Teil der kleinen Zellen der Großhirnrinde stammt hierher.

Ausnahmsweise wandern im Hinterhirn
(Metencephalon) aus der Subventrikularschicht auch noch teilungsfähige Zellen aus,
die in einer zweiten Wanderungsphase unter die Oberfläche des Kleinhirns (Cerebellum) gelangen und dort eine neue Zell-
teilungsschicht ausbilden. In den kurzen
Wochen ihrer Aktivität werden hier Milliarden von Körnerzellen und Interneurone des
Kleinhirns gebildet.

Im letzten Stadium der Auswanderung
bleibt die Ventrikularschicht als dünne
Auskleidung der Ventrikel übrig, und es erfolgt nach und nach in den weiter entfernten
Schichten die Ausdifferenzierung.

Die Grundform des **Rückenmarks**, die
als Elementarstruktur auch im Hirn noch

deutlich zu erkennen ist, entsteht infolge
ungleicher Vermehrungsraten in der Matrixzone, wobei mehr Zellmaterial in den
seitlichen Abschnitten entsteht und sich
nachfolgend durch entsprechende Wanderbewegungen zu einer schmetterlingsähnli-
chen Querschnittsform verteilt. So kommt
es zu der charakteristischen Gliederung in
die dünneren, vor allem aus Fasern bestehenden Deck- und Bodenplatten und die
aus zellkörperreichem Material bestehenden seitlichen Grund- und Flügelplatten
(vgl. Abb. 3.12, Kap. 3.2.2.1).

2.1.5 Ausdifferenzierung der Nervenzellen

Die Ausdifferenzierung der Nervenzellen
geht Hand in Hand mit ihrer Gesamtent-
wicklung von ihrem Ursprung als Neuro-
blast bis zu ihrer Inbetriebnahme.

Aufgrund der molekularen Oberflächen-
struktur ihrer Membran finden die Neuroblasten in ganz spezifischer Weise zu Zell-
aggregaten zusammen, wenn sie erst einmal
ihre endgültige Position erreicht haben. Die
Neuroblasten sind dann schon so spezifisch
ausgerüstet, daß sie sich, wenn sie experimentell durcheinandergeschüttelt werden,
wieder in der richtigen Weise zusammenla-
gern können. Die Spezifität des molekularen Erkennens betrifft sogar die Ausrich-
tung der Einzelzelle, wie anhand der besonders großen Pyramidenzellen im Vorderhirn nachgewiesen. Diese Zellen sind immer in gleicher Position − Dendriten senkrecht zur Hirnoberfläche nach oben, Axone
nach unten − ausgerichtet.

Zur **Differenzierung der Nervenzellen**
gehört einmal die Ausbildung ihrer Fasern,
zum anderen die Inbetriebnahme von Zelle
und Fasern im Hinblick auf ihre spezifische
Funktion. So wird für jede Zelle beispielsweise der Modus der Erregungsaufnahme
und -leitung genau festgelegt sowie auch, ob
und mit welchem Transmitter synaptische
Erregungspotentiale ausgelöst werden,
oder welcher Transmitter unter welchen
Umständen von den Zellen gebildet wird.
Auf diesem Gebiet der allgemeinen Grundlage der Differenzierung der Nervenzellen
sind noch intensive Forschungen bis zu einer endgültigen Klärung notwendig.

Wesentlich weiter gekommen ist man dagegen in der Erforschung der mehr morphologisch verfolgbaren Schritte der Ausdifferenzierung der einzelnen Zellen sowie der verschiedenen Hirn- und Rückenmarksgebiete und deren zeitlicher Abfolge. Die zunehmende Ausstattung der ausreifenden Nervenzelle mit Fortsätzen führt in den meisten Fällen zur Ausbildung von **multipolaren Nervenzellen** mit ihren zahlreichen Dendriten zur Erregungsaufnahme und ihrem nur in Einzahl vorkommenden, die Erregung weiterleitenden Axon. Diese Fortsätze werden meist erst gebildet, nachdem die Zelle ihre Endposition nach erfolgter Wanderung eingenommen hat. Wodurch die Faserdifferenzierung im einzelnen ausgelöst wird, ist noch nicht bekannt. Wie aus Zellkulturexperimenten hervorgeht, ist dabei eine äußere Struktur notwendig – in Kulturen wirkt einfach eine feste Unterlage –, durch die die Ausbildung induziert wird. Jedoch kommt es in Kulturen dann nicht zur Ausbildung von funktionsfähigen Verbänden. Es müssen also ganz besondere Leitstrukturen vorhanden sein, die auch für die richtige Verknüpfung der Fasern sorgen, wie dies schon für die wandernde Zelle Voraussetzung war. Der allgemeine Aufbau insbesondere der Dendriten ist bei allen Hirnzellen unter natürlichen wie auch künstlichen Bedingungen weitgehend einheitlich, so daß ein genetisch bedingter Bauplan vorausgesetzt werden muß. Die endgültige Form der gesamten Zelle dagegen ist davon abhängig, wie viele Fasern von anderen Zellen und an welchen Stellen ihr in Verbindung treten; das bestimmt letztendlich auch die genaue Position der Einzelzelle in ihrem Zellverband. Auf die Art der nun entstehenden Kontakte von Zelle zu Zelle wird an anderer Stelle genauer eingegangen (vgl. Kap. 9.2).

Die besonders durch das Auswachsen der Nervenfasern charakterisierte Ausdifferenzierung der Neurone führt zu der histologisch gut darstellbaren, mit den Perikaryen der Neurone erfüllten **Mantelzone** des Neuralrohres, von der aus sich die aus den Nervenfasern bestehende **Randzone (Zona marginalis)** ableitet. Da viele Nervenfasern der höheren Wirbeltiere von Markscheiden aus Oligodendrogliazellen umgeben sind (vgl. Kap. 1.2), hebt sich eine solche Faser-schicht als weiße Substanz **(Substantia alba)** deutlich von der grauen Zellkörperschicht **(Substantia grisea)** ab. Mit der Auftreibung des Neuralrohres im vorderen Körperabschnitt zu den mit Cerebrospinalflüssigkeit angefüllten Hirnventrikeln erfolgt nun eine differenziertere Ausprägung der Mantel- und Randzonen in Form von unterschiedlich geschichteten Hirnstrukturen, auf die im Kap. 3 speziell unter funktionsmorphologischen Gesichtspunkten näher eingegangen wird.

2.1.6 Eliminierung überschüssigen Materials

Während der ontogenetischen Ausdifferenzierung der Nervenzellen findet gleichzeitig eine Aussonderung überschüssiger Zellen statt. Daraus ist abzuleiten, daß ursprünglich wesentlich mehr Neuroblasten entstehen als hinterher in Wirklichkeit gebraucht werden. Dieses würde einem in der Natur oft verwirklichten generellen Prinzip entsprechen, wonach für besonders wichtige Aufgaben sicherheitshalber wesentlich mehr Material als notwendig produziert wird, wie z.B. auch im Falle des riesigen Überschusses an Fortpflanzungszellen.

Bei den **Nervenzellen** werden offenbar alle diejenigen wieder eliminiert, die während der Ausdifferenzierung keinen Kontakt zu anderen Neuronen oder Erfolgsorganen bekamen. Vor diesem Hintergrund erhält die in anderem Zusammenhang erörterte Forderung nach einer ausreichenden Reizlage während der frühen Entwicklung eines Menschen große Bedeutung, um hierdurch bestmögliche Innervierungen frühzeitig zu gewährleisten (vgl. Kap. 9.2). Die tatsächliche Verwertung von Nervenausgangsmaterial und die endgültige Größe einer nervösen Struktur richten sich nämlich nicht nach dem zur Verfügung stehenden nervösen Ausgangsmaterial, sondern nach der Größe der zu innervierenden Strukturen und den Anforderungen, die an sie gestellt werden. Experimentell konnte diesbezüglich nachgewiesen werden, daß eine Vergrößerung des normalen Bedarfs – z.B. aufgrund einer Implantierung einer zusätzlichen Beinanlage bei Amphibien – dazu führt, daß die korrespondierende Rücken-

marksstruktur entsprechend größer auswächst als normalerweise. Andererseits
kommt es zu einer Verkleinerung der Hirnstruktur, wenn die Größe des zu innervierenden Gebietes künstlich verkleinert
wurde **(Inaktivitätsatrophie)**. Für das Ge-
samthirn liegen diesbezüglich bisher noch
keine kompletten Untersuchungen vor,
sondern nur für einzelne Strukturen.

Daraus geht jedenfalls bis jetzt hervor,
daß es bei der Eliminierung nicht verwende-
ter Zellen **Schrumpfraten** zwischen 15 und
85% der ursprünglich angelegten Masse geben kann.

Zusätzlich zur Anlage überschüssiger
Neuronen kommt noch ein während der
Ausdifferenzierung zunächst erfolgendes
überschießendes Auswachsen von Nervenfasern. Bisher gibt es darüber erst wenige
Untersuchungen, wie z.B. diejenigen, wonach im Jugendstadium von Ratten die
Muskelzellen zunächst mit mehreren Synapsen in Verbindung stehen. Erst zu einem
späteren Zeitpunkt wird diese Zahl reduziert, so daß im erwachsenen Tier eine Muskelzelle jeweils nur über eine Synapse Verbindung zur Nervenzelle hat. Die Rate dieser neuromuskulären **Synapseneliminierung** hängt ab von der Aktivität des gesamten Systems. So reduziert einerseits eine
Muskelparalyse – etwa hervorgerufen
durch eine Behandlung mit prä- oder postsynaptischen Neurotoxinen – das Ausmaß
der Synapseneliminierung. Andererseits
soll die Eliminationsrate durch chronische
Stimulation neonataler Nerven oder Muskeln beschleunigt werden. Hieraus ist zu

schließen, daß der Vorgang der Synapseneliminierung Ausdruck ist für eine spezifische Inbetriebnahme einzelner weniger
Funktionssynapsen bei gleichzeitiger Reduktion von vielen frühontogenetisch angelegten „Pionier"synapsen.

Insgesamt läßt sich bereits auch für verschiedenste Nervenstrukturen ein Wechsel
in der Konvergenz und Divergenz synaptischer Verknüpfungen (vgl. Kap. 5.1) während der frühen Ontogenese der Wirbeltiere nachweisen: So erhalten beispielsweise die Ganglienzellen autonomer Nerven zunächst wesentlich mehr Eingänge von
präganglionären Fasern als im Adultzustand, und präganglionäre Fasern innervieren auch zunächst wesentlich mehr postsynaptische Zellen. Im Rattencerebellum
werden die großen **Purkinje-Zellen** zum
Zeitpunkt der Geburt von sehr vielen **Kletterfasern** angesteuert; im Reifezustand hingegen erhält jede Purkinje-Zelle Informationen nur noch von jeweils einer einzigen
Kletterfaser.

Derartigen Befunden über eine funktionsabhängige frühontogenetische Synapseneliminierung dürfte eine ganz essentielle
Bedeutung zukommen nicht nur bei der Inbetriebnahme neuromuskulärer Systeme,
sondern vor allem auch bei interneuronalen
Verschaltungen wie vor allem während der
Prägungsphase, wahrscheinlich jedoch
auch zeitlebens bei der Knüpfung neuer
Schaltkreise, die ja die Grundlage sein dürften für die fortwährend bestehenbleibende
Fähigkeit zur Gedächtnisausprägung.

2.2 Zelluläre und molekulare Aspekte der Neuronen-differenzierung

Im Anschluß an die Darstellung der Entwicklung neuronaler Elemente im Zuge der
Neurogenese sowie der Ausprägung struk-
turierter Nervenzellverbände zu einem
funktionsfähigen Ganzen soll nun noch etwas näher auf die bislang noch weitgehend
ungeklärten Fragen der neuronalen Differenzierung eingegangen werden, nämlich
darauf, wie die Fortsätze der Nervenzellen
eigentlich Anschluß an die anzusteuernden
Zielzellen, z.B. andere Nervenzellen oder

Sinnes-, Drüsen- oder auch Muskelzellen
finden.

Bekannt ist, daß jeweils zunächst nur einzelne Zellfortsätze als sog. **Pionierfasern**
vom Nervenzellkörper in die Peripherie
auswachsen, und daß diese Pionierfasern
den nachwachsenden Fasern als Leitstrukturen dienen (Abb. 2.8). Auf frühontoge-
netischem Stadium sind die Entfernungen
zwischen den sich bildenden Nervenzellen
und den zu innervierenden Strukturen zwar

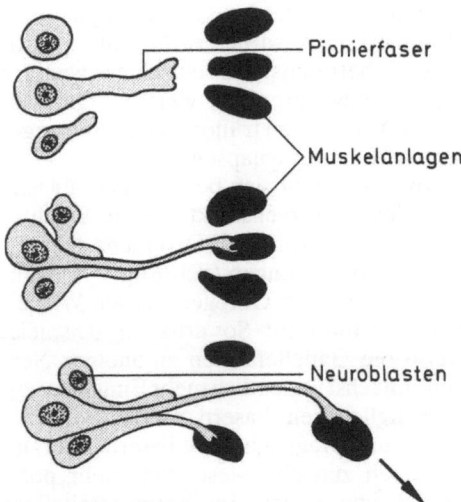

Pionierfaser

Muskelanlagen

Neuroblasten

Abb. 2.8. Auswachsen von „Pionierfasern" aus Neuroblasten während der frühontogenetischen Differenzierung

noch kurz, doch werden die Distanzen mit zunehmendem Gesamtwachstum des Embryos immer größer, so daß eine Kontaktfindung immer schwieriger werden dürfte.

Für die verschiedenen Vorgänge der Faserleitung bzw. -ausrichtung und der neuronalen Spezifität gibt es unterschiedliche Erklärungsversuche.

2.2.1 Nervenfaserwachstum durch Neurobiotaxis

Gemäß der **Neurobiotaxis-Hypothese** sollen im Gewebe bereits vorhandene Strukturen als Leitbahnen für die auswachsenden Neurone dienen. So konnte P. WEISS bereits 1943 zeigen, daß sich auswachsende Nervenfasern an einfachen Leitstrukturen, wie z.B. Kratzern in der Gewebekulturschale, mechanisch orientieren. Auf die Entwicklung der endgültigen Nervenbahnen selbst haben anschließend jedoch Art und Richtung der Erregungsvorgänge bei der funktionellen Inanspruchnahme einen Einfluß.

Hinweise für eine derartige Faserausrichtung und Wegbahnselektion ergeben sich aus Beobachtungen über das Axonwachstum in den Extremitäten des Kükens: Aus den Vorderhornwurzeln des Rückenmarks

auswachsende Nervenfasern finden auch dann ihre Effektormuskulatur, wenn die zu innervierenden Muskeln (z.B. Musculus sartorius gegenüber Musculus ischioflexorius) untereinander vertauscht wurden. Werden hingegen die Nervenanlagen in den entsprechenden Rückenmarkssegmenten untereinander vertauscht, so kommt es zu Fehlinnervationen mit entsprechenden Mißbildungen.

Hieraus ist zu folgern, daß das Auswachsen der Nervenfasern genetisch mehr oder weniger fest vorprogrammiert ist und daß vom zu innervierenden Gewebe ein starker Richtungseinfluß auf das Wachstum ausgeht. Außerdem sind auch Nachbarschaftswirkungen der Nervenzellen untereinander von großer Bedeutung, wie aus Untersuchungen am Nervensystem von **Blutegeln** hervorgeht: So bilden im Kulturmedium gehaltene große **Retzius-Zellen** untereinander elektrische Synapsen aus, was sie bei Anwesenheit anderer Neurone nicht tun. Andererseits bilden diese Retzius-Zellen mit sogenannten P-Zellen chemische Synapsen, jedoch nicht wenn dritte Zellen zugegen sind. Die Ursachen für dieses Verhalten sind noch nicht im einzelnen bekannt.

2.2.2 Nervenfaserwachstum durch Galvanotropismus

Die sog. **Galvanotropismus-Hypothese** beim Nervenfaserwachstum geht davon aus, daß sich während des Wachstums der verschiedenen Faserpopulationen unterschiedlich abgestimmte **elektrische Felder** bilden, welche die Wachstumsrichtung der auswachsenden Fasern beeinflussen (C. ARIENS KAPPERS). Bei der außerordentlichen Heterogenität der chemischen Zusammensetzung der Nervenzellen, insbesondere ihrer Membranen und deren funktioneller Interaktion mit geladenen Teilchen, sollte man diese Hypothese nicht von vornherein verwerfen, sondern sie sorgsam im Auge behalten, so lange, bis man mehr über die Bedeutung elektrischer Feldstärkenänderungen bei neuronalen Vorgängen weiß. Es ist nämlich bereits bekannt, daß durchaus endogene elektrische Ströme in einer Größenordnung von $1-10$ $\mu A/cm^2$ in verschiedenen adulten oder embryonalen Geweben vorhanden sind. Außerdem wurde an Einzelneuronen aus dem Neuralrohr z.B. von Krallenfröschen in Gewebekultur gezeigt, daß sich ihr Wachstum in Richtung auf die Kathode ausrichtet, wenn sie einem elektrischen Feld von 7 mV/cm^2 ausgesetzt sind.

2.2.3 Nervenfaserwachstum durch Chemoaffinität

Gemäß der **Chemoaffinitäts-/Neurotropismus-Hypothese**, die bereits auf RAMON Y CAJAL zurückgeht, sollen von den zu innervierenden Organgeweben chemische „Lockstoffe" abgegeben werden, welche die auswachsenden Nervenfasern zu einem gerichteten Wachstum anregen. Es wird vermutet, daß die Nervenzellen und deren Fasern irgendwelche individuellen Identifikationsausstattungen haben, mit deren Hilfe sie sich voneinander unterscheiden können. Darüber hinaus müssen auswachsende Nervenfasern, speziell im Falle der Synapsenausprägung, über ganz spezifische chemische Affinitäten gegenüber den zu innervierenden nachgeschalteten Zellen verfügen.

Den Nachweis für die Richtigkeit einer derartigen **Chemoaffinitäts-Hypothese** zu führen, fällt bei der Winzigkeit der Strukturen schwer. So versuchte man bisher, dem Geheimnis der topographischen Zuordnung mit Hilfe von neurochirurgischen Versuchsansätzen beizukommen, hingegen erscheinen Versuche hoffnungsvoller, bei denen Antikörper gegen spezifische Antigene – in diesem Fall von Blutegelneuronen – präpariert wurden. Einige dieser Antikörper „erkennen" besondere Populationen von Neuronen, ja sogar Einzelzellen. Hierin dürfte ein richtiger experimenteller Ansatz für die Zukunft gesehen werden, die Chemoaffinitäts-Hypothese der neuronalen Spezifität zu untermauern.

2.2.3.1 Nervenwachstumsfaktor (NGF)

Einen eindeutigen Beweis für das Vorhandensein eines **Chemotropismus** beim Nervenfaserwachstum erbrachte die 1954 durch R. LEVI-MONTALCINI, S. COHEN und V. HAMBURGER erfolgte Entdeckung des sog. **Nervenwachstumsfaktors (nerve growth factor; NGF)**. Es handelte sich um einen Extrakt aus einem Hauttumor der Maus, der heute in beträchtlichen Mengen auch aus der Speicheldrüse der Maus sowie eigenartigerweise auch aus Schlangengiften gewonnen wird. Die Verabreichung dieses Stoffes bewirkt an in Zellkultur gehaltenen Zellen von Neuralleistenderivaten (Sinneszellen und Sympathicusganglien) einerseits einen **neurotrophen Effekt** – das Lebensalter der Zellen wird verlängert –, andererseits einen **neuronotropen** oder **neuritogenen** Effekt – das Wachstum der Axone wird auf den Applikationsort des NGF hin ausgerichtet –. Nach Verabreichung von NGF-Antiserum kommt es bei neugeborenen Ratten zu einem vollständigen Verschwinden des sympathischen Nervensystems.

Das insulinähnlich gebaute NGF-Molekül hat ein Molekulargewicht von 130 000 und besteht in mehreren Formen: Die größte Untereinheit ist aufgrund ihres Sedimentationskoeffizienten der sog. 7S-NGF; die aktivste Form ist hingegen ein β-NGF, ein Polypeptid, bestehend aus 118 Aminosäuren, das locker mit dem 7S-NGF assoziiert ist. Der NGF bindet sich spezifisch an Rezeptormoleküle in den Nervenfaserendigungen. Mit Hilfe einer rezeptorunterstützten **Endocytose** (Stoffaufnahme durch Einstülpungen der Zellmembran im Bereich des zu absorbierenden Materials) gelangt er in die Synapse und wird von dort aus mit dem **retrograden Stofftransport** (vgl. Kap. 9.1.3) von der Synapse zum Zellkörper geschleust, von dem aus eine Änderung in der Syntheserate von Neuroplasmaverbindungen und damit ein beschleunigtes Faserwachstum gesteuert wird (Abb. 2.9). Es wird in diesem Zusammenhang diskutiert, daß die NGF-Rezeptor-Interaktion abhängig ist von der Konzentration an Ca^{2+} und cyclischen Nucleotiden oder aber, daß der NGF primär auf die Aktivität der K$^+$-Na$^+$-Pumpe in der Zellmembran Einfluß nimmt.

In der Gewebekultur wachsen nur die Fasern von Sympathicusneuronen bei NGF-Anwesenheit aus; auf die Zellkörper allein hat der Faktor keinen Einfluß. Damit ist zu folgern, daß der NGF nur auf die Nervenfaserendformationen, nämlich die Wachstumskegel (growth cones) einwirkt und daß

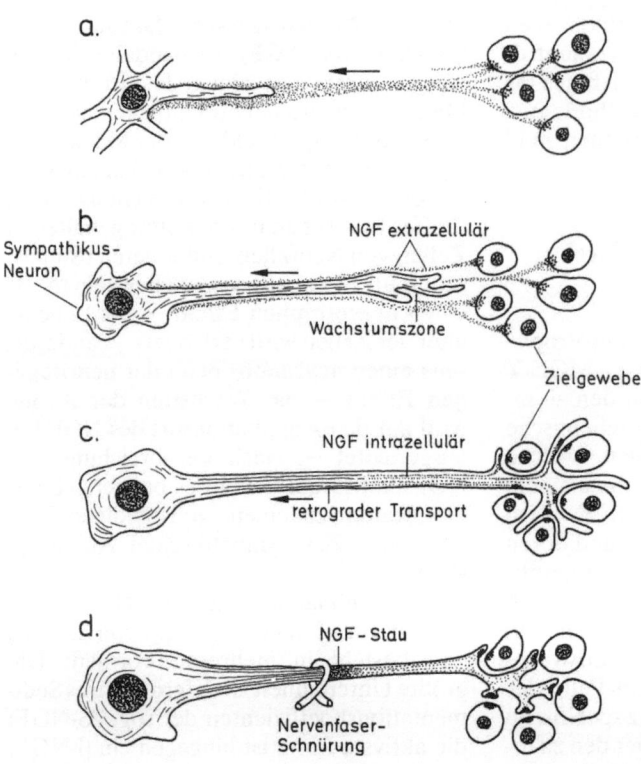

Abb. 2.9. Anlockung auswachsender Sympathicusnervenfasern durch nerve growth factor (NGF)-Sekrete von Zellen eines Zielorgans (**a, b**), Aufnahme des NGF in die Nerventerminalen durch Endocytose (**c**) sowie retrograder Transport, dargestellt nach Faserschnürung (**d**)

nur hier entsprechende Rezeptoren für ihn vorhanden sind.

2.2.3.2 Weitere Substanzen mit neuritogenem Einfluß

Zwar wurde mit dem NGF eine Substanz gefunden, die einen eindeutigen, d.h. spezifischen, neuronotropen Einfluß auf das Faserwachstum von Neuralleistenzellderivaten zeigt. Doch ist davon auszugehen, daß es eine ganze Palette anderer Verbindungen gibt, die an anderen Nervenzellfasern ähnliche Wirkungen erzielen. Einen **neuritogenen Einfluß** – ähnlich dem des NGF – üben jedenfalls auch zahlreiche andere Substanzen aus: Nach Verabreichung von **Dibutyryl-cAMP**, **cGMP**, **Phosphodiesterasehemmern** und **Calciumionen** in Gegenwart eines spezifischen Trägers, des Ionophors „A 23187", findet ebenfalls ein gerichtetes Wachstum von Nervenfasern auf die Quelle der jeweiligen Substanz hin statt. Jedesmal wurde das verstärkte, ge-

richtete Wachstum der Nervenfasern eingeleitet mit einer erhöhten Bildung von **Filopodien**, d.h. kleinen, füßchenartigen Auswüchsen des Protoplasmas, und damit von Membranveränderungen im Bereich der Wachstumskegel.

Wichtige Hinweise auf eine **Chemoaffinität** ergeben sich auch aus Versuchen, denen zufolge das Wachstum von Kükenciliarganglienzellen außerordentlich beschleunigt wurde, wenn ein **Laminin** enthaltendes Kulturmedium den Neuronen gerichtet verabreicht wurde (Laminin ist ein essentieller Faktor der Basallamina (vgl. Abb. 1.20b), der in vivo von vielen Zellen abgeschieden wird).

Des weiteren dürfte auch **Steroidhormonen** ein neurotropher sowie auch neuritogener Effekt zukommen.

So sprechen beispielsweise Versuche an Zebrafinken dafür, daß zusätzlich verabreichte **Steroidhormone (Testosteron)** bei männlichen Vögeln außerhalb der Fortpflanzungsperiode sowie bei Weibchen die Anzahl, die Größe und die dendritische

Verzweigung von Neuronen in den Vokalisationszentren des Hirns erhöhen, so daß diese Tiere dann außerhalb der Saison singen. – Ähnlich verhindert die Verabreichung zusätzlicher **Ecdyson-Steroidhormone** beim Seidenspinner, einem Schmetterling, das Absterben von Neuronen.

Besondere Aufmerksamkeit sollte auch den in der äußeren neuronalen Membran angereichert vorkommenden sialinsäurehaltigen Glykosphingolipiden, speziell den **Gangliosiden** (vgl. Kap. 8.2) geschenkt werden. Sie besitzen offensichtlich neurotrophen sowie auch neuritogenen Einfluß auf in vitro gehaltene **Primärneuronen** und auf dedifferenzierte **Neuroblastomazellen**. An Gewebekulturzellen unterschiedlicher Herkunft konnte nämlich gezeigt werden, daß exogen zugegebene Gangliosidgemi-

sche sowie auch Einzelganglioside – je nach Zellart – oftmals bereits in niedrigsten Konzentrationen nicht nur die Überlebenszeit dieser Zellen beträchtlich heraufsetzen können (= **neurotropher Effekt**), sondern zum anderen auch ein Auswachsen von Nervenfasern beträchtlich beeinflussen können (= **neuritogener Effekt**, Abb. 2.10). Es wird vermutet, daß die Ganglioside hierbei modulierend auf die Aktivität von membrangebundenen **Proteinkinasen** wirken. Inwieweit diese vor allem das Nervenfaserwachstum fördernden Einflüsse der Ganglioside wirklich molekül- und zellspezifisch sind, bleibt abzuwarten.

Es lösen nämlich zahlreiche andere Verbindungen wie vor allem auch Ca^{2+}-Ionen in Verbindung mit einem Ionophor (Ionenträgermolekül) ähnliche Effekte aus. Da

Abb. 2.10. Einfluß von äußerlich verabreichten Gangliosiden auf das Wachstum von in vitro gehaltenen Neuroblastomazellen. **a:** Kontrollzellen, **b:** wachstumsfördernder Einfluß (= neuritogener Effekt) nach Applikation eines Gangliosidgemisches (40 µg/ml) aus dem Rinderhirn, **c:** schwächerer Effekt nach doppelter Dosis wie in **b**, **d:** hemmender Einfluß eines hochpolaren Gangliosidgemisches aus dem Hirn eintägiger Tauben

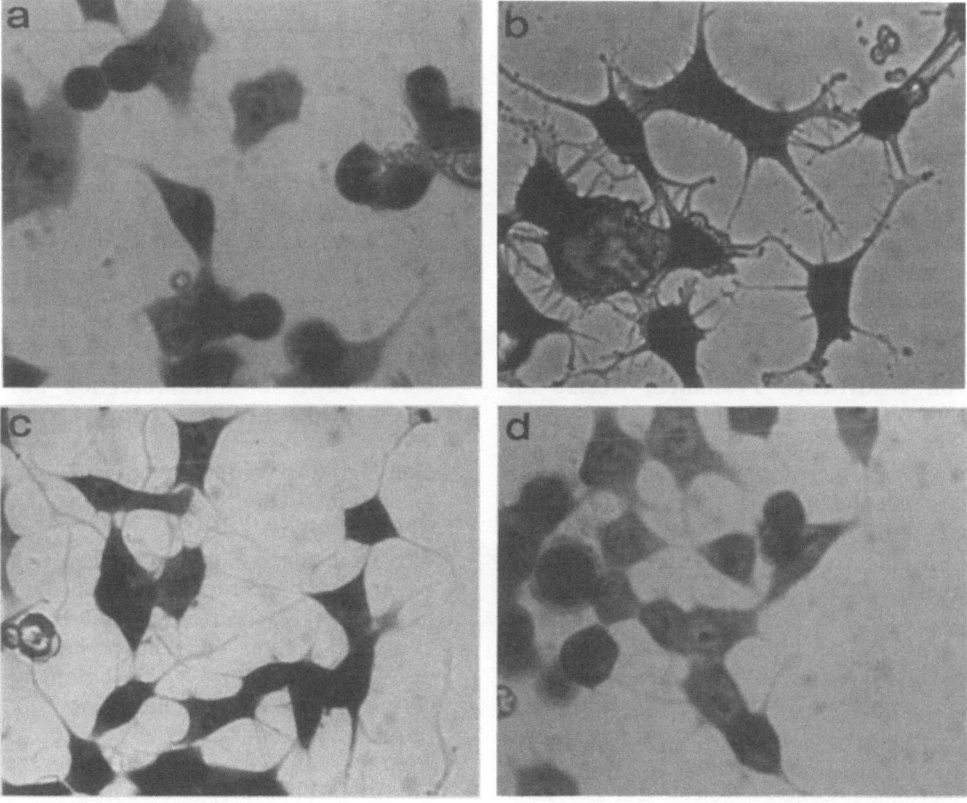

bei den Gangliosidapplikationsstudien immer die Natriumsalze der Ganglioside verabreicht werden, die Ganglioside jedoch gegenüber Ca^{2+}-Ionen eine größere Affinität aufweisen, wäre es möglich, daß die beschriebenen neuritogenen Effekte mit auf eine Beeinflussung der **Calciumwirksamkeit** an der Nervenzellmembran zurückzuführen sind. Diesbezüglich sind dringend weitere Untersuchungen nötig, besonders auch deswegen, weil inzwischen unter Bezug auf in vitro-Befunde exogen verabreichte Ganglioside zur Therapie verschiedener **Neuropathien** eingesetzt werden, obgleich sie in vivo nicht die den Nervenzellen gegenüber bestehenden Schrankensysteme (Blut-Hirn-Schranke) überwinden können.

2.2.3.3 Zelladhäsionsmoleküle

Neben denjenigen Substanzen, die einen neurotrophen und/oder neuronotropen (neuritogenen) Einfluß auf das Nervenfaserwachstum ausüben, sind nun auch Verbindungen bekannt geworden, denen eine besondere Bedeutung bei der **Zell-zu-Zell-Erkennung** und wechselseitigen Zellanheftung zukommt. Bei diesen „**cell adhesion molecules**" **(CAM)** handelt es sich um Glykoproteine, die einen außergewöhnlich hohen Gehalt und ein komplex verzweigtes Muster an **Sialinsäure**resten tragen. Ihre Aufgabe dürfte darin bestehen, einmal die einzelnen Neuronen aneinander zu heften, sowie zum anderen, den Stoffaustausch zwischen den Zellen zu regulieren. Zum dritten wird diskutiert, ob und inwieweit sie nicht beteiligt sein könnten an der Ausprägung von **elektrischen Feldlinien**, welche die Neuronen umgeben.

Das **nerve cell adhesion molecule (N-CAM)** ist als ein integrales membranständiges **Sialoglykoprotein** erkannt worden, das aus drei Untereinheiten unterschiedlicher Molekulargröße besteht. Ein weiteres neuronales CAM ist das sog. **Ng-CAM**, das auf die Neuroglia beschränkt bleibt. Andere CAM, wie beispielsweise das Leber-CAM **(L-CAM)** treten nicht im Nervensystem auf. Jedoch werden beide CAM, sowohl das N- als auch das L-CAM, in der frühen Embryonalentwicklung zunächst von nichtneuronalen Zellen angelegt. Zur Zeit konzentriert sich das Forschungsinteresse auf die Untersuchung der Möglichkeit, ob N-CAM für die **Zell-zu-Zell-Anheftung** im Bereich der Synapsen verantwortlich seien. Antikörper gegen N-CAM unterbinden nämlich die Synapsenausprägung zwischen auswachsenden Nervus opticus-Fasern und den Sehzentren im Hirn. Über den **Mechanismus der Zelladhäsion** herrscht noch weitgehende Unklarheit. Generell hängt die Anheftung einer Zelle an eine Oberfläche von zwei einander entgegenwirkenden Kräften ab: zum einen von der Tendenz von Oberflächen, einander anzuziehen, und zum anderen von ihrer Tendenz zur gegenseitigen Abstoßung. Die eigentliche Adhäsion ist letztlich Resultat einer ausgewogenen Balance zwischen diesen beiden Tendenzen. Zwei Mechanismen könnten die Zellen zusammenhalten: einmal die relativ lockeren Molekularattraktionen der van der Waals'schen Kräfte, zum anderen spezifische Bindungsreaktionen, wie sie etwa bekannt sind von Interaktionen zwischen Antigen und Antikörper oder zwischen einem Enzym und seinem Substrat oder auch zwischen einem Liganden und seinem Rezeptor. Die dabei denkbaren Verbindungsmechanismen einer Zell-zu-Zell-Adhäsion auf molekularem Niveau könnten darin bestehen, daß beispielsweise

- ein Rezeptor der einen Zelle über einen bivalenten Liganden mit dem Rezeptor der Nachbarzelle verbunden ist (Abb. 2.11a),
- ein Rezeptor der einen Zelle sich mit einem Liganden auf der anderen Zelle bindet (Abb. 2.11b),
- eine Enzym-Substrat-Interaktion zwischen beiden Zellen existiert (Abb. 2.11c),
- eine Bindung beider Zellen gegenüber einem identischen Rezeptor vorhanden ist (Abb. 2.11d),
- die jeweiligen membranständigen Glykokonjugate aufgrund der Ähnlichkeit ihrer Zuckerseitenketten mit Hilfe zweier divalenter pflanzlicher Lektine (z.B. Concanavalin A, „wheat germ agglutinin") zusammengehalten werden (Abb. 2.11e), oder aber daß
- letzteres mit Hilfe eines multivalenten Lektins (Abb. 2.11f) geschieht.

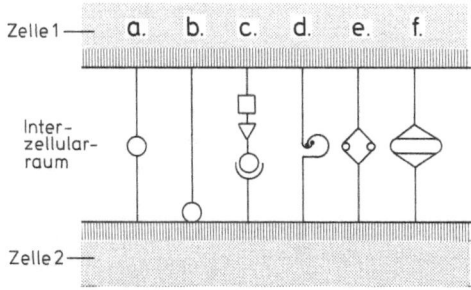

Abb. 2.11. Schema verschiedener molekularer Adhäsionsmöglichkeiten zwischen den Membranen zweier Zellen

Hinsichtlich der Auflösung oder Entstehung derartiger interzellulärer Bindungen werden folgende Möglichkeiten diskutiert:

- Die **Brown'sche Molekularbewegung** von Bestandteilen der Interzellularsubstanz könnte unter bestimmten Bedingungen die beiden Zelloberflächen voneinander trennen oder zusammenführen.
- **Sterische Effekte**, die von neutralen Makromolekülen, wie z.B. Collagen, ausgehen, welches in den Interzellularraum abgeschieden wird, verhindern mehr oder minder eine enge Zell-zu-Zell-Bindung.
- **Hydrodynamische Kräfte**, die vom Interzellularmedium (speziell bei noch wachsenden Zellen) ausgehen, vermögen die Zellen mehr oder minder voneinander zu trennen.
- Schließlich könnten **elektrostatische Kräfte**, die von negativen Ladungsträgern in der Membranoberfläche ausgehen, den Zell-zu-Zell-Kontakt regulieren. Bei den Wirbeltieren kommen hierfür vor allem sialin(= neuramin-)säurehaltige Glykoproteine sowie besonders Glykolipide (Ganglioside) in Betracht. Ihre negativen Ladungswirkungen dürften im Nahbereich, z.B. bei synaptischen Zell-zu-Zell-Kontakten, Auswirkungen auf die wechselseitige Zellerkennung und Zellhaftung haben. Auch auf die Gestaltung der im synaptischen Bereich besonders bedeutsamen elektrischen Feldstärken dürfte die negative Ladung der Ganglioside Einfluß haben.

Eine reversible lockere Bindung von Kationen, vor allem von Calcium, an die oberflächlich orientierten Ganglioside scheint eine ausschlaggebende Rolle zu spielen (vgl. Abb. 8.16 und Kap. 8.2).

2.2.3.4 Ganglioside als Markersubstanzen der funktionellen Neuronendifferenzierung

Sowohl bei der Erörterung der Funktionsweise von Molekülen mit neurotrophem und/oder neuronotropem (= neuritogenem) Einfluß auf die Neuronendifferenzierung (vgl. Kap. 2.2.3) als auch bei der Besprechung der Zelladhäsionsmoleküle (Kap. 2.2.3.3) wurden die bei Wirbeltieren in der äußeren Nervenzellmembran hoch angereicherten **Sialoglykolipide**, speziell die **Ganglioside** hervorgehoben. Wegen der außerordentlich vielseitigen Wirkungsweise der Ganglioside beim neuronalen Geschehen (vgl. Abb. 2.12) wird ihnen inzwischen der Stellenwert von Markersubstanzen bei der funktionellen Neuronendifferenzierung zugesprochen. Das bedeutet letztlich, daß sie damit auch eine Funktion bei der Modulation von Gedächtnisvorgängen besitzen (vgl. Kap. 11.2.4).

Während der frühen Ontogenese, speziell während kritischer und progressiver Entwicklungsphasen (Augenentwicklung; Geburt bzw. Schlupf, Ausprägung von ersten Reflexreaktionen; Übergang zum freien Schwimmen bei Fischen; Ausprägung der Sehschärfe: Abb. 2.12d) finden bei allen Wirbeltieren gravierende Konzentrations- und Polaritätszunahmen der Hirnganglioside statt (Abb. 2.12a, b). Diese lassen sich korrelieren mit Aktivitätssteigerungen der entsprechenden Enzymsysteme, d.h. zum einen von anabolischen **Sialyltransferasen**, die am Aufbau der Ganglioside beteiligt sind, sowie zum anderen auch bereits von katabolischen **Neuraminidasen**, welche den Abbau von Neuraminsäuren steuern (Abb. 2.12c). Die Gehaltszunahme der Ganglioside erfolgt für die einzelnen Gangliosidfraktionen nun jedoch nicht in einheitlicher Weise; vielmehr lassen sich hierbei auffällige Verschiebungen in der Zusammensetzung aus wenig polaren gegenüber hochpolaren, d.h. mit vielen Neuraminsäuren ausgestatteten, Fraktio-

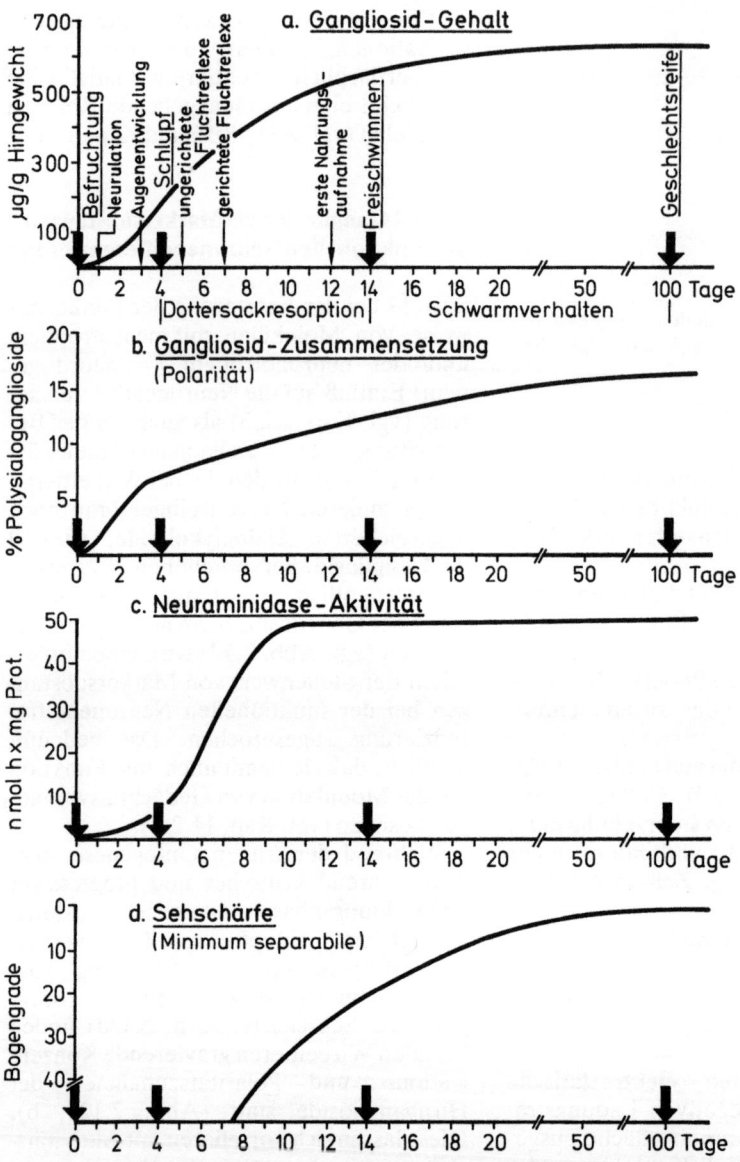

Abb. 2.12. Korrelation zwischen dem Ausmaß der morphogenetischen Differenzierung während der frühontogenetischen Entwicklung eines cichliden Fisches (Buntbarsch Sarotherodon) und dem Sialoglykokonjugat-Stoffwechsel des ZNS. Entwicklungsprofile der Gangliosidkonzentration (**a**), -zusammensetzung (≙ Polarität; **b**) sowie Erhöhung der Neuraminidase-Aktivität (**c**); parallel hierzu erfolgt eine wesentliche Steigerung der Sehschärfe (Minimum separabile = visuelles Unterscheidungsvermögen; **d**)

nen nachweisen (Abb. 2.12b). Generell werden dabei zunächst, d.h. etwa beginnend mit dem Übergang vom Stadium der Gastrulation zur Neurulation, wenig polar gebaute **Mono-** und **Disialoganglioside** synthetisiert. Hieran schließt sich die Bildung von polareren **Polysialogangliosiden** an. Während letztere bei niederen, kaltblütigen Wirbeltieren, vor allem Fischen (Abb. 2.12b) sowie Amphibien zeitlebens bestehen bleiben, werden diese polaren Fraktionen bei den warmblütigen Vögeln und Säugern im Verlauf der weiteren Entwicklung wieder zugunsten von weniger polaren Gangliosidmolekülen reduziert, so daß im Hirn dieser Tiere zumeist Di- und Trisialoganglioside dominieren (Abb. 2.13).

Im einzelnen lassen sich die Hauptetappen der Gangliosidbiosynthese jedoch bei allen Wirbeltieren mit aufeinanderfolgenden morphogenetischen Differenzierungsschritten der einzelnen Neurone korrelie-

Abb. 2.13. Änderung in der Zusammensetzung von Gangliosiden im Rattencortex im Verlauf der gesamten Lebensspanne von −18 Tagen vor der Geburt bis zur Seneszenz (3 Jahre)

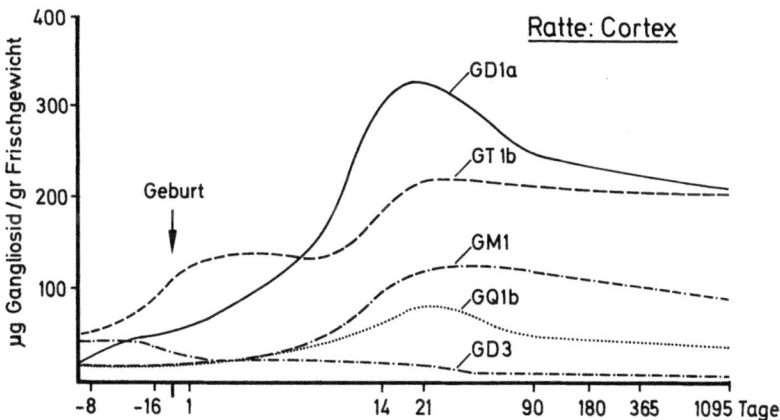

Abb. 2.14. Schema zur „Marker"bedeutung von Gangliosiden für die Neurogenese: Verschiebungen in der Hauptbiosynthese einzelner Ganglioside mit unterschiedlicher Ausstattung von negativ geladenen Sialinsäuren (= Polarität) charakterisieren wichtige morphogenetische Differenzierungsschritte. Nomenklatur der Ganglioside vgl. Abb. 7.3

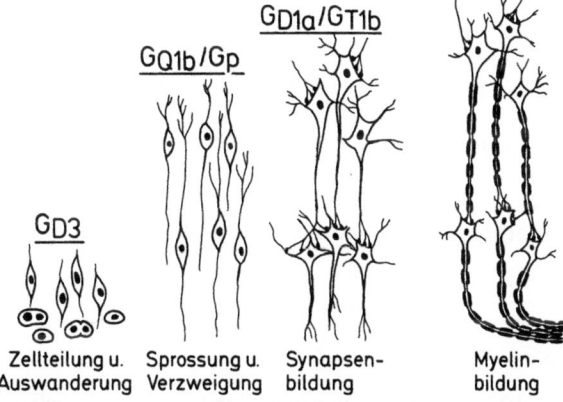

ren. Die Hauptsynthese jeweils spezifischer Ganglioside zu festgelegten Zeitpunkten der **Neuronendifferenzierung** bedeutet, daß jeweils ein ganz bestimmter Entwicklungszustand in funktionellem Zusammenhang mit den unterschiedlichsten biochemischen Eigenschaften der jeweils synthetisierten Ganglioside gesehen werden muß. Äußerlich markieren also bestimmte Ganglioside wichtige Phasen der Neurogenese (Abb. 2.14). Von der Aufklärung der molekularbiologischen Rolle der Ganglioside erwartet die Wissenschaft wesentliche Einblicke in das neuronale Differenzierungsgeschehen.

Die Korrelation zwischen **Gangliosiden und Neurogenese** verläuft in folgenden Phasen:

– Die **Phase der Zellteilung und -wanderung**, vor allem der frischgebildeten Neurone, ist charakterisiert durch eine besonders intensive Biosynthese des relativ einfach gebauten Disialogangliosids GD_3.

– Die **Phase des Faserwachstums, der Sprossung** und **Verzweigung der Neurone** ist verbunden mit der Bildung sehr polar gebauter Tetra- (GQ_{1b}), Penta- (GP_{1c}) und höher sialylierter Ganglioside.

– Die **Phase des** sog. **Wachstumsspurts** der Neurone ist verbunden mit der **Synapsenbildung**; sie wird angezeigt durch eine verstärkte Synthese vom Disialogangliosid GD_{1a} bei Säugern und Vögeln bzw. vom Trisialogangliosid GT_{1b} bei Fischen.

– Die die Neurogenese abschließende **Phase der Myelinisation**, also der Markscheidenausprägung, wird charakterisiert durch eine vermehrte Bildung von zwei relativ einfach gebauten Monosialogangliosiden (GM_1 und GM_4).

– Während der **Seneszensphase** verschiebt sich schließlich bei Säugern das Gangliosidmuster in einzelnen Hirnregionen, z.B. in der Großhirnrinde (Cortex) wieder zugunsten polarer Fraktionen, was zustande kommt durch einen starken Abbau des GD_{1a}-Gangliosids.

Einige dieser Markerphasen lassen sich in den entsprechenden Hirnstrukturen inzwischen bereits schon recht gut mit Hilfe von **monoklonalen Antikörpern** gegen bestimmte Ganglioside histochemisch darstellen. So kann beispielsweise an Querschnitten durch das Rückenmark eines 5 Tage alten Kükenembryos demonstriert werden (Abb. 2.15), daß ein monoklonaler Antikörper (AbR24), der spezifisch an das Disialogangliosid GD_3 bindet, immunhistochemisch nur im Bereich der noch teilungsfähigen, periventrikulären Neuroblastenzellkörper reagiert. Ein anderer Antikörper

(Q_{211}) hingegen spricht spezifisch nur auf die zu diesem Zeitpunkt bereits auswachsenden Nervenfasern und nicht auf die Zellkörperbereiche an. Mit Hilfe der elektronenmikroskopischen Cytochemie läßt sich unter Verwendung des mit feinsten Goldpartikeln gekoppelten monoklonalen Antikörpers Q_{211} gegen hochpolare Ganglioside darstellen, daß sich deren Vorkommen fast ausschließlich auf die Membranaußenseite von auswachsenden Nervenfasern beschränkt (Abb. 2.16).

Derzeit wird verstärkt an der Entwicklung weiterer Gangliosidantiköper zur weiteren Identifizierung und direkten Lokalisation von anderen Markergangliosiden im Nervengewebe gearbeitet. Dieses erscheint um so bedeutsamer, als sich in jüngster Zeit herausstellte, daß sich die Gangliosidzusammensetzung des Nervengewebes bei pathogenen Veränderungen **(Neuroblastoma-, Gliomahirntumoren)** drastisch in Richtung auf ein sehr primitives, wenig polares Muster verändert. Künftig könnte der Einsatz von definierten monoklonalen Gangliosidantikörpern für die Therapie von Tumoren große Bedeutung erlangen.

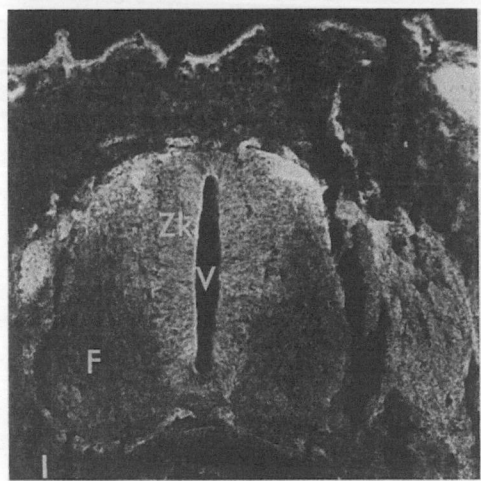 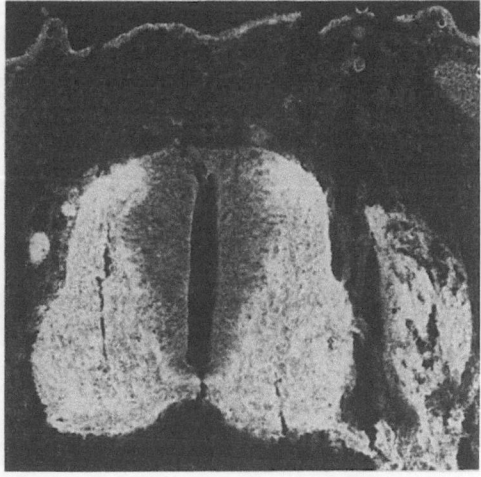

Abb. 2.15. Immunhistochemische Darstellung von Gangliosiden im Rückenmark von 5 Tage alten Kükenembryonen. Links: Markierung von proliferierenden Neuroblastenzellkörpern (Zk) mit Hilfe des monoklonalen Antikörpers AbR24 gegen GD_3-Gangliosid; rechts: Fasermarkierung (F) mit Hilfe des Antikörpers Q211 gegen Polysialoganglioside. V: Ventrikel. (Aufnahme H. RÖSNER)

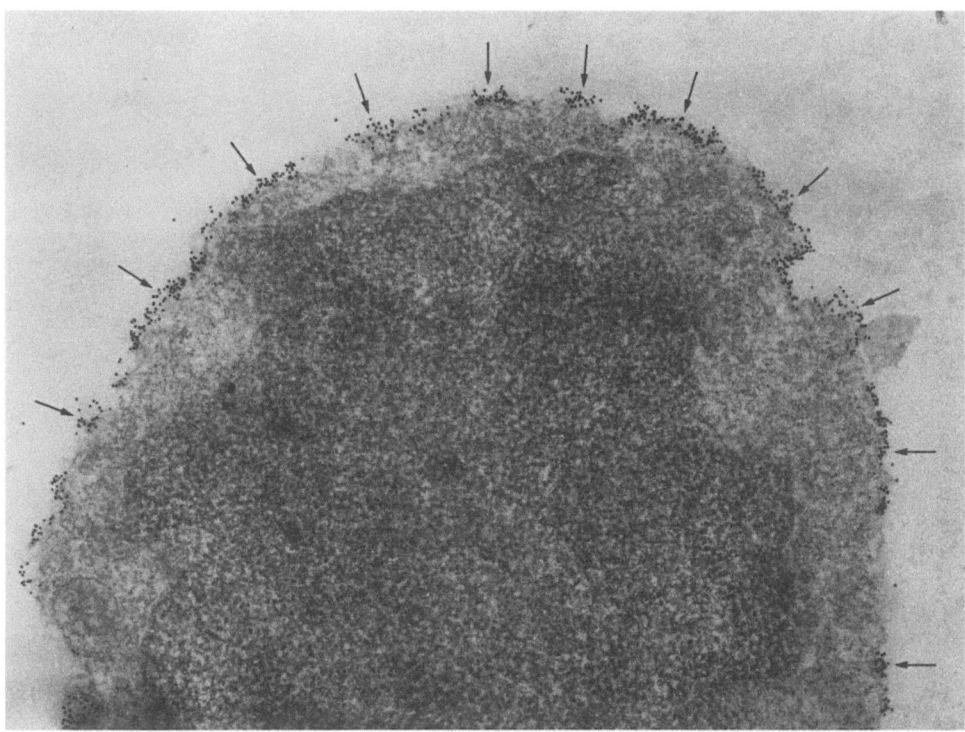

Abb. 2.16. Immunocytochemische (elektronenmikroskopische) Darstellung des monoklonalen Antikörpers Q211 gegen Polysialoganglioside an der Membranaußenseite von Retinaganglienzellen des Kükens unter Verwendung von Immunogold. (Aufnahme V. SEYBOLD)

3. Funktionsmorphologie des Nervensystems der Wirbeltiere

Im vorausgegangenen Kapitel wurden die zellulären, molekularen und morphogenetischen Aspekte während der Ausprägung von neuronalen Strukturen sowie einige molekulare Aspekte der Neuronendifferenzierung besprochen. Auf dieser Grundlage basiert nun die Erörterung der funktionsmorphologischen Gegebenheiten innerhalb von Nervensystemen. Hierbei interessieren uns speziell die funktionsmorphologischen Verhältnisse bei Wirbeltieren, weil hier die Grundlage für unsere eigenen höheren assoziativen Hirn- und Gedächtnisleistungen zu finden sind. Auf die Nervensysteme der Wirbellosen wird in Kap. 4 kurz eingegangen.

Bei einigen typischen und wichtigen ZNS-Abschnitten wird etwas genauer auf die zelluläre Ausstattung und Differenzierung während der Entwicklung eingegangen. Die Veränderungen, die im Verlaufe der Evolution dazu geführt haben, daß es speziell bei der Ausprägung der verschiedenen Hirnabschnitte zu so großen strukturellen Abwandlungen eines relativ einfachen Grundbauplanes gekommen ist, lassen sich nämlich darauf zurückführen, daß die Massenentwicklung der Nervenzellen und deren Verknüpfungsweise in den verschiedenen Bereichen sehr unterschiedlich verlief. Vor der Behandlung der einzelnen neuronalen Funktionseinheiten seien jedoch zunächst einige generelle Anmerkungen über den Grundbauplan und den Zusammenhang des zentralen und vegetativen Nervensystems vorangestellt.

3.1 Grundbauplan der Nervensysteme der Wirbeltiere

Die einfachste, bei den Wirbeltieren vorkommende Organisationsform von Nervenzellen ist die eines diffusen Nervennetzes, das als sogenanntes **intramurales Nervensystem** die Wandungen von Hohlorganen (z.B. Darmtrakt) in ähnlicher Weise durchzieht, wie es sonst von der Anlage des Nervensystems niederster wirbelloser Tiere (z.B. von Polypen und Quallen) her bekannt ist (Abb. 3.1). Im übrigen sind die Nervensysteme der Wirbeltiere straffer organisiert, nämlich zum einen in Gestalt eines **zentralen Nervensystems** mit einem damit zusammenhängenden **peripheren Nervensystem** sowie zum anderen in Form eines davon weitgehend unabhängig arbeitenden **autonomen** oder **vegetativen Nervensystems** (Abb. 3.1):

– Das **zentrale Nervensystem (ZNS)** besteht – grob untergliedert – aus dem Gehirn und dem Rückenmark, wobei sich das Gehirn ursprünglich in drei Hauptabschnitte unterteilen läßt, nämlich in das Vorderhirn **(Telencephalon)**, Mittelhirn **(Mesencephalon)** und Hinterhirn **(Metencephalon)** einschließlich des Rückenmarks **(Medulla spinalis)**.

Im ZNS, das sich ontogenetisch von einem Neuralrohr herleitet (vgl. Kap. 2.1), erfolgt der Verlauf der Nervenfasern weitgehend frei von Bindegewebe in Form von Faserzügen **(Tractus)** oder Leitbündeln **(Fasciculi)**. Die Zellkörper sind mehr oder weniger diffus in der sogenannten grauen Substanz verteilt. Häufig allerdings lagern sie sich zu „Kernen" **(Nuclei)** zusammen oder bilden ein schichtförmiges Arrangement, eine Hirnrinde **(Cortex)** von z.T. sehr unterschiedlichem Differenzierungsausmaß.

– Das **periphere Nervensystem (PNS)** stellt im eigentlichen Sinn kein eigenständiges Organ dar; es besteht vielmehr aus den Nervenfasern **(Axonen, Dendriten)**, die das ZNS mit den Körperorga-

a.

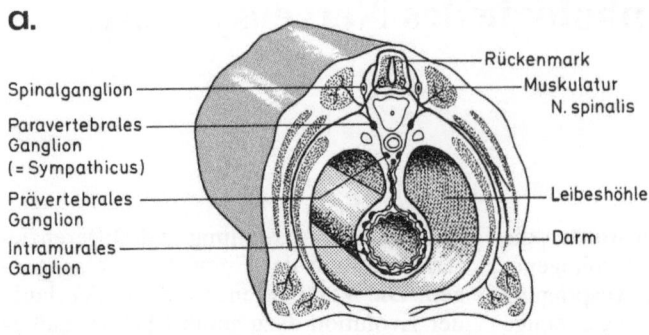

Spinalganglion

Paravertebrales
Ganglion
(= Sympathicus)

Prävertebrales
Ganglion

Intramurales
Ganglion

Rückenmark

Muskulatur
N. spinalis

Leibeshöhle

Darm

Abb. 3.1. Grundbauplan der
Nervensysteme der Verte-
braten
a: intramurales NS
b: zentrales und autonomes
NS

b.

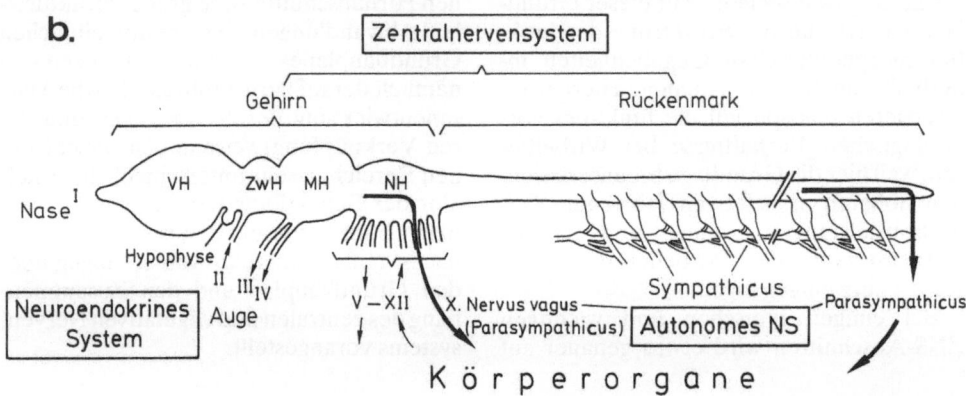

Zentralnervensystem

Gehirn   Rückenmark

Nase

VH   ZwH   MH   NH

Hypophyse

Neuroendokrines
System

Auge

II   III IV

V – XII   X. Nervus vagus
(Parasympathicus)

Sympathicus

Autonomes NS

Parasympathicus

K ö r p e r o r g a n e

nen bzw. mit außerhalb vom ZNS liegenden Nervenzellansammlungen **(Ganglien)** verbinden. Das PNS besitzt Nervenfaserbündel, die mehr oder weniger
stark mit Isolationsmaterial **(Myelinscheiden)** sowie bindegewebigen Hüllen
(Endo-, Peri-, Epineurium) umhüllt
sind. Sie ziehen vom ZNS zur Peripherie
als wegführende, efferente oder zentrifugale bzw. kommen heran als zuführrende, afferente oder zentripetale Faserbündel. Außer diesen Nervenfaserbündeln gehören auch Nervenzellkörperansammlungen als **periphere Ganglien** zum
PNS; sie lagern sich an vielen Orten des
Körpers sowie auch in Gestalt von primären Rezeptororganen zusammen.
– Das **vegetative oder autonome Nervensystem** stellt eine anatomische und funktionelle Sondereinheit dar, die weitgehend selbständig, d.h. ohne Bewußtseinskontrolle, viele Körperfunktionen
reguliert. Die beiden antagonistischen
Teile des vegetativen NS, nämlich der
Sympathicus und der Parasympathicus

entstammen unterschiedlichen Bereichen des ZNS. Die Ursprungskerne des
Sympathicus liegen perlschnurartig als
Doppelstrang (Grenzstrang) seitlich im
Bereich der Seitenhörner des thorakallumbalen Rückenmarks und sind mit
letzterem über zarte Verbindungsstränge **(Rami communicantes)** verbunden. Die Fasern des **Parasympathicus**
verlaufen hingegen in den Leitbahnen
von Hirnnerven, vor allem vom Nervus
vagus sowie innerhalb des Sakralbereichs vom Rückenmark.

Neben diesen morphologischen Abgrenzungen liegt dem Gesamtnervensystem eine
funktionelle Zweiteilung zugrunde: Das
animalische oder **somatische** Nervensystem
steuert als sogenannter **oikotroper** Anteil
des NS die Auseinandersetzung des Organismus mit seiner Umwelt unter Bewußtseinskontrolle. Es ermöglicht die Sinneswahrnehmungen (Lichtsinn, Gehör, Geschmacks-, Geruchs-, Dreh- und Tastsinn,
Registrierung von Wasserdruck, Tempera

tur und Schwerkraft) sowie die Innervierung der Muskeln des Körperstammes und der Extremitäten.

Das **autonome, viscerale** oder **vegetative Nervensystem** steuert demgegenüber als **idiotroper Anteil des NS** die Stoffwechselvorgänge des Organismus. Es reguliert speziell die allgemeine Sensibilität und motorische Innervation von Haut und Eingeweiden, jedoch ohne Bewußtseinskontrolle.

Zusätzlich zu den hier übersichtshalber kurz zusammengefaßten neuronalen Steuerungssystemen gibt es das **neuroendokrine System**, das als ein wesentlicher Bestandteil des NS vermittels Abgabe von Neurosekreten bzw. Neuropeptiden in die Blutbahn bzw. in benachbarte Nervenstrukturen verschiedene Organfunktionen kontrolliert. Steuerzentrale des neuroendokrinen Systems ist die **Hirnanhangsdrüse (Hypophyse)**, in der einerseits neurosekretorische Nervenbahnen aus dem Hypothalamus des Zwischenhirns enden **(Neurohypophyse)**, in der andererseits eigene Hormone zur

Kontrolle von peripheren Hormondrüsen hergestellt werden **(Adenohypophyse)**. Die Steuerung dieser Hormonproduktion unterliegt ihrerseits wiederum der Kontrolle durch **Releasing- bzw. Inhibiting-Faktoren**, die vom Hypothalamus gebildet und mit Hilfe eines besonderen Pfortader-Venensystems in den vorderen Teil der Hypophyse geschleust werden. – Zusätzlich zu den inzwischen als „klassisch" geltenden Neurohormonen des Hypothalamus ist in jüngster Zeit die neuroendokrine Produktion zahlreicher weiterer Substanzen, vor allem in periventrikulär gelegenen ZNS-Strukturen (vgl. Kap. 3.5.2) sowie im limbischen System (vgl. Kap. 3.2) bekannt geworden. Diese Verbindungen stehen im Dienste einer hormonellen Selbstregulation des ZNS, wobei einerseits der Cerebrospinalflüssigkeit (Liquor cerebrospinalis) in den Hirnventrikeln große Bedeutung zukommt sowie andererseits der Neuromodulation (vgl. Kap. 8), d.h. der Abgleichung von Teilfunktionen bei der Erregungsübertragung.

3.2 Zentrales Nervensystem (ZNS)

3.2.1 Stammesgeschichtliche (phylogenetische) Aspekte

Das ZNS der Wirbeltiere besteht, aufgelistet in der Reihenfolge seiner individualentwicklungsgeschichtlichen (ontogenetischen) Differenzierung, aus dem Rückenmark **(Medulla spinalis)** und dessen kopfwärts gelegener Ausweitung, dem Gehirn (Encephalon, Cerebrum). Vor allem das Gehirn mit seinen Teilabschnitten Vorder-, End- bzw. Großhirn **(Telencephalon)**, Zwischenhirn **(Diencephalon)**, Mittelhirn **(Mesencephalon)** und Rautenhirn **(Rhombencephalon)**, bestehend aus dem Hinterhirn **(Metencephalon)** und dem verlängerten Mark **(Medulla oblongata)**, erfuhr im Verlaufe der etwa 500 Millionen Jahre während der Stammesgeschichte (Phylogenese) der Wirbeltiere im Vergleich zu deren Körpergröße eine außerordentliche Größenzunahme (Abb. 3.2).

Wohl kaum ein anderes Organ änderte seine Gestalt und parallel hierzu auch die Funktionen so grundlegend wie das Gehirn.

Hiervon vermittelt bereits das **relative Hirngewicht**, d.h. das Verhältnis des Hirngewichts gegenüber dem Körpergewicht, einen anschaulichen Eindruck: Es beträgt bei einem Knochenfisch (Karpfen) 0,12%, bei einer Hauskatze 0,8% und beim Menschen 2,2%.

In Abb. 3.3 ist das **absolute Hirngewicht** von etwa 200 Vertebratenarten im Verhältnis zum Körpergewicht aufgetragen. Bei doppelt-logarithmischer Darstellung werden allometrische Wachstumsbeziehungen erkennbar, unter denen drei Aspekte von besonderer Bedeutung sind:

1. Der Verlauf der Hirngewichtsgeraden für verwandtschaftlich zusammengehörige Tiere liegt stets bei etwa 2/3. Das bedeutet, daß körperlich größere Tiere innerhalb einer Verwandtschaftsgruppe relativ kleinere Hirne haben. Da nämlich mit zunehmender Körpergröße die Oberfläche in der zweiten Dimension, das Körpergewicht hingegen in der dritten Dimension zunimmt, reicht zur ner-

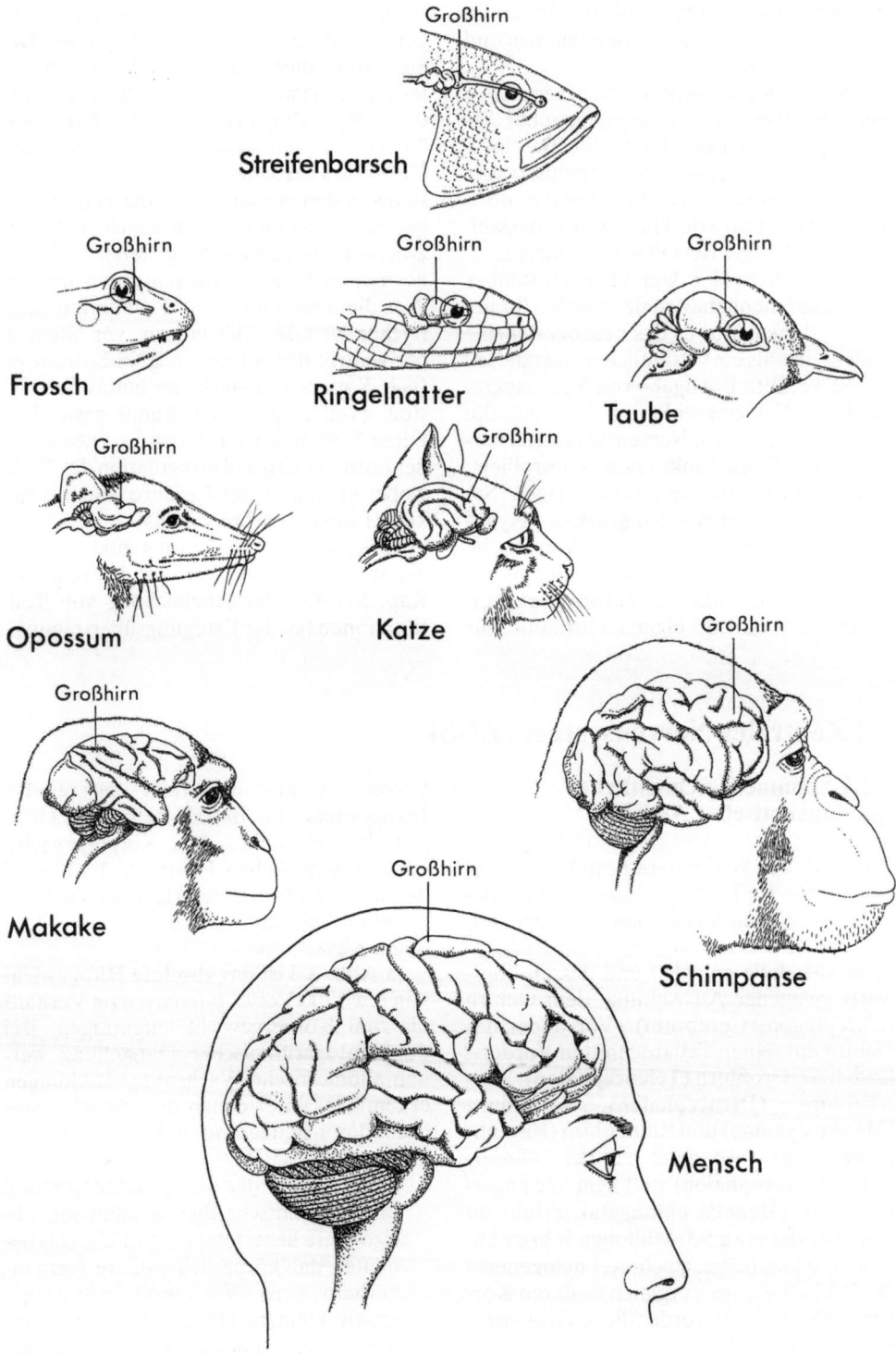

Abb. 3.2. Relative Größenzunahme des Gehirns im Verlauf der Höherentwicklung der Wirbeltiere

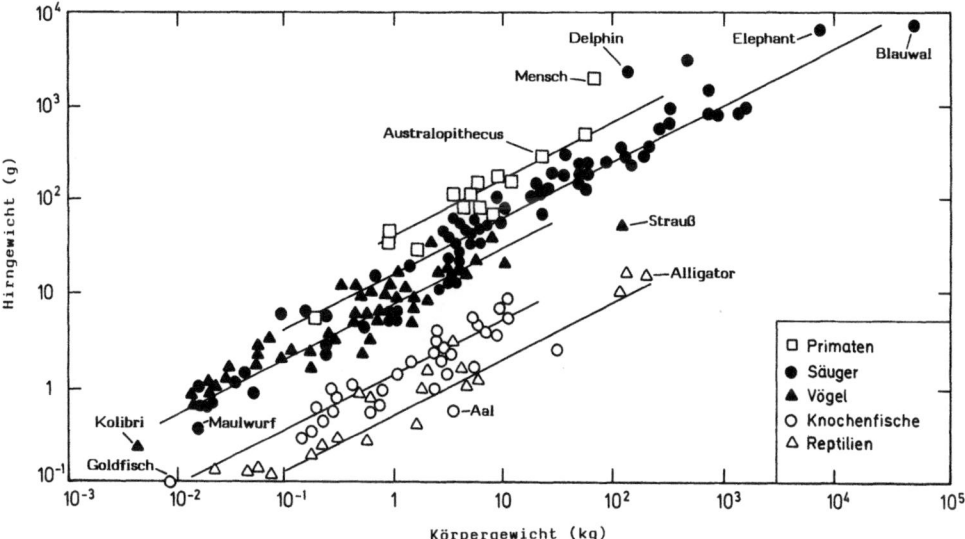

Abb. 3.3. Relationen zwischen Hirngewicht (g) und Körpergewicht (kg) bei Knochenfischen, Reptilien, Vögeln, Säugern und Primaten

vösen Versorgung der Körperperipherie ein relativ geringervolumiges ZNS aus.

2. Der Verteilung der Werte in Abb. 3.3 ist zu entnehmen, daß der Kurvenanstieg innerhalb einer Verwandtschaftsgruppe (z.B. innerhalb der Primaten oder der Knochenfische) zwar immer in etwa parallel verläuft, daß hingegen die Ausgangslage der Wertescharen sehr unterschiedlich ist. Der dafür repräsentative b-Wert in der Allometrieformel $y = b \cdot x^{\alpha}$ ist nämlich für die verschiedenen Wirbeltiergruppen unterschiedlich groß. In dieser Formel der Wachstumsbeziehungen ist b der Wert von y, wenn x wie in Abb. 3.3 gleich 1 ist. Hiernach haben die Primaten den größten b-Wert, die Knochenfische und Reptilien hingegen den kleinsten.

3. Auf diesen Befund aufbauend entwickelte H. J. JERISON (1973) den sog. „Encephalisationsquotienten EQ", der versucht darzulegen, ob und in welchem Ausmaß es innerhalb einer Verwandtschaftsgruppe einzelne Arten gibt, die hinsichtlich ihres Encephalisationsgrades vom Niveau ihrer Durchschnittsgeraden nach oben oder unten besonders stark abweichen. Setzt man in diesem Zusammenhang den EQ der Säugetiere

gleich 1, dann beträgt der der Primaten (ausschließlich des Menschen) 2,1. Der **EQ des Homo sapiens** liegt mit einem Wert von 7,6 weit oberhalb des Säugerdurchschnitts. Das bedeutet, daß hier anscheinend eine spezifische Selektion hinsichtlich der Hirngröße, und zwar unabhängig von der Körpergröße, stattfand. Eine plausible oder gar kausale Erklärung hierfür steht zur Zeit noch aus. In diesem Zusammenhang muß auch außerordentlich erstaunen, daß der Encephalisationsgrad von **Tümmlern** und **Delphinen** ähnlich groß ist wie der des Homo sapiens.

Eine zunehmende phylogenetische Differenzierung des Gehirns läßt sich im Grunde genommen für alle Teile nachweisen, wie anhand von Längsschnittdarstellungen, die auf einen vergleichbaren Maßstab gebracht wurden, abzulesen ist (Abb. 3.4). Besondere Veränderungen erfuhren jedoch vor allem die höheren, oberhalb der Medulla oblongata sich an das Rückenmark anschließenden Hirnzentren (Abb. 3.5.1 bis 7), und hier in erster Linie die sekundär entstandenen Strukturen, die sich aufgrund einer dorsalen Differenzierung der oberflächlich gelegenen grauen Substanz entwickel-

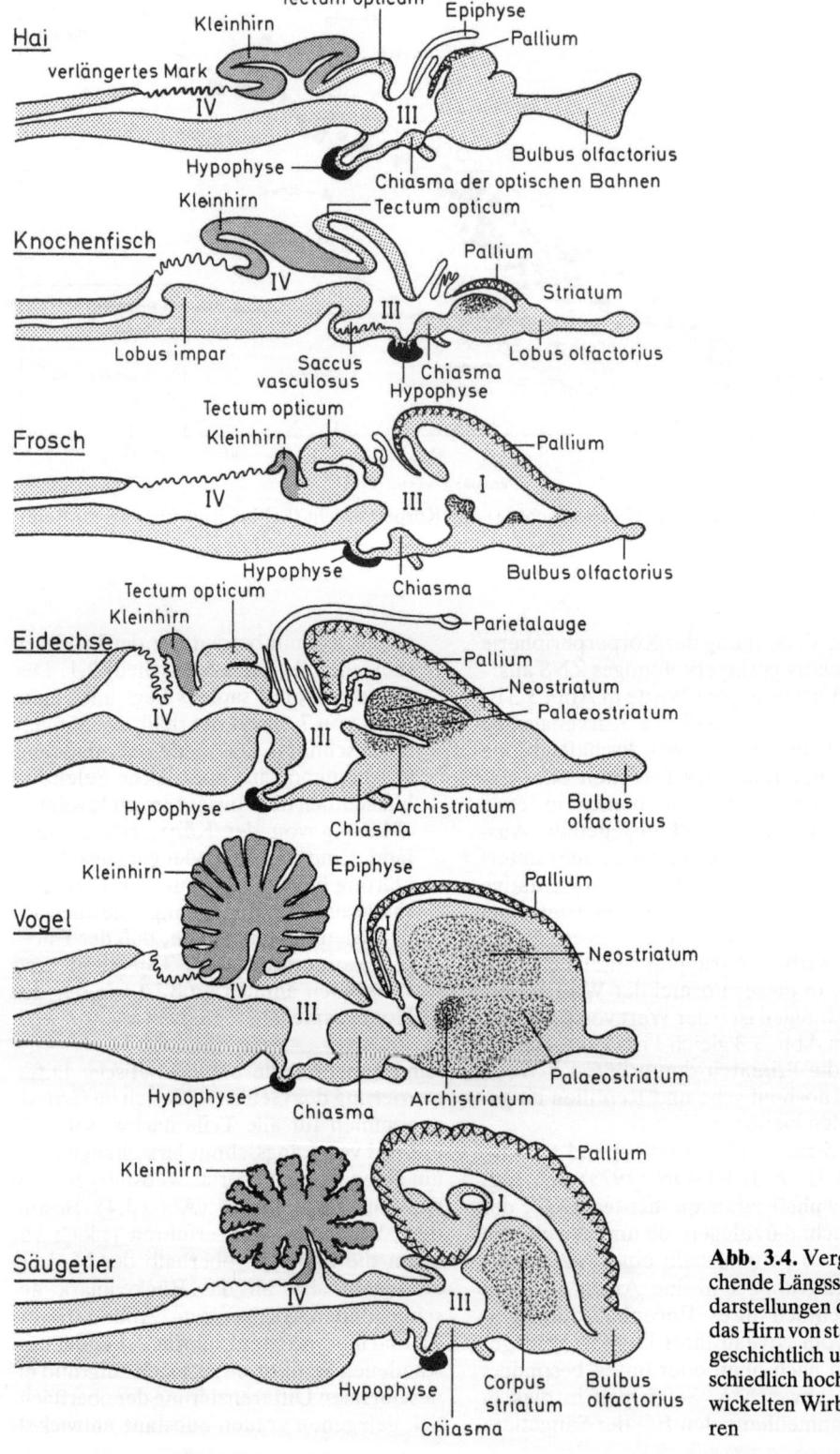

Abb. 3.4. Vergleichende Längsschnittdarstellungen durch das Hirn von stammesgeschichtlich unterschiedlich hoch entwickelten Wirbeltieren

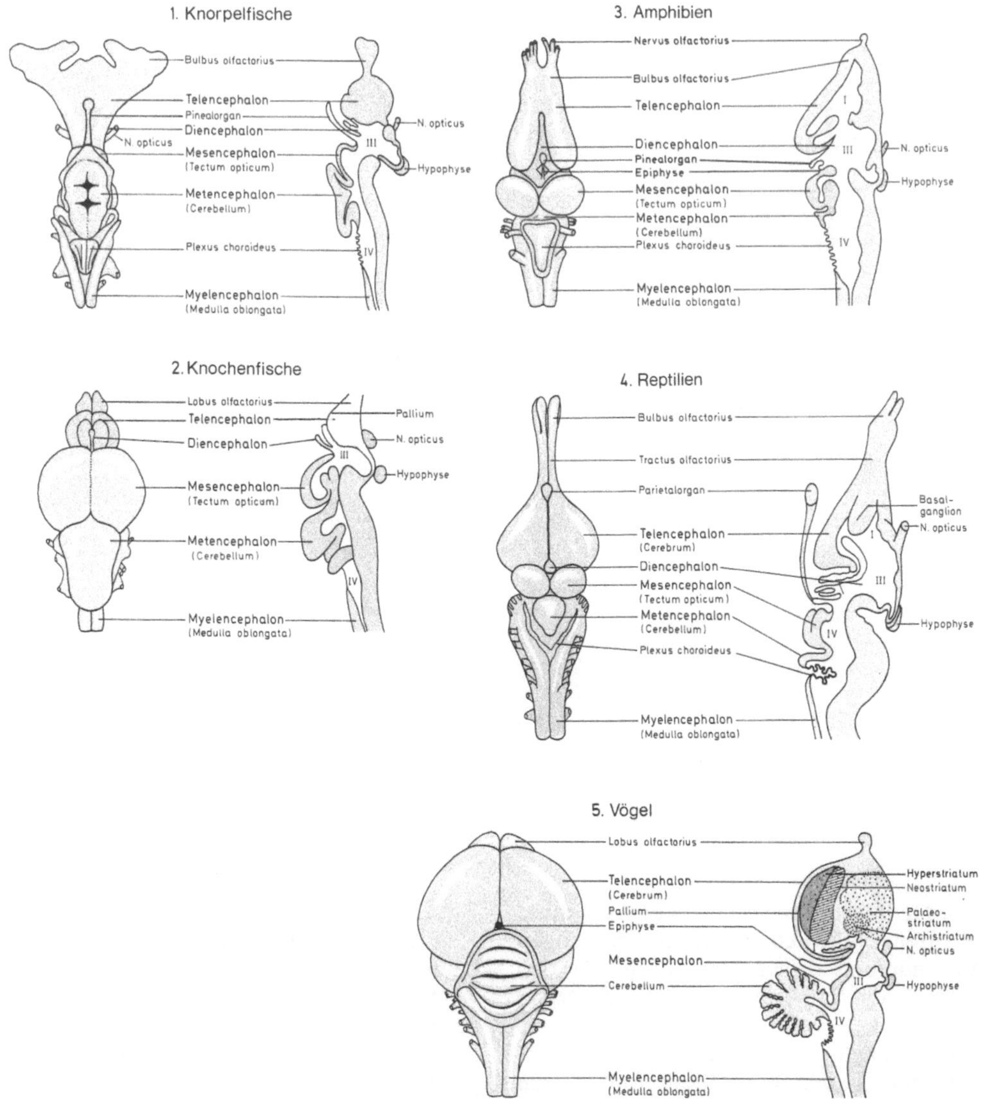

1. Knorpelfische

Bulbus olfactorius
Telencephalon
Pinealorgan
Diencephalon
N. opticus
N. opticus
Mesencephalon
(Tectum opticum)
Metencephalon
(Cerebellum)
Plexus choroideus
Myelencephalon
(Medulla oblongata)
III
IV
Hypophyse

2. Knochenfische

Lobus olfactorius
Telencephalon
Diencephalon
Pallium
N. opticus
Hypophyse
Mesencephalon
(Tectum opticum)
Metencephalon
(Cerebellum)
Myelencephalon
(Medulla oblongata)
III
IV

3. Amphibien

Nervus olfactorius
Bulbus olfactorius
Telencephalon
Diencephalon
Pinealorgan
Epiphyse
Mesencephalon
(Tectum opticum)
Metencephalon
(Cerebellum)
Plexus choroideus
Myelencephalon
(Medulla oblongata)
I
III
IV
N. opticus
Hypophyse

4. Reptilien

Bulbus olfactorius
Tractus olfactorius
Parietalorgan
Telencephalon
(Cerebrum)
Diencephalon
Mesencephalon
(Tectum opticum)
Metencephalon
(Cerebellum)
Plexus choroideus
Myelencephalon
(Medulla oblongata)
I
III
IV
Basal-
ganglion
N. opticus
Hypophyse

5. Vögel

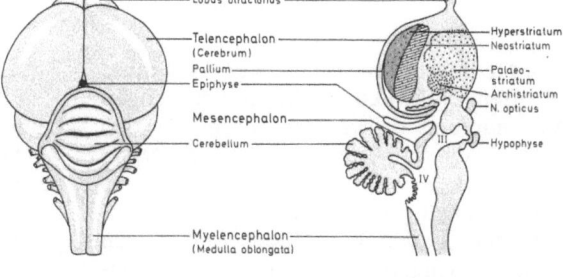

Lobus olfactorius
Telencephalon
(Cerebrum)
Pallium
Epiphyse
Mesencephalon
Cerebellum
Myelencephalon
(Medulla oblongata)
Hyperstriatum
Neostriatum
Palaeo-
striatum
Archistriatum
N. opticus
Hypophyse
III
IV

6. Säuger

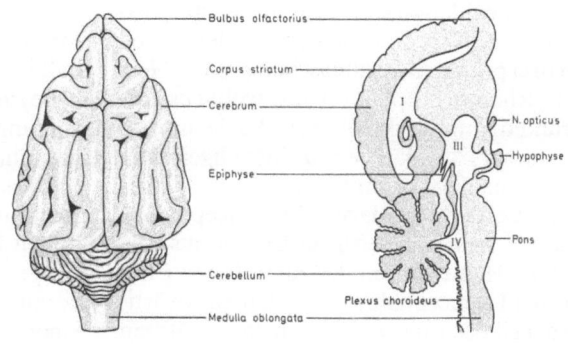

Bulbus olfactorius
Corpus striatum
Cerebrum
Epiphyse
Cerebellum
Medulla oblongata
I
III
IV
N. opticus
Hypophyse
Pons
Plexus choroideus

Abb. 3.5. Vergleichende Übersicht (Dorsalansicht und Längsschnitt) über die Hirnausprägung bei stammesgeschichtlich unterschiedlich hoch entwickelten Wirbeltieren (1–7)

zu Abb. 3.5

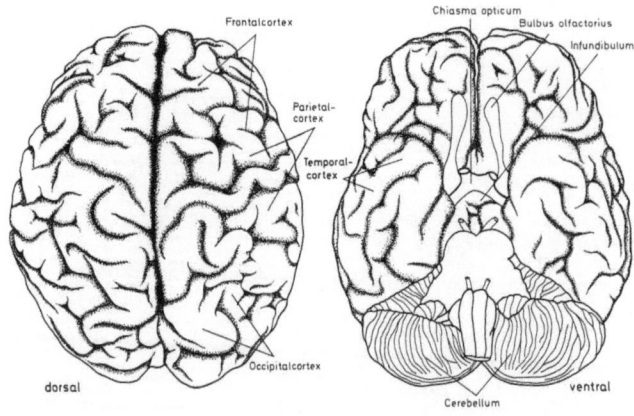

7. Mensch

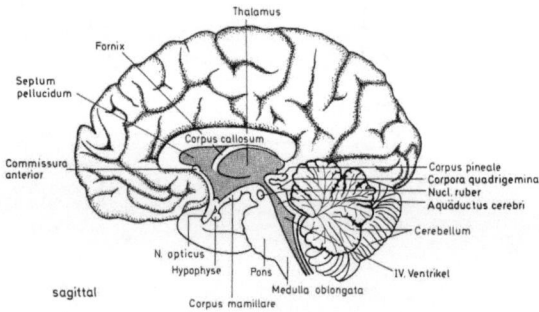

ten. Der Gestaltwechsel einiger Abschnitte ist offensichtlich korreliert mit einer engen Verknüpfung dieser Strukturen mit den wichtigsten Sinnesorganen (Auge, Nase, Innenohr).

Diese phylogenetischen Trends der Hirnentwicklung der Wirbeltiere finden nun auch bei Säugern im Verlauf der Ontogenese ihre kurze Rekapitulation **(Haeckel'sche Regel)**: Wie bei allen Wirbeltieren weitet sich in der frühen Ontogenese das ursprünglich längsgestreckte Rückenmarksrohr (vgl. Kap. 2) in seinem vorderen Teil zu drei primären Hirnbläschen (Pros-, Mes- und Rhombencephalon) aus, wobei es aufgrund der unterschiedlichen Wachstumsraten dieser Hirnbläschen zu einer abgeknickten Hirnanlage kommt (vgl. Abb. 2.3). Aus der Vorderhirnanlage (Prosencephalon) stülpen sich zwei seitliche Blasen aus, die beiden Hemisphären des zukünftigen Endhirns (Telencephalon), die den rückwärtigen Teil des Prosencephalon zum späteren

Zwischenhirn (Diencephalon) einengen. Von letzterem schnüren sich zum einen die beiden Sehnerven ab, die nach ihrem Auswachsen und Zusammentreffen mit der äußeren, die Haut bildenden Keimschicht, dem Ektoderm des Integuments, die Augenbildung induzieren. Weiterhin wird ventral die an einem Stiel **(Infundibulum)** hängende **Neurohypophyse** abgeleitet, die sich ihrerseits mit der aus dem Gaumendach abgeschnürten **Adenohypophyse** zusammenlagert. Dorsal werden aus dem Zwischenhirn die Epiphyse sowie bei niederen Wirbeltieren die **Parietalorgane** (Scheitelorgane) ausgestülpt, die z.B. bei Reptilien zur Bildung eines dritten unpaaren Medianauges führen können.

Um sich eine bessere Vorstellung von den strukturellen und funktionellen Gegebenheiten im ZNS zu machen, seien zunächst einige **Zahlenwerte zum menschlichen Hirn** vorausgeschickt: Das **Hirngewicht** liegt bei einem erwachsenen Mitteleuropäer im

Durchschnitt bei 1360 g; es variiert jedoch bei Männern zwischen 1680 und 1180 g (∅ 1375 g), bei Frauen zwischen 1280 und 850 g (∅ 1245 g). Jedoch sehen die auf das Körpergewicht bezogenen Werte etwas anders aus: Danach liegt das relative Gewicht des Hirns der Frauen durchschnittlich etwas höher als das der Männer (BLINKOV und GLEZER, 1968). Beziehungen zwischen Hirngewicht und Konstitutionstyp des Menschen bestehen ebenfalls: So haben Männer und Frauen vom pyknischen Typ das höchste Hirngewicht, Männer vom athletischen und Frauen vom leptosomen Typ ein mittleres sowie Männer vom leptosomen und Frauen vom athletischen Typ das niedrigste Hirngewicht. Auch diese Angaben dürften wahrscheinlich wieder mit den relativen Verhältnissen zwischen Körpergewicht und -größe gegenüber dem Hirngewicht zusammenhängen (vgl. Abb. 3.3). Etwa vom 20. Lebensjahr an nimmt das Hirngewicht sukzessive ab, im Durchschnitt insgesamt um ca. 8% bis zu einem Lebensalter von etwa 90 Jahren.

Der Anteil der Hemisphären des Vorderhirns nimmt den größten Teil an Gewicht ein, nämlich 88% gegenüber den übrigen Hirnteilen. Um einen Größenvergleich wichtiger Hirnteile zu geben, seien hier einige mittlere Werte für Männer im Hinblick auf Gewicht (g) und Volumen (cm^3) aufgeführt: Hemisphären 1200 g bzw. 1160 cm^3, Cerebellum 150 g bzw. 144 cm^3, Medulla oblongata 26 g bzw. 25 cm^3.

3.2.2 Vergleichende Übersicht über die Funktionsmorphologie der Hauptabschnitte des menschlichen ZNS

3.2.2.1 Rückenmark (Medulla spinalis)

Das **Rückenmark** verwirklicht den eigentlichen Grundbauplan des ZNS, der in vielen Abschnitten des Gehirns auch noch als solcher zu erkennen ist. Beim Menschen besteht es aus einem segmental gegliederten Nervenrohr von einer durchschnittlichen Länge von ca. 40 cm und einem Gewicht zwischen 34 und 38 g (BLINKOV und GLEZER, 1968). Es liegt im Wirbelkanal der Wirbelsäule. Querschnitte weisen eine Figur auf, in der die ganglienzell- und kapil-

larreiche **„graue Substanz" (Substantia grisea)** schmetterlingsförmig um den mit Cerebrospinalflüssigkeit (Liquor cerebrospinalis) gefüllten, relativ kleinen Zentralkanal (Canalis centralis) gelagert ist. Nach außen wird sie gleichsam mit einem dicken Mantel von der vorwiegend aus myelinisierten Fasern bestehenden **„weißen Substanz" (Substantia alba)** umgeben. (Abb. 3.6). Das Gesamtvolumen der grauen Substanz im RM beträgt ca. 5 cm^3, das der weißen Substanz ca. 23 cm^3. Während der Entwicklung nimmt die graue und weiße Substanz in den einzelnen Bereichen in unterschiedlicher Weise zu. Durch jeweils einen tiefen Einschnitt auf der Dorsal- und Ventralseite **(Septum medianum dorsale** bzw. **Fissura mediana ventralis)** wird das RM unvollständig in zwei Hälften gegliedert. Vom zentralen Grau wandern im Verlauf der Ontogenese dorsal wie auch ventral je zwei Hörner aus, die **Vorderhörner (Columnae anteriores)** und die **Hinterhörner (Columnae posteriores)**, so daß hierdurch im Querschnitt eine schmetterlingsförmige Figur zustande kommt (Abb. 3.6).

Durch paarweise auftretende **Spinalnerven** wird das RM in einzelne Segmente untergliedert. Säuger und dementsprechend auch der Mensch haben 31 Spinalnervenpaare, die sich auf 5 RM-Abschnitte verteilen (Abb. 3.7), nämlich auf das

- Halsmark (Pars cervicalis), Länge ca. 9,5 cm, mit 8 Spinalnervenpaaren,
- Brustmark (Pars thoracica), Länge ca. 23,5 cm, mit 12 Nerven,
- Lendenmark (Pars lumbalis), Länge ca. 5 cm, mit 5 Nerven,
- Sakralmark (Pars sacralis), Länge ca. 3 cm, mit 5 Nerven, sowie auf das
- Kokzygealmark (Pars coccygea) mit 1 Nerv.

Während der Entwicklung vom Neugeborenen zum Erwachsenen nimmt das Volumen der grauen und weißen Substanz in den einzelnen RM-Abschnitten in unterschiedlicher Weise um das 5- bis 20fache zu. Generell richtet sich bei den Wirbeltieren die Anzahl der Spinalnervenpaare nach der Wirbelzahl. Die beim Menschen festgelegte Zahl von 31 beruht darauf, daß bei diesem das Längenwachstum des RM hinter dem

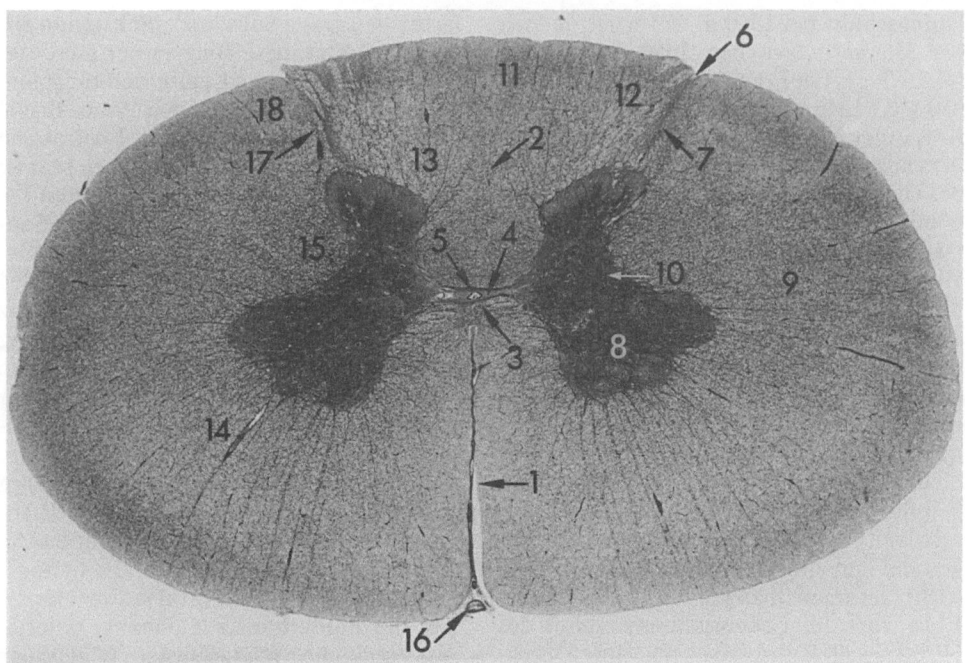

Abb. 3.6. Querschnitt durch die Thorakalregion des Rückenmarks eines Rindes. 1: Fissura mediana ventralis, 2: Septum medianum dorsale, 3: Commissura alba ventralis, 4: Commissura grisea, 5: Zentralkanal, 6: dorsale Seitenfurche, 7: dorsale Wurzelfasern, 8: graue Substanz, 9: weiße Substanz, 10: Formatio reticularis, 11: Burdach'scher Strang, 12: Goll'scher Strang, 13: Fasciculus dorsalis, 14: Fasciculus ventrolateralis, 15: Columna lateralis, 16: Arteria spinalis ventralis, 17: Gefäß im Bereich der Dorsalwurzel, 18: Zona terminalis

der Wirbelsäule zurückbleibt. Es kommt daher unterhalb des 2. Lendenwirbels zu der sog. **Cauda equina** (Pferdeschwanz). Alle tiefer anstehenden Spinalnerven verlaufen von hier aus wie ein Pferdeschwanz innerhalb des Wirbelkanals abwärts und gruppieren sich um das am Steißbein ansetzende **Filum terminale** (Endfaden). Die durch die Zwischenwirbelfenster austretenden Spinalnerven haben also schon eine längere Strecke im Wirbelkanal zurückgelegt, ehe sie ihn verlassen.

Jeder Spinalnerv entspringt einer vorderen (ventralen) und einer hinteren (dorsalen) Wurzel im Rückenmark (Abb. 3.8). Die **dorsalen Wurzeln** enthalten die von der Peripherie des Körpers eintreffenden sensiblen, sensorischen (afferenten) Bahnen, die **ventral** gelegenen **Wurzeln** dagegen die effektorischen (efferenten). Die Zellkörper

der dorsalen Fasern liegen in besonderen Spinalganglien seitlich des RM, die ventralen Bahnen dagegen als motorische Ganglienzellen in den Vorderhörnern der grauen Substanz. Distal der Spinalganglien vereinigen sich beidseitig der dorsale und der ventrale Nervenstrang auf einer kurzen Strecke, um sich anschließend wieder aufzuspalten. In einigen Faserzügen verlaufen dann im Gegensatz zu den Nervenwurzeln sowohl sensorische wie auch motorische Fasern nebeneinander.

Alle von den höheren Abschnitten des ZNS zum Rumpf und zu den Extremitäten bzw. umgekehrt laufenden Erregungen werden durch absteigende bzw. aufsteigende Leitungsbahnen vermittelt, die innerhalb des RM, vorwiegend in der weißen Substanz, verlaufen. Für die verschiedenen, durch RM-Bahnen vermittelten Lei-

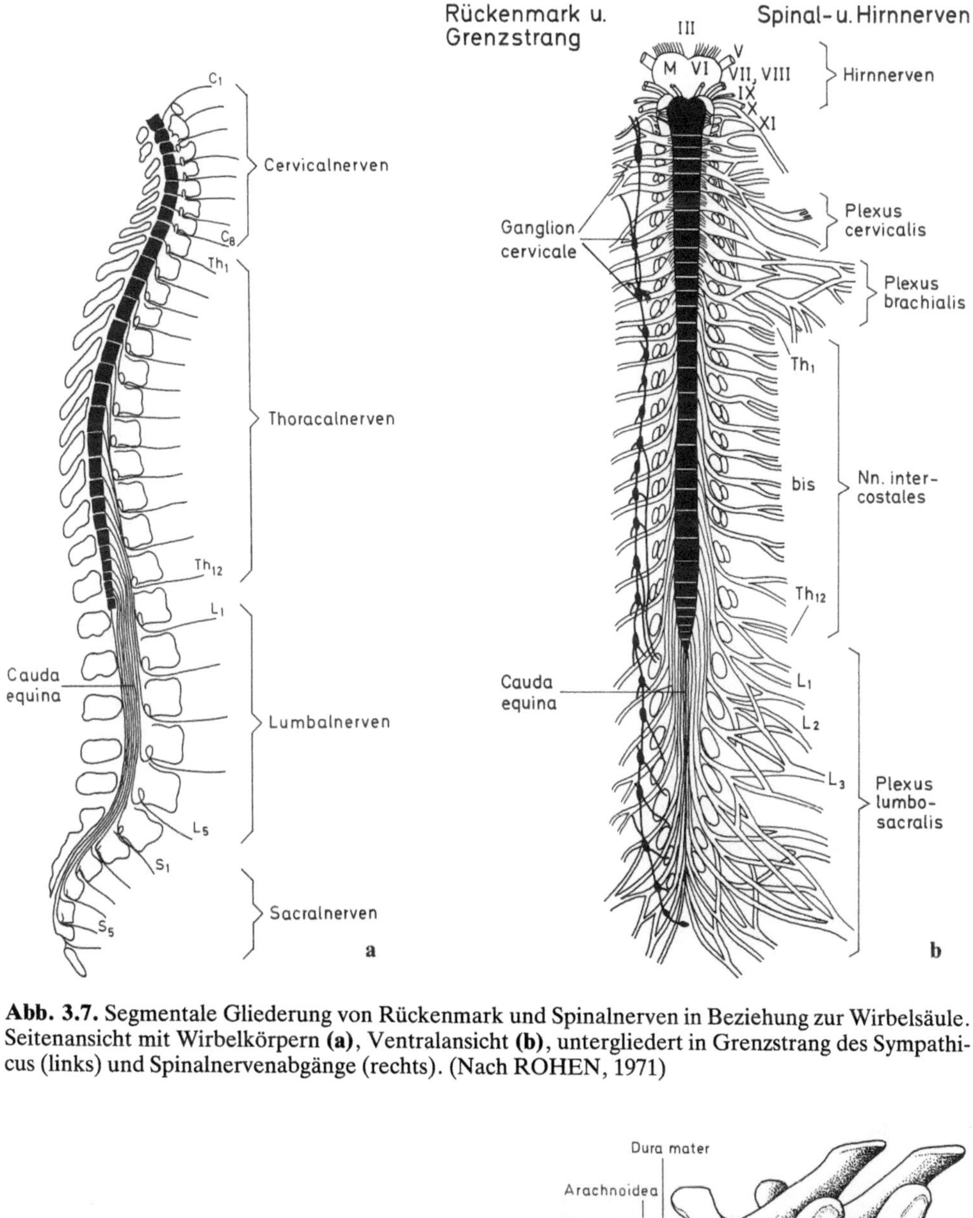

Rückenmark u.
Grenzstrang

III

Spinal- u. Hirnnerven

M VI V VII, VIII IX X XI

Hirnnerven

Cervicalnerven

C₁

C₈

Th₁

Th₁₂

L₁

L₅

S₁

S₅

Cauda
equina

Thoracalnerven

Lumbalnerven

Sacralnerven

a

Ganglion
cervicale

Cauda
equina

Th₁

bis

Th₁₂

L₁

L₂

L₃

Plexus
cervicalis

Plexus
brachialis

Nn. inter-
costales

Plexus
lumbo-
sacralis

b

Abb. 3.7. Segmentale Gliederung von Rückenmark und Spinalnerven in Beziehung zur Wirbelsäule. Seitenansicht mit Wirbelkörpern **(a)**, Ventralansicht **(b)**, untergliedert in Grenzstrang des Sympathicus (links) und Spinalnervenabgänge (rechts). (Nach ROHEN, 1971)

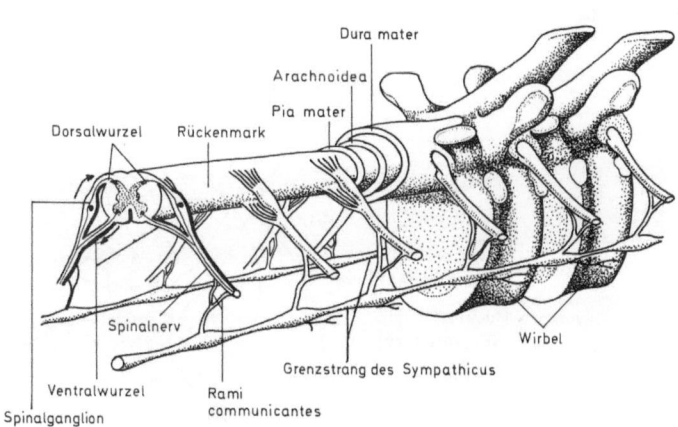

Abb. 3.8. Schemadarstellung der Wirbelsäule und des Rückenmarks mit seinen Anschlüssen an das vegetative Nervensystem des Sympathicus

Dura mater
Arachnoidea
Pia mater
Dorsalwurzel   Rückenmark
Spinalnerv
Grenzstrang des Sympathicus
Wirbel
Ventralwurzel   Rami
communicantes
Spinalganglion

stungen kennt man nicht nur die Lage der Leitungsbahnen im RM selbst, sondern auch deren Ursprung bzw. Ende und vielfach auch die Umschaltungsbahnen in den höheren ZNS-Abschnitten (vgl. auch Kap. 3.2.2.2.2).

Die wichtigsten **aufsteigenden Bahnen** innerhalb des RM des Menschen (Abb.

3.9a) sind der
— Tractus spinothalamicus (= Vorderseitenstrangsystem),
— Tractus spinobulbaris (= Hinterstrangsystem),
— Tractus spinocerebellaris (= Kleinhirnseitenstrangsystem)

Abb. 3.9. Aufsteigende **(a)** und absteigende Bahnen **(b)** im Rückenmark des Menschen

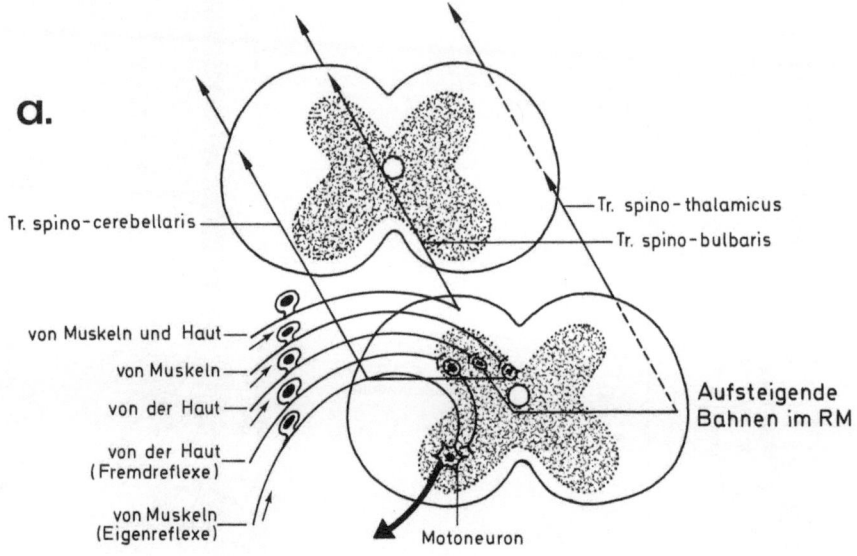

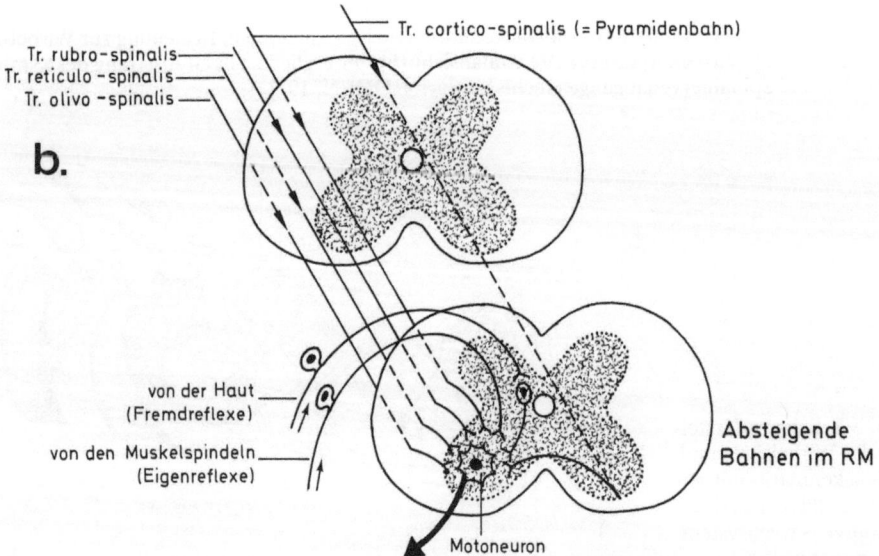

(Hierbei gibt der lateinische Name Anfang und Ende der Bahnen an, die ungebräuchlichere deutsche Bezeichnung dagegen die Lage der Bahnen im RM.)

Die aufsteigenden Bahnen werden durch Neurone des RM gebildet, deren Fasern ohne Unterbrechung bis zum Thalamus im Zwischenhirn bzw. bis zu verschiedenen Teilen des Kleinhirns (Cerebellum) durchlaufen.

– Das Vorderseitenstrangsystem des **Tractus spinothalamicus** ist stammesgeschichtlich die älteste aufsteigende Nervenbahn des RM. Sie vermittelt diejenigen Nervenimpulse, die beim Menschen zu einer diffusen, primitiven Schmerz-, Temperatur-, Druck- oder Berührungsempfindung führen und instinktive Abwehr- und Fluchtreflexe auslösen.
– Das Hinterstrangsystem des **Tractus spinobulbaris** ist phylogenetisch jünger, vermittelt die Tast- und Tiefensensibilität und ermöglicht die feinere Lokalisation und Differenzierung von Berührungsreizen an der Haut. Es stellt fernerhin die für die Koordination komplizierter Bewegungen notwendige Verbindung zwischen den Mechanorezeptoren der Haut und der Muskeln mit den höheren Abschnitten des ZNS her. Ein Teil der in den Hintersträngen geleiteten Impulse gelangt in die Rinde des Kleinhirns und ist auf diesem Wege an der Koordination der Motorik beteiligt.
– Das Kleinhirnseitenstrangsystem des **Tractus spinocerebellaris** ist phylogenetisch eine alte, schon bei Fischen vorhandene Bahn. Sie leitet die für die Koordination der Motorik wichtigen Impulse von den Rezeptoren der Muskeln und der Haut zum Kleinhirn.

Die wichtigsten **absteigenden Bahnen** im RM (Abb. 3.9b) sind der
– Tractus corticospinalis (= Pyramidenbahn),
– Tractus rubrospinalis,
– Tractus reticulospinalis,
– Tractus vestibulo(oder deitero-)spinalis,
– Tractus olivospinalis.
Von diesen werden die vier letztgenannten Tractus auch als extrapyramidales System bezeichnet.

Neben diesen Bahnen gibt es noch absteigende Bahnen des vegetativen Nervensystems, deren Verlauf jedoch noch nicht in allen Fällen geklärt ist. Die absteigenden Bahnen leiten Impulse vom Hirn zu den motorischen Vorderhornzellen mit somatomotorischer Funktion. Die Pyramidenbahnen sind dabei so wichtig, daß die übrigen demgegenüber als extrapyramidales System zusammengefaßt werden.

– Die **Pyramidenbahn** tritt erstmals phylogenetisch bei den Säugern auf. Sie stellt die direkte Verbindung der Großhirnrinde mit den motorischen Vorderhornzellen her und ermöglicht die unmittelbare willkürliche Beeinflussung dieser Zellen. Auf diese Weise können fein abgestimmte Bewegungen von den übergeordneten Schaltzentren direkt dirigiert werden, so z.B. beim Menschen die Bewegung der Hände.

Die **extrapyramidalen Bahnen** vermitteln nicht unmittelbar dem Willen unterworfene Impulse an die motorischen Vorderhornzellen. Scheinbar willkürliche Bewegungen werden zum großen Teil ohne Mitwirkung des Bewußtseins über das extrapyramidale System gesteuert:

– Der **Tractus rubrospinalis** entspringt im Mittelhirn. Über ihn laufen Impulse von den höheren Hirnzentren extrapyramidal insbesondere von den Basalganglien der Großhirnhemisphären (vgl. Kap. 3.2.2.4) und den Kernen des Kleinhirns (vgl. Kap. 3.2.2.2.2) zu den motorischen Vorderhörnern des Rückenmarks.
– Im **Tractus reticulospinalis** verlaufen u.a. Fasern, welche über die Kontrolle der Vorderhornnervenzellen andere Nervenfasern beeinflussen, die auf die Muskelfasern einwirken, womit die Regelvorgänge in den Eigenreflexbögen der Muskeln beeinflußt werden können. Andere Fasern vermitteln hemmende Impulse der Großhirnrinde.
– Der **Tractus vestibulospinalis** vermittelt den wichtigen Einfluß des Vestibularapparates über den Deiters'schen Kern auf die Skelettmuskulatur zur reflektorischen Erhaltung der normalen Stellung des Kopfes und des Körpergleichgewichts.

– Der **Tractus olivospinalis** entstammt den Olivenkernen des verlängerten Marks (Medulla oblongata; vgl. Kap. 3.2.2.2.1) und führt Impulse, die aus anderen Hirnteilen zuvor auf die Oliven umgeschaltet worden sind, zu den motorischen Vorderhornzellen.

Infolge dieser leitenden **Funktion des RM** führt eine Verletzung desselben (z.B. Quetschung oder Durchtrennung) zu einer sensorischen wie motorischen Lähmung der unterhalb der verletzten Stelle gelegenen Körperabschnitte. Nur diejenigen Vorgänge, die ohne Vermittlung des Hirns reflektorisch von bestimmten Zentren des RM, durch den sogenannten Eigenapparat des RM, gesteuert werden, fallen nicht aus.

Sie laufen jedoch ohne Bewußtseinskontrolle ab.

Im RM faßt man die Kerngebiete der aus bestimmten Segmenten durch die vorderen Wurzeln austretenden Nervenfasern als sog. **Niveauzentren** zusammen. Die motorischen Niveauzentren wären die in den Vorderhörnern der grauen Substanz gelegenen Ursprungsgebiete der motorischen Nervenfasern. In den Seitenhörnern der Brust- und Lendenmarksegmente liegen als vegetative Niveauzentren die Ursprungsgebiete der präganglionären sympathischen Nervenfasern des autonomen Nervensystems (vgl. Kap. 3.3). Die Niveauzentren sind um so weniger zu selbständigen Leistungen fähig, je höher das ZNS organisiert ist. Bei jungen Säugern z.B. kann nach Rückenmarks-

Abb. 3.10. Halbschematische Darstellung der Topographie des menschlichen Gehirns

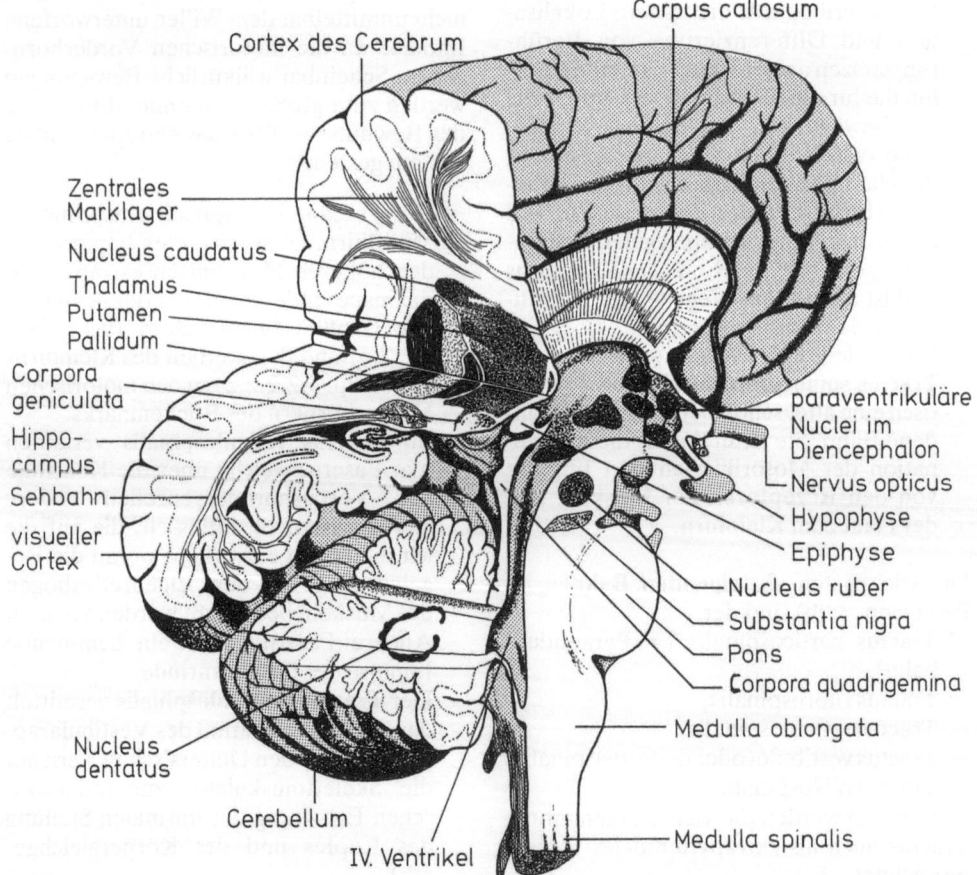

durchtrennung oder Zerstörung des übergeordneten Blutdruckzentrums in der Medulla oblongata mit Hilfe der autonomen
Tätigkeit der Niveauzentren der Gefäßtonus wiederhergestellt werden. Es kann sogar für die Atemmuskulatur eine eigene
Autonomie entwickelt werden, jedoch
nicht mehr beim erwachsenen Säuger und
somit auch nicht beim erwachsenen Menschen. Im Sakralmark liegen die Ursprungsgebiete für einen Teil der parasympathischen Fasern des autonomen Nervensystems, die eine ganze Reihe von Unterleibs-
organen innervieren. Alle diese Zentren
stehen jedoch auch unter der übergeordneten Kontrolle höherer Hirnabschnitte, besonders des Zwischenhirns; sie sind jedoch
ebenfalls mit dem Großhirn verbunden, wie
die willkürliche Beeinflußbarkeit aller dieser Körperfunktionen zeigt (autogenes
Training). Jedoch zeigt es sich insbesondere
bei Querschnittslähmungen, bei denen das
untere Sakralmark abgeschnitten ist vom
übrigen ZNS, daß die meisten Unterleibs-
organe, z.B. Blase und Darm, dann reflektorisch, ohne Einfluß des Willens, funktionieren. Bei Hunden z.B. können sogar
Trächtigkeit und Geburt unter alleiniger
Kontrolle der Niveauzentren funktionieren. Die aufsehenerregenden Fälle von
hirn(= klinisch)toten schwangeren Frauen,

die bis zur Ausreifung ihrer Foeten künstlich am Leben erhalten wurden, erhalten
auf diesem Hintergrund durchaus eine
Rechtfertigung.

Vom Grundbauplan des Rückenmarks
leiten sich nun alle übrigen, in der Kopfregion der Wirbeltiere gelegenen Hirnabschnitte ab. Bevor im folgenden detaillierter auf die wichtigsten funktionsmorphologischen Besonderheiten der einzelnen
Hirnregionen eingegangen wird, sei auf
eine halbschematische Darstellung über die
Topographie der wesentlichsten Strukturen
des menschlichen Hirns verwiesen (Abb.
3.10). Aus dieser Abbildung wird ersicht-
lich, in welch komplexer Weise hier vom
Grundbauplan des Rückenmarks abgewi-
chen wurde, womit gleichzeitig eine außerordentliche Differenziertheit der Funk-
tionsweisen verbunden ist. Zwar wurden
viele Funktionszusammenhänge bisher aufgrund neuropathologischer Studien am
menschlichen Hirn selbst aufgeklärt, doch
war und ist die Neurobiologie vor allem auf
die Untersuchung von Tiermodellen angewiesen. Diesbezüglich haben sich entsprechende Studien am Rattenhirn als besonders aussagekräftig erwiesen, insofern, als
hier bereits die wesentlichsten neuronalen
Funktionsabläufe in sehr überschaubarer
Weise beschrieben werden können. Aus

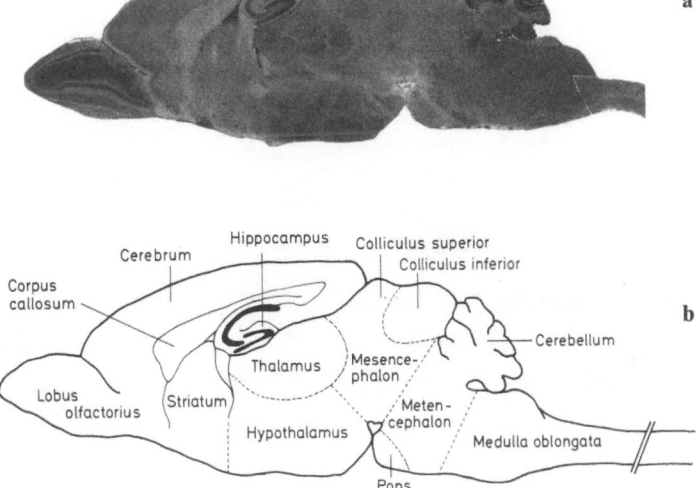

Abb. 3.11. Übersicht
über die wichtigsten
funktionsmorphologi-
schen Zusammenhänge
im Rattenhirn
a: histologischer Längsschnitt; **b:** Übersicht
über die wichtigsten
Hirnregionen; **c:** visuelles und akustisches Sy-
stem; **d:** motorisches System; **e:** somatomotori-
sches System; **f:** Um-
schaltstation Hypotha-
lamus

Cerebrum
Hippocampus
Colliculus superior
Colliculus inferior
Corpus
callosum
Cerebellum
Thalamus
Mesence-
phalon
Lobus
olfactorius
Striatum
Meten-
cephalon
Hypothalamus
Medulla oblongata
Pons

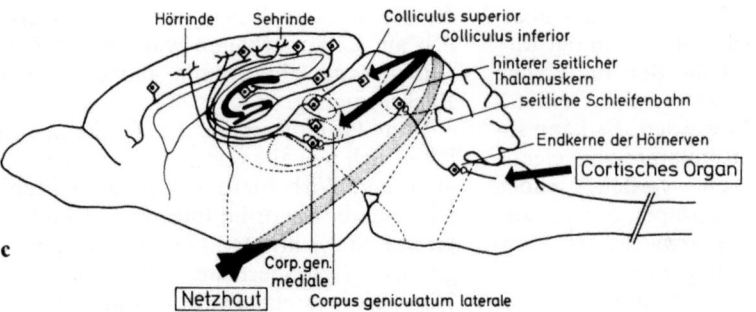

c

Hörrinde   Sehrinde   Colliculus superior
Colliculus inferior
hinterer seitlicher Thalamuskern
seitliche Schleifenbahn
Endkerne der Hörnerven
Cortisches Organ
Corp. gen. mediale
Netzhaut   Corpus geniculatum laterale

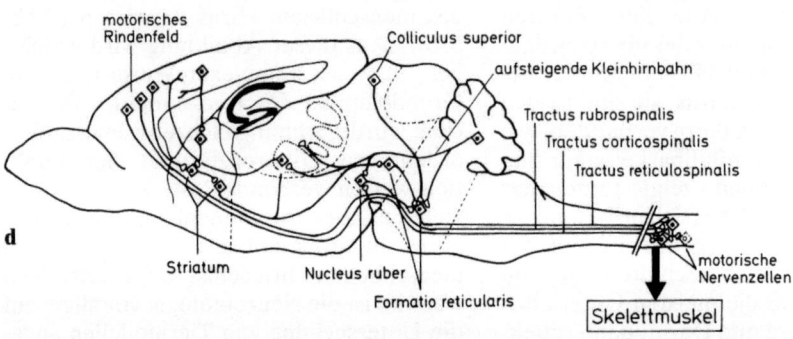

d

motorisches Rindenfeld   Colliculus superior
aufsteigende Kleinhirnbahn
Tractus rubrospinalis
Tractus corticospinalis
Tractus reticulospinalis
motorische Nervenzellen
Striatum   Nucleus ruber
Formatio reticularis
Skelettmuskel

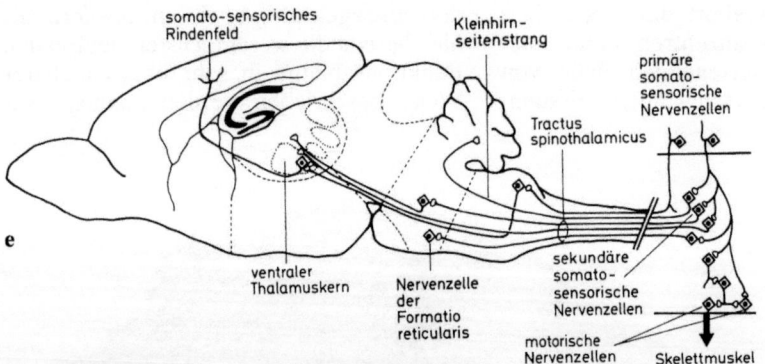

e

somato-sensorisches Rindenfeld   Kleinhirn-seitenstrang
primäre somato-sensorische Nervenzellen
Tractus spinothalamicus
ventraler Thalamuskern   Nervenzelle der Formatio reticularis
sekundäre somato-sensorische Nervenzellen
motorische Nervenzellen   Skelettmuskel

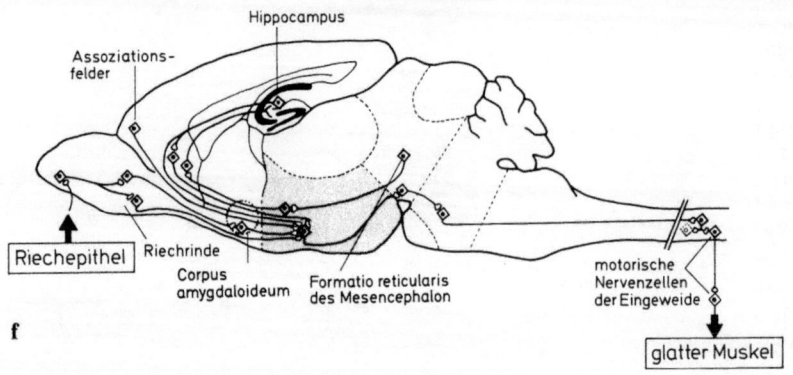

f

Hippocampus
Assoziations-felder
Riechepithel   Riechrinde
Corpus amygdaloideum   Formatio reticularis des Mesencephalon
motorische Nervenzellen der Eingeweide
glatter Muskel

diesem Grund seien in Abb. 3.11 die wesentlichsten funktionsmorphologischen Zusammenhänge des Rattenhirns vorgestellt. Modellartig kann auf sie jeweils bei der Abhandlung der Gegebenheiten im menschlichen Hirn verwiesen werden.

3.2.2.2 Rautenhirn (Rhombencephalon)

An das Rückenmark schließt sich nasalwärts das Rautenhirn **(Rhombencephalon)** an, das sich bis zum Mittelhirn erstreckt und aus zwei Hauptteilen besteht: dem verlängerten Mark **(Medulla oblongata = Myelencephalon)** und dem Hinterhirn **(Metencephalon)** mit dem Kleinhirn **(Cerebellum)**, der Brücke **(Pons)** sowie der Brückenhaube **(Tegmentum)** als wesentlichste Differenzierungen.

3.2.2.2.1 Verlängertes Mark (Medulla oblongata, Myelencephalon)

Zur beim Menschen etwa 3 cm langen Medulla gehören an wichtigen Funktionsbereichen:

1. die **Formatio reticularis**, ein netzartig von vielen Faserbündeln durchwirktes Areal grauer Substanz, das den kontinuierlichen Übergang zwischen Rautenhirn und Mittelhirn darstellt und wichtige Filterfunktionen für ein- und ausgehende Informationen im Hirn innehat,
2. die vom Großhirn zum Rückenmark durchziehenden **Pyramidenbahnen** an der Ventralseite,
3. die beiderseits lateral liegenden Oliven **(Nuclei olivae)**, deren Kerne zum extrapyramidalen motorischen System (EPMS) gehören und schließlich
4. mehrere Ursprungsgebiete der Hirnnerven V−XII (vgl. Tabelle 3.1).

Der innere Aufbau der Medulla oblongata ist komplizierter als der des RM (Abb. 3.12). Zwar enthält auch hier die graue Substanz in ihren ventral gelegenen **Grundplatten** motorische Kernregionen und in den lateralen **Flügelplatten** vornehmlich sensorische Kerne, jedoch hat die graue Substanz die für das Rückenmark typische Schmetterlingsform verloren. Sie bildet einen wesentlich verstreuteren Netzkörper, insbe-

Tabelle 3.1. Übersicht der Hirnnerven

Hirnnerv Nr.		Gehirneintritt bzw. -austritt	Qualität	Innervationsgebiet
I.	N. olfactorius (Fila olfactoria)	Bulbus olfactorius	sensorisch	Riechepithel der Nase
Ia.	N. terminalis	Bulbus olfactorius	sensorisch	Riechepithel der Nase (bei Reptilien: Jacobson'sches Organ)
II.	N. opticus	Diencephalon	sensorisch	Retina
III.	N. oculomotorius	Mesencephalon	motorisch	Augenstellmuskel
IV.	N. trochlearis	Mesencephalon	motorisch	Augenmuskel
V.	N. trigeminus (3ästig)	Rhombencephalon	sensorisch u. motorisch	Gesichtsinnervation
VI.	N. abducens	Rhombencephalon	motorisch	Augenmuskel
VII.	N. facialis	Rhombencephalon	sensorisch u. motorisch	Mimische Gesichtsinnervation
VIII.	N. statoacusticus	Rhombencephalon	sensorisch	Inneres Ohr (Gehör, Gleichgewicht)
IX.	N. glossopharyngeus	Rhombencephalon	sensorisch u. motorisch	Pharynxmuskulatur u. Gaumenschleimhaut
X.	N. vagus	Rhombencephalon	sensorisch u. motorisch	Larynx-, Pharynxmuskulatur, Rachenschleimhaut, Eingeweide
XI.	N. accessorius	Rhombencephalon	motorisch	Zweig des N. vagus
XII.	N. hypoglossus	Rhombencephalon	motorisch	Zungen- u. Zungenbeinmuskulatur

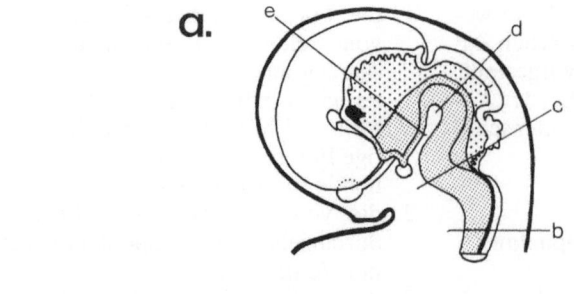

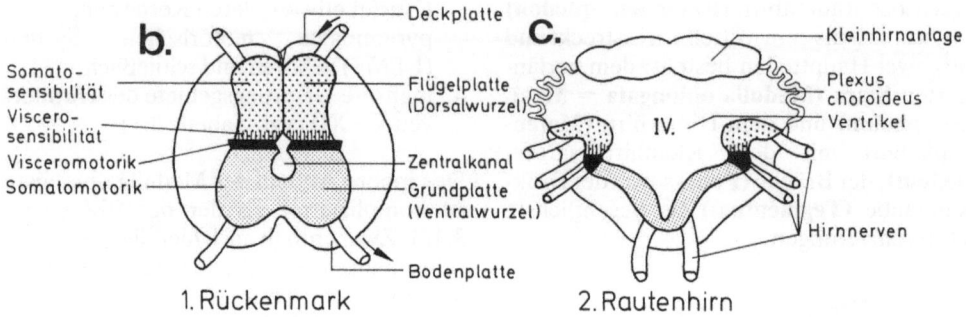

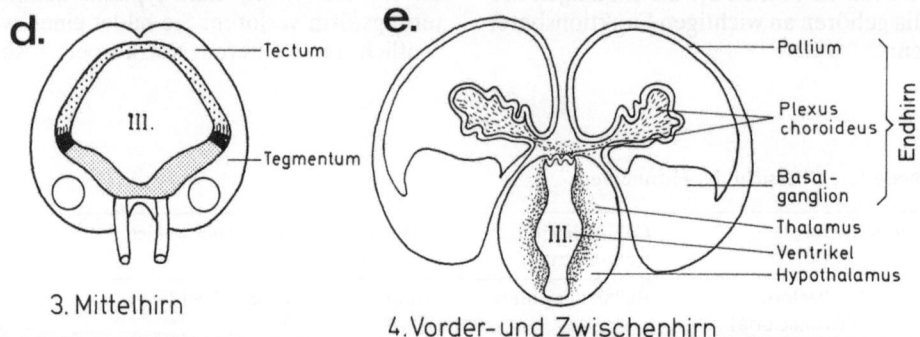

Abb. 3.12. Schema des embryonalen menschlichen Gehirns (**a**) zur Darstellung der Grund- und Flügel-plattenanteile im Rückenmark (**b**), Rhombencephalon (**c**), Mesencephalon (**d**) und Telencephalon (**e**). (Nach ROHEN, 1971)

sondere die funktionell außerordentlich be-deutsame **Formatio reticularis**, in deren Be-reich die Hirnnerven V–XII entspringen und die gleichzeitig den Übergang zum Mit-telhirn darstellt. Auf der ventralen Seite der Medulla zeichnen sich die sog. **Pyramiden** ab, die die durchgehenden Pyramidenbah-nen enthalten, die caudalwärts in das Innere des RM ziehen. Seitlich wölben sich aus der Medulla die sog. Oliven hervor, deren Kerne mit anderen Kerngebieten in der Haube, im Tegmentum des Mesencephalon

und dem Cerebellum sowie dem RM als ex-trapyramidales motorisches System ver-bunden sind. Das Dach der Medulla besteht im wesentlichen aus den Epithelien des **Ple-xus choroideus** (**Adergeflecht**; vgl. Abb. 3.5.4). Durch die Aufweitung des zentralen RM-Kanals im Rautenhirn zum IV. Ventri-kel werden die Kerngruppen der grauen Substanz weit auseinandergeklappt, so daß sie nebeneinander zu liegen kommen. Auf- und absteigende Faserbündel verlaufen im Bereich des Nachhirns nicht nur ausschließlich in Längsrichtung, sondern durchkreuzen einander und ziehen auch auf die Gegenseite.

Ventralwärts vereinigen sie sich mit Endhirnbahnen und bilden zusammen mit ihren Schaltzellen am Hinterhirn (Metencephalon) einen mächtigen Faserwulst, die sog. Brücke (Pons).

Die **Medulla oblongata als Leitungsorgan** beinhaltet

- somatosensible Kerne, von denen aus die Hautsinnesorgane, die Schweresinnesorgane und das Gehör (sowie bei Fischen und Amphibien auch das dem Strömungssinn zugehörige Seitenlinienorgan) innerviert werden;
- viscerosensible Kerngebiete zur nervösen Versorgung der im Innern des Körpers gelegenen Sinnesorgane (Propriorezeptoren);
- somatomotorische Kerne, die die Körper- und Augenmuskulatur innervieren, sowie
- visceromotorische Nuclei zur motorischen Steuerung der Drüsen und Muskulatur des Vorderdarms.

In der Medulla oblongata sowie in den sich anschließenden Teilen des Rautenhirns gibt es eine Reihe von **Hirnzentren**. In den Niveauzentren, wie sie ähnlich zuvor schon für das Rückenmark beschrieben wurden, liegen die Ursprungsgebiete einer Reihe von **Hirnnerven**, die sich allerdings deutlich von Spinalnerven unterscheiden: Die insgesamt 12 Hirnnerven lassen sich in etwa in drei größere Gruppen aufteilen, je nach Funktion und Innervationsbereich (Tabelle 3.1):

- Sinnesnerven mit somatosensibler Funktion (I, II, VIII),
- Visceralnerven (V, VII, IX, X, XI) mit viscerosensibler und motorischer Funktion im Hals- und Thoraxbereich,
- somatomotorische Nerven im Kopfbereich.

Die Hirnnerven unterscheiden sich nach ihrer Entstehungsart: Sinnesnerven und Visceralnerven sind Ausstülpungen des Vorder- bzw. Zwischenhirns, die übrigen – wie auch die Spinalnerven – wachsen aus früh angelegten Zentren des ZNS aus. Die zulei-

tenden afferenten Hirnnerven endigen in entsprechenden Eintrittsbereichen des ZNS, die ableitenden, efferenten dagegen beginnen im Bereich ihrer Ursprungskerne, die auch gleichzeitig der Austrittsbereich sind. Das Rautenhirn (Rhombencephalon) ist das Hauptursprungsgebiet der somatomotorischen Hirnnervengruppe.

Tabelle 3.1 führt die 12 Hirnnerven im einzelnen auf und gibt Hirneintritts- bzw. -austrittsgebiet, die Qualität sowie das Innervationsgebiet an.

Den Niveauzentren für die Hirnnerven übergeordnet findet sich in der Medulla oblongata eine Reihe von **motorischen** und **vegetativen Funktionszentren**, durch welche motorisch z.B. das Saugen, Kauen, Schlucken und Erbrechen, vegetativ z.B. die Speichelsekretion und die Pupillenbewegung gesteuert werden. Von besonderer Bedeutung sind diejenigen Medullazentren mit übergeordneter vegetativer Funktion für Atmung und Kreislauf (s. auch Kap. 3.3).

Kreislaufzentren regulieren die Herzschlagfrequenz und passen sie den jeweiligen Erfordernissen an, insbesondere über die Zentren des Nervus vagus. Blutdruck und periphere Blutverteilung werden dagegen unter dem Einfluß des Sympathicus geregelt.

Das **Atemzentrum** steuert die Motorik der Atemmuskeln und reagiert besonders empfindlich auf Änderungen der CO_2-Spannung sowie der Ionenkonzentration des Blutes. Es liegt am Medullaboden in der Formatio reticularis. Die caudal gelegenen Anteile des Atemzentrums regulieren dabei u.a. die phylogenetisch ältere Schnappatmung, wie sie z.B. bei Amphibien die Norm ist, beim Menschen nur in Ausnahmefällen bei Ausschaltung übergeordneter Zentren einsetzt. Andere Teile der Formatio reticularis dienen als Inspirationszentrum und wieder andere als Exspirationszentrum. Für eine Koordination der Atembewegungen sorgt das in den rostralen Abschnitten gelegene pneumotaktische Zentrum. Weiterhin gibt es jeweils ein Koordinationszentrum für Husten und Niesen, besonders wichtig ist das **Krampfzentrum**, welches aktiviert wird, wenn der CO_2-Gehalt des Blutes zunimmt bzw. bei Sauerstoffmangel. Ausgehend vom Krampfzentrum erfaßt dann eine allgemeine Erregung alle ZNS-Zentren und führt zu Krampferscheinungen und im fatalen Verlauf über Krämpfe und allgemeine Lähmung zum Tod durch Ersticken.

3.2.2.2.2 Hinterhirn (Metencephalon)

Zum Metencephalonteil des Rautenhirns gehören im basalen Abschnitt die **Brücke (Pons)** und die **Brückenhaube (Tegmentum pontis)**. Darüber lagert sich mit den unteren Abschnitten verbunden durch die **drei Kleinhirnstiele (Pedunculae cerebelli)** das aus zwei Hemisphären aufgebaute **Kleinhirn (Cerebellum)**.

Brücke (Pons)

Die **Brücke** mit ca. 2,5 cm Länge und 3 cm Breite hat im Bereich des Metencephalon im wesentlichen eine reine Leitungsfunktion. Faserzüge aus dem Vorderhirn werden hier zum Cerebellum umgeschaltet, motorische efferente Bahnen des Pyramidensystems und des EPMS laufen hier durch, ebenfalls afferente motorische Bahnen und die Bahnen des Hörnerven durchziehen die Brücke. Im Formatio reticularis-Teil der Pons liegen die höheren Abschnitte des Atemzentrums.

In der **Brückenhaube (Tegmentum pontis)** liegen die Ursprungskerne einiger Hirnnerven: V = Nervus trigeminus, VI = N. abducens, VII = N. facialis sowie die Endkerne des Hirnnerven N. statoacusticus (VIII; vgl. Tabelle 3.1).

Kleinhirn (Cerebellum)

Das Kleinhirn ist als dorsale Differenzierung des Rhombencephalon von außerordentlicher Bedeutung z.B. für die Koordination und Regulation der Motorik und Einhaltung der normalen Körperlage (Abb. 3.4 und 3.5). Anatomisch lassen sich am Kleinhirn zwei Teile unterscheiden: der phylogenetisch ältere Teil, der sog. Wurm **(Vermis)**, und die paarigen Hemisphären, die den weitaus größten Raum einnehmen. Durch drei Stiele **(Pedunculae cerebelli)** von ca. 1 cm Länge und ca. 1,4 cm Dicke steht das Kleinhirn mit dem übrigen Hirn in Verbindung und zwar mit der Medulla oblongata und dem Rückenmark durch die hinteren Kleinhirnstiele **(Brachia restifor-**

mia). Mit der Pons und hierüber mit dem Großhirn ist das Kleinhirn durch die mittleren Kleinhirnstiele **(Brachia pontis)** verbunden sowie mit dem Mittelhirn durch die vorderen Kleinhirnstiele **(Brachia conjunctiva)**.

Die ausgewachsenen Kleinhirnhemisphären sind beim Menschen ca. 6 cm lang, 10 cm breit und 4,4 cm hoch. Das Gewicht des Kleinhirns variiert beim Erwachsenen zwischen 136 und 169 g mit einem durchschnittlichen Volumen von 162 mm^3. Davon entfallen ca. 90% auf die Rindensubstanz und etwa 10% auf die weiße Fasersubstanz. Bei der Geburt eines Menschen beträgt das Kleinhirngewicht erst 5–6% des Gesamthirngewichts, beim Erwachsenen dagegen ca. 11%. Dieser Wert wird durch eine besonders hohe Wachstumsrate des Kleinhirns gleich nach der Geburt bis zum Abschluß des 2. Lebensjahres erreicht, zu welchem Zeitpunkt mit 10,6% fast schon der relative Wert eines Erwachsenen erreicht wird. Ab etwa einem Lebensalter von 50 Jahren nehmen die absoluten Werte für Gewicht und Volumen zwar ab, jedoch im Rahmen der Gesamthirnverminderung so, daß das Verhältnis zwischen Cerebellum- und Gesamthirngewicht relativ konstant bleibt.

Die wichtigsten **Funktionen des Cerebellum** (Erhaltung des Gleichgewichts, Regulation des Muskeltonus, Koordination von Bewegungen) werden in drei unterschiedlichen Kleinhirnteilen ausgeführt, die sich stammesgeschichtlich nacheinander differenziert haben, nämlich vom Altkleinhirn **(Palaeocerebellum)**, Urkleinhirn **(Archicerebellum)** bzw. Neukleinhirn **(Neocerebellum)**.

Das **Palaeocerebellum** ist der älteste Teil des Kleinhirns. Es ist mit dem **Nervus vestibularis**, der beim Menschen zu einem Teil des VIII. Hirnnerven wird, verbunden und übernimmt die Koordination der aus dem Innenohr eintreffenden Gleichgewichtsinformationen. Das **Archicerebellum** empfängt die Tiefensensibilitätsinformationen. Das phylogenetisch zuletzt entstandene **Neocerebellum** hingegen stellt die Verbindung mit den motorischen Zentren des Vorderhirns dar.

Das Kleinhirn ist ein Hirnabschnitt, der wie das Großhirn (vgl. Kap. 3.2.2.4.2) im

Laufe der Ontogenese eine ganz besondere Differenzierung erfährt. Die besondere Ausgestaltung ist jedoch weniger ein Merkmal höherer evolutiver Entwicklung, sondern verbunden mit der Lebensweise einzelner Gruppen. Bei Wirbeltieren, die sich besonders schnell fortbewegen, zeigt das Kleinhirn z.T. eine noch stärkere Furchenbildung zur Vermehrung der Rindenoberfläche als das Großhirn. Die Ausdifferenzierung des Kleinhirns ist offenbar korreliert mit der Leistungsfähigkeit des Bewegungsapparates. Je größer die Anforderungen an denselben sind und je feiner die Bewegungskoordination erfolgt, desto mächtiger und strukturell differenzierter ist dieser Hirnteil ausgeprägt: So besteht er bei den sich hauptsächlich am Boden kriechend fortbewegenden Amphibien und Reptilien nur aus einer dünnen Platte über der Rautengrube. Bei Fischen hingegen, und hier besonders bei den guten Schwimmern, hat sich das Kleinhirn zu einer sehr wesentlichen Struktur entfaltet. Bei den Säugern,

vor allem aber bei den Vögeln, ist das Kleinhirn durch Faltenbildung außerordentlich vergrößert; zu einem archaischen **Palaeocerebellum** kam hier noch stammesgeschichtlich die Entwicklung des **Neocerebellum** hinzu, das bei Vögeln und Säugern in Verbindung mit den motorischen Zentren des Großhirns steht.

Die Zahl der Nervenzellen in der Kleinhirnrinde ist trotz des geringen Anteils an der Gesamtgröße des ZNS außerordentlich groß. Bereits auf einem groben Übersichtsbild eines Schnittes durch das Kleinhirn ist zu erkennen, daß in den Windungen die helle Substanz geringer ausgeprägt ist als in der Rinde (Cortex; Abb. 3.13a). Der Cortex des Cerebellum gliedert sich in drei Schichten (Abb. 3.13b):

I. **Molekularschicht (Stratum moleculare)**, in der sich locker gelagert Stern- und Korbzellen finden. Die **Sternzellen** haben Assoziationsfunktionen innerhalb dieser Schicht; die Axone der

Abb. 3.13. Schnitt durch das Cerebellum eines Rhesusaffen. **a:** Übersicht, **b:** Ausschnittsvergrößerung; M: Molekularschicht, K: Körnerschicht, F: markhaltige Nervenfasern, S: Sternzellen, Ko: Korbzellen, H: Horizontalzellen, Kö: Körnerzellen, P: Purkinje-Zellen (vgl. Abb. 5.8)

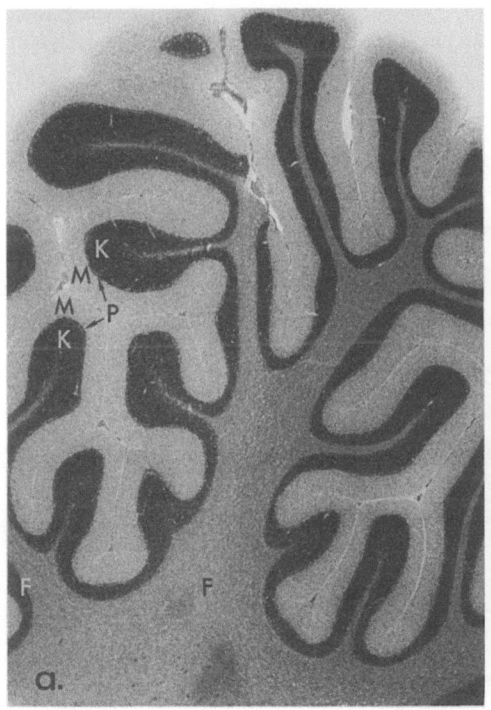
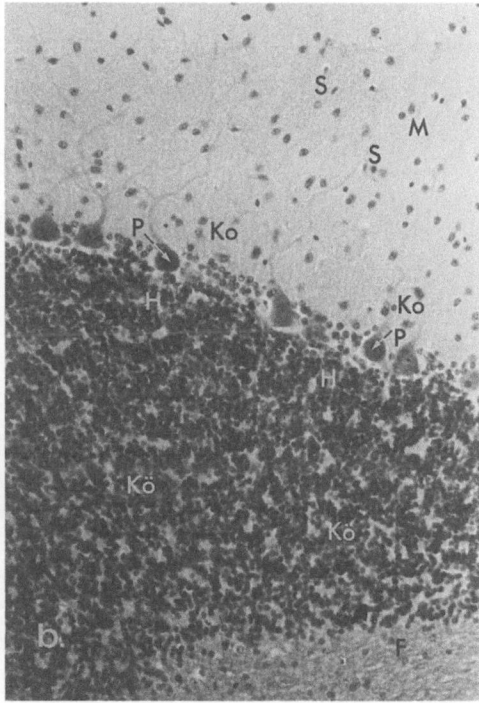

Korbzellen endigen in sog. Faserkörben an den Perikaryen der Purkinje-Zellen.

II. **Ganglienzellschicht (Stratum ganglionare)**, bestehend aus den sehr großen Perikarya der **Purkinje-Zellen** (vgl. Abb. 3.13b), deren Dendriten sich spalierobstartig in die Molekularschicht hinein erstrecken und deren Axone durch die Körnerschicht und das Markfaserlager bis in die Kleinhirnkerne ziehen.

III. **Körnerschicht (Stratum granulosum)**, hauptsächlich aus kleinen, dicht gelagerten **Körnerzellen** bestehend, deren Dendriten sich stark aufzweigen und sich mit den Neuriten, den sog. **Moosfasern**, verknüpfen. Die Neuriten der Körnerzellen ziehen in die Molekularschicht, spalten sich dort als Parallelfasern T-förmig auf und endigen an den Dendriten der Purkinje- und Korbzellen.

Insgesamt ist das Kleinhirn ein Hirnabschnitt, der zur Bewegungskoordination des Gesamtorganismus durch afferente Bahnen von den verschiedensten Sinnesorganen sowie Hirnteilen Meldungen erhält und über die efferenten, extrapyramidalen Bahnen in alle Bewegungsabläufe regelnd eingreifen kann (Abb. 3.14). So fließen der Kleinhirnrinde Erregungen zu von der Skelettmuskulatur **(Tractus spinothalamicus)**, vom Vestibularapparat des inneren Ohrs **(Tractus vestibulocerebellaris)**, von der Olive, welche Impulse aus dem extrapyramidalen motorischen System erhält, und vom Vorderhirn über die Brücke **(Tractus corticopontocerebellaris)**. Letztere ist die mächtigste afferente Bahn zum Neocerebellum und ermöglicht in gewisser Weise nahezu eine Punkt-für-Punkt-Übertragung der Großhirnfelderfunktionen auf das Kleinhirn.

Alle afferenten Impulse, die das Kleinhirn erhält, werden an das mächtige Dendritenwerk der großen **Purkinje-Zellen** (vgl. Abb. 1.3d und 3.13b) in die Kleinhirnrinde weitergegeben. Deren Axone bilden in ihrer Gesamtheit die efferenten Bahnen, die ihre Erregungen zunächst an die Kleinhirnkerne weiterreichen, von denen aus sie zu den verschiedenen Kernen des extrapyramidalen Systems (besonders **Nucleus ruber** in der Mittelhirnhaube, **Nucleus deiteri)** gelangen und von hier aus steuernden Einfluß auf die motorischen Vorderhirnzellen

Abb. 3.14. Schema der wichtigsten Faserverbindungen im Säugerkleinhirn

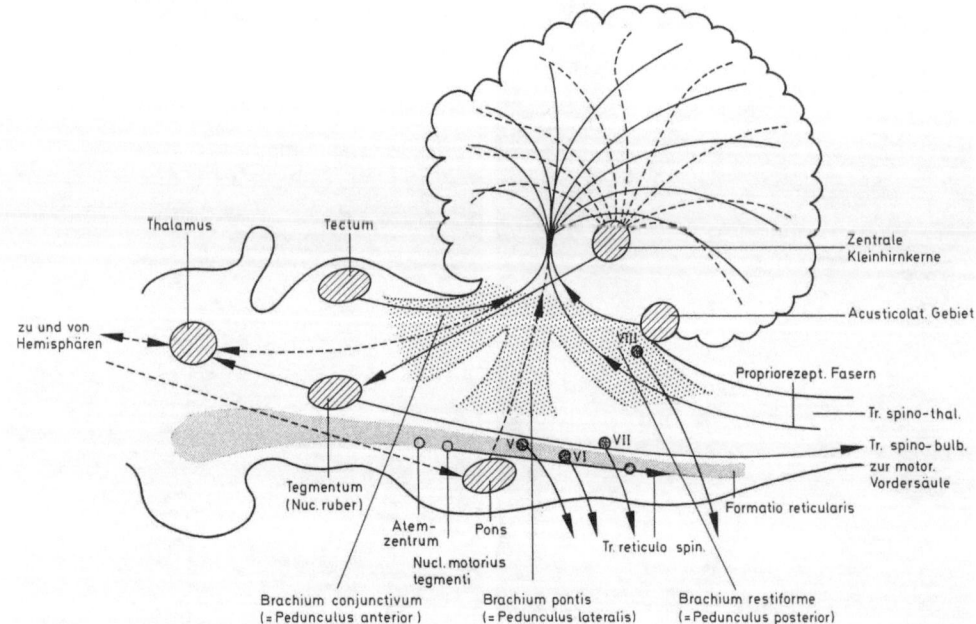

im Rückenmark und damit die Skelettmuskulatur nehmen. Durch diese Umschaltun-
gen ist bedingt, daß das Kleinhirn seine motorischen Effekte (z.B. Bewegungen der
Augen oder Extremitäten) niemals direkt
erzielt. Vielmehr kommen diese nur indirekt über die motorischen Zentren oder
über die Großhirnrinde zustande. Das
Kleinhirn ist kein selbständiges, sondern lediglich ein beigeordnetes Zentrum.

Ein Ausfall des Kleinhirns verursacht daher keinen Ausfall der Willkürmotorik,
sondern nur motorische Koordinationsstö-
rungen (Ataxie), die sogar nach einiger Zeit
rückläufig werden können, wenn die re-
gelnden Funktionen durch Training von höheren Zentren des Vorder- und Mittelhirns
übernommen werden.

3.2.2.3 Mittelhirn (Mesencephalon)

In der Fortsetzung des Rautenhirns beson-
ders vermittels der Formatio reticularis
schließt sich an das verlängerte Mark (Medulla oblongata) das Mittelhirn an, beim
Menschen von nur ca. 1 cm Länge und einem Gewicht von etwa 26 g (BLINKOV und
GLEZER, 1968). Es umschließt in diesem
Bereich den Abschnitt des **Zentralkanals**,
der als **Aquaeductus sylvii** den III. und IV.
Hirnventrikel verbindet (vgl. Abb. 3.4).
Dieser Verbindungskanal vergrößert sein
Lumen mit zunehmendem Alter. Beim
Menschen verdoppelt sich sein Querschnitt
von etwa 1,6 mm^2 auf 2,6 mm^2 im vorderen
(rostralen) Abschnitt und von 1,9 mm^2 auf
4 mm^2 im hinteren (caudalen) Abschnitt
etwa vom 30. bis zum 50. Lebensjahr.

Das Mittelhirn (vgl. Abb. 3.4 und Abb.
3.5) besteht topographisch gesehen aus dem
Mittelhirndach (Tectum), der ventral gelegenen **Haube (Tegmentum)** und aus den
ventral angelagerten **Großhirnschenkeln
(Pedunculi cerebri)**. Aus dem dorsal gelegenen Mittelhirn der niederen Wirbeltiere
entwickelte sich bei den Säugern die **Vierhügelregion (Corpora quadrigemina)**, von
denen die vorderen beiden Anteile bei fast
allen höheren Wirbeltieren die Endstation
für die Fasern des Sehnerven **(Nervus opticus)** sind. Das hintere Paar der Vierhügelregion enthält die Endformationen der Hör-
bahn.

Das **Tegmentum** ist hauptsächlich das
Terminalfeld des VIII. Hirnnerven **(N. statoacusticus)** und damit das Hörzentrum.
Weiterhin liegen hier wichtige Kerngebiete
des extrapyramidalen Systems wie z.B. der
Nucleus ruber und der **Nucleus reticularis
tegmenti** sowie die Ursprungskerne des III.
und IV. Hirnnerven **(N. oculomotorius** und
N. trochlearis). Durch die **Pedunculi cerebri** zieht die Mehrzahl der vom Großhirn
entsandten Pyramidenbahnen zum Rükkenmark.

Die **funktionelle Bedeutung des Mittelhirns** besteht bei höheren Wirbeltieren
(Säugern) vornehmlich in der Verknüpfung
von Erregungen benachbarter Hirnteile
und hat seine z.T. beträchtliche Mächtig-
keit vor allem wegen des Durchlaufs von Fa-
sermassen, speziell der Pyramidenbahnen,
erlangt.

Im Verlaufe der Stammesgeschichte hat
sich auch das Mittelhirn, und hier besonders
das Mittelhirndach **(Tectum opticum)**, in
seiner Funktion beträchtlich verändert. Bei
Fischen und Amphibien ist das Tectum opticum noch vornehmlich Sehzentrum. In
das Mittelhirndach treten neben den Fasern
der die Augenbewegungen steuernden
Hirnnerven III und IV (Nervus oculomotorius und trochlearis) vor allem die Fasern
des II. Hirnnerven, des Sehnerven (N. opticus), ein.

Als wesentlichstes Assoziationszentrum
ist es jedoch auch schon eine wichtige nervöse Verarbeitungszentrale für viele Instinkte und Lernvorgänge. Auf höherem
Niveau, speziell bei Säugern, erfolgen in
ihm demgegenüber lediglich die Verschaltungen von Erregungen aus benachbarten
Hirnteilen.

Die wenigen Fasern des Sehnerven, die
bei Säugern und Vögeln noch von der Retina ohne Umschaltung direkt im Mittelhirn
in das Vorderteil der Vierhügelregion (Corpora bigemina) einstrahlen, dienen nur
noch der Schaltung von Reflexen, z.B. des
Pupillenreflexes, aber nicht mehr dem Sehen selbst (Abb. 3.15).

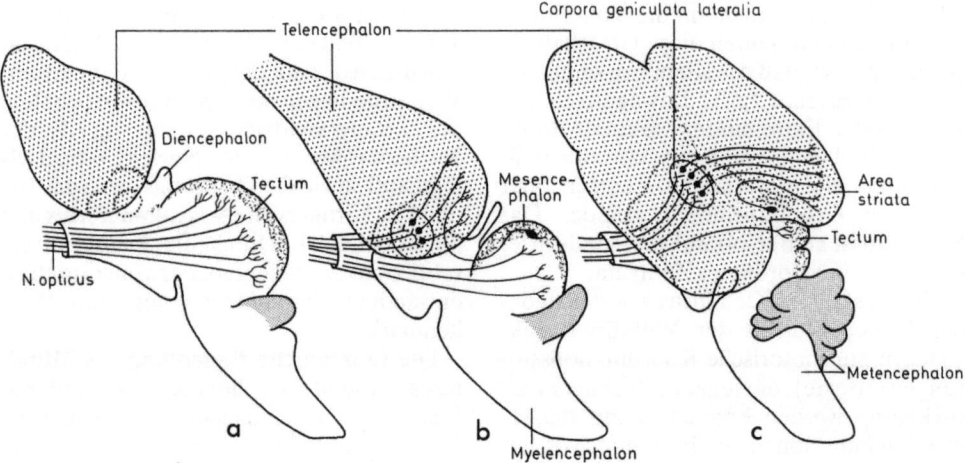

Abb. 3.15. Verlaufsänderungen der Fasern des Sehnervs (N. opticus) bei Fischen **(a)**, Reptilien **(b)** und Säugern **(c)**

3.2.2.4 Vorderhirn (Prosencephalon)

Das Vorderhirn besteht aus einem unpaaren Mittelteil, dem **Zwischenhirn (Diencephalon)** und den beiden **Großhirnhemisphären (Telencephalon)**, deren Oberfläche beim Menschen und bei höheren Säugern so ungewöhnlich vergrößert ist, daß sie die übrigen Hirnteile (Zwischenhirn, Tectum des Mittelhirns und Kleinhirn) wie ein **Mantel** überdeckt und deshalb auch den Namen Hirnmantel **(Pallium)** trägt.

Während sich im Bereich des Rautenhirns durch die besondere strukturelle Differenzierung des Kleinhirns ein Zentrum für die unbewußte Steuerung der Körpermotorik entwickelte, bildete sich im Bereich des Vorderhirns das Großhirn als ein neues übergeordnetes Integrationszentrum für zahlreiche nervöse Funktionen aus. Unter vergleichend anatomischen Gesichtspunkten bildet diese Entwicklung des Großhirns eines der eindrucksvollsten Beispiele der Höherentwicklung, denn im Laufe der Phylogenese der Wirbeltiere hat von allen Hirnteilen dieser einen außerordentlichen Gestaltwandel und den größten Volumenzuwachs erfahren, verbunden mit einem Wechsel der Hauptfunktionen und der Erweiterung und Verfeinerung der Aufgaben. Dieser Teil des Hirns ist beim Menschen geradezu exzessiv ausgebildet (vgl.

Abb. 3.5); seiner Funktionskapazität verdankt der Mensch seine Vorrangstellung in der Natur.

Beim Menschen ist der ursprüngliche Funktionsbereich des Vorderhirns als Riechhirn reduziert worden und nur noch von untergeordneter Bedeutung im gesamten Vorderhirn. Von den Geruchs- und Geschmackssinneszellen im Bereich der Nase und des Mundes ziehen die Fasern des Riechnervs (Hirnnerv I, Nervus olfactorius) im Bereich der Fila olfactoria an der vorderen Unterseite in das Vorderhirn. Beim Menschen wie auch bei den meisten Vögeln tritt das Auge als Hauptsinnesorgan in den Vordergrund, bei der Mehrzahl der Säuger allerdings bleibt der Geruchssinn von hervorragender Bedeutung, was sich auch in der Größe der Riechkolbenstruktur im Vorderhirn zeigt.

Frühzeitig wachsen während der Embryonalentwicklung aus der Vorderhirnanlage seitlich zwei große Blasen aus, die sich nach außen vorschieben und die Augen bilden. Die Augenanlagen wurzeln bei den höheren Vertebraten also im Bereich des Vorderhirns, im Sehhirn **(Ophthalmencephalon)**, welches in seiner Endausprägung in den unpaaren Bereich des Vorderhirns, das Zwischenhirn **(Diencephalon)**, integriert ist. Durch die Vorschiebung der Augen nach außen bildet sich jeweils eine langgestreckte Verbindung zum Hirn, der „Sehnerv" (**Nervus opticus = Fasciculus opticus**, II. Hirnnerv). Somit handelt es sich beim Sehnerv nicht eigentlich um einen Nerven, sondern um einen vorgeschobenen Hirnteil. Seine Axone (Neuriten) haben ihren Ursprung in den Ganglienzellen der Retina der Augen, und es sammeln sich insgesamt ca. 1,2 Millionen von ihnen in einzelnen Bündeln an der Augenpapille. Außerhalb der Retina wird der Sehnerv – wie das Hirn – auch von schützenden Hüllen umgeben, bis er in das Hirn eintritt. Der Verlauf des Sehnerven im Bereich des Augapfels ist etwas geschlängelt, damit der Nerv bei den Augenbewegungen nicht gezerrt werden kann. Durch die Augenkanäle in der Schädelbasis ziehen die Sehnerven von den beiden Augen im Bereich vor der Hirnanhangsdrüse (Hypophyse) in das Kreuzungsfeld der Sehnerven, das **Chiasma opticum** des Zwischenhirns. Hier findet bei niederen Wirbeltieren eine totale, beim Menschen jedoch nur etwa 50%ige Kreuzung der Fasern statt.

Beim Menschen bleiben die von der seitlichen Netzhaut kommenden Fasern ungekreuzt, die aus den mittleren Teilen der Netzhaut kreuzen im Chiasma opticum jedoch auf die Gegenseite. In den weiterführenden rechten und linken Sehnerven verlaufen dann zu den seitlichen Kniehöckern **(Corpora geniculata)** jeweils Faserbündel beider Gruppen. Im Chiasma opticum zweigen zuvor jedoch noch einige dünne Faserbündel in den Hypothalamus – die unter den Sehhügeln gelegene Region – ab und verbinden so den Sehapparat mit dem vegetativen Nervensystem.

Entwicklungsgeschichtlich entsteht während der Ontogenese sofort nach Ausprägung der Augenblasen aus Ausbuchtungen der Vorderhirnwand einerseits die paarige Anlage des Groß- oder Endhirns **(Telencephalon)**, andererseits als unpaarer Mittelteil das Zwischenhirn **(Diencephalon)**. Im Zwischen- und im Endhirn ist die ursprüngliche, rückenmarksähnliche Gliederung, wie sie z.B. in der Medulla oblongata noch deutlich ist, nicht mehr ausgeprägt.

3.2.2.4.1 Zwischenhirn (Diencephalon)

Das Zwischenhirn (Diencephalon) stellt im wesentlichen Verdickungen der Wandungen des 3. Hirnventrikels dar. Paarig angelegte Kerngebiete im dorsalen Bereich mit vorwiegend sensiblen Funktionen bilden den **Thalamus**, der ventrale Bereich des Zwischenhirns unter dem Thalamus ist der **Hypothalamus** mit vorwiegend vegetativen, die Motorik der Eingeweide betreffenden visceromotorischen Funktionen. Aus dem Bereich des Hypothalamusbodens wölbt sich der **Hypophysenstiel (Infundibulum)** hervor, der in der **Neurohypophyse** endigt. Diese lagert sich ihrerseits mit der vom Gaumendach abgeleiteten **Adenohypophyse** zum Gesamtorgan der **Hypophyse** (Hirnanhangsdrüse), der unpaaren übergeordneten Hormondrüse, zusammen (Abb. 3.4, 3.5 und 3.10). Ferner findet sich am Boden des Hypothalamus das Kreuzungsfeld der in das Zwischenhirn einstrahlenden Sehnerven, das **Chiasma opticum**.

Das dorsale Dach des Zwischenhirns, der **Epithalamus**, ist bei den verschiedenen Vertebratengruppen sehr variabel gestaltet. Seine recht dünnwandige Decke kann in Form der **Tela choroidea** tief in die beiden ersten Ventrikel der Großhirnhemisphären eingestülpt sein. Außerdem können drüsige Anhangsorgane aus dem Epithalamus herausragen, wie die **Pinealorgane**, zu denen das **Parietalauge** der niederen Wirbeltiere sowie die **Epiphyse (Zirbeldrüse)** und die **Paraphyse**, ein embryonales Organ mit noch weitgehend unbekannter Funktion, zählen. Zum Epithalamus gehört an der Oberseite des Zwischenhirns ein paarig angelegtes Kerngebiet, das **Ganglion habenulae**, welches im Dienste der Nahrungsbeurteilung und -aufnahme steht und von dem aus die Verknüpfung von Geruchsempfindung mit den Mundbewegungen gesteuert wird.

Der **Thalamus** des Menschen ist mit etwa 20 cm^3 und einem Anteil von 1,5% am Gesamthirnvolumen und mit einer Ausdehnung von ca. 3 cm die zentrale Sammelstelle für nahezu alle Informationen, die zur Großhirnrinde führen. Hier endigen die Fasern des **Tractus spinothalamicus** und **Tractus bulbothalamicus**, welche die Schmerz-, Tast-, Temperatur- und Tiefensensibilität vermitteln. Der **Nucleus posterior** im Thalamus erhält Erregungseingänge aus dem Auge und dem Innenohr, die von hier aus weiter projiziert werden auf die Assoziationsfelder der Seh- und Hörrinde des Großhirns. Alle einstrahlenden Impulse werden im Thalamus gefiltert, modifiziert und z.T. für Reflexe auf höherer Ebene vorbereitet. Durch Verbindungen mit dem extrapyramidalen motorischen System (EPMS) ist der Thalamus direkt in die Koordination von Bewegungsabläufen eingeschaltet, durch Verbindungen zum Hypothalamus auch direkt mit dem vegetativen System verbunden und greift in dessen Steuerung ein.

Der **Hypothalamus** stellt das übergeordnete Steuerungssystem für das vegetative Nervensystem dar. Er reguliert u.a. den Blutdruck, den Blutzucker- und den Wassergehalt, die Fettspeicherung, den Wärmehaushalt sowie den Schlaf-Wach-Rhythmus des Gesamtstoffwechsels. Auch typisch vegetative motorische Bereiche werden von hier aus gesteuert, wie das Kältezittern oder die Harn- und Kotentleerung. Wichtiger Funktionsbereich ist ferner die Steuerung von Erregungs- und Affektzuständen sowie der Ablauf wichtiger Instinkthandlungen. Die überragende Stellung des Hypothalamus für die gegenseitige Beeinflußbarkeit von vegetativ-körperlichen und animalisch-seelischen Abläufen ist darin begründet, daß hier enge Verknüpfungen bestehen zwischen nervöser und humoraler Steuerung der Körperfunktionen. So produzieren die im Hypothalamus gelegenen Kerngebiete des **Nucleus supraopticus, N. praeopticus** und **N. paraventricularis Neurosekrete,** und zwar hemmende **(inhibiting)** sowie stimulierende **(releasing) Hormone** (vgl. Kap. 7.1.3.2), welche mittels des axonalen Stofftransports durch das Infundibulum in die Neurohypophyse oder aber über den **hypothalamisch-hypophysären Pfortaderkreislauf** in die Adenohypophyse gelangen, von wo aus sie steuernd auf die Hormonproduktion der peripheren Hormondrüsen einwirken.

Es ist verständlich, daß ein Hirnabschnitt mit diesen Funktionen für ein Lebewesen von besonderer Bedeutung ist. Daher ist im Verlauf der Phylogenese hier auch kein besonderer Funktionswandel eingetreten. Es handelt sich also um eine relativ konservative Struktur. Bei allen Wirbeltieren hat sie in etwa die gleiche Funktion, wofür eine bestimmte Masse an nervösem Substrat benötigt wird. Es kommt hier also weniger auf die Evolutionshöhe als auf die Körpergröße eines Tieres für die Gesamtausprägung dieser Struktur an. So wurde der Hypothalamus beim Menschen nicht in gleichem Maße vergrößert wie die übrigen Teile des Vorderhirns und ist im Verhältnis zur Gesamthirngröße 7mal kleiner als bei einem noch nicht so hoch evoluierten Säuger, z.B. einer Maus. Die **Hirnanhangsdrüse (Hypophyse**; vgl. auch Abb. 3.16) besteht aus einem Vorderlappen **(Lobus anterior)**, einem Mittellappen **(Pars intermedia)** und einem Hinterlappen **(Lobus posterior)**. Sie stellt die Umschaltstelle fast aller endokrinen Wechselwirkungen dar. Unterfunktion hat Zwergwuchs und eine bestimmte Form von Diabetes (Diabetes insipidus) zur Folge, Überfunktion Riesenwuchs. Im Vorderlappen **(Adenohypophyse)** werden vor allem Wachstumshormone und gonadotrope Hormone produziert. Der Mittellappen besteht vor allem aus speziellen kolloidhaltigen, mit Epithel ausgekleideten Zysten und Epithelzellbalken. Der Hinterlappen **(Neurohypophyse)** besteht aus Neurogliazellen und Nervenfasern. Die Produkte der Hypophyse gehen auf innersekretorischem Wege in die Blutbahn über bzw. gelangen unmittelbar durch den Liquor cerebrospinalis in das Zwischenhirn. Die Sekrete wirken auf andere innersekretorische Drüsen ein und stellen deren ausgeglichenes Wechselspiel sicher.

In der **Adenohypophyse** werden folgende Hormone gebildet (Abb. 3.16): 1. **Corticotropin** (ACTH, adrenocorticotropes Hormon), welches die Tätigkeit der Nebenniere kontrolliert; 2. **Somatotropin** (STH, Wachstumshormon); 3. **Thyreotropin** (TSH = thyroid stimulating hormone), welches die Schilddrüse reguliert; 4. **Prolaktin** (Luteotropin = LTH, Laktationshormon), welches im Zusammenwirken mit dem Gelbkörperhormon und dem Follikelhormon die Milchproduktion in Gang setzt; 5. verschiedene **Gonadotropine,** wie das follikelstimulierende Hormon (FSH); 6. **Luteinisierungshormon** (LH) mit Wirkung auf die männlichen und weiblichen Keimdrü-

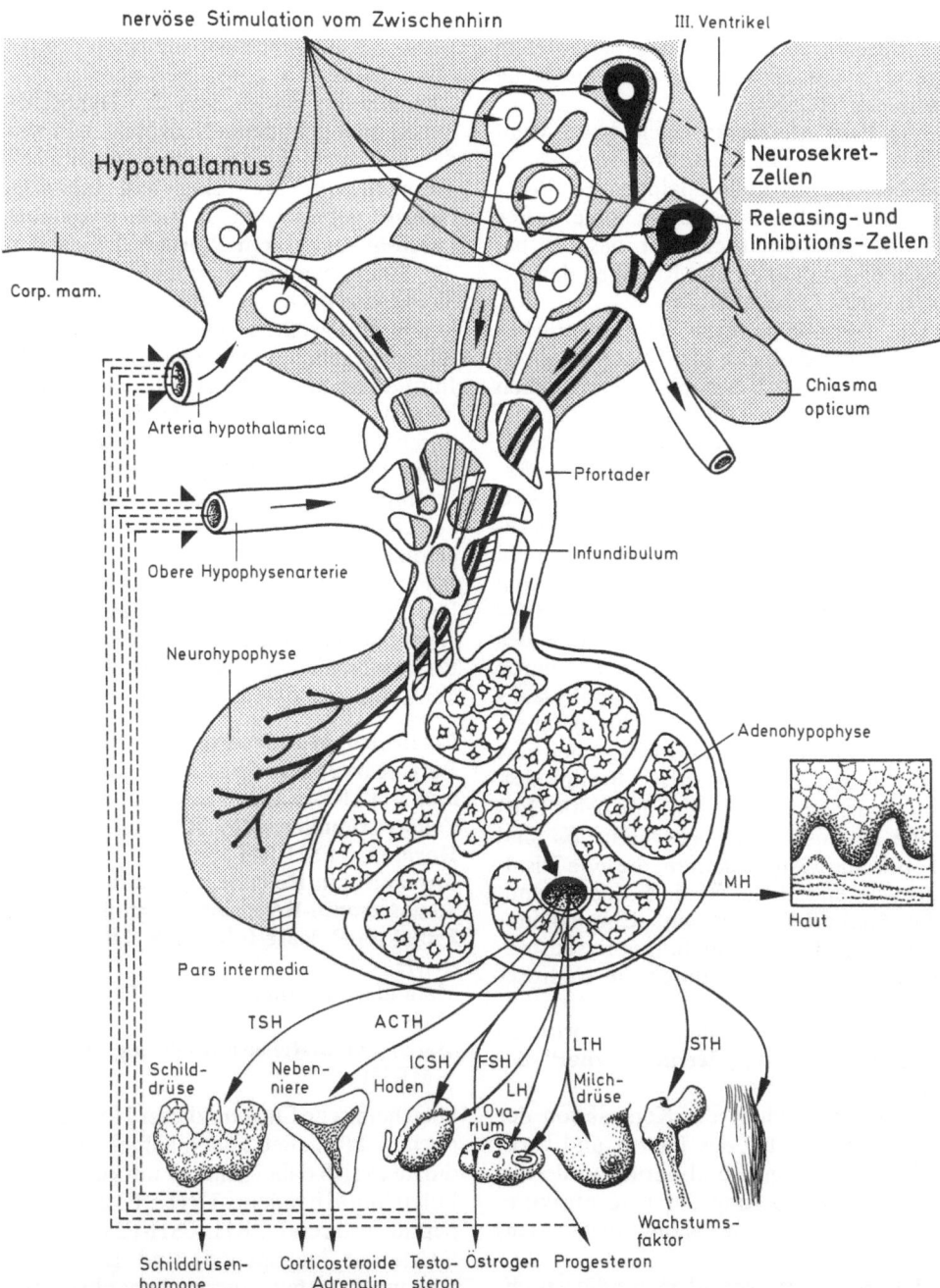

Abb. 3.16. Schema über Aufbau und Funktion des hypothalamo-hypophysären Steuerungssystems der Wirbeltiere

sen. Außerdem wird noch eine Reihe weiterer innersekretorischer Stoffe beschrieben wie etwa das „interstitial cell stimulating hormone" (ICSH).

Die **Pars intermedia** macht beim Menschen nur 2% der Gesamthypophyse aus. Sie besteht aus kolloidhaltigen Restfollikeln der Adenohypophysenhöhle. Hier wird das **Intermedin** gebildet, das z.B. bei Fischen, Amphibien und Reptilien den aktiven Farbwechsel reguliert.

Die **Neurohypophyse**, als eigentliches Untersuchungsobjekt der Neuroendokrinologie, setzt sich aus einer spezifischen Neuroglia, den sog. **Pituicyten**, und außerordentlich zahlreichen markarmen Nervenfasern zusammen. Die Perikarya dieser Fasern liegen im Hypothalamus als **Nucleus supraopticus**, **paraventricularis** und **praeopticus**. In ihnen werden einmal die an ein Polypeptid, das **Neurophysin**, gekoppelten Neurosekrete **Oxytocin** und **Adiuretin (= Vasopressin)** gebildet und mit Hilfe des axonalen Transports (vgl. Kap. 9.1) durch den **Tractus hypothalamico-hypophysealis** in die Neurohypophyse gebracht, in der sie wie in einem Neurohämalorgan gespeichert und ggf. abgegeben werden. Obwohl physiologisch sehr verschieden, sind beide Hormone chemisch nahe verwandt: Es sind Peptide aus 9 Aminosäuren, die eine Disulfidbrücke enthalten, auf die die histochemische **Gomori**-Färbung mit Chromalaun-Hämatoxylin zur Darstellung von Neurosekreten anspricht. Die durch die Neurosekrete bedingten, granulierten Axonanschwellungen im neurosekretorischen Trakt werden als „Herring-Körper" bezeichnet.

Oxytocin reguliert die Kontraktion der glatten Muskulatur des Uterus und wirkt dadurch wehenanregend; ferner fördert es die Milchabsonderung durch Kontraktion der Myoepithelzellen um die Milchdrüsenalveolen.

Adiuretin wirkt vor allem antidiuretisch, indem es die Rückresorption des Wassers im distalen Abschnitt eines Nephrons in der Niere fördert; seine Wirkungsweise ist bedingt durch eine Aktivierung der **Adenylatcyclase** in den distalen Nierentubuli. Weiterhin wirkt es vasomotorisch durch Regulation des Gefäßtonus. Die Regulation der Hormonabgabe erfolgt offenbar in Abhän-

gigkeit vom osmotischen Druck des Blutes, wobei die eigentlichen Osmorezeptoren im Hypothalamus angenommen werden.

Neben den reinen, von den Hypothalamuskernen gebildeten Neurosekreten werden hier auch in bestimmten Ganglienzellgruppen sog. „releasing und inhibiting factors" gebildet, die über den **hypothalamisch-hypophysären Pfortaderkreislauf** in die Adenohypophyse geschleust werden: Sie werden nach ihrer Bildung im Hypothalamus zum größten Teil in dortige Blutgefäße abgegeben, um von hier aus durch das Infundibulum zum distalen Teil der Adenohypophyse zu ziehen. Damit kann hier durch diese auch als hypophyseotrope Hormone bezeichneten Wirkstoffe direkt eine Stimulierung oder auch eine Hemmung der verschiedenen Zellen der Adenohypophyse erfolgen.

Für die bisher bekannt gewordenen auslösenden und hemmenden Hormone des Hypothalamus wurde folgende Nomenklatur vorgeschlagen, aus der jeweils auch die Wirkungsspezifität abzuleiten ist:

Corticotropin-Releasing Hormon = CRH
Luteinisierungshormon-Releasing Hormon = LH-RH
Follikelstimulierendes Hormon-Releasing Hormon = FSH-RH
Thyreotropin-Releasing Hormon = TRH
Somatotropin-Releasing Hormon = SRH
Prolaktin-Release-Inhibiting Hormon = PRIH
Melanocytenstimulierendes Hormon = MSH
Melanocyten-Release-Inhibiting Hormon = MRIH

Die chemische Struktur dieser Hormone ist noch nicht in allen Fällen aufgeklärt; doch dürfte es sich dabei generell um kurzkettige Polypeptide handeln. TRH z.B. ist ein Tripeptid, während GRH, FSH-RH und LH-RH jeweils Dekapeptide sind. Der Sekretionsmechanismus dieser hypophyseotropen Hormone dürfte einmal durch Feedback-Mechanismen sowie zum andern durch neuronale Einflüsse bestimmt werden, wobei Neurotransmittern wie Noradrenalin, Dopamin oder Serotonin eine wichtige funktionelle Bedeutung zukommt.

Die Beziehungen zwischen dem Hypothalamus und der Hypophyse einerseits sowie die Wirkungen der Hypophysenhormone andererseits sind in Abb. 3.16 dargestellt. Veranlaßt durch Stimulationen von seiten des ZNS werden die Perikarya entsprechender Zentren des Hypothalamus (z.B. Nucleus supraopticus) zur vermehrten Produktion von Neurohormonen aktiviert. Nach ihrer Synthese gelangen diese mit Hilfe des axonalen Stofftransports (vgl. Kap. 9.1) je nach Substanzgruppe (Neurosekret oder releasing factors) entweder in die Neurohypophyse (Oxytocin, Adiuretin) oder aber in das hypothalamisch-hypophysäre Pfortadersystem der Adenohypophyse. Während die Neurosekrete unter Vermittlung der Neurohämalstrukturen über die Blutbahn zu ihren peripheren Wirkorten (Uterus bzw. Niere) gelangen, werden die Releasing- und Inhibiting-Hormone über den kurzgeschalteten hypophy-

sären Pfortaderkreislauf an die verschiedenen Zelltypen der Adenohypophyse weitergereicht. Hier veranlassen sie die Freisetzung der verschiedenen Adenohypophysenhormone, welche ihrerseits an ihren peripheren Wirkorten die allgemein bekannten Reaktionen auslösen.

3.2.2.4.2 Groß- oder Endhirn (Telencephalon)

Die tiefgreifendsten Wandlungen hat im Laufe der Stammesgeschichte der Wirbeltiere sicherlich das Groß- oder Endhirn **(Telencephalon)** durchgemacht (Abb. 3.4, 3.5, 3.10). Bei Fischen ist es weitestgehend nur Riechhirn. Bei höheren Wirbeltieren, und hier besonders bei den Säugern, entwickelte es sich zum höchsten assoziativen und integrierenden Schaltzentrum des Ge-

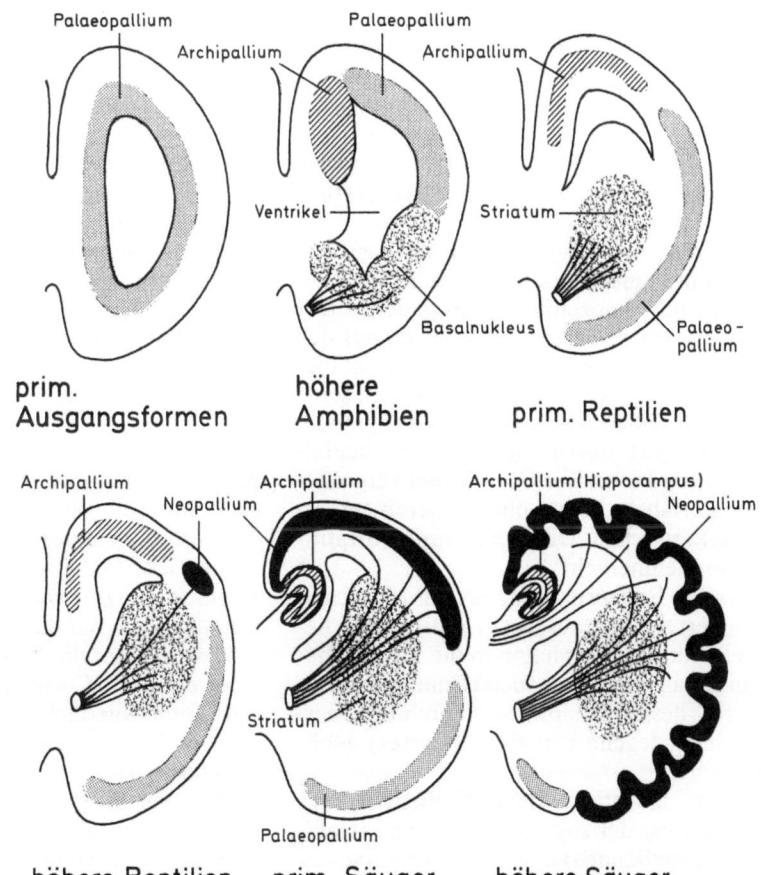

Abb. 3.17. Querschnittsschemata der Differenzierung des Vorderhirnmantels (Pallium) im Verlauf der Stammesgeschichte der Wirbeltiere

samthirns. Dieser Funktionswandel dürfte sicherlich das Ergebnis einer allmählichen Umwandlung der telencephalen Basalganglien, jedoch vor allem des Vorderhirnmantels **(Pallium)** gewesen sein (Abb. 3.17): Bei primitiven Wirbeltieren befindet sich tief unter der Hirnoberfläche die vom Rükkenmark abgeleitete, noch wenig differenzierte graue Substanz als Altendhirn **(Palaeopallium)**. Es erfüllt hier lediglich die Funktionen eines Riechhirns. Vom Niveau der Amphibien an differenziert sich nun dieses Palaeopallium durch zusätzliche Bahnen von anderen Sinnesorganen zu einem übergeordneten Integrationsort, dem sog. **Archipallium**. Es liegt lateral und basal. Bei Säugern entwickelt sich das Archipallium weiter zur **Ammonshornformation (Hippocampus)** und zum basalen **Streifenkörper**, dem **Corpus striatum**. Letzterer stellt ein wichtiges Assoziationszentrum dar, dessen Bahnen vom und zum Thalamus und zum Tegmentum (Haube) des Mittelhirns ziehen. Mit der zunehmenden Höherentwicklung vom Niveau der Reptilien an, verlagern sich das Palaeo- und Archipallium unter die Oberfläche der Großhirnhemisphären und bilden zwischen sich ein **Neopallium,** das sich weiter zu einem schichtenförmig aufgebauten **Cortex** (Hirnrinde) organisiert.

Bereits bei Vögeln entwickelt sich das Pallium immer stärker und übernimmt zunehmend assoziative Funktionen. Der Streifenkörper, das Striatum, verlagert sich weiter nach innen. Bei Säugern findet dieser Vorgang der sog. **Cerebralisation** seine höchste Vollendung, indem das Neopallium **(Neocortex)** durch intensive Furchenbildung eine besondere Oberflächenvergrößerung erfährt, die mit einer inneren cytoarchitektonischen Differenzierung (Stratifikation) einhergeht.

In der Endausprägung bei uns Menschen gliedert sich das aus zwei Hemisphären bestehende Telencephalon in die telencephalen Basalganglien und den **Hirnmantel (Pallium)**, dessen Hauptmasse durch die oberflächig gelegene **Hirnrinde (Cortex)** gebildet wird.

Der mächtige **Basalganglien**teil des Großhirns, der sog. Ganglienhügel **(Colliculus ganglionaris)** läßt sich aufgrund seiner auf- und absteigenden Fasersysteme in den Bereich des **Schweifkerns (Nucleus caudatus)**, des **Schalenkörpers (Putamen)**, der **Vormauer (Claustrum)** sowie des **Mandelkerns (Corpus amygdaloideum)** untergliedern, wobei der Nucleus caudatus und das Putamen gemeinsam den sog. **Streifenkörper (Corpus striatum)** bilden, der ein einheitliches, extrapyramidales motorisches Zentrum darstellt.

Besonders altertümliche Teile des Vorderhirns, die sehr früh in der Evolution der Wirbeltiere z.T. von überragender Bedeutung waren, sind die Strukturen des **Riechhirns**, Gebilde, die bei höheren Formen vorn am Boden der Hemisphären lokalisiert sind. Sie bestehen vollständig aus Rindensubstanz, die allerdings noch einfach strukturiert ist. Die zwei nasalwärts gelegenen aufgetriebenen Riechkolben **(Bulbi olfactorii)** führen jeweils mit einem Stiel **(Pedunculus olfactorius)** zur unmittelbar unter jeder Großhirnhälfte liegenden eigentlichen Riechrinde **(Cortex olfactorius)**.

Der **Hippocampus** (Ammonshorn) ist ein weiteres Sondergebiet des Vorderhirns, welches schon sehr früh in der Entwicklung der Vertebraten als Differenzierung des Archicortex auftaucht. Er findet sich zunächst an den freien Rändern der Hirnrinde und wird infolge des bogenförmigen Wachstums förmlich nach innen als langer zylindrischer Körper eingerollt. Im histologischen Querschnittsbild (Abb. 3.18) erweist sich der Hippocampus als Struktur mit einer äußerst charakteristischen Anordnung der Bauelemente: Zusammen mit der eng benachbarten **Fascia dentata** bilden die einzelnen Regionen eine S-förmige Struktur. Um die C-förmige Struktur **(Ammonshorn)** des eigentlichen Hippocampus legt sich in deren unterem Teil die Fascia dentata. Beide Teile sind zu einer funktionellen Einheit verbunden. Die C-förmige Hippocampusstruktur besitzt – wie typisch für archicorticale Areale – nur ein einziges Zellager und läßt sich untergliedern in vier Ammonshornregionen **(Cornu ammonis**-Regionen) mit unterschiedlichen Zelldifferenzierungen und Funktionen (vgl. Kap. 5 und Abb. 3.18 und 5.9).

Mit dem Hippocampus eng benachbart und zu einer funktionellen Einheit, dem **limbischen System**, verbunden, stehen Mandelkernkomplex (Corpus amygdaloi-

Abb. 3.18.
Schnitt durch den Hippocampus eines Tupajas (Spitzhörnchen) FD: Fascia dentata, KR: Körnerzellen, MF: Moosfasern, SC: Schaffer Collaterale, Pyr: Pyramidenzellen

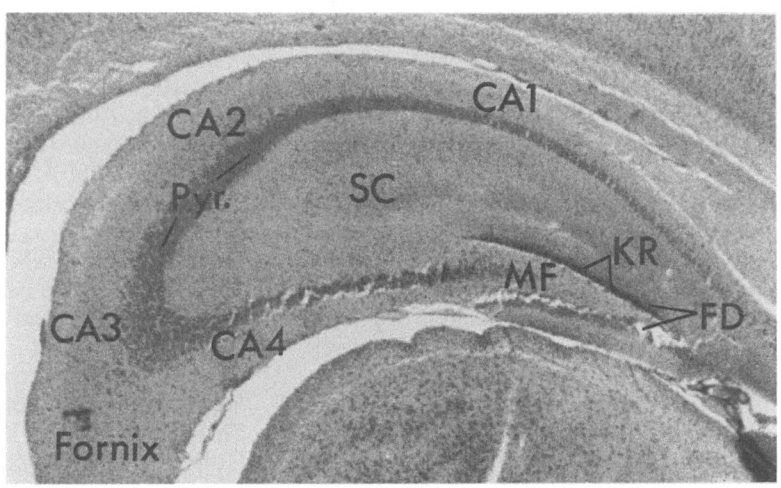

deum), Fornix und Cingulum (vgl. Abb. 3.5.7). Diese Strukturen sind im Laufe der stammesgeschichtlichen Entwicklung vom Riechhirn abgezweigt, stehen jedoch nicht mehr direkt in funktioneller Beziehung dazu. Das limbische System hat vegetative Funktionen und steht mit emotionalen Prozessen, die durch verschiedene Sinneswahrnehmungen ausgelöst werden, im Zusammenhang.

Der übrige größte Teil der Großhirnrinde, der **Neocortex**, der beim Menschen ungefähr 70% aller Nervenzellen des gesamten ZNS beinhaltet, ist stammesgeschichtlich und auch entwicklungsgeschichtlich der jüngste Abschnitt des Gehirns. Seine Anlage und Weiterentwicklung führte von den Reptilien aus zur Linie der Säugetiere und bildet die Voraussetzung für die besondere Entwicklung beim Menschen. Zum Verständnis von Aufbau und Funktion des für den Menschen so überaus wichtigen und allen Teilen des Nervensystems übergeordneten Vorderhirns, besonders der Hirnrinde (Cortex), wird die Entwicklung der menschlichen **Großhirnrinde** herausgehoben:

Aufbau und Entwicklung des Cortex
Der **Cortex** entsteht während der Ontogenese im wesentlichen in drei Schritten: Ursprünglich geht er hervor aus einer ventrikelnahen Zellkörperschicht **(Matrixzone)**, die eine oberflächliche Faserzone **(Marginalzone)** besitzt. Durch intensive Zelltei-

lung verbreitet sich zunächst die Matrixzone, schließlich wandern Zellen aus ihr aus und gelangen durch Migration in die ursprüngliche Faserzone. Dadurch entsteht eine zellkörperreiche Zone, die primäre Rinde oder Zonalschicht genannt, in der ursprünglichen Marginalfaserzone. Je mehr Zellen aus der Matrixzone auswandern, desto dicker wird die Rinde. Die Ausdifferenzierung, die zu einem Schichtenaufbau führt, erfolgt erst später. Im 3.–4. Embryonalmonat kommt es zu einer ersten feineren Differenzierung, die Endausreifung jedoch findet erst nach der Geburt unter Funktionsbedingungen statt. In der 2. Hälfte der Schwangerschaft geht der Ausschwärmvorgang von Nervenzellen aus der Matrixschicht zu Ende. Von der Primärrinde wachsen aus den Nervenzellkörpern Fasern aus, die insgesamt das Marklager bilden. Durch den vorausgegangenen Schwärmvorgang liegt nun in der Rinde die **graue Substanz** außen und die **weiße Substanz** innen, anders als sonst in allen Hirnteilen üblich. Die Ausreifung der Markscheiden um die Fasern erfolgt in verschiedenen Zeitabschnitten: zuerst bei den älteren, konservativen Struktursystemen und später bei den phylo- und ontogenetisch zu den jüngeren Systemen gehörigen Faserscheiden. Die Feindifferenzierung im Faserbereich soll noch bis zum 35. Lebensjahr fortschreiten.

Die von der Rinde auswachsenden Axone können entweder als **Assoziationsfasern** innerhalb der gleichen Hemisphäre bleiben, oder sie ziehen als **Kommissuren-fasern** in die gegenüberliegende Hemisphäre, oder aber sie verlassen das Rindengebiet als **Projektionsfasern**, um mit anderen Hirnabschnitten Verbindungen einzugehen.

Die beiden zum Großhirn auswachsenden Hirnbläschen des Vorderhirns sind in ihrer Mitte mit dem später recht klein bleibenden Zwischenhirn (Diencephalon) verbunden; also ist die Möglichkeit des Auswachsens nur nach vorn und hinten sowie seitlich nach unten gegeben. Die Hemisphären wuchern also embryonal nach vorn, seitlich und hinten, bis sie von der Schädelkapsel an ihrer weiteren Ausdehnung gehindert werden. Dann kehrt sich die Wachstumsrichtung wieder nach vorn um. Durch eine nach unten erfolgende bogenförmige Bewegung beider Hemisphärenoberflächen entwickeln sich die nach innen eingerollten **Hippocampus**regionen.

Durch die verschiedenen Auswachszonen und -richtungen ergibt sich in jeder **Großhirnhemisphäre** eine Gliederung in vier Lappen, **Stirnlappen (Lobus frontalis)**, **Schläfenlappen (Lobus temporalis)** und **Hinterhauptslappen (Lobus occipitalis)**, die durch die **Inselregion**, eine besondere Struktur, mit dem **Scheitellappen (Lobus parietalis)** verbunden sind.

Das Nervenzellmaterial für dieses exzessive Wachstum entstammt der Matrixzone, aus der die Zellen auswandern und die Lappenbildung in Gang setzen. In einem nächsten Wachstumsabschnitt gibt es an bestimmten Stellen innerhalb der Lappen intensivere Zellanhäufungen, wodurch es zu lokalen Erhebungen kommt, den späteren **Gyri** (Windungen). Innerhalb dieser Erhebungen bleibt nun noch an einigen Stellen das Wachstum der Wände zurück, und dadurch entstehen späterhin zusätzlich noch **Sulci** (Furchen). Das **Furchenrelief** der Rinde entsteht also durch Massenzunahme bestimmter Bezirke und dem gleichzeitigen Zurückbleiben der Nachbarbereiche in ihrem Wachstum.

Aus dieser Abfolge von Entwicklungsschritten ergibt sich, daß das menschliche Gehirn in den ersten Monaten der Embryonalentwicklung zunächst glattwandig **(lyssencephal)** und bis zum 8. Monat hin bereits weitgehend gefurcht **(gyrencephal)**, d.h.

überwiegend in Längsfurchen untergliedert ist. Die Furchung beginnt zunächst an den Grenzen der Lappen und an den phylogenetisch ältesten Rindengebieten (Primärfurchen), die meist quer zur Hauptwachstumsrichtung des Endhirns verlaufen, und zwar mit folgenden Hauptfurchen:

− **Sulcus centralis** zwischen Frontal- und Scheitellappen, wo sich später die primären motorischen und sensorischen Rindenfelder entwickeln,
− **Sulcus parieto-occipitalis** zwischen Scheitel- und Hinterhauptslappen,
− **Fissura calcarina** an der Innenseite des Hinterhauptslappens im späteren primären optischen Projektionsfeld der Rinde,
− **Sulcus cinguli** an der Innenseite des Endhirnbläschens als Abgrenzung des späteren Riechhirngebietes vom eigentlichen Neuhirn, sowie
− **Fissura lateralis cerebri** zwischen Stirn- und Schläfenlappen im Gebiet der später sich hier entwickelnden Sprach- und Hörfelder.

Im Zuge der weiteren Ausreifung des Gehirns kommen später noch Sekundärfurchen innerhalb der einzelnen Lappen hinzu, die meist ebenfalls in Längsrichtung verlaufen und relativ konstant ausgebildet sind. Von diesen Sekundärfurchen zweigen nun wieder zahlreiche Tertiärfurchen ab. Diese sind in ihrer Zahl und Form variabel; sie sind verantwortlich für die Komplexität und Individualität des Rindenreliefs.

Mit der Furchenbildung ist eine starke Oberflächenvergrößerung verbunden, denn die Rinde ist bei allen Säugern unabhängig von ihrer Organisationshöhe oder der Größe von gleichbleibender Dicke (ca. $1,5-4,5$ mm). So bedeutet die **Gyrencephalisierung** eine Bereitstellung einer größeren Verschaltungsfläche in den Hemisphären. Die Oberfläche verschiedener Rindengebiete im Großhirn eines Erwachsenen beträgt nach BLINKOV und GLEZER (1968) für das Occipitalgebiet im Hinterhaupt 105 cm^2, das untere Parietalgebiet 79 cm^2, das obere Parietalgebiet 72 cm^2, das Schläfengebiet (Temporalgebiet) 197 cm^2 und das Stirngebiet (Frontalgebiet) 208 cm^2, zusammen also etwa 660 cm^2. Die einzelnen Furchen stellen im allgemeinen

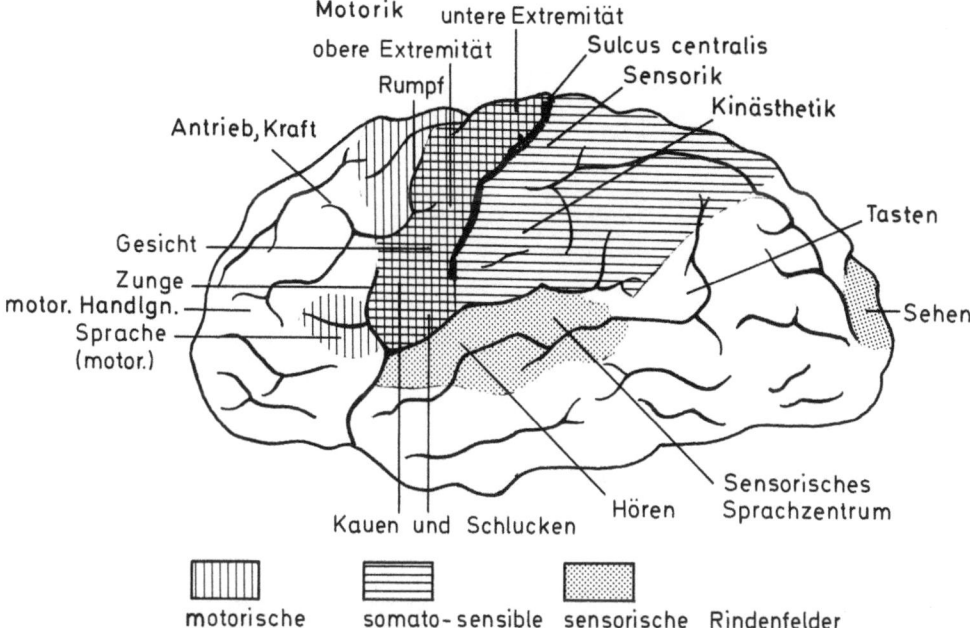

Abb. 3.19. Motorische, somatosensible und sensorische Projektionsfelder in der Großhirnrinde des Menschen

keine topographische Begrenzung bestimmter Rindengebiete dar. Dennoch ließ sich aufgrund funktionsmorphologischer Analysen nachweisen, daß in den stirnwärts gelegenen Bereichen vornehmlich motorische Repräsentationszentren, in den caudalen hingegen die sensorischen Zentren zur Koordination der Sinneswahrnehmungen liegen (Abb. 3.19). Im Vergleich zu anderen zentralnervösen Strukturen wissen wir jedoch über die Funktionen des Cortex in seiner Gesamtheit noch verhältnismäßig wenig.

Die **Struktur des Neocortex** als Ganzes ist geprägt von einer Vielzahl regionaler Differenzierungen. Dies läßt es notwendig erscheinen, den Cortex in mehr oder weniger uniforme, histologisch beschreibbare und gegeneinander abgrenzbare Areale oder Felder zu gliedern. R. BRODMANN (1925) unterschied dabei etwa 40 Rindenfelder. Trotz vieler, wesentlicher Übereinstimmungen unterteilte ECOMO den Cortex sogar in ca. 80 Felder. Die Untersuchung der Funktion und Cytoarchitektonik dieser Hirnfelder ergab, daß etwa 1/3 der beim Menschen unterschiedenen Areale als Projektionsfelder mit definierten Aktionen

und Reaktionen der Peripherie im Zusammenhang stehen. Für 2/3 der Felder fand man bisher noch keine Korrelierbarkeit mit äußeren Reizreaktionen. Daher werden diese Felder auch Binnen- oder Assoziationsfelder genannt, in der Annahme, daß sie diesem Zwecke dienen. Die Lagezuordnung der verschiedenen Körperabschnitte im Bereich des motorischen bzw. des sensorischen Teils der Großhirnrinde zeigt Abb. 3.20. Hieraus ist zu ersehen, daß die relative Größe der Hirnareale nicht der Größe der innervierten Strukturen entspricht, sondern der sie innervierenden Nervenzellen bzw. der Anzahl an rezeptorischen und motorischen Einheiten.

Die außerordentliche Komplexität und die Schwierigkeit, eindeutige Ordnungskriterien zu finden, wie sich schon aus der unterschiedlichen Beurteilung der Anzahl und Abgrenzbarkeit von Hirnarealen zeigt, erschweren auch den Versuch, aus den vielfältigen Erscheinungsformen auf zellulärer Ebene ein allgemeines Verknüpfungsschema der neuronalen Elemente darzustellen (vgl. Kap. 5). Daher ist die Betrachtung corticaler Strukturen immer mit der Notwendigkeit verbunden, sich auf einen

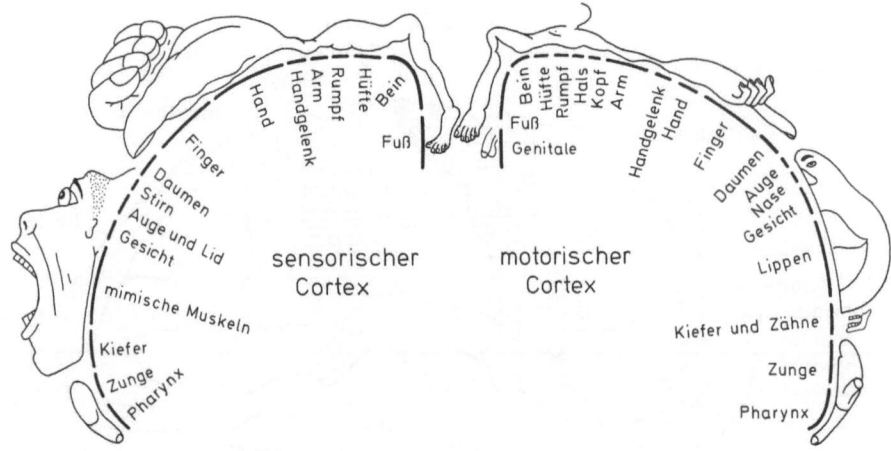

Abb. 3.20. Repräsentationsfelder von Körperabschnitten im sensorischen und motorischen Cortex des Telencephalon. (Nach W. PENFIELD und T. RASMUSSEN, 1950)

Grundtypus zu beschränken, der jedoch der eigentlichen, noch nicht hinreichend erforschten Vielfalt nicht gerecht werden kann.

In der **Großhirnrinde**, welche die gesamte Oberfläche des Großhirns überzieht, sind Zellen und Fasern so angeordnet, daß eine deutliche Schichtung zustande kommt, welche im Laufe der ontogenetischen und phylogenetischen Entwicklung eine zunehmende Differenzierung bis zu einer sechsschichtigen Hirnrinde erfährt.

Eine eingehende mikroskopische Analyse des Cortex weist z.T. beträchtliche Unterschiede in den Zellformen, ihrer Menge sowie Anordnung auf. In sich einheitlich gebaute Gebiete der Großhirnrinde werden als Areale (Areae) bezeichnet. Diese lassen sich aufgrund ihrer spezifischen Architektonik mit Hilfe verschiedener Darstellungsverfahren klar gegeneinander abgrenzen. Man unterscheidet dabei die

– **Cytoarchitektonik** (Differenzierung nach unterschiedlichen Zelltypen),
– **Myeloarchitektonik** (unterschiedliche Anordnung markhaltiger Nervenfasern),
– **Chemoarchitektonik** (spezifisches Verhalten der Nervenzellen gegenüber histochemischen Behandlungen),
– **Glioarchitektonik** (Ausbildung der Glia) sowie die

– **Angioarchitektonik** (spezifische Anordnung der Blutgefäße).

Der **Neocortex** untergliedert sich von außen nach innen in folgende sechs Schichten (Abb. 3.21):

I. **molekulare Schicht (Lamina zonalis)**, bestehend aus verstreut liegenden, kleinen, horizontal orientierten Zellen und tangentialen **Assoziationsfasern**;

II. **äußere Körnerschicht (Lamina granularis externa)**, aufgebaut aus dicht gelagerten Körnerzellen, deren Axone in der gleichen Schicht endigen;

III. **äußere Pyramidenschicht (Lamina pyramidalis externa)** aus pyramidenförmig gebauten Zellen, deren basal abgehende Neuriten die Pyramiden**projektionsbahnen** bilden und bereits innerhalb dieser Schicht mit einer Markscheide umgeben werden;

IV. **innere Körnerschicht (Lamina granularis interna)**, ähnlich wie die Schicht II beschaffen, jedoch im Bereich der Sehrinde besonders stark ausgeprägt;

V. **innere Pyramidenschicht (Lamina pyramidalis interna)**, einesteils aus großen **Pyramidenzellen** (vgl. Abb. 1.3c) aufgebaut sowie zum anderen aus horizontal ausgerichteten, ebenfalls in der Sehrinde besonders ausgeprägten Neuronen;

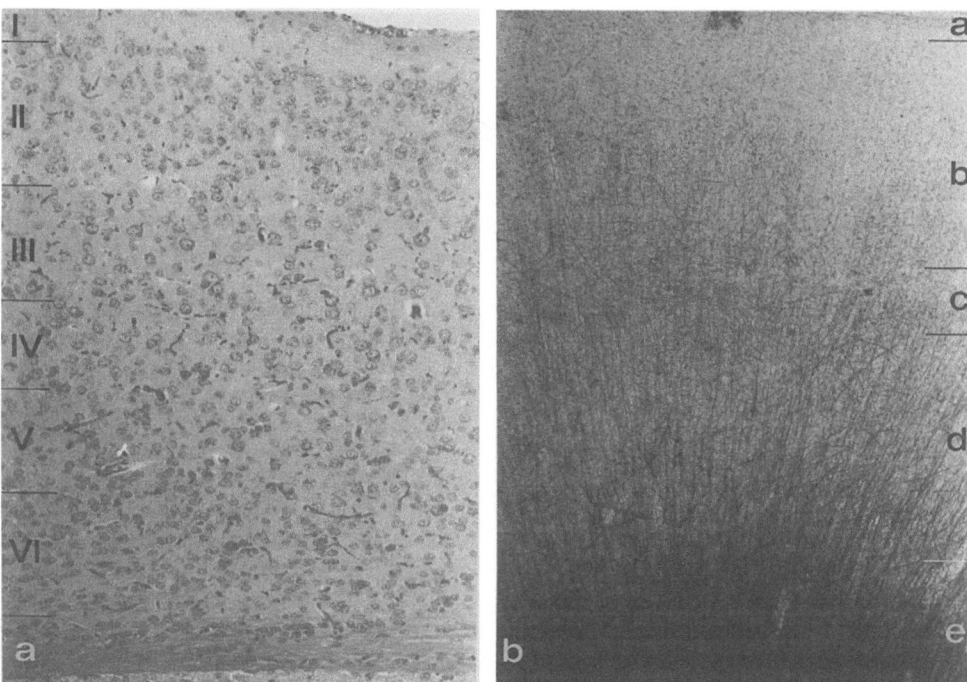

Abb. 3.21. Schnitt durch den Cortex des Vorderhirns einer Maus. **a:** Kernechtrot-Kombinationsfärbung zur Darstellung der Zellkörper; **b:** Silberimprägnation der Fasern nach Weigert-Pal. I: Molekularschicht, II: äußere Körnerschicht, III: äußere Pyramidenschicht, IV: innere Körnerschicht, V: innere Pyramidenschicht, VI: multiforme Schicht; a: Pia mater, b: äußere Hauptschicht, c: Baillarge'scher Streifen, d: innere Hauptschicht, e: Mark

VI. **Spindelzellschicht (Lamina multiformis)**, aus vielgestaltigen Zellen zusammengesetzt, wobei die größeren vornehmlich außen und die kleineren innen liegen. Die zugehörigen Neuriten ziehen in das innen gelegene Marklager sowie aber auch in umgekehrter Richtung in die äußeren Rindenschichten.

Zum Faserverlauf innerhalb der Großhirnrinde wurde u.a. festgestellt, daß aufsteigende Fasern aus dem Thalamus unter starker Aufzweigung als axodendritische Synapsen in der IV. Schicht endigen, intracorticale Assoziationsfasern dagegen in der II. und IV. Schicht. Von der III. bis V. Schicht gehen vornehmlich absteigende Axone der Pyramidenzellen aus, die nebenher noch durch Nebenabzweigungen (Kollateralen) zusätzlich innerhalb der Rinde verschaltet sind. Die einzelnen **Rindenfelder** der verschiedenen Cortexbereiche lassen sich auch

cytologisch durch ihre unterschiedliche Ausstattung mit bestimmten Zelltypen unterteilen (vgl. Abb. 3.21). So enthalten z.B. die motorischen Areae vorzugsweise große Pyramidenzellen, die sensorischen Areae demgegenüber vornehmlich einfacher gebaute Körnerzellen.

Der außerordentlich komplexe cytoarchitektonische Aufbau der Großhirnrinde (vgl. Abb. 3.19 und 3.21) macht es schaltungsmäßig möglich, daß alle Zentren in jeder Richtung miteinander verbunden sind. **Projektionsbahnen** verbinden die Hirnrinde mit tiefergelegenen Strukturen des ZNS, **Assoziationsbahnen** dienen der gegenseitigen Vernetzung und **Kommissurbahnen** der gegenseitigen Informationskontrolle zwischen beiden Hemisphären. Ein anderes Phänomen ist die Kreuzung (= **Dekussierung**), insbesondere der Pyramidenbahnen sowie der meisten übrigen auf- und absteigenden Bahnen auf die im Vergleich zur Lage der Repräsentationsfelder in den Großhirnhemisphären gegenüberliegende Körperseite. So wird also die rechte Körperhälfte von der linken, die linke Körperhälfte von der rechten Hemisphäre innerviert. Die Abstimmung und Abgleichung der Funktion beider Hemisphären untereinander erfolgt im Kreuzungsbereich über verbindende Kommissuren, speziell im sog. Balken (Corpus callosum; vgl. Abb. 3.5.7).

Aufgrund des besonderen Aufbaus und der **Funktion der Großhirnrinde** sind beim Menschen einige bei Tieren erst ansatzweise vorhandene Fähigkeiten wesentlich vervollkommnet, wodurch Leistungen möglich sind, die den Menschen aus dem Tierreich herausheben, so vor allem die Fähigkeit der **Sprache** und der sich daraus ergebenden **verbalen Kommunikation**smöglichkeit. Als Grundlage der Kultur muß die sich daran anknüpfende Fähigkeit angesehen werden, das gesprochene Wort unabhängig von der Person, die es ausgesprochen hat, als Kommunikationsträger zu nutzen. Es wird konserviert und reproduziert, und damit ist die Möglichkeit gegeben, den Sinninhalt zu verbreiten und über Jahrtausende zu erhalten. Dieses geschieht sowohl in mündlicher wie auch in schriftlicher Form („**extracerebrale Assoziationsketten**"), wobei in den Millionen Jahren der Menschheitsgeschichte die Erfindung der Schrift mit ansatzweise höchstens 10 000 bis 8 000 Jahren relativ jung ist, jedoch explosionsartig zu einer Erhöhung der Informationsspeicherung geführt hat.

Man weiß seit über 100 Jahren, daß verschiedene Großhirnregionen für die **Sprechfähigkeit** und das **Sprachverständnis** zusammenarbeiten: Es ist inzwischen bekannt, wie der Vorgang in etwa abläuft und welche Hirnregionen dabei aktiv sind. Die Aufnahme eines gesprochenen Wortes erfolgt über das **primäre Hörzentrum**, die Erregung wird weitergeleitet an das **sensorische Sprachzentrum**, in welchem die Verarbeitung zu einem Sinngehalt erfolgt. Für das **Nachsprechen** dieses Wortes wird dann zusätzlich das **motorische Sprachzentrum** aktiviert, welches seinerseits die Erregungen in das motorische Rindenfeld weiterleitet, wo die zum Sprechen notwendigen Muskelbewegungen aktiviert und deren Ablauf koordiniert werden.

Bis zum **Aussprechen eines gelesenen Wortes** ist der Weg jedoch noch weiter: Zuerst wird das **primäre Sehzentrum** aktiviert, der optische Eindruck wird vom **Lesezentrum** im **Gyrus angularis** verarbeitet, wo die visuelle Form in lautliche Form übersetzt wird, diese wird dann vom sensorischen Sprachzentrum weiterverarbeitet und kann auf dem oben beschriebenen Weg zur Aussprache gelangen.

Soll das Gelesene z.B. in schriftlicher Form beantwortet werden, verkompliziert und verlängert sich der Weg auf dem Rückweg vom Sprachzentrum über das Lesezentrum und Sehzentrum noch um den der Ablaufskontrolle und die Auslösung der notwendigen Bewegungen für das Schreiben.

Durch die Kreuzung (Dekussierung) der meisten **Nervenfasern**, die von den Rindenfeldern ausgehen, tritt das Phänomen auf, daß die linke Gesichts- und Körperhälfte von der gegenüberliegenden rechten Hemisphäre gesteuert wird und umgekehrt. Diese Gegenseitigkeit gilt insbesondere für die primären motorischen und somatosensorischen Rindenfelder, z.B. für die Bewegung von Füßen und Händen. Auge und Ohr haben jedoch neben der ausgeprägten Beziehung zur gegenüberliegenden Seite auch schwache Beziehungen durch Kommissurfasern zur seitengleichen Hemisphäre. Im wesentlichen ist die Aufteilung der sensorischen und motorischen Funktionen der Hemisphären symmetrisch. Zu einer funktionellen Asymmetrie kommt es jedoch bei gewissen spezialisierten Funktionen, bei denen primär nur eine Hemisphäre eingeschaltet wird und die Zusammenarbeit der Hemisphären über die verschiedensten sekundären Verbindungen im Hirn abläuft. So ist z.B. das **Sprachvermögen** oder die Fähigkeit, eine Melodie zu erkennen und sich an verbale Informationen zu erinnern, asymmetrisch lokalisiert.

Die Fähigkeit der visuellen **Wiedererkennung** von Personen und Dingen ist mit der Funktion von Regionen des Großhirns im Bereich der Unterseite der Schläfen- und Hinterhauptslappen verbunden.

Wesentlich sind in diesem Zusammenhang auch emotionale Reaktionen, die offenbar besonders stark in asymmetrischer Weise repräsentiert werden. **Emotionen** werden dem **limbischen System** im Innern des Gehirns zugeordnet, darüber hinaus leistet die rechte Hemisphäre besondere emotionale Beiträge, die linke dagegen weniger. Die rechte Hemisphäre kontrolliert nicht nur die angemessene emotionale Reaktion auf entsprechende Reize, sondern ist auch zuständig für die Erfassung und das Verständnis der Gefühle anderer, die z.B. eine Aussage begleiten; mit der linken Hemisphäre wird nur der Sinngehalt, nicht aber der emotionale Hintergrund erfaßt.

Nach neueren Untersuchungen manifestiert sich die funktionelle **Asymmetrie** auch anatomisch. So hat man trotz der allgemeinen symmetrischen Anlage der Funktionsstrukturen doch auch anatomische Unterschiede in einigen Bereichen zwischen den beiden Hemisphären gefunden: Beispielsweise sind dem sensorischen Sprachzentrum zuzurechnende **Heschle'sche Windungen** in ihrem hinteren Bereich in der linken Hirnhälfte größer als in der rechten, und zwar auch schon vor der Geburt. Daraus wird geschlossen, daß sich die sprachlichen Leistungen der linken Hemisphäre aus den anatomischen Gegebenheiten ergeben und nicht die Folge der Sprachentwicklung im Kindesalter sind. Kürzlich wurde entdeckt, daß der Vergrößerung der linken Heschle'schen Windungen eine veränderte Organisation des Gewebes entspricht: Es gibt in dieser Region eine besondere Zellschicht, deren Ausdehnung in der linken Hemisphäre bis zu 7mal größer ist als in der rechten.

Die **Rechtshändigkeit** scheint auf Asymmetrien in Form von Vergrößerungen des rechten Stirnlappens und des linken Scheitel- und Hinterhauptslappens gegenüber der anderen Seite zu beruhen. Diese Vergrößerungen äußern sich in Form von leichten Ausbuchtungen an der Innenfläche des Schädels. Solche ließen sich bereits für fossile **Neanderthaler-** und andere fossile **Hominiden** darstellen. Bei Rechts- und Linkshändigkeit ließen sich außerdem unterschiedliche Asymmetrien vor allem im Be-

reich der Sylvi'schen Furchen **(Fissura sylvii)** nachweisen, insbesondere bei Rechtshändern. Ob diese Anlage dafür bei den Rechtshändern erblich ist oder nicht, ist noch weitgehend offen. Vielleicht können hier vergleichende computertomographische Untersuchungen von Familienangehörigen künftig weitere Aufschlüsse bringen.

Die meisten Funktionsareale wurden gerade dadurch aufgespürt, daß es aufgrund irgendeiner Schädigung zu einem Funktionsausfall der durch das entsprechende Repräsentationszentrum im Neocortex bedingten Körperfunktion oder geistigen Leistung kommt. So führt z.B. eine Schädigung des Bereichs der untersten Windungen des Stirnlappens (Lobus frontalis), der sog. **Broca'schen Sprachregion**, zu einer **motorischen Aphasie**, d.h. Unfähigkeit zu sprechen, obgleich die beteiligten Muskeln für die Abläufe des Schluckens usw. in normaler Weise willkürlich betätigt werden können und auch das Sprachverständnis erhalten geblieben ist. Fällt hingegen das auf der sensorischen Seite gelegene **Wernicke'sche Sprachzentrum** aus, das im hinteren Teil des oberen Schläfenlappens (Lobus temporalis) gelegen und damit dem primären akustischen Zentrum benachbart ist, so führt dieser Verlust zur **sensorischen Aphasie**, d.h. der Betroffene kann zwar Worte hören, jedoch deren Inhalt nicht im Sinne eines Verstehens verarbeiten.

Ähnlich wirkt sich z.B. auch der Ausfall unterschiedlicher Regionen, die an der Gesamtfunktion des Sehens beteiligt sind, aus. Hier kann es bei Ausfall entsprechender Rindenfelder zur sog. „Seelenblindheit" kommen, obwohl die Augen selbst voll funktionsfähig wären. Die Reihe der Variationsmöglichkeiten, die zu Störungen oder Ausfall der normalen Funktionen führen, ist außerordentlich komplex, jedoch oftmals der einzige Schlüssel zum Verständnis und zum Einblick in die Funktionsweise des Großhirns.

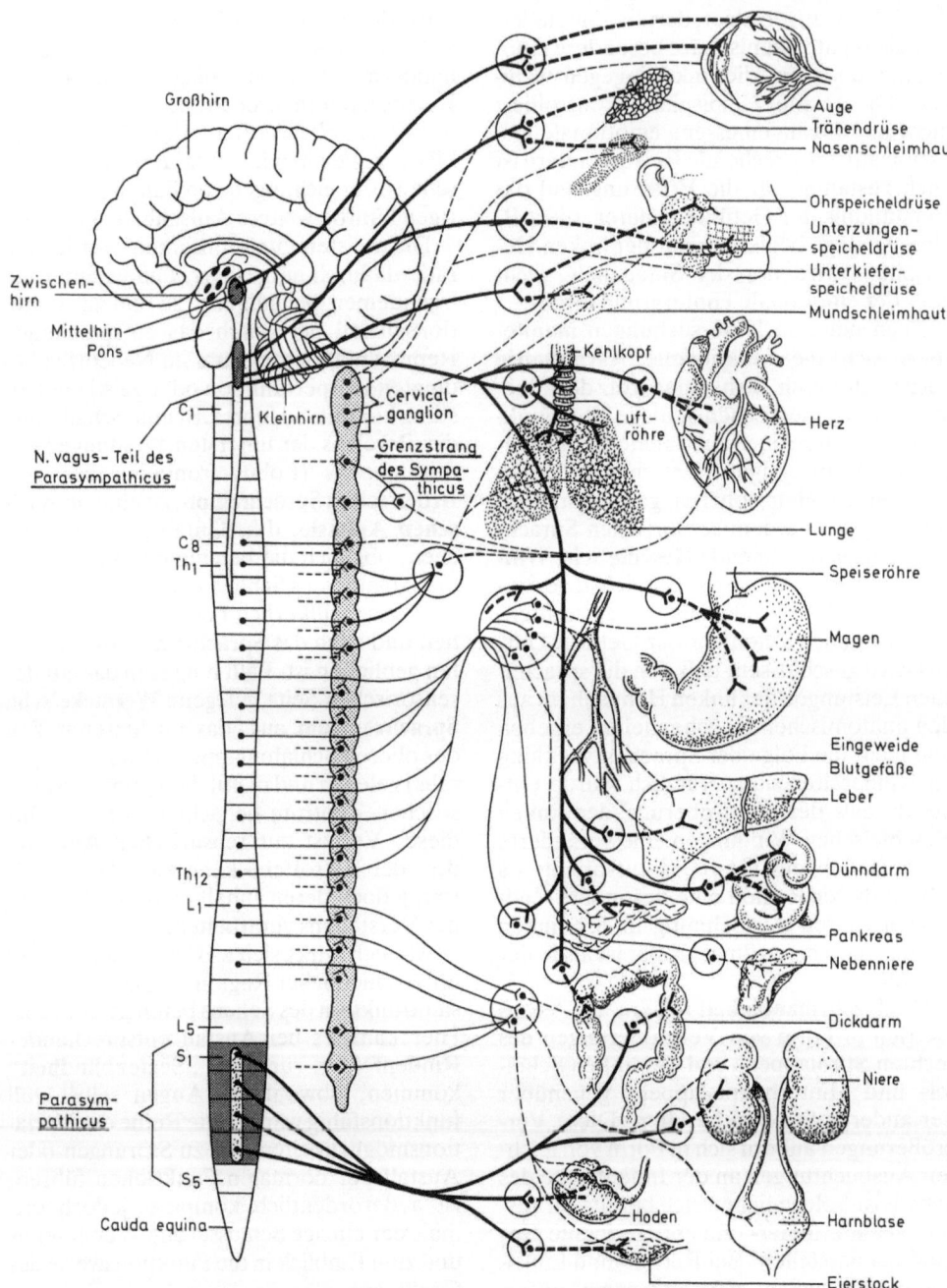

Großhirn

Auge
Tränendrüse
Nasenschleimhaut

Ohrspeicheldrüse
Unterzungen-
speicheldrüse
Unterkiefer-
speicheldrüse
Mundschleimhaut

Zwischen-
hirn

Mittelhirn
Pons

Kehlkopf

Cervical-
ganglion

C₁

Kleinhirn

Luft-
röhre

Herz

N. vagus- Teil des
Parasympathicus

Grenzstrang
des Sympa-
thicus

Lunge

C₈
Th₁

Speiseröhre

Magen

Eingeweide
Blutgefäße
Leber

Th₁₂
L₁

Dünndarm

Pankreas
Nebenniere

L₅
S₁

Dickdarm

Niere

Parasym-
pathicus

S₅

Cauda equina

Hoden

Harnblase

Eierstock

Abb. 3.22. Schema der vegetativen (autonomen) Innervation (Sympathicus, Parasympathicus) und Lage der vegetativen Ursprungskerne im menschlichen Körper

3.3 Vegetatives Nervensystem (Sympathicus und Parasympathicus)

Das **vegetative**, **viscerale** oder **autonome Nervensystem** (NS) der Vertebraten steuert in Verbindung mit dem endokrinen System die Organfunktionen des Körpers, namentlich durch die Regulierung der Funktion der glatten Muskulatur der Eingeweide, der Herzmuskulatur und der Funktionstätigkeit der Drüsen. Es reguliert wichtige Prozesse wie z.B. die Konstanthaltung des inneren Milieus über den Wärmehaushalt, Wasserhaushalt, Ionenbalance, kontrolliert den Stoffwechsel und Energiehaushalt, koordiniert den Kreislauf, die Atmung, Verdauung und Fortpflanzung.

Das vegetative NS untergliedert sich in zwei antagonistisch zueinander wirkende Teile, das sympathische Nervensystem und das parasympathische Nervensystem, die unterschiedlichen Bereichen des zentralen Nervensystems entstammen (Abb. 3.22). Die peripheren Grundelemente beider vegetativen Systeme bestehen aus jeweils zwei

Neuronen, die in einem peripheren Ganglion miteinander in synaptischen Kontakt treten.

Das System des Sympathicus bildet lateral zu beiden Seiten der Wirbelsäule im Bereich des thorakalen und oberen lumbalen Rückenmarks eine über den **Grenzstrang (Truncus sympathicus)** miteinander verbundene Ganglienkette aus. Mit den im Rückenmark in den Seitenhörnern gelegenen Nervenzellkörpern sind die Ganglien durch sog. **präganglionäre Fasern**, die durch die vorderen Wurzeln der Seitenhörner das Rückenmark verlassen, den **Rami communicantes albi** (weiße Verbindungsäste), verbunden. In den Ganglien werden die Fasern auf **postganglionäre Fasern**, die **Rami communicantes grisei** (graue Verbindungsäste), umgeschaltet (Abb. 3.23). Diese sind wesentlich länger als die ersteren und ziehen mit den Spinalnerven zu den peripheren Erfolgsorganen. Außer den Spi-

Abb. 3.23. Ausprägungsmöglichkeiten verschiedener Reflexe zwischen sympathischen und somatischen Neuronen in der Körperperipherie

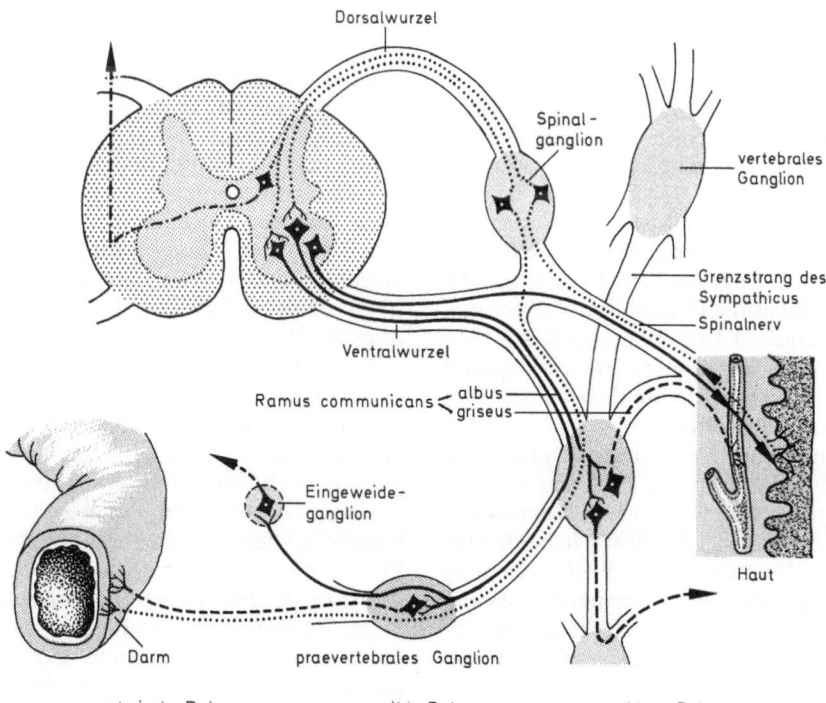

— motorische Bahnen   ·········· sensible Bahnen   – – – – marklose Bahnen

nalnerven führt auch der 10. Hirnnerv sympathische Fasern mit sich.

Im Gegensatz zum Sympathicus entspringt der **Parasympathicus** teils aus dem Hirnstamm, teils aus der sakralen (Kreuzbein-)Region des Rückenmarks. Während die Umschaltung der präganglionären Fasern des Sympathicus bereits in unmittelbarer Nachbarschaft des RM, im Grenzstrang erfolgt, sind die Axone des Parasympathicus bedeutend länger und werden erst in den zu innervierenden Organen umgeschaltet bzw. in parasympathischen Ganglien, die jedoch in einiger Entfernung vom Ursprungsgebiet liegen. Der Parasympathicus verfügt über kein eigenes Leitungssystem; seine Fasern verlaufen vielmehr mit in den Bahnen von Hirnnerven, z.B. des **Nervus oculomotorius, N. facialis, N. glossopharyngeus** und vor allem im **N. vagus** (Abb. 3.22).

Die beiden Teile des vegetativen Nervensystems haben eine antagonistische Funktionsweise. Generell hat das parasympathische System die Funktion der Basiskontrolle über die inneren Organe, während das sympathische System seine besondere Wirkung unter Belastungsbedingungen entfaltet. Beispielsweise verlangsamt die Wirkung des Parasympathicus die Herzschlagfrequenz, während der Sympathicus diese, wenn notwendig, erhöht.

Im einzelnen läßt sich eine ganze Reihe unterschiedlicher funktioneller Eigenschaften abgrenzen: Wesentlich ist die Anregung der Freisetzung von **Glykogen** aus der Leber durch den Sympathicus, womit generell die Arbeitskapazität des Körpers heraufgesetzt wird. Demgegenüber drosselt der Parasympathicus die Glykogenmobilisierung, fördert dagegen Erholung und Restitution des Körpers, intensiviert und verlangsamt die Verdauung sowie die Arbeitsintensität von Herz und Kreislauf.

Wie in allen Nervenzellen erfolgt auch im vegetativen System die Übertragung von Erregungsimpulsen vermittels **Neurotransmitter** (vgl. Kap. 7). Während in beiden vegetativen Systemen die Impulsübertragung an den Synapsen der präganglionären Fasern jeweils mit Hilfe von **Acetylcholin** vonstatten geht, wird dieser Transmitter nur im parasympathischen System auch an den postganglionären Synapsen zum Erfolgs-

organ verwendet, nicht dagegen im Sympathicus. Hier wirken **Adrenalin** und **Noradrenalin** (sowie möglicherweise wie auch im ZNS noch einige andere **Catecholamine**) bei der Signalübertragung. Der Funktionsunterschied zwischen Parasympathicus und Sympathicus besteht also in dieser unterschiedlichen Transmitterabgabe. Dieses ist nun auch von außerordentlicher pharmakologischer Bedeutung insofern, als ihre **Mimetica** (= Stoffe, welche die Wirkung der systemeigenen Transmitter imitieren) bzw. ihre **Lytica** (= Stoffe, welche die systemeigenen Transmitter hemmen) klinisch für die Behandlung von Über- oder Unterfunktionen verschiedenster Organe eingesetzt werden:

– **Sympathicomimetica** sind z.B. Noradrenalin, Adrenalin, Ephedrin, Isoproterenol sowie die Amphetamine Benzedrin und Pervitin;
– **Sympathicolytica** sind z.B. Ergotamin, Yohimbin, Phentolamin;
– **Parasympathicomimetica** sind Acetylcholin, Muskarin, Pilocarpin, Carbachol, Cholinesterasehemmer (Physostigmin, Neostigmin); und
– **Parasympathicolytica** sind z.B. Atropin und Scopolamin.

Die **Funktionsweise des vegetativen NS** hat sich als äußerst komplex erwiesen. So wurde festgestellt, daß sympathische postganglionäre Synapsenkontakte nicht nur mit den Erfolgsorganen bestehen, sondern auch mit den peripheren parasympathischen Ganglien. Das postganglionäre parasympathische Neuron steht also nicht nur unter dem Einfluß des Acetylcholins der präganglionären Synapse, sondern zusätzlich auch noch unter dem der Sympathicusendigungen. Dies führt zu integrierender Funktion des parasympathischen Neurons. Anstelle einer einfachen Impulsübertragung entsteht hier ein modulationsfähiges System, das es erlaubt, einen Teil der notwendigen regulativen und integrativen Funktionen ohne Zuhilfenahme des ZNS direkt im peripheren Bereich abzuwickeln.

Bei Erregung des Sympathicus wird das ganze System betroffen, und es kann eine ganze Reihe von Reflexen auf einen einzigen Reiz hin ausgelöst werden (Abb. 3.23).

- **Visceroviscerale Reflexe** (vom Eingeweide auf das Eingeweide) werden peripher ausgelöst; sie wirken auf das auslösende Organ selbst zurück und regulieren beispielsweise die Motorik oder Sekretorik.
- **Viscerocutane Reflexe** (vom Eingeweide auf die Haut) werden ausgelöst, wenn ein Teil der von einem inneren Organ ausgehenden Erregung über die Rami communicantes grisei in die Haut weitergeleitet wird und bestimmte Hautbezirke nun auf diesen Impuls hin z.B. mit verstärkter Durchblutung reagieren.
- **Visceromotorische Reflexe** (vom Eingeweide auf die Motorik) übertragen die Erregung von einem inneren Organ auf ein Motoneuron im Rückenmark. Dadurch kommt es zu sog. Abwehrspannungen der Bauchdecke bei entzündlichen Prozessen. Derartige Reflexbögen spielen eine wichtige Rolle in der medizinischen Diagnostik (Blinddarm).

Geht die Erregung dagegen von Hautsinnesorganen aus (Schmerz, Druck, Temperatur), so kann der Verlauf der Reflexe auch in umgekehrter Richtung von außen nach innen erfolgen und löst die

- **cutivisceralen Reflexe** (von der Haut auf die Eingeweide) aus, die nun ihrerseits wiederum visceroviscerale Reflexe auslösen können. Hierdurch wird es möglich, z.B. durch Änderung der Hauttemperatur (Umschläge usw.) die Motorik oder Sekretion innerer Organe zu beeinflussen.

Ein Teil derartiger Erregungen von inneren und äußeren Organen, welche normaler-

Abb. 3.24. Segmentale und periphere Hautinnervationsgebiete als cutane Projektionsfelder innerer Organe (Head'sche Zonen)

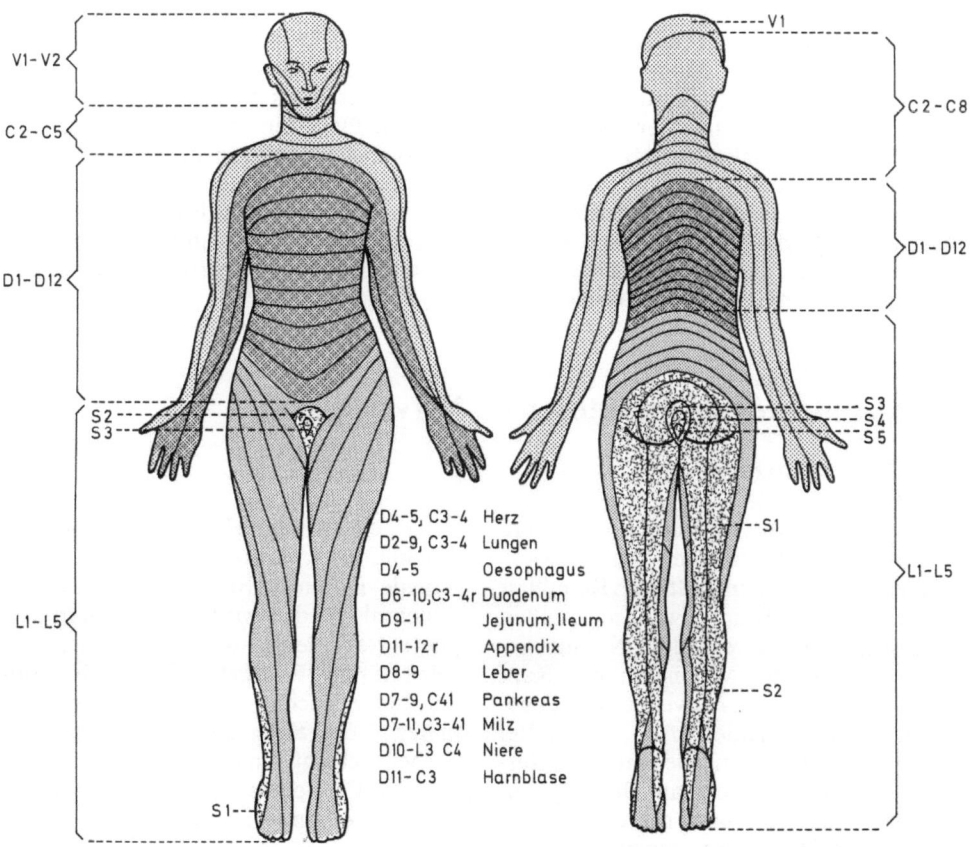

D4–5, C3–4	Herz
D2–9, C3–4	Lungen
D4–5	Oesophagus
D6–10, C3–4r	Duodenum
D9–11	Jejunum, Ileum
D11–12 r	Appendix
D8–9	Leber
D7–9, C41	Pankreas
D7–11, C3–41	Milz
D10–L3 C4	Niere
D11– C3	Harnblase

weise vegetativ-reflektorisch ohne Bewußt-seinskontrolle geleitet werden, kann über den **Tractus spinothalamicus** zu übergeord-neten Hirnfeldern des cerebralen Neo-cortex weitergeleitet werden. Sie vermögen hier jedoch aufgrund der diffusen Reaktio-nen des Sympathicus keine Information mehr über ihren speziellen Ursprungsort zu geben. Deshalb werden diese afferenten Erregungsmuster in das zugehörige Haut-areal projiziert, in dem die aus der Erregung der Cortexfelder resultierende Antwort z.B. als Schmerz empfunden wird.

Die inneren Organe haben also jeweils ihre eng umschriebenen **cutanen Projek-tionsfelder,** die sog. **Head's schen Zonen** der Haut (Abb. 3.24), in denen Vorgänge, wie Erkrankungen innerer Organe, erkennbar werden können, und die damit für die ärztli-che Diagnostik von besonderer Bedeutung sind. Die Integration aller vegetativen Teil-funktionen unseres Organismus wird durch Kerngruppen im Hypothalamus des Zwi-schenhirns vorgenommen (vgl. Kap. 3.2.2.4.1). Diese Kerngebiete regulieren das Vegetativum nicht nur nervös, sondern vor allem auch humoral mittels neurosekre-torischer Mechanismen.

3.4 Derivate der Plakoden

So wie sich im Bereich des Rückenmarks während der Ontogenese die Neuralleiste entwickelte, aus der im Verlauf der weite-ren Entwicklung eine ganze Reihe von De-rivaten hervorgeht (vgl. Kap. 2.1), so bilden sich während der Ontogenese im Kopfbe-reich der Wirbeltiere an verschiedenen Stel-len des embryonalen Ektoderms sog. **Pla-koden** heraus, von denen aus eine Reihe von Sinnesorganen innerviert wird. Aus den Dorsolateralplakoden z.B. entstehen die **Labyrinthbläschen** und deren sensori-sche Neurone sowie das **Seitenliniensy-stem**. Die **Epibranchialplakoden** oberhalb des Dorsalrandes der Kiemenspalten bilden die Neurone der **Geschmacksknospen** aus.

Die rostral gelegene **Ophthalmicusplakode** liefert die Neurone der Hautsensibilität des **Ganglion ophthalmicum**. Die **Riechplako-den**, welche am weitesten nasalwärts liegen, senden ihre basalen Axone als sog. **Fila ol-factoria** in die Tiefe, die hier Anschluß fin-den an den in das Vorderhirn ziehenden **Tractus olfactorius** oder Riechnerv.

Aus diesen als Neuralplatte, Neuralleis-ten und Plakoden voneinander getrennten embryonalen Anlagen differenzieren sich die Einzelkomponenten des Nervensystems und verbinden sich während der Ontoge-nese miteinander sowie mit den sekundären Sinneszellen und Effektoren zu einer gro-ßen Funktionseinheit.

3.5 Nichtneuronale Strukturen im Nervensystem

3.5.1 Neuralscheiden

Das Nervengewebe wird durch besondere Hüllen aus mesodermalem, d.h. entwick-lungsgeschichtlich dem mittleren Keimblatt entstammendem, Bindegewebe nach außen hin geschützt. Im Bereich des ZNS sind die-ses die Hirnhäute (Meningen; vgl. Kap. 3.5.3), im peripheren Nervengewebe dage-gen die Neuralscheiden (Abb. 3.25). Bei letzteren lagert sich um jede periphere Ner-venfaser im Anschluß an die Myelin-scheide, welche die Faser röhrenförmig in Form der Markscheiden umgibt (vgl. Kap.

1.2.4), eine weitere Hülle, die **Endoneural-scheide**, bzw. Gitterfaserhülle oder Öl-scheide. Durch das Bindegewebe dieser En-doneuralscheiden wird jeder größere peri-phere Nerv nebst anderen Fasern in ein-zelne Bündel **(Faszikel)** aufgeteilt. Nach au-ßen hin verdichtet sich das Bindegewebs-material des **Endoneurium** zu einer sehr derben Schicht, dem Perineurium. Inner-halb des **Perineurium** ist jeweils eine unter-schiedliche Anzahl von Axonen, welche durch das lockere, gefäßhaltige Bindege-

Abb. 3.25. Schema des Aufbaus der Neuralscheiden peripherer Nerven

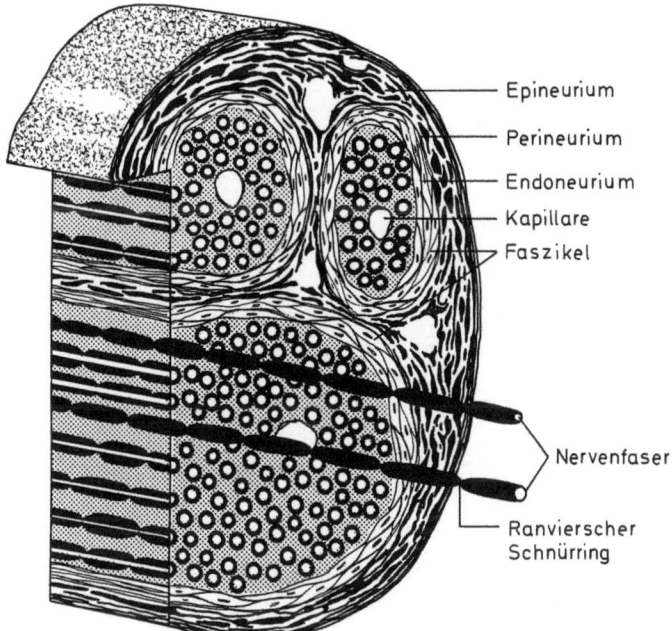

Epineurium
Perineurium
Endoneurium
Kapillare
Faszikel

Nervenfaser

Ranvierscher Schnürring

webe des Endoneurium getrennt sind, zu einzelnen Bündeln zusammengefaßt. Diese durch ein Perineurium umhüllten Nervenbündel werden nun wiederum von außen durch eine sehr derbe Schicht, das **Epineurium**, zu einem makroskopisch sichtbaren Nervenstrang zusammengefaßt. Diese Bindegewebshüllen stellen im peripheren Nervensystem − ebenso wie im Zentralnervensystem die Meningen − für verschiedene Wirkstoffe ein beträchtliches Diffusionshindernis im Sinne einer metabolischen Schranke dar und bilden gleichzeitig einen mechanischen Schutz. Innerhalb der verschiedenen Hüllen verlaufen die für die Ernährung der Nerven wichtigen Blutgefäße.

3.5.2 Ependym und zirkumventrikuläre Organe

Die Wandauskleidung des **Zentralkanals** (Ventrikel- und Rückenmarkskanal) wird von **Ependymzellen** gebildet, die zu einem epithelialen Zellverband zusammengeschlossen sind. Eine große Anzahl von ihnen, die **Spongioblasten**, sind mit Cilien besetzt (Abb. 3.26), durch deren Schlagen die Strömung des **Liquor cerebrospinalis** in den **Hirnventrikeln** in Richtung zum lumbalen

Rückenmarkskanals bewirkt wird. Bei Tieren auf ontogenetisch und phylogenetisch niedriger Entwicklungsstufe durchsetzen die Ependymzellen mit ihren − vom Zentralkanal aus gesehen − radiär gerichteten Fortsätzen die gesamte Wandung des Neuralrohres. Erst mit zunehmender ontogenetischer Entwicklung wird die Verbindung zur Außenwand unterbrochen. Verlieren die Ependymzellen auch die Verbindung zur Innenseite des Neuralrohres, so treten sie damit aus dem Epithelverband aus und werden zu reinen Gliazellen. Die Ependymzellen bewahren ihre Fähigkeit zur Teilung, bei der jeweils ein Abkömmling im Epithelverband verbleibt, der andere hingegen diesen verläßt, zur Peripherie wandert und sich dort entweder zu einem Neuroblasten oder Glioblasten differenziert (vgl. Abb. 2.5).

Neben der normalen Ausdifferenzierung des Ependyms als Begrenzung der Hirnventrikel sowie des Rückenmarkskanals gibt es besonders im Bereich des 3. und 4. Ventrikels spezifische Differenzierungen der Ependymglia zu organartig verdichteten und besonders gefäßreichen Sonderstrukturen, den sog. **zirkumventrikulären Organen** (Abb. 3.27). Da diese Organe stark sekretorisch tätig sind, nimmt man an, daß ih-

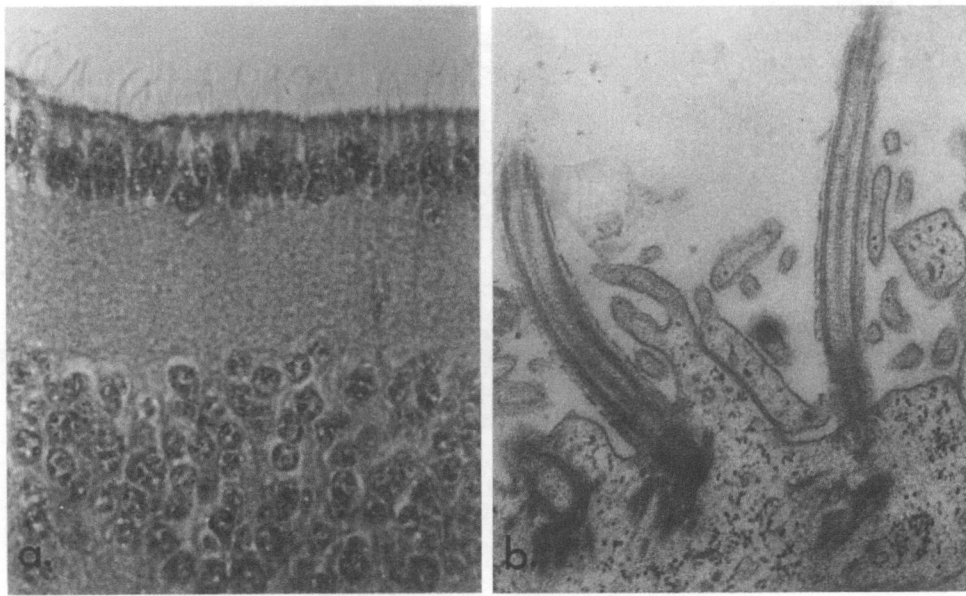

Abb. 3.26. Mit Cilien besetztes Ependym aus dem Bereich des II. Ventrikels eines Neunauges **(a)**; elektronenmikroskopische Aufnahme von Cilien einer Ependymzelle eines Goldfisches **(b)**

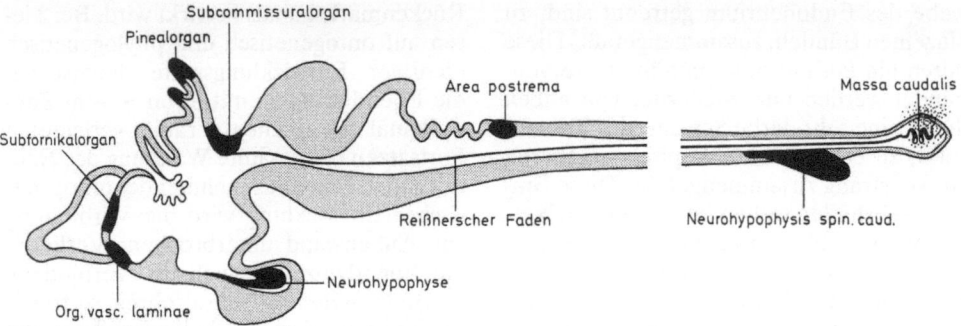

Abb. 3.27. Schema der Lage der zirkumventrikulären Organe und des Verlaufs des Reißner'schen Fadens im ZNS von Vertebraten

nen eine besondere Aufgabe bei der Regulation des osmotischen Gleichgewichts zwischen Blut und Liquor zukommt. Die zirkumventrikulären Gliaorgane enthalten Chemorezeptoren, welche auf pH-Änderungen in Blut und Liquor äußerst empfindlich reagieren. Daher scheinen sie für vegetative Reaktionen zur Regulation des Säure-Basen-Gleichgewichts im Blut zuständig zu sein. Außerdem dürften sie für die Liquorzirkulation mit verantwortlich sein sowie für die Regulation des Wasser-

einstromes in die Cerebrospinalflüssigkeit (unter pathologischen Verhältnissen Ödem- oder Wasserkopfbildung).

Die wichtigsten zirkumventrikulären Organe sind das **Subfornikalorgan** im Zwischenhirnbereich und das **Subkommissuralorgan**, welches außer beim Menschen und Delphin bei allen anderen Wirbeltieren vorkommt und im Bereich der Commissura posterior liegt. Von seinem Ependymbereich aus erstreckt sich bis in den Rückenmarkskanal hinein ein langer, homogener

Abb. 3.28. Reißner'scher Faden: Längsschnitt im Ventrikel des Nachhirns und Rückenmarks eines Neunauges **(a)**; Querschnitt durch den Zentralkanal eines Rindes **(b)**
R: Reißner'scher Faden
G: geronnener Liquor
C: Ciliensaum
E: Ependymkerne mit mehreren Nucleoli
L: Lumen des Zentralkanals

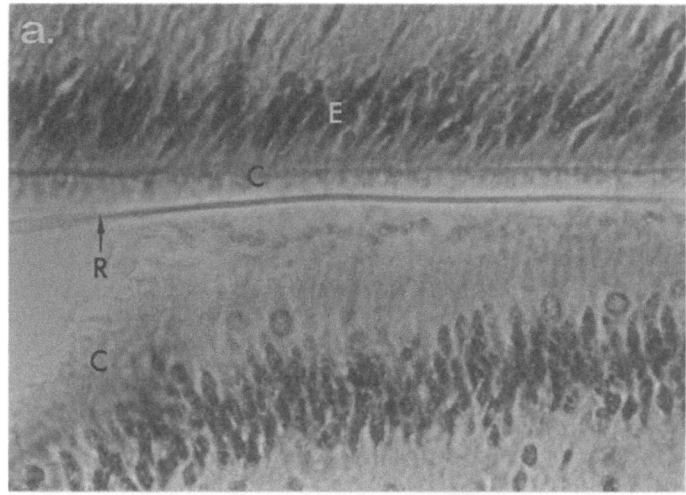

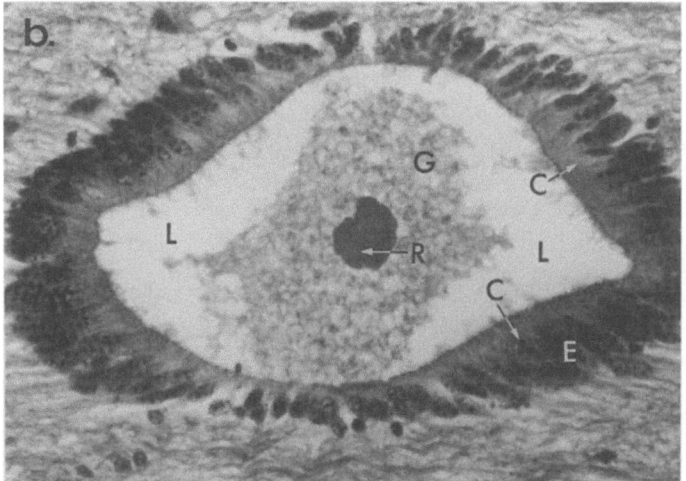

Faden, der sog. **Reißner'sche Faden** (Abb. 3.28), dessen Funktion bislang weitgehend unbekannt ist.

Außerdem gibt es periventrikuläre Organe im Zwischenhirn, welche insbesondere in der Nähe des Thalamus und des Infundibulum liegen, sowie schließlich die sog. **Area postrema**, die sich am Eingang des Rückenmarkskanals am Boden der Rautengrube befindet.

3.5.3 Hirnhäute (Meningen)

Das eigentliche nervöse Gewebe des Gehirns wie auch des Neuralrohres wird von der ektodermalen, glialen Rindenschicht, der **Membrana limitans gliae** begrenzt. Darauf folgen nach außen die aus mesodermalem Bindegewebe bestehenden **Hirnhäute** oder **Meningen** (Abb. 3.29). Die erste ist die weiche Hirnhaut, die Meninx primitiva bei niederen bzw. die **Leptomeninx** bei höheren Wirbeltieren. Die **Meninx primitiva** gliedert sich bei Rundmäulern (Cyclostomen) und Knochenfischen (Teleosteern; Abb. 3.29a) in eine basale **Endomeninx** und ein fetthaltiges, **intermeningeales** Gewebe,

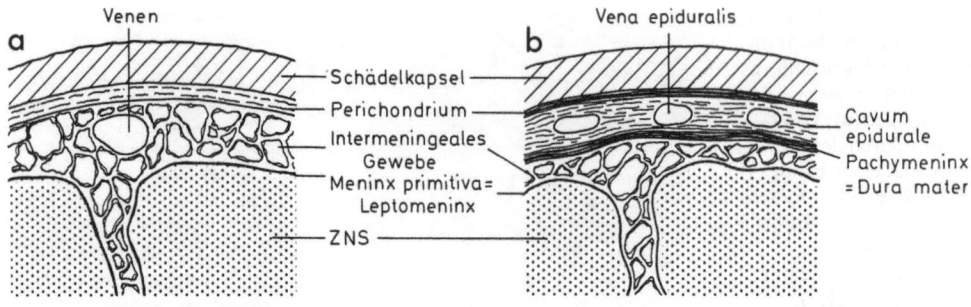

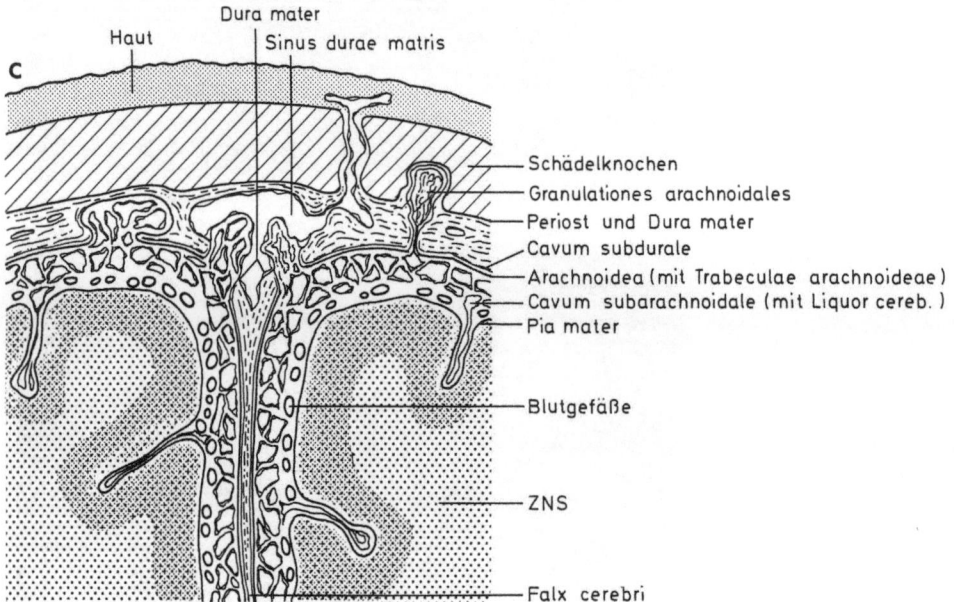

Abb. 3.29. Aufbau der Hirnhäute bei Fischen **(a)**, Amphibien **(b)** und Säugern **(c)**

das den weiten Raum zwischen dem relativ kleinen Gehirn und der Schädelkapsel ausfüllt.

Bei den vierfüßigen Wirbeltieren (Abb. 3.29b) tritt zu der aus lockerem Bindegewebe bestehenden Leptomeninx noch eine weitere „harte" Hirnhaut, die **Pachymeninx** oder **Dura mater**, hinzu. Diese wird von der Knorpelhaut (Perichondrium) der Schädelkapsel bzw. des Wirbelkanals abgespalten. Der dabei entstandene Spaltraum zwischen Dura mater und Perichondrium, das **Cavum epidurale**, wird von Venen bzw. Sinusräumen sowie festem Gewebe ausgefüllt. Nur im Bereich des beweglichen Wirbelkanals ist dieses Bindegewebe verschiebbar.

Bei Säugetieren (Abb. 3.29c) haben die Meningen eine weitere Differenzierung erfahren. Die Leptomeninx ist noch weiter untergliedert, so daß hier drei Hirnhautschichten über der Membrana limitans gliae lagern. Zunächst die mit ihr eng verbundene und damit in alle Furchen und Vertiefungen der Hirn- und Rückenmarksoberfläche eindringende weiche, nerven- und gefäßreiche Haut, die **Pia mater**, dann die stark vernetzte, fast gefäßlose Spinnwebenhaut, die **Arachnoidea**, welche einen von bindegewebigen Septen und Balken, den **Trabeculae arachnoideae**, durchzogenen Raum, das **Cavum subarachnoidale**, umschließt. Darüber liegt schließlich die derbe

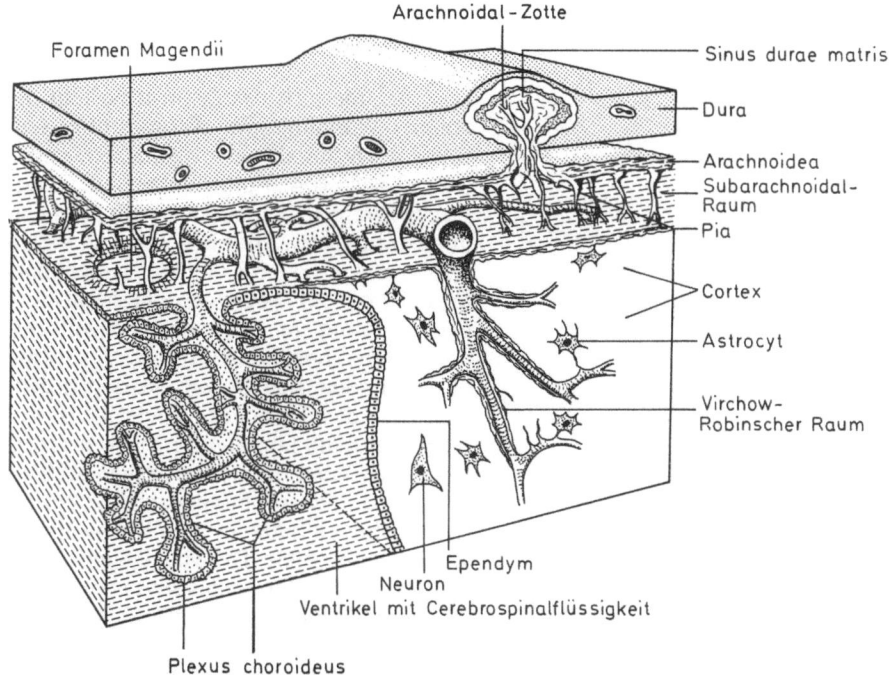

Abb. 3.30. Schema über die Lagebeziehungen von Meningen, Plexus choroideus, Blutgefäßen und Cerebrospinalflüssigkeit im ZNS von Säugern

Dura mater, die von der Arachnoidea durch den Subduralraum getrennt ist. Dieser ist mit seröser Flüssigkeit angefüllt, durch deren Druck die Dura mater straff gehalten wird. Eine Einbuchtung der Dura mater, die **Falx cerebri**, bildet ein Septum aus, welches die beiden Hirnhemisphären voneinander trennt. Das Cavum subarachnoidale ist an manchen Stellen zu sog. Zisternen erweitert. Durch Öffnungen in der dorsalen Bedeckung der Rautengrube (**Foramen Magendii**, Foramina Luschkae = Apertura ventriculi terminalis medullae spinalis, Aperturae ventriculi quarti cerebri) steht die **Cisterna cerebellomedullaris** und damit der gesamte Subarachnoidalraum über den IV. Ventrikel mit den Binnenräumen des ZNS in Verbindung und enthält somit Cerebrospinalflüssigkeit (Abb. 3.30).

Die **Funktion der Meningen** besteht einmal im mechanischen Schutz des empfindlichen Nervengewebes. Zum anderen spielen die Adergeflechte der Leptomeninx im Bereich der **Plexus choroidei** (vgl. Kap. 3.5.4) bei der Bildung der Cerebrospinalflüssig-keit eine wichtige Rolle. Durch die Verbindung des Subarachnoidalraumes mit dem IV. Ventrikel tragen die Hirnhäute auch zu einem Ausgleich von intracerebralen Überdrücken bei. Die Leptomeninx und der Subarachnoidalraum umhüllen nicht nur die Außenseite des ZNS, sondern sie begleiten auch die Gefäße und werden an deren Eintrittsstellen trichterartig in das Gehirn bzw. Rückenmark hineingezogen. Auf diese Weise entstehen zwischen neuralem Gewebe und dem Endothel der Blutgefäße perivaskuläre, manschettenartige Spalträume, die als **Virchow-Robin'sche Räume** bezeichnet werden (Abb. 3.30). Im gesamten Verlauf der Gefäße trennen diese mesodermalen Hüllen die Blutgefäße vom neuralen Gewebe scharf ab und führen auf diese Weise mit zur Ausprägung der sog. Blut-Hirn-Schranke (= BHS, Abb. 3.31), einem metabolischen Schrankensystem, welches die Aufgabe hat, differenzierte Selektionen bei der Stoffaufnahme für das Nervengewebe aus dem Blutgefäßsystem vorzunehmen und dadurch ein konstantes

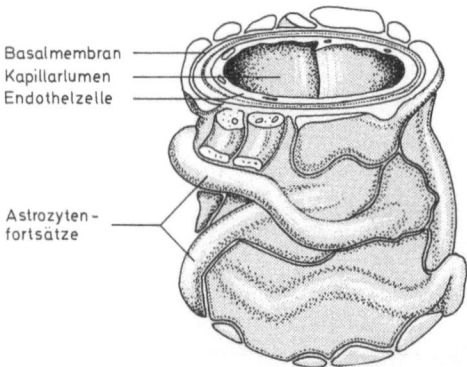

Basalmembran
Kapillarlumen
Endothelzelle

Astrozyten-
fortsätze

Abb. 3.31. Schema der morphologischen Grundlagen der Blut-Hirn-Schranke (BHS)

3.5.4 Adergeflechte (Plexus choroideus)

Im Dorsalbereich des Gehirns besteht die äußere Wandung des Neuralrohres teilweise noch aus der ursprünglichen, einfachen Lage von Epithelzellen, der sog. Deckplatte oder **Lamina tectoria** bzw. Lamina epithelialis. Hier legt sich von außen die Pia mater mit ihren Gefäßen lamellenartig in Form der **Telae choroideae** an und verwächst mit ihr zu einem Adergeflecht, dem **Plexus choroideus** (Abb. 3.32). Solche Plexus finden sich in verschiedenen Abschnitten des Hirndaches (Plexus choroideus ventriculi lateralis, Pl. ch. ventr. tertius, Pl. ch. ventr. quarti) und ragen bei Säugern als bäumchenartig verzweigte, oberflächenreiche Gebilde in die Hirnventrikel hinein (Abb. 3.33). Die vielfach gewundenen Kapillaren der Plexus sind ähnlich wie im Nierenglomerulus erweitert, so daß aus dem verlangsamten Blutstrom leicht Stoffe, möglicherweise durch Ultrafiltration sowie Diffusion, in die Telae gelangen und von hier aus die Blut-Hirn-Schranke (BHS) pas-

ionales Milieu für die Neurone des ZNS aufrechtzuerhalten.

Eine weitere wichtige Funktion erfüllt die Leptomeninx als Abwehrorgan: Auf entsprechende Reize hin können, wie beim lymphoreticulären Gewebe, Lymphocyten, Histiocyten oder Makrophagen mobilisiert werden.

Abb. 3.32. Plexus choroideus eines Frosches

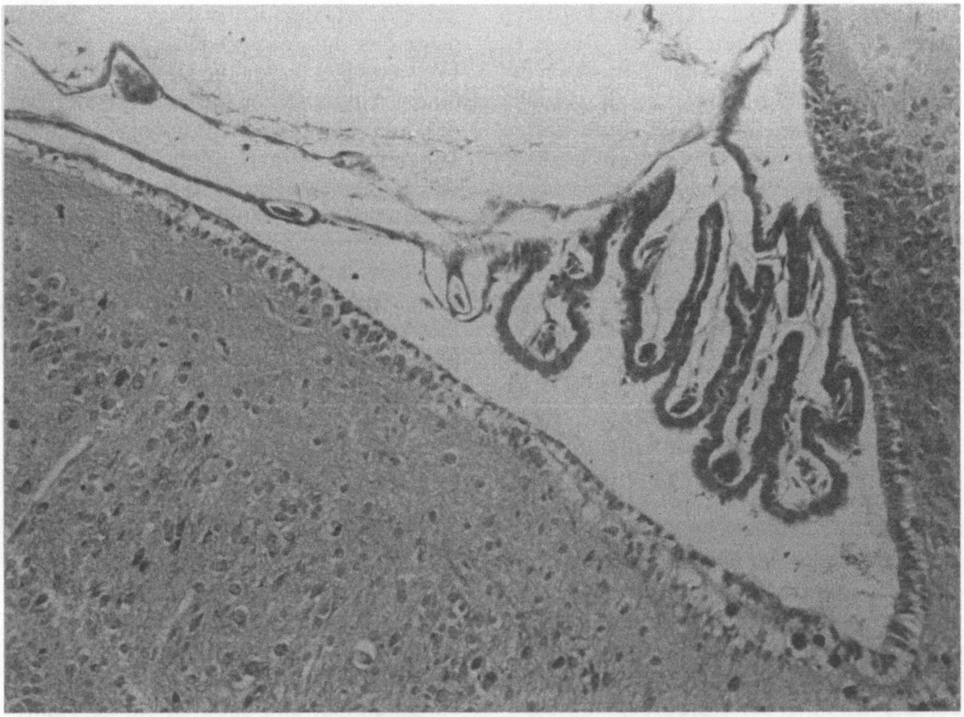

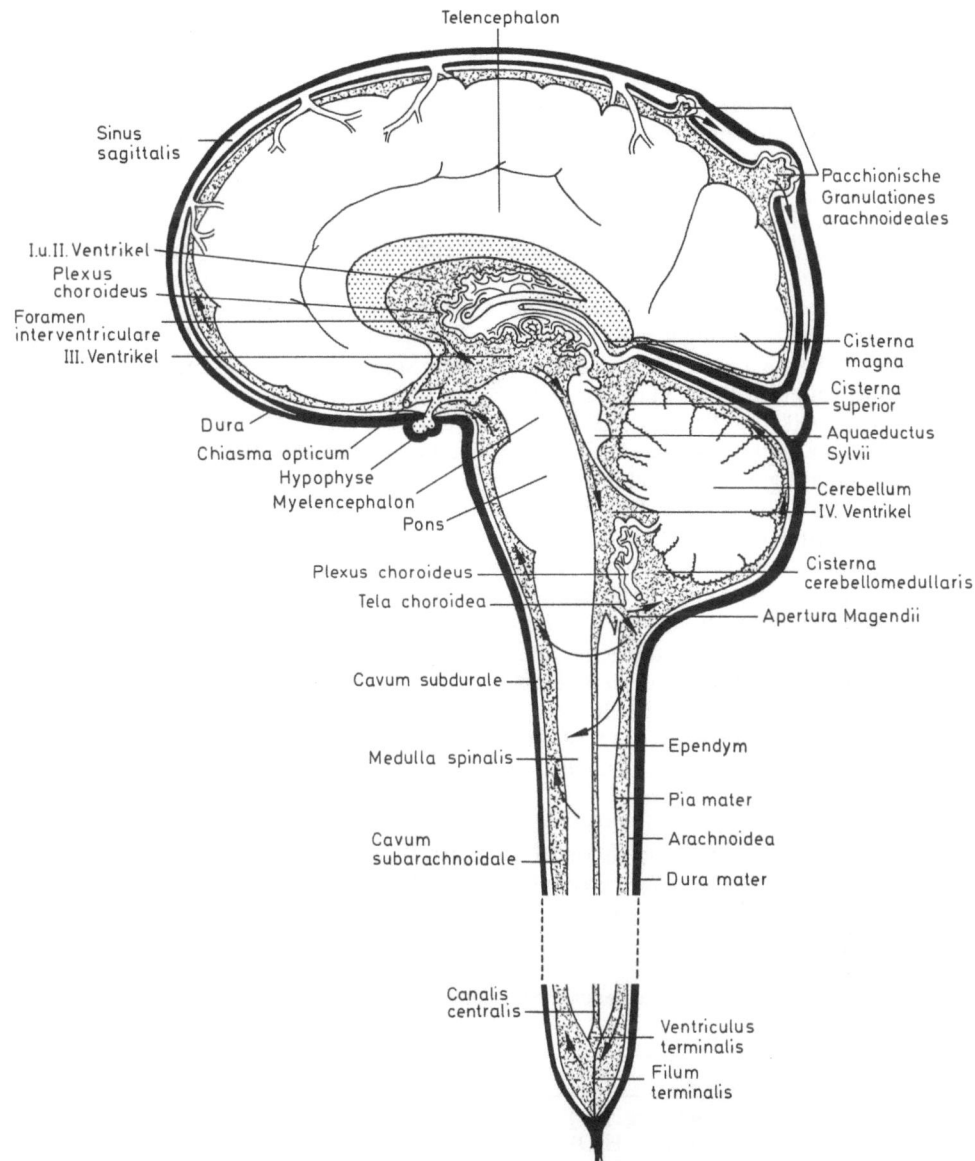

Abb. 3.33. Topographieschema von Meningen, Plexus choroideus und Cerebrospinalflüssigkeit im ZNS eines Säugers. Die Strömungsrichtung des Liquors wird durch Pfeile angedeutet

sieren, d.h. unter der kontrollierenden sekretorischen Funktion der Laminae epitheliales offenbar mit Hilfe aktiver Transportvorgänge in die Hirnventrikel übertreten können.

Die Funktion der Plexus − offenbar unter Mitbeteiligung des Ependyms − besteht also insbesondere in der Absonderung der wasserklaren Cerebrospinalflüssigkeit (CSF; Bildungsgeschwindigkeit 0,5 ml pro min), die die Hirnbinnenräume (Ventrikel), den Rückenmarkskanal und den Subarachnoidalraum vollständig ausfüllt und damit das Gehirn allseitig umspült (Abb. 3.33).

3.5.5 Cerebrospinalflüssigkeit

Die Bedeutung der Cerebrospinalflüssigkeit (= **CSF**, **Liquor cerebrospinalis** oder **L. cephalospinalis**) ist vielfältig und bis heute noch nicht umfassend geklärt. In der **Zusammensetzung von CSF** und Blutplasma bestehen beim Menschen erhebliche Unterschiede, die auch zeigen, daß der Liquor nicht einfach ein Ultrafiltrat des Blutplasmas sein kann (Tab. 3.2). Besonders charakteristisch sind die geringeren Konzentrationen der CSF an Kalium, Glucose und vor allem an Eiweiß (1/200 des Plasmas) sowie Cholesterin (1/500 des Plasmas). Das Elektrolytmilieu im Liquor und im Gehirn wird trotz Veränderungen im Blutelektrolytgehalt durch die Tätigkeit der **Blut-Liquor-Schranke (BLS)** bzw. der BHS in einem äußerst konstanten Ionengleichgewicht gehalten. Die Zusammensetzung der Extrazellularflüssigkeit ist zwar überall im Organismus ziemlich konstant, doch die gegenüber ionalen Veränderungen besonders empfindlichen Neurone erhalten durch den Liquor eine weitere Möglichkeit des Stoffaustauschs und damit einen zusätzlichen Schutz.

Die Konzentrationsunterschiede zwischen Liquor und Plasma sind jedoch für frühontogenetische Stadien sowie im phylo-genetischen Vergleich nicht immer gleich hoch (Tab. 3.3). Aus diesen Befunden sowie entsprechenden morphologischen Gegebenheiten wird geschlossen, daß der Liquor ursprünglich möglicherweise nutritive Aufgaben, ähnlich wie etwa die Lymphe für die übrigen Körperorgane, zu erfüllen hatte. Deutlich wird diese Funktion z.B. beim auf einer niedrigen Stufe der Phylogenese stehenden Lanzettfischchen (Branchiostoma), bei dem während der frühen Ontogenese der Zentralkanal noch über den sog. Canalis neurentericus mit dem Darmrohr verbunden ist. Hier stellt der Liquor eine Art zentralnervöses Kreislaufsystem dar, mit dessen Hilfe das ganze Stoff-

Tabelle 3.3. Durchschnittliche Proteinkonzentrationen von Serum und CSF verschiedener Vertebraten. (Nach ZUCHT und RAHMANN, 1974)

	Durchschn. Proteinkonzentration (mg/ml)	
	Serum	Cerebrospinal-flüssigkeit
Fisch	31	47
Frosch	33	1,3
Küken	31	1,9
Mensch	70	0,5

Tabelle 3.2. Konzentrationen verschiedener Substanzen in Liquor und Plasma. (Angaben z.T. nach DAVSON, 1967)

Substanz		Liquor	Plasma	Liquor/Plasma
Na^+	(mval/kg H_2O)	147,0	150,0	0,98
K^+	(mval/kg H_2O)	2,9	4,6	0,62
Mg^{++}	(mval/kg H_2O)	2,2	1,6	1,39
Ca^{++}	(mval/kg H_2O)	2,3	4,7	0,49
Cl^-	(mval/kg H_2O)	113,0	99,9	1,14
HCO_3^-	(mval/kg H_2O)	25,1	24,8	1,01
P_{CO2}	(mmHg)	50,2	39,5	1,28
pH		7,326	7,409	–
Osmolarität	(mosmol/kg H_2O)	289,0	289,0	1,00
Protein	(mg/100 ml)	20,0	6000,0	0,003
Glucose	(mg/100 ml)	64,0	100,0	0,64
Anorganischer P	(mg/100 ml)	3,4	4,7	0,73
Harnstoff	(mg/100 ml)	12,0	15,0	0,80
Creatinin	(mg/100 ml)	1,5	1,2	1,25
Harnsäure	(mg/100 ml)	1,5	5,0	0,30
Milchsäure	(mg/100 ml)	18,0	21,0	0,86
Cholesterin	(mg/100 ml)	0,2	175,0	0,001

wechselgeschehen des ZNS einschließlich der humoralen regulative Fernwirkungen abgewickelt werden muß, da noch kein direkter Anschluß an den Blutkreislauf existiert. Bei den höheren Wirbeltieren wird die nutritive Komponente mehr und mehr durch die in das ZNS eindringenden Blutgefäße übernommen, so daß dem Liquor andere funktionelle Aufgaben zukommen. Z.B. hat das ZNS einen Extrazellularraum von nur etwa 4−6%, im Gegensatz zu dem anderer Organe mit etwa 17−20%. Daher dürfte dem Liquor die wichtige funktionelle Bedeutung einer Art **„Lymphdränage"** zukommen: Nicht mehr verwertbare Eiweißkörper, Abbauprodukte oder selbst Zelltrümmer können vom Liquorsystem aufgenommen und so aus dem ZNS im Bereich des Lumbalmarks entfernt werden, denn eigentliche Lymphgefäße gibt es im ZNS und den Meningen nicht. Der Liquor strömt, ausgehend von den Plexus choroidei, durch die Ventrikel und den Zentralkanal des Rückenmarks in dessen caudalen Bereich (Abb. 3.33). Außerdem strömt er durch die Aperturen des IV. Ventrikels zur Pia mater und zum Subarachnoidalraum und hat über die **Arachnoidalzotten (Pacchioni'sche Granulationen)** Anschluß an die Venensinus der Dura sowie vor allem aber an das Lymphgefäßsystem des venösen Blutkreislaufes über die Bindegewebshüllen der die Meningen durchdringenden Hirn- und Rückenmarksnerven und den Bereich des Lumbalmarks.

In diesem Zusammenhang ist noch einmal der **Reißner'sche Faden** (RF, Abb. 3.28, Kap. 3.5.2) hervorzuheben, der das Sekretionsprodukt einer speziellen Ependymdifferenzierung unterhalb der Commissura posterior an der Grenze zwischen Di- und Mesencephalon, des **Subkommissuralorgans** (SCO), darstellt, welches schon bei den primitivsten Chordatieren (Tunicaten) und Rundmäulern (Cyclostomen) vorkommt und in der ganzen Wirbeltierreihe, außer bei Insektenfressern (Insektivoren), Walen (Cetaceen) und dem Menschen, konstant ausgebildet ist. Es wurde eine Hypothese aufgestellt, derzufolge das SCO und der RF der Liquorentgiftung dienen, und zwar dadurch, daß sich die vom SCO an den Liquor abgegebenen Sekrete zu Komplexen verbinden, die durch die Cilien des

SCO zu Strängen zusammengezwirbelt und in Form des RF aus dem Gehirn entfernt würden. Dieser Auffassung nach wäre das SCO-RF-System praktisch ein hirneigenes Exkretionssystem. Andererseits sprechen neuere Befunde dafür, daß der Liquor cerebrospinalis nicht nur eine Art „Abfallgrube für Stoffwechselprodukte des ZNS" ist, sondern daß ihm möglicherweise auch humorale Steuerungsfunktionen zukommen. Dies ließe die Anwesenheit verschiedener Hormone im Liquor erklären: So wurden die Oktapeptide **Vasopressin** und **Oxytocin** nachgewiesen, Hormone, von denen man weiß, daß sie im Hypothalamus des Zwischenhirns gebildet werden und über neurosekretorische Bahnen durch das Infundibulum der Hypophyse bis in die Neurohypophyse gelangen. Das Hauptaugenmerk wurde in diesem Zusammenhang auf bestimmte Zellgruppen der zirkumventrikulären Organe gerichtet, und dabei wurde entdeckt, daß daraus eine ganze Reihe von Sekreten an den Liquor abgegeben wird, so daß man zu der Auffassung einer **„cerebrospinalen Neurokrinie"** (STERBA) kam. In jedem Fall scheint die physiologisch-chemische Komponente der CSF eine hervorragende Bedeutung zu haben, von der bislang jedoch noch zu wenig bekannt ist. Es gelang außerdem mit Hilfe von autoradiographischen und radiochemischen Untersuchungen, eine Abgabe von Eiweißen auch aus Hirnstrukturen wahrscheinlich zu machen, die nicht zum zirkumventrikulären System gehören, wie z.B. aus den Sehschichten des Tectum opticum bei Telosteern an die CSF. Das bedeutet, daß Liquorproteine nicht ausschließlich serogenen Ursprungs (von seiten der Plexus choroidei) sein müssen, sondern − wenn auch in geringerem Maße − durchaus aus dem Nervengewebe selbst stammen können.

Daneben hat die CSF eine wichtige mechanische bzw. hydrostatische Funktion. Liquor und Gehirn haben annähernd das gleiche spezifische Gewicht (Hirngewicht in Luft 1400 g, in Liquor aber nur 50 g). Würde das Gehirn nicht praktisch schwerelos im allseitig umgebenden Liquormantel ruhen, nur durch Blutgefäße, Nerven und die Trabeculae arachnoideae in seiner Lage gehalten, müßte jede auch noch so geringe Gehirnerschütterung schwerwiegende Folgen

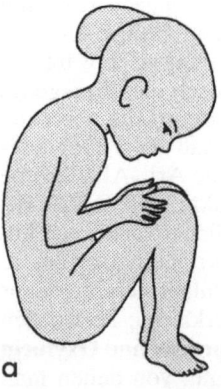

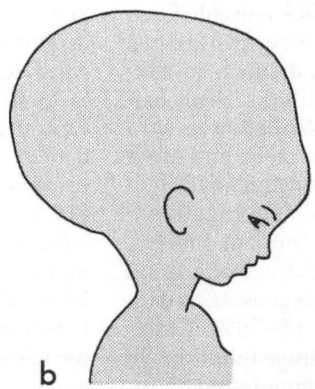

a   b

Abb. 3.34. Liquorfistel **(a)** und Wasserkopf (Hydrocephalus; **b)**

haben. Aufgrund der Flüssigkeitshüllen pflanzen sich Stöße jedoch in beiden Medien, dem Nervengewebe und der CSF, gleichmäßig fort, so daß lokalisierbare Schädigungen, außer bei zu heftigen Schlägen, vermieden werden.

Auch die Pulswelle der ZNS-Arterien, die der Nervengewebsfunktion evtl. schaden könnte, wird im Arachnoidalraum und den Virchow-Robin'schen Räumen in der Form ausgelöscht, daß über den Liquor der Arteriendruck der verhältnismäßig dünnwandigen Arterien auf die Venen ohne nervöse, vasomotorische Steuerung nach Art eines pulsatorischen Blutrückstroms übertragen wird.

Die Liquorproduktion setzt während der Embryonalentwicklung sehr früh, zusammen mit der Gehirnentwicklung, als strukturbildendes Element ein. Bei Störungen im Abfluß, z.B. durch Verstopfung des **Aquaeductus sylvii** zwischen dem III. und IV. Ventrikel oder bei Ansammlungen von CSF an der Hirnoberfläche kann es zur Bildung eines **Wasserkopfes (Hydrocephalus internus)** oder einer **Liquorfistel (Hydrocephalus externus)** kommen (Abb. 3.34).

Die CSF ist von großer klinisch-diagnostischer Bedeutung. Bei verschiedenen Erkrankungen des ZNS, vor allem bei entzündlichen Veränderungen, Tumorverdacht, syphilitischen Erkrankungen usw., kann die Liquorzusammensetzung wichtige diagnostische Hinweise bieten. Liquorproben werden dazu lumbal durch Punktion des Duralsacks, suboccipital aus der Cisterna cerebellomedullaris oder nach Öffnung des Schädels **(Trepanation)** direkt aus den Ventrikeln gewonnen und auf spez. Gewicht, Zellgehalt, Eiweiß, Zucker, Elektrolytgehalt etc. geprüft. Durch Austausch der Cerebrospinalflüssigkeit mit Luft können die Ventrikel im Röntgenbild kontrastreich sichtbar gemacht werden **(Pneumoencephalographie** bei Tumorverdacht). Hierbei entstehen heftige Kopfschmerzen, da das Gehirn nun an seiner Aufhängung zerrt.

4. Evolution und Architektur des Nervensystems der wirbellosen Tiere

4.1 Allgemeine Aspekte der Evolution von Nervenzellen

Die Ausprägung von erregungsleitenden Elementen, d.h. von Nervenzellen, innerhalb eines Organismus war für die Höherentwicklung (**Anagenese**) der Tiere im Verlauf ihrer **Phylogenese** von ganz entscheidender Bedeutung. Denn nur durch die Entwicklung von Nervenzellen war es den Tieren möglich, ein individuelles Kommunikationssystem zu entwickeln, mit dessen Hilfe der Gesamtorganismus befähigt wurde zu agieren und zu reagieren. Die organismische Höherentwicklung der vielzelligen Tiere (**Metazoen**) war gekoppelt an eine zunehmende Weiterentwicklung und Verfeinerung der in Form von Nervensystemen zusammengefaßten Nervenzellen. Je differenzierter der Aufbau und die Funktionsweise des Nervensystems einer Art war, desto komplexere und anpassungsfähigere Leistungen konnte sie vollbringen, das bedeutete, daß sie um so positivere Selektionsvorteile hatte.

Die Besonderheit der **Nervenzellen** besteht in ihrer Fähigkeit zur Erregungsleitung. Daneben sind sie jedoch − wenngleich bei den verschiedenen Neuronentypen in unterschiedlicher Intensität − auch zur trophischen Abgabe von Syntheseprodukten im Sinne einer **Neurosekretion** befähigt. Die Frage, welche dieser beiden Funktionskomponenten, also die trophische oder die erregungsleitende, die ursprünglichere ist, dürfte sich heute, insbesondere nach Entdeckung des neuronalen Transportphänomens, folgendermaßen beantworten lassen: Während der ersten Herausbildung von Nervenzellen in der frühen Entwicklungsgeschichte einfachster Metazoen dürfte die Ausprägung von langen Zellfortsätzen zum Zwecke einer rationelleren **Erregungsleitung** ebenso bedeutsam gewesen sein wie ein effektiver Transport von im Zellkörper neusynthetisierten Substanzen innerhalb der Fasern zur Versorgung der Nervenfaserendformationen. Das bedeutet, daß der höchste **Selektions**vorteil eben in einer derartigen Funktionsverknüpfung bestanden haben dürfte.

Bereits bei Plathelminthen (Plattwürmern) fand eine allmähliche Feindifferenzierung der Zellen dahingehend statt, daß beim Typ der vornehmlich erregungsleitenden Zelle die neurosekretorische Funktionskomponente bis auf die Abgabe von Transmittersubstanzen reduziert wurde, und daß bei den vor allem neurosekretorisch tätigen Zellen die Erregungsleitung nur noch eine nachrangige Rolle spielt. Weiter kam es schon auf einem relativ niedrigen Evolutionsniveau (Polychaeten, Meeresringelwürmer) zu einer parallelen Entwicklung des Nervensystems einerseits und der neuroendokrinen (neurosekretorischen) Organe andererseits. Bei den Wirbellosen erfüllt das Nervensystem denselben Zweck wie bei den Wirbeltieren, nämlich die Koordination der im Körper ablaufenden Prozesse sowie die Reaktion auf die Umwelt. Jedoch liegt dem Nervensystem bei den Wirbellosen ein anderes Bauprinzip zugrunde, das entsprechend der Vielgestaltigkeit der Wirbellosen in verschiedener Form abgewandelt sein kann. Es sollen hier lediglich die Haupttypen dargestellt werden.

4.2 Organisation des Nervensystems der Evertebraten

Obwohl ein echtes Nervensystem erst auf dem phylogenetischen Niveau von **Metazoen**, d.h. vielzellig organisierten Tieren, ausgeprägt ist, verfügen viele Einzeller **(Protozoen)** bereits über kompliziert arbeitende Zellstrukturen, die ihnen mittels Veränderungen der Membranpotentiale gerichtete Bewegungsweisen sowie Reaktionen auf äußere Reize hin ermöglichen. Derartige Strukturen befähigen einen Einzeller hingegen noch nicht zu irgendwelchen assoziativen Leistungen wie etwa bedingten Reflexleistungen, die die Ausprägung von Gedächtnis zur Folge hätten (vgl. Kap. 11).

Die vergleichende Morphologie und Physiologie des Nervensystems der heute lebenden **Metazoen** (Abb. 4.1) lehrt, daß dieses Organsystem trotz der Mannigfaltigkeit seiner Ausprägungen ein und desselben phylogenetischen Ursprungs sein dürfte. Zwar läßt sich die Evolution der Nervensysteme nicht direkt aufgrund der Analyse von Fossilien ableiten, da die wenig konsistenten Nerven während der Fossilisation kaum Spuren hinterlassen, doch zeigt die vergleichende Entwicklungsgeschichte, daß sich die Nervensysteme der Tiere im Verlauf der Evolution weit weniger abwandelten als die übrigen Organe: Sowohl der Aufbau des Nervengewebes aus Nerven- und Gliazellen als auch die Physiologie der Nervensysteme, speziell deren elektrische und chemische Besonderheiten, gleichen sich bei Wirbellosen und Wirbeltieren außerordentlich. So sind die Nervenzellen in allen Fällen ektodermaler Herkunft, d.h. sie stammen alle vom selben äußeren Keimblatt ab. Sie treten in dreierlei Ausprägungsformen auf, nämlich als **Sinnesnervenzellen** der Epidermis (z.B. Riechepithel), als subepitheliale oder tiefer liegende **Nervenplexus** (intramurale Nervenzellen von Hohlorganen) und als **zentralisiertes Nervensystem** (ZNS).

Das morphologisch am einfachsten organisierte Nervensystem findet sich bei den **Coelenteraten (Hohltiere**; Abb. 4.1a): Es ist nur wenig, z.T. als Ringsystem zentralisiert; die einzelnen Nervenzellen sind bei Hydrozoen und einigen Aktinien in Form eines diffusen Nervensystems über den ganzen Körper verteilt. Ein Reiz, der an einer

beliebigen Stelle des Körpers perzipiert wird, bewirkt eine Erregung, die sich über das Nervennetz in alle Richtungen gleichmäßig ausbreitet. Nach mehrmaliger Wiederholung eines gleichen Reizes schreitet die Erregung weiter fort: es tritt eine Art **Bahnung („Facilitation")** ein. Dennoch ist ein eindeutiger Nachweis von echtem Lernen bei den Coelenteraten bislang noch nicht gelungen.

Während bei niederen **Plathelminthen (Plattwürmer)** die Nervenzellen noch in einer Art diffusem Nervennetz – ähnlich dem der Hohltiere – organisiert sind, ist bei den höheren Plattwürmern, z.B. den in Fließgewässern und im Meer freilebenden **Turbellarien (Strudelwürmer)** eine Konglomeration von Nervenzellen im Kopf zu einem **Gehirn** erfolgt. Nervenfasern ziehen von Sinnesorganen (Primitivaugen, Tentakeln, Riechgruben) in dieses Hirn ein, andere verlassen es in Form von Nervensträngen (= **Markstrangnervensystem**; Abb. 4.1b) zur Versorgung von Kriech- und Schwimmorganen. Plattwürmer sind aufgrund ihrer einfachem Orientierungsverhalten befähigt. (Auf ihre Bedeutung als Versuchstiere bei Lern- und Gedächtnisexperimenten wird in Kap. 10 eingegangen.)

Mit der Entwicklung segmentierter Organismen erfolgte eine Zusammenlagerung vieler Nervenzellen zu sog. **Ganglien**, das sind Ansammlungen vieler Nervenzellkörper, zu denen ein Filz von Nervenfasern, das **Neuropil**, gehört, durch das die einzelnen Ganglien über kollaterale Nervenfaserstränge miteinander in Verbindung treten können (Abb. 4.1c–h). Mit Hilfe von intrazellulär injizierten Fluoreszenzfarbstoffen läßt sich nachweisen, daß von den Axonen derartiger Ganglienknoten bäumchenartige Abzweigungen in artspezifischer Weise ausgehen, d.h. daß identische synaptische Verbindungen zwischen homologen Nervenzellen von verschiedenen Individuen ein und derselben Art bestehen.

Bei den **Gliedertieren (Articulaten)**, zu denen zum einen die **Ringelwürmer (Anneliden)** und zum anderen die **Gliederfüßler (Arthropoden)** gehören, ist jedes Körpersegment mit einem Ganglienknotenpaar,

Nervensystem von Evertebraten

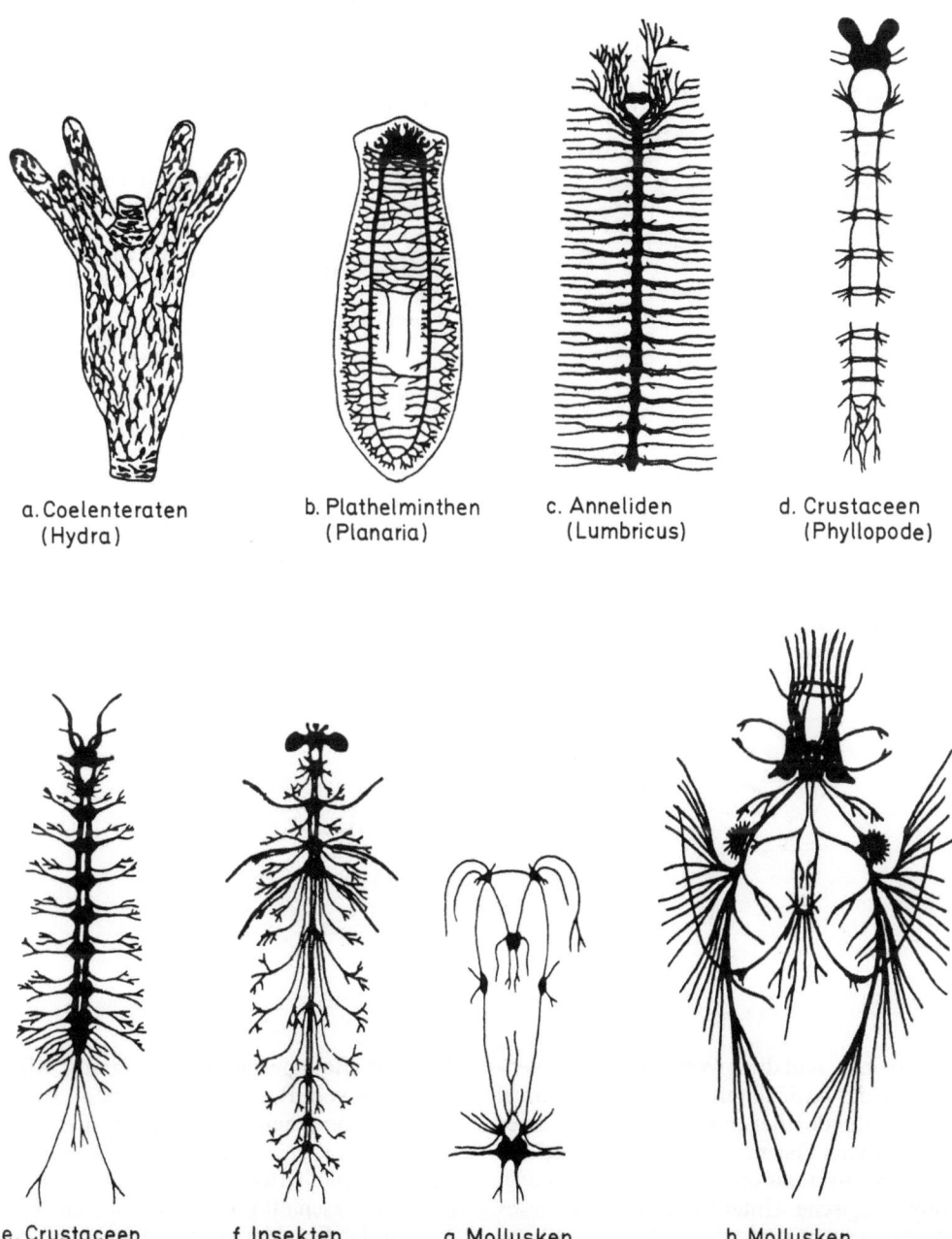

a. Coelenteraten
(Hydra)

b. Plathelminthen
(Planaria)

c. Anneliden
(Lumbricus)

d. Crustaceen
(Phyllopode)

e. Crustaceen
(Isopode)

f. Insekten
(Orthopteren)

g. Mollusken
(Bivalvia)

h. Mollusken
(Cephalopode)

Abb. 4.1. Übersicht über die Ausprägung von Nervensystemen bei wirbellosen Tieren (Evertebraten)

die untereinander mit **Kommissuren** (Nervensträngen) verbunden sind, ausgestattet (Abb. 4.1c–e). Jedes Ganglienpaar sorgt einerseits für die Aufrechterhaltung von Reflexfunktionen innerhalb des Körpersegments sowie für Interaktionen mit den Nachbarsegmenten, mit denen das Ganglienpaar über **Konnektive** verknüpft ist

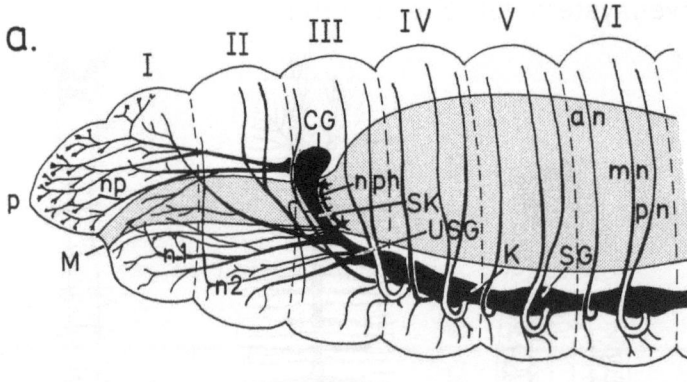

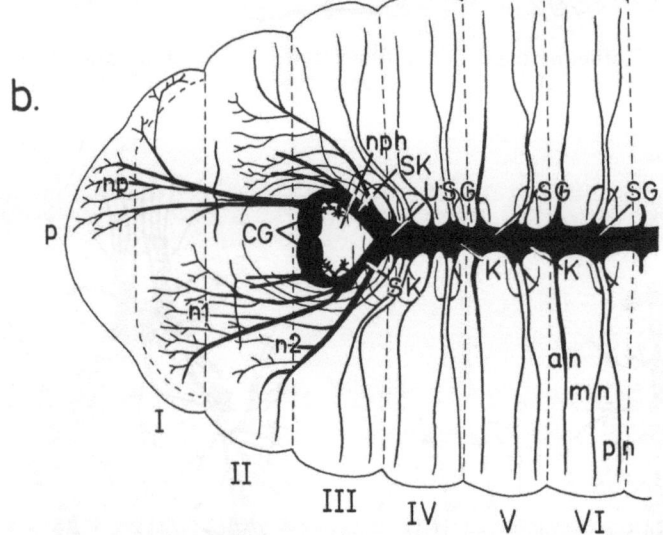

Abb. 4.2. Schematische Darstellung des Nervensystems von Anneliden (Lumbricus = Regenwurm). **a:** Seiten-, **b:** Dorsalansicht

I–VI: Segmente 1 bis 6
P: Prostomium
M: Mundöffnung
CG: Cerebralganglion, Gehirn
SK: Schlundkonnektive
USG: Unterschlundganglion
SG: Segmentganglion
K: Konnektive
an: dorsaler Ast eines vorderen Segmentnervs
mn: ventraler Ast eines mittleren Segmentnervs
pn: dorsaler Ast eines hinteren Segmentnervs
n1: Nervenäste der Schlundkonnektive zu Segment I
n2: Nervenäste der hinteren, ventralen Schlundkonnektivbereiche zu Segment II
np: Nerven zum Prostomium, Kopf
nph: Nervenplexus des Schlundes

(Abb. 4.2). Auf diese Weise ist das Nervensystem der Articulaten in Form eines dorsal des Schlundes liegenden Hirns und eines ventral vom Darmrohr liegenden **Strickleiternervensystems** organisiert. – Für neurophysiologische Untersuchungen ist dieses Nervensystem hervorragend geeignet insofern, als die aus wenigen Zellkörpern bestehenden Ganglien für Messungen leicht zugänglich sind und dadurch funktionelle Zugehörigkeiten relativ leicht erfaßt werden können. Als besonders günstig in dieser Hinsicht erwiesen sich u.a. die Ganglienketten von Heuschrecken oder Grillen (Abb. 4.3). Darüber hinaus erlangten für die Neurobiologie auch die an den sog. **Riesenfasern** von Regenwürmern oder Blutegeln gewonnenen Erkenntnisse über die Erregungsleitung in einzelnen Nervenfasern prinzipielle Bedeutung für die Analyse von Reflexschaltkreisen. Zusätzlich zur Anlage des Strickleiternervensystems kam es auf dem Niveau der Gliederfüßler nun jedoch zu einer beträchtlichen Zusammenlagerung mehrerer, im vorderen Körperabschnitt angelegter Einzelganglien zu „**Superganglien**" oder **Gehirnen**, die wesentlich komplexer organisiert sind als ein segmentales Ganglienpaar. Ein derartiges, dorsal vom Darmrohr angelegtes **Oberschlund-**

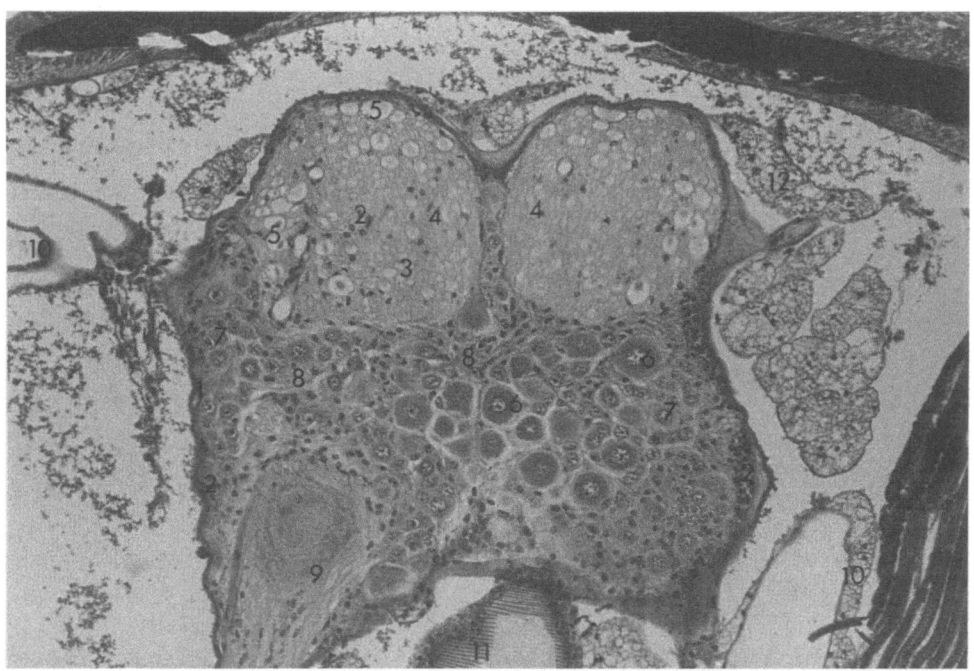

Abb. 4.3. Querschnitt durch das Unterschlundganglion (Mandibelganglion) einer amerikanischen Schabe (Periplaneta americana). 1: Neurilemm; 2: Kerne von Gliazellen; 3: Neuropilem; 4: Schlundkonnektive; 5: Riesenfasern; 6: Riesenzellen (Motoneurone); 7: Ganglienzellen; 8: Kommissur; 9: Mandibelnerv; 10: Tracheen; 11: Speicheldrüsenausführgang; 12: Fettkörper

ganglion hat sich z.B. bei den **Insekten** als Hirn **(Cerebrum)** zusammengefügt aus einem **Protocerebrum**, das über optische Loben Informationen aus den Augen erhält, aus einem **Deutocerebrum**, das Erregungsimpulse aus den Antennen aufnimmt, sowie aus einem **Tritocerebrum**, das den vorderen Darmtrakt sowie die Kopfregion innerviert (Abb. 4.4). Ein histologischer Querschnitt durch ein Bienenhirn (Abb. 4.5) spiegelt dessen komplexen Aufbau aus verschiedenen Zellkörperregionen, Neuropilgeflechten und Nervenfasersträngen wider. Besondere Bedeutung kommt hierbei den **Anten-**

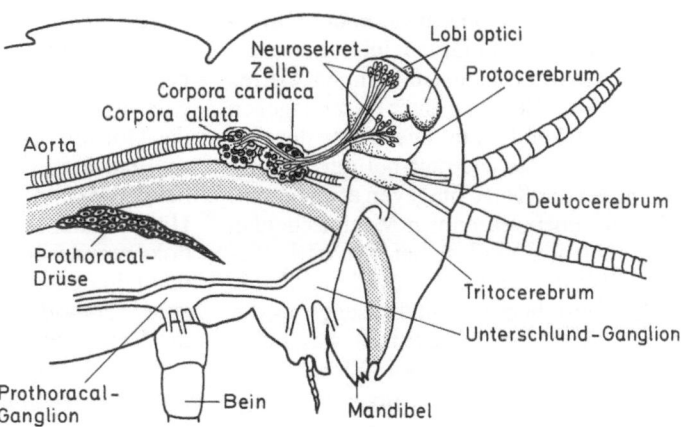

Abb. 4.4. Schemadarstellung des Insektenhirns und des neuroendokrinen Regulationssystems

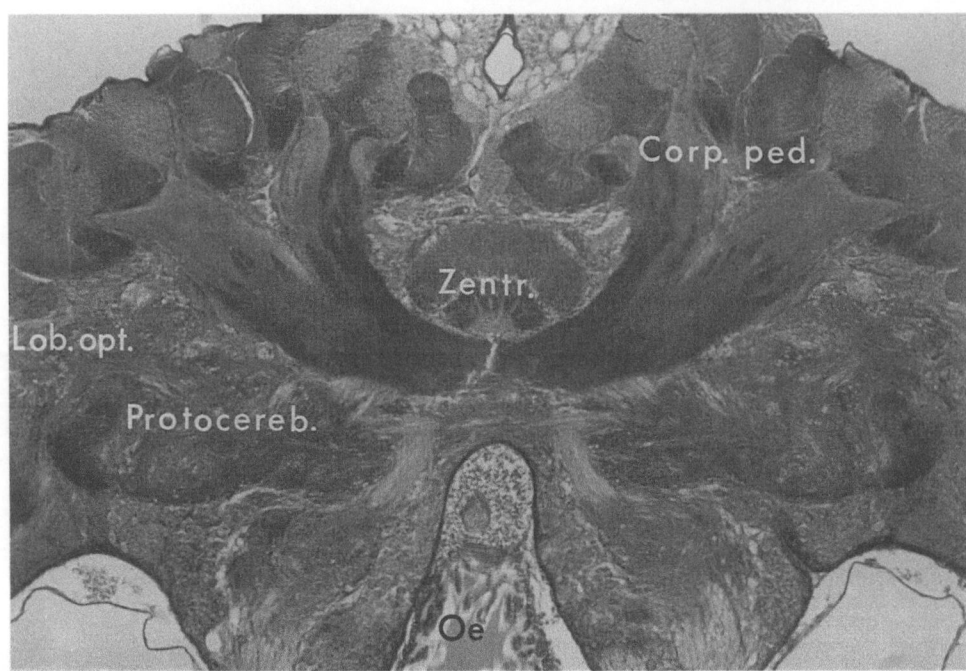

Abb. 4.5. Histologischer Querschnitt durch ein Bienenhirn; Protocerebrum mit Corpora pedunculata, optischen Loben und Zentralkörper. Oe: Oesophagus (Schlund)

nalloben zu, die olfaktorische Erregungen verrechnen, sowie den **optischen Loben**. Pilzhut-förmig gebauten Neuropilgeflechten, den **Corpora pedunculata**, wird komplexe assoziative Schaltfunktion zugesprochen.

Mit Hilfe elektronenmikroskopischer Untersuchungen lassen sich hinsichtlich der cytologischen Organisation eines Insektenhirns im Vergleich zu dem von Wirbeltieren erstaunliche Dimensionierungsunterschiede aufzeigen: So schwankt der Durchmesser der Nervenfasern im Hirn einer Ameise zwischen 0,1 und 0,8 μm, im Cortex oder auch im Kleinhirn einer Katze dagegen zwischen 0,2 und 3 μm. Die Größe der synaptischen Vesikel beträgt bei der Ameise 20 nm, bei der Katze hingegen etwa 50 nm. Während im Insektenhirn Myelinscheiden völlig fehlen, sind diese bei den Wirbeltieren 0,1 bis 0,2 μm dick. Aus diesen Angaben geht also hervor, daß die Lagerung der Nervenfasern im Insektenhirn wesentlich dichter erfolgt als bei den Wirbeltieren, woraus sich deren hervorragende neuronale Leistungsfähigkeit ableiten dürfte.

In Ergänzung zum Nervensystem spielt bei den Arthropoden allgemein auch ein **neuroendokrines Regulationssystem** bei der Steuerung von Körperfunktionen eine wichtige Rolle (Abb. 4.4). Als Steuerzentrale fungieren hierbei die hinter dem Hirn liegenden **Corpora cardiaca**, die mit **Neurohormonen** über lange Nervenfasern versorgt werden, die in neurosekretorischen Zellen im Protocerebrum gebildet werden. Die als **Neurohämalorgan** ausgeprägten Corpora cardiaca stehen in Verbindung mit den **Corpora allata**, einem neuroendokrinen und endokrinen Mischorgan. Beide Organe haben im Zusammenwirken mit den das Hormon **Ecdyson** produzierenden **Prothoraxdrüsen** wichtige Steuerfunktionen bei der Metamorphose, speziell also bei der Häutung der Arthropoden. (Das neuroendokrine und endokrine Regulationssystem der Gliederfüßler wird oftmals als analog zum Hypothalamus-Hypophysen-System der Vertebraten angesehen.)

Das Nervensystem der **Mollusken (Weichtiere)** umfaßt in seiner Gesamtheit alle Ausprägungstypen der übrigen Evertebraten, angefangen vom primitivsten Entwicklungsniveau der Plattwürmer bis zu dem mit dem Hirn der Insekten vergleichbaren Zentralnervensystem der Cephalopoden (Tintenfische). Aufgrund der Körperabschnitte sind bei den Mollusken Pedal- (Fuß-), Visceral- (Eingeweide-), Pleural- (Lungen-), Abdominal- (Hinterleib-) bzw. Cerebral- (Kopf-)ganglien ausgebildet (Abb. 4.6). Bei **Opistobranchiern** (Hinterkiemerschnecken, z.B. Gattung **Aplysia** und **Tritonia**) kommen einzelne Neurone mit Durchmessern von mehr als 1 mm vor. Sie sind besonders geeignet für neurophysiologische Ableitungsversuche sowie für Injektionsexperimente mit Fluoreszenzfarbstoffen zur Darstellung der Topographie einzelner Nervenzellen im Gesamtorganismus oder mit Ionen- bzw. Neuropharmakalösungen zur Analyse neuronaler Membranfunktionen.

Das Hirn der **Cephalopoden** (Kopffüßler) unter den Mollusken stellt das am höchsten entwickelte Nervensystem der Evertebraten dar: Beim Tintenfisch **Octopus** soll es etwa 10^8 Neurone enthalten (im Vergleich dazu 10^{11} Neurone im menschlichen Vorderhirn)! Diese sind in differenzierten Hirnstrukturen organisiert, von denen die optischen Loben größtes Ausmaß haben (Abb. 4.7). Entsprechend der großen Komplexität der Organisation des Nervensystems ist auch das Verhaltensinventar der Cephalopoden sehr vielseitig, was sich u.a. in diffizilen Lern- und Gedächtnisleistungen dokumentiert (vgl. Kap. 10 und 11).

Das Nervensystem weiterer Evertebratenstämme wie z.B. das der **Echinodermen**

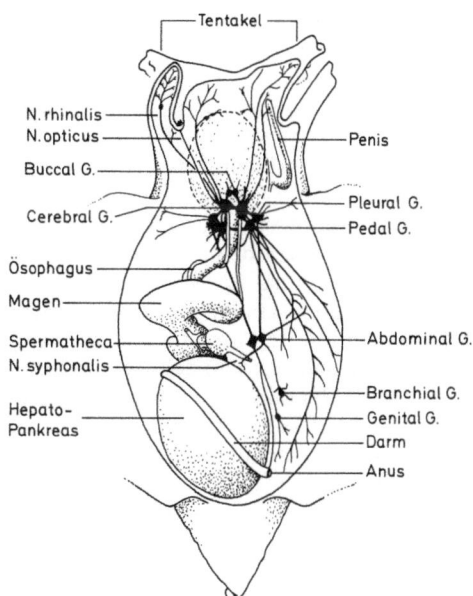

Abb. 4.6. Schemadarstellung des Nervensystems einer Opistobranchier-Schnecke

(**Stachelhäuter**) oder der **Hemichordaten** ist weit weniger differenziert gebaut als das der Articulaten und Mollusken. In Anpassung an die Organisation des gesamten Körpers ist es bei den Echinodermen infolge der sekundären Radiärsymmetrie ihres Körperbaus sowie vor allem ihrer wenig vagilen, z.T. sogar sessilen Lebensweise reduziert auf ein **Ringnervensystem**, von dem einzelne Radiärstränge abgehen. Zur Ausprägung eines eigentlichen Zentralnervensystems ist es nicht gekommen. Dementsprechend wenig differenziert ist auch das Verhaltensspektrum dieser Formen.

Abb. 4.7. Schemadarstellung des Nervensystems eines Cephalopoden (Tintenfisch)

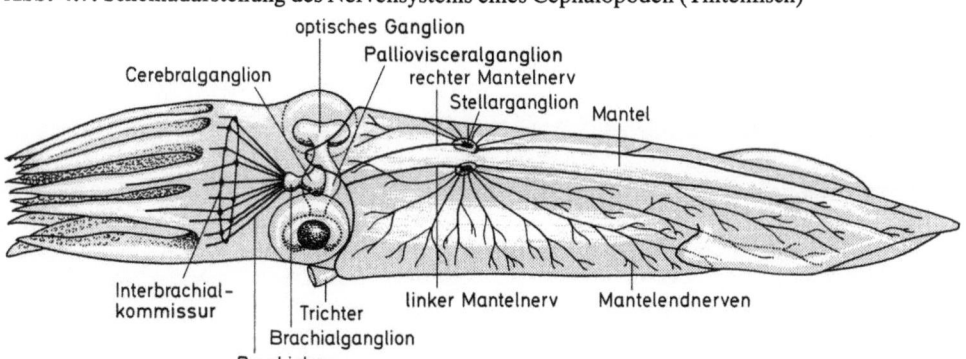

Im Sinne vergleichend-phylogenetischer Untersuchungen der Nervensysteme der Evertebraten gegenüber dem der Vertebraten sei auf folgende Übereinstimmungen hingewiesen:

Das Hauptmerkmal des Vertebratenhirns, nämlich die Entwicklung eines hohlen, mit Cerebrospinalflüssigkeit gefüllten Rückenmarkrohres bzw. Gehirns aus dorsalem Ektodermmaterial läßt sich auch bei einigen rezenten, zu den **Deuterostomiern** gehörenden Evertebraten finden, wie etwa bei den **Acraniern (Schädellose)** und den **Tunicaten (Manteltiere)**. Auch die **Enteropneusten (Eichelwürmer)** besitzen einen außerhalb der Außenhaut gelegenen Nervenplexus mit örtlich verdickten Marksträngen, von dem das sog. Kragenmark als homologe Struktur gegenüber dem Rückenmark der **Chordaten (Tunicaten, Acranier** und **Vertebraten)** angesehen wird. Auch primitive **Protostomier** wie die **Bryo-**

zoen (Moostierchen) sind mit einem ähnlichen Cerebralorgan ausgestattet, weshalb sie von einigen Systematikern als gemeinsame Stammformen von Proto- und Deuterostomiern angesehen werden.

Weitere Ähnlichkeiten im Aufbau des Vertebraten- gegenüber dem Evertebratenhirn sind keine Homologien, sondern Konvergenzerscheinungen: Ausprägung des vordersten Hirnabschnittes als Riechhirn sowohl bei Vertebraten als auch bei Nemertinen, Articulaten und Pulmonaten (Lungenschnecken); Differenzierung des Rückenmarks der Vertebraten und des Bauchmarks der Evertebraten in motorische und sensorische Areale; teilweise metamere Gliederung des Nervensystems, die bei den Articulaten primär ist, bei den Vertebraten dagegen auf die in Somiten gegliederten Stammplatten und die vom Rückenmark abzweigenden Spinalnerven beschränkt ist.

5. Verschaltungsprinzipien bei der neurobiologischen Informationsverarbeitung

Innerhalb eines Organismus kommen Nervenzellen niemals isoliert vor. Neben ihrer innigen Verflechtung mit Gliazellen (vgl. Kap. 1.2) sind sie im Bereich ihrer Nervenfaserendigungen stets durch Ausprägung synaptischer Kontakte mit anderen Neuronen bzw. auch mit Rezeptor- oder Effektorzellen verbunden. Die Integration von Nervensystemen zu hochkomplizierten Funktionsgefügen, d.h. zu Informations- und Steuerzentralen, nimmt mit aufsteigender Stammesentwicklung der Tiere sowie auch individuell im Verlauf der Ontogenese zu.

Eine genaue Analyse der diesen Zentren zugrundeliegenden Schaltpläne ist derzeit nur in Ansätzen auf unterstem Verschaltungsniveau möglich, stehen ihr doch heute noch unüberwindliche Schwierigkeiten entgegen. Diese sind vor allem bedingt

- durch die ungeheure Systemkomplexität, die sich im Falle des menschlichen Hirns auf mehrere 100 Milliarden Neuronen gründet,
- durch die riesige Zahl an Nervenfaserendigungen an jeder einzelnen Nervenzelle (bis zu 10 000 Terminale pro Neuron!),
- durch unterschiedliche synaptische Verknüpfungsmöglichkeiten zwischen zwei Neuronen (exzitatorisch – inhibitorisch, elektrisch – chemisch),

- oder – im Falle der chemischen Erregungsübertragung – durch die Verwendung unterschiedlichster Transmitterstoffe.

Eine Analyse neuronaler Schaltkreise hat nach dem heutigen Stand der Kenntnis nur Aussicht auf Erfolg durch parallele Anwendung verschiedenster, der Neurobiologie zur Verfügung stehender Untersuchungsmethoden, wie etwa der Elektrophysiologie, der Neuroanatomie unter Verwendung von Isotopen- oder Farbstofftracern, der Elektronenmikroskopie sowie auch der Neurokybernetik unter Hinzuziehung von computersimulierten Schaltprozessen. Aufgrund elektrophysiologischer sowie auch neuroanatomischer Befunde wurden einige relativ einfache, allgemein verwirklichte Prinzipien der Organisation und Arbeitsweise neuronaler Schaltkreise entschlüsselt (Abb. 5.1): So besteht bei den Wirbeltieren ein Schaltkreis mindestens aus zwei Neuronen und einer Effektorzelle (z.B. Muskel- oder Drüsenzelle). Hierbei reagiert das eine Neuron sensorisch (sensibel) oder afferent (= hinführend), das zweite hingegen motorisch oder efferent (= wegführend; Abb. 5.1a). Das efferente Neuron nimmt also von einer Effektorzelle Erregungen auf und überträgt sie nach syn-

Abb. 5.1. Einfacher neuronaler Leitungsbogen **(a)**; Synapsentriade **(b)**

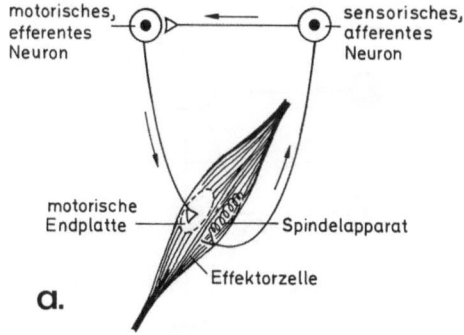

motorisches, efferentes Neuron

sensorisches, afferentes Neuron

motorische Endplatte

Spindelapparat

Effektorzelle

a.

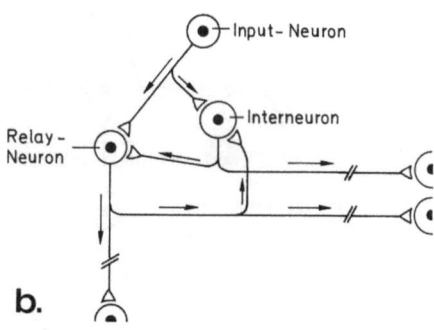

Input-Neuron

Interneuron

Relay-Neuron

b.

aptischer Umschaltung auf das motorische Neuron, das seinerseits Erregungen zur Effektorzelle zurückleitet (= **monosynaptischer Reflexbogen**).

Synaptische Verknüpfungen werden also zum einen zwischen solchen Neuronen angelegt, die Erregungen aus einer Region mit Hilfe ihrer Axonterminalen auf **Umschalt-(Relay-)neurone** in einem anderen Bereich übertragen. In letzterem werden jedoch oftmals **Interneurone** angesteuert, die ihre Erregungen zu den Relayneuronen zurückleiten (Abb. 5.1b). Von letzteren werden dann die untereinander abgeglichenen Erregungen fortgeleitet, wobei wiederum Rückkopplungen zu den Interneuronen möglich sind. Innerhalb einer derartigen **Synapsentriade**, bestehend aus Input-Neuron-Interneuron-Relayneuron, können also verschiedenartige synaptische Verknüpfungen stattfinden. Wenn mehrere derartige Synapsentriaden hintereinander oder parallel zueinander geschaltet werden, wie es beispielsweise in der Retina der Fall ist (vgl. Abb. 5.7), so kann ein solches Schaltwerk überaus komplex werden.

5.1 Neuronale Schaltkreise

Im Hinblick auf die außerordentliche Bedeutung der verschiedenen Schaltungsprinzipien für die neuronale Informationsverarbeitung seien im folgenden weitere neuronale Verschaltungsmöglichkeiten besprochen (zur allgemeinen Übersicht vgl. Abb. 5.2). Die **neuronalen Schaltkreise** können dabei jeweils auf unterschiedliche Weise miteinander verknüpft sein, je nachdem, ob die Axonterminalen mit dem Soma, den Dendriten oder auch anderen Axonen einer nachgeschalteten Zelle in synaptischen Kontakt treten (axosomatische, axodendritische, axoaxonale Synapse, vgl. Kap. 1.1.3.4). Darüber hinaus ist je nach Art der von den Präsynapsen abgegebenen Trans-

mittersubstanz sowie auch nach der Reaktionsweise der postsynaptischen Membran zu unterscheiden zwischen exzitatorischen, d.h. erregenden Synapsen, und inhibitorischen, d.h. hemmenden Synapsen (EPSP bzw. IPSP, vgl. Kap. 6.3.3).

Bei einer **Divergenzschaltung** (Abb. 5.3a) handelt es sich um die Verschaltung **eines** Neurons (oder einer Rezeptorzelle) **auf mehrere** nachgeschaltete Neuronen. Hierbei gilt die **Dale'sche Regel**, wonach alle Axonendigungen eines Neurons mit demselben Transmitter ausgestattet sind und daher alle einheitlich entweder exzitatorisch oder inhibitorisch wirken. Die Divergenzschaltung dient dazu, verschiede-

Abb. 5.2. Prinzipien neuronaler Schaltungsmöglichkeiten

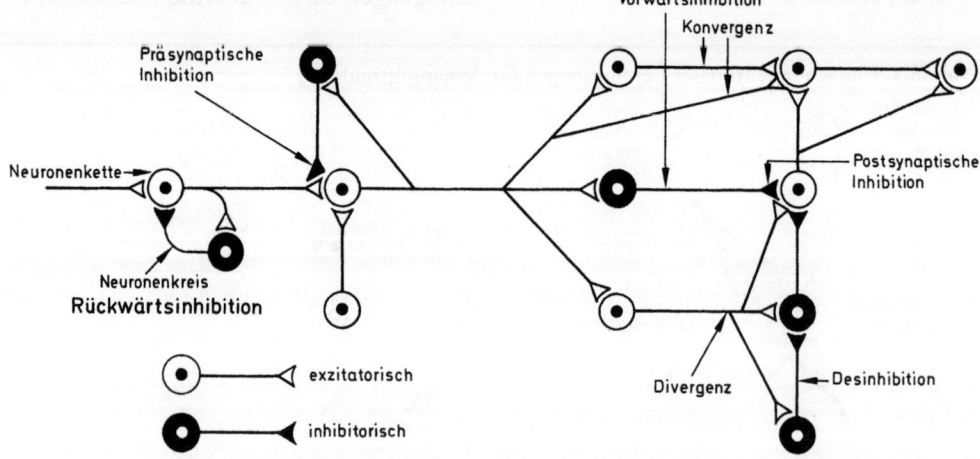

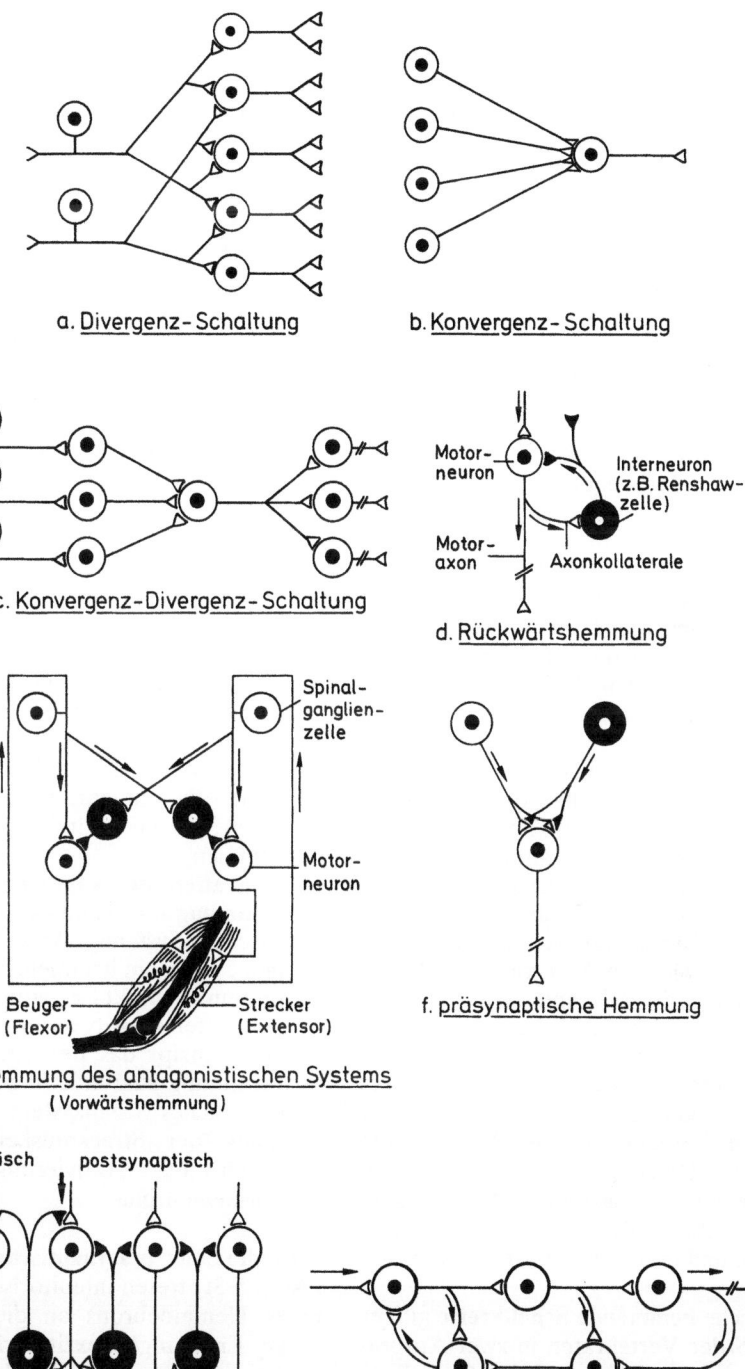

a. Divergenz-Schaltung

b. Konvergenz-Schaltung

c. Konvergenz-Divergenz-Schaltung

d. Rückwärtshemmung

Motor-neuron

Interneuron (z.B. Renshaw-zelle)

Motor-axon

Axonkollaterale

Spinal-ganglien-zelle

Motor-neuron

Beuger (Flexor)

Strecker (Extensor)

e. Hemmung des antagonistischen Systems (Vorwärtshemmung)

f. präsynaptische Hemmung

präsynaptisch   postsynaptisch

g. laterale Hemmung (Umfeldhemmung)

h. positive Rückkopplung

Abb. 5.3. Übersicht über einfache neuronale Schaltsysteme

nen ZNS-Bereichen gleichartige Afferenzen zugänglich zu machen. – Als **Beispiel** für eine Divergenzschaltung können peripher liegende Rezeptorzellen gelten, deren afferente sensible Fasern über die Dorsalwurzeln in das Rückenmark eintreten, sich dort aufzweigen und zahlreiche Rückenmarksneurone innervieren.

Im Falle einer **Konvergenzschaltung** (Abb. 5.3b) laufen die Endaufzweigungen verschiedener Neuronen auf einer Nervenzelle zusammen, so daß hierdurch eine räumliche und zeitliche Summe von Erregungen vieler Zellen oder Rezeptoren an einer nachgeschalteten Nervenzelle stattfindet. – Zum Beispiel schätzt man die Zahl der an einem Motoneuron im Rückenmark konvergierenden Axonendigungen auf bis zu 19 000 und die an den Betz-Zellen im motorischen Cortex des Vorderhirns von Affen sogar auf 60 000.

Von **Konvergenz-Divergenz-Schaltungen** (Abb. 5.3c) spricht man, wenn beide zuvor besprochenen Prinzipien miteinander gekoppelt auftreten: Jedes einzelne Neuron erhält über viele postsynaptische Eingänge von verschiedenen anderen Neuronen oder Rezeptorzellen konvergente Informationen. Es integriert diese und entläßt sie wieder über eine Vielzahl von präsynaptischen Endaufzweigungen des Axons an viele nachgeschaltete Zellen. – Beispiele für diesen Verschaltungstyp liegen vor aus der Retina (vgl. Abb. 5.7), die in der Photorezeptorzelle divergierende Verbindungen mit mehreren nachgeschalteten Neuronen unterhält, ein beliebiges Neuron davon hingegen Afferenzen von mehreren Photorezeptoren bekommt. Darüber hinaus erfolgt auch im Cerebellum eine Aufschaltung nach dem Divergenz-Konvergenz-Prinzip im Falle der Moosfasern und Purkinje-Zellen (vgl. Abb. 5.8). Hierdurch erfolgt eine zeitliche und räumliche Musterdiskriminierung.

Einfache **hemmende Schaltkreise** gibt es im ZNS der Vertebraten in zwei Ausprägungsweisen, nämlich auf der Grundlage von präsynaptischer sowie auch von postsynaptischer Hemmung.

Im Falle der **postsynaptischen Hemmung** treten inhibitorische Synapsen an den Zellkörper des zu hemmenden Neurons heran. Ihre Wirkung besteht in einer Verhinderung der durch die exzitatorischen Einflüsse anderer Synapsen hervorzurufenden Depolarisation der postsynaptischen Membran. Verschiedene Verschaltungsweisen sind möglich:

a) **Rückwärts- oder rekurrente Hemmung** (Abb. 5.3d): Im Sinne einer negativen Rückkopplung aktivieren Axonkollaterale eines erregenden Neurons ein hemmendes Interneuron, das über inhibitorische Synapsen hemmend auf das ursprüngliche Neuron zurückwirkt. – Als Beispiel hierfür bekannt wurde die als inhibitorisches Interneuron fungierende **Renshaw-Zelle** bei Motoneuronen im Rückenmark (Abb. 5.4), die in letzteren eine Reduktion der Entladungsrate bewirkt. Mit hohen Frequenzen von bis zu 1000 Imp./s, die bis zu 1 Sekunde andauern, werden durch Ausschüttung von Glycin als Transmitter entsprechend lange IPSP am Motoneuron ausgelöst. – Eine ähnliche negative Rückkopplung wurde aus dem **Hippocampus** beschrieben, in dem als Interneurone fungierende Korbzellen durch Axonkollateralen der Pyramidenzellen erregt werden, deren Somaaktivität sie ihrerseits wieder hemmen.

b) Von **afferenter kollateraler Vorwärtshemmung** (= Hemmung des antagonistischen Systems; Abb. 5.3e) spricht man, wenn ein hemmend wirkendes Interneuron direkt (= „vorwärts") von einem afferenten Neuron erregt wird – ein Prinzip, das der antagonistischen Hemmung zugrunde liegt. Beispiel für ein solches Schaltsystem ist die Hemmung der Streckmuskelneurone bei gleichzeitiger Aktivierung der Beugemuskelneurone.

Im Falle einer **präsynaptischen Hemmung** (Abb. 5.3f) treten inhibitorische Synapsen eines Hemmneurons an die präsynaptischen Endigungen exzitatorischer Zellen heran, wo unter ihrem Einfluß die Transmitterabgabe gehemmt wird. Bei einer derartigen axoaxonalen Hemmung wird also nicht die postsynaptische Membran hyperpolarisiert, sondern es wird die Depolarisation präsynaptischer Nervenendigungen verhindert, d.h. es können bei gleicher Fre-

Abb. 5.4. Schema der postsynaptischen Inhibition eines Motoneurons durch ein
Renshaw-Interneuron
(links); exzitatorische Afferenzen (rechts) ermögli-
chen Erregung

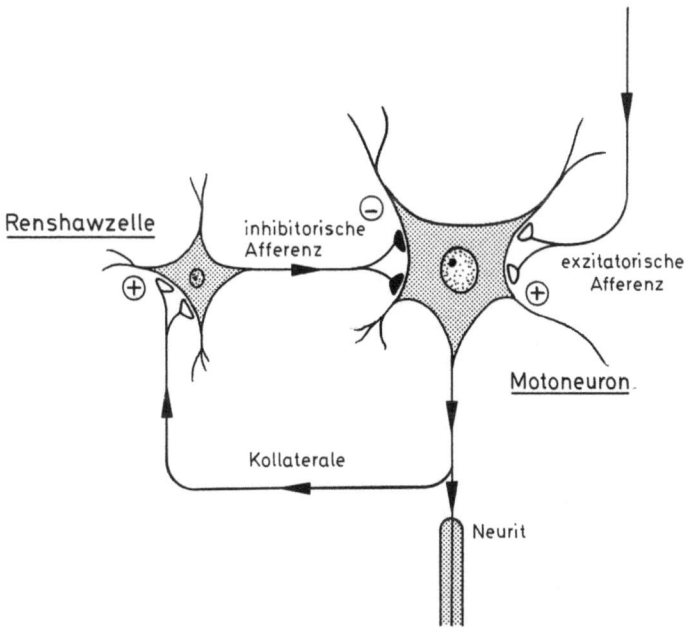

quenz des Aktionspotentials weniger EPSP
ausgelöst werden. Die präsynaptische
Hemmung reduziert vor allem schwächere
Erregungen, daher trägt sie zur Filterung
und Kontrastverschärfung von Signalen
bei.

Bei einer **lateralen Hemmung** (Umwelt-
hemmung; Abb. 5.3g) wirken die hemmenden Interneurone prä- oder auch postsynaptisch nicht nur auf die erregte Zelle selbst
zurück, sondern auch auf benachbarte Zellen gleicher Funktion, die nicht oder nur
schwach erregt sind. Dieses hat eine besonders starke Hemmung des Umfeldes von
aktiven Zellen zur Folge. – Beispiele für
eine laterale Hemmung finden sich in der
Retina, wo sie im Dienste einer Kontrastverschärfung oder -bildung stehen.

Positive Rückkopplung (Abb. 5.3h). Die
häufig vorgetragene Forderung, wonach es
im ZNS auch positiv rückgekoppelte Schaltkreise geben müsse, welche durch Rückkopplung von Erregung auf bereits erregte
Zellen zu einem Kreisen von Erregungen
führen müsse **(Erregungsschwingkreise)**,
ist nach wie vor umstritten. Vorstellbar
wäre, daß solche einmal erregten Neuronenketten eine einmal induzierte Aktivität
für längere Zeit aufrecht erhalten könnten.
Das Phänomen des **Kurzzeitgedächtnisses**
wird von verschiedenen Autoren auf ein
Kreisen so entstandener Erregungen in positiv rückgekoppelten Schaltungen zurückgeführt (vgl. Kap. 10.1 und 11).

5.2 Reflexschaltungen

Die Analyse der neurobiologischen Grundlagen von Reflexhandlungen hat in außerordentlich fruchtbarer Weise zum Verständnis neuronaler Verschaltungsmöglichkeiten beigetragen, konnte durch sie doch gezeigt werden, daß die Regulation von Körperfunktionen zum Teil durch eine hierarchische Staffelung der Verknüpfung von neuronalen Bahnen erfolgt. Unter Reflexen versteht man Verhaltensweisen, bei denen in erblich festgelegter Form durch Reizung afferenter Nervenfasern eine unmittelbare, unwillkürliche und stereotype Reaktion efferenter Fasern hervorgerufen wird. Anatomische Grundlage für Reflexabläufe sind Reflexbögen, die Erregungen mittels afferenter Fasern aufnehmen und sie nach synaptischer Umschaltung an efferente Systeme weiterreichen.

Axonreflexe (Abb. 5.5a) können auf einfachste Weise vegetative Funktionen (z.B. Gefäßerweiterung) dadurch steuern, daß von einem Rezeptor (z.B. Schmerzfaser in der Haut) aufgenommene Erregungen mittels Kollateraler eines einzigen Axons direkt, d.h. ohne Beteiligung einer interneuronalen Synapse, zum Effektor geleitet werden. Axonreflexe spielen beispielsweise eine Rolle bei der lokalen Gefäßerweiterung (Hautrötung) nach oberflächlicher Reizung von in der Haut liegenden Schmerzrezeptoren. Ein weiteres Beispiel ist mit der sog. **Lewis'schen Reaktion** gegeben: Bei starker Kälte wird die thermisch bedingte Vasokonstriktion der Haut periodisch unterbrochen, wodurch Gewebeschäden vermieden werden.

Bei einem **monosynaptischen Reflexbogen** (Abb. 5.1 und 5.5b) liegen Anfang (Rezeptor) und Ende (Effektor) der Reflexbahn im gleichen Organ. Zwischen afferentem und efferentem Neuron besteht nur eine Synapse. Wird am Beispiel des **Patellarsehnenreflexes** der Quadrizeps- (Extensor-)muskel durch einen Schlag auf seine Sehne plötzlich gedehnt, so sind davon auch die Muskelspindeln betroffen. Deren Dehnung bewirkt eine Erregung der sog. Ia-Fasern von Spinalganglienzellen, welche über die Hinterwurzel zum Vorderhorn des Rückenmarks ziehen und dort die L-Motoneurone desselben Muskels unmittelbar erre-

gen. Letzteres führt innerhalb von 3,5 ms zur Kontraktion der Extensormuskeln und läßt damit das Bein hochschnellen (= strekken). Um eine wirksame Streckung zu erreichen, muß das L-Motoneuron des zugehörigen Flexors gehemmt werden. Dieses geschieht im Rahmen einer **reziproken Hemmung** des antagonistischen Systems (Abb. 5.5c) über ein hemmendes Interneuron, das von einer Axonkollaterale der Ia-Faser des Extensorspinalganglions erregt wird.

Die Beendigung der Reflexantwort kann je nach Anspannung des Beines auf unterschiedliche Weise erfolgen (Abb. 5.5d):

– Normalerweise wird die Muskelspindel des Extensors verkürzt, was einen Rückgang der Erregung in den Ia-Fasern bewirkt;
– bei starker Anspannung der Sehnenrezeptoren hemmen deren Ib-Fasern über ein Interneuron das zugehörige α-Motoneuron (autogene Hemmung);
– die Ib-Fasern erregen andererseits das α-Motoneuron des entgegenwirkenden Flexormuskels (reziproke Innervation); und schließlich
– können sich die Kollateralen der α-Motoneurone gegenseitig rückwärts über eine als Interneuron fungierende Renshaw-Zelle hemmen (vgl. Abb. 5.3d), wodurch ein unkontrolliertes Aufschaukeln der Neuronenaktivität verhindert wird.

Während bei einem derartigen Eigenreflexsystem Anfang und Ende der Reflexbögen im selben Organ liegen, sind die Rezeptoren im Falle eines **polysynaptischen Reflexbogensystems** vom Erfolgsorgan getrennt angeordnet **(Fremdreflex)**. Als Beispiel möge hier der Fluchtreflex (= Beugereflex) dienen, der in Beantwortung eines Schmerzreizes an **einer** Fußsohle einerseits eine Beugung in den Gelenken jenes gereizten Beines auslöst und gleichzeitig eine Streckung der Gelenke des kontralateralen Beines bewirkt. Hierbei werden die afferenten Impulse von den Schmerzrezeptoren in der Haut unter Vermittlung der Spinalganglienzelle dem Rückenmark zugeleitet

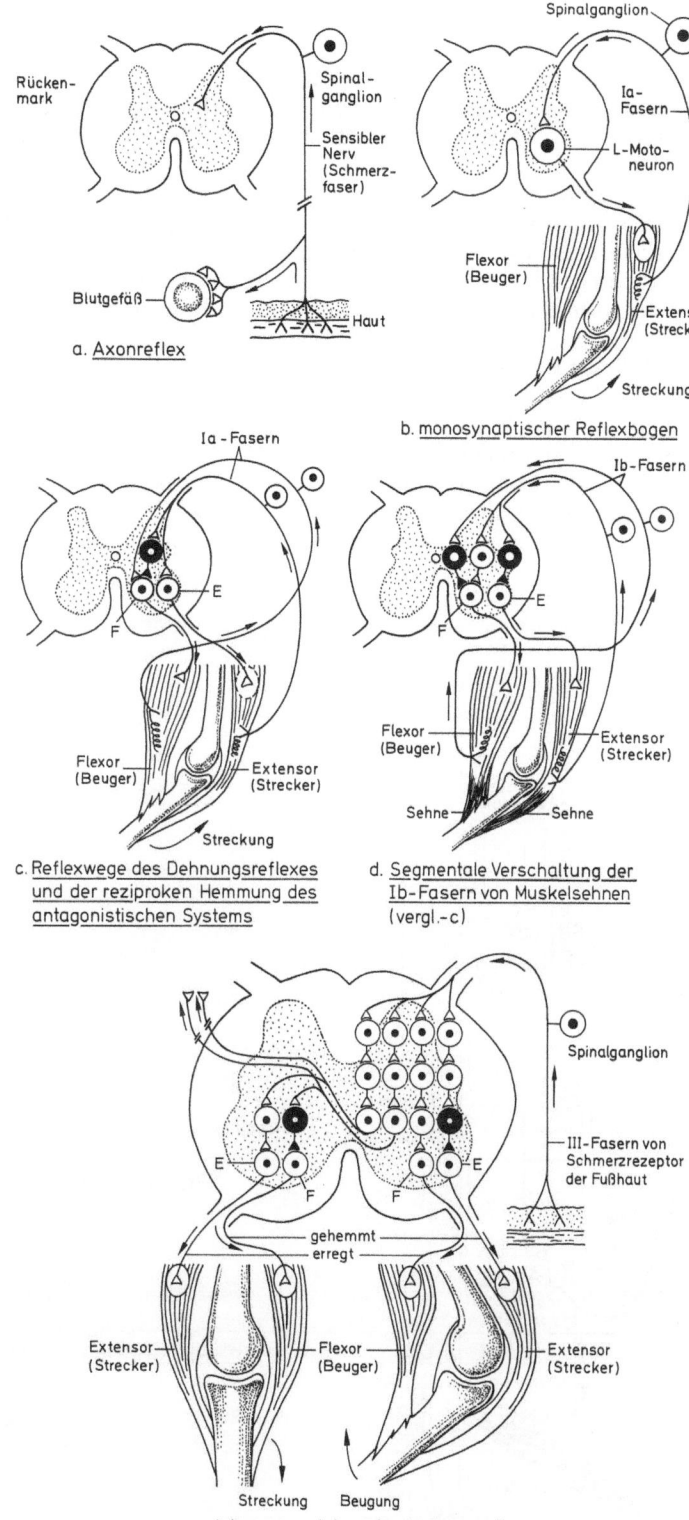

a. Axonreflex

b. monosynaptischer Reflexbogen

c. Reflexwege des Dehnungsreflexes
   und der reziproken Hemmung des
   antagonistischen Systems

d. Segmentale Verschaltung der
   Ib-Fasern von Muskelsehnen
   (vergl.-c)

e. Intrasegmentale reziproke Innervation

Abb. 5.5. Übersicht
über unterschiedlich
komplexe Reflexsy-
steme des Rückenmarks

und dort folgendermaßen weitergeleitet (Abb. 5.5e):

a) über erregende Zwischenneurone zu den Flexormotoneuronen (F), die den ipsilateralen Beuger erregen und dadurch dieses Bein anheben,
b) über hemmende Interneurone zu den Extensormotoneuronen (E), die den ipsilateralen Strecker erschlaffen lassen,
c) über erregende Zwischenneurone zu den Extensormotoneuronen der Gegenseite, die den kontralateralen Strecker erregen und dieses Bein strecken (= gekreuzter Streckreflex),
d) über hemmende Zwischenneurone zu den Flexormotoneuronen der Gegenseite, die den kontralateralen Beuger erschlaffen lassen, sowie letztlich
e) auch zu anderen auf- und absteigenden

Rückenmarkssegmenten, da nicht alle Strecker und Beuger von einem Segment versorgt werden.

Im Gegensatz zu den Eigenreflexen ist die Reflexzeit bei derartigen Fremdreflexen nicht konstant, sie nimmt mit zunehmender Reizstärke exponentiell ab. Eine Verkürzung wird hierbei nicht etwa durch eine Beschleunigung der Erregungsleitung erzielt, sondern sie ist bedingt durch eine Verkürzung der Synapsenzeit infolge eines Summationseffektes der zahlreich eintreffenden Impulse. Parallel hierzu nimmt in der Regel mit zunehmender Reizstärke auch die Reaktionszeit ab, verbunden mit einer Ausbreitung der Reizinformation in das Gehirn. In Abb. 5.6 sind die verschiedenen Möglichkeiten reflektorischer Schaltungsbahnen bei Wirbeltieren schematisch am

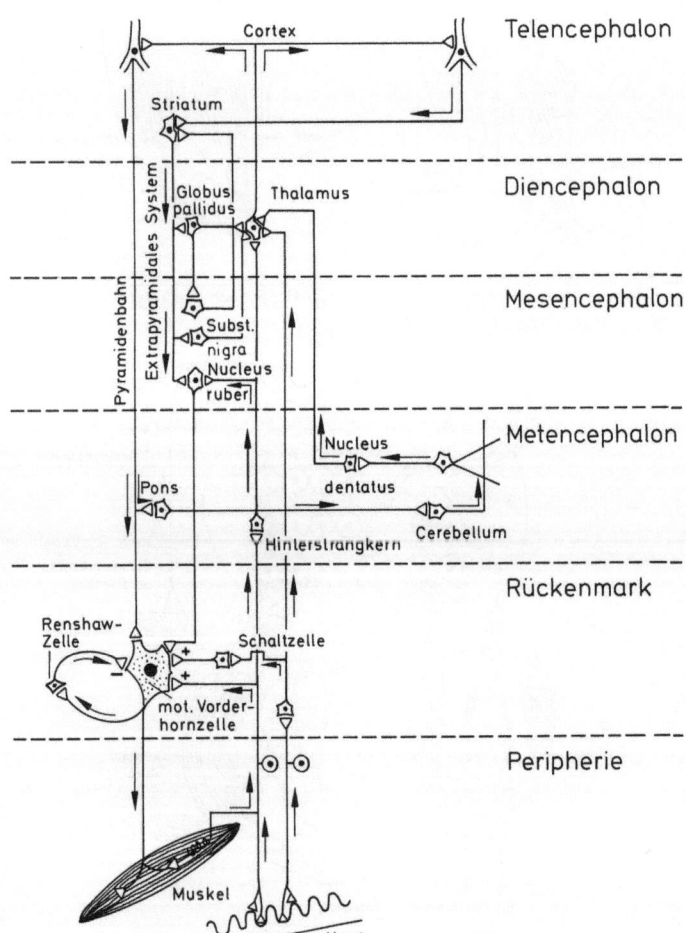

Abb. 5.6. Verknüpfungsmöglichkeiten neuronaler Reflexbögen auf unterschiedlichen ZNS-Niveaus am Beispiel der sensomotorischen Innervation

Beispiel der Steuerung der Skelettmuskulaturmotorik noch einmal zusammengefaßt: **Die Regulation der Motorik** ist auf drei bzw. vier verschiedenen neuronalen Verschaltungsebenen möglich, nämlich im Rückenmark (vgl. hierzu Abb. 5.6), im Mittelhirn- und Thalamusbereich sowie schließlich im Vorderhirn, wobei letzterer Schaltvorgang der Bewußtseinskontrolle unterliegt und damit im strengen Sinne kein eigentlicher Reflexvorgang mehr ist.

Die aus der Peripherie von den Muskelspindeln eintreffenden Erregungsimpulse gelangen entweder als Eigenreflexe mit nur einer synaptischen Umschaltung über die motorischen Vorderhornzellen des Rückenmarks zu den motorischen Endplatten in den Muskelfasern zurück, oder sie können auch über die sensiblen Bahnen bis zur Großhirnrinde aufsteigen. Dabei werden sie jedoch zunächst in den Hinterstrangkernen der Medulla oblongata (vgl. Kap.

3.2.2.2.1) und dann noch einmal im Thalamus (vgl. Kap. 3.2.2.4.1) umgeschaltet.

Erregungen von Hautrezeptoren werden entweder im Rückenmark im Sinne eines Fremdreflexes zu einer motorischen Vorderhornzelle geleitet, oder aber sie gelangen bis in das Zwischenhirn, von dem aus sie entweder in die Vorderhirnrinde oder in das Corpus striatum weitergeleitet werden.

In absteigenden Bahnen laufen Impulse von den Pyramidenzellen im Cortex (vgl. Abb. 3.21) durch die **Pyramidenbahnen** direkt zu den motorischen Vorderhornzellen im Rückenmark. Parallel hierzu können auch Afferenzen über die Bahnen des extrapyramidalen Systems kommen, das vom Corpus striatum im Großhirn ausgeht.

Auf den verschiedenen Niveaus stellen kollaterale Abzweigungen zusätzliche Verbindungsmöglichkeiten zwischen den afferenten und efferenten Systemen her.

5.3 Beispiele für zentralnervöse Verschaltungssysteme

Mit zunehmender Verfeinerung der neuroanatomischen sowie vor allem auch der neurophysiologischen Arbeitstechniken gelang es in den letzten Jahren, in verschiedenen Teilbereichen des Gehirns oder auch von Sinnesorganen trotz der ungeheuren Komplexität der Systeme einzelne neuronale Verschaltungssysteme aufzuspüren. Besonders eindrucksvoll sind in diesem Zusammenhang entsprechende Schaltwerke in der Retina, im Cerebellum, im Hippocampus sowie im Neocortex. Da derartige neuronale Schaltsysteme hinsichtlich ihrer Funktionsweise von großer Bedeutung sein dürften für das Verständnis von künstlichen elektronischen Netzwerken sowie für deren mögliche Konstruktion, seien sie im folgenden kurz abgehandelt. Zum besseren Verständnis der hier vereinfacht dargestellten Schaltschemata werden die jeweiligen topographischen Gegebenheiten zuvor noch einmal anhand von halbschematischen Zeichnungen besprochen. Auf die histologischen Besonderheiten und weiterführenden funktionsmorphologischen Zusam-

menhänge der einzelnen Strukturen wurde bereits im Kap. 3 eingegangen.

5.3.1 Retina (Abb. 5.7)

Die Retina der Wirbeltiere weist einen sechsschichtigen Aufbau aus drei zellkörperreichen Schichten (Sinneszellschicht, Schicht von bipolaren und horizontal angeordneten Zwischenzellen, Ganglienzellschicht als Ursprung der Sehnervenfasern) mit zwischengelagerten Faserschichten auf (Abb. 5.7a). Die in der Zellschicht II angereichert vorkommenden Zellkörper der Sinneszellen prägen zwei morphologisch und funktionell unterschiedliche Zellfortsätze aus: und zwar liegen in der dem Licht abgewandten Schicht I zum einen die **Zapfen**, die dem Farbensehen dienen, und zum anderen die **Stäbchen**, die für die Unterscheidung von Helligkeiten zuständig sind. Im Bereich der Schichten III und IV werden die Erregungen der Photorezeptorzellen umgeschaltet auf Schaltzellen, nämlich **Bi-**

Retina

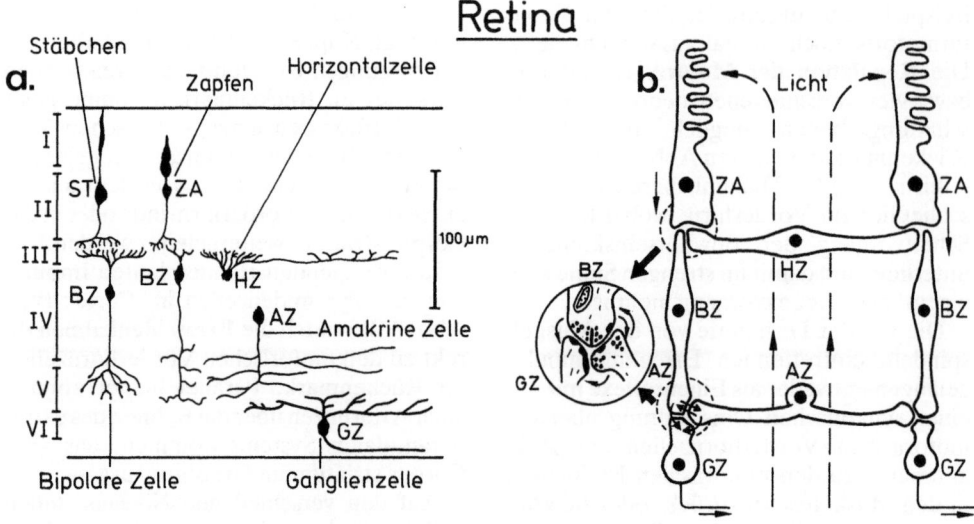

Abb. 5.7. Querschnitts- und Schaltschema der Wirbeltierretina

polarzellen (BZ) und **Horizontalzellen** (HZ). Die Erregungen mehrerer Bipolaren werden letztlich von einer **Ganglienzell-schicht** VI (GZ) zusammengefaßt, welche ihre Informationen über einen langen axonalen Fortsatz über den Nervus opticus dem Zwischenhirn (bei Säugern) zuleitet. Da im Bereich der Bipolarschicht die Horizontal-zellen Querverbindungen zwischen diesen Zellen herstellen, erhält jede Ganglienzelle Meldungen von einer größeren Anzahl von Sinneszellen. In der Regel leitet jedoch auch jede Sinneszelle auf mehrere Ganglienzellen ab. Nur in der **Fovea centralis**, der Stelle des schärfsten Sehens auf der Retina, liegen genauso viele Ganglienzellen wie Sinneszellen. In allen anderen Retina-bereichen ist die Ganglienzahl wesentlich kleiner als die der Sinneszellen, die auf 120 Millionen Stäbchen gegenüber 6 Millionen Zapfen geschätzt wird. Die Neuriten der insgesamt etwa 1 Million Ganglienzellen bilden in ihrer Gesamtheit den **Nervus opticus**, der seine Erregungen dem Hirn (Mes-encephalon bei niederen Vertebraten, Diencephalon bei Säugern) zuführt. In diesen Zahlenwerten von 126 : 1 dokumentiert sich der hohe **Konvergenz**grad der neuronalen Verschaltung. Im ZNS hingegen erfolgt dagegen wieder eine sehr große **Divergenz** der Eingänge auf außerordentlich zahlreiche nachgeschaltete Verarbeitungsneu-

rone. Dieser hohe Vernetzungsgrad der Einzelelemente der Retina dient dem Abgleichen sowie der Zusammenfassung der Erregungen untereinander. Funktionell resultiert daraus die zeitliche, räumliche und spektrale Auflösungskraft des Auges. Ein ganz wesentlicher Anteil am Zustandekommen derartiger Feinabstimmungen zwischen den Erregungsaktivitäten der verschiedenen Zellsysteme dürfte dabei auf die Ausprägung von **Synapsentriaden** entfallen (Abb. 5.7b). Diese sind offenbar angelegt zum einen zwischen Sinneszellen (ZA), Bipolaren (BZ) und Horizontalen (HZ) sowie zum anderen zwischen Bipolaren, **amakrinen** Zellen (AZ) und Ganglienzellen (GZ). Durch Hintereinander- oder Parallelschaltung mehrerer derartiger Synapsentriaden wird ein außerordentlich komplexes neuronales Schaltwerk ermöglicht.

5.3.2 Cerebellum (Abb. 5.8)

Das Cerebellum gilt als derjenige ZNS-Teil, der mit dem Funktionskomplex der „senso-motorischen Koordination" betraut ist (vgl. Kap. 3.2). Die daraus resultierenden, integrativen Aufgaben führen zu einer besonders engen Verknüpfung des Cerebellum mit zahlreichen anderen Hirnregionen (vgl. Abb. 3.14). Die vom Gesamtsystem an das

Cerebellum

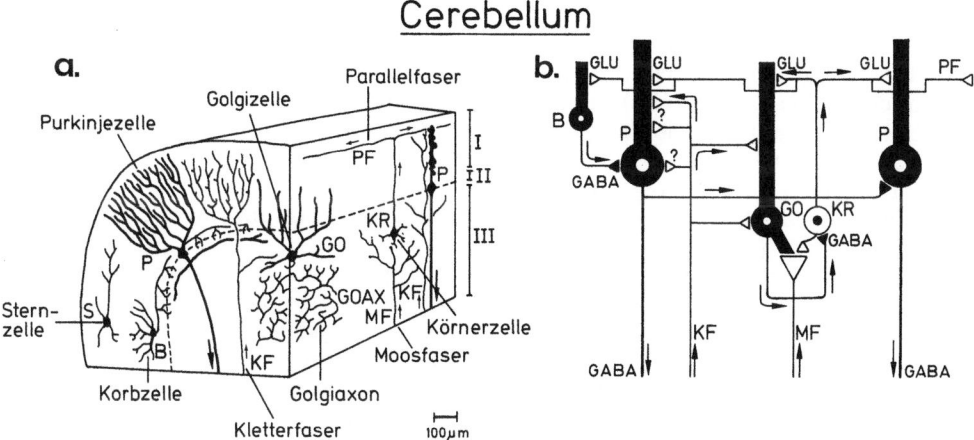

Abb. 5.8. Querschnitts- und Schaltschema des Cerebellum

Cerebellum herangetragenen Anforderungen werden in einem äußerst starren, geometrisch geordneten Netzwerk neuronaler Funktionselemente bewältigt (vgl. Abb. 3.13). Um die Frage anzugehen, mit welchen Operationen in diesem hochstrukturierten Netzwerk das Cerebellum die ihm gestellten Aufgaben bewältigt, gilt es auch hier zunächst, die mikroskopische Anatomie der Kleinhirnrinde, die den eigentlich funktionellen Teil darstellt, kurz zu rekapitulieren (Abb. 5.8a):

Makromorphologisch erweist sich die **Kleinhirnrinde** − zumindest beim Säuger − als stark aufgefaltet (vgl. Abb. 3.13). Sie zeigt eine deutliche Gliederung in zwei Schichten: In der **Körnerzellschicht** liegen dicht gepackt $10^{10}-10^{11}$ Körnerzellen. Die Axone dieser Zellen steigen in die darüber liegende **Molekularschicht** auf, gabeln sich und bilden dort das Parallelfasersystem. Im Grenzbereich Körnerzellschicht-Molekularschicht liegen die **Purkinje-Zellen**, die sich durch ihren in einer Ebene ausgespannten Dendritenbaum, der zudem im rechten Winkel zum Parallelfasersystem orientiert ist, als besonders charakteristische Elemente der Kleinhirnrinde erweisen.

Neben der topographischen Anordnung gibt Abb. 5.8b ein stark vereinfachtes Schema über einige derzeit bekannte funktionelle Verknüpfungsweisen der verschiedenen Neuronentypen im Cerebellum wieder:

Die Kleinhirnrinde empfängt im wesentlichen zwei unterschiedliche Erregungseingänge (Inputs), nämlich zum einen über **Kletterfasern** (KF), deren Zellkörper in den unteren Oliven liegen, und zum anderen über **Moosfasern** (MF) aus tieferen Cerebellumbereichen. Beide Inputsysteme wirken auf die Tätigkeit der nachgeschalteten Purkinje-Zellen (P) erregend.

Die **Purkinje-Zellen** ihrerseits stellen durch ihre Tätigkeit den wesentlichen Outputkanal des Cerebellum dar. Da der an ihren Faserterminalen freigesetzte Transmitter aus GABA besteht, bewirken die von den Purkinje-Zellen ausgehenden Aktivitätsmuster auf nachgeschalteten Systemen eine Hemmung.

Die von seiten der Kletterfasern eingehenden Erregungen aktivieren also die Purkinje-Zellen, die einerseits ihre inhibitorischen Impulse in den Outputkanal entsenden, die sich andererseits aufgrund von kollateralen Querverbindungen auch untereinander hemmend beeinflussen können.

Die aus den **Moosfasern (MF)** eingehenden Impulse erregen vor allem die den Purkinje-Zellen zwischengeschalteten **Körnerzellen** (KR), deren weitverzweigte Faserausgänge in Form von **Parallelfasern** (PF) sowohl die Purkinje-Zellen mit Hilfe glutaminerger Synapsen erregen als auch zwischen diesen liegende **Korbzellen** (B), welche ihrerseits hemmenden Kontrolleinfluß auf die Purkinje-Zellen ausüben. Die Körnerzellen selbst werden jedoch ihrerseits auch wieder in ihrer Aktivität gesteuert über GABAerge inhibitorische Signale von seiten der **Golgi-Zellen** (GO). Letztere schließlich stehen unter der erregenden Kontrolle der Kletterfasern.

Das Phänomen, daß ein erregender Input über ein erregendes Relaissystem (KR) auf den Outputkanal (P) umgeschaltet wird, dürfte seine Relevanz in einer außerordentlichen Erhöhung des **Divergenzgrades** im Gesamtsystem finden: So bildet 1 Moosfaser in natura etwa 40 Inputstrukturen in Form von sog. „**Rosetten**". Jede dieser Rosetten nimmt mit etwa 20 Körnerzellen synaptische Kontakte auf. Jede Körnerzelle ist über ihre Parallelfasersysteme mit etwa 100–300 Purkinje-Zellen verbunden. Man kommt über diese Zahlen zu einem Divergenz-Aufschaltungsverhältnis von 1 : 100 000–300 000 (M. ITO).

Neben diesem hohen Divergenzgrad im Inputkanal der Moosfasern zeichnet sich das Cerebellum jedoch durch eine ebenso große **Konvergenz** im Outputkanal der Purkinje-Zellen aus: Jede Purkinje-Zelle besitzt nämlich bis zu 100 000 dendritische Spine-Fortsätze. Auf jedem Spine endigt eine Parallelfaserterminale. Auf jeder Purkinje-Zelle konvergieren also etwa 100 000 Körnerzellen.

Dieses außerordentlich große Divergenz-Konvergenz-Verhältnis ist nun jedoch nicht etwa eine aus einer festen Verdrahtung resultierende invariable Größe, sondern sie ist sowohl in ihrem Konvergenz- als auch Divergenzanteil kontrollierbar: Die an der Input-„Rosette" beteiligte Golgi-Zelle kann nämlich in einem in der Körnerschicht liegenden lokalen Schaltkreis das Umsetzen von Moosfaserimpulsen auf Körnerzellen kontrollieren und in einem in der Molekularschicht gelegenen, weiter gespannten Schaltkreis die Bündelung der Aktivitäten der Parallelfasern und damit die Umschaltung von den Körner- auf die Purkinje-Zellen beeinflussen.

Insgesamt sind hiermit auch Leistungsgrenzen eines relativ „starren" Verdrahtungsschemas aufgezeigt: Die aufgrund der großen Zahl an beteiligten Elementen vorhandenen vielfältigen Interaktionsmöglichkeiten bleiben für eine detaillierte Analytik noch weitgehend unzugänglich. Die hier als weitgehend statisch dargestellten Verbindungen der verschiedenen Bauelemente dürften in Wirklichkeit in Form von plastisch-dynamischen Funktionseinheiten existieren.

5.3.3 Hippocampus (Abb. 5.9)

Der **Hippocampus** (= Ammonshornformation) ist ein sehr wichtiger Bestandteil des **limbischen Systems** (vgl. Kap. 3.2.2.4), eines wesentlichen Integrationszentrums des vegetativen Nervensystems, zu dem weiterhin Cortexstrukturen des Telencephalon, ferner die Mandel- und Septumkerne sowie der Hypothalamus und Teile des Thalamus gehören. Wie in Kap. 3.2.2.4 besprochen, stellt der Hippocampus ein Vorderhirnareal dar, das sich phylogenetisch frühzeitig durch seitliche Verlagerungen zum **Archicortex** differenzierte. Diese Wanderbewegungen bedingten eine im Querschnittsbild durch das Vorderhirn der Säuger C-förmig eingerollte Anordnung von Zellen, in deren unterem Teil sich eine weitere, zahnförmig ausgeprägte Zellage, die **Fascia dentata**, einschob (Abb. 5.9a). Die C-förmige Hippocampusstruktur kann man in vier Ammonshorn **(Cornu ammonis)**-Regionen (CA_1–CA_4) aufgliedern. Dominierende Zellen sind auch im Hippocampus wie im Cortex **Pyramidenzellen** (P), die sich hier allerdings in einem dichten Zellager zusammenfinden. Sie stellen den wesentlichsten Outputkanal dar. Umsponnen werden die Pyramidenzellen von intrinsischen **Korbzellen** (B), deren Axone um die Perikaryen der Pyramidenzellen ein korbähnliches, inhibitorisches Geflecht bilden. Im **Fascia dentata**-Anteil (FD) des Hippocampus bilden **Körnerzellen** (KR) eine einzige, äußerst kompakte Zellschicht, deren Neuronen – ähnlich wie die Pyramidenzellen des CA-Anteils – ebenfalls von inhibitorisch wirkenden Korbzellen umgeben sind.

Funktionell gesehen ist der einschichtige Hippocampus direkt mit dem mehrschichtigen Cortex verbunden (Abb. 5.9a). Von diesem erhält er im wesentlichen zwei Inputkanäle, zum einen über den **Tractus alveans**, der die CA_1-Region direkt ansteuert, und zum zweiten über den **Tractus perforans**, der als wichtigstes Eingangssystem

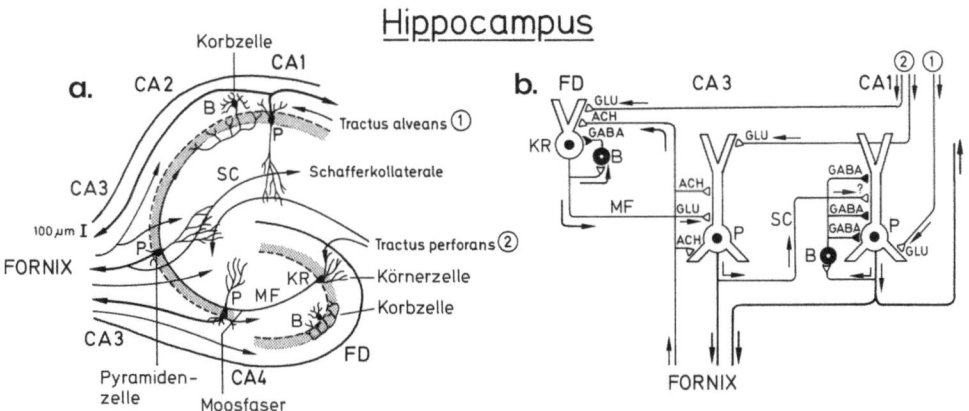

Abb. 5.9. Querschnitts- und Schaltschema des Hippocampus

einmal die CA_{2-3}-Bereiche unmittelbar stimuliert, der darüber hinaus aber auch die Fascia dentata erregt, deren Körnerzellfortsätze als **Moosfasern** (MF) die Pyramidenzellen der CA_2-CA_4-Bereiche indirekt steuern.

Auch der Output von seiten der Pyramidenzellen gliedert sich regional auf: Die CA_4-Pyramidenzellen projizieren direkt in die Fascia dentata zurück. Die CA_3-Zellen leiten ihre Erregungen gesammelt über den **Fornix**faserzug als Haupt-Outputkanal ab, nachdem sie zuvor Kollateralen, die sog. **Schaffer-Kollateralen** (SC), abzweigten, die eine Verbindung zu Neuronen der CA_1-Region herstellen. Auch die Pyramidenzellen der CA_1- und CA_2-Region projizieren in Richtung Fornix, wobei die CA_1-Neuronen noch zusätzliche Projektionsfasern zurück in den entorhinalen Cortex entsenden. Alle in der Fornix vereinigten Outputfasern, die ihren Ursprung in der Ammonshornzellschicht (CA_1-CA_4) haben, steuern zwei Zielgebiete an: erstens die Septumkerne des limbischen Systems sowie zum zweiten die jeweiligen kontralateralen Hippocampusformationen.

In Abb. 5.9b wurde der Versuch gemacht, die zuvor geschilderten topographischen Gegebenheiten in ein Verdrahtungsschema zu übertragen: Über die beiden Inputkanäle (1 – Tractus alveans, 2 – Tr. perforans) gelangen erregende Signale mittels glutaminerger Synapsen aus dem Cortex zu den Pyramidenzellen (P). Diese feuern zum einen in die entsprechenden Outputkanäle

(zurück in den Cortex bzw. über die Fornix in das Septum), zum anderen gleichen sie ihre Aktivität untereinander ab mit Hilfe erregender Informationen über ihre Schaffer-Kollateralen (SC) oder aber unter Einbeziehung von inhibitorischen GABAergen Korbzellen (B). Die Aktivität der CA-Pyramidenzellen wird zum dritten aber auch noch kontrolliert von seiten der Körnerzellen (KR) der Fascia dentata (FD), die einerseits auch aus dem Cortex angesteuert werden, andererseits über cholinerge Fornixfasern stimuliert werden und die sich zum dritten über inhibitorische kollaterale Korbzellsysteme (B) selbst regulieren.

Alle neuronalen Elemente, die an den hier beschriebenen Signalverläufen beteiligt sind, können dabei als in einer einzigen Ebene liegend betrachtet werden, in einer Ebene, wie sie auch von Abb. 5.9a dargestellt wird. Man scheint sich also die gesamte Hippocampusformation als aus einer Vielzahl solcher parallel orientierter, parallel geschalteter Elementarebenen zusammengesetzt denken zu können. Dabei könnte eine jede einzelne dieser Einheiten ein vollständiges Verarbeitungsmodul darstellen, dessen Aufgabe in der sequentiellen Verarbeitung komplex anstehender Informationsmuster liegen könnte.

Neocortex

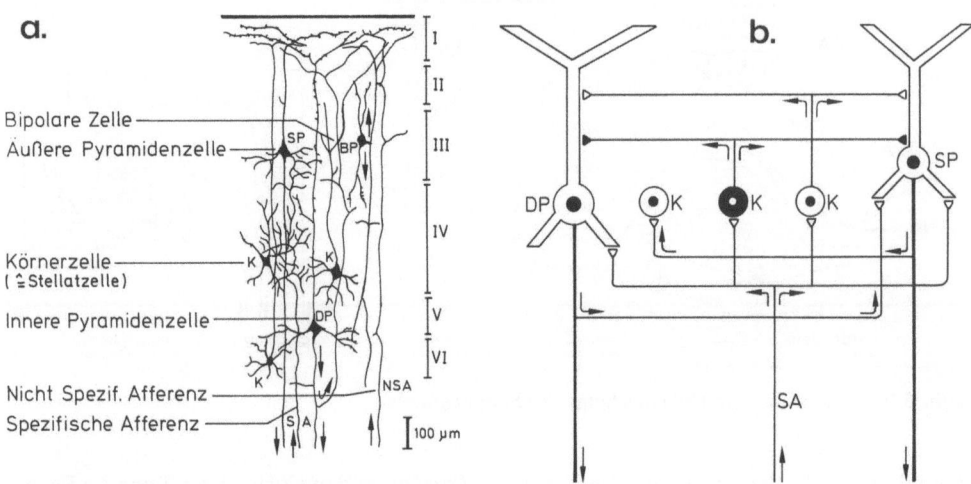

Abb. 5.10. Querschnitts- und Schaltschema des Neocortex

5.3.4 Neocortex (Abb. 5.10)

Wie in Kap. 3.2.2.4.2 ausführlich dargelegt, ist es in Anbetracht der außerordentlich großen Komplexheit des Aufbaus und der Anordnungsweise der verschiedenen neuronalen Elemente im Neocortex sehr schwierig, ein allgemeingültiges Verschaltungsschema innerhalb dieser Hirnstruktur zu erstellen, dem elementare Verarbeitungsoperationen zugeschrieben werden könnten.

In Abb. 5.10a ist noch einmal ein Ausschnitt aus dem sehr regelmäßig geschichteten Grundtypus des **Isocortex** dargestellt, der große Teile frontaler, parietaler und temporaler Areale aufbaut und der sich deutlich gegenüber den differenzierter gebauten Cortexanteilen der somatosensorischen und -motorischen Felder abgrenzen läßt. Der homotypische Isocortex setzt sich aus sechs Schichten zusammen (vgl. Kap. 3.2.2.4.2), nämlich der

I.   zellarmen **Molekularschicht (Lamina molecularis)**, die von tangential orientierten Fasern mit assoziativer Funktion gebildet wird,

II. **äußeren Körnerschicht (L. granularis externa)**, einer sehr zellkörperreichen Schicht,

III. **äußeren Pyramidenzellschicht (L. pyramidalis externa)** mit zahlreichen Pyramidenzellen, deren Dendriten sich in der Molekularschicht aufzweigen und deren Axone an subcorticale Strukturen Anschluß finden,

IV. **inneren Körnerschicht (L. granularis interna)** mit kleinen, unregelmäßig geformten Zellen,

V.   **inneren Pyramidenzellschicht (L. pyramidalis interna)** mit ihren Pyramidenzellen, die sich dendritisch in der Molekularschicht aufzweigen und deren Axone sich zentrifugal in das Marklager erstrecken, und letztlich

VI. **Spindelzellschicht (L. multiformis)**, die ebenfalls noch einige Pyramidenzellen, jedoch zumeist spindelförmig gebaute Zellen mit radiär ausgerichteten Axonen enthält.

Dieser topographische Schichtenaufbau des Isocortex steht vor allem im Dienste assoziativer Verknüpfungen verschiedenster In- und Outputs von seiten der sensorischen Projektionsgebiete untereinander sowie über Kollaterale (Nebenwege) aus afferenten Bahnen. Untereinander stehen die an assoziativen Prozessen beteiligten Strukturen in kaum überschaubarem wechselseitigen Kontakt; sie bedingen ihre Aktivität gegenseitig. Dafür sind Kreisschaltungen zwischen den verschiedenen Teilen des Assoziationsapparates, z.B. zwischen den corticalen und den thalamischen Zentren (**thalamocorticaler Erregungskreis**), zwischen Cortex und Formatio reticularis (**corticoreticulärer Schaltkreis**) sowie vor allem zwischen verschiedenen Cortexarealen (**corticocorticale Schaltkreise**) ausgeprägt (Abb. 5. 10b): Spezifische Erregungen aus afferenten Bahnen oder auch aus benachbarten Cortexarealen werden den verschiedenen Neurontypen der inneren und äußeren **Pyramidenzellen** (DP, SP) sowie den dazwischen liegenden **Körnerzellen** (K) zugeleitet. Die Körnerzellen, von denen einige mit inhibitorischen, andere mit exzitatorischen Transmittern ausgestattet sind, hemmen bzw. stimulieren die Aktivität der Pyramidenzellen. Die wiederum regulieren über kollaterale Verzweigungen ihre Tätigkeit untereinander sowie auch die der Körnerzellen.

Im einzelnen zeichnen sich beispielsweise zahlreiche Neurone des Cortex dadurch aus, daß ihre Axone zu radial verlaufenden Bündeln zusammentreten, die in das zentrale Marklager einziehen und ihren Ursprung auf Höhe der Schicht 3 nehmen. Die meisten Fasern der radialen Faszikel sind Axone der Pyramidenzellen in den Schichten 3 und 5 sowie Axone der Pyramiden- und Spindelzellen der Schicht 6. Diese radialen Faszikel prägen den tieferen Schichten des Cortex eine radiale Organisation auf, segmentieren sie in Säulen (= **Columnen**) zellreicher corticaler Radii, die die Grundlage des hier ausgeführten Konzepts der histologischen Columne darstellen (zum Konzept der funktionellen Cortexcolumne vgl. Kap. 3.2.2.4.2). Die radiale Faszikel bildenden Fasern können noch weiter aufgegliedert werden: Die Axone der Zellen in Schicht 5 und 6 stellen „echte" Projektionsfasern dar, wobei die Fasern aus Schicht 6 zum Thalamus, die aus Schicht 5 zu weiteren subcorticalen Zentren projizieren. Im Gegensatz dazu kehren die Fasern der Neurone in 3 zum Cortex zurück, sind also am internen Informationstransfer des Systems beteiligt. Sie bilden also das System der ipsilateralen corticocorticalen Fasern, das wiederum aus dem U-Fasersystem mit

kurzer Reichweite besteht, das benachbarte Gyri verbindet, und aus einem System von Fasern mit langer Reichweite, das im Marklager in größere Bündel gruppiert erscheint und weiter entfernt liegende Areale zu funktionellen Komplexen organisiert. Zudem findet man am Aufbau der radialen Faszikel Fasern beteiligt, die dem System der kontralateralen corticocorticalen Fasern zuzurechnen sind und homotope Felder der verschiedenen Hemisphären verbinden. Neben den zu radialen Faszikeln zusammengefaßten Fasersystemen existieren horizontale Fasernetze in den Schichten 3, 4 und 5. Am Aufbau dieser nur auf die unmittelbare Umgebung einwirkenden Systeme sind in der Hauptsache Kollateralen bzw. rekurrente Kollateralen der Pyramidenzellen in den Schichten 5 und 6 beteiligt, die über eine kurze Strecke in diesen Fasernetzen horizontal verlaufen, um dann senkrecht durch die Cortexrinde in die Schichten 2 und 3 aufzusteigen.

Die in den zuvor besprochenen Neuronenanordnungen kreisenden (reverberierenden) Erregungen legen nahe, daß im Cortex Informationsverarbeitungen in ähnlicher Weise vorgenommen werden könnten, wie es vom „Abarbeiten" von **Algorithmen**, d.h. von sich wiederholenden Rechenvorgängen in Computeranlagen, her bekannt ist. Dennoch wissen wir über die bei assoziativen neuronalen Prozessen im Hirn beteiligten tatsächlichen Mechanismen bislang noch nichts Genaueres.

5.4 Ausblick

Zusammenfassend betrachtet kann hinsichtlich der zuvor erörterten Verschaltungsprinzipien bei der neuronalen Informationsverarbeitung von folgendem ausgegangen werden: Auf der Grundlage der Bildung einfachster neuronaler Schaltkreise während der frühesten Embryonalentwicklung kommt es im Verlauf der weiteren individuellen Differenzierung zu einer immer komplexeren Ausprägung von räumlich angeordneten neuronalen Netzwerken. Hierbei dürfte die Entstehung von funktionellen neuronalen Integrationseinheiten oftmals darauf zurückzuführen sein, daß von seiten peripherer Rezeptorzellpopulationen im

Sinne einer mehr oder minder gradlinigen Verschaltung zunächst einzelne zentral gelegene Regionen angesteuert und verknüpft werden. Diese dürften im künftigen Funktionsgeschehen auch jeweils mit am stärksten erregt werden. Ihre Aktivität wird dann jedoch weiter auf hemmende Interneuronsysteme übertragen, welche die von vornherein schwächeren Erregungen umliegender Neurone herabdrücken. Daraus resultieren Entladungsmuster von Neuronenpopulationen mit jeweils einem eigenen Erregungsgipfel und einem umgebenden Hemmungstal. Hinsichtlich der Ausprägung von Gedächtnis und der Reaktivierung von ehemals abgespeicherten Gedächtnisinhalten ist davon auszugehen, daß beim Sicherinnern ein Erregungsmuster aufgebaut wird, das demjenigen beim Zustandekommen eines Engramms entspricht. Es ist davon auszugehen, daß bei der neuronalen Informationsspeicherung einerseits jede individuell gesammelte Information im Nervensystem über weite Bereiche gestreut abgespeichert wird, andererseits jedoch in jedem Teilbereich eines

an der Informationsverarbeitung beteiligten Systems viele Informationen übereinander gelagert abgespeichert werden (vgl. Kap. 11.4).

Die Kenntnis derartiger, hier nur kurz referierter Aspekte der in jüngster Zeit aufgedeckten neuronalen Schaltkreise in einzelnen Unterstrukturen des Gehirns hat inzwischen das Interesse sowohl von Informationstechnikern als auch von Computerspezialisten geweckt. Sie versuchen zu prüfen, ob und ggf. in welchem Ausmaß die Funktionalität des menschlichen Gehirns hinsichtlich der Erfüllung seiner wesentlichsten Aufgaben – angefangen von der Informationsaufnahme, -verarbeitung, -abgabe bis hin zum zielgerichteten Handeln, zur freien Willensbekundung und zur Kreativitätsäußerung – physikalisch-technisch erklärt werden kann. Erste erfreuliche Ansätze in dieser Richtung lassen sich im Sinne von Plausibilitätsnachweisen bereits aufzeigen (P. R. GERKE, 1987; G. PALM, 1988); sie sollten als Anregungen für zukunftsorientierte Forschung auf diesem Gebiet aufgegriffen werden.

6. Elektrophysiologische Aspekte der Informationsverarbeitung

Ein Charakteristikum des Lebendigen ist sein zellulärer Aufbau aus einer Vielzahl von äußeren und inneren Membranstrukturen. Durch diese Membranen werden Räume (Zellkompartimente) voneinander getrennt, in denen sich unterschiedliche Stoffe in gelöster Form befinden. Ein wesentliches Merkmal lebendiger Membranen ist ihre **Semipermeabilität**, d.h. die Durchlässigkeit nur für bestimmte Stoffe, insbesondere für Ionen. Dieses hat eine asymmetrische Verteilung der verschiedenen Stoffe an der Membraninnen- gegenüber -außenseite zur Folge.

Entsprechend entstehen überall dort, wo Ionen im lebendigen Organismus ungleichmäßig verteilt sind oder über Membranen hinweg bewegt werden, meßbare **elektrische Potentiale** und/oder **Ströme**. Größe und Umfang von Potentialen sowie elektrischen Strömen sind zellspezifisch und werden aktiv gesteuert.

Eine besondere Entwicklung haben die Außenmembranen von Nervenzellen erfahren. Sie sind vor allem darauf spezialisiert, vorübergehend wechselnde elektrische Signale in schneller Folge innerhalb der Zelle weiterzuleiten und in bestimmter Weise auf andere Zellen zu übertragen. Diese vorübergehenden Signale – die **Generatorpotentiale**, die **Aktionspotentiale** und die **synaptischen Potentiale** – entstehen alle auf der gleichen Grundlage, nämlich aus kurzzeitigen Veränderungen der elektrischen Eigenschaften der Zellmembran, durch welche das **Ruhepotential** der Membran erhöht wird.

Daher müssen wir uns zunächst einmal mit dem Ruhepotential einer Membran befassen, um zu verstehen, wie Potentialänderungen als Signale weitergeleitet werden können. Diese Fähigkeit der Nervenzellen ist die Grundlage für jedwede Reaktion eines Organismus und damit die Grundlage des gesamten Verhaltens. Denn es sind elektrische Impulse, die dem Hirn von außen Informationen zuleiten und die nach zentraler Verarbeitung wiederum mittels elektrischer Impulse vom Hirn aus Informationen in den peripheren Bereich senden und dort Reaktionen auslösen.

Das Studium dieser elektrischen Funktionsaspekte einzelner Nerven und des gesamten Nervensystems (**= Elektrophysiologie**) nimmt in der naturwissenschaftlichen und medizinischen Forschung bzw. Diagnostik einen breiten Raum ein, und zwar wegen der relativ leichten Zugänglichkeit des Forschungsgegenstandes, da die elektrischen Eigenschaften der Nervenzellen von außen her meßbar sind.

Die Untersuchung der verschiedenen bioelektrischen Phänomene ermöglicht Rückschlüsse auf Zustand und Funktionsweise des Gesamtorganismus und einzelner Organstrukturen. Die elektrophysiologischen Untersuchungsmethoden finden in der medizinischen Diagnostik z.B. in der **Elektroencephalographie (EEG)**, der **Elektrokardiologie (EKG)** sowie der **Elektroretinographie (ERG)** Anwendung. Außerdem kann auch durch künstliche elektrische Reizung eine Nervenerregung erzeugt werden, die in gezielter Weise Reaktionen an den Effektoren hervorruft. In der Forschung wird davon in großem Umfang Gebrauch gemacht. In der Medizin findet dieses Verfahren seine Nutzanwendung in Form der **Elektrotherapie**.

Im folgenden soll ein kurzer Einblick in die Grundlagen und Grundphänomene der Nervenerregung und Erregungsleitung gegeben werden. Elektrische und chemische Komponenten sind bei der Funktion von Nervenzellen untrennbar miteinander verbunden. Das Gesamtgeschehen wird nur verständlich, wenn der beiderseitige Anteil an neuronalen Vorgängen aufgeklärt werden kann.

6.1 Das Ruhepotential von Membranen

6.1.1 Allgemeines

Eine **semipermeable Membran**, wie sie sich überall in der Natur zum Aufbau von lebenden Zellen findet, bewirkt als selektives Trennmedium zwischen zwei Flüssigkeitsräumen generell die Entstehung von **Potentialdifferenzen**, da in beiden Räumen diffundible Ionen enthalten sind und darüber hinaus auch noch ein Anteil an nicht diffundiblen Ionen. Das jeweilige elektrische Potential eines Flüssigkeitsraumes ist meßbar mit Hilfe von Meßelektroden. Die Elektroden werden zu beiden Seiten der Membran angebracht. Die Elektrode auf der Innenseite der Zellmembran muß besonders fein sein, um keine gröberen Verletzungen der Zelle hervorzurufen. Die Signale von den Zellen werden über die Elektroden verstärkt und mit Hilfe eines Kathodenstrahl-Oszilloskops sichtbar gemacht. Zur Berechnung der Potentialdifferenz zwischen beiden Seiten einer Membran wird als Bezugswert der extrazelluläre Wert gleich Null gesetzt und damit das Potential der Innenseite verglichen. Alle Nervenzellen tragen an ihrer Außenmembran elektrische Ladungen: Über die intra- und extrazelluläre Oberfläche sind dünne Wolken von positiv und negativ geladenen Ionen ausgebreitet, allerdings nur im Bereich von etwa 1 µm zu beiden Seiten der Membran. Das Cytoplasma im Inneren der Zelle und die Extrazellularflüssigkeit sind dagegen elektrisch neutral, aber leitfähig.

Ist die Nervenzelle in Ruhe, so sammelt sich − für die verschiedenen Nervenzelltypen unterschiedlich − eine charakteristische Menge an positiven Ionen an der Membranaußenseite und eine bestimmte Menge an negativen Ionen an der Innenseite an. Die Membran hält in Ruhe die Trennung der Ladungen aufrecht durch Mechanismen, auf die noch näher eingegangen wird. Es entsteht dabei das **Ruhepotential** der Membran (V_R). Ruhepotentiale der Nervenzelle sind spezifisch; sie weisen Spannungen zwischen -40 und -75 mV, in einzelnen Fällen bis zu -100 mV auf.

Alle Signale, die in einer Nervenzelle entstehen, ablaufen oder von ihr ausgehen, beruhen auf Änderungen dieses Ruhepotenti-

als. Allgemeinerer Art ist der Begriff **Membranpotential** (V_m), der jede Art von Potential in jedem Augenblick und Zustand der Nervenzelle meint und definiert ist:

$$V_m = V_i - V_a$$

(d.h. Membranpotential = Potential innen minus Potential außen)

Das Membranpotential ist direkt proportional den Ladungen, die durch die Membran getrennt werden.

Ursache für die Entstehung der Potentialdifferenzen beim Membranpotential der Nervenzelle ist insbesondere die unterschiedliche Verteilung der vier Hauptionenarten Na^+, K^+, Cl^- und organische Anionen (A^-) in den äußeren gegenüber inneren Zellräumen. Während Na^+ und Cl^- außerhalb der Zelle konzentriert vorkommen, befinden sich K^+ bzw. A^- vor allem im Zellinneren. Die organischen Anionen bestehen überwiegend aus negativ geladenen Aminosäuren und Proteinen.

Messungen der **Ionenverteilung** wurden insbesonders an den Riesenaxonen von Tintenfischen, welche besonders groß und leicht zugänglich sind, durchgeführt. An dieser Nervenzellmembran findet sich die in Tabelle 6.1 wiedergegebene Verteilung der wichtigsten Ionen.

Tabelle 6.1. Ionenverteilung an Nervenmembranen der Riesenaxone von Tintenfischen (A) bzw. an menschlichen Nervenzellen (B)

A. Tintenfisch-Riesenaxon

Ionenart	Cytoplasma innen in mM	Extrazellular-flüssigkeit außen in mM
K^+	400	20
Na^+	50	440
Cl^-	52	560
A^-	385	−

B. Nervenzellen des Menschen

Ionenart	Membranfläche intrazellulär pro µm³	Membranfläche extrazellulär pro µm³
K^+	100000	2000
Na^+	10000	100000
Cl^-	2000	1000000
Anionen	107000	

Vergleichsweise wurde auch die Ionenverteilung in menschlichen Nervenzellen aufgelistet.

6.1.2 Das K⁺-Ionengleichgewichtspotential am Beispiel von Gliazellen

Innerhalb und außerhalb der Zelle bewegen sich K⁺ und Na⁺ frei und folgen in ihrer räumlichen Verteilung dem Konzentrationsgradienten. Diese Bewegungen werden an der Zellmembran, die für Ionen fast vollständig undurchlässig ist, gestoppt. Ionen durchdringen die Membran nur durch spezialisierte, aus Proteinmolekülen aufgebaute Membranporen, sogenannte **Kanäle**. Es gibt eine ganze Reihe von verschiedenen **Kanaltypen** in der Membran, die jeweils spezialisiert sind auf bestimmte Ionentypen, die sie nur durchlassen können. Die Selektion richtet sich nach der Größe, Ladung und Hydratationshülle der Ionen. Von der Anzahl der unterschiedlich ionenspezifischen Kanaltypen hängt die Durchlässigkeit der Membran für die einzelnen Ionen ab. Während es bei Nervenzellen Kanäle für K⁺, Na⁺ und Cl⁻ gibt, kommen bei **Gliazellen** dagegen nur **K⁺-Kanäle** vor, d.h. die Membran dieser Zellen ist nur für K⁺ durchlässig. Daher wird das **Ruhepotential** der Membranen von Gliazellen nur durch K⁺-Ionen bestimmt. Es läßt sich an Gliazellen also ohne Störfaktoren durch die Bewegungen anderer Ionen der Mechanismus des K⁺-Transports durch die Membran nachvollziehen. Wie die Nervenzellen haben die Gliazellen innen eine hohe Konzentration an K⁺ und organischen Anionen (A⁻); im Extrazellularraum ist jedoch eine hohe Na⁺ und Cl⁻-Konzentration vorhanden (Abb. 6.1). K⁺ tendiert nun dazu, dem Konzentrationsgradienten zu folgen und aus der Zelle durch die Kanäle herauszudiffundieren. Dabei bleiben die negativen Anionen zurück. Es ergibt sich ein positiver Ladungsüberschuß außerhalb und ein negativer innerhalb der Zelle. Durch elektrostatische Anziehung der überzähligen Kationen außen und negativen Anionen innen verteilen sich über die Oberflächen der Membran die geladenen Teilchen als dünne Wölkchen.

Es wirken nun zwei gegeneinander gerichtete Kräfte: Das chemische Konzentrationsgefälle treibt das K⁺ aus der Zelle und erhöht die Ionendifferenz. Die elektrostatische Anziehungskraft infolge der wachsenden elektrischen Potentialdifferenz tendiert dahin, das K⁺ wieder in die Zelle hineinzuziehen. Das K⁺ strömt also dem Konzentrationsgefälle folgend so lange nach außen, bis die elektrostatische Anziehung so groß ist, daß Rückwanderung und Auswanderung gleich sind und dadurch der Ausstrom gestoppt wird.

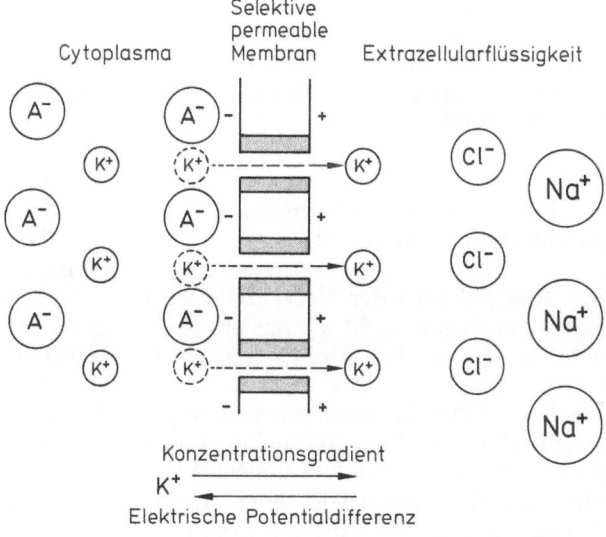

Abb. 6.1. Schema der Bildung des Ruhepotentials einer Membran durch den Ausstrom von K⁺ aus der Zelle gemäß dem K⁺-Konzentrationsgradienten, da die Membran selektiv nur für K⁺ permeabel ist

Wenn K^+ im Gleichgewicht ist, wenn sich also Einstrom und Ausstrom die Waage halten, hat das Membranpotential der Gliazellen die Größe von -75 mV. Dieses **Gleichgewichtspotential** kann, wenn es erst einmal eingestellt ist, ohne weiteren Energieaufwand unbegrenzt aufrechterhalten werden.

Das **Membranpotential**, bei welchem ein Ion im Gleichgewicht ist, kann durch die von W. NERNST 1888 auf thermodynamischer Grundlage entwickelte Gleichung berechnet werden:

$$E_K = \frac{R \cdot T}{Z \cdot F} \cdot \ln \frac{(K^+)_a}{(K^+)_i}$$

wobei E_K der Wert des Kaliumgleichgewicht-Membranpotentials ist, R die Gaskonstante, T die Temperatur in Kelvin-Graden, Z die Wertigkeit des K^+, F die Faraday-Konstante und $(K^+)_a$ bzw. $(K^+)_i$ die K^+-Konzentration außerhalb bzw. innerhalb der Zelle.

Berechnet man nach dieser Gleichung unter Zugrundelegung der K^+-Konzentrationsverhältnisse z.B. beim **Riesenaxon** des Tintenfisches das **Kaliumgleichgewichtspotential**, so ist: $Z = 1$, $R \cdot T/Z \cdot F$ beträgt bei 25 °C 26 mV, die Umwandlungskonstante für ln zur Basis lg_{10} ist 2,3; demzufolge ist

$$E_K = 26\,mV \cdot 2{,}3 \, lg_{10} \frac{20}{400} = -75\,mV.$$

Die **Nernst'sche Gleichung** kann für jedes andere Ion gleichfalls angewendet werden. Das Gleichgewichtspotential für Na^+ errechnet sich danach auf $+55$ mV, das für Cl^- auf -60 mV.

6.1.3 Das Ionengleichgewichtspotential für K^+ bzw. Na^+

Das **Ruhepotential der Nervenzelle** wird nicht so einfach erreicht wie das der Gliazelle. Im wesentlichen wird es zwar ebenfalls durch das K^+-Gleichgewicht bestimmt, daneben ist aber die Membran auch in geringem Maße für Na^+ und andere Ionen permeabel. Das bedeutet, es sind auch Kanäle für andere Ionen vorhanden. Diffusionsströme, z.B. des Natriums, stören das

K^+-Ruhepotential. Das Natrium wird gleich durch zwei Kräfte in die Zelle hineinbewegt: durch den Konzentrationsgradienten und die elektrische Anziehung durch die negative Innenladung. Nach der Nernst'schen Gleichung läßt sich das Membrangleichgewicht für Na^+ mit $+55$ mV errechnen. Das bedeutet, daß bei einem Ruhepotential der Membran von -75 mV das Natriumgleichgewicht 130 mV von einem Gleichgewicht entfernt ist; es wirken also auf Na^+ sehr starke elektrische Anziehungskräfte zum Zellinneren.

Durch den Einstrom von Na^+ in die Zelle wird die Membran depolarisiert und das Membranpotential in Richtung auf das **Na^+-Gleichgewichtspotential** E_{Na} verschoben. Deshalb wird nun wiederum zum Ausgleich noch mehr K^+ nach außen befördert. Auf diese Weise kann zwar die Potentialdifferenz zwischen innen und außen längere Zeit aufrechterhalten werden. Jedoch kommt es auf die Dauer zu gravierenden Verschiebungen im Mengenverhältnis zwischen K^+ und Na^+ innen und außen und damit auf die Dauer doch zu einer Verminderung des Membranruhepotentials. Aus diesem Grunde wird das Natrium unter Energieaufwand aktiv wieder aus der Zelle entfernt und im Gegenzug K^+ wieder aufgenommen. Die Zurückführung von K^+ und Na^+ erfolgt gegen ihren elektrochemischen Gradienten unter Verbrauch von **ATP**. Das Ruhepotential einer Nervenzellmembran wird durch passive Ionenströme von Na^+ und K^+ und durch aktive energieaufwendige Gegenströme ausbalanciert und so in einem labilen Gleichgewicht gehalten. Die **Natriumionenpumpen** der Nervenzellen verbrauchen allein 15% der gesamten oxidativen Energie des neuronalen Stoffwechsels. Ein ausreichendes Funktionieren der Na^+-Ionenpumpe ist für die Nervenzellen und damit für den Gesamtorganismus lebensnotwendig.

Na^+- und K^+-Pumpe sind miteinander gekoppelt. Pro Energieeinheit werden drei Natriumionen aus der Zelle entfernt und zwei Kaliumionen in die Zelle zurückgebracht. Andere Autoren meinen, daß es jeweils gleich viele Na^+- und K^+-Ionen sind. Nur der erste Teil des Vorganges, die Natriumionenpumpe, ist energieaufwendig. Die Kaliumrückführung im gekoppelten 2.

Teil stellt offenbar sozusagen eine Art Ausgleichsbewegung der beteiligten Trägermoleküle dar und läuft ohne weitere Energiezufuhr ab.

6.1.4 Die Bedeutung von Cl^- für das Ruhepotential

Außer für K^+ und Na^+ ist die Nervenzellmembran auch für Cl^- durchlässig. Jedoch ist die Verteilung von Cl^- umgekehrt wie die von K^+. Wesentlich mehr Cl^- findet sich im Extrazellularraum als im Inneren der Zelle, da dort die negativen Ladungen überwiegend von großen, nicht permeablen Eiweißmolekülen bzw. von SO_4^{2-} stammen, wodurch die hohe K^+-Konzentration bedingt wird. Die Permeabilität der meisten Nervenzellmembranen ist für Cl^- recht hoch. Das Cl^- kann frei nach innen und außen diffundieren und wird von den meisten Nervenzellen nicht aktiv in irgendeine Richtung gepumpt. Für Cl^- stellt sich daher von selbst ein Gleichgewicht an der Membran ein. Da das Ruhepotential der Nervenzelle durch die aktiv gesteuerten K^+- und Na^+-Ionenkonzentrationen bestimmt wird, hat das Cl^- keinen Effekt auf das Ruhepotential, da es immer nur passiv verteilt wird.

6.1.5 Quantifizierung des Membranpotentials: Goldman-Gleichung

Wird das Ruhepotential einer Membran (V_m) von mehr als einer Ionenart beeinflußt, so hat jede Art eine Einwirkung auf V_m. Es wird in seiner Größe durch die Konzentrationen innerhalb und außerhalb der Zelle sowie durch die Permeabilität der Membran für die entsprechende Ionenart bestimmt. Die quantitativen Beziehungen gibt dafür die **Goldman-Gleichung**, die nur angewendet werden kann, wenn V_m sich nicht verändert, also unter den konstanten Bedingungen des Ruhepotentials:

$$V_m = \frac{R \cdot T}{F} \ln \frac{P_K(K^+)_a + P_{Na}(Na^+)_a + P_{Cl}(Cl^-)_i}{P_K(K^+)_i + P_{Na}(Na^+)_i + P_{Cl}(Cl^-)_a}$$

Der Gleichung zufolge ist die Auswirkung einer Ionenart auf das Membranpotential um so größer, je höher die Konzentration und je größer die Membranpermeabilität sind. Im Extremfall reduziert sich die Ionenwirkung auf nur eine führende Ionenart, wie z.B. das K^+. Die Gleichung entspricht dann wieder der **Nernst'schen Gleichung**, wenn sich die übrigen Ionenarten nicht auf das Membranpotential auswirken.

6.1.6 Membraneigenschaften und spannungsabhängige Ionenkanäle

Die neuronale, ca. 8–10 nm dicke Membran besteht aus einem doppelten Lipidlager, in welches mosaikartig Proteine eingebettet sind (vgl. Abb. 7.5). Die Membranlipide sind in ihrem Zentrum hydrophob, im Bereich ihrer Kopfgruppen jedoch hydrophil. Im Gegensatz dazu sind die Ionen des Intrazellular- sowie des Extrazellularraumes hydrophil und von Hydratationshüllen umgeben, welche den Ionenumfang und die Ladungswirkung im Raum durch den Dipolcharakter des Wassers beträchtlich erweitern. Diese Vergrößerung der einzelnen Ionen durch die Wasserhüllen, die meist auch nicht ohne weiteres abgegeben werden, sowie die Hydrophobie der Membran verhindern den einfachen Durchtritt von innen nach außen und umgekehrt.

Daher besitzt die Membran spezialisierte Durchtrittsstellen (Kanäle), die aus spezifischen Eiweißmolekülen aufgebaut und daher nicht hydrophob sind. Für **Na^+-Kanäle** ließen sich beispielsweise Glykoproteine als Kanalbausteine nachweisen. Form und Durchmesser der Kanäle bedingen vor allem, welche Ionenart mitsamt ihren Hydratationshüllen hindurch paßt. Die Weite der Kanäle ist also von ausschlaggebender Bedeutung, sowie die Anzahl an jeweils verschiedenen Kanälen pro Flächeneinheit. Dadurch wird das Mengenverhältnis der durchgeleiteten Ionenarten bedingt.

Die Membran besitzt zwei Kategorien von **Ionenkanälen** (Abb. 6.2): solche, die ständig geöffnet sind und den Ionen den passiven Durchtritt erlauben, und solche, die aktiv geöffnet oder geschlossen werden und einen kontrollierten Durchtritt der Io-

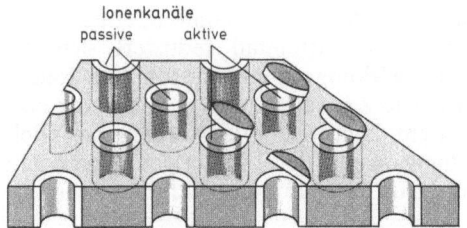

Ionenkanäle
passive   aktive

Abb. 6.2. Schematische Darstellung von zwei Typen von Ionenkanälen in der Neuroplasmamembran: Ständig geöffnete Kanäle ermöglichen einen passiven Ionendurchtritt, aktiv regulierbare Kanäle bedingen einen kontrollierten Ionentransport

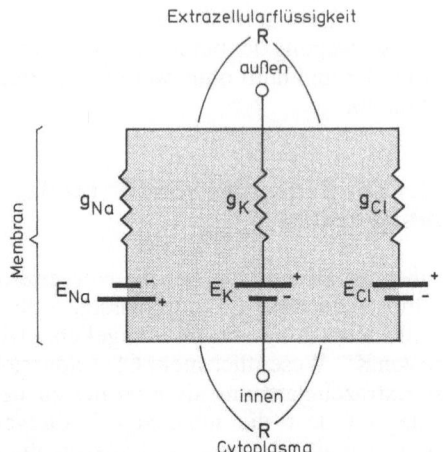

Abb. 6.3. Modellvorstellung der neuronalen Membran als elektrischer Stromkreis, der unter Vermittlung der ionenselektiven Membrankanäle (Na^+, K^+, Cl^-) zwischen dem Cytoplasma sowie der Extrazellularflüssigkeit aufgebaut wird. R: Widerstand; g: Leitfähigkeit des Kanals; E: Gleichgewichtspotential

nen durch die Membran bedingen. Bei der 2. Kategorie werden die spannungsgesteuerten Kanäle von den chemisch gesteuerten unterschieden. Die **spannungsgesteuerten Ionenkanäle** öffnen und schließen sich in Abhängigkeit von Größe und Richtung des Membranpotentials. Sie treten vor allem in Membranen der Nervenfasern auf und können eine Dichte bis zu 1000 Stück je 1 nm^2 aufweisen. **Chemisch gesteuerte Ionenkanäle** treten vor allem an postsynaptischen Membranen auf und reagieren, wenn sich ein Transmittermolekül mit dem Rezeptor eines Kanalproteins verbindet. Bei den Kanalproteinen treten möglicherweise Konfigurationsänderungen auf, die zur Öffnung oder Schließung der Kanäle führen. Sowohl spannungs- wie auch chemisch gesteuerte Ionenkanäle werden aus Proteinen aufgebaut.

Bei **spannungsabhängigen Kanälen** treten in Abhängigkeit der Stärke des Feldes an der Membran Konfigurationsänderungen bei den Kanalproteinen auf, und dadurch öffnen und schließen sich die Kanäle, und zwar offenbar nach dem **Alles-oder-Nichts-Prinzip.** Jeder geöffnete Kanal läßt ein ganz bestimmtes Quantum an Ionen durch, bevor er sich wieder schließt, wie für Na^+- und K^+-Ionen nachgewiesen wurde.

Kompliziertere Verhältnisse bei den spannungsgesteuerten Ionenkanälen liegen bei der Membran des Zellkörpers einer Nervenzelle vor. Sie verfügt über fünf verschiedene Kanaltypen für die drei Ionenarten: Na^+, K^+ und Ca^{2+}. Die Kanäle öffnen sich zu verschiedenen Zeiten und bleiben

unterschiedlich lange auf. Dadurch werden die einzelnen Ionenströme dosiert. Insgesamt wird damit auf einen bestimmten Reiz hin mit einer ganz bestimmten Abfolge einzelner Signale geantwortet.

Die Nervenzelle arbeitet vor allem mit dem Prinzip der **Frequenzmodulation,** um die Stärke eines Reizes auszudrücken, die Signalamplitude bleibt dabei gleich.

Der Ein- und Ausstrom der Ionen durch die Kanäle kann direkt mit Hilfe radioaktiver Isotope sichtbar gemacht und gemessen werden. Jedoch gehen diese Bewegungen so schnell vor sich, und es sind so viele Ionen beteiligt, daß man praktikablerweise nicht die Zahl der Ionen mißt, sondern die durch die dabei auftretenden elektrischen Ströme entstehenden Membranpotentialschwankungen untersucht. Die Ionenbewegungen durch die Membran werden mittels Elektroden abgeleitet und als Strom gemessen. Bei der Erzeugung solcher Ströme durch die Nervenzelle, d.h. von elektrischen Signalen, wirken drei Komponenten zusammen: die für bestimmte Ionen selektiven Ionenkanäle, das Konzentrationsgefälle der beteiligten Ionen und die Fähigkeit der

Membran, elektrische Ladungen zu speichern (Membrankapazität; Abb. 6.3).

Experimentelle Untersuchungen zur Kinetik der Ionenkanäle während der Erregung der Nervenzelle werden vor allem mit Hilfe der Spannungsklemme (**„voltage clamp"**) durchgeführt. Mit Hilfe dieser Methode konnte bereits in großem Umfang aufgeklärt werden, wie Membranpotentiale aufgebaut werden und Änderungen der verschiedenen Membranströme in Abhängigkeit vom Potential ablaufen.

6.2 Das Aktionspotential

6.2.1 Definition des Aktionspotentials

Auf eine schwache, kurzfristige Veränderung der Membranpermeabilität oder Leitfähigkeit für eine oder mehrere Ionenarten reagiert die Nervenzelle aktiv durch lokale Potentialschwankungen der gereizten Stelle der Zellmembranen. Es baut sich dort das sogenannte **Lokalpotential** auf. Ist der Reiz schwach, wird das Lokalpotential sehr schnell wieder abgebaut und in das Ruhepotential zurückgeführt. Summieren sich allerdings schwache Reize über eine gewisse Zeitspanne hinweg zu einer Mindestrate und Mindestdauer oder ist der Ausgangsreiz stark genug und überschreitet eine Mindestgröße (−50 mV), so kann dadurch das Ruhepotential aufgehoben werden und sich die negative Membranladung für kurze Zeit in eine positive umkehren. Diese Änderung, hervorgerufen durch eine Aktion im Zellgeschehen, heißt **Aktionspotential**.

Das Aktionspotential läuft für jeden Zelltyp in jeweils typischer und konstanter Weise ab als funktionelle Konsequenz der physikochemischen Eigenschaften. Im Prinzip können Aktionspotentiale an allen lebenden Zellen ausgelöst werden, die in einer „Alles-oder-Nichts-Reaktion" immer nach dem gleichen Schema ablaufen. Speziell in Nerven- (und auch Muskel-)zellen fallen die Aktionspotentiale jedoch so kräftig aus, so daß sie sich auch eindeutig darstellen lassen.

In Abb. 6.4 sind drei Beispiele für Aktionspotentiale verschiedener Zelltypen wiedergegeben. Nicht in der Höhe, sondern in der Zeitspanne des Gesamtablaufs liegen die Unterschiede.

Abb. 6.5 zeigt die einzelnen Phasen eines Aktionspotentials. Die Auslösung desselben erfolgt immer dann, wenn die Membran auf etwa −50 mV depolarisiert wird. An diesem **Schwellenwert** ist die Membran instabil, deshalb startet hier das Aktionspotential zur totalen Depolarisation der Membran **(Depolarisationsphase)**. Es erfolgt innerhalb von 0,2−0,5 ms ein schneller Anstieg mit Überschreiten des Nullpotentials zu einer **Spitze (Spike)** bis zu

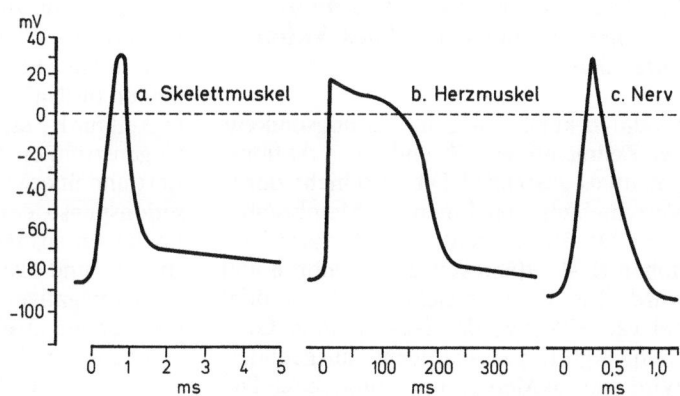

Abb. 6.4. Drei Beispiele von intrazellulär abgeleiteten Aktionspotentialen von einer Skelettmuskelzelle (Ratte, **a**), Herzmuskelzelle (Katze, **b**) und einer peripheren Nervenzelle (Katze, **c**). Beachte die großen Unterschiede im Zeitmaßstab der Potentiale

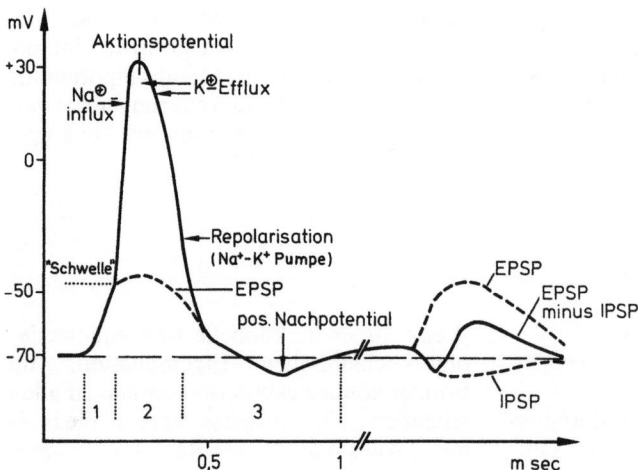

Abb. 6.5. Schema des zeitlichen Verlaufs eines Aktions-(Spitzen-)potentials sowie des Einflusses eines IPSP auf ein Aktionspotential, das auf einem EPSP aufbaut (vgl. Kap. 6.3.3.2 und 6.3.3.3)

+30 mV unter Umkehr des elektrischen Feldes der Membran. Anschließend kehrt sich die elektrische Ladung der Membran bei den meisten Zelltypen in der **Repolarisationsphase** ebenso schnell, d.h. in Bruchteilen von Millisekunden, wieder um. Dabei kann es am Ende sogar zu einer **Übersteuerung** kommen und der negative Ruhewert überschritten werden. In langsameren **Nachpotentialen** erfolgt dann die endgültige Rückkehr zum Ruhepotential.

Die Nachpotentiale können **hyperpolarisierend**, d.h. über den Ruhewert in das negative Feld hinausgehend, oder **depolarisierend** sein, d.h. in positiver Richtung vermindert sein. Insbesondere die Fähigkeit zur Hyperpolarisation ist eine sehr wesentliche Eigenschaft der Nervenzellmembran, auf die später noch näher eingegangen wird.

6.2.2 Membranströme und Ionenverschiebungen während des Aktionspotentials

Wodurch kommt nun die **Ladungsumkehr der Zellmembran** während eines Aktionspotentials zustande? Das geschieht durch Verschiebung von Ionen im Membranbereich. Das Ruhepotential beruhte ja auf der hohen K^+-Leitfähigkeit der Membran und wurde als Kaliumgleichgewichtspotential bei ca. -75 mV, der Nernst'schen Gleichung (vgl. Kap. 6.1) folgend, ausgebildet. Wird nun das Membranpotential durch **De-**

polarisation bis in den Bereich des Schwellenwertes um -40 bis -50 mV verringert, so verändern sich gleichzeitig die Leitungseigenschaften der Membran für Na^+. Die Natriumionen können nun plötzlich verstärkt in die Zelle einströmen, dekompensieren dabei die Membran noch weiter, so daß dadurch die Einstromgeschwindigkeit noch weiter erhöht wird. Schließlich erreicht der Gehalt an Na^+ in der Zelle mehr als das Hundertfache des Ruhewertes. Während der Erregung wird der Natriumgehalt höher als der Kaliumgehalt und bewirkt bei entsprechender Dauer dieses Zustandes die Umkehr des Membranpotentials in das Positive auf einen Wert von $+30$ mV (Abb. 6.5). Das Zustandekommen dieses Wertes erklärt sich folgendermaßen: Erstens hält der Zustand der Erhöhung der Na^+-Leitfähigkeit nicht lange genug an, um die Umladung der Membran vollständig bis zum Natriumgleichgewichtspotential ($+55$ mV) zu erreichen. Zweitens wird mit der Erhöhung der Membranleitfähigkeit für Na^+ gleichzeitig auch die Leitfähigkeit für K^+ erhöht, wodurch ein kräftiger Gegenstrom entsteht. Schließlich kompensiert und überwiegt während der **Repolarisationsphase** der Ausstrom positiver K^+-Ladungen aus der Zelle den des Na^+-Einstroms, und das Membranpotential wird wieder negativer. Anschließend werden die Na^+-Ionen mittels der Ionenpumpe wieder aktiv aus der Zelle herausgeschafft und im Gegenzug die K^+-Ionen wieder hinein.

Während der Depolarisationsphase geöffnete aktive Na$^+$-Ionenkanäle schließen sich innerhalb von 1 ms, werden inaktiviert und können während der Erholungszeit **(Refraktärzeit)** bestimmter Dauer, bis das Ruhepotential der Membran wieder erreicht ist, nicht wieder geöffnet werden.

6.2.3 Fortgeleitetes Aktionspotential

Im Gegensatz zu einem **lokalen Potential**, das auf einen engbegrenzten Bereich der neuronalen Membran beschränkt bleibt, weil es den Schwellenwert nicht erreicht, wird ein Spitzenpotential (Aktionspotential) über größere Strecken fortgeleitet, weil die elektrischen Strömchen, die während des Aktionspotentials an der entsprechenden Membranstelle fließen, benachbarte Teile der Membran erfassen und damit dort ebenfalls den Reiz geben für die Depolarisation der Membran und Auslösung eines Spitzenpotentials. In einer Kettenreaktion setzt sich die Aktionspotentialwelle über die gesamte Länge der Nervenfaser fort; dieser Vorgang wird **Erregungsleitung** genannt (Abb. 6.6). Im Prinzip, wie unter Zellkulturbedingungen (in vitro) nachgewiesen wurde, kann sich die Erregung in alle Richtungen fortpflanzen. Das Wesen der Erregungsfortleitung ist also ein Fortschreiten der Membrandepolarisation, welche durch kleine Stromkreise vom Initialort, der ersten Depolarisation der Membran aus, induziert wird.

Jedem Aktionspotential folgt ebenfalls eine kurze **Refraktärzeit**, in der das Ruhepotential des Membranabschnitts wiederhergestellt wird. Direkt nach dem Spike ist die Zelle überhaupt nicht erregbar (= absolute Refraktärzeit), danach folgt eine Phase, in der mit erhöhtem Energieaufwand, d.h. übernormalen Reizen eine Reaktion erzwungen werden kann. Die Gesamtdauer der Erholungszeit beträgt wenige Millisekunden, in der die restlichen, am Spike beteiligten K$^+$-Ionenkanäle geöffnet und die letzten Na$^+$-Kanäle wieder geschlossen werden.

Untersuchungen des Funktionsmechanismus und der Form sowie der chemischen Beschaffenheit der aktiven Ionenkanäle sowie ihrer Anzahl pro Fläche werden vor allem mit **Neurotoxinen** durchgeführt, die sich mit den Kanalproteinen verbinden und damit das Öffnen oder Schließen verhindern können. Mit einer anderen Spezialmethode, der „**Patch clamp-Methode**" werden heute auf kleinsten Membranflächen einzelne spannungsgesteuerte Kanäle daraufhin untersucht, wie sich Potentialänderungen auf sie auswirken bzw. im Falle von chemisch gesteuerten Kanälen chemische Substanzen (Abb. 6.7).

Abb. 6.6. Schema der Erregungsfortleitung an einer Nervenfaser. Dargestellt sind unter **a** und **b** jeweils zwei benachbarte Membranbereiche eines Axons, die über das Axoplasma miteinander in Verbindung stehen. In **a** befinden sich beide Membranbereiche in Ruhe; in **b** breitet sich ein Aktionspotential von links nach rechts aus. Die unterbrochenen Linien geben die Richtung des Stromflusses wieder. r_m: Membranwiderstand; r_a: Axonwiderstand; c_m: Ladungskapazität des Axons

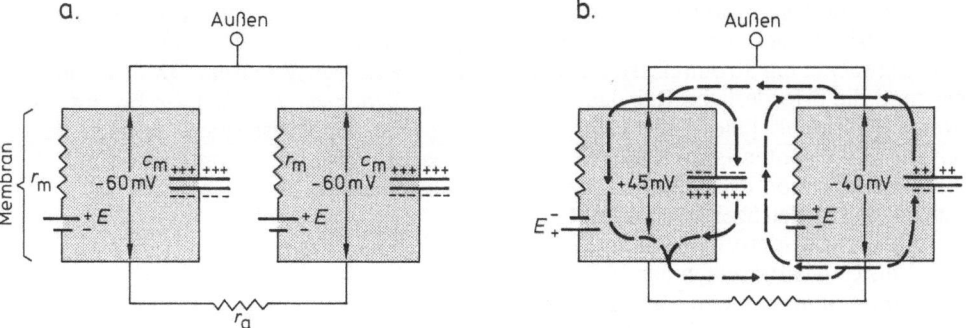

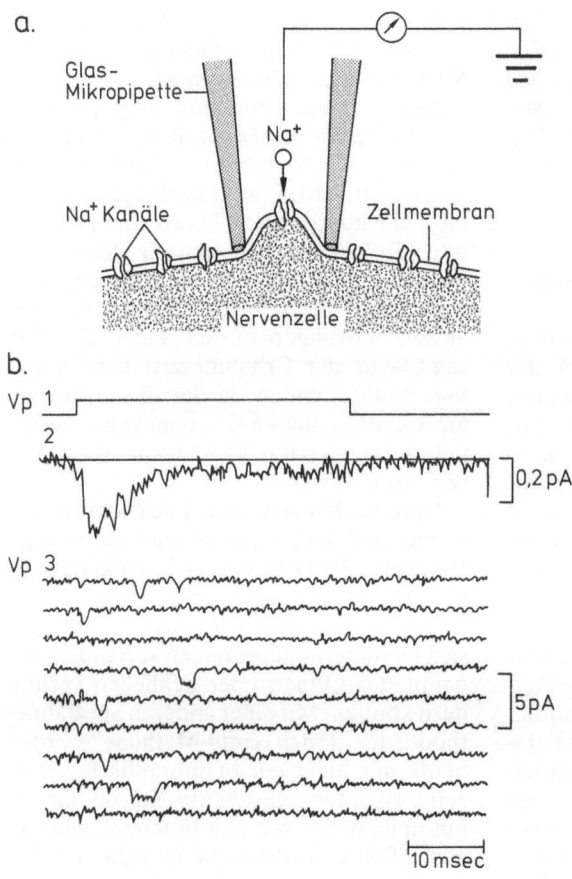

Abb. 6.7. Schematische Darstellung der „Patch clamp-Methode" zur Messung des Stromflusses durch spannungsregulierte Einzelkanäle. **a:** Ansaugen eines winzigen Membranbereichs einschließlich Na^+-Kanal mit Hilfe einer Glasmikropipette. Der Na^+-Strom läßt sich mit einer ultrasensitiven Patch-Elektrode messen. **b:** Na^+-Kanal-Messung in einer Rattenmuskelzelle. 1. 10 mV Spannungsimpuls. 2. Computerdurchschnittswerte von 300 Einzelversuchen des Na^+-Einstroms durch den Na^+-Kanal. 3. Neun Einzelmessungen aus den 300 Summenwerten, wobei 6 geöffnete Na^+-Kanäle erkennbar sind. (Aus E. KANDEL und J. SCHWARTZ, 1986)

6.2.4 Unterschwellige Potentiale

Je stärker ein Stromreiz ist, desto geringer ist die erforderliche Erregungsdauer. Für eine nach der Reizung schnell einsetzende Depolarisation der Membran (innerhalb von 0,2–0,5 ms) mit Folge eines Aktionspotentials ist ein starker Stromimpuls erforderlich; er muß in jedem Fall ein Minimum an Stärke und Dauer aufweisen, um die Reaktion auslösen zu können (Abb. 6.8).

Je schwächer ein Stromreiz ist, desto länger muß die erforderliche Reizdauer sein. Wenn der Impuls jedoch nicht ausreicht, um ein Aktionspotential zu erzeugen, steigt die Depolarisation der Membran so langsam an, daß es gleichzeitig schon zur Inaktivierung des Natriumsystems (innerhalb von 1 ms) durch das Einsetzen der Na^+-K^+-Ionenpumpe kommt, ehe die Erregungsschwelle erreicht werden konnte.

Im Reaktionsspektrum der Nervenzelle sind diese elektrischen Erregungen, die kein Aktionspotential auslösen, sondern **unterschwellig** bleiben, ebenfalls sehr wichtig. Durch sehr langsam ansteigende Reizströme kann dabei die Membran über die Schwelle hinaus depolarisiert werden, ohne daß eine Erregung stattfindet. Das Ausbleiben von Erregungen bei sehr langsamer Depolarisation nennt man **Einschleichen**. Unterschwellige lokale Erregungen spielen im Zentralnervensystem eine große Rolle, weil viele Synapsen z.B. bereits bis zur Reizschwelle depolarisiert sein können und in diesem Zustand besonders schnell den Schwellenwert erreichen.

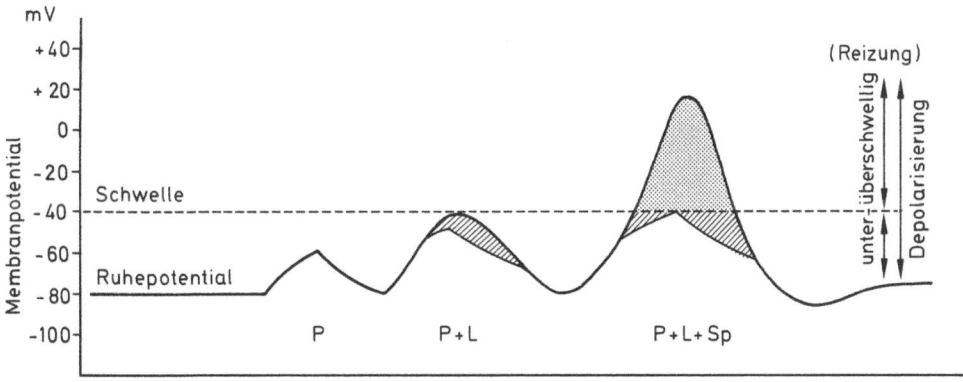

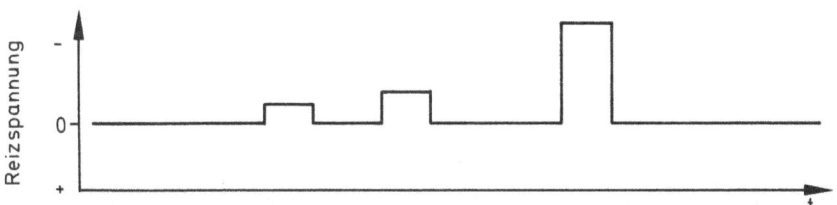

Abb. 6.8. Abhängigkeit zwischen Stärke der Reizspannung und Ausprägung des Membranpotentials. Erst nach Überschreiten eines Minimums an Reizstärke wird − aufbauend auf einer passiven Membranantwort (P) und einem lokalen Generatorpotential (L) − ein Aktions- oder Spitzenpotential (Sp) ausgelöst

6.2.5 Impulsentstehung und Weiterleitung des Aktionspotentials innerhalb der Nervenzelle

Eine Nervenzelle läßt sich funktionell in vier Bereiche untergliedern, die sich besonders in ihren Membraneigenschaften unterscheiden (Abb. 6.9):

1. in den Dendriten- und Zellkörperbereich (Soma, Perikaryon), in welchem ein impulsauslösendes Potential, das **Generatorpotential**, aufgebaut wird,
2. in den Umwandlungsbereich (**Transducer**, **Triggerzone** im Axonhügel), in dem die aus den verschiedenen Eingängen einmündenden Informationen untereinander abgestimmt werden,
3. in den Axon- oder **Leitungsbereich**, in dem Reaktionen der Nervenzelle in Form von Aktionspotentialen weitergeleitet werden, und

4. in den synaptischen **Übertragungsbereich** der Nervenfaserendformation, in welchem die Impulsübertragung auf eine nachfolgende Zelle erfolgt.

Über ein weitverzweigtes Dendritensystem werden dem Nervenzellkörper verschiedenartige Impulse zugeführt, die jeder einzeln aufgrund eines spezifischen Reizes ausgelöst wurden und jeweils entsprechenden Informationscharakter haben. Im Zellkörper werden diese informativen Impulse untereinander abgeglichen. Dabei können folgende Möglichkeiten auftreten:

1. Aufgrund ihres gleichartigen Informationscharakters summieren sich die Einzelimpulse auf, und es wird insgesamt ein Impuls von solcher Stärke erzeugt, daß der elektrische Impuls des Nervenzellkörpers im Ursprungsbereich des Axons ein Aktionspotential auslöst, welches fortgeleitet wird.

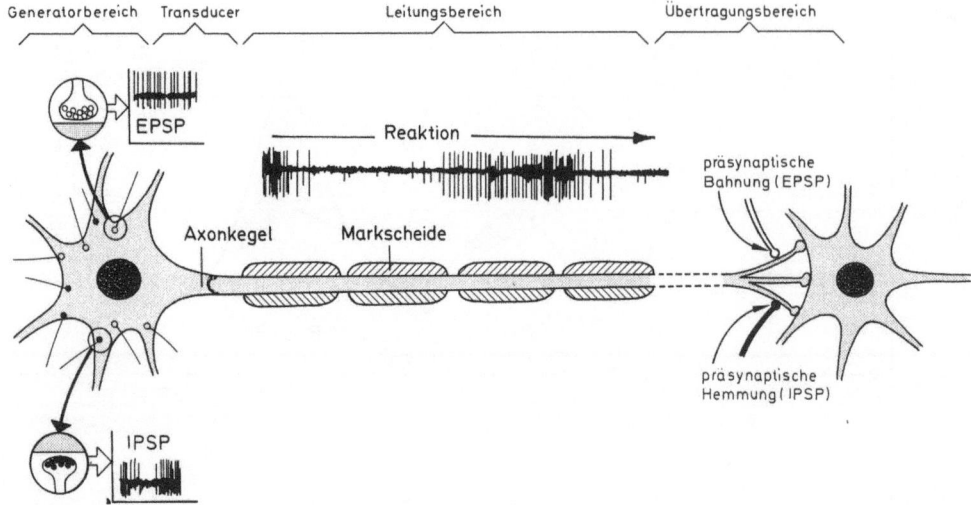

Abb. 6.9. Die funktionellen Bereiche einer Nervenzelle mit synaptischen Elementarprozessen (EPSP und IPSP)

2. Aufgrund unterschiedlichen Informationscharakters kommt nur ein schwacher elektrischer Gesamtimpuls zustande, der nur eine unterschwellige, nicht fortgeleitete Depolarisation im Axon und an der Synapse auslöst.
3. Aufgrund sich gegenseitig aufhebender Erregungsimpulse, die sich hyper- und hypopolarisierend auswirken, gibt der Nervenzellkörper überhaupt keinen elektrischen Impuls an das Axon weiter.
4. Der Sammelimpuls ist unterschwellig hyperpolarisierend und verstärkt das negative Membranpotential des Axons und der Synapse über das normale Ruhepotential hinaus.

Falls die Einzelimpulse nicht als Membranpotentialschwankungen über die Dendriten zum Nervenzellkörper geleitet werden, sondern wie im Falle der Rezeptorneuronen chemischer, mechanischer oder lichtenergetischer Natur sind, so muß der Nervenzellkörper zunächst als Energieumwandler **(Transducer)** fungieren. Die andersartigen Impulse werden zunächst in elektrische Impulse umgesetzt, damit dadurch elektrische Ströme in Gang gesetzt werden und ein Generatorpotential aufgebaut werden kann. Dieses breitet sich in der Membran des Nervenzellkörpers **elektroto-** nisch, d.h. mit exponentiell abnehmender Amplitude, auf die umgebenden Membranbereiche aus. Erreicht es mit hinreichender Stärke den **Ursprungskegel** des Axons, so löst es ein fortgeleitetes Spitzenpotential aus. Über Dendriten und Nervenzellkörper laufen also keine Spitzenpotentiale, sondern nur **„Kriechströme"**. Das Aktionspotential ist eine Spezialität der Axone und Synapsen.

Entsprechend dem unterschiedlichen Aufbau ihrer Nervenfasern können bei der Erregungsleitung zwei unterschiedliche Neuronentypen festgestellt werden, nämlich die marklosen gegenüber den markhaltigen Fasern (vgl. Kap. 1). Die marklosen Fasern sind entwicklungsgeschichtlich älter als die markhaltigen.

6.2.6 Erregungsleitung in marklosen Fasern

Marklose Fasern kommen vor allem bei wirbellosen Tieren vor. Bei den Wirbeltieren, vor allem Säugern und Vögeln, besteht der Hauptanteil an Nervenfasern aus höher entwickelten, markhaltigen Nervenfasern. Marklose Fasern finden sich beim Menschen vor allem im vegetativen Nervensystem sowie in peripheren, der Perzeption

von Druck, Temperatur und Schmerz die-
nenden Nerven.

An **marklosen Fasern** erfolgt eine kontinuierliche Ausbreitung der Erregung. Dabei breitet sich der durch einen Impuls zustande gekommene elektrische Strom passiv (elektrotonisch) in die Umgebung aus,
depolarisiert die Membran Schritt für
Schritt durch eine Kette bzw. einen Kranz
an Spitzenpotentialen. So kann sich die Erregung sukzessiv über die gesamte Länge einer Faser fortsetzen (Abb. 6.10).

Ein Problem jedoch ist die relativ große
Abnahme der Erregung während des Verlaufs über die Faser, da naturgemäß ein Teil
des Stroms an die Umgebung verloren geht
(= **Dekrement**).

Das andere Problem ist die geringe Geschwindigkeit, mit der die Erregung geleitet
werden kann. Die Fasern der Nervenzellen
haben ja z.T. sehr beträchtliche Längen.
Die **Geschwindigkeit der Erregungsleitung**
hängt im wesentlichen vom Längswider-
stand der Extrazellularflüssigkeit, der
Membrankapazität, dem Membranwiderstand sowie dem Faserquerschnitt ab. In
marklosen Fasern des menschlichen vegetativen Nervensystems wurde bei 0,5 µm
Durchmesser eine Leitungsgeschwindigkeit
von 1 m/s ermittelt.

Je dicker marklose Fasern sind, desto
größer die **Leitungsgeschwindigkeit**: Am
Riesenaxon des Tintenfischs werden bei
500 µm Durchmesser ca. 20 m/s gemessen.
Jedoch sind Fasern dieser Dicke äußerst selten.

Insgesamt sind die Geschwindigkeiten
der Erregungsleitung in marklosen Fasern
zu langsam, um schnelle Reaktionen zu ermöglichen. Daher wurde mit den **markhaltigen Fasern** ein spezialisierter Typ entwik-
kelt, in welchem Erregungen mit wesentlich
höheren Geschwindigkeiten durchlaufen
können.

6.2.7 Erregungsleitung in markhalti-
gen Fasern (myelinisierten Axonen)

Wesentlichstes Merkmal markhaltiger Fasern ist deren in spezifischer Weise entwik-
kelte Isolierung in Gestalt einer aus Gliazellen bestehenden Umwicklung der Nervenfasern mit Myelinschichten (vgl. Kap. 1.2).

a.
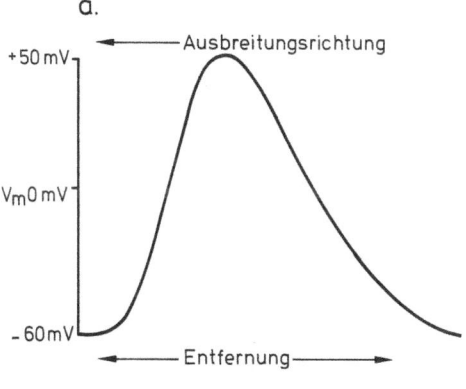

b.
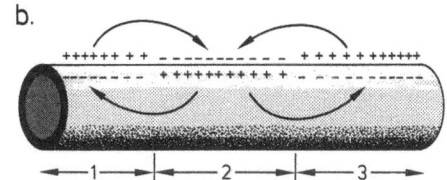

Abb. 6.10. Erregungsleitung an einer marklosen
Nervenfaser

Funktionell wird dadurch die Membran
mehr als 100fach verdickt. Dabei wird die
elektrische Kapazität der Faser stark vermindert und der Widerstand kräftig erhöht.

Die markhaltige Nervenfaser untergliedert sich in eine Kette von myelinumwickel-
ten Abschnitten von ca. 1–2 mm Länge
(Internodien), jeweils getrennt durch
umwicklungsfreie Abschnitte, die **Ranvier'schen Schnürringe (Nodien)**, von nur
ca. 2 µm Länge. In den Internodien hat ein
sich elektrotonisch ausbreitendes Potential
fast kein Dekrement und fällt mit der Entfernung nur wenig ab. Über die Internodien
wird das Aktionspotential mit sehr hoher
Geschwindigkeit fortgeleitet. Dem steht die
besondere Ausstattung der Membran der
Ranvier'schen Schnürringe gegenüber. Sie
enthält eine besonders hohe Dichte an regu-
lierbaren Na^+-Ionenkanälen. Hier kann
eine verstärkte Depolarisation durch eine
höhere nach innen gerichtete Na^+-Strö-
mung erzeugt werden. Das bedeutet, daß
an den Nodien das Aktionspotential periodisch ausgelöst und damit verhindert wird,
daß die Erregungswelle unter die Reizschwelle absinkt (Abb. 6.11).

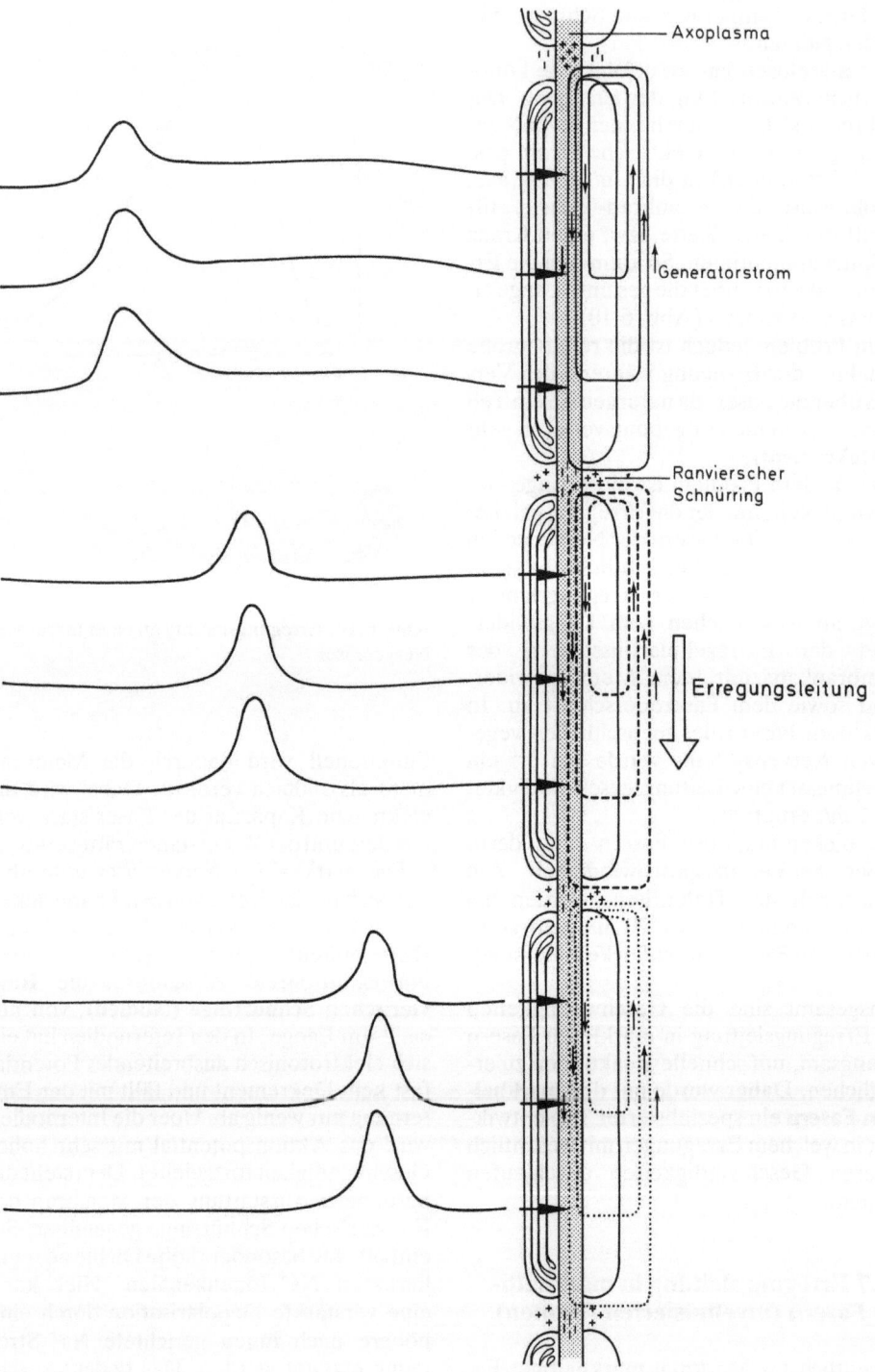

Abb. 6.11. Saltatorische Erregungsleitung an einer markhaltigen Nervenfaser. Links Potentialverläufe des Membranpotentials, gemessen an den durch Pfeile bezeichneten Stellen eines markhaltigen Axons. Die Fortleitung des Aktionspotentials (von oben nach unten) wird jeweils an den Ranvier'schen Schnürringen verzögert

Bei markhaltigen Fasern wird die Erregung also über die Internodien hinweg sehr schnell von Schnürring zu Schnürring geleitet, wo sie jeweils eine Verzögerung erfährt. Diese ungleichmäßige Bewegung heißt **saltatorische** (= springende) **Erregungsleitung**. Durch die Internodienstrecken ist die Geschwindigkeit in markhaltigen Fasern wesentlich höher als bei marklosen Fasern gleicher Dicke. Bei Wirbeltieren sind alle Fasern, die Geschwindigkeiten von über 3 m/s erreichen, markhaltig.

Tabelle 6.2 zeigt Beispiele für die **Leitungsgeschwindigkeit** im **Nervus ischiadicus** (Ischiasnerv) bei verschiedenen Wirbeltieren in Abhängigkeit vom Faserdurchmesser. Der Abstand der Schnürringe untereinander ist fasertypmäßig festgelegt und beträgt z.T. mehrere Millimeter. So können Geschwindigkeiten zwischen 80–120 m/s erreicht werden. Die höchste Leitungsgeschwindigkeit beim Menschen wurde innerhalb des Rückenmarks im Tractus spinocerebellaris mit 135 m/s nachgewiesen.

Das Spitzenpotential einer einzelnen Nervenfaser ist im allgemeinen so stark, daß es noch durch Ableitelektroden, die außen an ein Nervenbündel angelegt werden, gemessen werden kann. Meist jedoch sind in Nervenbündeln gleichzeitig mehrere Fasern aktiv, so daß meßtechnisch zusammengesetzte Aktionspotentiale (= Summenpotentiale) registriert werden. In manchen Faserbündeln verlaufen Fasern, die zu ver-

Tabelle 6.2. Abhängigkeit der Erregungsleitungsgeschwindigkeit vom Axondurchmesser im Nervus ischiadicus verschiedener Wirbeltiere (nach verschiedenen Autoren)

Tierart	Faserzahl pro Nerv	Faserdurchmesser in μm	Leitungsgeschwindigkeit in m/s
Frosch	2 200	1,0–12,6	30
Maus	3 700– 5 200	1 –14	60
Ratte	8 500–11 000	1 –15	70
Meerschweinchen	ca. 12 000	1 –17	80
Katze	22 285	2 –22	95
Mensch	–	10 –22	80–120

Tabelle 6.3. Beziehungen zwischen Durchmesser und Erregungsleitungsgeschwindigkeit von unterschiedlichen Nervenfasern des Menschen. (Nach R. F. SCHMIDT, 1987)

Fasertypen nach ERLANGER/GASSER	Funktion	Faserdurchmesser	Leitungsgeschwindigkeit
A α	Primäre Muskelspindelafferenzen	15 μm	100 m/s
A β	Hautafferenzen für Berührung	8 μm	50 m/s
A γ	Motorisch zu Muskelspindel	5 μm	20 m/s
A δ	Hautafferenzen für Temperatur und Schmerz	3 μm	15 m/s
B	Sympathisch präganglionär	3 μm	7 m/s
C	Hautafferenzen für Schmerz Sympathisch postganglionär	0,5 μm marklos	1 m/s

Fasertypen nach LLOYD/HUNT	Funktion	Faserdurchmesser	Leitungsgeschwindigkeit
I	Primäre Muskelspindelafferenzen (Ia) und Sehnenorganafferenzen (Ib)	13 μm	75 m/s
II	Mechanorezeptoren der Haut	9 μm	55 m/s
III	Tiefe Drucksensibilität des Muskels	3 μm	11 m/s
IV	Marklose Schmerzfasern	0,5 μm	1 m/s

schiedenen Faserklassen gehören und unterschiedliche Leitungsgeschwindigkeiten aufweisen (Tabelle 6.3). In manchen Bündeln laufen auch marklose Fasern des vegetativen Nervensystems mit. An und für sich müßte bei einer Erregungsleitung unter Berücksichtigung der Anordnung der einzelnen Nervenfasern und in Anbetracht der Tatsache, daß man ein Aktionspotential noch außen trotz aller Isolationen messen kann, auch eine gegenseitige Impulseinwirkung stattfinden. Für marklose Fasern wurde eine derartige Erregungsbeeinflussung tatsächlich nachgewiesen und dürfte in gemischten Bündeln von marklosen und

markhaltigen Fasern wohl auch vonstatten gehen. Dieser Vorgang könnte eine Synchronisation des Erregungsablaufs in benachbarten Fasern bedingen, die sicherlich von wesentlicher Bedeutung für höhere neuronale Vorgänge im ZNS sein dürfte. Eindeutige Nachweise dafür fehlen jedoch bisher für das intakte Nervengewebe. Nur bei Schädigungen der Myelinscheide, also unter pathologischen Bedingungen, fand man bisher dieses Überspringen von Faser zu Faser und nannte das Phänomen **„Ephapsen"** bzw. **„pathologische Synapsen"**.

6.3 Erregungsübertragung in Synapsen (Transmission)

6.3.1 Allgemeine Aspekte der synaptischen Erregungsübertragung

In Kap. 1.1.3.4 wurde detailliert der Feinbau der Endformation der Nervenfasern, der Synapsen, beschrieben. Hierbei handelt es sich um jene spezialisierten Schaltstellen im Nervengewebe, in denen ein elektrischer Erregungsimpuls von einer Nervenzelle auf eine nachgeschaltete Nervenzelle oder eine andere Effektorzelle (Muskel- oder Drüsenzelle) übertragen wird. Die Bedeutung der Synapsen für die Gesamtfunktion des

Organismus kann überhaupt nicht hoch genug eingeschätzt werden: Auf ihrer ordnungsgemäßen Funktion beruht nicht nur die gesamte Koordination, sondern auch das Lern- und Gedächtnisvermögen eines Lebewesens. Für diese Aufgabe besitzen die Synapsen eine spezielle Struktur und besondere biochemische und elektrische Eigenschaften. Bauelemente einer Synapse sind der besonders ausgestaltete Endbereich eines Axons, der **präsynaptische Bereich** und, durch den **synaptischen Spalt** getrennt, der ebenfalls durch Spezialbau cha-

Abb. 6.12. Unterschiede zwischen einer elektrischen **(a)** gegenüber einer chemischen Synapse **(b)**. **a:** Nach elektrischer Reizung einer elektrischen Synapse kann der Strom über Plasmabrücken (gap junctions) direkt zur postsynaptischen Zelle fließen und deren Membran depolarisieren. **b:** Bei einer chemischen Synapse erreicht der präsynaptisch induzierte Strom die Postsynapse nicht. Die Depolarisation erfolgt erst unter Vermittlung von chemischen Transmittersubstanzen, die aus der Präsynapse freigesetzt werden

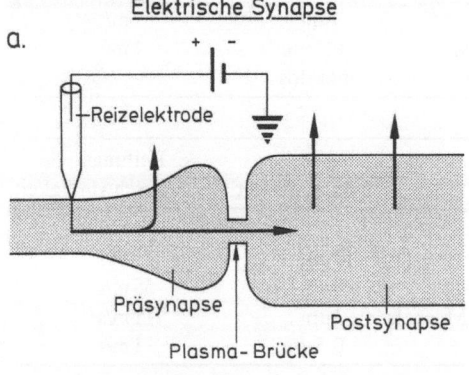
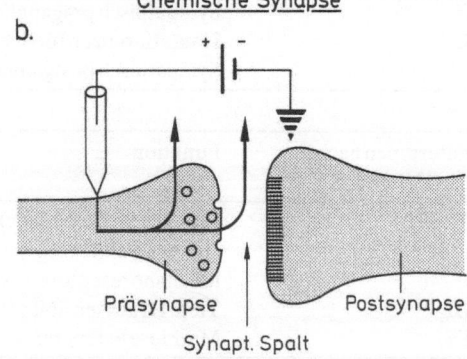

Tabelle 6.4. Funktionelle Eigenschaften von elektrischen und chemischen Synapsen

Elektrische Synapsen	Chemische Synapsen
1. Reduzierter Extrazellularraum (2 nm); cytoplasmatische Kontinuität zwischen prä- und postsynaptischer Zelle	1. Vergrößerter Extrazellularraum (20−50 nm); keine cytoplasmatische Kontinuität
2. Vermittler zwischen der prä- und postsynaptischen Zelle ist Ionenstrom	2. Vermittler zwischen Prä- und Postsynapse sind Neurotransmitter ($\sim$ peptide)
3. Sehr geringe Verzögerung bei Transmission, da elektrotonische Erregungsausbreitung über Plasmabrücke (gap junction)	3. Bedeutsame Verzögerung (0,3 bis 5 m/s) bei Transmission bedingt durch Öffnung von Ca^{2+}-Kanälen, Transmitterausschüttung, -diffusion und -rezeption sowie Auslösung eines synaptischen Potentials
4. Richtung der Erregungsausbreitung: bidirektional	4. Richtung der Erregungsausbreitung: unidirektional

rakterisierte **postsynaptische Bereich** an einem Dendriten oder am Zellkörper einer Nervenzelle oder an einer Effektorzelle (z.B. Muskel- oder Drüsenzelle). Der der präsynaptischen Endigung gegenüberliegende Anteil einer postsynaptischen Zellmembran heißt auch **subsynaptischer** Teil. Beide haben eine besondere Form (vgl. Kap. 1).

Die Untersuchungen der Feinstruktur der Synapsen ergaben, daß die Erregungsübertragung im Nervensystem nur in spezialisierten Zonen vor sich geht, nämlich dort, wo Präsynapse und Postsynapse bereits in eine besondere Annäherungsposition zueinander gebracht worden sind. Hier lassen sich zwei morphologische und funktionelle Typen unterscheiden: 1. Synapsen, in denen Plasmabrücken zwischen Prä- und Postsynapse bestehen, und 2. Synapsen, in denen die beiden spezialisierten Nervenfaserendformationen durch einen Spalt getrennt sind. Diesen unterschiedlichen morphologischen Typen entsprechen nach ihrer Funktionsweise die **elektrischen** bzw. **chemischen Synapsen** (Abb. 6.12a und b; Tabelle 6.4).

6.3.2 Elektrische Synapsen

Bei den elektrischen Synapsen ist die Kontaktfläche relativ groß und der synaptische Spalt sehr schmal, ungefähr 2−4 nm, das ist

ungefähr 1/10 des normalen Abstandes, der zwischen Zellen im Gewebeverband besteht (vgl. Abb. 1.15a). Die Plasmabrücken (= gap junctions, vgl. Abb. 1.16) in den Synapsen ähneln entsprechenden Plasmaverbindungen, wie sie in vielen anderen Körperzellen auch vorkommen. In diesen Brücken liegt eine Reihe von transzellulären Diffusionskanälen, durch die das Cytoplasma der vor- und nachgeschalteten Nervenzelle miteinander verbunden ist. Durch die Verbindungskanäle können Ionen und kleinere Moleküle (bis zu einem Durchmesser von ca. 1,5 nm) von einer Zelle in die andere gelangen. Über diese Verbindungen wird auch die elektrische Erregungsübertragung bewerkstelligt. Das in der Präsynapse eintreffende Aktionspotential wird vermittels der Brücken über den Spalt geleitet, und in weniger als 1 ms wird die **postsynaptische** Membran depolarisiert, wodurch ein **fortgeleitetes Spitzenpotential** ausgelöst wird. Die postsynaptische Membran der nachgeschalteten Zelle in einer elektrischen Synapse reagiert nur bei Überschreiten des Schwellenwertes nach dem **Alles-oder-Nichts-Gesetz**. Dadurch ist die Reaktionsweise einer elektrischen Synapse recht stereotyp, aber dafür auch sehr schnell.

6.3.3 Chemische Synapsen

Bei höher entwickelten Organismen überwiegen die wesentlich differenzierter und komplizierter arbeitenden chemischen Synapsen ohne Plasmabrücken. Die synaptischen Kontaktzonen sind hier normalerweise sehr klein, der synaptische Spalt dagegen ist breit, ca. 20–50 nm, so daß von einem präsynaptischen Aktionspotential kein Strom direkt zur postsynaptischen Seite fließen kann (Abb. 6.12b). Die sich in der Extrazellularflüssigkeit vollziehenden elektrischen Feldstärkenänderungen sind zu schwach, um die postsynaptische Membran zu depolarisieren. Jedoch kann transmitterabhängig, lokal eine vorübergehende Verminderung des Membranwiderstandes hervorgerufen werden, das **postsynaptische Potential (PSP)**.

Die eigentliche Übertragung der Nervenimpulse wird durch spezifische Transmittermoleküle (vgl. Kap. 7) realisiert. Infolge des präsynaptischen Aktionspotentials werden Transmittersubstanzen in bestimmter Menge aus der präsynaptischen Nervenfaserendregion in den synaptischen Spalt freigesetzt. Der ausgeschüttete Transmitter diffundiert durch den Spalt und erreicht an der postsynaptischen Membran entsprechende Rezeptormoleküle, mit denen er sich verbindet (vgl. Abb. 7.7). Dadurch werden Potentialschwankungen ausgelöst, die die Herabsetzung des Membranwiderstandes zur Folge haben und die nachgeschaltete Zelle erregen können (= **exzitatorische Synapse)** oder aber eine Erhöhung des Membranwiderstandes und damit eine Hemmung zur Folge haben können (= **inhibitorische Synapse)**. Die Stärke der jeweiligen Potentialschwankungen ist variabel. Somit ist das Nervengewebe durch Hemmung und Erregung in unterschiedlicher Dosis zur Modulation der Reizübertragung fähig.

6.3.3.1 Chemisch gesteuerte Ionenkanäle

Die wesentlichste funktionsmorphologische Sonderausstattung der Postsynapse stellen die chemisch gesteuerten Kanäle dar. Es kommt zu einer chemischen Übermittlung von elektrischen Signalen der vorgeschalteten Nervenzelle auf folgende Weise: Durch ein elektrisches Signal an der Präsynapse werden aus den in der Präsynapse befindlichen Bläschen (Vesikel) Transmitter freigesetzt (vgl. Kap. 7.1.3). Diese diffundieren in weniger als 1 Millionstel Sekunde durch den synaptischen Spalt und verbinden sich zum Beispiel bei Acetylcholin als Transmitter mit den Acetylcholinrezeptoren der postsynaptischen Membran. Die Rezeptoren sind Kanalproteine und binden pro Kanal 2 Moleküle Acetylcholin, dadurch öffnen sich die Kanäle und bleiben durchschnittlich 1/1000 s offen. In dieser Zeit erfolgt der Na^+-Einstrom in die Zelle und gleichzeitig der K^+-Ausstrom aus der Zelle. Danach wird das Acetylcholin durch Acetylcholinesterase abgebaut, und der Kanal schließt sich wieder. Der Inhalt eines synaptischen Bläschens (Vesikel) öffnet ungefähr 2000 Ionenkanäle an der postsynaptischen Membran. Durch jeden Kanal strömen ca. 20 000 Na^+-Ionen in die Zelle und gleichzeitig weniger K^+-Ionen hinaus. Durch den ungleichen Ladungsaustausch ändert sich die Spannung an der Membran. Die Spannungsänderung von 5/1000 s Dauer erzeugt das lokale **Endplattenpotential (EPP)** einer Muskelzelle bzw. die entsprechende lokale Potentialänderung an Nervenzellen. Potentiale, die durch chemisch gesteuerte Kanäle zustande kommen, haben andere Eigenschaften als durch spannungsgesteuerte Kanäle hervorgerufene. Sie dauern länger, ihre Amplitude ist kleiner und hängt von der Menge der freigesetzten Transmittermoleküle ab.

6.3.3.2 Erregende (exzitatorische) Synapsen am Beispiel der neuromuskulären Synapse

Die grundlegenden Untersuchungen der elektrischen und chemischen Abläufe während der Transmission wurden an Synapsen zwischen Motorneuron und Muskelzelle durchgeführt. Diese sind leicht zugänglich und einfach strukturiert, vor allen Dingen besonders groß, so daß relativ leicht Mikroelektroden für elektrische Messungen bzw. Stimulationen angebracht werden können. Jede Muskelzelle wird zudem nur durch ein Axon innerviert, welches in seinem Endbereich eine plattenförmige Spezialstruktur, die sog. neuromuskuläre Endplatte bildet (vgl. Abb. 1.13). Der in den synaptischen Spalt ausgeschüttete Transmitter (vgl. Kap. 7.1.3) bewirkt im Falle der exzitatorischen Synapse durch seine Wirkung auf die Rezeptoren an der postsynaptischen Membran eine Depolarisation, das lokale **Endplattenpotential (EPP)**. Dieses greift bei ausreichender Stärke mittels elektrotonischer Ströme auf umliegende Membranbereiche der Muskelzelle über und kann dort ein **exzitatorisches postsynaptisches Potential (EPSP)** auslösen. Im Falle einer neuromuskulären Synapse bewirkt ein EPSP das Zusammenzucken der Muskelzelle. Erreicht das EPP den Schwellenwert nicht, verändert es in jedem Fall aber das Membranpotential und nähert es dem Schwellenwert. Weitere innerhalb bestimmter kurzer Fristen eintreffende EPP können dann durch Summation das EPSP und damit die Reaktion (Zuckung der Muskelzelle) auslösen (vgl. Abb. 6.14).

In einem ruhenden Nerv-Muskel-System treten durch spontane Freisetzung kleiner Mengen des Transmitters (Acetylcholin) ohne voraufgegangene präsynaptische Erregungsimpulse in unregelmäßigen Abständen kleine, kurze Depolarisationen mit kleiner Amplitude auf, die einem EPP ähneln.

Die Erregung entsteht nur an der postsynaptischen Seite. Man nennt diese spontanen Depolarisationen **Miniatur-Endplattenpotentiale** (Min. EPP), die durchschnittlich 1mal pro Sekunde auftreten. Miniatur-Endplattenpotentiale werden offenbar durch die Menge des in einem einzigen Vesikel befindlichen Transmitters ausgelöst. **Lokale Endplattenpotentiale (EPP)** werden immer von einem Vielfachen des Min. EPP bewirkt, d.h. der Transmitter kommt in **quantalen Einheiten** zum Einsatz. Nach ca. 1−2 ms wird der Transmitter jeweils durch ein spezifisches Enzym in unwirksame Bestandteile zerlegt, wodurch die Zeitspanne für Potentialänderungen an der Postsynapse beendet wird.

Da das Endplattenpotential eine Depolarisation der Membran bewirkt, muß es durch Einströmen von positiven Ionenladungen erzeugt werden, und zwar im Falle von chemischen Synapsen durch chemisch gesteuerte Ionenkanäle (vgl. Kap. 7.1). Hierzu wurden Messungen insbesondere mit Hilfe von Spannungsklemmen durchgeführt, die den zeitlichen Ablauf und die Eigenschaften des Endplattenpotentials deutlich machen. Dabei zeigt sich: Am Enstehungsort ist das EPP am stärksten und nimmt mit der Entfernung von der Endplattenregion ab.

Nach dem Ohm'schen Gesetz wird die **Stromstärke eines Endplattenpotentials** bzw. eines exzitatorischen postsynaptischen Potentials (= I_{EPSP}) durch folgende Formel beschrieben:

$$I_{EPSP} = g_{EPSP} \times (V_m - E_{EPSP}).$$

Dabei ist g_{EPSP} die synaptische Leitfähigkeit, die durch die Leitfähigkeit der durch Transmitter aktivierten Ionenkanäle gegeben ist. $V_m - E_{EPSP}$ gibt die elektrochemische Kraft an, mit der der Ionenstrom die Kanäle passiert. V_m = Membranpotential, E_{EPSP} = Potentialgleichgewicht für das postsynaptische exzitatorische Potential.

Im Gegensatz zu den Gleichgewichtspotentialen an Axon und Präsynapse mit ca. +55 mV liegt das postsynaptische Membrangleichgewichtspotential bei 0 mV. Das bedeutet, daß dieses nicht allein durch ein Na^+-Gleichgewicht erzeugt wird, sondern daß mehrere Ionen beteiligt sein müssen, wie sich herausstellte Na^+ und K^+.

Die postsynaptische Erregung unterscheidet sich in zwei wesentlichen Punkten vom Aktionspotential des Axons, und zwar aufgrund der Struktur der Proteine der chemischen Ionenkanäle und des Mechanismus, wie die Kanäle geöffnet und geschlossen werden. Beim Aktionspotential erfolgt die Ionenbewegung von Na^+ und K^+ nacheinander (vgl. Abb. 6.5), beim postsynaptischen Potential dagegen gleichzeitig.

Die chemisch gesteuerten Kanäle lassen gleichzeitig auch noch größere Kationen, z.B. Ca^{++}, NH_4^+ und sogar organische Kationen passieren, jedoch keine negativen Ionen, wie z.B. Cl^-. Daraus wird geschlossen, daß die postsynaptischen Kanalproteine Anionen abstoßen. Man errechnete eine Mindestweite der postsynaptischen Kanalporen von 0,65 nm × 0,65 nm; demgegenüber sind die Na^+-Kanalporen des Axons nur 0,31 nm × 0,51 nm und die K^+-Poren 0,33 nm × 0,33 nm weit.

Ein weiterer Unterschied zwischen Aktionspotential und postsynaptischem Potential besteht darin, daß die Ionenzustände, die für das Aktionspotential verantwortlich sind, spannungsabhängig sind und durch Depolarisation geöffnet, durch Hyperpolarisation dagegen geschlossen werden. Jedoch ist die Öffnung der Kanäle an der Postsynapse von der Konzentration der spezifischen chemischen Transmitter abhängig. Daher wird die Zahl der geöffneten Kanäle nicht durch den Depolarisationsvorgang der Membran vergrößert. Das erklärt, warum die postsynaptischen Potentiale relativ niedrig sind und sich aufsummieren müssen.

6.3.3.3 Hemmende (inhibitorische) Synapsen

Während ein EPSP unter physiologischen Bedingungen immer eine Depolarisation der Postsynapse zur Folge hat, kommt es demgegenüber bei dem **inhibitorischen postsynaptischen Potential** (IPSP) zu einer **Hyperpolarisation**, d.h. zu einer Erhöhung des Ruhepotentials, welche eine Erregungsfortleitung in der postsynaptischen Zelle oder die Fortleitung der Erregung in der Nervenfaser zur Synapse (= **präsynaptische Hemmung**) verhindert. Während beim EPSP die vorübergehende Permeabilitätsänderung der Membran zu einer Permeabilitätszunahme für die einwertigen Kationen führt, trifft dieses im Falle des IPSP nur für K^+ und/oder Cl^- zu.

Das Prinzip der **postsynaptischen Hemmung** wurde an den sog. **Renshaw-Zellen** (RZ) in den **Vorderhörnern** des Rückenmarks aufgeklärt. Diese Zellen bilden mit den Motoneuronen des Rückenmarks eine funktionelle Einheit (vgl. Abb. 5.4), wobei sie mit den Kollateralen der motorischen Neuriten synaptisch verknüpft sind und

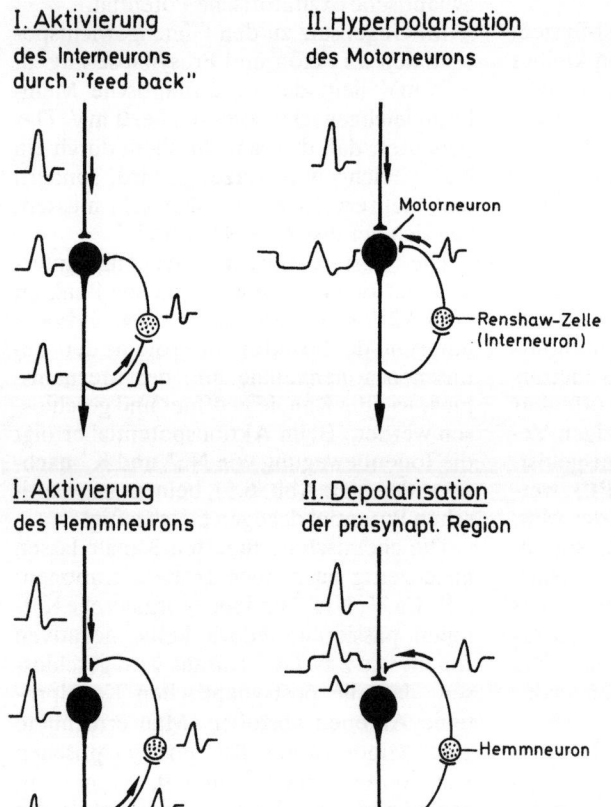

I. Aktivierung
des Interneurons
durch "feed back"

II. Hyperpolarisation
des Motorneurons

Motorneuron

Renshaw-Zelle
(Interneuron)

I. Aktivierung
des Hemmneurons

II. Depolarisation
der präsynapt. Region

Hemmneuron

Abb. 6.13. Schema einer postsynaptischen Inhibition (Renshaw-Hemmung) durch Hyperpolarisation des Motoneurons sowie einer präsynaptischen Hemmung durch Depolarisation der Präsynapse

durch Ausschüttung des Transmitters **Ace-tylcholin** aktiviert werden. Eine RZ entsen-det ihrerseits Neuriten zum Motoneuron und vermag dieses durch Ausschüttung ei-nes inhibitorischen Transmitters (z.B. γ-**Aminobuttersäure**) über den Mechanismus des IPSP durch Hyperpolarisation in seiner Aktivität zu hemmen. Damit stellt das Sy-stem Motoneuron-RZ-Motoneuron einen Mechanismus mit negativer Rückkopplung dar, ein sog. Feed-back-System.

Analog zu dem Wirkungsmechanismus der postsynaptischen Hemmung wird bei der **präsynaptischen Hemmung** (Abb. 6.13) durch die Wirkung von **inhibitorischen Syn-apsen** – hier an der präsynaptischen Axon-membran – die Weiterleitung der Aktions-potentiale durch Depolarisation unterbun-den. Letzteres führt dazu, daß die ankom-menden Aktionspotentiale durch diese „Vordepolarisation" der Axonmembran verkleinert werden (Abb. 6.13), wodurch die freigesetzte Transmittermenge verrin-gert wird.

Diese Form der Hemmung kommt be-sonders im ZNS vor und dient möglicher-weise dazu, die höheren assoziativen Zen-tren vor Reizüberflutung zu schützen. Eine besondere Bedeutung dürfte der präsynap-tischen Inhibition auch beim Vorgang der **Bahnung** zukommen (vgl. Kap. 9.2.3).

6.3.4 Transmission zwischen Nervenzellen

Die Untersuchung der Synapsen zwischen zwei Nervenzellen gestaltet sich vergleichs-weise wesentlich schwieriger als die der neuromuskulären Synapsen, denn bei einer Nervenzelle als nachgeschalteter Zelle kön-nen gleichzeitig außerordentlich zahlreiche (bis zu 10000) Synapsen an Dendriten und am Nervenzellkörper verschiedenste Im-pulse eingehen (vgl. Abb. 6.9). Die Synap-sen sind teils erregender, teils hemmender Art. Es treffen in jedem Fall viele Erregun-gen auf einmal ein, die dem EPP an der Muskelfaserendplatte ähnlich sind. Sie kön-nen bei entsprechender Stärke und durch Summation mehrerer PSP jeweils ein **erre-gendes postsynaptisches Potential** (EPSP) auslösen. Die verschiedenen gleichzeitig ausgelösten EPSP an ein und derselben Nervenzelle summieren sich in ihrer Stärke auf. Dadurch unterscheiden sich EPSP und Aktionspotential voneinander. Während das Aktionspotential immer die gleiche Amplitude hat, weist das erregende post-synaptische Potential (EPSP) eine wech-selnde Amplitude auf, je nach Erregungs-eingang. Erreicht ein EPSP, welches sich über den Nervenzellkörper ausbreitet, die Ansatzstelle des Axons, den **Axonhügel (axon hillock)**, und hat einen überschwelli-gen Wert, so löst es dort ein Aktionspoten-tial aus, welches dann am Axon entlang fortgeleitet wird, um in der Axonendforma-tion wieder den gleichen Cyclus in Gang zu setzen, nämlich die Präsynapse zu depolari-sieren und die Erregung mittels eines Trans-mitters weiter auf nachfolgende Zellen zu übertragen.

6.3.5 Plastisches elektrisches Antwortverhalten von Neuronen

In zunehmendem Maße sprechen neuere elektrophysiologische Befunde für die Richtigkeit einer alten Hypothese, die be-reits 1894 von RAMON Y CAJAL formu-liert wurde, derzufolge die Neubildung von Synapsen sowie Änderungen in der Über-tragungseffizienz der neuronalen Verknüp-fungen die Grundlage für eine Gedächtnis-ausprägung bilden müßten. Mit modernen elektrophysiologischen Methoden lassen sich einerseits Synapsen darstellen, deren Übertragungseigenschaften sich nach einer vorausgegangenen Aktivität nicht ändern, sondern konstant bleiben. Andererseits fin-det man andere Synapsen, deren Reizant-wortreaktionen sich in Abhängigkeit von ihrem vorausgegangenen Aktivitätsniveau gravierend ändern. So spricht man vom Phänomen der **Frequenzpotenzierung**, wenn sich nach mehrfacher gleichartiger elektrischer Reizung einer afferenten Faser das Membranpotential eines nachgeschal-teten Neurons, d.h. das postsynaptische Po-tential (PSP), mit jeder Stimulation um ei-nen kleinen Betrag erhöht und schließlich die Schwelle zum Aktionspotential über-schreitet (Abb. 6.14). Nach der Stimulation bleiben die postsynaptischen Amplituden nach Einzelreizen noch bestehen. Diese verbesserten, durch Ca^{2+}-Konzentrations-

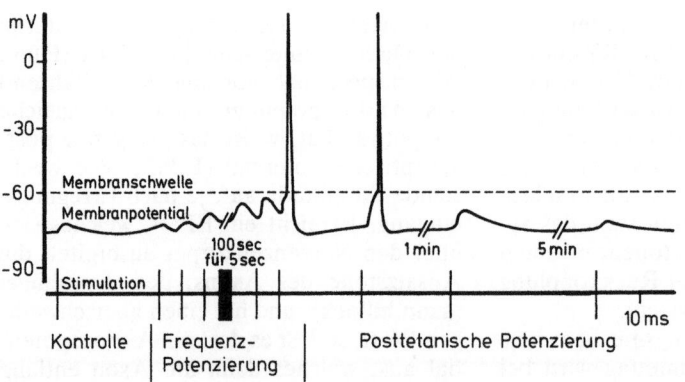

Abb. 6.14. Schematische Darstellung der plastischen Eigenschaften von Synapsen: Eine Einzelreizung der afferenten Fasern eines Neurons bewirkt eine Veränderung des Membranpotentials (MP) zu einem unterschwelligen EPSP. Eine anschließende hochfrequente Reizserie (100/s, Dauer 5 s) führt zu einer zunehmenden Amplitudenerhöhung (= Frequenzpotenzierung) bis zur Auslösung eines Spitzenpotentials. Nach der tetanischen Reizung bilden sich die EPSP-Amplituden nur langsam zurück, wenn einzelne Reize gesetzt werden (= posttetanische Potenzierung, PTP)

änderungen beeinflußbaren Übertragungseigenschaften der Synapse werden **posttetanische Potenzierung (PTP)** genannt (vgl. Kap. 9.2.3 sowie Abb. 9.16 und 9.17).

An einigen Neuronentypen, vor allem im **Hippocampus**, aber auch im **Striatum** sowie im **Cortex** von Säugerhirnen, wurden besonders ausgeprägte, plastische Antwortreaktionen von Synapsen registriert. Hier reichen bereits niederfrequente Reize von 10 Impulsen pro Sekunde an definierten afferenten Fasern aus, um innerhalb weniger Sekunden die synaptischen Übertragungseigenschaften zu steigern. In diesem Fall bleibt die erhöhte Amplitude der postsynaptischen Potentiale nach anschließenden Einzelreizen jedoch bis zu vielen Stunden oder mehreren Tagen erhöht (vgl. Abb. 9.18). Dieses Verhalten der Nervenzelle wird als **Langzeitpotenzierung (LTP)** bezeichnet. Da das Phänomen der LTP ausbleibt, wenn am selben Neuron andere afferente Fasern stimuliert werden, dokumentiert sich in ihm eine gewisse Reaktionsspezifität. Aus diesem Grunde werden derartige LTP-Vorgänge auch als ein bioelektrisches Korrelat für die mittelfristige **Gedächtnis**ausprägung angesehen (vgl. Kap. 11).

Zusätzlich zu diesen kurz- bis mittelfristigen adaptiven Veränderungen der bioelektrischen Aktivität von Neuronen lassen sich jedoch auch außerordentlich langfristige, sich über mehrere Wochen erstreckende Anpassungen der elektrischen Antwortcharakteristika **(postsynaptische Potentialamplitude)** in Abhängigkeit von Änderungen ökophysiologischer Rahmenparameter, z.B. während einer Temperaturakklimatisation, nachweisen (vgl. Kap. 9.2.3). Da derartige Veränderungen sich parallelisieren lassen mit adaptiven Veränderungen im Lernverhalten, gelten die hier referierten bioelektrischen Adaptationsphänomene als Ausdruck dafür, daß die plastischen Eigenschaften des elektrischen Antwortverhaltens von Nervenzellen im Zusammenhang mit der Ausprägung sowohl von Kurz- wie auch von Langzeitgedächtnis (vgl. Kap. 10) gesehen werden müssen.

6.4 Das Elektroencephalogramm (EEG) und das Reaktions-potential

6.4.1 Elektroencephalogramm (EEG)

Wie bereits erwähnt, sind elektrische Potentiale sogar einzelner Nervenzellen so groß, daß sie, z.B. bei Nervenfaserbündeln durch die Hüllen hindurch, von außen gemessen werden können. Mit Hilfe von auf der Schädeldecke befestigten scheibenförmigen Metallelektroden (bzw. unter die Haut eingeführter Nadeln) gegenüber einer indifferenten Elektrode, die außerhalb des Schädelbereichs, z.B. am Ohrläppchen, angebracht wird, lassen sich Summenpotentiale (Abb. 6.15) von der Großhirnrinde ableiten, die als **Elektroencephalogramm (EEG)** bezeichnet werden. Das EEG zeichnet die gesamte elektrische Aktivität der Milliarden von Nervenzellen des Gehirns auf. Das Ableiten und Auswerten eines Encephalogramms ist im Laufe der Zeit standardisiert und zu einer der bedeutendsten klinischen Untersuchungsmethoden in der Neurologie, Neurochirurgie und Psychiatrie entwickelt worden.

Es gibt dabei zwei Möglichkeiten der Ableitung: **Unipolare Ableitung** bedeutet, daß der Strom zwischen einer indifferenten Elektrode und einer Schädelelektrode abgeleitet wird; **bipolare Ableitung** bedeutet, daß ein Differenzpotential von jeweils zwei auf der Schädeldecke befindlichen Elektroden abgeleitet wird. Die Abb. 6.15 zeigt ein Beispiel der unipolaren Ableitung des EEG nach dem international üblichen Schema.

Das EEG des Menschen enthält im Gegensatz zum Elektrokardiogramm (EKG des Herzens) keine scharf charakterisierten, regelmäßig wiederkehrenden Potentialgruppen, sondern weist eine fortwährende, in Grenzen schwankende Spannungsproduktion auf. Die Analyse ergibt, daß jeweils ein über den verschiedenen Hirnabschnitten unterschiedlicher, bestimmter Grundrhythmus vorherrschend ist, welcher variieren kann in Frequenz, Amplitude, Häufigkeit und Lokalisation der vorherrschenden Wellen, im Frequenz-Amplituden-Verhältnis, der Steilheit der Potentiale, dem Grad der Übereinstimmung und der Verteilung der verschiedenen Wellenformen über den einzelnen Hirnregionen.

Der vorherrschende Rhythmus in einem normalen EEG bei geschlossenen Augen besteht aus Wellen mit Frequenzen von 8–13 pro Sekunde mit Amplituden von 30–150 µV, die über dem Occipital- und Parietalhirn am deutlichsten ausgeprägt

Abb. 6.15. EEG eines Erwachsenen; die Schädelskizze kennzeichnet die Ableitungspunkte bei unipolarer Registrierung gegen das Ohrläppchen. Hemmung des Grundrhythmus durch Öffnen der Augen (Ableitung O → A). Bei der frontal-parietalen Ableitung (F_P → A) treten Artefakte auf, die durch Augenmuskelpotentiale bedingt sind

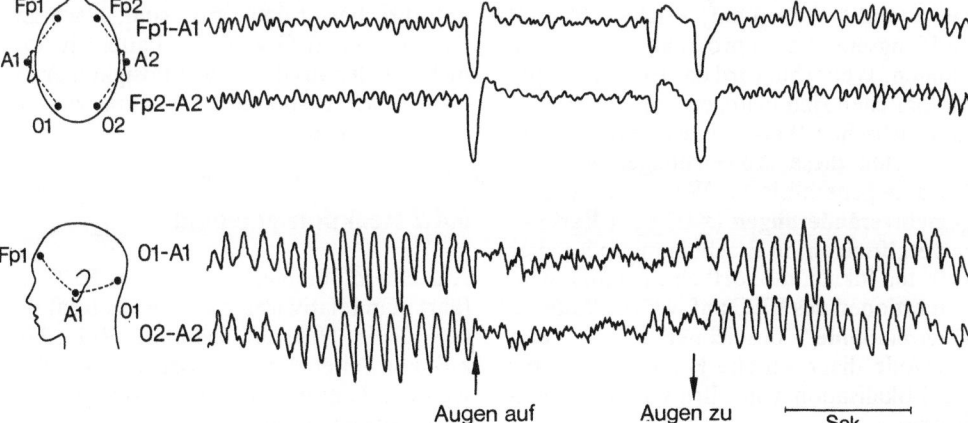

sind (= α-Wellen, Abb. 6.15). Schnellere Wellen mit kleiner Amplitude (15−30 pro Sekunde, 10−30 μV) treten besonders frontozentral auf (= β-Wellen), können aber auch occipital vorkommen und die α-Wellen überlagern. Beim Augenöffnen (Formensehen) oder irgendeiner Aufmerksamkeitszuwendung (Abb. 6.15) wird der α-Rhythmus unterbrochen (desynchronisiertes, aktives EEG): Es treten die niedrigen Frequenzen gegenüber den höheren zurück, die Amplituden nehmen ab. Ein Vergleich zwischen der Ableitung vom Occipitalhirn gegenüber dem vom Frontalhirn zeigt ein sehr ähnliches Bild, jedoch auch deutliche Unterschiede in den vorherrschenden Frequenzen.

Neben den α- und β-Rhythmen lassen sich ferner γ-Wellen mit Frequenzen von 4−7 pro Sekunde im vorderen Zentralbereich des Cortex bei Jugendlichen sowie bei Menschen mit vermehrter vasovegetativer Labilität darstellen. Recht selten sind außerdem im normalen EEG die δ-Wellen, welche occipital-parietal am Cortex auftreten, eine ähnliche Frequenz haben wie die α-Wellen und corticale Antwortreaktionen auf Sinnesreize darstellen.

Das normale EEG des Menschen, das sich erst mit zunehmender ontogenetischer Entwicklung zu seiner eigentlichen Ausprägungsform differenziert, spricht in äußerst labiler Weise auf physiologische Zustandsänderungen des Gesamtorganismus an: Bei einer **Hyperventilation** beispielsweise, in deren Verlauf u.a. die Hirndurchblutung absinkt, kommt es zu einer Zunahme der α-Wellenamplituden, auf die eine Reduktion der α-Wellenfrequenz folgt. Schließlich treten α- und δ-Wellen auf, welche sehr groß und langsam (1,5−3 pro Sekunde) werden können. Weiterhin wird das EEG unter pathologischen Bedingungen zum Teil in charakteristischer Weise abgeändert. Entweder treten diese Abweichungen von der Norm in generalisierter Weise als sog. **Allgemeinveränderungen** (z.B. nach **Barbituratvergiftungen**) in Erscheinung, oder aber es treten fokale, d.h. örtlich eng umgrenzte Alterationen des EEG auf, welche dann als „**Herdbefunde**" bezeichnet werden und wertvolle diagnostische Hinweise z.B. für die Lokalisation von Hirntumoren geben können.

Für die Entstehung der EEG-Wellen sind, wie experimentell nachgewiesen wurde, im wesentlichen nur die erregenden und hemmenden postsynaptischen Potentiale (vgl. Kap. 6.4) verantwortlich, nicht dagegen die fortgeleiteten Erregungen der Axone. Da nun die Meßelektroden durch die in verschiedenster Weise filternden Knochen und Häute weit von denjenigen Hirnregionen entfernt sind, deren Potentiale gemessen werden, liegen die Meßwerte zwischen 100 und 1000mal niedriger, als sie wirklich sind. Daher genügt diese Ableitungsart nicht in allen Fällen, und es werden speziell in der Neurochirurgie Ableitungen von der freigelegten Cortexoberfläche (= **Elektrocorticographie** = **ECoG**) vorgenommen und zusammen mit Untersuchungen innerhalb des Hirns mit Hilfe der **subcorticalen Elektrographie** z.B. **epileptische Herde** oder **Tumoren** lokalisiert. Diese letzteren Methoden werden aber gerade heute zunehmend durch die **Computertomographie**, d.h. Schichtröntgenographie, abgelöst.

Das normale EEG des Menschen, das sich erst mit zunehmender ontogenetischer Entwicklung zu seiner eigentlichen allgemein und auch für eine Person typischen Ausprägungsform differenziert, spricht in äußerst labiler Weise auf physiologische Zustandsänderungen des Gesamtorganismus an.

Ein generalisiertes Erlöschen des EEG (**Null-Linien-EEG**), der **Hirntod**, wird heutzutage in Zweifelsfällen immer mehr als Kriterium für den Tod benutzt, da die Möglichkeiten, Kreislauf- und Atemstillstand mit Wiederbelebungsmethoden zu unterbrechen, relativ groß sind. Nach Erlöschen des EEG wird der Patient jedoch nicht wieder aus der Bewußtlosigkeit erwachen bzw. zu spontaner Atmung zurückkehren können.

6.4.2 Reaktionspotential

Aus einem Summenpotential des EEG erfährt man relativ wenig über Einzelreaktionen, die im Hirn auf bestimmte Reize hin, z.B. von Seiten der Sinnesorgane, ausgelöst werden. Hierüber geben Messungen von **Reaktionspotentialen** Auskunft. Die ein-

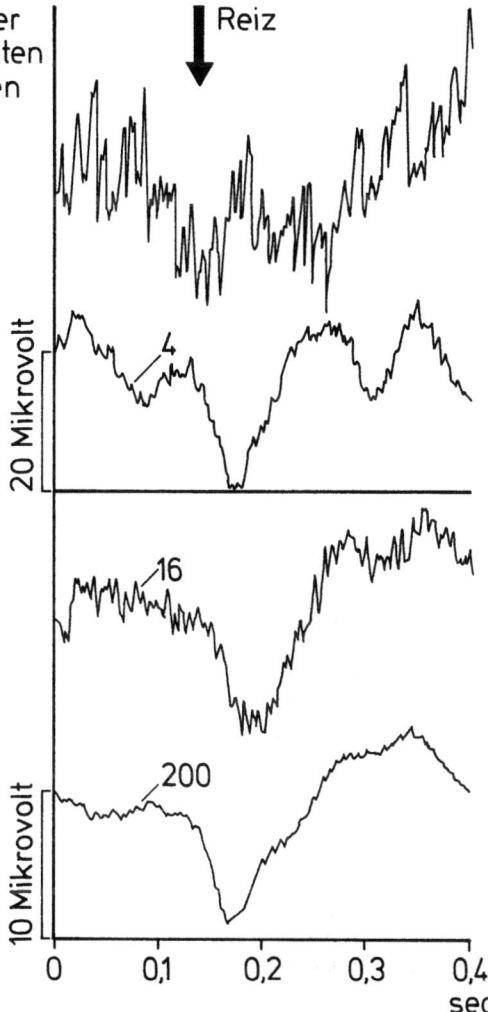

zelnen Reaktionspotentiale haben jedoch nur Amplituden von ca. 0,5–1 mV im Gegensatz zu den Signalen des EEG mit Amplituden zwischen 50 und 100 mV. So sind einzelne Reaktionspotentiale nicht ohne weiteres meßbar, obwohl gerade sie von so besonderem Interesse sind, geben doch diese winzigen Spannungsänderungen Auskunft über tatsächliche Aktivität im Hirngeschehen.

Man bedient sich derzeit zweier unterschiedlicher methodischer Wege, um Reaktionspotentiale aus einem EEG-Summenpotential herauszufiltern:

1. Es wird immer der gleiche Reiz (optisch oder akustisch) in so großen zeitlichen Abständen geboten, daß das Hirn zwischenzeitlich jeweils wieder zur Ruhephase zurückkehren kann. Durch Überlagerung der Meßkurven wird das Reaktionspotential mit Hilfe eines Computers schließlich sichtbar (Abb. 6.16). Bei der großen Zahl der übereinandergelagerten Kurven heben sich nämlich auf die Dauer alle unregelmäßig im Hirn erscheinenden Spannungsänderungen in der Sammelkurve auf.

2. Bei der zweiten Methode wird der Reiz in so schneller Folge geboten, daß ein Dauerreiz in der entsprechend reagierenden Hirnregion ausgelöst wird. Die aufeinanderfolgenden Reize überlappen sich und bilden ein Dauerpotential, ebenfalls mit sehr kleiner Amplitude. Dieses wird mit einem Fourier-Analysator aus dem abgeleiteten Summenpotential herausgefiltert. Der Fourier-Analysator zeichnet nämlich nur diejenigen Potentialänderungen auf, die dieselbe Frequenz wie der Reiz haben bzw. ein ganzzahliges Vielfaches dieser Frequenz. Alle übrigen Spannungsänderungen werden nicht aufgezeichnet (Abb. 6.17).

Die Anwendungsmöglichkeiten von Reaktionspotentialmessungen werden sehr vielfältig sein. Zur Zeit sind sie jedoch noch im Entwicklungsstadium und werden vor al-

Abb. 6.16. Darstellung eines Reaktionspotentials im EEG auf einen in weit auseinander liegenden Abständen wiederholten Reiz (optisch oder akustisch). Auswertung von überlagerten einzelnen Meßkurven mit Hilfe eines Computers

lem im medizinischen Bereich zunehmend angewendet, um z.B. frühkindliche Seh- und Hörschäden genau zu analysieren. Diese Art der Untersuchung von Reaktionen des Nervensystems auf gezielte Reize hin könnte jedoch auch der Schlüssel zu bis dahin noch ungeklärten Fragen im Bereich der Funktionsanalyse werden und zusammen mit biochemischen Methoden zu der Aufklärung des Nervengeschehens eingesetzt werden.

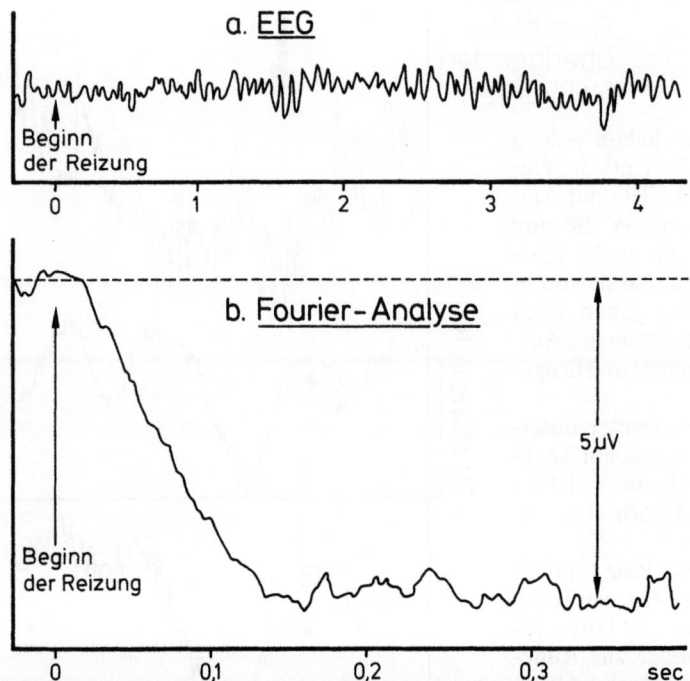

Abb. 6.17. Darstellung eines Reaktionspotentials im EEG **(a)** auf in rascher Folge verabreichte gleich-artige Reize, die einander überlappen und so zur Bildung von Dauerpotentialen mit kleiner Amplitude führen, die per computergesteuerter Fourier-Analyse herausgefiltert wurden **(b)**

7. Chemische Aspekte der neuronalen Informationsübertragung in Synapsen

7.1 Molekulare Grundlagen der synaptischen Informationsübertragung

Die am Vorgang der Informationsübertragung beteiligten Mechanismen sind in ihrer Gesamtheit gesehen außerordentlich komplex; sie beinhalten biochemische, biophysikalische und ultrastrukturelle Komponenten. Diese sind jedoch nicht etwa für alle Arten von Nervenendigungen gleich, vielmehr sind inzwischen sehr heterogene Varianten bekannt geworden.

Auf das Prinzip einer elektrochemischen Erregungsübertragung von Zelle zu Zelle war man bereits um 1900 gestoßen. Der englische Physiologe J. LANGLEY stellte bei der Untersuchung autonomer Nerven fest, daß die durch elektrische Reizung entsprechender Nerven ausgelösten Phänomene, wie z.B. Herzschlagerhöhung, ebenso nach Gaben von Nebennierenextrakten hervorgerufen werden können.

1905 postulierte dann T. R. ELLIOT, daß elektrische Impulse eine Freisetzung von adrenalinähnlichen Substanzen aus den Nervenendigungen verursachten, durch welche eine Sekretabgabe der Drüsenzellen bewirkt würde. Diese Drüsenzellen sollten erregend und hemmend wirkende rezeptive Substanzen enthalten, welche letztlich die Reaktion des Organs bestimmen würden.

Hier wurden also erstmals Wechselbeziehungen zwischen chemischen und elektrischen Faktoren unter Einbeziehung von molekularen Rezeptoren vermutet. 1921 gelang es dann OTTO LOEWI nachzuweisen, daß der **Nervus vagus** die Herzschlagtätigkeit durch Freisetzung von Acetylcholin herabsetzt. HENRY DALE bestätigte diese Befunde um 1930 und ergänzte sie durch den Nachweis, daß Acetylcholin nicht nur Transmittersubstanz im autonomen Nervensystem, sondern auch an den Nerv-Muskel-Kontakten ist.

Mit der Entwicklung der Mikroelektrodentechnik und der Elektronenmikroskopie in den 50er Jahren konnten schließlich all diese zunächst mehr spekulativen Hinweise auf einen elektrochemischen Transmissionsvorgang im Bereich der Nervenfaserendigung erhärtet werden.

Die Kommunikation zwischen Neuronen einerseits sowie zwischen Neuronen und nichtneuronalen Effektorzellen andererseits erfolgt an hochspezialisierten morphologischen Strukturen, den Synapsen (vgl. Kap. 1). Jede Synapse stellt eine spezifische Verbindung zwischen einer Endigung des präsynaptischen Neurons und einem rezeptiven Bereich einer postsynaptischen Zelle dar. Da ein Neuron bis zu 1000 Nervenendigungen auszusenden vermag und auch bis zu 1000 rezeptive Bereiche aufweist, ergeben sich für das menschliche Gehirn etwa 10^{14}–10^{15} interneuronale Kontaktstellen. An den meisten Synapsen sind die prä- und postsynaptischen Zellen durch einen 30 nm breiten synaptischen Spalt voneinander getrennt, der eine direkte elektrische Kommunikation zwischen den Zellen verhindert. Die Übertragung von elektrischen Signalen (**Transmission**) an diesen Synapsen erfolgt daher mit Hilfe von Molekülen, den Neurotransmittern. Während des Transmissionsprozesses löst ein elektrisches Signal an der Präsynapse die Freisetzung von Transmittern aus, die durch die extrazelluläre Flüssigkeit des synaptischen Spalts diffundieren, um mit spezifischen Rezeptorstellen der postsynaptischen Zelle zu reagieren und dort eine Änderung des Membranpotentials zu verursachen (vgl. Kap. 6).

Um den Prozeß der chemischen Kommunikation zwischen Neuronen zu ermöglichen, hat sich ein hochspezialisierter Mechanismus entwickelt: Die Nervenzellen benötigen einmal Spezialenzyme für die Synthese und den Metabolismus von Transmittern und zum anderen auch Mechanismen für die Speicherung größerer Transmittermengen in den Nervenendigungen sowie ferner spezialisierte Membranstrukturen, die eine Freisetzung und ein Erken nen der Transmitter ermöglichen. Die Frage, warum während der Evolution die Selektion bevorzugt zugunsten der chemischen Transmission verlief gegenüber einer einfacheren direkten elektrischen Übertragung (vgl. Kap. 6.3.2), läßt sich vielleicht so beantworten, daß die chemische Transmission einige bedeutende Vorteile bietet:

- Durch die chemische Transmission wird eine Informationsübertragung nur in einer Richtung gewährleistet, was bei der elektrischen Übertragung nicht notwendigerweise der Fall ist.
- Durch das Aufbringen einer unterschiedlichen Mischung von verschiedenartig zusammengesetzten chemischen Transmittersubstanzen, die entweder hemmend oder erregend wirken können und aus den Präsynapsen verschiedener Neurone abgegeben werden, läßt sich eine große Vielfalt an postsynaptischen Reaktionen und damit eine neuronale Verarbeitung im Sinne einer Integration erreichen.
- Durch die Ausweisung der einzelnen Hirnareale mit jeweils vornehmlich nur einem chemischen Transmitterstoff wird eine funktionelle Regionalisierung und Differenzierung des Hirns für spezifische Funktionszusammenhänge ermöglicht.

Wegen ihrer außerordentlichen Bedeutung für die Funktionen des NS wurden die synaptischen Kontaktstellen unter anatomischen, elektrophysiologischen sowie pharmakologischen Gesichtspunkten sehr intensiv untersucht. Eine Erforschung der Biochemie der zugrundeliegenden Strukturen und molekularen Prozesse begann jedoch erst im letzten Jahrzehnt, sie gehört z.Z. zu den aktuellsten Forschungsprojekten der Neurobiologie. Von der Aufklärung der molekularen Vorgänge bei der synaptischen Transmission erwartet man neue Einsichten in die Mechanismen neuronaler Prozesse und in die Ursachen und Therapiemöglichkeiten von verschiedenen neurologischen Erkrankungen.

Einen großen Aufschwung nahm die Synapsenforschung nach der Entdeckung von WHITTAKER und von DE ROBERTIS im Jahre 1962, daß während des für be-

stimmte neurochemische Untersuchungen notwendigen Prozesses der Homogenisation von Nervengewebe die präsynaptischen Nervenendigungen abreißen und sich daraus abgeschlossene Strukturen, die sogenannten **Synaptosomen**, bilden. Da die Synaptosomen offenbar die Morphologie, die chemische Zusammensetzung und die metabolischen Eigenschaften der Originalnervenendigungen beibehalten, können verschiedene Aspekte der synaptischen und neuronalen Membranfunktion in vitro an solchen Synaptosomen in idealer Weise untersucht werden.

7.1.1 Synaptische Membranen

Bei der Diskussion über den Mechanismus der Erregungsübertragung in den Synapsen wird deren Membranaufbau eine entscheidende funktionelle Bedeutung zugeschrieben. Derzeit ist man in der Lage, synaptosomale Membranfraktionen von über 80%iger Reinheit herzustellen und chemisch zu analysieren. Dabei ließen sich spezifische Glykoproteine darstellen sowie Polypeptide, die in ihrem Molekulargewicht der gereinigten **Hirn- (Na^+, K^+-)** und auch **(Ca^{2+}-)ATPase** entsprechen, also solchen membranständigen Enzymen, die durch den Einsatz von Stoffwechselenergie (ATP) Ionen durch die Membranen transportieren und so die Aufrechterhaltung des Membranpotentials bewirken.

In der Synapse selbst ist von diesen Enzymen vor allem die **Ca^{2+}-ATPase** von besonderer Bedeutung: Dieses membranständige Enzym, das in zwei unterschiedlichen Konformationen vorkommt, wird mitaktiviert, wenn infolge eines Aktionspotentials das im Extrazellularraum stark angereicherte Calcium vor allem in die Präsynapse einströmt, hier sekundäre Messengerwirkungen auslöst, anschließend jedoch sofort wieder gegen einen Konzentrationsgradienten wegen seiner cytoplasmatischen Toxizität herausgepumpt wird (Einzelheiten hierzu vgl. Kap. 7.2).

Neben der Untersuchung derartiger Membranenzyme konnte vor allem auch die Zusammensetzung der Lipide in den Synapsenmembranen von Wirbeltierneuronen beträchtlich vorangetrieben werden: Unter den neuronalen **Lipiden** sind neben dem **Cholesterin** vor allem die **Phospho-** und **Glykolipide** von besonderer Bedeutung, da sie als Membranbildner aufgrund ihrer molekularen Polarität (hydrophil-lipophil) und ihrer zum Teil beträchtlichen negativen Ladungseigenschaften spezifische Membranfunktionen festlegen. Die Ausstattung der Lipide (mit Ausnahme des Cholesterins) mit langkettigen, aliphatischen Säuren und in einigen Fällen auch langkettigen Alkoholen oder einer Base, verleiht ihnen ihren gemeinsamen Namen und ähnliche physikalische Eigenschaften. Sehr unterschied-

lich ist jedoch bei ihnen die Natur der polaren Gruppen, die von einer einzigen Hydroxylgruppe im Falle des Cholesterins, über 6 bei den sog. **Cerebrosiden** und bis zu 20−40 bei den **Gangliosiden** reicht.

Cholesterin (Abb. 7.1a) findet sich in den neuronalen Zellmembranen fast ausschließlich in gelöster Form und nicht − wie in den Membranen peripherer Organe − in Form von Cholesterinestern. Der größte Teil des Cholesterins wird − wie auch der der übrigen Hirnlipide − in situ synthetisiert. Aufgrund einer intensiven Blut-Hirn-Schranke findet nur ein minimaler Übertritt

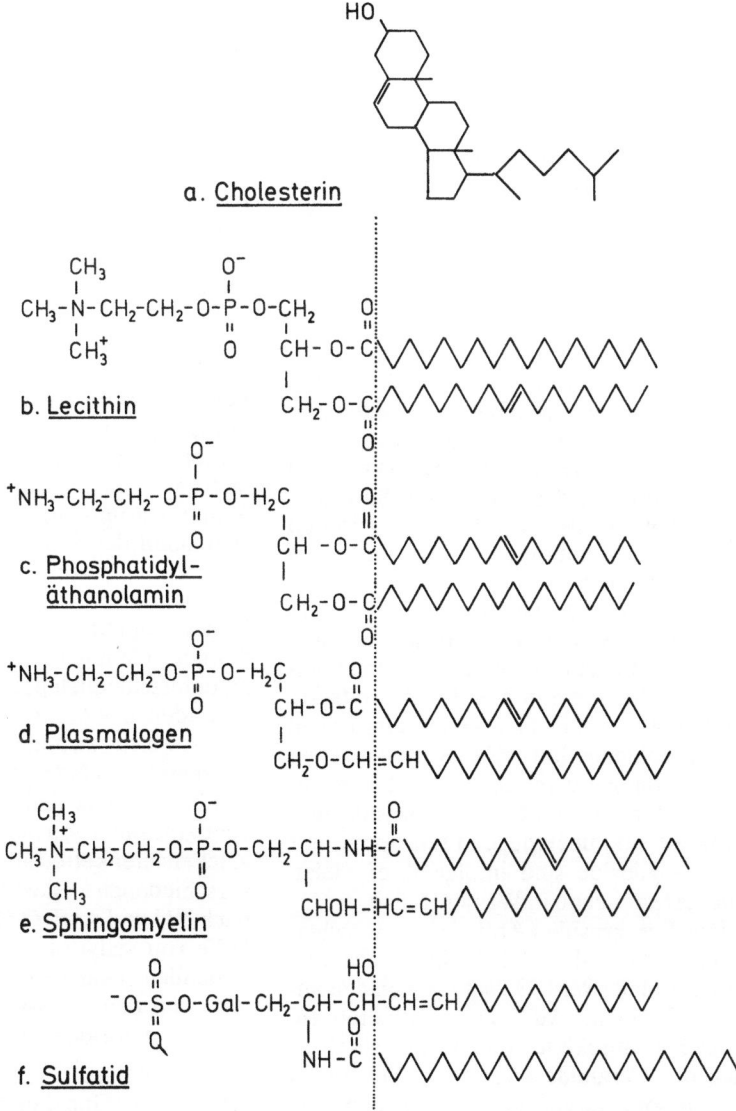

Abb. 7.1. Strukturformeln von wichtigen Bausteinen der Nervenzellmembran

von radioaktiv markiertem Cholesterin aus dem Blut in das Hirn statt. Auch die Umsatzrate des Hirncholesterins ist äußerst gering: Noch nach 1 Jahr war der Gehalt an markiertem Cholesterin im ZNS gleich hoch, während dieses aus Blut und Leber bereits nach 10–20 Tagen verschwand.

Die **Phospholipide** des ZNS umfassen Phosphatidylcholin, Kephaline, Plasmalogene und Sphingomyeline, die aufgrund ihrer sehr unterschiedlichen Ausstattung mit Fettsäuren und anderen Komponenten eine sehr heterogene Molekülgruppe darstellen. Generell ist bei den Phospholipiden Phosphorsäure mit Glycerin und einem zweiten Alkohol (Cholin, Colamin, Serin, Inosit) verestert. **Phosphatidylcholin** (= Lecithin) (Abb. 7.1b) ist im Vergleich zum Cholesterin in der Synapsenmembran stark angereichert. Es stellt gewissermaßen die Lipidmatrix der synaptischen Biomembran dar, in die gemäß des „Fluid-Mosaik"-Modells der Membran (S. G. SINGER, G. L. NICOLSON, 1972) die Proteine eingetaucht sind. Neben der Dipalmitinsäureverbindung konnten aus neuronalen Membranen auch Lecithine mit Fettsäuren zwischen C_{13} und C_{22} identifiziert werden, wobei Palmitinsäure und Ölsäure mehr als 80% aller Lecithinfettsäuren ausmachen. **Kephaline**, wie z.B. das **Phosphatidyläthanolamin** (Abb. 7.1c), und **Plasmalogene** (Abb. 7.1d) sind ebenso wie das **Sphingomyelin** (Abb. 7.1e), ein Nicht-Glycerid, weniger in den neuronalen Membranen, jedoch stärker im Myelin enthalten.

Die **Glykolipide** haben nicht etwa Glycerin, sondern Sphingosin als Base. Zu ihnen zählen die Cerebroside, Sulfatide und Ganglioside, die durch ihre Kohlenhydratreste Glykolipide sind. Die Hydroxylgruppen dieser Kohlenhydrat-(KH)-Ketten machen die Glykolipide zu relativ stark polar gebauten Verbindungen. Die Cerebroside und Sulfatide sind überwiegend fettlöslich, nur die Ganglioside sind infolge ihrer vielen Zuckerreste schon in Wasser löslich.

Die **Cerebroside** (Abb. 7.2) unterscheiden sich durch den Gehalt eines Zuckerrestes, normalerweise Galactose, von den anderen Lipiden. Außerdem enthalten sie lange Fettsäureketten und werden als Derivate der **Ceramide** angesehen. Sie finden sich besonders in der weißen Substanz (Myelin). Störungen des Cerebrosidmetabolismus führen zu neuronalen Störungen, den sog. **Cerebrosidosen**. Es führt z.B. die Akkumulation von Glucocerebrosiden, in denen anstelle von Galactose Glucose eingebaut ist, zur **Gaucher'schen Krankheit**.

Die **Sulfatide** (Abb. 7.1f) bestehen zu äquimolaren Anteilen aus Galactose, Sphingosin und Sulfat. Sie sind ebenfalls in der weißen Substanz angereichert. Bei Gliedertieren (Insekten) sollen sie konzentrierter in den Synapsenmembranen vorkommen und dort möglicherweise ähnliche Funktionen erfüllen wie die Ganglioside bei den Wirbeltieren. Wie die Cerebroside enthalten auch die Sulfatide lange C_{24}-Fettsäureketten, z.T. hydrolysiert, z.T. ungesättigt. Störungen des Sulfatidstoffwechsels rufen die sog. **Sulfatidlipidosen** hervor.

Ganglioside (Abb. 7.2): Während die Cerebroside am Ceramidgerüst ein Galactosemolekül tragen, ist bei den Gangliosiden der Ceramidrest mit einem komplizierten Kohlenhydratgerüst verbunden, **dessen terminales Molekül** stets die **Sialinsäure**, speziell die **N-Acetyl-Neuraminsäure** (NeuAc), darstellt, die ihrerseits auch maßgeblich am Aufbau von **Sialoglykoproteinen** beteiligt ist. Die Kohlenhydratkette der Hirnganglioside besteht zumeist aus vier Hexosen in der Reihenfolge Glucose – Galactose – Galactosamin – Galactose. Die Sialinrestgruppe ist stets mit dem Galactosemolekül der Seitenkette verbunden und ist in ihrer Anzahl veränderlich. Aufgrund der negativen Ladung der endständigen NeuAc kommt es – je nach Ausstattung der Ganglioside mit 1–6 NeuAc-Molekülen – zu unterschiedlich polar gebauten Sialoglykolipiden, den Mono- bis Hexasialogangliosiden, welche sich untereinander durch zunehmende Hydrophilie unterscheiden (Abb. 7.3). Die Anbindung unterschiedlicher Anzahlen von Sialinsäureresten an die Zuckerseitenkette führt im Wege der drei verschiedenen Biosynthesemöglichkeiten nach YU und ANDO (1980) schließlich mit Hilfe von Sialyltransferasen zu sehr unterschiedlich polar gebauten Einzelgangliosiden, von denen inzwischen 40 bis 50 verschiedene Formen bekannt wurden.

Auf zellulärer Ebene erfolgt die Hauptsynthese der Ganglioside im Golgi-Apparat

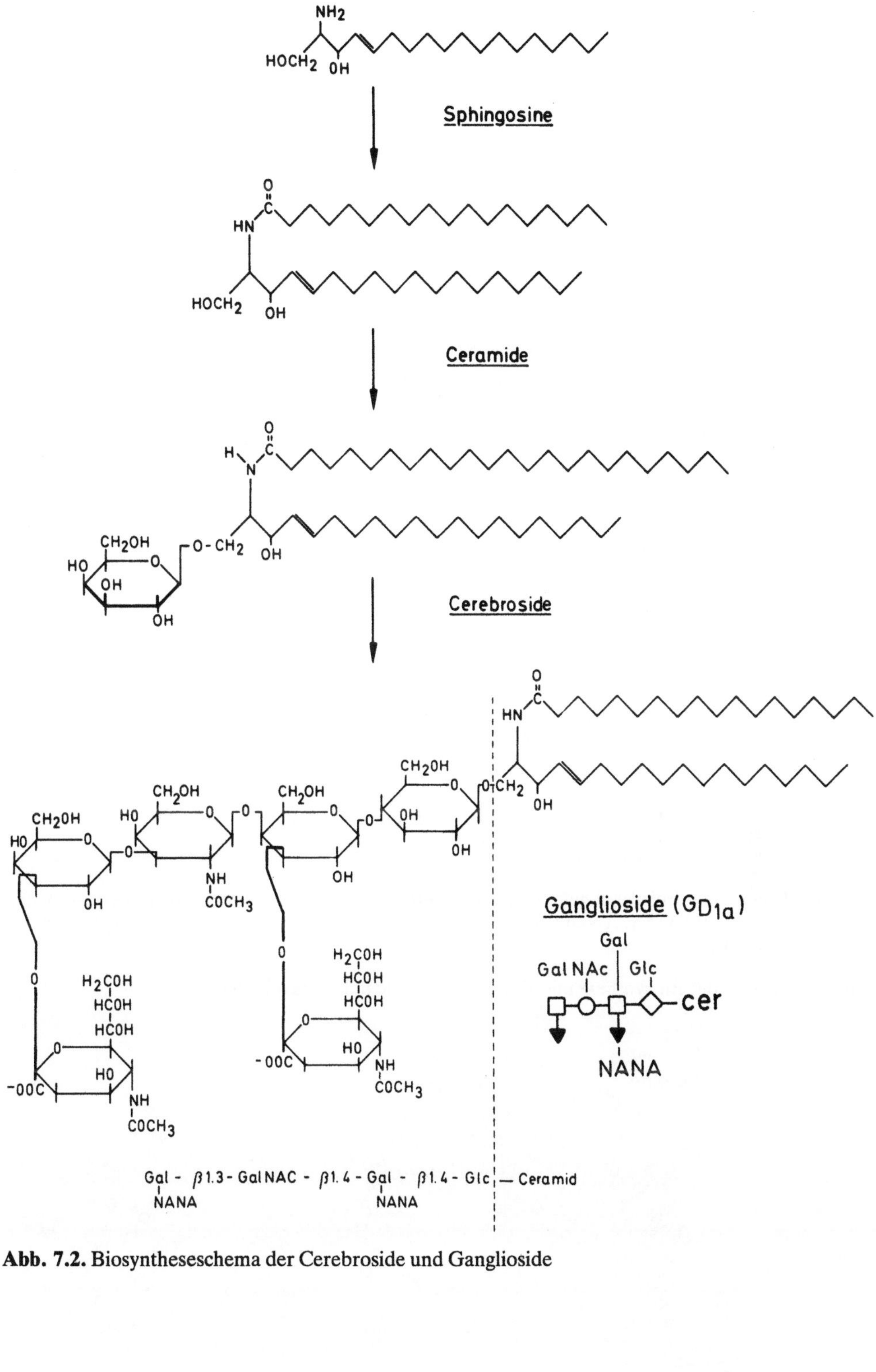

Abb. 7.2. Biosyntheseschema der Cerebroside und Ganglioside

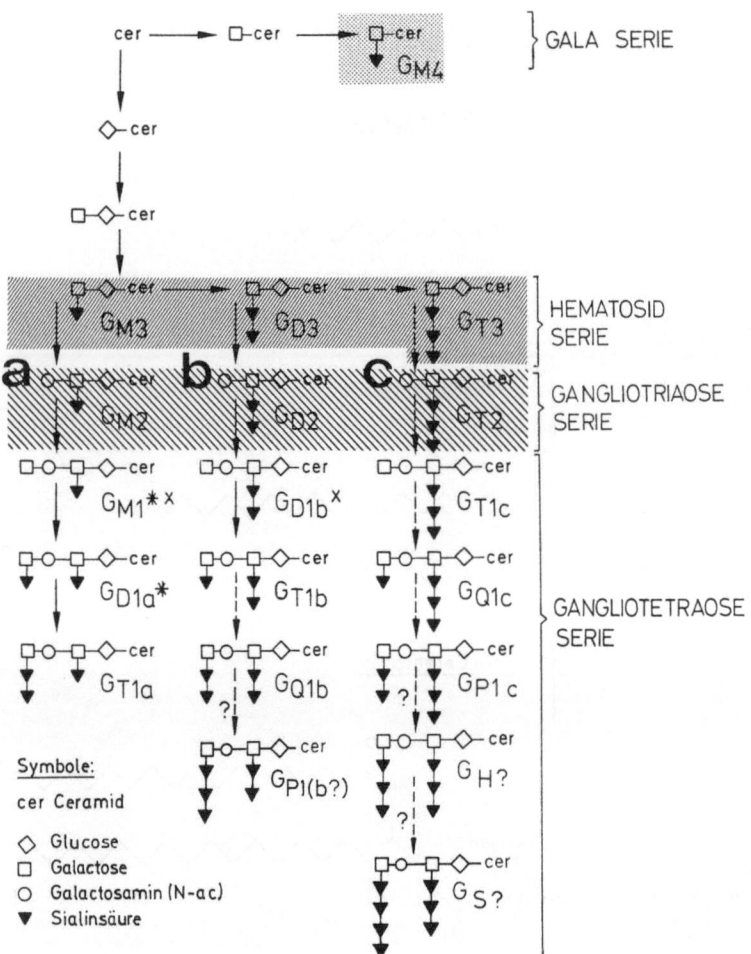

Abb. 7.3. Schema der drei bisher gefundenen Biosynthesemöglichkeiten von Gangliosiden (a-, b- und c-Weg nach R. K. YU und S. ANDO, 1980): Je mehr negativ geladene Neuraminsäuren pro Molekül (schwarze Dreiecke), desto polarer ist das Gesamtmolekül

Abb. 7.4. Schema der Biosynthese und Katalyse von Sialoglykomakromolekülen

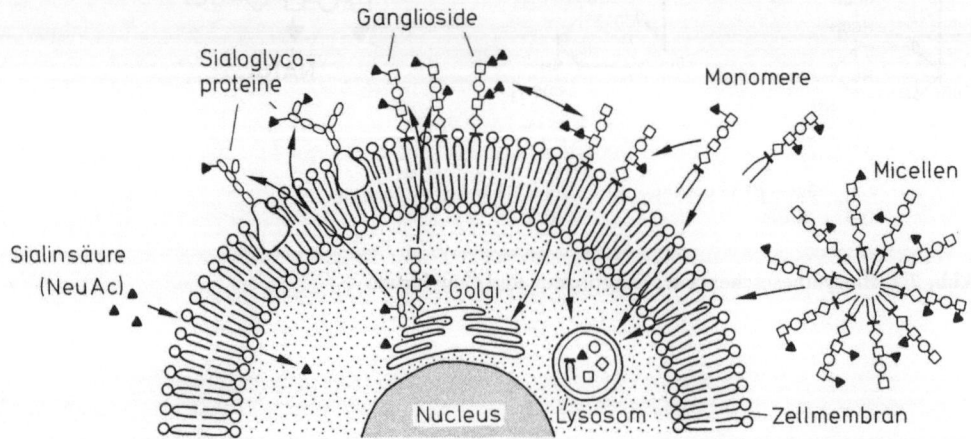

Abb. 7.5. Schema einer Synapse mit Gangliosidmolekülfilz („Cluster") an der äußeren Membran (oben) sowie molekulares Membranschema (unten) mit unterschiedlich polaren Gangliosiden, integralen Glykoproteinen, Carrier-, Kanalproteinen sowie dem Neuraminidaseenzym (Ausschnittsvergrößerung)

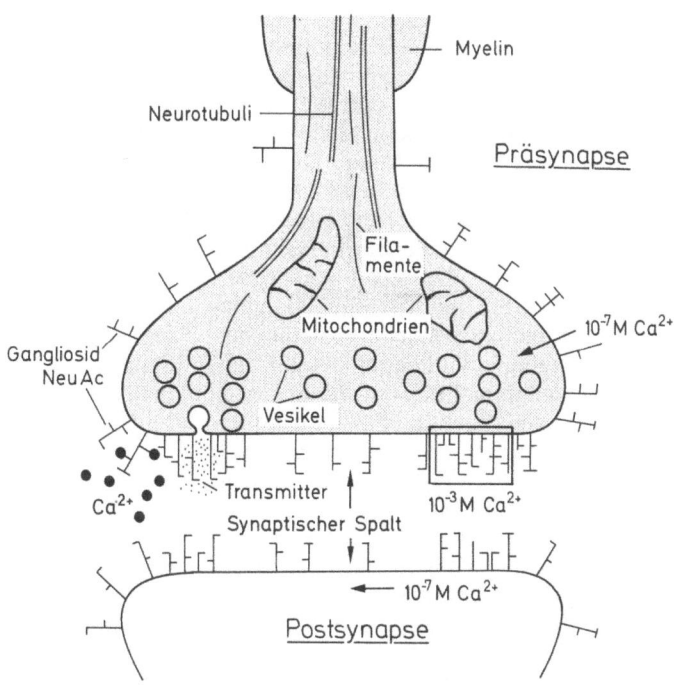

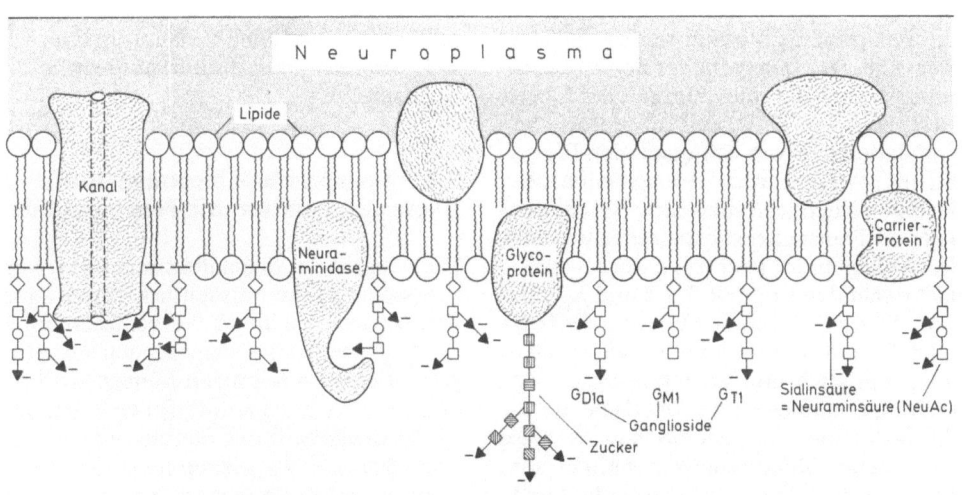

des Zellkörpers (Abb. 7.4), von wo aus sie mit dem schnellen neuronalen Transport (vgl. Kap. 9.1.2) bis in die Nervenfaserendformationen geschleust werden. Das Vorkommen von membrangebundenen **Sialyltransferasen** sowie auch von katabolisch arbeitenden **Neuraminidasen** in Synaptosomenfraktionen spricht jedoch dafür, daß in gewissem Ausmaß auch lokale Synthesen

bzw. Abbauvorgänge in den Synapsen selbst möglich sein dürften.

Ganglioside sind mit ihrem hydrophoben Ceramidanteil in der äußeren Lipidschicht der Zellmembran verankert; von dort aus erstreckt sich ihre hydrophile Kohlenhydratseitenkette mit den negativ geladenen Sialinsäureresten in den Extrazellularraum (Abb. 7.5). Hierdurch werden Interaktionen mit Kationen (z.B. Calcium) oder Polyelektrolyten an der Membranoberfläche möglich. Auf diese Weise können die Ganglioside an der Aufnahme und Weitergabe externer Signale mitwirken sowie die Ladungseigenschaften der Membranoberfläche funktionell verändern. In der Membran selbst sind die Ganglioside nicht gleichmäßig verteilt, sondern vielmehr in Form von Molekültrauben („Cluster") angeordnet. Es wird vermutet, daß derartige Gangliosidcluster Kanal- oder Carrierproteine ringförmig umgeben und dadurch deren Funktionen modulieren. Aufgrund dieser Eigenschaften sowie auch wegen der außergewöhnlich hohen Konzentration von Gangliosiden in Synapsenmembranen (10−15% aller Lipide) wird diesen Glykolipiden eine essentielle funktionelle Bedeutung bei der Erregungsübertragung und Gedächtnisbildung zugesprochen (H. RAHMANN, 1976; vgl. Kap. 11.2.4).

7.1.2 Synaptische Vesikel

Die synaptischen Vesikel stellen die Speicher- und Transportbehälter der Transmittersubstanzen dar, die aufgrund der Untersuchungen von B. KATZ an motorischen Endplatten in Form von quantalen Einheiten freigesetzt werden. Einzelheiten über die unterschiedliche chemische Beschaffenheit von Transmittersubstanzen sowie über den Ablauf ihrer Freisetzung werden in den nachstehenden Kapiteln 7.1.3 und 7.2 referiert. Wesentlich für die Funktion der Vesikel ist aber nicht nur deren Inhalt, sondern vor allem auch ihre Struktur. Synaptosomenpräparationen eignen sich nicht nur zur physikalischen und chemischen Analyse **synaptischer Membraneigenschaften**, sondern auch zu der von präsynaptischen Vesikeln. Die Protein- und Lipidzusammensetzung der Vesikelmembran ähnelt weitgehend der der Synapsenmembran, wobei jedoch angenommen wird, daß die erst kürzlich auch für Vesikel nachgewiesenen Ganglioside auf deren Membraninnenseite eingebaut sind. Die Ähnlichkeit der Vesikelmit der Synapsenmembran ermöglicht deren wechselseitige Verschmelzung während der Transmitterfreisetzung aus den Vesikeln bei der synaptischen Transmission (vgl. Abb. 8.15 und 8.16).

Die **Bildung der synaptischen Vesikel** ist noch nicht vollständig geklärt. Zum einen dürften sie im Perikaryon der Nervenzelle (vom Golgi-Apparat?) selbst gebildet und mit Transmittersubstanz beladen werden, um von hier aus mit dem schnellen axonalen Transport in die präsynaptischen Endformationen geschleust zu werden. Letzteres ließ sich im Falle adrenerger Vesikel mit Hilfe der Fluoreszenzhistochemie wahrscheinlich machen. Zum anderen dürfte eine Vesikelentstehung auch vor Ort in den Synapsen selbst durch Abschnürungen aus dem endoplasmatischen Reticulum möglich sein.

Eine weitere Bildung von synaptischen Vesikeln erfolgt im Sinne eines Recycling durch endocytotische Einschnürungen der präsynaptischen Plasmamembran im Anschluß an einen Transmissionsvorgang. Hierbei können aus dem synaptischen Spaltraum wiederverwendbare Moleküle, z.B. Neuropeptide, in die neu entstehenden Vesikel aufgenommen werden. Möglicherweise erfolgt in gleicher Weise auch die Einschleusung bestimmter Neurotoxine wie z.B. **Tetanus-** oder **Botulinumtoxin** in die Nervenzelle.

7.1.3 Synaptische Überträgerstoffe (Neurotransmitter und Neuropeptide)

Die Chemie der Signalübertragung im Nervensystem ist außerordentlich schwierig zu untersuchen, da die im Nervenfaserendbereich speziell dafür eingesetzten Überträgerstoffe nur in winzigen Mengen vorhanden sind. Es brachte die Entwicklung der Synaptosomentechnik bereits wesentliche Fortschritte bei der chemischen Charakterisierung der Überträgerstoffe; daneben gibt es auch histochemische Markierungsverfahren unter Verwendung von Fluoreszenzfarbstoffen oder von radioaktiven Tracern, mit denen der Syntheseort und Verbleib von Überträgerstoffen im Nervengewebe detaillierter verfolgt werden kann. Einen besonderen Aufschwung nahm die Neurochemie jedoch bei der Analyse synaptischer Antikörper gegen diese Substanzen.

Injiziert man z.B. ein Enzym, das bei der Synthese einer Überträgersubstanz eine Schlüsselfunktion innehat, in eine andere

Tierart, so bildet diese gegen das fremde Enzym **Antikörper**. Diese lassen sich mit einem Fluoreszenzfarbstoff oder anderen Kontrastmitteln markieren. Nach Injektion derart markierter Antikörper in das Hirngewebe der ursprünglichen Tierart verbinden sich diese mit all jenen Neuronen, die das Enzym enthalten.

Mit Hilfe dieser Techniken konnte festgestellt werden, daß die verschiedenen Überträgersubstanzen im Hirn nicht wahllos durcheinander verbreitet sind, sondern daß Nervenzellgruppen mit gleichen Überträgern zusammengefaßt sind und deren

Nervenfasern in begrenzte andere Hirngebiete ausstrahlen (Abb. 7.6).

An neuronalen Überträgerstoffen sind zwei Gruppen voneinander zu unterscheiden, nämlich die **Neurotransmitter** und die **Neuropeptide**. Die Differenzierung zwischen beiden Stoffgruppen und deren jeweilige Identifizierung gehören mit zu den schwierigsten Aufgaben der Neurobiologie überhaupt. Einen diesbezüglichen Unterscheidungsversuch bietet Tabelle 7.1. Bei den Neurotransmittern handelt es sich jeweils um kleine Moleküle mit nur 2 bis 10 Kohlenstoffatomen, bei den Neuropepti-

Abb. 7.6. Übersichtsschema über die Lokalisation von Neuronengruppen mit unterschiedlichen Neurotransmittern im Säugerhirn. Abkürzungen: AM: Amygdala; ARC: Nucleus arcuatus; DW: Dorsalwurzel; DWG: Dorsalwurzelganglion; EPN: Endopeduncularnucleus; GP: Globus pallidus; HAB: Corpora habenulae; HIP: Hippocampus; HYP: Hypophyse; LC: Locus coeruleus; LTA: Area tegmenti lateralis; MED: Medulla; MSG: medulläre Serotoningruppe; NA: Nucleus accumbens; OB: Bulbus olfactorius; OT: Tuberculum olfactorium; PC: pyriformer Cortex; PERI-V: periventrikuläre Nuclei; SC: Colliculus superior; SEP: Septum; SN: Substantia nigra; STR: Striatum; TCN: tiefere Cerebellumkerne; THAL: Thalamus; VTA: ventrale tegmentale Areae. (Nach G. M. SHEPHERD, 1983)

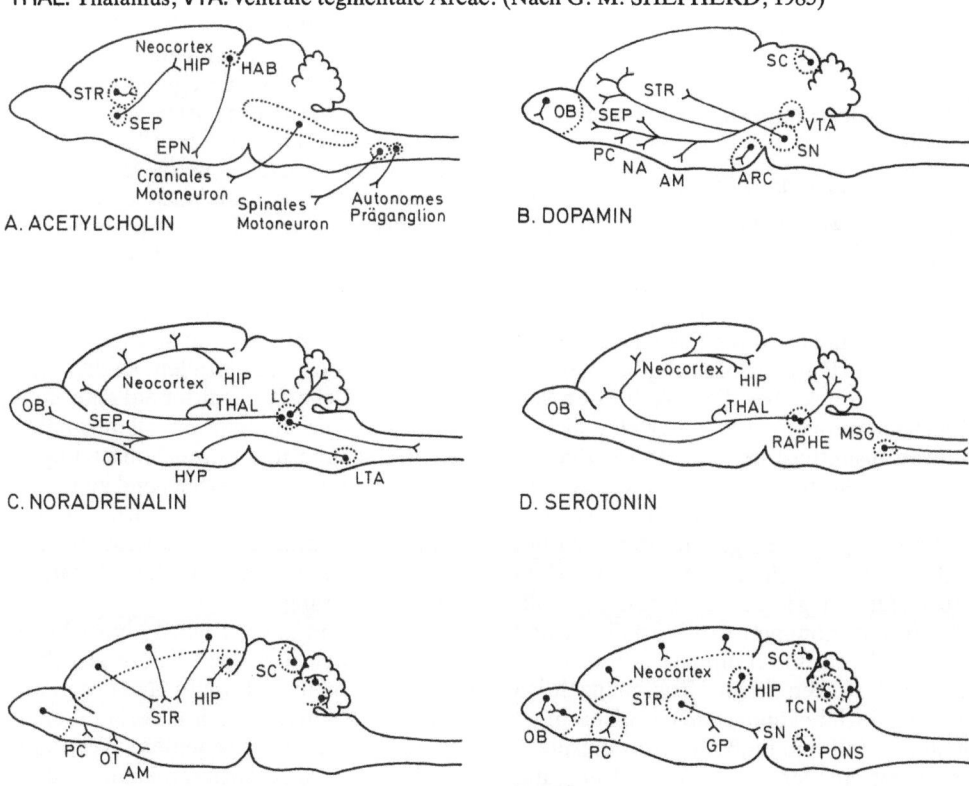

Tabelle 7.1. Stufen zur Identifikation von Neurotransmittern und Neuropeptiden

Neurotransmitter	Neuropeptide
– Anatomischer Nachweis über entsprechendes Substanz-vorkommen bei präsynaptischen Prozessen	– Nachweis der Peptidnatur der neuroaktiven Substanz
– Biochemischer Nachweis über Vorkommen und Wirkung von Synthese- und Abbauenzymen im präsynaptischen Neuron	– Entwicklung eines darauf gerichte-ten quantitativen Bioassays und entsprechender Extraktions- und Trennverfahren
– Physiologischer Nachweis darüber, daß nach Reizung Substanzen aus Präsynapse freigesetzt werden bzw. daß Direktapplikation der Substanz neuronale Reaktion auslöst	– Aminosäuresequenzbestimmung – Antikörperbildung gegen das Peptid
– Pharmakologischer Nachweis über antagonistische Wirkung von Drogen auf neuronale Reaktionen	– Entwicklung eines Immunassays für die immunocytochemische Darstellung des Peptids

den hingegen um mittelgroße Moleküle von bis zu 100 Kohlenstoffen. Die ersteren weisen eine hohe Bindungsaffinität gegenüber ihren Rezeptorverbindungen auf (vgl. Kap. 7.1.3.1.2), die anderen hingegen nur eine geringe. Die Wirkungsspezifität hingegen ist bei beiden Stoffgruppen gleich hoch.

7.1.3.1 Neurotransmitter und Neurorezeptoren

7.1.3.1.1 Neurotransmitter

Eine Zusammenstellung der wichtigsten Neurotransmitter, ihrer Wirkungsweise (erregend = exzitatorisch oder hemmend = inhibitorisch) und einige ihrer pharmakologisch wirksamen Antagonisten vermittelt Tabelle 7.2. Darüber hinaus gibt Abb. 7.6 einen Überblick über die Lokalisation von Neuronengruppen mit unterschiedlichen Neurotransmittern im Säugerhirn. Bei Tabelle 7.2 fällt auf, daß die Wirkungsweise einiger Transmitter sowohl mit „exzitatorisch" (erregend) als gleichzeitig auch mit „inhibitorisch" (hemmend) angegeben wurde. Dies mag insofern erstaunen, als allgemein angenommen wurde, daß ein und derselbe Transmitter immer nur in einer Richtung wirken kann. Zwischenzeitlich wurde jedoch bekannt, daß das nicht unbedingt der Fall sein muß: So wirkt beispielsweise das an der motorischen Endplatte freigesetzte Acetylcholin (ACh) erregend

auf die Muskelkontraktion, während das von den Nervus vagus-Endigungen freigesetzte ACh auf die Herzmuskulatur einen hemmenden Einfluß hat. Ähnliche Wirkungsunterschiede finden sich auch an sog. **Multiaktionszellen** von Wirbellosen (E. KANDEL, 1976). Wie der Tabelle 7.2 ferner zu entnehmen ist, kann ein und dieselbe Funktion, wie z.B. Erregungsauslösung, von verschiedenen Substanzen bewirkt werden, womit eine größere Plastizität des Gesamtsystems erreicht wird. Andererseits ist hervorzuheben, daß nach dem **Dale'-schen Prinzip** ein ausdifferenziertes Neuron an den verschiedensten präsynaptischen Terminalen jeweils nur denselben Transmitter freisetzen kann. Andererseits enden auf einem Neuron zahlreiche Präsynapsen verschiedenster Nervenzellen, so daß viele unterschiedliche Transmitter auf eine Zelle einwirken. Die Integration aller synaptischen Eingänge und deren Umsetzung in ein kompliziertes räumliches und zeitliches Muster von lokalen und fortgeleiteten Membranpotentialen ist das wesentlichste Charakteristikum neuronaler Informationsverarbeitung.

Vor wenigen Jahren wurde hinsichtlich des **Dale'schen Prinzips** ergänzend gefunden, daß ein und dasselbe Neuron zwar nicht gleichzeitig, aber im Verlauf seiner Entwicklung zwei verschiedene Transmittersubstanzen synthetisieren kann. Außerdem können klassische Neurotransmitter

Tabelle 7.2. Neurotransmitter, deren Wirkungsweise und Antagonisten

Transmitter	Wirkungsweise	Struktur	Antagonist
Acetylcholin (ACh)	exz., inh.*	$CH_3COOCH_2CH_2N^+(CH_3)_3$	Curare, Atropin
Adrenalin (A)			Chlorpromazin, Propanolol
Noradrenalin (NA)	inh. (exz.)		Verschiedene
Dopamin (DA)	exz., inh.		Haloperidol, Spiroperidol
Serotonin (5-Hydroxytryptamin; 5-HT)	inh. (exz.)		Methergolin
Glycin (Gly)		$HOOCCH_2NH_2$	Strychnin
γ-Aminobuttersäure (GABA)	inh. (exz.)	$HOOCCH_2CH_2CH_2NH_2$	Bicucullin
Glutaminsäure	exz.	$HOOC-CHNH_2-CH_2-CH_2-COOH$	Tetrotoxin

Transmitterkandidaten:

Histamin

Taurin $H_2N-CH_2-CH_2-\overset{\overset{O}{\|}}{\underset{\underset{O}{\|}}{S}}-OH$

ferner: ATP, Aspartat, Prolin, Octopamin, Purin, Carnosin

*exz. = exzitatorisch (erregend)
 inh. = inhibitorisch (hemmend)

und Neuropeptide gemeinsam von einer Präsynapse freigesetzt werden. Auch dieses dürfte mit Ausdruck sein für die große **neuronale Plastizität** (vgl. Kap. 9), wobei noch offen ist, aufgrund welcher Induktionswirkungen die endgültige Festlegung eines Neurons auf einen Transmittertyp erfolgt.

Das Funktionsprinzip der chemischen synaptischen Erregungsübertragung besteht darin, daß Veränderungen des Membranpotentials einer Zelle **(Präsynapse)** durch Vermittlung eines chemischen Botenstoffes **(Transmittersubstanz)** in einer zweiten Zelle **(Postsynapse)** Ionenkanäle und damit das Membranpotential beeinflussen. Dieser Prozeß erfordert natürlich Zeit.

Im Falle der neuromuskulären Endplatte tritt dabei eine Verzögerung der Erregungsfortleitung von etwa 0,5 ms auf. 1/10 dieser Zeit (= 50 µs) dient der Transmitterdiffusion über den synaptischen Spaltraum hinweg.

Die wesentlichsten Schritte eines Erregungsübertragungsvorganges laufen bei allen neurochemischen Synapsen in ähnlicher Weise ab (Abb. 7.7):

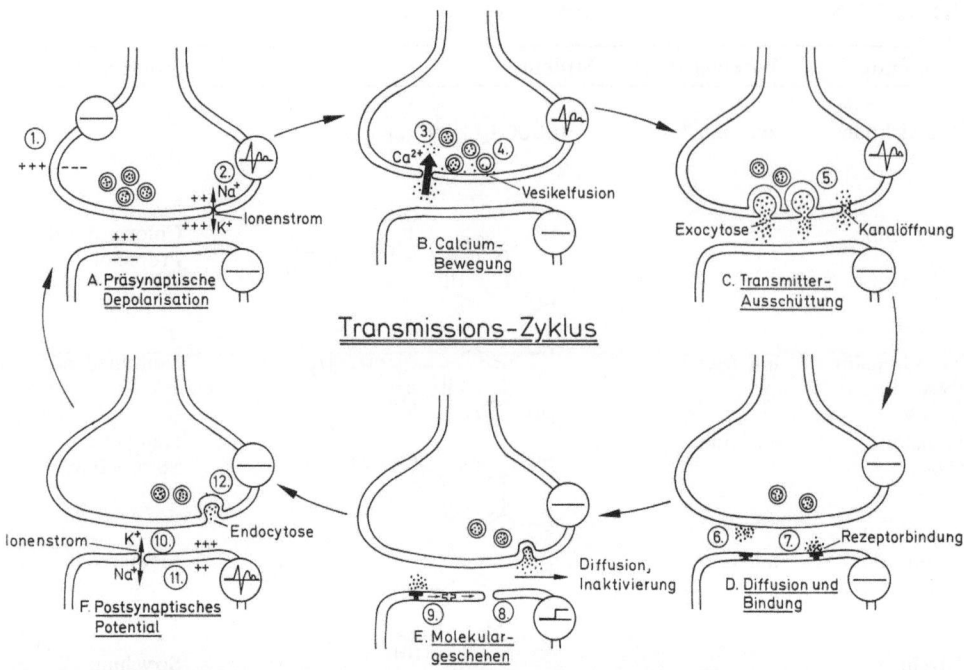

Abb. 7.7. Allgemeines Schema der membranstrukturellen und biochemischen Vorgänge während eines Transmissionscyclus an einer chemischen Synapse (Einzelheiten vgl. Text)

- In einer nicht erregten Synapse wird ein **Ruhepotential** aufgrund der Tätigkeit von Ionenkanälen und -pumpen in den Membranen gegenüber unterschiedlichen extra- und intrazellulären Konzentrationen von mono- und divalenten Ionen aufrechterhalten (1.).
- Bei Eintreffen eines elektrisch codierten Erregungssignals (**Aktionspotential**, AP) und durch die dadurch ausgelösten Konzentrationsänderungen der monovalenten Ionen (2.) gelangt Ca^{2+} aus seinen extrazellulären Bindungsstellen über entsprechende Kanäle vor allem in die Präsynapse (3.), in der es u.a. eine Fusion der mit Transmittersubstanzen angefüllten synaptischen Vesikel mit der Innenseite der präsynaptischen Membran bewirkt (4.; vgl. Kap. 8.2.4).
- Der nächste Schritt besteht in einer durch Exocytose bewirkten **Transmitterfreisetzung** in den synaptischen Spaltraum (5.). Aufgrund der Untersuchungsbefunde an motorischen Endplatten (B. KATZ) wurde festgestellt, daß die Transmitterfreisetzung offenbar in ganz bestimmten (quantalen) Einheiten erfolgt: Zur Auslösung eines AP ist die Freisetzung von 100 bis 200 **Transmitterquanten** erforderlich, wobei jedes Quantum im Falle von Acetylcholin zwischen 1000 und 10 000 Moleküle beinhaltet. Da ein Vesikel etwa 2000 Moleküle Acetylcholin enthält, ging man traditionsgemäß davon aus, daß ein Quantum einem Vesikelinhalt entspräche. Nach neueren Untersuchungen soll jedoch ein Quantum durchaus der Transmitterfreisetzung von mehreren Vesikeln entsprechen. (Neben den Transmitterstoffen selbst sind in den Vesikeln auch noch andere Verbindungen, wie z.B. ATP oder Hydrolasen enthalten.) Neben der vesikulären Transmitterfreisetzung wird auch eine direkte, ebenfalls quantale Abgabe des Transmitters durch die Membran angenommen, da nämlich freier, nicht vesikelgebundener Transmitter im Synaptoplasma einiger Neurone gefunden wurde.

– Nach Freisetzung und Diffusion des Transmitters über den synaptischen Spaltraum (6.) erfolgt dessen **Bindung an Rezeptormoleküle** (vgl. Kap. 7.1.3.1.2) in der postsynaptischen Membran (7.). (Ob diesbezüglich auch noch Autorezeptorbindungen mit entsprechenden präsynaptischen Molekülen möglich sind, bleibt weiteren Untersuchungen überlassen.)

– Im einfachsten Fall werden in der postsynaptischen Membran direkt Ionenkanäle geöffnet (8.). Es könnte jedoch möglich sein, daß zuvor auch noch Konformationsänderungen an membranständigen Enzymen ausgelöst werden (9.). Letztlich resultiert aus der Öffnung der Ionenkanäle ein **Ionenstrom** von monovalenten Ionen (10.) und damit die Auslösung eines **Generator-** und eines fortschreitenden **Potentials** in der Postsynapse (11.; vgl. Kap. 6.2).

– Während dieser postsynaptischen Membranvorgänge erfolgt im synaptischen Spalt der **Abbau des Transmitters** durch Inaktivierung oder Hydrolyse und eine Wiederaufnahme von noch verwendbaren Bestandteilen per **Endocytose** (12.) durch die Präsynapse bzw. eine Abgabe der nicht weiter verwertbaren Spaltprodukte per Diffusion an benachbarte Gliazellen. Hierdurch wird eine Synapse letztlich wieder für einen neuen Transmissionsdurchlauf frei.

Ein solcher **Transmissionscyclus** darf nun jedoch nicht unbedingt in jedem Fall als so starr angesehen werden, wie hier dargestellt. Vielmehr ist er im Hinblick auf eventuell eintretende chemische oder physikalische Zustandsänderungen der Membranumgebung außerordentlich flexibel und anpassungsfähig gestaltet. Bei den Wirbeltieren fungieren in diesem Zusammenhang **Ganglioside** als **Neuromodulatoren**, die im Zusammenwirken mit Ca^{2+} jeweils optimale Ausprägung der physikalischen Membraneigenschaften (Viskosität, Permeabilität, Funktionieren der Ionenkanäle etc.) für die jeweils quantale Transmitterfreisetzung gewährleisten (vgl. Kap. 8.2.4).

Über die bisher vorgestellten Prinzipien bei der chemischen Informationsübertragung in Synapsen hinaus bestehen nun jedoch beträchtliche biochemische Detailunterschiede je nachdem, welche chemische Substanz als Transmitter verwendet wird. Diese Differenzen haben außerordentliche Bedeutung für die Neuropharmakologie insofern erlangt, als speziell auf dem Gebiet der Chemie der Neurorezeptoren auf der postsynaptischen Membran spezifische Ansatzpunkte für körperfremde agonistische oder auch antagonistische Verbindungen entdeckt wurden. Im folgenden werden diesbezüglich die wichtigsten Transmitter, ihr Metabolismus sowie ihre Pharmakologie abgehandelt.

a) Acetylcholin (ACh)

Der zuerst und bisher am besten charakterisierte Neurotransmitter ist das ACh, dessen Eigenschaften in klassischen Experimenten an der motorischen Endplatte sowie später am Elektroorgan von elektrischen Fischen dargestellt wurden. Das Interesse am ACh als Transmitter führte zu sehr intensiven Untersuchungen über seine Biosynthese. ACh wird synthetisiert aus **Cholin** und **Acetyl-Coenzym A** (Acetyl-CoA) in einer Reaktion, die durch das Enzym **Cholinacetylase** (auch **Cholinacetattransferase**; CAT) katalysiert wird (Abb. 7.8).

$$CH_3-C \overset{O}{\underset{O}{}} SCoA + HO-CH_2-CH_2-N^+(CH_3)_3 \longrightarrow$$

$$CH_3-\overset{O}{C}-O-CH_2-CH_2-N^+(CH_3)_3 + HS-CoA$$

$$Acetyl-CoA + Cholin \xrightarrow{\text{Cholinacetylase}} Acetylcholi$$

Die Hauptquelle des Acetyl-CoA für die ACh-Synthese ist der oxidative Metabolismus von Glucose über die Brenztraubensäure (Pyruvat) innerhalb der Nervenzelle.

Das **Cholin** dagegen stammt zum einen Teil aus rückresorbiertem Cholin aus dem synaptischen Spaltraum nach der Hydrolyse von ACh in der Extrazellularflüssigkeit, zum anderen Teil auch aus der Blutversorgung sowie aus den Phospholipiden des Hirngewebes.

Die **Cholinacetylase**, ein Enzym mit dem Molekulargewicht von etwa 65 000, befindet sich hauptsächlich in der löslichen Fraktion der Nervenendigungen, nicht dagegen in den Vesikeln. Der molekulare Mechanismus der Acetylierung ist noch nicht genau bekannt. Daher weiß man auch erst sehr

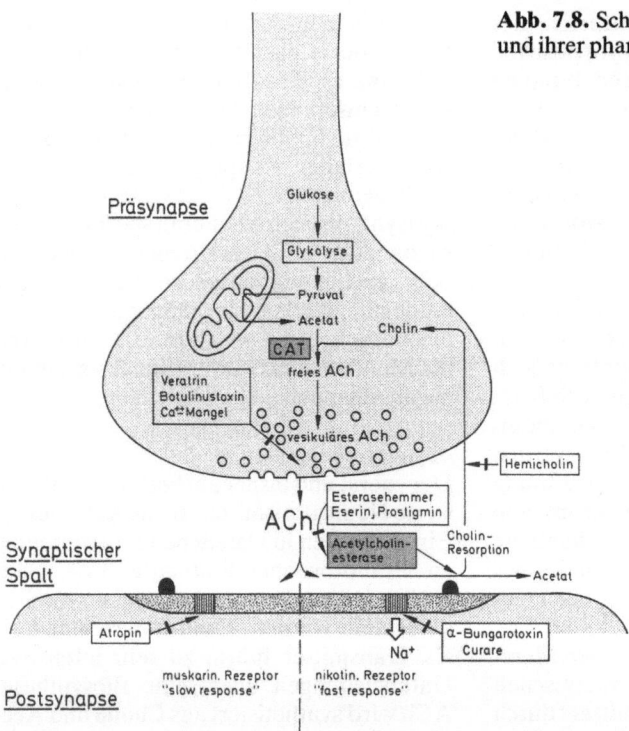

Abb. 7.8. Schema der cholinergen Transmission und ihrer pharmakologischen Beeinflussung

wenig über die Faktoren, die in vivo eine Regulation der Enzymaktivität ermöglichen. Es wird jedoch angenommen, daß bei einer bestimmten ACh-Konzentration eine „Feed-back-Hemmung" der ACh-Synthese eintritt, während eine Verringerung der Konzentration den Syntheseprozeß stimuliert.

Es ist davon auszugehen, daß in den Nervenendigungen zwei verschiedene ACh-Fraktionen (pools) vorhanden sind:

– labil gebundenes ACh (Cytoplasmapool) und
– stabil gebundenes ACh (Vesikelpool, vesikulär gebundenes ACh).

In Markierungsexperimenten hat sich gezeigt, daß neu synthetisiertes ACh zunächst im Cytoplasmapool erscheint und erst später in der Vesikelfraktion. Diese Befunde stimmen mit der cytoplasmatischen Lokalisation der Cholinacetylase überein, derzufolge auch geschlossen wird, daß ACh im Cytoplasma synthetisiert und danach zum

Teil in die Vesikel eingelagert wird. Die Frage nach dem Mechanismus, mit dem ACh in die Vesikel gelangt, und der Art des dynamischen Gleichgewichts zwischen cytoplasmatischem und vesikulärem ACh bleibt noch zu klären. Die **Vesikel**, welche etwa 2000 Moleküle ACh enthalten, stellen offenbar eine Transmitterreserve in den Nervenendigungen dar, denen möglicherweise auch eine besondere Bedeutung bei der Transmitterfreisetzung zukommt. Nach seiner Freisetzung diffundiert ACh durch den synaptischen Spalt und verbindet sich mit spezifischen Rezeptoren der postsynaptischen Membranen (vgl. Abb. 8.8) Bislang sind zwei Typen von cholinergen Rezeptoren bekannt: **muskarinerge Rezeptoren**, an denen eine Transmission auch durch **Muskarin** ausgelöst bzw. durch **Atropin** gehemmt werden kann; **nikotinerge Rezeptoren**, bei denen die Transmission auch durch **Nikotin** ausgelöst bzw. durch **Curare** oder **Bungarotoxin** blockiert werden kann. An Ganglien des Sympathicus wirkt ACh schnell erregend über nikotinerge Rezeptoren, dagegen langsam, aber mit verlängerter Dauer, über muskarinerge Rezeptoren. Über die chemische Natur der postsynaptischen Rezeptoren ist mit Ausnahme des Acetylcholinrezeptors (vgl. Kap. 7.1.3.1.2) bislang nur wenig bekannt.

ACh wird im synaptischen Spalt durch die **Acetylcholinesterase** (AChE) der postsynaptischen Membran inaktiviert. AChE katalysiert die hydrolytische Spaltung des ACh, sie gehört zu den aktivsten Enzymen der Natur überhaupt, so daß eine Hydrolyse innerhalb von Mikrosekunden erfolgen kann.

(tödlich wirkendes Protein, das von verschiedenen Stämmen anaerober Organismen freigesetzt wird).

– Die Rezeptoren können blockiert oder ihre Interaktion mit ACh verringert werden durch

a) **Curare** und **Nikotin** an den Nikotinrezeptoren sowie

b) **Atropin** und **Muskarin** an muskarinergen Rezeptoren.

– Durch Inhibition der Esteraseaktivität unterbleibt die Auslöschung der Transmitteraktivität von ACh und erfolgt eine Potenzierung des ACh-Effektes durch

$$CH_3-\overset{\overset{\displaystyle O}{||}}{C}-O-CH_2-CH_2-N^+(CH_3)_3 \xrightarrow{\text{AChE}} CH_3COO^- + HO-CH_2-CH_2-N^+(CH_3)_3$$

$$\text{Acetylcholin} \xrightarrow{\text{Acetylcholin-esterase}} \text{Acetat} + \text{Cholin}$$

Das Enzym AChE und der molekulare Mechanismus der enzymatischen Hydrolyse sind sehr intensiv untersucht worden. Das aktive Zentrum der AChE hat zwei wichtige Bereiche, die etwa 5 Å auseinanderliegen: einen anionischen Bereich, der die positive Ladung des quartären N-Atoms im Cholinanteil anzieht, und einen Esterbereich, der das Carbonyl-C-Atom des Acetatanteils bindet und diesen vom Cholin abtrennt. Dieses führt zur vorübergehenden Bildung einer Acetyl-Enzym-Verbindung, die anschließend hydrolysiert wird. Es ist nichts Genaues über den Verbleib des Acetatrestes von ACh bekannt, für das Cholin hingegen existiert ein Rückaufnahmemechanismus: Mindestens ein Teil des Cholins wird wieder in die präsynaptische Nervenendigung zurückgeführt, wo das Cholin zur Neusynthese von ACh verwendet wird.

Inzwischen liegt eine Fülle von pharmakologischen Befunden vor, die eine spezifische Hemmung des Stoffwechsels (ACh) und die Auswirkungen zeigen (vgl. Abb. 7.8):

– Eine Gruppe von Styrylpyridinanalogen hemmt spezifisch die Aktivität der Cholinacetylase und verhindert damit die ACh-Synthese.

– Die Wiederaufnahme des Cholins aus dem synaptischen Spalt wird inhibiert durch Hemicholin.

– Die ACh-Freisetzung wird vollständig blockiert durch das **Botulinumtoxin**

a) **Eserin (= Physostigmin)** und auch **Prostigmin**, die beide die Esterase hemmen, sowie

b) **Alkylfluorophosphate**, bei denen der Phosphatrest mit dem Esterbereich reagiert und diesen blockiert.

Das **Vorkommen von ACh** geht aus Abb. 7.6 hervor. Besonders markante ACh-Anreicherungen gibt es im Vorderhirn, speziell in den Projektionsbahnen zwischen dem **Septum** und dem **Hippocampus** sowie den **Corpora habenulae** und dem Nucleus endopendunculatus im Hypothalamus. Speziell im Hippocampus bewirkt ACh sowohl langsame exzitatorische wie auch inhibitorische Reaktionen der Pyramidenzellen.

b) Catecholamine

Die Catecholamine **Dopamin**, **Noradrenalin** und **Adrenalin** treten in besonders hohen Konzentrationen vor allem in Stammhirnbereichen sowie im Hypothalamus auf und sind die Transmitter des sympathischen Nervensystems. Diese **biogenen Amine** werden von der Aminosäure Tyrosin durch Decarboxylierung und Hydroxylierungsreaktionen gebildet. Die dafür benötigten Enzyme werden in den Perikaryen der sympathischen Neurone synthetisiert. Drei Enzyme sind für die Bildung von Noradrenalin aus Tyrosin (Abb. 7.9) erforderlich:

1. **Tyrosinhydroxylase** überführt das Tyrosin in **Dopa** und findet sich sowohl in

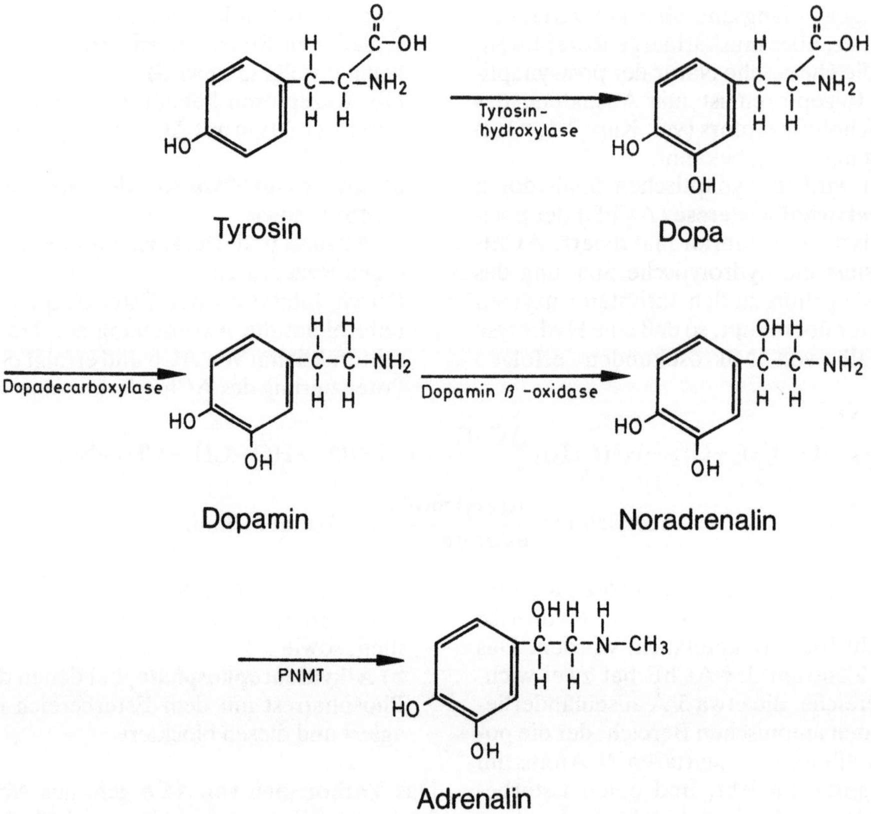

Abb. 7.9. Biosynthese der Catecholamine

Zellkörpern wie in Axonen und Nervenendigungen. Erforderlich sind Tetrahydropteridin, O_2 und Fe^{++} als Cofaktoren. Durch Noradrenalin kann die Tyrosinhydroxylase gehemmt werden; dieses stellt einen bedeutenden Kontrollmechanismus für die Synthese von Noradrenalin dar.

2. **Dopa-Decarboxylase** überführt das Dopa in **Dopamin**, katalysiert die Abspaltung von CO_2 und ist eine relativ unspezifische Decarboxylase, bei der Pyridoxalphosphat als Cofaktor dient und als sog. Schiff'sche Base fest am Apoenzym gebunden ist.

3. **Dopamin-β-Oxidase (DBH)** überführt schließlich Dopamin in Noradrenalin durch Oxidation der Seitenketten. Es handelt sich hierbei um ein relativ unspezifisches Calciumenzym, das Sauerstoff und Ascorbinsäure zu seiner Synthese benötigt. Dopamin-β-Oxidase ist das

einzige Enzym, das sich offenbar innerhalb der Vesikel befindet und mit der Transmitterfreisetzung in den synaptischen Spalt ausgeschüttet wird.

4. **Phenyläthanol-N-Methyltransferase** (PNMT) bildet **Adrenalin** aus Noradrenalin durch Methylierung, wobei S-Adenosylmethionin als Methyldonator fungiert.

Der Abbau der Catecholamine erfolgt zum Teil neuronal durch Desaminierung und anschließende Oxidation, welche durch die **Monoaminooxidase (MAO)** katalysiert wird. Extraneuronal findet der Abbau der Catecholamine durch eine O-Methylierung statt, wobei diese Reaktion durch **Catechol-O-Methyltransferase (COMT)** katalysiert wird. Diesen beiden Reaktionen kommt offenbar nicht nur eine wichtige Rolle bei der Inaktivierung der Catecholamine zu, vielmehr scheinen sie auch wesentlich für die

Abb. 7.10. Schema der adrenergen Transmission und ihrer pharmakologischen Beeinflussung

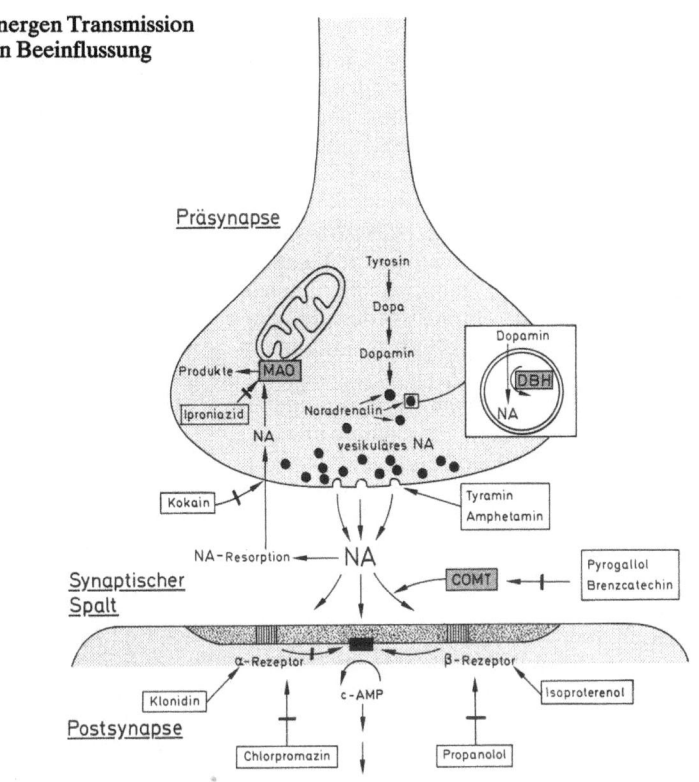

Rückführung der Ausschüttungsprodukte in das Neuron zu sein (Abb. 7.10).

Die Kontrolle über die Bildung und Speicherung der Catecholamine wird von verschiedenen Mechanismen des sympathischen Neurons ausgeübt: Zunächst einmal erfolgt eine Regulation durch schnelle Änderungen in der Tyrosinhydroxylase-Aktivität, die durch einen Feed-back-Mechanismus in den Nervenendigungen verursacht wird. Ein weiterer Regulationsort ist auch der Zellkörper selbst, in dem durch Änderungen der Nervenaktivität die Bildungsraten verschiedener biosynthetischer Enzyme beeinflußt werden, denn die Biosynthese der Enzyme erfolgt im Zellkörper, und sie werden mit Hilfe des **neuronalen Transportes** von dort bis in die Nervenendigungen transportiert (vgl. Kap. 9.1).

Zur Pharmakologie des adrenergen Systems liegen bisher im wesentlichen folgende Befunde vor (Abb. 7.10):

– Die Dopa-Decarboxylase-Aktivität wird durch α-Methyldopa gehemmt;

– **Reserpin**, **Tyramin** und **Amphetamine** führen zur vollständigen Ausschüttung von Catecholaminen aus den Nervenendigungen;

– **Cyclocholin** verhindert die Catecholaminausschüttung;

– **Cocain** inhibiert die Wiederaufnahme der Catecholamine durch die Präsynapsen;

– **Pyrogallol** und **Brenzcatechin** hemmen die COMT;

– **Hydrazin**derivate, z.B. Iproniazid, sind Hemmer der MAO; und schließlich

– **Chlorpromazin** verbindet sich mit dem α-Rezeptor bzw. Propanolol mit dem β-Rezeptor auf der postsynaptischen Membran;

– **Clonidin** und **Isoproterenol** wurden demgegenüber als Agonisten des α- bzw. β-Rezeptors erkannt.

Dopaminerge Projektionsbahnen finden sich im Mittelhirn, und zwar von der **Substantia nigra** ausgehend zum **Striatum**. Im Falle der **Parkinson-Krankheit** degenerieren diese Bahnen, so daß vermutet wird, daß das Striatum Ursachenherd für die Krankheitserscheinungen ist.

Eine weitere dopaminerge Neuronenpopulation findet sich im ventralen **Tegmentum** des Mittelhirns, von dem aus Bahnen in verschiedene Zentren des Vorderhirns einstrahlen, die z.T. zum limbischen System gehören.

Defekte in der Dopaminversorgung dieser Strukturen führen zu Ausfällen im emotionalen Bereich sowie zu aggressivem Verhalten, aber auch im Bereich höherer assoziativer Hirnleistungen. Die **Schizophrenie** mag ebenfalls Ergebnis einer gestörten Dopaminversorgung dieser Regionen sein.

Noradrenalin findet sich vor allem konzentriert nur in wenigen Neuronenpopulationen im Mittelhirn, speziell im **Nucleus coeruleus**, einem außergewöhnlichen Zellgebiet im Hirn: Von nur wenigen hundert Zellen strahlen Projektionsbahnen in fast alle Hirnteile aus. Es scheint so zu sein, daß kontinuierlich Noradrenalin von den Nervenendigungen sezerniert wird, was für eine neurohumorale Steuerungsfunktion spricht.

Abb. 7.11. Biosynthese von 5-Hydroxytryptamin (Serotonin)

Tryptophan

5-Hydroxytryptophan

5-Hydroxytryptamin
(Serotonin)

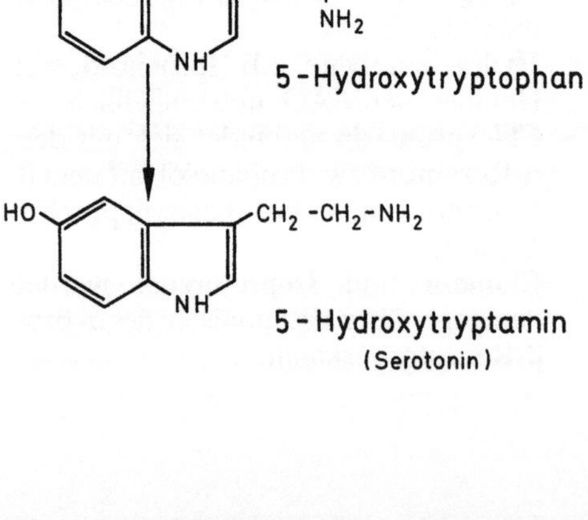

c) 5-Hydroxytryptamin (Serotonin, 5-HT)

Ähnlich wie bei der Bildung der Catecholamine wird auch das biogene Amin 5-Hydroxytryptamin (= **Serotonin**) durch Hydroxylierung bzw. Decarboxylierungen in diesem Falle aus Tryptophan synthetisiert (Abb. 7.11), wobei wie bei der Tyrosinsynthese wiederum Sauerstoff, Eisen und ein Pteridin-Cofaktor essentiell notwendig sind. Serotonin findet sich im Hirn vornehmlich im Mittelhirn, in den **Raphekernen** sowie in der Medulla. Von diesen Zentren porjizieren serotoninerge Fasern in das Vorderhirn, Cerebellum und Rückenmark (Abb. 7.6). Ähnlich wie Noradrenalin scheint 5-HT Einfluß auszuüben auf höhere assoziative Funktionen, Sinneswahrnehmungen und Emotionen.

LSD und antidepressive Drogen wirken auf das serotoninerge System sowohl prä- wie postsynaptisch ein. Bei depressiven Patienten ist der 5-HT-Spiegel erniedrigt.

d) Glutaminsäure, Aspartat

Von den Aminosäure-Neurotransmittern ist **Glutaminsäure (Glutamat)** sowie auch das nahe verwandte **Aspartat** ein Hauptvertreter. Daß Glutamat Transmitterfunktionen ausüben kann, wurde zuerst an neuromuskulären Synapsen bei Krebsen entdeckt. Im Hirn von Säugern läßt es sich relativ schwer lokalisieren, doch kommt es besonders in den Körnerzellen des Cerebellum vor, die beim Menschen auf ungeheure Zahlen zwischen 10 und 100 Milliarden Zellen geschätzt werden. Andere wesentliche glutaminerge Leitungsbahnen wurden im Vorderhirn zwischen dem Riechkolben (Bulbus olfactorius) und der Riechrinde entdeckt sowie in der Fascia dentata des Hippocampus (Abb. 7.6).

Die Glutamatsynthese erfolgt mit Hilfe der Glutaminase vom **Glutamin** her, das der Synapse unter Vermittlung benachbarter Gliazellen zugeführt wird (Abb. 7.12). Vor seiner vesikulären Abpackung vermag es noch ergänzt zu werden von Glutamat, das sich unter Aktivierung der α-Ketoglutarattransaminase aus dem mitochondrialen Krebscyclus herleitet. Nach seiner Freisetzung wird das von Gliazellen aufgenommene Glutamat dortselbst mit Hilfe einer Glutaminsynthese zur Diaminosäure **Glutamin** zurückgebildet, die anschließend für

Abb. 7.12. Schema der glutaminergen Transmission

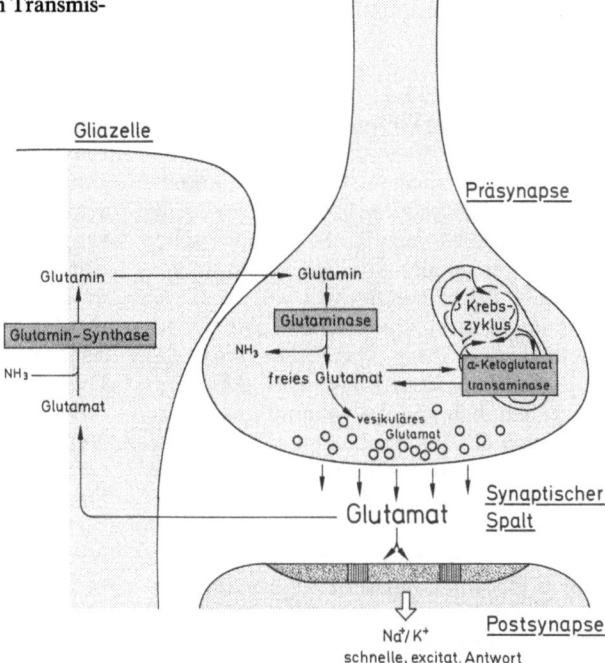

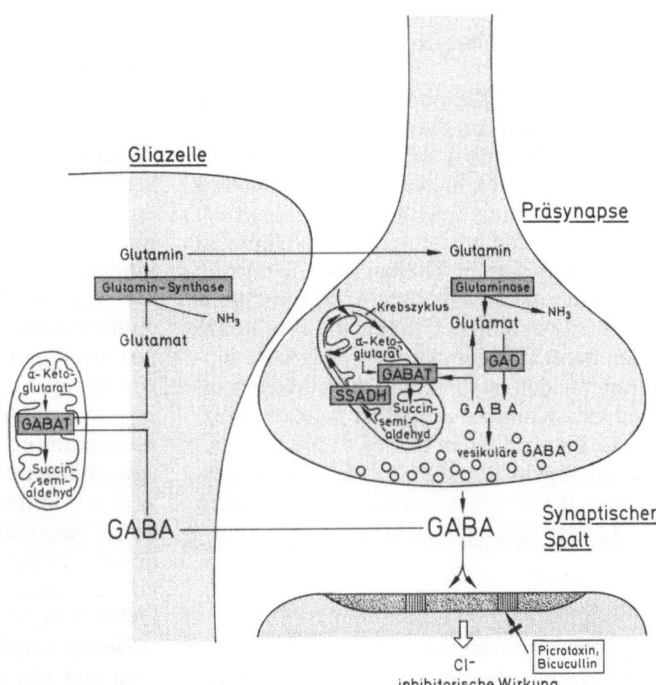

Abb. 7.13. Schema der GABAergen Transmission und ihrer pharmakologischen Beeinflussung

einen neuen Transmissionsprozeß zur Verfügung steht.

e) γ-Aminobuttersäure (GABA)

Im Gegensatz zur Glutaminsäure, die als intermediäres Stoffwechselprodukt im Gesamtorganismus anzutreffen ist, kommt GABA ausschließlich im Hirn vor. Entdeckt wurde es jedoch als inhibitorischer Transmitter an der Streckmuskulatur von Krebsen. Im Wirbeltierhirn wurde es mit Hilfe immunocytochemischer Tests bei der Identifikation ihres Syntheseenzyms, der Glutaminsäuredecarboxylase (GAD) entdeckt. Ähnlich wie die Glutaminsäure, so wird auch GABA nach seiner vesikulären Freisetzung in den synaptischen Spalt von der benachbarten Glia aufgenommen, von der es mit Hilfe mitochondrialer Stoffwechselenzyme über **Glutamat** zum **Glutamin** umgebildet wird, das der Präsynapse für einen neuen Erregungsdurchlauf zur Verfügung gestellt wird (Abb. 7.13). Im Gegensatz zu den exzitatorischen Transmittern, die an der Postsynapse eine Depolarisation aufgrund eines Austausches zwischen Na^+- und K^+-Ionen auslösen, wirkt GABA inhibitorisch insofern, als es einen Einstrom von Chloridanionen in die Postsynapse induziert, die hierdurch hyperpolarisiert wird.

GABAerge Neurone finden sich verteilt im gesamten Hirn, vor allem im Cortex, Bulbus olfactorius, Hippocampus, Cerebellum und auch in der Retina. In diesen Regionen kommt GABA hochkonzentriert ($\mu M/g$) vor. Die inhibitorischen Wirkungen stehen zumeist im Dienste der Kontrolle von Sinnesorganeingängen im Sinne negativer Rückkopplung. Drogen wie **Picrotoxin** oder **Bicucullin** blockieren GABA-Rezeptoren an der postsynaptischen Membran, wodurch Krämpfe ausgelöst werden. Aufgrund dieser Tatsache wird vermutet, daß die **Epilepsie** mit durch Fehlsteuerungen des GABA-Stoffwechsels in Interneuronen des Cortex bedingt sein könne.

7.1.3.1.2 Neurorezeptoren

Die Neurotransmitterstoffe werden nach ihrer präsynaptischen Freisetzung und ihrer Diffusion durch den synaptischen Spaltraum an der postsynaptischen Membran von speziellen Proteinmolekülen, nämlich **Neurorezeptoren**, erkannt und gebunden. Diese Neurorezeptormoleküle stellen den eigentlich spezifischen molekularen Wirkungsort für die Neurotransmitter dar. Die Aufgabe des Neurorezeptors ist es, nach Bindung mit dem Transmitter in der postsynaptischen Membran Potentialveränderungen (Depolarisationen, Hyperpolarisationen) auszulösen, indem molekulare Kanäle für den Durchtritt von Ionen verändert werden. Für jeden Transmitter gibt es einen oder auch mehrere Typen von Rezeptoren. Diese sind nicht nur von essentieller Bedeutung für die Informationsübertragung von Neuron zu Neuron, sondern auch als Wirkort für körperfremde Stoffe wie Pharmaka, Drogen und Gifte außerordentlich wichtig. Im Falle einer Störung im Mechanismus der Neurorezeptoren können gravierende Nervenleiden (**Parkinson-Syndrom**, **Myasthenie**, evtl. auch **Schizophrenie**) hiervon ihren Ausgang nehmen. Darüber hinaus werden diese postsynaptischen Rezeptoren auch diskutiert im Zusammenhang mit plastischen neuronalen Veränderungen, wie sie vor allem beim Lern- und Gedächtnisgeschehen angenommen werden müssen (vgl. Kap. 11).

Der **Nachweis von Neurorezeptoren** erfolgt mit Hilfe von Bindungstests, für die nicht die eigentlichen Transmitter, sondern deren Antagonisten verwendet werden. **Antagonisten** sind solche (körperfremde) Stoffe, die sich nach ihrer Verabreichung anstelle des Transmitters (= Agonist) außerordentlich fest mit dem Rezeptor verbinden. In den Abb. 7.8, 7.10−13 sind für die verschiedenartigen Transmittertypen einige pharmakologisch wirksame Antagonisten eingetragen. Im Falle der cholinergen Synapse sind zwei unterschiedliche Rezeptoren entdeckt worden, nämlich der sog. **muskarinerge Rezeptor**, auf den **Muskarin** agonistisch und **Atropin** als Antagonist wirken, sowie der nach seinem Agonisten **Nikotin** benannte **nikotinerge Rezeptor**, für den das Pfeilgift **Curare** und das Schlangengift α-**Bungarotoxin** antagonistisch wirken (Abb. 7.8). Verabreicht man beispielsweise α-**Bungarotoxin**, das zuvor mit radioaktivem Jod 125 markiert wurde, so läßt sich aufgrund des Markierungsnachweises die Dichte der Bindungsstellen zwischen Toxin

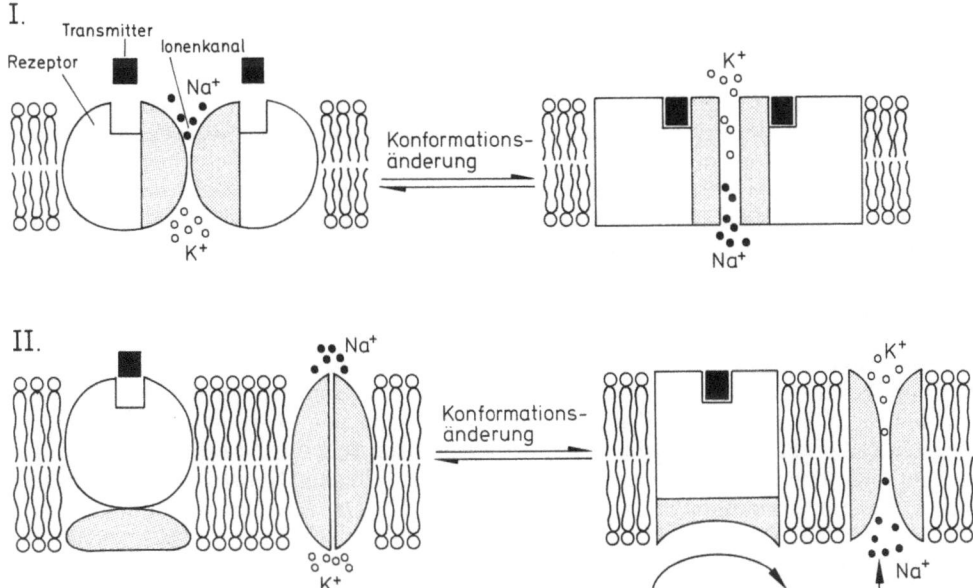

Abb. 7.14. Schemadarstellung der Neurorezeptortypen I und II und ihrer Interaktion mit einem Neurotransmitter

und Rezeptor auf der postsynaptischen Membranseite darstellen. Mit Hilfe biochemischer Trennverfahren kann anschließend auch eine chemische Charakterisierung des Rezeptors erfolgen.

Gegenwärtig sind zwei verschiedenartige **Neurorezeptortypen** bekannt:

— Der **Rezeptortyp I** vermag die Ionenpermeabilität neuronaler Membranen und damit deren Depolarisationsvermögen direkt aufgrund seiner unmittelbaren Interaktion mit Ionenkanälen zu regulieren (Abb. 7.14). Zu diesem Typ gehört der **nikotinische Acetylcholinrezeptor** der neuromuskulären Endplatte bzw. des elektrischen Organs von elektrischen Fischen. Dieser Rezeptor besteht aus zwei Funktionsuntereinheiten, nämlich einer „Schleuse", die vom auftreffenden Transmitter geöffnet werden kann, sowie aus einem „Selektionsapparat", der bestimmt, welche Ionen durch die Membran hindurch geschleust werden und welche nicht.

— Der **Rezeptortyp II** wirkt nicht direkt auf den Ionenkanal, sondern auf ein membranständiges Enzym wie etwa eine **Adenylatcyclase**, deren Produkt, das cyclische Adenosinmonophosphat

(cAMP), über unbekannte Zwischenstufen das Öffnen des Ionenkanals auslöst, wobei eine membranständige cAMP-abhängige Kinase beteiligt sein dürfte (Abb. 7.14). Ein bekanntes Beispiel für einen Typ II-Rezeptor ist der β-**adrenerge Rezeptor**, der u. a. die Herzfrequenz reguliert. Auch dieser Rezeptor besitzt eine regulierende Funktionsuntereinheit, die in diesem Fall Adrenalin zwar erkennt und bindet, die jedoch selbst nicht mit dem Ionenkanal gekoppelt ist. Vielmehr ist diese Funktionsuntereinheit gekoppelt mit der Adenylatcyclase, welche die Bildung des Zellregulators cAMP aus ATP katalysiert. **cAMP** schließlich reguliert auf noch unbekannte Weise das Membranpotential und damit die Auslösung des Aktionspotentials in der postsynaptischen Zelle.

Derartige Rezeptoren erlangen in der Neurobiologie in jüngster Zeit zunehmend an Bedeutung besonders in der Neuropharmakologie: So wurde als enzymgekoppelter Rezeptor ein **Opiatrezeptor** entdeckt, der in zwei unterschiedlichen Zuständen fungieren kann, zum einen als Agonist mit hoher Affinität für **Naloxon** und **Nalorphin** sowie zum anderen als Agonist für **Morphin** und **Heroin**. Die Opiatrezeptor-Erforschung erbrachte eine recht plausible Erklärung für das Suchtphänomen (vgl. Kap. 7.1.3.2). Zwar sind Opiate keine körpereigenen Stoffe, doch gibt es im ZNS endogene Stoffe, die als Neurotransmitter und/oder Neuromodulator die Schmerzempfindung und -leitung regulieren: Die Neuropeptide (vgl. Kap. 7.1.3.2) **Enkephalin** und **Endorphin** binden mit hoher Affinität an den Opiatrezeptor und wirken dementsprechend stark inhibitorisch, lösen aber gleichzeitig — wie die exogenen Opiate — Toleranz- und Suchterscheinungen aus.

Auch der „**Diazepinrezeptor**" erlangte in jüngster Zeit große Bedeutung insofern, als an ihm viele der modernen Beruhigungsmittel (**Valium**, **Tranxilium** etc.) mit hoher Affinität binden. Derartige Mittel wirken dadurch erregungshemmend, daß sie die Wirkung von GABA (vgl. Kap. 7.1.3.1.1) verstärken.

7.1.3.2 Neuropeptide

Eine der wichtigsten Entwicklungen der letzten Jahre war in der Neurobiologie die Erkenntnis, daß **neuroaktive Peptide** im Nervensystem eine weite Verbreitung haben. Derartige Verbindungen waren zum Teil zwar schon seit Jahrzehnten aus peripheren Organen bekannt: Vasopressin und Prostaglandin beispielsweise bezeichnen bereits durch ihren Namen ihren Hauptwirkungsort. Die Namen der verschiedenen Releasing- oder Inhibiting-Hormone wie beispielsweise der des Luteinisierung-Releasing-Hormons (LHRH) im Hypothalamus weisen auf ganz spezifische Funktionen dieser Verbindungen hin. Daß Neuropeptiden jedoch auch im Nervensystem selbst für sehr detaillierte Steuerungsfunktionen als Neuromodulatoren (vgl. Kap. 7.3) eine so außerordentliche Bedeutung zukommt, deren Ausmaß vor allem auf neuropharmakologischem Sektor noch nicht abzuschätzen ist, hätte vor einem Jahrzehnt wohl kaum jemand vermutet.

Auf einige Unterscheidungsmöglichkeiten zwischen Neuropeptiden und Neurotransmittern und deren Identifikation war bereits in Kap. 7.1.3.1 eingegangen worden.

Die Entdeckungsgeschichte der Neuropeptide ist eng verknüpft mit der der Hormonphysiologie: Aus dem Forschungsbereich der allgemeinen Endokrinologie leitete sich nämlich die **Neuroendokrinologie** als eigenständige Arbeitsrichtung zu dem Zeitpunkt ab, als im ZNS sowohl von Wirbeltieren als auch Wirbellosen (Würmern, Schnecken, Krebsen, Insekten) Zellen mit sekretorischen Eigenschaften, die **Neurosekretzellen**, entdeckt wurden (E. und B. SCHARRER, 1928). Heute wissen wir, daß neuroendokrine Zellen, welche Neuropeptide sezernieren, zu den ältesten Ausprägungen von Neuronen generell gehört haben müssen, da sie bereits in den phylogenetisch ältesten Nervensystemen vorhanden sind. Da viele Neuropeptide ebenfalls in peripheren Organen vorkommen, ist daraus zu schließen, daß sie sich embryologisch von neuroektodermalen Ausgangszellen herleiten.

Definitionsgemäß wird unter einer neurosekretorischen Zelle ein Neuron verstanden, das beträchtliche Mengen einer aktiven Substanz in den Kreislauf oder in den Interzellularraum des Nervengewebes freisetzt, um damit die Funktion anderer Zellen, die nicht in unmittelbarem Kontakt zu dem Neuron stehen, längerfristig zu beeinflussen. Damit sind die **Neurosekrete** eindeutig gegenüber den nur in geringsten Mengen abgegebenen **Neurotransmittern** (vgl. Kap. 7.1.3.1.1) abgegrenzt, die als sog. **Diffusionsaktivatoren** nur in unmittelbarer Nähe ihres Freisetzungsortes, der Synapse, kurzfristig wirken.

Trotz ihrer besonderen histochemischen Darstellbarkeit (Gomori-Färbung, Immunfluoreszenz) besitzen die Neurosekretzellen weitgehende Ähnlichkeit mit normalen Nervenzellen. So lassen sich von ihnen beispielsweise typische Aktionspotentiale ableiten. Die Neurosekretzellen zeigen jedoch durch ihre Sekrete bedingte, granulierte Axonanschwellungen, die als „**Herring-Körper**" bezeichnet werden und derartigen Fasern manchmal ein perlschnurartiges Aussehen verleihen. Auf ultrastrukturellem Niveau besitzen die neurosekretorischen Neurone charakteristisch ausgeprägte Nervenfaserendformationen, die als „synaptoide Konfigurationen" bezeichnet werden, aus denen die Neuropeptide freige-

Abb. 7.15. Schematische Übersicht über Besonderheiten in der Ausprägung einer konventionellen Neurotransmittersynapse und einer neuropeptidergen Nervenfaserendigung

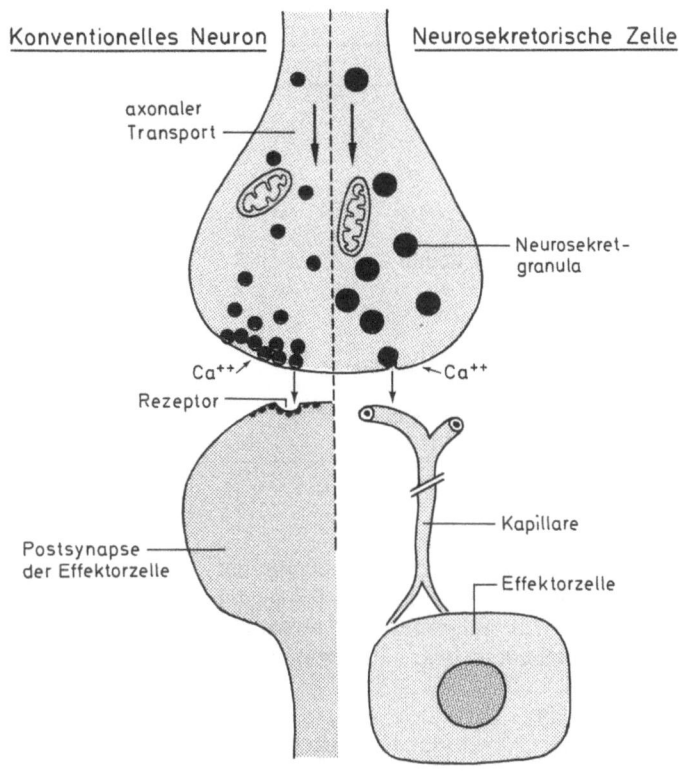

setzt werden. Diese werden wahrscheinlich am rauhen endoplasmatischen Reticulum in den Zellkörpern der Neurone synthetisiert, anschließend im Golgi-Apparat verpackt und danach in Form von membranumhüllten Granula im Axon zu den Nervenendigungen transportiert. Elektronenmikroskopisch zeigt sich, daß die großen Neuropeptidgranula in den Nervenendigungen fragmentiert werden, d.h. daß daraus kleine **synaptoide Vesikel** entstehen (Abb. 7.15). Diese Granula enthalten die eigentlichen Neuropeptide (Neurohormone) nicht in freier Form, sondern vielmehr in ein Trägerprotein, das Polypeptid **Neurophysin**, gebunden. Letzteres besitzt selbst keine biologische Aktivität, es kann leicht (z.B. durch Trichloressigsäure) vom aktiven Teil abgetrennt werden.

Für den Prozeß der **Neuropeptidausschüttung** sind u.a. die Depolarisation der Plasmamembran sowie die Beteiligung von Calcium notwendig: Nach einer durch eine Transmitterinduktion ausgelösten Erhöhung der Membranpermeabilität strömen

Ca^{2+}-Ionen einem elektrochemischen Gradienten folgend in die Nervenendigung der neuropeptidergen Zelle. Intrazellulär reduziert Ca^{2+} die negativen Ladungen der Sekretgranula, was zu deren Anheftung an der inneren Membranseite führt. Gleichzeitig aktiviert Ca^{2+} eine Phospholipase, die die Membran öffnet und somit einen verstärkten Austritt (Extrusion) des Granulainhalts bewirkt.

Für eine enge verwandtschaftliche Beziehung aller peptidergen Neurone untereinander spricht der Befund, daß sich die ausgeschütteten Neuropeptide im Verlaufe der Phylogenie streng konservativ erhalten haben, da bei den verschiedensten Wirbeltier- und auch Wirbellosenarten sehr ähnliche Substanzen oder ähnliche Aminosäuresequenzen auftreten.

In Tabelle 7.3 sind einige der bekannteren Neuropeptide, geordnet nach der Anzahl ihrer Kohlenstoffatome, zusammengestellt. Viele dieser Peptide beinhalten 2 bis 10 Kohlenstoffe und entsprechen damit in ihrer Größe den Neurotransmittern. An-

Tabelle 7.3. Neuropeptide, geordnet nach der Anzahl ihrer Kohlenstoffatome

Neuropeptid	C-Atome	Neuropeptid	C-Atome
Carnosin	2	Luteinisierungshormon	
Thyreotropin-Releasing-		Releasing Hormon (LH-RH)	10
Hormon (TRH)	3		
Met-Enkephalin	5	Substanz P	11
Leu-Enkephalin	5	Neurotensin	13
Angiotensin II	8	Bombesin	14
Cholecystokinin-ähnl. Peptid	8	Somatostatin	14
Oxytocin	9	Vasoaktives intestinales	
		Polypeptid (VIP)	28
Vasopressin	9	β-Endorphin	31
Corticotropin-Releasing-Hormon		Adrenocorticotropes Hormon	
(CRH)	10	(ACTH)	39
Follikelstimulierendes Hormon-			
Releasing Hormon (FSH-RH)	10		

dere überschneiden sich in ihrer Größe eher mit sonstigen Körperhormonen. Einige der in Tabelle 7.3 aufgeführten Substanzen seien im folgenden etwas näher vorgestellt:

a) Endorphin
Von allen Neuropeptiden haben neben den Enkephalinen vor allem die Endorphine während der letzten Jahre zunehmendes Interesse gefunden. 1975 wurden speziell die Endorphine erstmals von H. KOSTER-LITZ und R. HUGHES aus dem Rinderhirn extrahiert, wobei sie feststellten, daß sie durch Opiatantagonisten **(Naloxon)** in

ihrer Wirkung gehemmt wurden. Endorphinhaltige Zellen finden sich ausschließlich im Hypothalamus, von wo aus Projektionsbahnen ausstrahlen in das Septum, in Periventrikularbereiche sowie in den im Hirnstamm liegenden Locus coeruleus und in die Raphekerne (Abb. 7.16).

In ihrer Wirkungsweise scheinen sich die Endorphine wie **Opiate** zu verhalten, indem sie die Schmerzwahrnehmung hemmend beeinflussen (vgl. auch Enkephaline und Substanz P). Aus diesem Grunde wird die Erforschung dieser Verbindungen stark intensiviert, um nach Möglichkeit Morphin-

Abb. 7.16. Übersichtsschema über die Lokalisation von neuropeptidhaltigen Neuronengruppen im Säugerhirn. Abkürzungen der Hirnregionen vgl. Abb. 7.6

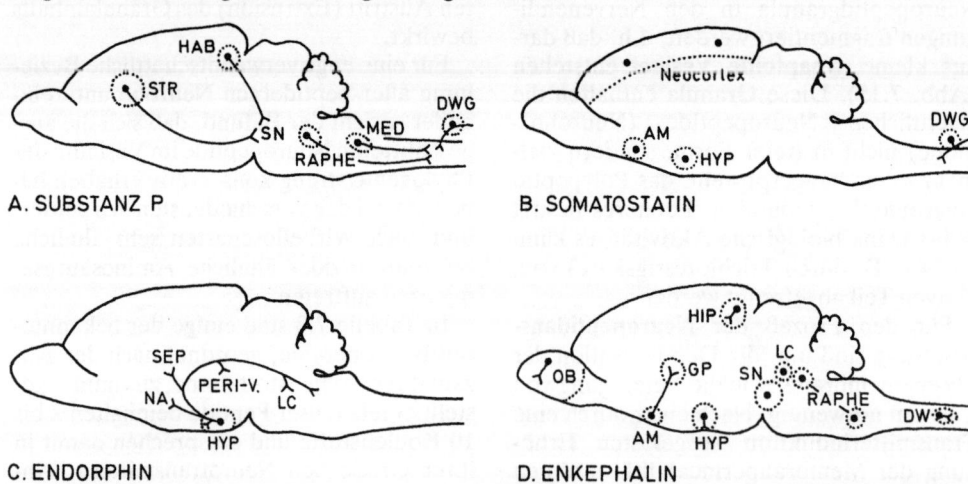

analoga zu finden, die keine entsprechenden Nebeneffekte (Sucht) aufweisen, sondern deren Wirkung weitestgehend auf Schmerzlinderung abzielt.

b) Enkephalin

Die Endorphine beinhalten in ihrem aus 31 Aminosäuren bestehenden Peptidaufbau einen Pentapeptidabschnitt, der dem der Enkephaline entspricht, weswegen auf sie der Endorphinbegriff ebenfalls angewandt wird. Enkephalinhaltige Zellen ähneln GABAergen Interneuronen, welche als Modulator für lokale Erregungskreise fungieren. So beteiligen sie sich im Zusammenwirken mit Substanz P (s.u.) im Bereich des Rückenmarks an der Modulation der Informationen, die dem ZNS von seiten von Schmerzfasern zugehen. Ansonsten entspricht die Enkephalinwirkung weitgehend der der Endorphine (vgl. Abb. 7.17). Enkephalinhaltige Neurone sind im Hirn weit verstreut (Abb. 7.16), jedenfalls sind sie nicht wie die der Endorphinzellen auf das Zwischenhirn beschränkt.

c) Substanz P

Die Substanz P wurde als erstes Neuropeptid bereits 1931 durch U. von EULER im Hirn und Schlundbereich von Säugern mit Stimulationswirkung auf die glatte Muskulatur entdeckt. Inzwischen wurde Substanz P in verschiedenen ZNS-Zentren mit jeweils kurzen Projektionsbahnen, wie vor allem im Striatum, in den Raphekernen, in der Medulla oblongata sowie auch in den Dorsalwurzeln des Rückenmarks, dargestellt (vgl. Abb. 7.16). In letzteren Zellen wirkt die Substanz P bei äußerer Verabreichung (Ionophorese) 200fach stärker als Glutaminsäure. Dennoch ist ihre Wirkung wesentlich langsamer, dafür aber langfristiger; dadurch setzt sie sich deutlich von einem Neurotransmitter ab. Im Zusammenwirken mit Endorphinen, darunter speziell mit Enkephalin, könnte das Neuropeptid Substanz P die Weitergabe von aus der Peripherie des Körpers über das Rückenmark in das Hirn einstrahlenden **Schmerzempfindungen** regulieren (Abb. 7.17). Nach dieser Hypothese könnte die den Schmerz wahrnehmende Zelle ihre Erregung durch Ausschüttung von Substanz P an eine Rückenmarkszelle übertragen, die über entsprechende Substanz P-Rezeptoren verfügt. Im Sinne einer präsynaptischen Inhibition (vgl. Kap. 6.3) könnten jedoch enkephalinhaltige Zellen die Weitergabe des Schmerzsignals durch Unterdrückung der Substanz P-Ausschüttung unterbinden.

Unter neuropharmakologischen Gesichtspunkten könnten sich applizierte Opiate, wie z.B. das schmerzlindernde Morphin, mit den Endorphin-(Enkephalin-)Rezeptoren verbinden, so daß hierdurch die Freisetzung von Substanz P verhindert wird und keine Weiterleitung des **Schmerz**signals möglich ist. Über diesen pharmakologischen Aspekt hinaus wird die Möglichkeit erwogen, daß verschiedene

Abb. 7.17. Schematische Darstellung des Zusammenwirkens des Neuropeptids Substanz P mit Enkephalin/Endorphin bei der neuronalen Leitung von Schmerzempfindungen

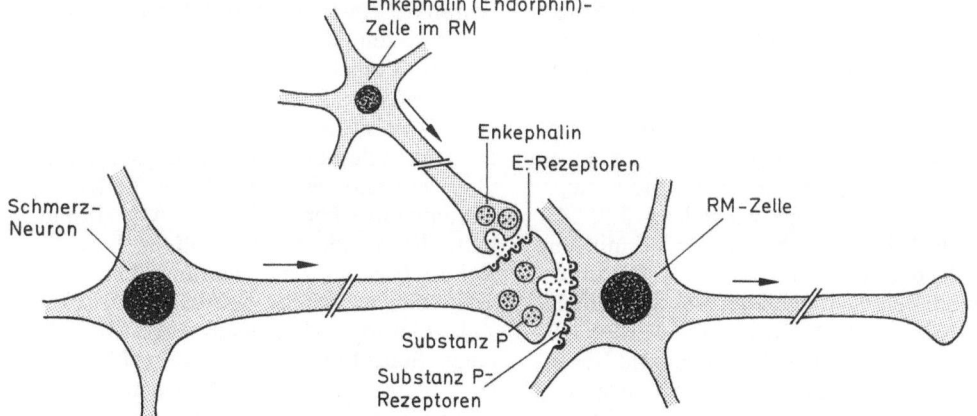

Methoden zur Behandlung chronischer Schmerzen **(Hypnose, Elektrotherapie** des Gehirns, **Akupunktur)** darauf beruhen könnten, daß durch sie Enkephaline oder Endorphine in Hirn oder Rückenmark freigesetzt werden, die eine Substanz P-Ausschüttung verhindern. Man schließt dieses daraus, daß die zuvor genannten, schmerzlindernden Methoden weitgehend wirkungslos bleiben, wenn Patienten gleichzeitig mit **Naloxon** behandelt werden, d.h. mit einer Droge, die die Bindung von **Morphium** an „seinen" Opiatrezeptor blockiert.

d) Somatostatin
Dieses Neuropeptid wirkt sich hemmend auf die Sekretion des Wachstumshormons **Somatotropin** der Adenohypophyse aus. In der Körperperipherie kommt es in den autonomen Nervenfasern der Verdauungsorgane vor. Im Hirn läßt es sich im Hypothalamus, im Cortex cerebri, in den Corpora amygdaloidea sowie in den Dorsalwurzelganglien des Rückenmarks darstellen (Abb. 7.16). Nach exogener Verabreichung hemmt es die motorische Aktivität des Organismus.

e) Hypothalamus-Hypophysen-Peptide
Neben den bisher aufgelisteten Neuropeptiden, die mehr oder weniger breit verstreut in entsprechenden peptidergen Neuronengebieten des Hirns gebildet werden, erlangten in den letzten beiden Jahrzehnten vor allem auch solche Neurosekrete zunehmend an Bedeutung, die im Hypothalamus gebildet werden und von hier aus auf unterschiedlichen Wegen der Hypophyse zugeleitet werden. Bekanntlich ist der **Hypothalamus** das übergeordnete vegetative Steuerungszentrum, dessen Kerngebiete die vegetativen Funktionen des Organismus nicht nur auf nervösem Wege, sondern vor allem auch über humorale und neurosekretorische Mechanismen regulieren. Die Koordination der hypothalamischen Steuerungsmechanismen erfolgt, wie in Kap. 3.2.2.4.1 ausführlich besprochen, unter Vermittlung der **Hypophyse** (vgl. Abb. 3.16). Die in verschiedenen Kerngebieten des Hypothalamus gebildeten Neuropeptide werden entweder, gekoppelt an das Polypeptid **Neurophysin**, mit Hilfe des axonalen Transportes als Neurosekrete **(Oxytocin** und **Adiuretin**

= **Vasopressin)** in die Neurohypophyse geschleust, in der sie gespeichert werden, bevor sie an die Blutbahn abgegeben werden. Oder aber es werden verschiedene Neuropeptide als sog. „**Releasing Factors**" oder „**Inhibiting Factors**" vom Hypothalamus über einen kurzgeschlossenen kleinen Pfortaderkreislauf in die Adenohypophyse transportiert, in der sie die Freisetzung zahlreicher, die vegetativen Körperfunktionen steuernden Hormone regulieren (Einzelheiten hierzu vgl. Kap. 3.2.2.4.1, Abb. 3.16 sowie Tabelle 7.3). Der Selektionsmechanismus dieser hypothalamischen Neuropeptidhormone dürfte zum einen mit Hilfe einer humoralen Rückkopplung, d.h. über eine Konzentrationsbestimmung der jeweiligen Peptide im Blut, sowie zum anderen auch durch neuronale Ansteuerungsmechanismen reguliert werden, wobei verschiedenen Neurotransmittern, wie Noradrenalin, Dopamin oder auch Serotonin, eine wichtige Rolle beigemessen wird.

Alle von den verschiedenen Hypothalamuskerngebieten produzierten und über die Blutbahn an die Adenohypophyse weitergereichten Neuropeptidfaktoren (Hormone) wirken innerhalb weniger Minuten, bevor sie im Blut wieder inaktiviert werden. Sie lösen in den Hypophysenzellen eine schnelle Hormonfreisetzung aus und bewirken gleichzeitig eine längerfristige Neusynthese dieser Hormone. Wie im Falle anderer peripherer Peptidhormone erfolgt auch hier die Wirkung auf die Hypophysenzellen durch Beeinflussung von Membranrezeptoren mit Hilfe von cyclischem AMP.

Derartige neuroendokrine Hormonsysteme sind nicht nur auf die Wirbeltiere beschränkt. Auch bei **Wirbellosen**, speziell bei Insekten, Krebsen und Tintenfischen, wurden ähnlich neurohumorale Verschaltungssysteme aufgespürt: So wird bei **Insekten** beispielsweise die Verpuppung wie auch die Kontrolle der Fortpflanzungsvorgänge über zentrale **neuroendokrine Zellen** im Zusammenwirken mit einer Art Hirnanhangsdrüse, den **Corpora allata**, bewirkt. Bei **Krebsen** wird die **Häutung** über Interaktionen zwischen neurosekretorischen Zellen im sog. **x-Organ** am Augenstiel und einer **Sinusdrüse**, einem Neurohämalorgan, geregelt. Dieses Augenstielsystem kontrolliert ein sog. **y-Organ**, das im Antennen- oder Maxillensegment des Körpers liegt und wechselseitig auf die Häutung Einfluß nimmt. Bei **Tintenfischen** wird die Geschlechtsdifferenzierung ebenfalls endokrin gesteuert: Durch Lichteinfluß werden neurosekretorische Zellen in sog. **Subpeduncularloben** stimuliert, deren Sekrete ihrerseits eine am Augenstiel befindliche Augendrüse normalerweise inhibieren. Nur bei Dunkelheit sind die Augendrüsenzellen daher aktiv und sezernieren Hormone, die die Geschlechtsdifferenzierung aktivieren.

7.2 Calcium und neuronale Funktionen

Nachdem im vorausgegangenen Abschnitt (7.1) die molekularen Grundlagen der synaptischen Informationsübertragung sowie die dabei auftretenden komplexen Zustandsänderungen an den beteiligten Membranen erörtert wurden, soll jetzt die Rolle des Calciums, welches bei allen neuronalen Prozessen essentiell beteiligt ist, näher untersucht werden. Aus der tabellarischen Übersicht der Tabelle 7.4 ist zu ersehen, daß Calcium sowohl für alle kurzfristigen neuronalen Abläufe (z.B. Erregungsleitung, Erregungsübertragung, Stofftransport und Enzymaktivität) sowie für alle langfristigen adaptiven Vorgänge (z.B. Lernen, Gedächtnis, ökophysiologische Adaptationen) von ausschlaggebender funktioneller Bedeutung ist.

Die z.T. außerordentlich großen Konzentrationsunterschiede der einzelnen mono- und divalenten Kationen und Anionen in der Extrazellularflüssigkeit (Blut, Liquor, Gewebeflüssigkeit) gegenüber dem Cytoplasma (Abb. 7.18) sind Ursache für die Potentialdifferenzen zwischen der Innen- und Außenseite der Cytoplasmamembran.

Die Konzentration freier Calciumionen beläuft sich in der Extrazellularflüssigkeit des Nervengewebes der Tiere in der Größenordnung von einigen mM/l. Im Verlauf der Stammesgeschichte treten beträchtliche Unterschiede auf: So beträgt die extrazelluläre Calciumkonzentration im Nervengewebe von marinen Wirbellosen, z.B. Tintenfischen, 12 mM und entspricht damit etwa der des Meerwassers (isomolar). Bei Knorpelfischen sinkt sie auf 5 mM, bei Knochenfischen auf 3 mM, bei Säugern auf nur noch 1 bis 2 mM.

Gegenüber der extrazellulären ist die intrazelluläre Calciumkonzentration jedoch

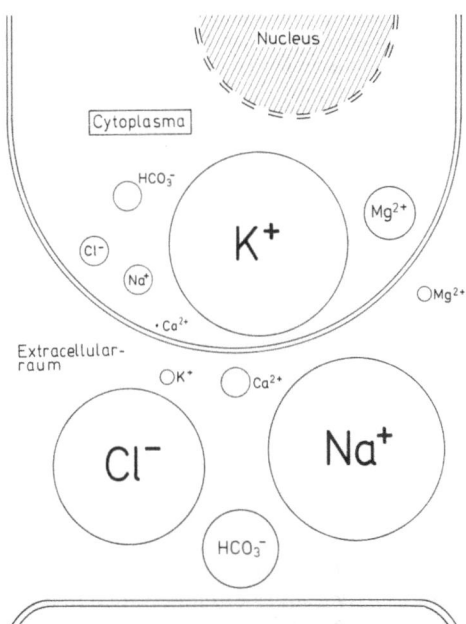

Abb. 7.18. Schematische Darstellung der Verteilung der wichtigsten physiologisch wirksamen Ionen an der Innen- gegenüber der Außenseite der tierischen Zellmembran

beträchtlich geringer, nämlich nur etwa 1/10000, d.h. weniger als 1 µM $\doteq 10^{-7}$ M. Eine anhaltende Erhöhung dieses intrazellulären Calciumgehalts wirkt sich cytotoxisch aus, denn es werden dadurch Proteasen aktiviert, die das Cytoskelett abbauen. Andererseits ist ein kurzfristiger Anstieg des intrazellulären Calciums wichtiger Bestandteil für viele der in Tabelle 7.4 aufgelisteten neuronalen Funktionsabläufe im Sinne eines sekundären Botenstoffes (second messenger).

Tabelle 7.4. Funktionelle Bedeutungen von Calcium in der Nervenzelle

- Steuerung der Erregbarkeit **(Exzitation)** neuronaler Membranen durch Beeinflussung der K^+/Na^+-Pumpen
- Steuerung der Erregungsleistung **(Konduktion)** entlang der Nervenmembran durch Regulation der Stoffwechselpumpen und des transmembranösen Ionenaustausches
- Regulation der **Leitfähigkeit** elektrischer Synapsen
- **Transmitterfreisetzung** durch Aktivierung von Adenylatcyclase
- Steuerung der Reaktion des Transmitters mit der postsynaptischen Membran, dadurch Steuerung der Erregungsübertragung **(Transmission)**
- Regulation der **Freisetzung von Neurosekreten** und **Neuropeptiden**
- Regulation des **neuronalen Stofftransports** durch Ca^{2+}-Neurotubuli-Neurofilament-Interaktionen
- Regulation des Nervenfaser**wachstums**
- Aktivierung und Regulation des intrazellulären, synaptischen **Stoffwechsels** (pH-Wertveränderung, Enzyminduktion, cAMP-, cGMP-, Phosphoinositol-Aktivierungen etc.)
- Regulation der intrazellulären Ca^{2+}**-Speicherung** im ER und in Mitochondrien
- Regulation der Ca^{2+}**-Bindung** an Makromoleküle, insbesondere an Calmodulin

- Regulation der Langzeitpotenzierung (LTP) als möglichem elektrophysiologischen Korrelat für Lernvorgänge
- Steuerung von langfristigen neuronalen Anpassungsvorgängen
  a) bei der ökophysiologischen **Adaptation**
  b) bei **Lern- und Gedächtnisvorgängen**

Die intrazelluläre Konzentrationserhöhung freier Ca^{2+}-Ionen kann durch zwei Prozesse ausgelöst werden, nämlich durch den Einstrom von Calcium aus dem Extrazellularraum oder durch die Freisetzung von Calcium aus intrazellulären Speichern.

Einstrom von Calcium aus dem Extra- in den Intrazellularraum:
Grundsätzlich sind Zellmembranen für Calciumionen nicht durchlässig, es sei denn, spezifische Ionenkanäle sind vorhanden und werden geöffnet. In diesem Fall können die Calciumionen in Richtung ihres elektrochemischen Potentialgefälles in das Innere der Zelle strömen. Es sind verschiedene Typen von Calciumkanälen beschrieben worden, die sich hinsichtlich ihrer elektrischen Eigenschaften (Öffnungsdauer, Öffnungswahrscheinlichkeiten) und ihrer Beeinflußbarkeit durch verschiedene Liganden, d.h. Substanzen, die sich mit ihnen verbinden können, unterscheiden.

Die Steuerung der Calciumkanaltypen kann von der Außenseite, aber auch von der Innenseite der Nervenzellmembran her erfolgen, und zwar mit Hilfe unterschiedlicher Mechanismen.

Vom Extrazellularraum aus können Calciumkanäle durch Depolarisation aktiviert werden. Einige Kanaltypen im Synapsenbe-

reich öffnen sich bereits spannungsabhängig, d.h. aufgrund der Änderung der elektrischen Feldstärken in einzelnen Bereichen der Synapsenmembran. Die Öffnung wieder anderer Calciumkanäle wird durch spezifische Substanzen vom Extrazellularraum her gesteuert, z.B. durch ATP oder bestimmte Transmittersubstanzen.

Besonders gut wurde bisher ein Calciumkanal untersucht, der mit einem bestimmten Glutamatrezeptor (NMDA-Rezeptor, vgl. Kap. 7.1.3.2) verbunden ist und postsynaptisch die Auslösung der Langzeitpotenzierung (= long-term potentiation, LTP) bewirkt. Der Kanal öffnet sich für Ca^{2+} nur, wenn bei der Depolarisation der Membran gleichzeitig Glutamat am postsynaptischen Rezeptor gebunden ist.

Eine Veränderung der Calciumkanäle ist auch von der cytoplasmatischen Membranseite aus möglich, z.B. durch Phosphorylierungsvorgänge, die von Proteinkinasen oder vom cAMP (= cyclisches Adenosinmonophosphat) bewirkt werden. Da viele Proteinkinasen in ihrer Aktivität von der intrazellulären Calciumkonzentration abhängen, wird hier ein Rückkopplungsmechanismus deutlich (Abb. 7.19): Die Aktivierung von Calciumkanälen führt zum Einstrom von Ca^{2+}-Ionen und damit zur Erhöhung der intrazellulären Ca^{2+}-Konzentra-

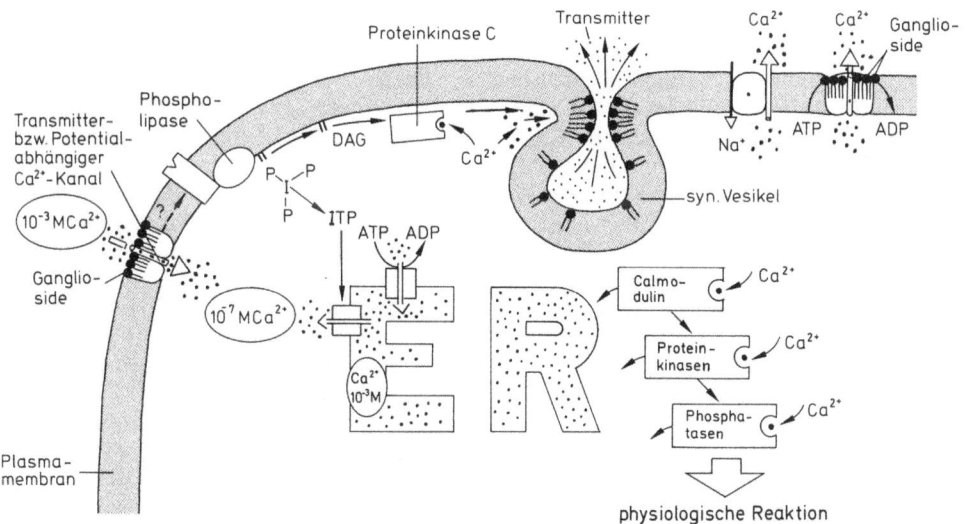

Abb. 7.19. Schematische Darstellung der möglichen Bedeutung von Calcium als primärem und sekundärem Botenstoff für extra- und intrazelluläre Prozesse an der Synapse

tion; diese bewirkt eine Aktivierung von Proteinkinasen, die ihrerseits den Ca^{2+}-Kanal weiter aktivieren (positive Rückkopplung) oder inaktivieren (negative Rückkopplung).

Der genaue Ablauf derartiger Reaktionsfolgen hängt ab von der jeweiligen Konzentration aller beteiligten Substanzen in einer Zelle und kann je nach Zustand der Zelle zu ganz unterschiedlichen Effekten führen.

Freisetzung von Calcium aus intrazellulären Speichern:

Das endoplasmatische Reticulum (ER) ist dasjenige Zellkompartiment, aus dem im Innern der Zelle sehr schnell Ca^{2+}-Ionen freigesetzt werden können. Das ER durchzieht als Kanalsystem die gesamte Zelle (Abb. 7.19). Wenn auf einen äußeren Reiz hin (z.B. Transmitterwirkung oder Spannungsänderung) aus dem ER Calciumionen freigesetzt werden sollen, so muß die Information von der Plasmamembran durch das Cytoplasma zum ER gelangen. Dafür wird in diesem Fall ein sekundärer Botenstoff (second messenger) eingesetzt, 1,4,5-Inositoltriphosphat (ITP). Die cytoplasmatische Seite der Zellmembran enthält Phosphatidylinositol-4,5-biphosphat (PIP2), das durch zwei Fettsäureketten in der Membran verankert ist. Eine Aktivierung der Zelle

durch verschiedene Mechanismen (z.B. Bindung eines Agonisten an einen Rezeptor) bewirkt die Spaltung von PIP2 in Diacylglycerin (DAG), das in der Membran gebunden bleibt, und in ITP, das im Cytoplasma frei beweglich ist. Das ITP diffundiert zum ER, bindet dort an einen spezifischen Rezeptor und löst die Freisetzung von Ca^{2+}-Ionen aus. Das zweite Spaltprodukt von PIP2, das DAG, ist relativ kurzlebig, es bindet aber an eine ganz spezifische Proteinkinase, die Proteinkinase C. Dadurch erhöht sich deren Affinität zum Calcium so stark, daß Calcium trotz der niedrigen Konzentration gebunden und damit die Kinase aktiviert wird, so daß sie verschiedene Proteine phosphorylieren kann. Auf diese Weise werden durch die Bindung eines Agonisten zahlreiche Prozesse in Gang gebracht, die an verschiedenen Stellen mit Calciumionen in Beziehung treten.

Eine vorübergehend erhöhte intrazelluläre Ca^{2+}-Konzentration muß jedoch schnell wieder auf die niedrigen Normalwerte zurückgeführt werden, weil Calcium cytotoxisch wirkt. Ein Teil der Ca^{2+}-Ionen kann mittelfristig an verschiedene Proteine (Parvalbumin, Calbindin, Calmodulin) gebunden werden, die als Calciumpuffer fungieren, da sie die Konzentration der freien Ca^{2+}-Ionen verringern. Ihre Eigenschaften werden durch die Ca^{2+}-Bindung verändert, wodurch wieder verschiedene andere Regulationsmechanismen ausgelöst werden können. So aktiviert z.B. der Ca^{2+}-Calmodulin-Komplex Proteinkinasen und Calciumpumpen. Um jedoch eine dauerhafte Zellfunktion zu gewährleisten, müssen die Ca^{2+}-Ionen aus dem Cytoplasma wieder zurück in den Extrazellularraum geschleust werden, ein Vorgang, der gegen den sehr großen Konzentrationsgradienten von 10^{-7} gegenüber 10^{-3} M Ca^{2+} gerichtet ist und daher viel Energie erfordert.

Verschiedene Mechanismen dürften dabei eine Rolle spielen (Abb. 7.19):

– *Ionenaustauscher:*
  Der mengenmäßig bedeutendste Ca^{2+}-Transport geschieht mit Hilfe eines Natrium-Calcium-Austauschsystems in der Zellmembran (vgl. Abb. 8.18). Natriumionen strömen in Richtung ihres Konzentrationsgefälles von außen nach innen, und im Gegenstrom werden Calciumionen nach außen transportiert. Die Energie stammt also letztlich aus der Na^+-K^+-Pumpe, die unter ATP-Verbrauch das Natriumpotential aufbaut (vgl. Kapitel 6). Allein durch diesen Mechanismus kann aber die extrem niedrige intrazelluläre Calciumkonzentration nicht wieder erreicht werden, weswegen zusätzliche Pumpensysteme aktiviert werden müssen.

– *Calciumpumpen:*
  Ca^{2+}-Ionen können direkt unter ATP-Verbrauch von Ca^{2+}-ATPasen durch Membranenkanäle transportiert werden. Solche Ca^{2+}-Pumpen befinden sich sowohl in der Plasmamembran als auch in der Membran des ER. Ihre Aktivität bestimmt möglicherweise die Konzentration der freien Ca^{2+}-Ionen im Ruhezustand der Zelle.

– *Vesikel und Mitochondrien als Ca^{2+}-Speicher neben dem ER:*
  Calciumionen können neben dem ER auch in synaptischen Vesikeln und im Innern der Mitochondrien gespeichert werden. Die Bedeutung der Mitochondrien als Ca^{2+}-Speicher im Nervensystem ist umstritten. Wenn die Zellen beschädigt sind und die intrazelluläre Ca^{2+}-Konzentration stark ansteigt, dann nehmen Mitochondrien Ca^{2+}-Ionen auf, die im Innern als Ca^{2+}-Phosphat ausgefällt werden. So können sehr große Ca^{2+}-Mengen gespeichert und damit unschädlich gemacht werden. Ob derartige Vorgänge auch unter normalen Bedingungen eine Bedeutung haben, ist unklar.

Insgesamt zeigt sich, daß die intrazelluläre Calciumkonzentration durch eine große Fülle von Mechanismen beeinflußt werden kann und ihrerseits zahlreiche Zellfunktionen steuert. Dadurch kommt dem Calcium eine ganz zentrale Rolle bei der Regulation des Zellgeschehens zu.

Im Intra- wie im Extrazellularraum der Synapse befinden sich Molekülstrukturen, die mit Calcium festere oder lockere Bindungen eingehen.

Das fest **gebundene Calcium** war bislang jedoch sehr schwierig zu lokalisieren und quantitativ zu bestimmen. Erst mit Hilfe der Elektronenmikroskopie gelang es uns kürzlich, Calcium in Form von Calcium-Osmiat-Phosphat-Niederschlägen sowohl in intrazellulären Speicherorten (ER, synaptische Vesikel) als auch im Extrazellularraum des Nervengewebes, und zwar dort besonders konzentriert im Bereich der synaptischen Kontaktzone, darzustellen (Abb. 7.20). Demzufolge kommt Calcium bei niedrigen Wirbeltieren (Fischen) im synaptischen Kontaktbereich wesentlich konzentrierter vor als bei Vögeln oder Säugern. Bei Fischen lassen sich funktionsabhängige Unterschiede in der synaptischen fest gebundenen Calciumfraktion nachweisen, nämlich insofern als Calcium bei sommeraktiven gegenüber winterruhenden Tieren wesentlich dichter gepackt ist. Der endgültige Nachweis, daß es sich bei den elektronendichten Niederschlägen der Abb. 7.20 in der Tat um Calcium handelt, ließ sich neuerdings auch mit Hilfe der elektronenmikroskopischen Spektroskopie durch computerunterstützte Bildauswertung erbringen (Abb. 7.21).

Von besonderem Interesse sind aber solche Makromolekülstrukturen der Zellmembran und innerhalb der Zelle, die das Calcium nur in lockerer Form binden und leicht abgeben oder wieder aufnehmen können. Denn speziell das **freie Calcium** ist von

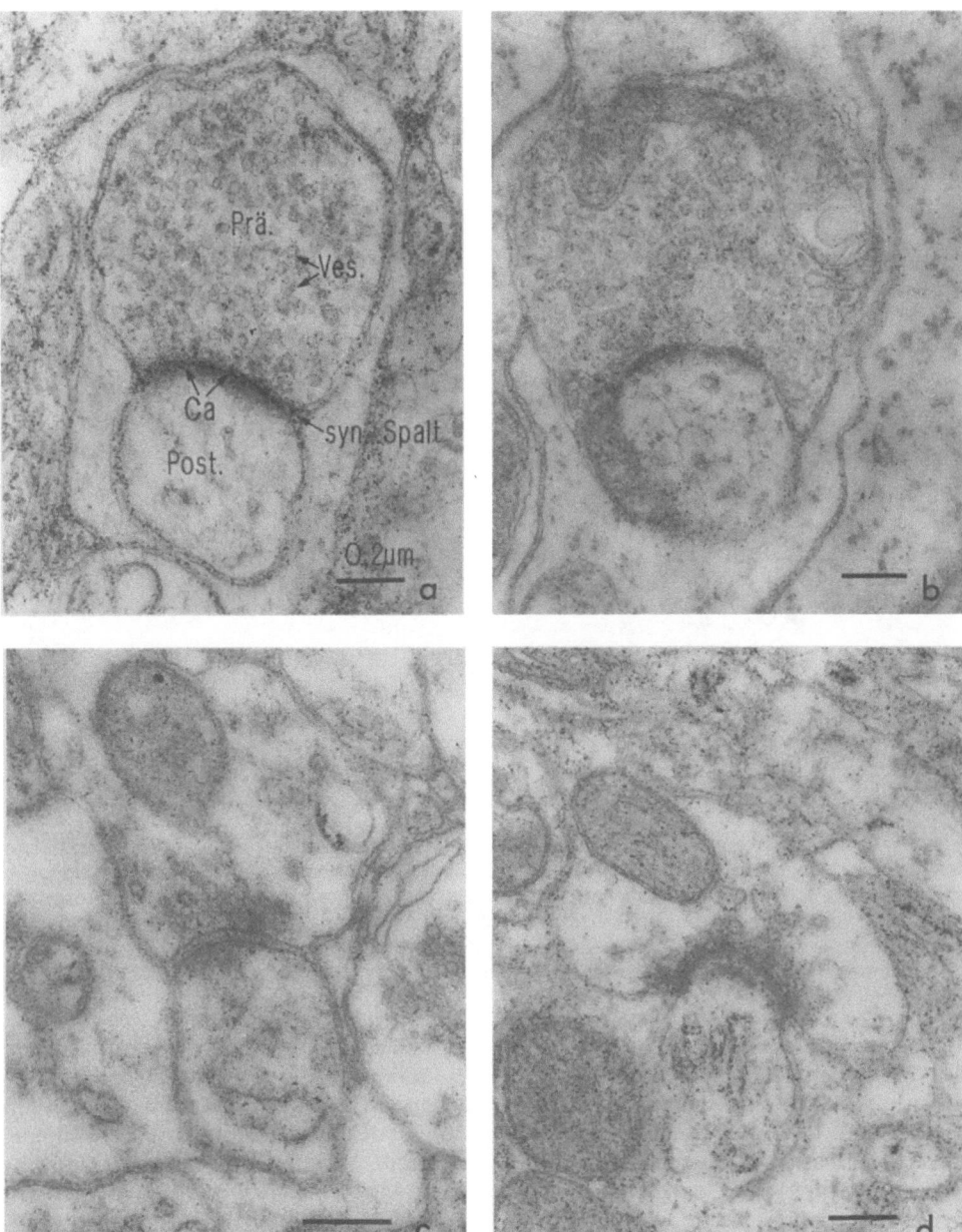

Abb. 7.20. Elektronenmikroskopische Darstellung von Calcium in synaptischen Kontaktzonen des Hirns von Wirbeltieren, und zwar von **a:** sommeraktiven gegenüber **b:** winterruhenden Fischen (Karpfen), **c:** Vögeln (Küken) und **d:** Säugern (Maus). Beachte sowohl große artspezifische als auch funktionsabhängige Unterschiede im Calciumgehalt des synaptischen Extrazellularraumes

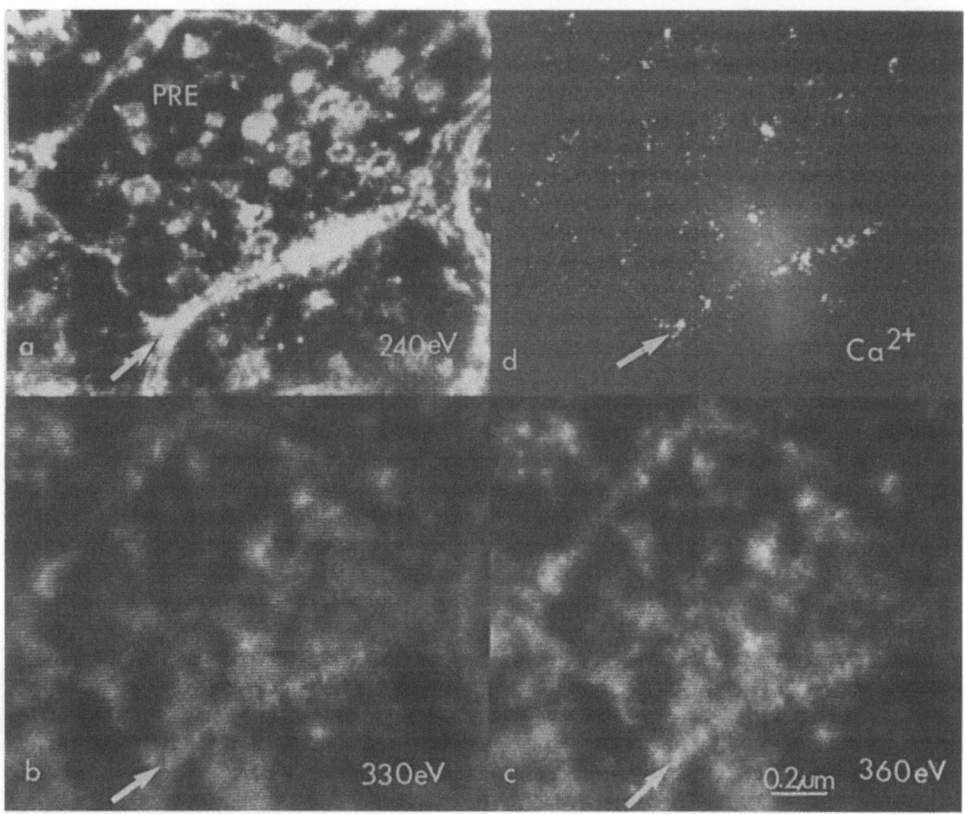

Abb. 7.21. Nachweis von Calcium im Bereich der synaptischen Kontaktzone einer Nervenzelle aus dem Tectum opticum eines Karpfens mit Hilfe der computerunterstützten elektronenmikroskopischen Spektroskopie. **a:** Dunkelfeld-ähnlicher Gesamtaspekt der Synapse. **b** und **c:** computerunterstützte Bildanalyse von **a**, aufgenommen oberhalb (360 eV) bzw. unterhalb (330 eV) des calciumspezifischen Energieabsorptionsbereichs. **d:** computerermitteltes Differenzbild von **b** gegenüber **c**, das ein definitives Calciumvorkommen im synaptischen Spaltraum, im glatten ER sowie im Bereich der synaptischen Vesikel belegt

überragender Bedeutung für die verschiedensten Abläufe des neuronalen Geschehens: In seiner **extrazellulären Form** nimmt es die Funktion eines **primären Botenstoffs (primary messenger)** bei der Verarbeitung (Internalisierung) der elektrisch verschlüsselten Informationsinhalte wahr. In seiner **intrazellulären Form** erfüllt es die Aufgabe eines **sekundären Botenstoffs (second messenger)**, indem es hier dazu beiträgt, den neuronalen Stoffwechsel stimulationsabhängig anzupassen.

Weitestgehend ungelöst ist derzeit jedoch die Frage, auf welche Weise das extrazelluläre Calcium seine primäre Botenfunktion auszuüben vermag. Hier richtet sich das Forschungsinteresse auf bestimmte, in der Außenschicht der Nervenzellmembran vor-

handene Makromoleküle, die mit Calcium eine lockere, durch Änderung der elektrischen Feldstärke oder durch Interaktion mit Transmittern beeinflußbare Bindung eingehen könnten. In diesem Zusammenhang wird bei den Wirbeltieren den stark polar gebauten, zu den Glykolipiden gehörigen **Gangliosiden**, die mit negativ geladenen Neuramin-(= Sialin-)säuren ausgestattet sind, große Bedeutung beigemessen (vgl. Kap. 8.2). Bei den wirbellosen Tieren hingegen, die keine Neuraminsäure – und damit keine Ganglioside – besitzen, könnte eine derartige Rolle eventuell von anderen, negativ geladenen Glykolipiden wie z.B. **glucuronsäure-** bzw. **phosphonosäurehaltigen Glykolipiden** erfüllt werden.

8. Modulation der neuronalen Informations- übertragung

8.1 Allgemeine Aspekte der Neuromodulation

Vor dem Hintergrund der in den voranstehenden Abschnitten dargestellten Einzelheiten über den molekularen Aufbau der synaptischen Membran, der Vesikel sowie über die am Transmissionsvorgang beteiligten synaptischen Überträgerstoffe (Neurotransmitter, Neuropeptide) und ihre Neurorezeptoren ist zu folgern, daß der relativ starr ablaufende Übertragungsvorgang von elektrischen Informationssignalen von einer Nervenzelle zur nächsten erst dann erfolgreich ablaufen kann, wenn zuvor eine Abgleichung (= Modulation) der verschiedensten zusammenwirkenden Teilprozesse untereinander stattgefunden hat. Ein Nervenimpuls löst zwar die Freisetzung von Transmittersubstanzen aus; die Menge der freigesetzten Substanz sowie die Stärke, Dauer und Wirkungsweise der postsynaptischen Effekte (hemmend oder erregend) müssen jedoch fein aufeinander abgestimmt sein.

Bei längerer und wiederholter Reizung nimmt die freigesetzte Transmittermenge rasch ab, da jeweils nur ein relativ kleiner Vorrat leicht zugänglich ist. Dieser ist in hohem Maße von der Neusynthese des Transmitters im Nervenzellkörper, seinem neuronalen Transport (vgl. Kap. 9.1.2) sowie auch von der Intensität der Wiederaufnahme in der Synapse selbst abhängig (vgl. Kap. 9.1.3).

Auf einem größeren postsynaptischen Membranbereich eines nachgeschalteten Neurons endigen zahlreiche Präsynapsen (pro Zelle mehrere Tausend), die von verschiedenen vorgeschalteten Zellen stammen und daher mit unterschiedlichen Transmittersubstanzen ausgestattet sein können. Bei gleichzeitiger Erregung mehrerer Synapsen muß die Beschaffenheit der unterschiedlichen Transmittergemische hinsichtlich ihres Gesamtinformationsgehalts adäquat erkannt werden. Auch ist eine Eigenhemmung (Autoinhibition) der erregten Synapse durch Erreichen einer bestimmten Konzentration der in den synaptischen Spalt hineingegebenen Transmittermenge in Erwägung zu ziehen.

Wir haben im Kap. 7.1.3.2 am Beispiel der neuronalen Leitung von Schmerzempfindungen kennengelernt, daß die synaptischen Endformationen über Mechanismen verfügen, mit deren Hilfe die Wirkung einer freigesetzten Transmittersubstanz auf die postsynaptische Rezeptorregion durch ein gleichzeitiges Ausbringen einer anderen Substanz reguliert werden kann. Das zeigt, daß es offensichtlich Inaktivierungs- und Aufnahmesysteme gibt, welche die synaptische Transmission über eine Kontrolle der Konzentration an freigesetzten Transmittern sowie deren Wirkungsdauer an der postsynaptischen Membran beeinflussen können.

Eine besondere Bedeutung bei einer derartigen synaptischen Modulation kommt all jenen Substanzen zu, die parallel zur Neurotransmitter - Neurorezeptor - Interaktion im Neuroplasma oder in der neuronalen Membran Veränderungen bewirken, welche die Freisetzung, Bindung oder irgendeine andere Aktion eines Neurotransmitters beeinflussen.

Zum gegenwärtigen Zeitpunkt werden diejenigen Stoffe, die in einer Synapse kurzfristige Aktionen auslösen, Neurotransmitter genannt, während solche mit Langzeiteffekten als Neuromodulatoren gelten. Im Sinne dieser Definition werden die in Kap. 7.1.3.2 abgehandelten Neuropeptide häufig auch als Modulatorstoffe angesehen, deren Wirkung mit auf einer Aktivierung des cyclischen AMP (Adenosinmonophosphat) in der nachgeschalteten Nervenmembran beruht, durch welche dann der postsynaptische Zellstoffwechsel reizabhängig geändert wird.

Wenn man unter dem Begriff der synaptischen Transmission in erster Linie die frequenzabhängige Amplitudenveränderung der Transmitterfreisetzung verstehen will, so sollte unter dem Begriff der **Neuromodulation** jeder Schritt verstanden werden, der die Erregungsübertragung in Synapsen adaptiv beeinflußt. Damit stehen alle synaptischen Vorgänge wie die der Enzymaktivierung, der Mechanismus der Transmitterspeicherung und -freisetzung, die Transmitterinteraktion mit entsprechenden postsynaptischen Rezeptormolekülen, die Regulation der Ionenkanäle sowie die Kinetik der Inaktivierung des freigesetzten Transmitters und dessen Wiederaufnahme von der Präsynapse im Dienste der Modulation der Erregungs- und damit der Informationsübertragung von einem Neuron zum anderen.

In all denjenigen Fällen, bei denen ein synaptischer Modulationsmechanismus am Zustandekommen von adaptiven bioelektrischen Phänomenen mit beteiligt ist, wie beispielsweise beim **PSP**, **PTP** und besonders beim **LTP** (vgl. Kap. 9.2.3), bewirkt der Neuromodulator eine Veränderung in der Anzahl von **Ca^{2+}-Ionen**, die auf ein präsynaptisches Aktionspotential hin in die Nervenendigungen einströmen. Für den Neuromodulator ist hierbei charakteristisch, daß er die Öffnung oder Schließung von Ionenkanälen nicht selbst veranlaßt. Er beeinflußt vielmehr die Antwort bestimmter Ionenkanäle auf einen anderen Reiz hin. Dadurch erhöhen oder erniedrigen sie den Strom, der infolge einer Depolarisation durch eine bestimmte Anzahl von aktivierten Kanälen fließt.

Gegenüber dem Neuromodulator wirken die klassischen synaptischen Transmittersubstanzen als chemische Reize zumeist auf die Öffnung von Membrankanälen. Eine Modulatorsubstanz steuert dagegen die Empfindlichkeit von Kanalproteinen für eine Membrandepolarisation.

Das Ausmaß und die Geschwindigkeit des neuromodulatorischen Geschehens bei der synaptischen Transmission dürften für jeden Synapsentyp unterschiedlich sein. In jedem Fall jedoch dürften die Modulationswirkungen durch Änderungen äußerer Faktoren wie etwa physikalischer Parameter (Druck, Temperatur) oder chemischer Parameter (Ionenmilieu, Enzymaktivitäten, exogen zugeführte Substanzen) beeinflußt werden.

8.2 Bedeutung von Gangliosiden als Neuromodulatorsubstanzen

Während über die Bedeutung der Neuropeptide als Neuromodulatorverbindungen bereits in Kap. 7.1.3.2 ausführlicher berichtet wurde, sollen nun an dieser Stelle vor allem auch diejenigen Mechanismen und Vorgänge betrachtet werden, die eine den jeweiligen äußeren Rahmenbedingungen des Gesamtorganismus angepaßte funktionelle synaptische Erregungsübertragung und damit letztlich − langfristig gesehen − eine Speicherung von Informationen (= Gedächtnis) gewährleisten.

Bei der Erörterung von synaptischen Modulationsmechanismen sollten vor allem zwei Gesichtspunkte mit in den Vordergrund des Interesses gerückt werden, nämlich

− zum einen die Suche nach einem **primären Botenstoff-(Messenger)system**, das zunächst die Aufnahme eines elektrisch codierten Erregungsmusters von der präsynaptischen Außen- zur Innenmembran zu gewährleisten hat, so daß von dort her sekundäre Messengersysteme eine reizabhängige Änderung des neuronalen Stoffwechselgeschehens in die Wege leiten, sowie

− zum anderen die Tatsache, daß aufgrund zahlreicher elektrophysiologischer und biochemischer Befunde dem **Calcium** (Ca^{2+}) auch gerade bei der Neuromodulation eine große funktionelle Bedeutung zuzukommen scheint (vgl. Kap. 8.2.4).

Ein kontrollierter Ca^{2+}-Austausch zwischen dem Extra- und Intrazellularraum der Synapse wird als wesentliche Voraussetzung für die Erregungsumwandlung angesehen. Daher ist das Forschungsinteresse in zunehmendem Maße auf jene Membranbestandteile gerichtet, die aufgrund ihrer physikochemischen Eigenschaften im Zusammenwirken mit Calcium beim Vorgang der synaptischen Transmission maßgeblich beteiligt sein könnten.

Auf diesem Hintergrund stellten wir bereits 1976 eine Funktionshypothese vor (H. RAHMANN, 1976, 1983, 1987; H. RAHMANN et al. 1976, 1984), derzufolge bei Wirbeltieren sialinsäure-(= N-Acetylneuraminsäure)haltige Glykosphingolipide, speziell **Ganglioside** (vgl. Kap. 7.1.1), als **Neuromodulatoren** sowohl für den Kurzzeitvorgang der synaptischen Informationsübertragung als auch für das langfristige Geschehen bei der Gedächtnisausprägung wirken könnten. Unsere Hypothese stützt sich auf die Erkenntnis, daß speziell die Hirnganglioside im Vergleich zu den sonstigen Membransubstanzen einer Nervenzelle zahlreiche phänomenologische (physiologische), bioelektrische sowie vor allem physikochemische Besonderheiten aufweisen, welche die außerordentlich große funktionelle Anpassungsfähigkeit der synaptischen Prozesse, speziell auch der Erregungsübertragung, erklären könnten.

8.2.1 Physiologische Anpassungsfähigkeit von Hirngangliosiden

Im letzten Jahrzehnt sind hinsichtlich der Ganglioside im Hirn der Wirbeltiere zahlreiche Befunde erhoben worden, die eindeutig deren essentielle Beteiligung am Hirngeschehen belegen (Tabelle 8.1). Im folgenden wird auf die wesentlichsten Befunde, die für die Frage nach dem Gedächtnis von Bedeutung sind (vgl. Kap. 11), insbesondere die große physiologische Anpassungsfähigkeit der Hirnganglioside, eingegangen.

– Im Verlauf der Stammesgeschichte der Wirbeltiere (= **Phylogenese**) nimmt bei

Tabelle 8.1. Hirnganglioside als Neuromodulatoren

Übersicht über physiologische, bioelektrische und physikochemische Besonderheiten von Hirngangliosiden gegenüber anderen Membranlipiden

A. **Physiologische Besonderheiten**
1. Änderung der Zusammensetzung (≙ Polarität) von Hirngangliosiden in Abhängigkeit
   – vom phylogenetischen Organisationsniveau
   – vom ontogenetischen Differenzierungsgrad
   – von Störungen des Gangliosidstoffwechsels (Gangliosidosen)
   – von ökophysiologischen Adaptionen (Habitatanpassung)
   – von der Verabreichung krampfauslösender Mittel
   – von sensorischen Stimulationen
2. Stimulation von membrangebundenen Enzymen (Proteinkinasen) durch Ca^{2+}-Gangliosid-Komplexe

B. **Bioelektrische Besonderheiten**
   – Restaurierung der elektrischen Erregbarkeit nach exogener Gangliosidzugabe
   – Signifikante Beeinflussung der postsynaptischen Erregbarkeit nach Degradation der neuronalen Ganglioside, z.B. durch Neuraminidasen
   – Zellspezifische Auslösung von Depolarisation, Desensitivierung und Veränderung der Leitfähigkeit nach exogener Gangliosidgabe

C. **Physikochemische Besonderheiten von Ca^{2+}-Gangliosid-Interaktionen**
   – Wechsel von hydro- zu lipophil im Zweiphasensystem (Chloroform/Wasser) nach Ca^{2+}-Zugabe
   – Ca^{2+}-Freisetzung aus Ca^{2+}-Gangliosid-Komplexen durch Metallionen (K^+, Na^+, Li^+, Mg^{2+}, Ca^{2+}), Neurotransmitter (ACh, Serotonin), Neurotoxin (Curare), Temperaturänderungen
   – Diskontinuität der Ca^{2+}-Gangliosid-Bindung mit 2 Bindungsstellen
   – Micellares Aggregationsvermögen in wäßrigen Lösungen
   – Besonderheiten im Membranverhalten von Monoschichten (molekularer Platzbedarf, Oberflächenpotential) bei Änderung der Ca^{2+}-Konzentration, Temperatur oder Proteinzugabe
   – Spannungsabhängige Ad- bzw. Desorption von Ca^{2+}-Gangliosid-Komplexen an Quecksilberelektroden

höher evoluierten Gruppen der Gehalt an Hirngangliosiden zu. So schwankt der Gangliosidgehalt bei kaltblütigen, niederen Vertebraten (Fischen, Amphibien, Reptilien) zwischen 110 und 800 µg pro Gramm Hirngewicht, bei warmblütigen Vögeln und Säugern dagegen zwischen 400 und 1200 µg. Paral-lel zur Konzentrationszunahme wird die Komplexität in der Zusammensetzung der Hirnganglioside stark reduziert: Bei niederen Vertebraten treten z.T. beträchtlich mehr Einzelganglioside auf als bei Säugern und Vögeln (Abb. 8.1). Damit verbunden ist eine wesentliche Verschiebung in der Bevorzugung der drei in

Abb. 8.1. Dünnschichtchromatogramme, Densitogramme und relative Zusammensetzung der Hirnganglioside verschiedener Wirbeltiere, geordnet nach ihrer Polarität, die sich gründet auf eine Ausstattung mit 3 bzw. weniger oder mehr als 3 Neuraminsäuren pro Molekül

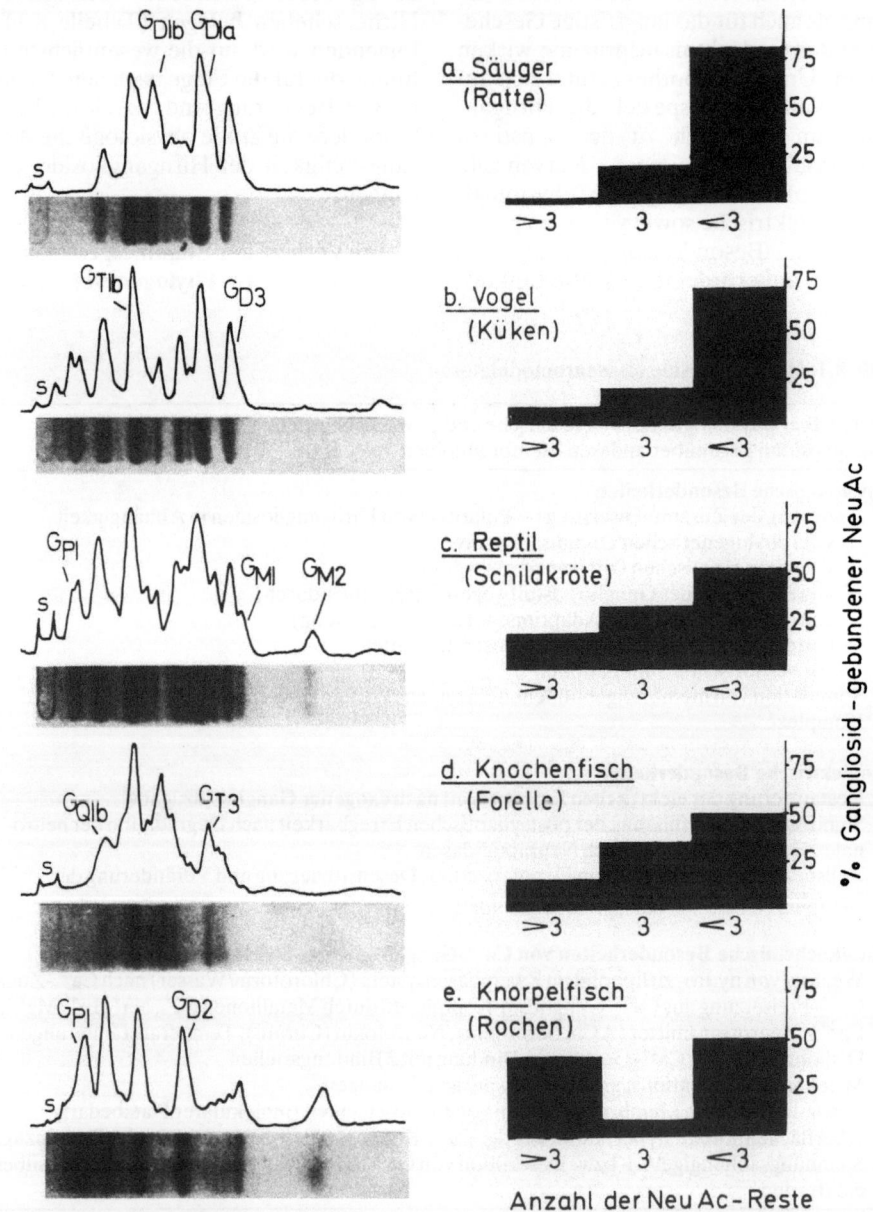

Abb. 7.3 aufgezeigten Biosynthesemöglichkeiten (a-, b- oder c-Weg). Die **Polarität des Hirngangliosidmusters** hängt ab von der Ausstattung mit negativ geladenen Neuraminsäuren (NeuAc): Im Hirn von Vögeln und Säugern ist sie mit nur 2 bis 3 Neuraminsäuren relativ gering; bei Fischen und Amphibien jedoch ist sie aufgrund der Ausstattung der Ganglioside mit 4 bis sogar 7 Neuraminsäuren beträchtlich größer. Außerdem ist die Zusammensetzung der Hirnganglioside in den einzelnen Hirnregionen verschiedenartig. Da die einzelnen Hirnabschnitte unterschiedliche Funktionen zu erfüllen haben sowie auch Neuronen mit verschiedenartigen Transmittern beinhalten (vgl. Kap. 7.1.3.1.1), weisen veränderte Gangliosidgehalte auf funktionelle Zusammenhänge hin.

- Während der **frühen Ontogenese**, speziell während kritischer und progressiver Entwicklungsphasen (z.B. Geburt, Schlupf, Augenöffnung), finden bei allen Wirbeltieren neben markanten Konzentrationsänderungen vor allem auch auffällige Verschiebungen in der Zusammensetzung der Hirnganglioside statt. Bei Säugern und Vögeln folgen diese Verschiebungen der Haeckel'schen Regel, d.h. auf früheren Entwicklungsstadien gleicht das Gangliosidmuster zunächst dem von Fischen, erst später erhält es die Charakteristika der höheren Wirbeltiere.

- Im Verlauf der Entwicklung einer einzelnen Nervenzelle **(= Neurogenese)** kommt Einzelgangliosiden eine **Markerfunktion** für den jeweiligen Differenzierungszustand zu (vgl. Abb. 2.14). So läßt sich eine verstärkte Synthese des GD_3-Gangliosids korrelieren mit der Phase der Zellteilung und -auswanderung vom zentralen Neuralrohr; polare Ganglioside mit 4 bzw. 5 Neuraminsäuren (GQ_{1b} und GP_{1c}) charakterisieren das Faserwachstum und die Faserverzweigung; eine verstärkte GD_{1a}- bzw. GT_{1b}-Synthese zeigt die Phase der Synapsenbildung an, während GM_1 und GM_4 als Marker für Myelinbildung gelten.

- Im Verlauf der neuronalen Differenzierung von in vitro gehaltenen Primär- oder Sekundärkulturen von Nerven-

oder entarteten Neuroblastomazellen bewirken äußerlich zugegebene Ganglioside eine Verlängerung der Überlebenszeit **(= neurotropher Effekt)** sowie ein verstärktes Faserwachstum **(= neuronotroper** oder **neuritogener Effekt)**. Offen ist allerdings noch die Frage, ob diese Effekte direkt auf die Ganglioside zurückgeführt werden können, da auch einige andere Substanzen ähnliche Wirkungen zeigen, oder ob sie indirekt wirken wie z.B. über eine Beeinflussung der Ionenausstattung der Nervenmembran (vgl. Kap. 2.2.3.4).

- Im Verlauf der **Seneszenz**, d.h. der Phase des Alterns, verschiebt sich bei Säugern das Gangliosidmuster in einzelnen Hirnregionen (z.B. im Cortex) zugunsten polarer Fraktionen, was vor allem auf eine Reduktion des Synapsenassoziierten GD_{1a}-Gangliosids zurückzuführen ist (vgl. Abb. 2.13) und sich wahrscheinlich in einer verminderten Membranviskosität und damit -permeabilität äußert.

- Im Falle von genetisch bedingten Störungen der Aktivität von Gangliosid abbauenden Enzymen (Hydrolasen) kommt es zur Ausprägung von schweren, meist tödlich verlaufenden neurologischen Erkrankungen, den **Gangliosidosen** (z.B. **Tay-Sachs-, Sandhoff-Krankheit**). Diese **Gangliosidspeicherkrankheiten** äußern sich in Form von gravierenden geistigen Retardierungen. Darüber hinaus lassen sich im Blut von Patienten mit anderen neuronalen Defekten **(Schizophrenie, Hirntumor, multipler Sklerose)** Anti-Gangliosid-Immunaktivitäten nachweisen, die anzeigen, daß Ganglioside für eine ungestörte Nerventätigkeit von großer Bedeutung sind.

- Im Verlauf einer **ökophysiologischen Temperaturadaptation** hat sich das Hirngangliosidmuster der Wirbeltiere unterschiedlich angepaßt gemäß der allgemeineren Regel: „Je niedriger die Umgebungs-(= Körper-)temperatur ist, desto größer ist die Polarität der Hirnganglioside". Belege erbrachte die Untersuchung der Hirnganglioside von Vertebraten mit unterschiedlichen Ansprüchen an verschiedenartige Habitattem-

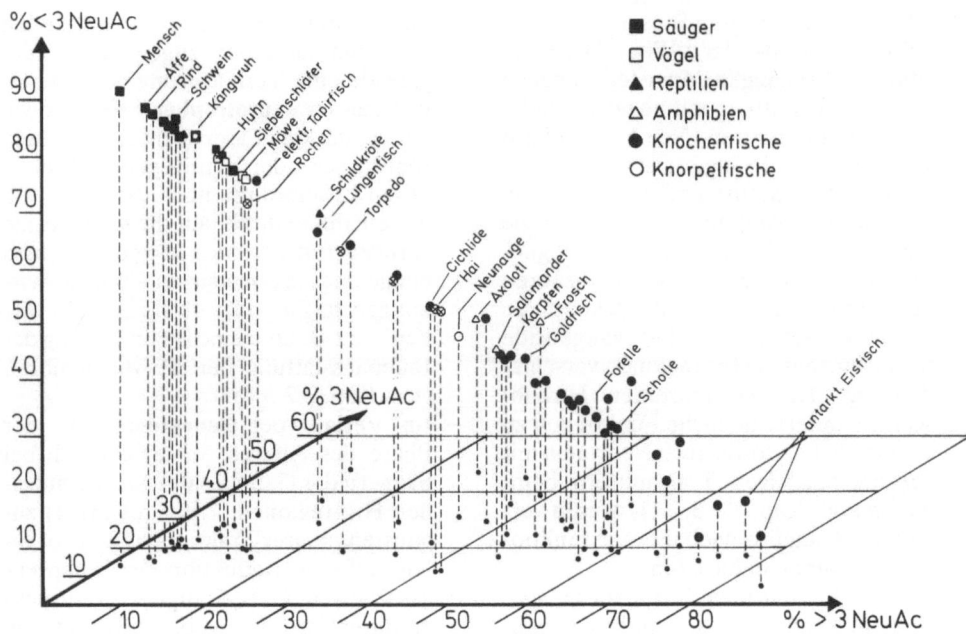

Abb. 8.2. Dreidimensionale Anordnung der Hirnganglioside von Wirbeltieren aus sechs Klassen mit Vertretern, die unterschiedlichste Ansprüche an die Habitattemperaturen aufweisen. Aufgetragen sind die relativen Werte (%) von Gangliosiden mit 3, weniger oder mehr als 3 negativ geladenen Neuraminsäuren ($\widehat{=}$ Polarität)

peraturen (Extreme: Tropenfische gegenüber polaren Eisfischen; Abb. 8.2), mit saisonaler oder experimentell ausgelöster Temperaturadaptation, mit Winterschlafausprägung (Abb. 8.3) sowie auch von Vögeln und Säugern während ihrer noch heterothermen frühen Entwicklungsphase (Abb. 8.4).
– Parallel zur temperaturabhängigen Änderung der Polarität der Hirnganglioside

tritt auch eine Änderung hinsichtlich ihrer Empfindlichkeit gegenüber dem sie abbauenden, membrangebundenen Enzym **Neuraminidase** in Erscheinung, wodurch die o.a. Befunde einer ökophysiologischen Temperaturanpassung dieser Membranbausteine des Nervensystems weiter untermauert werden.

Abb. 8.3. Kontaktautoradiogramme (Negativaufnahmen) von Querschnitten durch das Vorderhirn eines sommeraktiven gegenüber winterschlafenden Siebenschläfers (Glis glis) nach intracranialer Verabreichung von 14C-N-Acetylmannosamin zur Darstellung regionaler Unterschiede im Gangliosidstoffwechsel des Hirns (helle Zonen = Bereiche mit starker Radioaktivität, die Zonen mit erhöhter Hirnaktivität entsprechen)

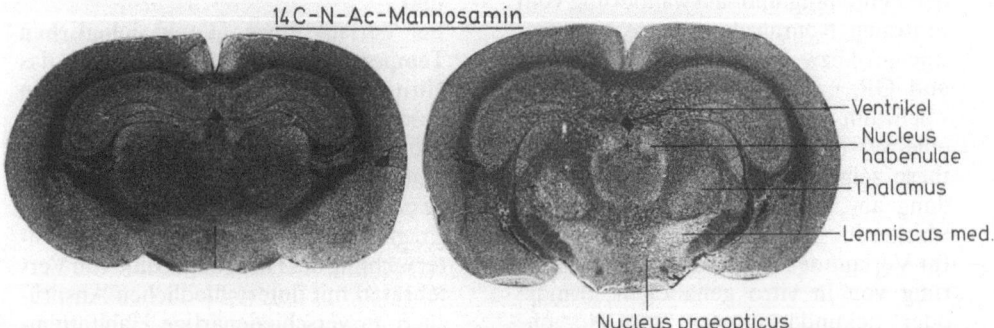

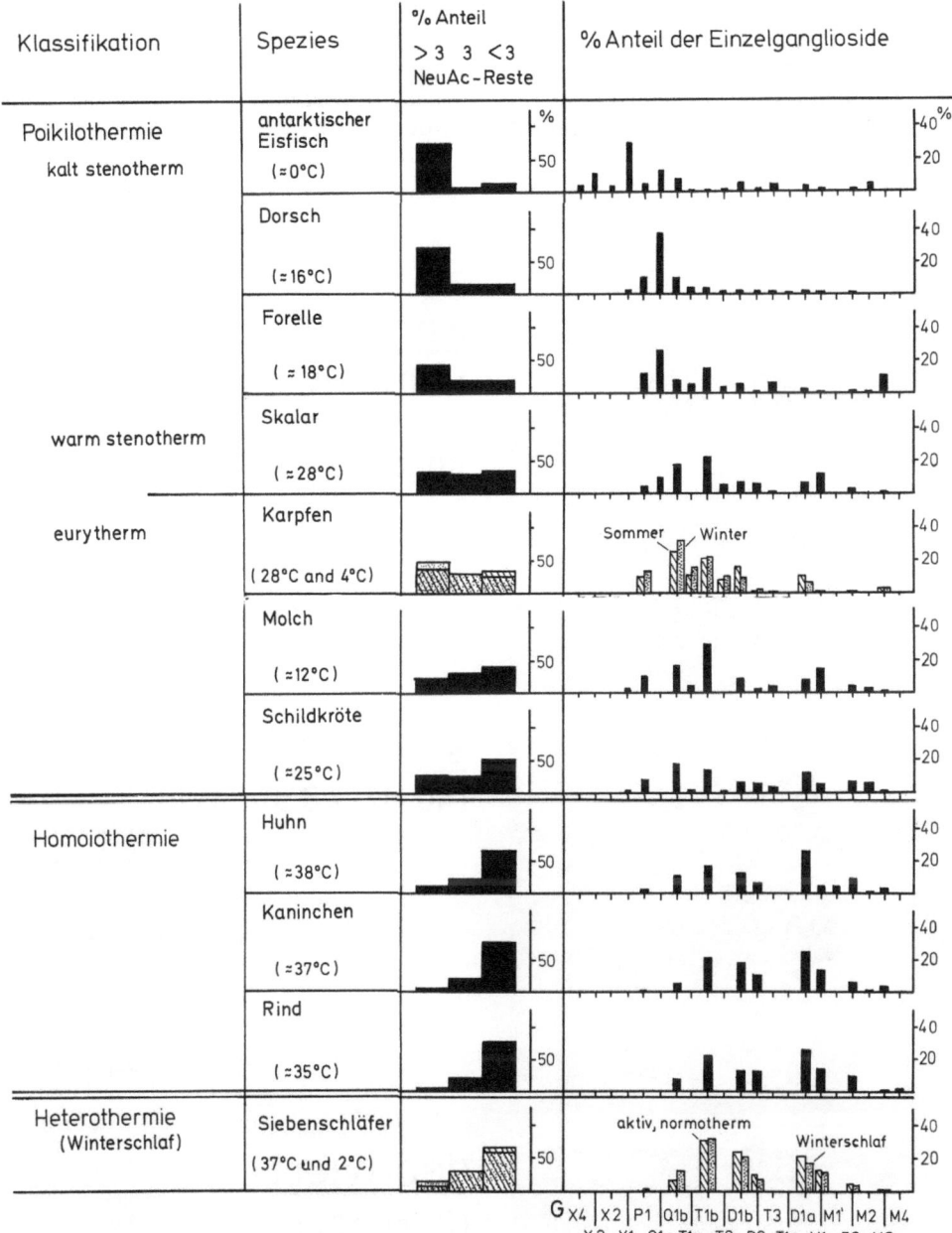

Abb. 8.4. Relative Zusammensetzung der Hirnganglioside von Wirbeltieren mit unterschiedlichen Strategien zum Überleben bei Kälte. Dargestellt sind einmal die %-Anteile der einzelnen Ganglioside mit 1 (= mono), 2 (= di), 3 (= tri), 4 (= quadri)-Neuraminsäuren (≙ Polarität)

– **Krampfauslösende Mittel** (Tetrazol, Be-
  megrid, Cobalt) verändern sowohl den
  Gangliosidgehalt des Hirns als auch die
  Zusammensetzung der Ganglioside. Lokale Applikationen von **Antigangliosid-
  sera** verursachen im Elektroencephalogramm langandauernde Spike-Verände-
  rungen.

– Nach **Lichtstimulationen** läßt sich generell ein verstärkter Einbau von niedermolekularen Vorstufen in die Ganglioside der Retina darstellen, die nach ihrer
  dortigen Synthese mit dem axonalen
  Transport in die optischen Zentren des
  Hirns transportiert werden. In ähnlicher

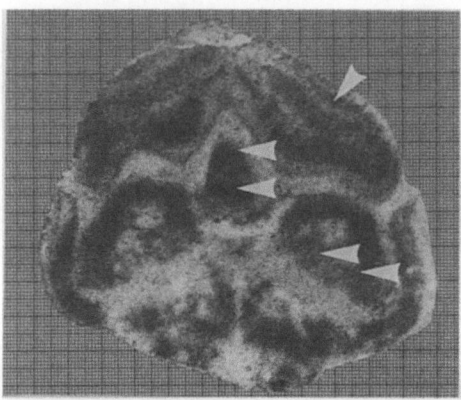

Kontrolle
(Einzeltier aus
Schwarm-
kollektiv)

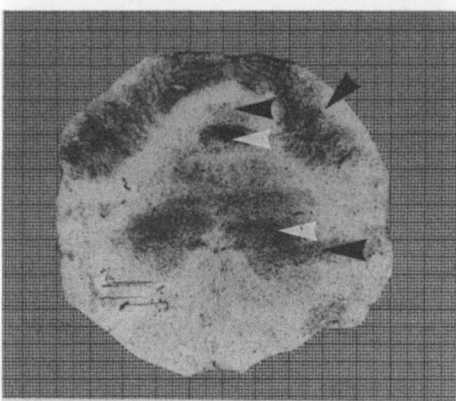

stimuliert
(40 Hz, 48 std.)

Abb. 8.5. Auto-
radiogramme
von Querschnit-
ten durch das
Mittelhirn des
elektrischen Ta-
pirfisches (Gna-
thonemus peter-
sii) nach Reiz-
entzug, künstli-
cher elektrischer
Reizung bzw.
Kontrolle sowie
nach vorausge-
gangener crania-
ler Verabrei-
chung von 3H-N-
Acetylmannos-
amin, einer spe-
zifischen Gan-
gliosidvorstufe
(dunkle Zonen
= Bereiche mit
starker Radioak-
tivität, die Zo-
nen erhöhter
Hirnaktivität
entsprechen)

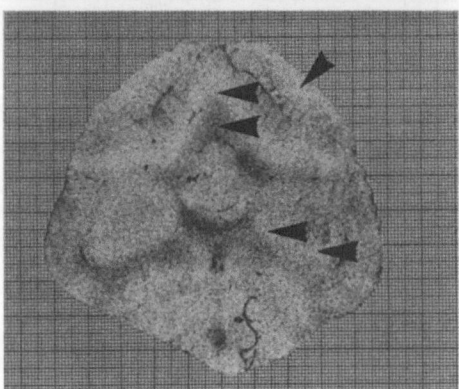

depriviert
(2 Monate
Einzelhaltung)

Weise wird der Gangliosidstoffwechsel auch bei elektrischen Fischen in deren an der Elektrokommunikation beteiligten Hirnzentren beeinflußt, wenn die Fische mit Hilfe einer Reizattrappe künstlich elektrisch gereizt wurden (Abb. 8.5).

8.2.2 Hirnganglioside und bioelektrische Aktivität des Nervensystems

Die bisherigen phänomenologischen Befunde über eine funktionsangepaßte Variabilität der Hirnganglioside verdeutlichen, daß bei diesen Lipiden im Verlauf der Phylogenese der Wirbeltiere eine starke Selektion im Hinblick auf eine Konzentrationsanreicherung sowie auf eine differenziertere Zusammensetzung speziell im Nervengewebe stattfand. Unter dem Gesichtspunkt einer möglichen Neuromodulatorfunktion der Hirnganglioside beim Vorgang der synaptischen Erregungsübertragung ist vor allem die Frage einer Beeinflußbarkeit der **bioelektrischen Aktivität** des Nervensystems durch Veränderungen der Ganglioside von Bedeutung. Auch auf diesem Gebiet wurden in den letzten Jahren bereits richtungsweisende Ergebnisse erzielt.

— So kann die **elektrische Erregbarkeit** in Hirnschnitten durch äußere Zugabe von Gangliosiden beträchtlich verlängert werden. Erklärlich wären diese Befunde aufgrund dessen, daß sich exogen zugeführte Ganglioside erwiesenermaßen in die Membran von in vitro gehaltenen Zellen einbauen, ja sogar von dort in die

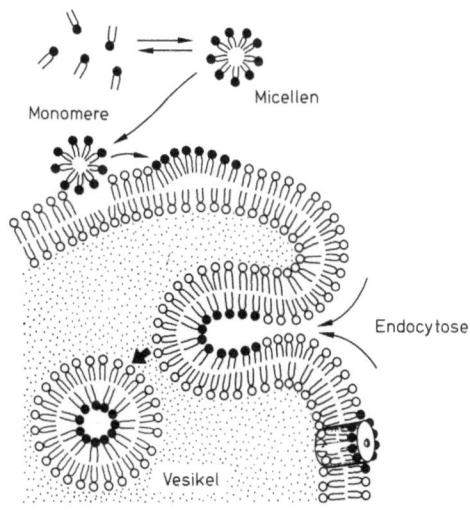

Abb. 8.6. Modellvorstellung über den Einbau von äußerlich zugeführten Gangliosiden in eine Zellmembran sowie die vesikuläre Einschleusung in die Zelle

Zelle einschleusen lassen (vgl. diesbezügliche Modellvorstellung der Abb. 8.6).
— Nach Einwirkung des Gangliosid abbauenden Enzyms **Neuraminidase** auf spontanaktive oder elektrisch bzw. sensorisch stimulierte Neuronen konnte gezeigt werden, daß Ganglioside offensichtlich bei der Erregungsleitung keine nennenswerte Rolle spielen, wohl aber bei der Erregungsübertragung in den Synapsen (Abb. 8.7). An Schnittpräparaten durch den Hippocampus sowie auch Cortex wurde wahrscheinlich gemacht, daß einzelne Ganglioside (GM$_1$)

Abb. 8.7. Einfluß von Neuraminidase auf elektrisch ausgelöste (7,3 V; 0,5 s) Summenpotentiale im Tectum opticum des Karpfens: Nur das postsynaptische Potentialgeschehen wird verändert, was als Hinweis auf eine Beeinflussung lediglich der Erregungsübertragung in den Synapsen, nicht hingegen der Erregungsleitung längs der Nervenfasern dient

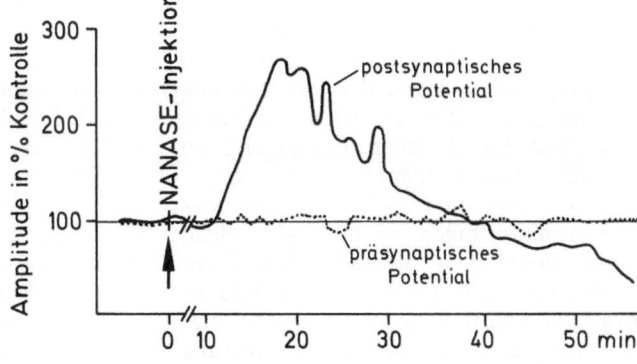

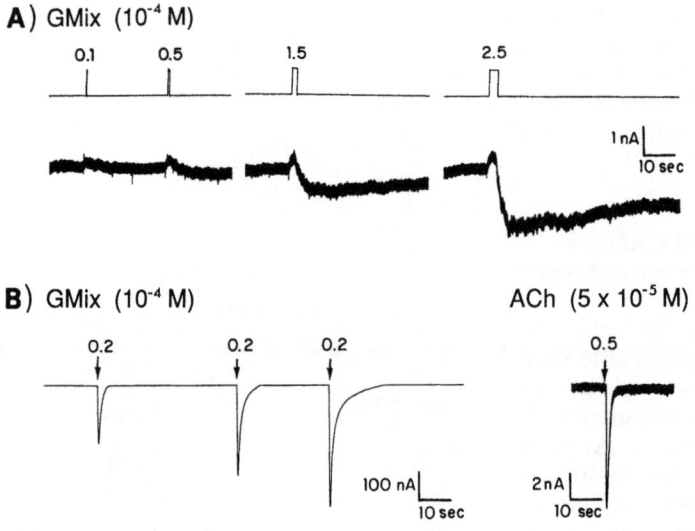

A) GMix (10⁻⁴ M)

B) GMix (10⁻⁴ M)   ACh (5 x 10⁻⁵ M)

Abb. 8.8. Voltage-clamp-Analyse zur elektrophysiologischen Charakterisierung des Einflusses von äußerlich, per Druckapplikation zugeführten Gangliosidgemischen (GMix) gegenüber Acetylcholin (ACh) auf ein Neuron der Meeresschnecke Aplysia. **A:** Verstärkung des Einwärtsstromes mit zunehmender Applikationszeit. **B:** vergleichbare Verstärkung (Sensitivierung) durch Ganglioside wie nach Acetylcholinapplikation

beteiligt sind an der Modulation von glutaminergen Synapsen, andere hingegen bei der von cholinergen Synapsen.

– **Voltage-clamp-Analysen** zur elektrophysiologischen Charakterisierung ergaben an Neuronen der Meeresschnecke Aplysia, die selbst von Natur aus keine Ganglioside besitzt, daß äußerlich verabreichte Ganglioside sogar an diesen Nervenzellmembranen im Millisekundenbereich zellspezifische Depolarisationen, Desensitivierungen oder Erhöhungen der Ionenleitfähigkeit bewirken können (Abb. 8.8).

8.2.3 Physikochemische Anpassungs-fähigkeit von Ca²⁺-Gangliosid-Inter-aktionen zur Simulation von Membranvorgängen

Neben den zuvor erörterten physiologisch-phänomenologischen Besonderheiten von Hirngangliosiden sowie dem für künftige Forschungsvorhaben sehr wichtigen Nachweis ihrer funktionellen Beteiligung an bioelektrischen Vorgängen im Nervengewebe ist es nun von entscheidender Bedeutung zu hinterfragen, ob und ggf. welche **physikochemischen Eigenschaften Ganglioside** haben, die bei der synaptischen Informationsübertragung als Neuromodulatoren fungieren können. Die Beantwortung

dieser Frage sollte vor allem vor dem Hintergrund der Untersuchungen von möglichen physikochemischen Interaktionen zwischen Gangliosiden und Calcium angegangen werden (Abb. 8.9), da alle neuronalen Funktionsabläufe an das Vorhandensein extrazellulären Calciums gebunden sind (vgl. Kap. 7.2).

Ganglioside, über deren molekularen Aufbau, ihre Biosynthese sowie ihren Einbau in der Nervenmembran in Kap. 2.2.3.4 und 7.1.1 berichtet wurde, sind sowohl lipid- als auch wasserlöslich. Aufgrund ihrer amphiphatischen Natur reagieren sie bereits außerordentlich empfindlich auf jede Änderung des jeweiligen Lösungsmittels sowie auch auf Zugabe von komplexbildenden Molekülen, wie z.B. Albumin. In organischen Lösungsmitteln treten Ganglioside monomer, d.h. als Einzelmoleküle auf, in wäßrigen hingegen in micellarer Aggregationskonfiguration (vgl. Abb. 7.4; kritische Micellarkonzentration cmc etwa 10^{-8} mol/l). Die Aggregationseigenschaften der Ganglioside sind durch Änderungen des pH-Bereichs, durch Metallionenzugabe und – was im Hinblick auf die Erregungsübertragung in den Synapsen besonders wichtig ist – durch Änderungen der elektrischen Feldstärke leicht zu beeinflussen.

Besonders gut lassen sich einige physikochemische Basiseigenschaften der Ganglio-

Abb. 8.9. Molekulares Kalottenmodell des Disialogangliosids GD_{1a} sowie eines Ca^{2+}-Komplexes. Durch Ca^{2+} wird eine Konformationsänderung bewirkt, die innerhalb der Neuroplasmamembran von gravierender neuromodulatorischer Bedeutung sein dürfte

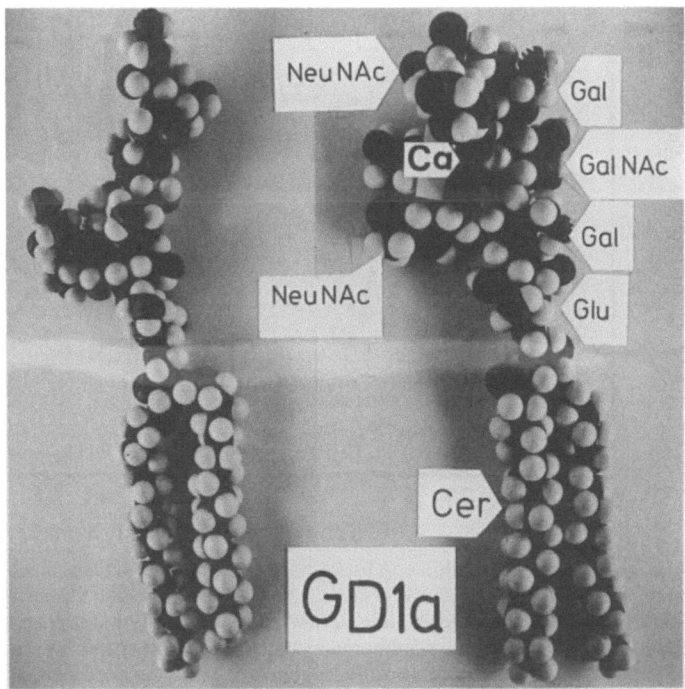

side gegenüber denen von anderen Membranlipiden mit Hilfe von in vitro-Modellversuchen untersuchen. Hierfür eignen sich sehr gut zum einen sog. **Liposomen**versuche. Bei diesen werden künstliche Lipidvesikel hergestellt, die hauptsächlich aus den Basislipiden der Biomembran, nämlich Lecithin (= Phosphatidylcholin) und Cholesterin, bestehen, denen dann jedoch Ganglioside unterschiedlicher Konzentration und Zusammensetzung beigefügt werden. Mit derartigen gangliosidhaltigen Liposomen lassen sich beispielsweise Bindungsstudien mit Kationen unter Verwendung von radioaktiv markiertem $^{(45)}Ca^{2+}$ durchführen. Hierbei kann geprüft werden, wie fest die Ca^{2+}-Bindung ist und ob sie durch Zugabe anderer Substanzen, wie etwa von mono- und divalenten Kationen (Na^+, K^+, Li^+, Mg^{2+}) oder Transmittern (Acetylcholin, Serotonin) gelöst werden kann, bzw. ob durch weitere Ca^{2+}-Zugaben micellare Umordnungen (Konformationsänderungen) der Ganglioside eintreten oder nicht. Außerdem ist für die Analyse physikochemischer Eigenschaften von Lipiden die Untersuchung des molekularen Arrangements

von Lipiden in sog. **Monoschichten** besonders geeignet. Hierfür werden die zu testenden Lipide in einem speziellen Trog auf einer Wasseroberfläche derart gespreitet, daß ein monomolekularer Lipidfilm entsteht. In diesem arrangieren sich die Einzelmoleküle zunächst in einer lockeren, expandierten Weise. Wird der Film jedoch mit einer Barriere oberflächlich zusammengeschoben, so richten sich die Moleküle unter dem zunehmenden lateralen Druck untereinander aus. Dabei kann es zu einer konformativen molekularen Umlagerung (Phasenübergang) zwischen einem flüssig-expandierten gegenüber einem -kondensierten Zustand kommen (Abb. 8.10). Die Kennlinien (Schub-Flächen-Isothermen) derartiger Oberflächendruckkurven sowie vor allem auch deren Kollapspunkt, d.h. diejenige Stelle, an der der Lipidfilm bei zunehmendem Zusammenpressen kollabiert, sind für die verschiedenen Lipide jeweils spezifisch und lassen sich demzufolge zur physikochemischen Charakterisierung in idealer Weise verwerten. Die hieraus abgeleiteten Erkenntnisse über das Verhalten der Lipide in einer Monoschicht haben sich

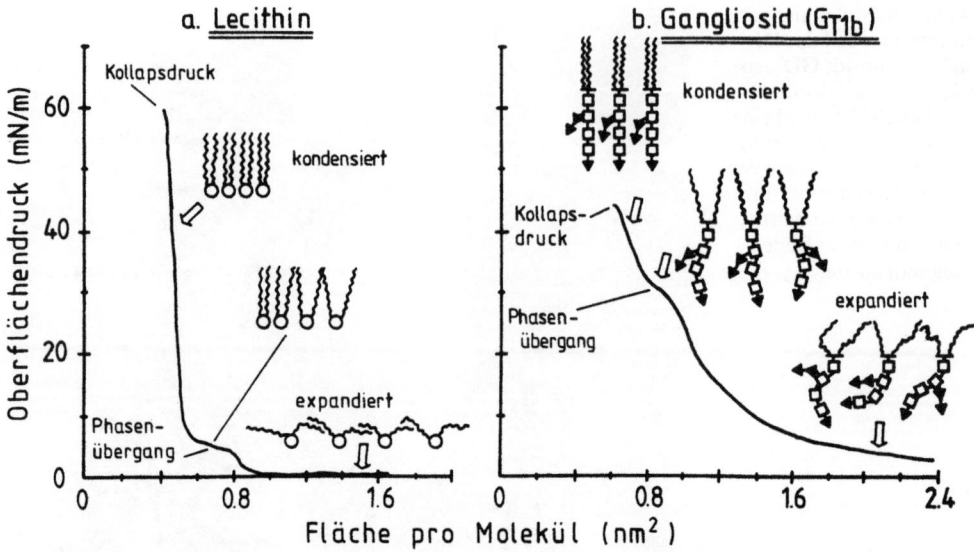

Abb. 8.10. Phasenverhalten von Lipiden (**a:** Lecithin und **b:** Gangliosid GT_{lb}) in einem monomolekularen Film an der Grenzschicht Wasser/Luft. Mit zunehmendem Oberflächendruck verringert sich der Oberflächenbedarf der Moleküle. Je nach Lipidbeschaffenheit zeigen die Oberflächen-Druck-Flächen-Isothermen einen Phasenübergang vom flüssigkeitsexpandierten zum kondensierten Zustand sowie markante Unterschiede im Kollabieren ihres Films. In der biologischen Membran werden Druckverhältnisse zwischen 20 und 30 mN/m (= milliNewton/m) diskutiert

bei der Interpretation des möglichen Verhaltens der in Frage stehenden Lipide in einer biologischen Membran als außerordentlich aussagekräftig erwiesen. Wegen der besonderen Bedeutung, die derartige physikochemischen Modelluntersuchungen generell zur Aufklärung des Geschehens im zellulären Bereich inzwischen erlangt haben, seien im folgenden einige in vitro-Befunde über **Interaktionen** speziell **zwischen Gangliosiden und Calcium** referiert. Diese Ergebnisse dürften insofern besonders für die Interpretation von Vorgängen in synaptischen Membranen hilfreich sein, da sie funktionelle Besonderheiten der Ganglioside gegenüber den übrigen in der neuronalen Membran vorhandenen Lipiden, speziell den Phospholipiden, deutlich machen (vgl. Tabelle 8.1):

– Die einzelnen Ganglioside (vgl. Abb. 7.3) sowie auch natürliche Gangliosidgemische aus dem Hirn verschiedener Wirbeltierarten verfügen gegenüber Calcium über außerordentlich **labile Bindungskapazitäten** (komplexe Chelat-, keine ionale Bindung). Im Gegensatz zu

Magnesium haben Ganglioside gegenüber Calcium zwei Bindungsstellen; die Ca^{2+}-Bindung ist etwa 20fach stärker als die gegenüber Magnesium.

– Die Ca^{2+}-Bindung an Ganglioside erfolgt – entgegen der an andere Membranlipide – diskontinuierlich, d.h. daß in bestimmten Ca^{2+}-Konzentrationsbereichen zuvor bereits gebundenes Ca^{2+} von Gangliosiden wieder freigesetzt wird, bevor bei weiterer Ca^{2+}-Zugabe eine weitere Bindung erfolgt (Abb. 8.11).

– Die Ca^{2+}-Bindung an Ganglioside ist im Gegensatz zu der an andere Lipide sehr empfindlich gegenüber der Zugabe von Kationen (Na^+, K^+, Li^+, Ca^{2+}, Mg^{2+}), Transmittersubstanzen (Acetylcholin, Serotonin), Neurotoxinen (Tubocurarin) sowie auch Temperatur- und Druckänderungen (Abb. 8.12).

– In künstlichen Membransystemen kooperieren die Ganglioside bei Ca^{2+}-Anwesenheit untereinander über Wasserstoffbrücken in Form von molekularen Aggregaten („Cluster").

– Die Struktur dieser Gangliosidaggrega

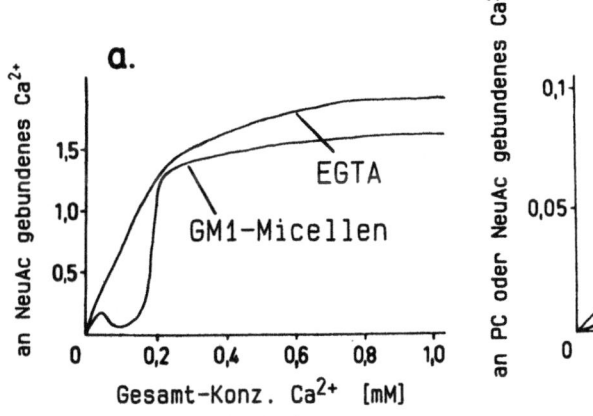

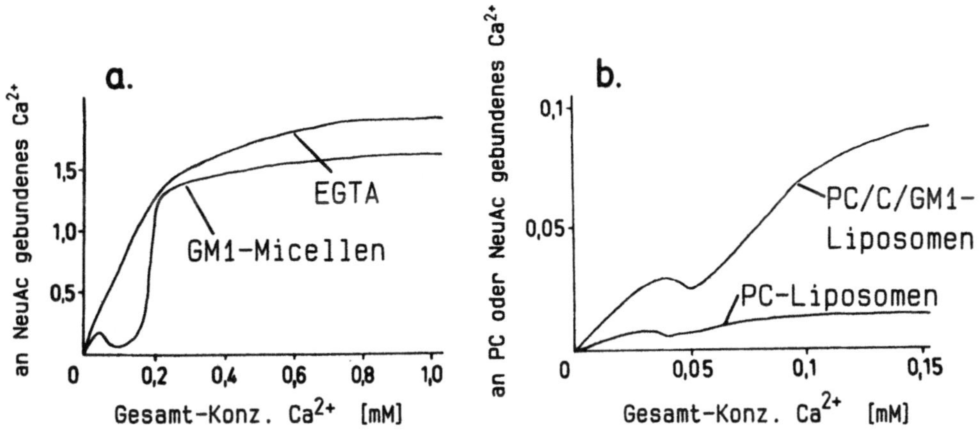

Abb. 8.11. Diskontinuität in der Bindung von Ca^{2+} an Ganglioside. **a:** Gangliosidmicellen im Vergleich zum Ca^{2+}-Chelator EGTA (= β-Aminoäthyläther-N,N,N′,N′-tetraessigsäure); **b:** Liposomen, die aus reinem Lecithin (PC) bzw. aus Lecithin, Cholesterin (C) und GM_1-Gangliosid hergestellt wurden

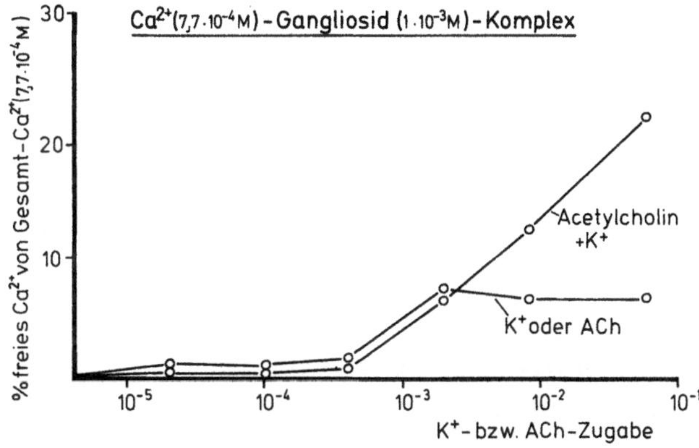

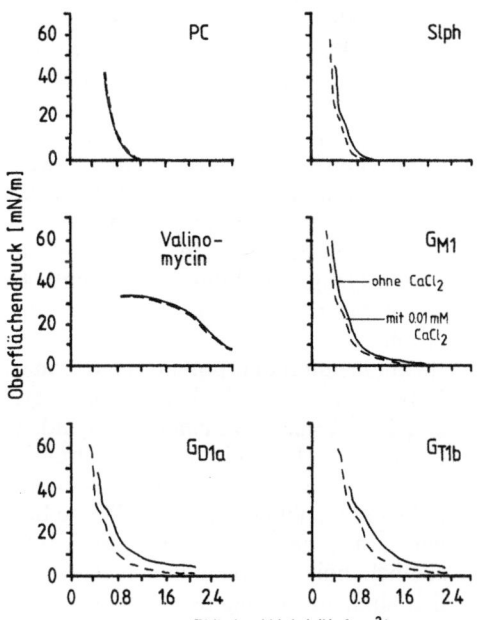

Abb. 8.12. Freisetzung von Ca^{2+} aus Ca^{2+}-Gangliosid-Komplexen durch K^+ oder Acetylcholin bzw. durch gleichzeitige Zugabe von Acetylcholin und K^+

Abb. 8.13. Oberflächen-Druck-Flächen-Isothermen von Lecithin, Sulfatid, dem Peptid Valinomycin sowie den unterschiedlich polaren Gangliosiden GM_1, GD_{1a} und GT_{1b} mit und ohne Ca^{2+}-Zugabe (0,01 mM)

tionen wird vermutlich sowohl in Lösung als auch in der Membran beeinflußt durch das Ausmaß der Ca^{2+}-Gangliosid-Komplexbildung.

– Ca^{2+}-Zugabe bewirkt in reinen **Monoschichten** von Gangliosiden (vgl. Abb. 8.13) mit zunehmender Polarität (GM_1 < GD_{1a} < GT_{1b}) gegenüber anderen Lipiden (Lecithin, Sulfatid) sowie vor allem gegenüber Peptiden (Valinomycin) charakteristische Veränderungen im Oberflächenverhalten (Abb. 8.13): Verringerung des molekularen Raumbedarfs sowie deutliche Stabilitätserhöhung des Lipidfilms (Verschiebung des Kollapspunktes).

Einzelfilm

Mischfilm

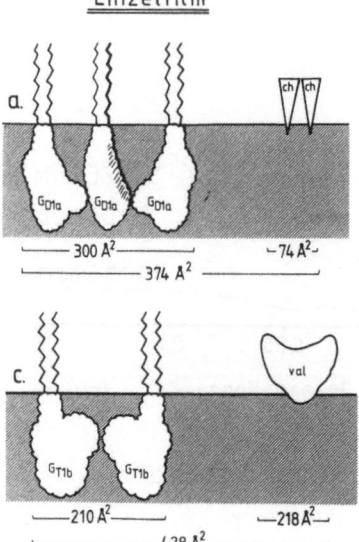

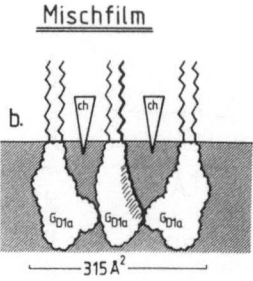

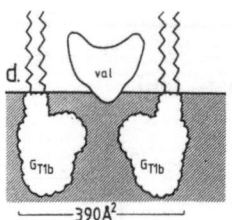

Abb. 8.14. Schematische Darstellung des molekularen Flächenbedarfs von Gangliosiden (GD_{1a} bzw. GT_{1b}) und Cholesterin bzw. Valinomycin an der Wasser/Luft-Grenzschicht. Ganglioside bewirken eine Kondensation des gemeinsamen Flächenbedarfs um 18 bzw. 10%. Ca^{2+}-Zugabe bewirkt eine zusätzliche Kondensation der Moleküle

– Ganglioside bewirken in **gemischten Monoschichten** bei ihrem Zusammenspiel mit anderen Membranbausteinen, wie z.B. Peptiden (hier der Ionencarrier **Valinomycin**) oder **Cholesterin**, eine Kondensation des gemeinsamen molekularen Flächenbedarfs um 10 bis 20% gegenüber dem rechnerisch ermittelten Flächenbedarf (Abb. 8.14). Ca^{2+}-Zugabe bewirkt eine zusätzliche Verringerung des Flächenbedarfs; hierbei tritt jedoch erstaunlicherweise eine Entmischung der Einzelkomponenten auf, entweder durch Bildung von kleineren ungemischten Teilflächen oder aber – was weniger wahrscheinlich ist – durch vollständige Phasentrennung. Darüber hinaus wird die Stabilität des kombinierten Peptid-Gangliosid-Films beträchtlich gegenüber der der Einzelkomponenten erhöht.

– In weiterführenden potentiometrischen Experimenten wurde kürzlich gezeigt, daß Ca^{2+}-Zugabe an einer „hängenden Quecksilberelektrode" eine gravierende Verschiebung sog. Desorptionspotentiale von Gangliosiden in der Weise bewirkt, daß bei Ca^{2+}-Anwesenheit wesentlich höhere Spannungen erforderlich sind, um Gangliosidfilme von der Oberfläche der Quecksilberelektrode zu desorbieren als ohne Calcium. Bei diesen Desorptions- und Adsorptionsversuchen erwiesen sich die polareren Ganglioside GD_{1a} und vor allem GT_{1b} gegenüber dem nur einfach negativ geladenen GM_1 als besonders effektiv. Magnesium zeigte in diesem Modell eine wesentlich geringere Stabilisierungswirkung.

Insgesamt deckten die bisherigen in vitro-Befunde außerordentlich charakteristische physikochemische Besonderheiten von Gangliosiden im Verbund mit Calcium auf, wie sie von anderen daraufhin untersuchten Membranlipiden unbekannt sind. Diese Ergebnisse haben insofern Modellcharakter für biologische Membraneigenschaften, als sie zeigen, wie Komplexverbindungen von Gangliosiden und Calcium das Membrangeschehen nachhaltig modulatorisch beeinflussen dürften.

Speziell die zuletzt referierten Ergebnisse über die Interaktionen von Calcium, Gangliosiden und Peptiden sowie die Hinweise auf ein labiles, spannungsabhängiges Verhalten von Gangliosid-Calcium-Komplexen an einer Elektrodenoberfläche machen für diese Verbindungen die Rolle von Modulatorsubstanzen bei der Regulation der synaptischen Transmission (vgl. Kap. 8.2.4) wahrscheinlich.

8.2.4 Funktionsmodell zur Neuromodulatorwirkung von Ca^{2+}-Gangliosid-Interaktionen bei der synaptischen Transmission

Ausgehend von der Forderung nach flexiblen Neuromodulatorsubstanzen zur adaptiven Regulation der synaptischen Erregungsübertragung (vgl. Kap. 8.1) sowie den bisher vorliegenden Experimentalbefunden über die ausgeprägte physiologische sowie auch physikochemische Anpassungsfähigkeit der Ganglioside im Hirn von Wirbeltieren (vgl. Kap. 8.2.1 bis 8.2.3) sei im folgenden ein Funktionsmodell für deren funktionelle Beteiligung an der Übertragung von neuronalen Informationen in Synapsen vorgestellt. Das Modell fußt auf der Vorstellung, daß sich an den in der Außenseite der synaptischen Membran lokalisierten Gangliosiden stimulationsabhängig **Konformationsänderungen** vollziehen, die – im Sinne einer **Neuromodulation** – eine Veränderung in der Struktur und/oder Funktion von membranständigen synaptischen Kanal- oder Enzymproteinen bewirken. Die hierdurch ausgelösten Funktionsänderungen der lokalen Membranabschnitte führen zu einer erregungsabhängigen, durch **Ca^{2+}-Gangliosid-Komplexe** regulierten Freisetzung von Transmittersubstanzen und damit zu einer Übertragung von elektrisch codierten Informationen von einer Nervenzelle zur anderen. Nach diesem Modell fungiert das membrangebundene Gangliosid-assoziierte Ca^{2+} aufgrund der Labilität seiner Bindungsweise gegenüber Änderungen von Umgebungsfaktoren, speziell von Änderungen elektrischer Feldstärken, als **primärer Botenstoff (primary messenger)** für die Internalisierung eines elektrischen Signals. Anschließend setzt das hierbei von seinen extrazellulären Speicherorten freigesetzte und in die Synapse eindringende Calcium im Synaptoplasma eine Kaskade von **sekundären Botenreaktionen (second messenger)** in Gang, wodurch der Stoffwechsel der beteiligten Zellen stimulationsabhängig, d.h. der veränderten Reizsituation angemessen, variiert wird.

Im folgenden seien die wichtigsten Einzelschritte der **Modulation des synaptischen Transmissionsprozesses mit** Hilfe von konformativen Änderungen der membrangebundenen **Ca^{2+}-Gangliosid-Komplexe** summarisch dargestellt. Zur Verdeutlichung wird hierbei auf das in Abb. 8.15 wiedergegebene Übersichtsmodell sowie das zugehörige Detailmodell (Abb. 8.16) von einem Cyclus der synaptischen Erregungsübertragung Bezug genommen. Diese Darstellungen vervollständigen das bereits besprochene allgemeine Schema der übrigen biochemischen Vorgänge bei der Transmission (vgl. Abb. 7.7) im Hinblick auf die Beteiligung von Calcium und Gangliosiden:

– Bei den Wirbeltieren dürften die Membranen einer nichterregten Nervenendigung im Bereich der eigentlichen synaptischen Kontaktzone abgedichtet sein unter Mitwirkung von Ca^{2+}-Gangliosid-Komplexen (Abb. 8.15-1). Ca^{2+}-Gangliosid-Aggregationen könnten hierbei integrale Membranproteine und/oder Ionenkanalproteine (z.B. Ca^{2+}-Kanäle) aufgrund ihrer unterschiedlichen Konformationszustände (mehr oder weniger rigide = starr) beeinflussen, indem sie die Ca^{2+}-Ströme entweder reduzieren (= blocking) oder aktivieren (= activating). Die konformativen Änderungen des Modulators Gangliosid in Anwesenheit bzw. Abwesenheit von Ca^{2+} wären, wie beschrieben, dafür der Auslöser (Abb. 8.16a).

– Bei Eintreffen eines elektrisch codierten Erregungssignals **(Aktionspotential)** wird Ca^{2+} spannungsabhängig, bedingt durch die Umkehr des elektrischen Feldes und/oder den transmembranösen Austausch der monovalenten Kationen Na^+ und K^+, aus seinen Gangliosidbindungsstellen an der Außenseite der Synapsenmembranen freigesetzt (Abb. 8.15-2). Hierdurch erfahren die Ganglioside die o.a. **Konformationsänderung**: Der entsprechende Membranbereich wird fluider, was im Falle der Gangliosidaggregate (= cluster) eine Öffnung des Calciumkanals bewirken könnte (Abb. 8.16b). Freigesetztes Calcium strömt durch die geöffneten Kanäle in die Präsynapse ein und läßt in seinem Sog passiv das im Extrazellularraum gegenüber dem Cytoplasma im Überschuß vorhandene Ca^{2+} nachströmen. Die

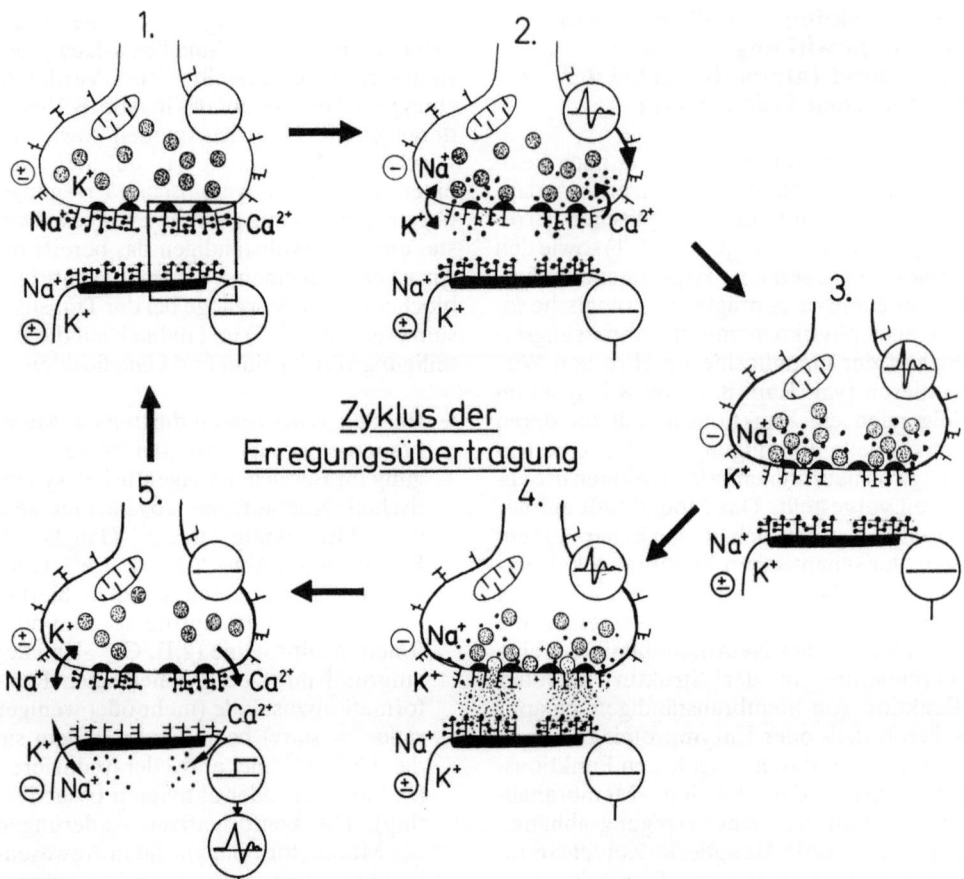

Zyklus der
Erregungsübertragung

Abb. 8.15. Ergänzendes Übersichtsschema zur Abb. 7.7 über die funktionelle Beteiligung von Calcium und Gangliosiden bei der synaptischen Erregungsübertragung. 1: nichterregter Zustand: Abdichtung der Synapsenmembran durch Ca^{2+}-Gangliosid-Komplexe; 2: Erregung der Präsynapse: durch den transmembranösen Austausch von Na^+ gegen K^+ und/oder spannungsabhängig strömt Ca^{2+} in die Synapse ein; 3: Ca^{2+} bindet Transmittervesikel an die innere Synapsenmembran; 4: Transmitterfreisetzung; 5: Auslösung eines Generator- und fortschreitenden Potentials in der Postsynapse und Rücktransport der Ionen; Bindung von Ca^{2+} an die Ganglioside. (Ausschnitt vergrößert im Detail Abb. 8.16)

spannungsabhängige Konformationsänderung der Ganglioside nach ihrer Ca^{2+}-Freisetzung stellt damit einen **primären Botenmechanismus (primary messenger)** bei der Signalaufnahme dar.
- Innerhalb der Synapse bildet das aus den extrazellulären Speicherorten im synaptischen Spalt eingeströmte Ca^{2+} Transkomplexe zwischen der Membran der synaptischen Vesikel und der Membraninnenseite der Präsynapse (Abb. 8.15-3, 8.16c). Die genaue Lokalisation von en-

dogenem Calcium an o.a. Orten läßt sich elektronenmikroskopisch veranschaulichen (vgl. Abb. 7.20 und 7.21).
- Die mit Hilfe von Ca^{2+}-Transkomplexen an die Synapsenmembran herangeführten Transmittervesikel fusionieren aufgrund der kurzfristigen Fluidisierung (Herabsetzung der lateralen Membranspannung?) der Plasmamembran mit derselben, und der Transmitter wird in den synaptischen Spalt freigesetzt (Abb. 8.15-4, 8.16d und e). Er interagiert auf

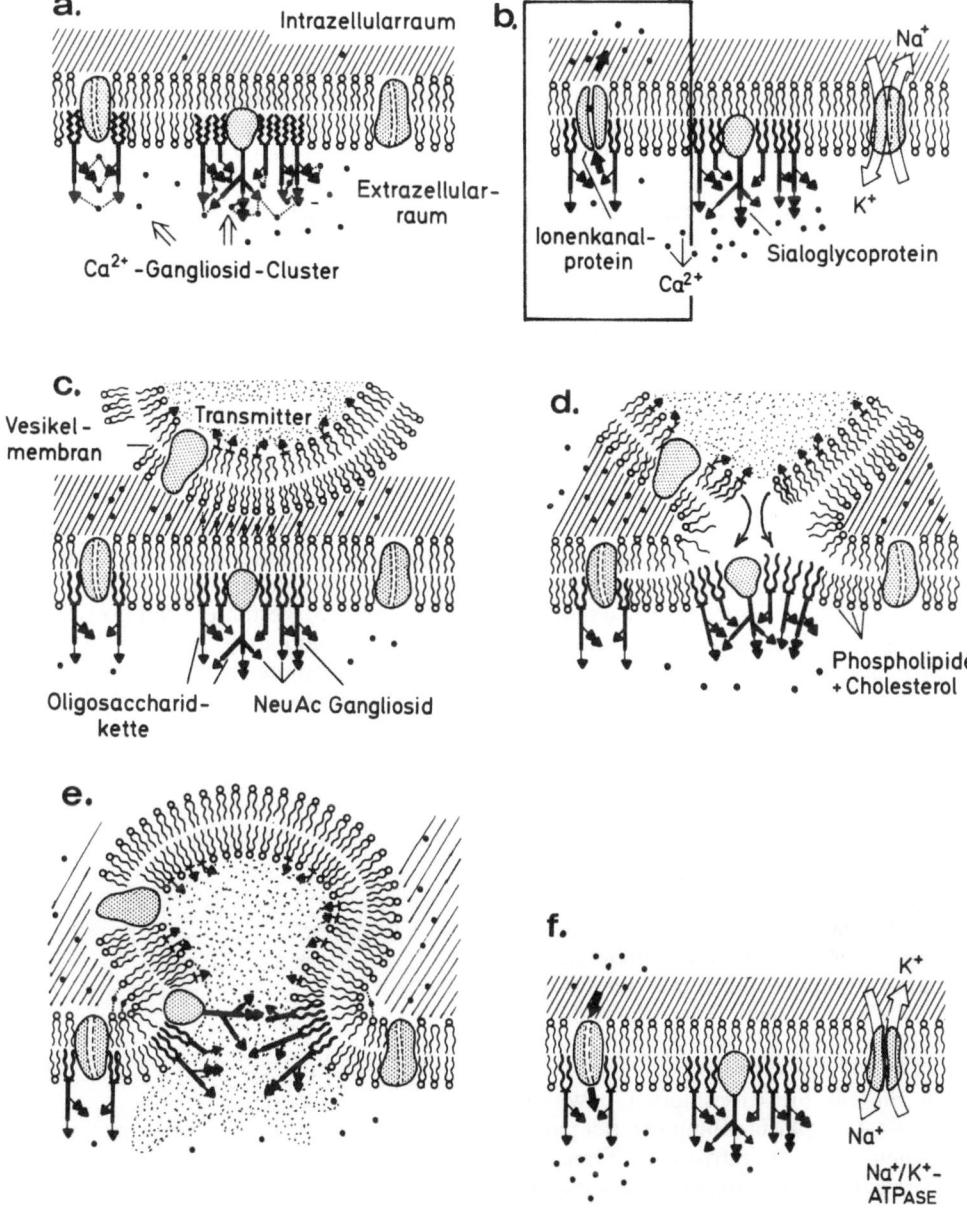

Abb. 8.16. Molekulares Detailmodell (vgl. Abb. 8.15) der Beteiligung von Ca^{2+}-Gangliosid-Komplexen an der synaptischen Transmission (Einzelheiten vgl. Text)

der postsynaptischen Membranoberfläche mit spezifischen **Rezeptormolekülen**, wodurch dort gelegene **Ionenkanäle** direkt oder indirekt über Einwirkung von membranständigen Enzymen **(Adenylatcyclasen)** geöffnet werden. Aufgrund des dadurch bedingten Na^+-Ein-

stroms in die postsynaptische Zelle findet an deren Membran die Erregungsfortleitung im nachgeschalteten Neuron statt. Parallel hierzu könnte der freigesetzte **Transmitter** von den Ca^{2+}-Gangliosid-Komplexen der postsynaptischen Membran **Calcium** freisetzen, so

daß dieses sowie in dessen Sog extrazelluläres Ca^{2+} in analoger Weise wie bei
der Präsynapse nun durch die postsynaptische Membran in die Postsynapse eindringen kann, um auch dort sekundäre
Botenstoff-Funktionen zu entfalten.
(Eine Calciumfreisetzung aus Ca^{2+}-
Gangliosid-Komplexen läßt sich in vitro
sowohl durch verschiedene Kationen
wie auch durch Transmitter erzielen;
vgl. Kap. 8.3.3.)
- Die Ausgangssituation (Repolarisation)
wird an beiden synaptischen Membranen wieder dadurch hergestellt, daß einerseits die mono- bzw. divalenten Ionen durch Aktivierung von Ionenpumpen (**Na^+/K^+-ATPase, Ca^{2+}-ATPase**)
wieder durch die Membranen hindurch
an ihre Ausgangsorte zurückgepumpt
werden (Calcium in den extrazellulären
synaptischen Spaltraum bzw. auch in die
intrazellulären Speicher des **endoplasmatischen Reticulum (ER)** oder von
Speichervesikeln (Calcisomen), vgl.
Abb. 7.19). Andererseits wird der freigesetzte Transmitter sehr rasch enzyma-
tisch wieder abgebaut. In beiden Fällen
kann sich das in den Extrazellularraum
zurückgelangte **Calcium** dort u.a. wieder
locker an die negativ geladenen Neuraminsäurereste der Ganglioside anlagern. Hierdurch erfahren diese eine
Konformationsänderung, die letztlich zu
einem Verschluß der Calciumkanäle und
damit zu einer Abdichtung der synaptischen Membranen führt (Abb. 8.15-5,
8.16f).

Nach diesem Funktionsmodell bewirken
also **Ca^{2+}-Gangliosid-Komplexe** bei jedem
einzelnen, sehr kurzfristigen **Transmission**svorgang eine optimale Ausprägung
der physikochemischen Konstellation (Viskosität, Permeabilität, Öffnung und Schließung von Ionenkanälen etc.) der synaptischen Membranen, wodurch jeweils eine
dosierte, d.h. quantale **Freisetzung des
Transmitters** und damit eine definierte
Übertragung eines elektrischen Signals von
Neuron zu Neuron gewährleistet wird.
   Eine bedeutsame **Neuromodulatorwirkung** kann von den **Hirngangliosiden** vor allem auch insofern erwartet werden, als
diese Glykolipide – wie kaum eine andere

Stoffklasse – eine dosierte Transmitterfreisetzung dadurch ermöglichen können, daß
ihre Konzentration und ihre Zusammensetzung bei den verschiedensten Wirbeltieren
aus unterschiedlich polar gebauten Einzel-
fraktionen in jeweiliger Anpassung an die
ökophysiologischen Rahmenbedingungen
sehr flexibel variieren.
   So ist Tabelle 8.2 zu entnehmen, daß die
Konzentration und die Zusammensetzung
der Hirnganglioside bei kalt- gegenüber
warmblütigen Wirbeltieren umgekehrt proportional sind mit der extrazellulären **Calcium**konzentration. Inwieweit diese Beziehungen in Zusammenhang stehen mit den
bekannten, jedoch bisher nicht erklärbaren
Unterschieden in der Bereitstellung unterschiedlicher Ca^{2+}-Ionenmengen für die dosierte Freisetzung jeweils eines **Transmit-
terquantums**, bleibt künftigen Untersuchungen vorbehalten.
   Das hier vorgestellte Funktionsmodell
der Neuromodulatorwirkung von Ca^{2+}-
Gangliosid-Komplexen bei der kurzfristigen **Transmission** stellt die Grundlage für
die Hypothese einer langfristigen Gedächtnisbildung durch molekulare Bahnung in
Synapsen dar (vgl. Kap. 11).

Tabelle 8.2. Größenordnungen von Hirngangliosid- und Ca^{2+}-Konzentrationen im Hirn von warm- gegenüber kaltblütigen Wirbeltieren, welche bei einer Erörterung eines Funktionsmodells über eine Neuromodulatorwirkung von Ca^{2+}-Gangliosid-Komplexen bei der synaptischen Transmission von Relevanz sind

	Kaltblütige Wirbeltiere (Fische, Amphibien, Reptilien)	Warmblütige Wirbeltiere (Vögel, Säuger)
Konzentration von Hirngangliosiden (μg/g Frischgewicht)	110−800	400−1100
Gangliosidzusammensetzung ($\hat{=}$ Polarität)	Hoch polar: 4−7 Neuraminsäuren pro Gangliosid	Wenig polar: 2−3 Neuraminsäuren pro Gangliosid
Extrazelluläre Ca^{2+}-Konzentration (mM)	3−5	1−2
Anzahl von Ca^{2+}-Ionen pro Transmitter-Quant-Freisetzung	4−5	2−3

9. Neuronale Plastizität

Die ältere Morphologie und Physiologie betrachtete die Nervenzelle hauptsächlich als starres, statisches Bauelement des Nervensystems, an dem sich das Phänomen der Leitung und Übertragung von Erregungen und damit von Informationen von Zelle zu Zelle abspielt. Die Untersuchung der Membraneigenschaften, deren De- und Repolarisierung sowie andere elektrische Phänomene standen lange Zeit fast ausschließlich im Vordergrund der neurophysiologischen, d.h. elektrophysiologischen Forschung.

Weitgehend unberücksichtigt blieben bis etwa zur Mitte unseres Jahrhunderts die trophischen Funktionskomponenten der Nervenzelle sowie auch die besonders ausgeprägten Fähigkeiten speziell der Nervenfasern, ihr Wachstum sowohl im Verlauf der Ontogenese, während der Funktionsnahme der Neurone wie auch während der Regeneration außerordentlich flexibel den jeweiligen äußeren Rahmenbedingungen anzupassen. Die Neurobiologie beginnt erst allmählich, die Tragweite einer sich darin dokumentierenden **Anpassungsfähigkeit des Nervengeschehens**, im Sinne einer **neuronalen Plastizität**, einzuschätzen. Bisher wird dieses Phänomen in seinen Auswirkungen vornehmlich im Hinblick auf ein mögliches Regenerationsvermögen der Nerven an Neuronenschaltkreisen des peripheren und auch des zentralen Nervensystems nach Verletzungen untersucht. Im normalen Hirngeschehen dürfte die Fähigkeit eines plastischen Verhaltens der Nervenzelle jedoch generell eine wesentliche Rolle, wenn nicht überhaupt die ausschlaggebendste bei der sinnvollen Verarbeitung von Erregungsimpulsen und der Speicherung von Gedächtnisinhalten sowie ihrer Reaktivierung spielen.

Dieses Phänomen einer neuronalen Plastizität wird im folgenden beleuchtet unter den Teilaspekten der verschiedenen Formen des **neuronalen Stofftransports**, der **synaptischen Plastizität** sowie der **De- und Regeneration**.

9.1 Neuronaler Stofftransport

Im zweiten Jahrhundert nach Christus lehrte der römische Arzt GALENUS, daß das Gehirn die Körperfunktionen und -bewegungen dadurch steuert, indem es einen „Pneuma" genannten Stoff erzeugt, der in unsichtbaren Kanälchen in den Nerven zu seinen Zielorten gelangt. Noch bis ins achtzehnte Jahrhundert herrschte zudem die Vorstellung vor, daß das Gehirn eine Art Drüse sei, die eine besondere Flüssigkeit absondert, welche durch die Nerven als Rohrleitungssystem bis in die zu steuernden Körperteile geschleust wird. Heute wissen wir, daß diese kurios erscheinenden Vorstellungen gar nicht so fernab von den tatsächlichen Gegebenheiten sind. Denn ausgehend von den seit langem bekannten dynamischen Vorgängen der De- und Regeneration von Nervenfasern wurde die Kausalanalyse der diesen Phänomenen zugrundeliegenden Erscheinungen in den letzten Jahren beträchtlich vorangetrieben.

Erst seit Mitte unseres Jahrhunderts bemühen sich die Neurowissenschaftler verstärkt darum, sowohl Bau als auch Funktion des Nervengewebes gemeinsam zu erforschen. Erst seitdem wird das Neuron als strukturelle, genetische, funktionelle und vor allem auch als trophische Elementareinheit des Nervensystems betrachtet. Besonders letzterer Aspekt ist insofern bedeutsam, als die Nervenzelle bekanntlich im Gegensatz zu allen übrigen Zelltypen eines Organismus eine Sonderstellung innehat: Von einem relativ kleinen (50 µm) Zellkörper können extrem lange (1 m und längere) Zellausläufer (ein Axon und viele Dendriten) abgehen. Diese müssen stoffwechselmäßig samt und sonders vom Perikaryon versorgt werden, da nur hier die Synthesemaschinerie zur Bildung neuer Eiweiße und anderer essentieller Baustoffe der Zelle zur Verfügung steht (vgl. Kap. 1.1.3). Nur im Perikaryon sowie in den Abgangsstellen der Dendriten gibt es nämlich die zur Proteinsynthese notwendige ribosomale RNS; die distalen Faserbereiche und vor allem auch die Synapsen sind frei davon. Unmittelbar codierungsabhängige Biosyntheseleistungen sind hier also nicht zu erwarten. Auch eine umfangreichere Aufnahme metabolischer Verbindungen aus dem Extrazellularraum dürfte (mit Ausnahme gewisser Pinocytosevorgänge im Bereich der Synapse, vgl. Kap. 9.1.3) auszuschließen sein.

Somit treten bei der Nervenzelle infolge ihrer morphologischen und physiologischen Spezialisierung gegenüber den übrigen Zelltypen besondere Versorgungsprobleme zur Aufrechterhaltung des Stoffwechsels, vor allem der Nervenfaserendformationen, auf.

Aufgabe der Neurobiologie, speziell der **Neurodynamik**, ist es, diese trophischen Komponenten der Nervenzellfunktion zu untersuchen. Dabei stehen die Phänomene der Verteilung von Stoffwechselprodukten innerhalb der Nervenfasern, d.h. der **neuronale Stofftransport**, im Vordergrund der Betrachtungen.

Die Natur hat zur Versorgung der Nervenfaserendformationen ein kompliziertes Transportsystem entwickelt, mit dessen Hilfe einerseits Versorgungsgüter (Membranbausteine, Vesikel, Transmittersubstanzen) bis in die Synapsen geschleust werden, mit dem andererseits dort anfallende Stoffwechselprodukte zum Teil zum Zwecke ihres endgültigen Abbaus wieder zum Zellkörper zurücktransportiert werden. Dieser neuronale Stofftransport ist Ausdruck einer außerordentlich komplexen Plastizität des Nervensystems; er vollzieht sich in unterschiedlicher Weise (Abb. 9.1): Mit Hilfe eines **anterograden**, d.h. vom Zellkörper in die Fasern verlaufenden, **Stofftransportes** werden Syntheseprodukte in die Zellperipherie geschleust. Die Hauptmenge derartig translozierter Stoffe wird mit einer Grundrate von etwa 1 bis 3 mm/d bewegt. Diesem **langsamen neuronalen Transport** ist aber zusätzlich eine schnellere Unterströmung unterlagert, mit deren Hilfe ein kleiner Prozentsatz an Versorgungsgütern mit hundertfach schnellerer Geschwindigkeit vorauseilt (= **schneller neuronaler Transport**). Einige derartig transportierte Substanzen verlassen die Axonendigungen und werden von nachgeschalteten postsynaptischen Zellen aufgenommen (= **transneuronaler Transport**). Im Bereich der Nervenendigungen können jedoch auch geringe Substanzmengen (kleinere Proteine, Lipidkomponenten, Toxine) in die Synapse aufgenommen werden und von dort intrazellulär mit einem schnellen

Abb. 9.1. Schematische Darstellung der verschiedenen Transportformen in einer Nervenzelle

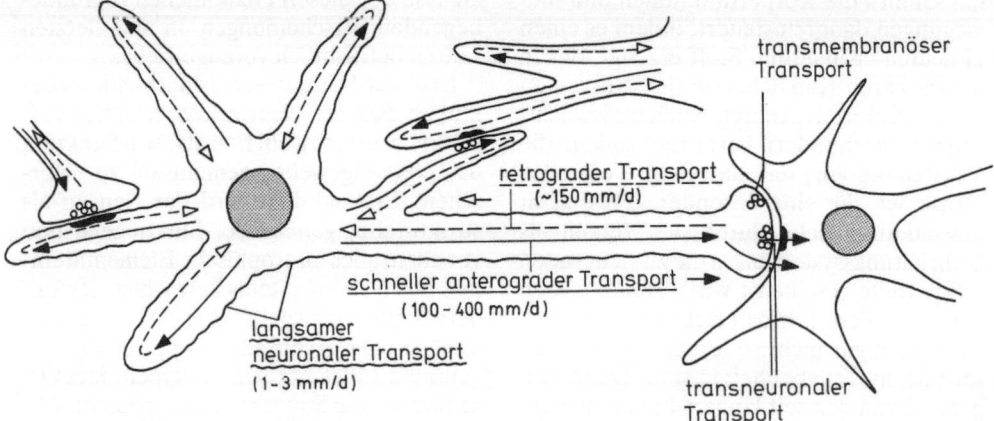

Transport zurück bis in das Perikaryon gebracht werden **(= retrograder Transport)**. Schließlich können Ionen und kleinere Moleküle direkt zwischen Zellen durch Kanalporen der Membranen untereinander ausgetauscht werden **(= transmembranöser Transport)**. − Insgesamt findet also ein ständiger Stofftransport zum Zwecke der Versorgung und wechselseitigen Kommunikation zwischen allen Teilen der Nervenzelle sowie auch zwischen benachbarten Zellen statt (vgl. Abb. 5.1).

9.1.1 Langsamer neuronaler Stofftransport

Erste, jedoch eindeutige Hinweise auf das Vorhandensein eines langsamen neuronalen Stofftransports lassen sich aufgrund der bloßen Beobachtung des Wachstums einer Nervenzelle gewinnen: Die Entwicklung eines Neurons geht von einer weitgehend kugeligen Neuroblastenzelle aus. Mit zunehmender Reifung entsendet der Zellkörper verschiedenste Fortsätze dadurch, daß Cytoplasma wie bei einer Amöbe ausfließt und sich anschließend durch Ausprägung einer immer konsistenter werdenden Membran zu Faserfortsätzen (Axon und Dendriten) verdichtet (Abb. 9.2). Das gleiche Prinzip

ist realisiert bei der Regeneration einer peripheren Nervenfaser (vgl. Abb. 9.22). Die Geschwindigkeit, mit der eine durchtrennte Nervenfaser wieder auswächst und schließlich ihren Zielort wiederfindet, beträgt − je nach Nervenart, Alter, Gesamtorganisation und (im Falle von wechselwarmen Tieren) Umgebungstemperatur − zwischen 1 und 3 mm/d.

Die ersten, inzwischen klassisch gewordenen Versuche zur Klärung der kausalen Ursachen des langsamen neuronalen Transports − und damit der Regenerationsfähigkeit von Nervenfasern − wurden von PAUL WEISS und Mitarbeitern im Jahre 1948 veröffentlicht. Sie schnürten periphere Nervenfasern (Nervus ischiadicus von Ratten, Hühnern und Affen) unvollständig ab. Es entstanden nach einiger Zeit oberhalb der Abbindestelle Materialansammlungen. Diese Schwellungen zeigten, daß sich hier das Cytoplasma der Nervenfasern aufstaute. Unterhalb der Schnürung hingegen traten Degenerationserscheinungen auf, wie man sie bereits von abgetrennten Nervenfasern her kannte. Nach Entfernung der Schnürung drang das aufgestaute Neuroplasma wieder in den degenerierenden Abschnitt vor, und zwar mit einer Geschwindigkeit von 1−3 mm/d, einem Wert, der mit der Regenerationsgeschwindigkeit durch-

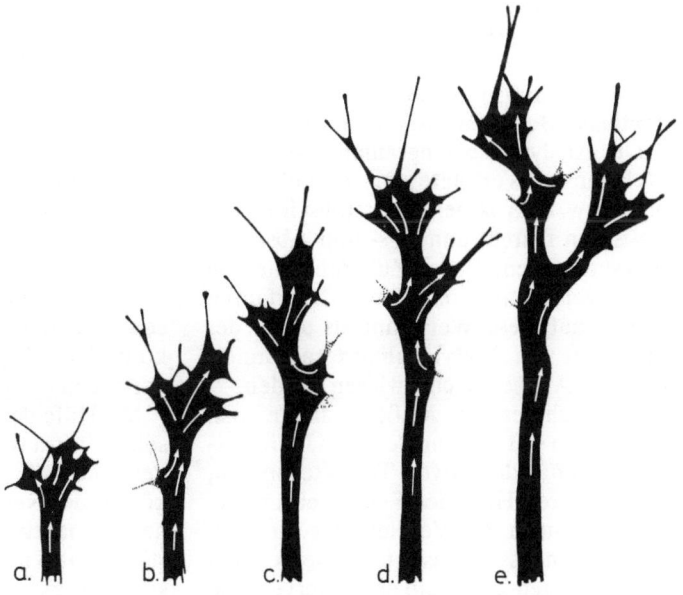

Abb. 9.2. Schemadarstellung des Faserwachstums einer Nervenzelle während der frühen Neurogenese

a.   b.   c.   d.   e.

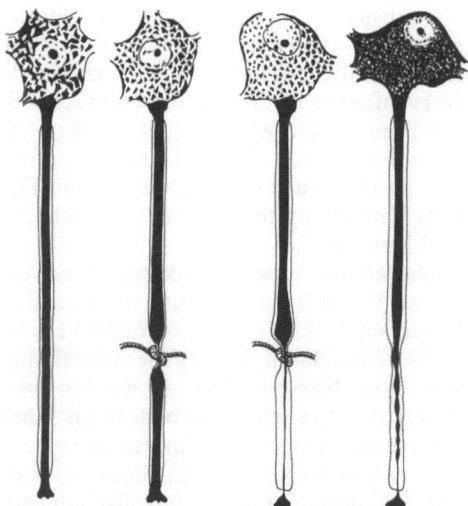

Abb. 9.3. Nachweis des langsamen neuronalen Stofftransports aufgrund von Faserschnürungen: Materialstauungen auf der dem Zellkörper zugewandten Seite der Schnürung, die nach Lösung derselben wieder in Richtung Faserende ausfließen

trennter Nervenfasern übereinstimmte (Abb. 9.3). Diese Beobachtungen führten erstmals zu einem definierten, dynamischen Funktionsmodell der Nervenzelle, demzufolge ein ständiger Stofftransport vom Zellkörper eines Neurons durch die Fasern (Dendriten und Axon) bis in die Nervenfaserendigungen (Synapsen) stattfindet, eine Erkenntnis, die u.a. auch für die Erklärung des Gedächtnisphänomens von außerordentlicher Bedeutung ist (vgl. Kap. 11.2.4).

Die Analyse des langsamen neuronalen Stofftransports erfolgte zunächst mikroskopisch bzw. mikrokinematographisch auf der Basis von Durchtrennungs- und Abschnürungsversuchen. Unter Zuhilfenahme von fluoreszenzhistochemischen Verfahren konnte auf diese Weise mit als erstes der Transport von **Acetylcholinesterase** innerhalb von Axonen nachgewiesen werden.

In zunehmendem Maße bediente man sich jedoch seit Anfang der 60er Jahre verschiedener radioaktiver Tracertechniken, um mit deren Hilfe den Syntheseort sowie vor allem auch den Verbleib der verschiedensten neusynthetisierten neuronalen Verbindungen innerhalb einer Nervenzelle

zu verfolgen. Das Prinzip hierbei ist, daß eine für die Synthese makromolekularer Verbindungen benötigte Stoffwechselvorstufe radioaktiv markiert wird und entweder über die Blutbahn oder aber mittels Direktapplikation an die Nervenzelle herangetragen wird. Mit Hilfe radiochemischer oder autoradiographischer Techniken läßt sich der Einbau des Tracers sowie sein Umbau oder Verbleib innerhalb der Zelle ermitteln.

Bei einer Tracerapplikation über die Blutbahn läßt sich dessen Verbleib in den unterschiedlichen Teilbereichen der Nervenzelle (Zellkörper, Fasern, Synapsen) jedoch außerordentlich schwer verfolgen. Daher wurde nach geeigneten größeren neuronalen Strukturen gesucht, die sich deutlich durch eine klare Gliederung in Zellkörperregionen gegenüber reinen Faser- und synaptischen Endformationen auszeichnen und somit einer differenzierten Analyse leichter zugänglich sind. Hier stellt sich das **optische System**, besonders das von niederen Wirbeltieren, als ideale Untersuchungsstruktur heraus. Bei ihm liegen nämlich die Perikaryen der Sehnervenzellen in der Retina des Auges. Die Fasern verlaufen von hier aus gebündelt als Sehnerv bis in das z.T. beträchtlich entfernt liegende primäre Sehzentrum des Gehirns (bei niederen Vertebraten in das **Tectum opticum** des Mittelhirns), wo sie in synaptischen Kontakt mit Zellfortsätzen tiefer liegender Neuronenschichten treten.

Nach Applikation einer radioaktiv markierten Stoffwechselverbindung in den Glaskörper eines Auges kann dann deren Aufnahme von den Retinaganglienzellkörpern verfolgt werden. Mit zunehmenden Inkorporationszeiten läßt sich danach je nach Art der applizierten Substanz ein Transport von damit markierten Verbindungen durch den **Nervus opticus** über das **Chiasma opticum** bis in die Sehnervenendigungen im kontralateral gelegenen **Tectum opticum** darstellen (Abb. 9.4).

Mit Hilfe der **Autoradiographie** kann ein solcher intraaxonaler Transport von Proteinen, die während ihrer Synthese im Zellkörper der Retinaganglienzellen mittels einer radioaktiven Aminosäure (z.B. 3H-Histidin) markiert wurden, im optischen System direkt sichtbar gemacht werden.

Abb. 9.4. Schema über eine in-
traoculare Verabreichung einer radioaktiv markierten Substanz (hier
der Aminosäure 3H-Histidin) sowie der zeitabhängige Transport
von damit markierten Verbindungen im Sehtrakt von Fischen

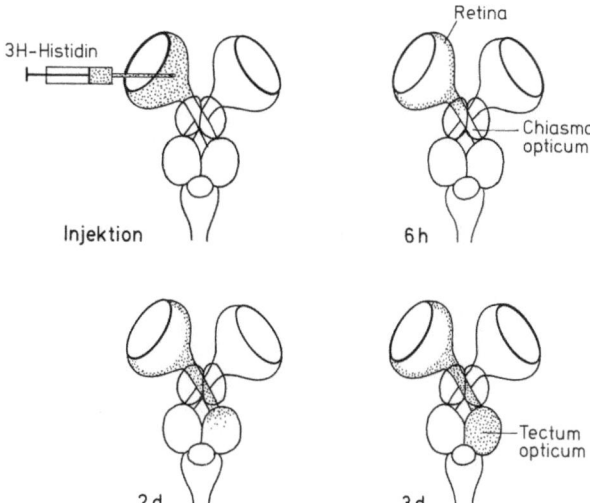

Hierzu werden die entsprechenden Gewe-
beschnitte mit einer strahlungsempfindli-
chen Photoemulsion bedeckt, die im Dun-
keln von den radioaktiv markierten Ge-
websproteinen wie ein photographischer
Film „belichtet" wird. Nach Entwicklung
des Films treten die durch die Strahlung er-
zeugten Filmsilberkörner schwarz (bzw. im
Dunkelfeld weiß) zutage und lassen sich
quantitativ unter dem Mikroskop erfassen.

Sie geben Aufschluß über die Lage und
Konzentration der radioaktiv markierten
Verbindungen.

Nach unterschiedlich langen Inkorporationszeiten des radioaktiven Tracers läßt
sich anschließend die Ausbreitung der damit markierten Proteine im optischen System verfolgen. Die Hauptmenge an markierten Substanzen (ca. 80–90%) wird im
Tractus opticus sehr langsam transportiert

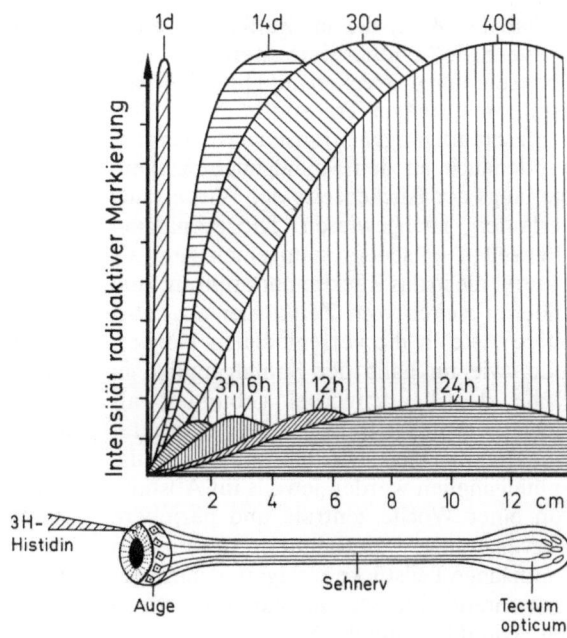

Abb. 9.5. Schematische Darstellung
des langsamen und des schnellen axonalen Stofftransports von radioaktiv
markierten Verbindungen im Sehnerv
nach intraocularer Injektion einer radioaktiv markierten Aminosäure (3H-
Histidin)

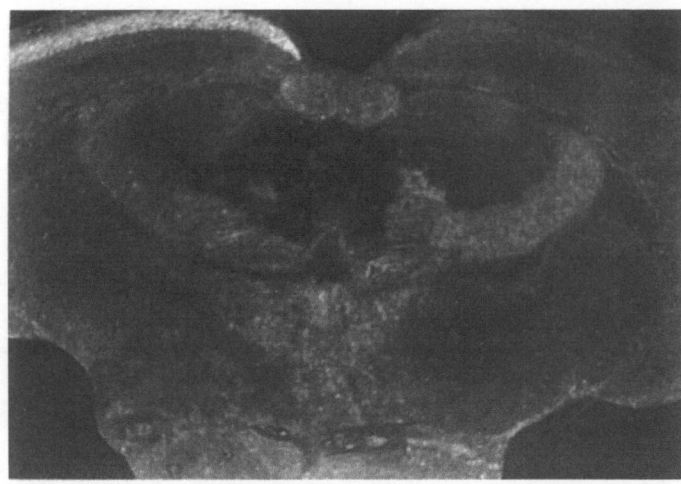

Abb. 9.6. Dunkelaufnahme der Autoradiographie eines histologischen Schnittes durch das Mittelhirn eines Fisches (Karausche) nach einseitiger intraocularer Injektion von 3H-Histidin. Nur in dem Tectum opticum, das mit dem injizierten Auge zusammenhängt, sind die Projektionsbahnen des Sehnervs selektiv markiert

(Abb. 9.5). Sie erreicht den Bereich der Nervenfaserendigungen im **Tectum opticum** (je nach Länge des Systems) erst nach mehreren Wochen, was einer Transportgeschwindigkeit von etwa 1–3 mm/d entspricht. Im Tectum opticum, das mit dem injizierten Auge zusammenhängt, sind die Projektionsbahnen selektiv markiert. Das läßt sich besonders eindrucksvoll mit Hilfe einer Dunkelfeldaufnahme des entsprechenden Autoradiogramms darstellen (Abb. 9.6).

Daß Proteine, die im Zellkörper einer Nervenzelle synthetisiert werden, auch über sehr lange Strecken mit Hilfe des langsamen neuronalen Transports in die Nervenfaserendigungen transloziert werden, wurde auch an den Spinalganglienzellen, die längs der Rückenseite der Wirbelsäule verlaufen, nachgewiesen. Die **Spinalganglienzellen** entsenden zum einen zentrale Fasern, die in das Rückenmark führen; zum anderen ziehen vom Zellkörper aus periphere Äste in die verschiedenen Körperteile, wie im Falle der Spinalganglien in Höhe der Lendenwirbel gebündelt als Ischiasnerv in das Bein. Nach Injektion radioaktiv markierter Aminosäuren in die Spinalganglien wurden jeweils im Abstand von einer Woche zentrale und periphere Nervenstränge entnommen, jeweils in 6 mm lange Teilstücke zerlegt und darin die Proteinradioaktivität radiochemisch ermittelt. Die differentielle Analyse ergab, daß

die Proteine der **Neurotubuli**, **Neuro-** und **Mikrofilamente** (vgl. Kap. 1.1.3), die insgesamt etwa 80% aller Eiweiße ausmachen, mit dem langsamen neuronalen Transport wandern. Der Stofftransport in den von den Spinalganglien zum Bein führenden Fasern erwies sich als zwei- bis dreimal so schnell wie der in den zentralen Fasern, die in das Rückenmark ziehen.

Die Geschwindigkeit des langsamen Transports ist offensichtlich abhängig von den Erfordernissen der entsprechenden Nervenfasern: Bei ausgewachsenen Plattfischen, bei denen der Sehnerv eines Auges aufgrund der frühontogenetischen Körperdrehung wesentlich länger ist als der des anderen Auges, erreichten die radioaktiv in der Retina beider Augen neusynthetisierten Proteine gleichzeitig die Nervenendigungen in beiden primären Sehzentren des Gehirns.

Beim langsamen neuronalen Stofftransport, welcher der Nervenregenerationsgeschwindigkeit entspricht, handelt es sich offensichtlich um die Translokation der gesamten Neuroplasmasäule einschließlich der darin enthaltenen Organellen, wie den Mitochondrien, Neurotubuli, -filamenten und dem glatten neuroplasmatischen Reticulum. Dieser Transport dient dazu, in der ausgereiften Nervenzelle das Plasma sowie die Membran der distalen Nervenendigungen ständig durch Zufuhr gleichartiger Baubestandteile zu erneuern. In geschädigten

Fasern ermöglicht er darüber hinaus ein Wiederauswachsen derselben und damit deren Regeneration.

Der **Mechanismus** zur Aufrechterhaltung **des langsamen Transports** ist noch unbekannt. Hier bieten sich bislang lediglich Denkparallelen zur Bildung der Scheinfüßchen bei Amöben an, bei denen die Zellmembran zum Zwecke der Fortbewegung ausgestülpt und Cytoplasma in die Aussakkungen einströmt. Hinweise für die Richtigkeit einer solchen Annahme ergeben sich auch aus dem Verhalten der aus den **Wachstumskegeln (growth cones)** aussprießenden Nervenfasern, bei denen gravierende Veränderungen in der Zusammensetzung der sich bildenden Membran registriert wurden. Sicherlich ist davon auszugehen, daß das Neuroplasma innerhalb der Nervenfasern nicht einfach wie eine Flüssigkeit in einem Wasserschlauch fließt. Vielmehr dürfte der Transport in einem gleichzeitigen Geschiebe der mehr oder minder zu einem zusammenhängenden Netz verwobenen Neurotubuli, -filamente, Mikrofilamente und dem neuroplasmatischen Reticulum bestehen. Mit Hilfe von Zeitraffer-Mikrofilmanalysen von in situ befindlichen Nervenfasern konnte PAUL WEISS winzige peristaltische Wellen nachweisen, die in regelmäßigen Zeitabständen über die Fasern hinweggleiten und auf diese Weise die Neuroplasmasäule vom Zellkörper in Richtung auf die Faserendigungen bewegen. Ob und inwieweit diese endogene Rhythmik der Nervenzellen noch durch rhythmische Pulsationen der die Nervenzellen und deren Fasern umgebenden Gliazellen unterstützt wird, ist offen.

9.1.2 Schneller neuronaler Stofftransport

Bereits Mitte der sechziger Jahre stellte sich bei den Untersuchungen zum Syntheseort und Verbleib von neusynthetisierten Substanzen im Nervengewebe heraus, daß ein geringer Anteil an Verbindungen in den Nervenfasern wesentlich schneller transportiert wird, als es aufgrund des langsamen neuronalen Transports erklärbar war. Schon wenige Stunden nach Injektion radioaktiver Metaboliten in ein Auge von Ka-

rauschen traten damit markierte Verbindungen im **Tectum opticum** auf (Abb. 9.5), während die Hauptmenge an markierten Proteinen das Mittelhirndach erst nach vielen Tagen erreichte (vgl. Kap. 9.1.1). Zuerst gelang es zwar noch nicht, die Geschwindigkeit der schnellen Transportwelle exakt zu ermitteln, da die Autoradiographie hierfür keine sehr genaue Meßmethode ist. Dennoch ließ sich aus dem ersten Maximum der im Sehnerv auftretenden Radioaktivität eine Geschwindigkeit ableiten, die wenigstens 10 mm/d betrug und damit erheblich höher war als die des langsamen Transports.

Genauere **Geschwindigkeits**bestimmungen für **den schnellen Transport** gelangen später mit Hilfe radiochemischer Verfahren am Ischiasnerv von Katzen mit Werten von 100 bis zu 410 mm/d. Derartig hohe Geschwindigkeiten scheinen bei Warmblütern sowohl für sensorische als auch für motorische Nerven zu bestehen, gleich ob diese sich in Ruhe oder Erregung befinden.

Der schnelle neuronale Transport bleibt in den Nervenfasern auch dann noch eine Zeitlang aufrechterhalten, wenn der Kontakt zum Perikaryon unterbrochen wurde. Das bedeutet, daß die im Zellkörper neusynthetisierten Substanzen nach ihrem Eintritt in die Fasern selbsttätig und aktiv bis in die Faserendigungen transloziert werden. Voraussetzung hierfür ist allerdings, daß die Nervenfaser ausreichend mit Sauerstoff und Energie (ATP) versorgt wird. Denn Stoffwechselgifte wie **Cyanid** oder **Dinitrophenol**, welche die Phosphorylierung blockieren, bringen den schnellen Transport sofort nach ihrer Verabreichung zum Erliegen. Darüber hinaus erwies sich der schnelle Transport als extrem temperaturempfindlich: Die Transportrate beträgt bei wechselwarmen Fischen bei 10 °C etwa 50 mm/d, bei 25 °C dagegen bereits 250 mm/d. Durch Extrapolation dieser Werte auf die Säugerverhältnisse (37 °C) gelangt man zu Transportraten von mehr als 400 mm/d. Hieraus wird deutlich, daß dem schnellen neuronalen Transport bei Warm- und Kaltblütern offenbar gleichartige Mechanismen zugrunde liegen dürften.

Während mit dem Massestrom des langsamen neuronalen Transports vor allem strukturgebundene Proteine transloziert

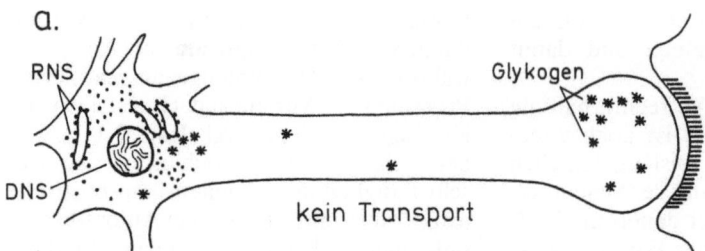

Abb. 9.7. Schematische Übersicht über das Transportverhalten verschiedener Substanzen in der Nervenzelle

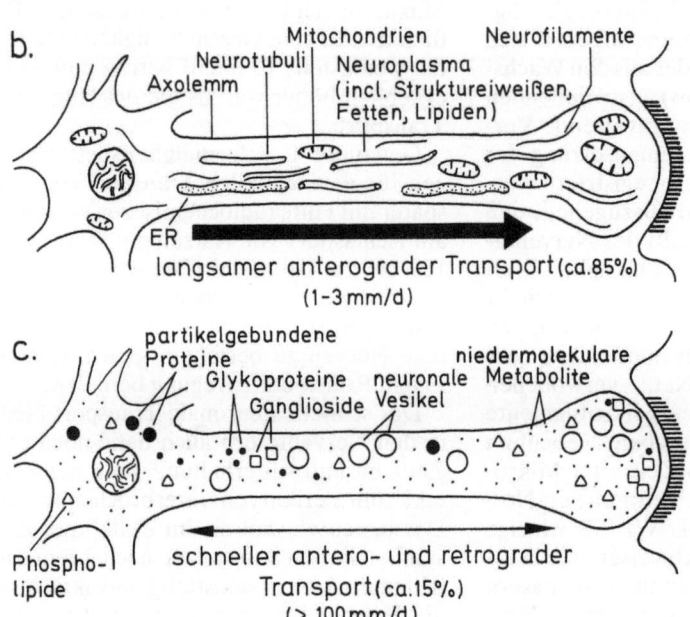

werden (vgl. Kap. 9.1.1), gelangen mit dem kleineren Anteil (10–20%) des schnellen Transports zumeist lösliche, aber auch partikelgebundene **Proteine, Glykoproteine, Mucopolysaccharide, Phospholipide, Sialoglykolipide (Ganglioside)**, niedermolekulare Metaboliten (u.a. **Aminosäuren, Glucose, N-Ac-Glucosamin, N-Ac-Mannosamin, N-Ac-Neuraminsäure, Uridin, UDPG, cyclische Nucleotide**) sowie vor allem auch **Neurotransmitter (Noradrenalin** und andere **biogene Amine** wie **Putrescin**) in die Nervenfaserendformationen (Abb. 9.7).

Für den **Mechanismus des schnellen neuronalen Transportes** werden verschiedene Modelle erörtert. Während der langsame Transport z.B. durch Stoffwechselantimetaboliten, welche die perikaryale Pro-

teinsynthese blockieren **(Cycloheximid)**, gehemmt wird, bleibt der schnelle Transport hiervon zunächst unbeeinflußt. Er ist jedoch offenbar an das Vorhandensein intakter **Neurotubuli**strukturen gebunden, die wesentliche Strukturelemente des Neuroplasmas sowohl der Axone wie auch Dendriten darstellen (vgl. Kap. 1.1.3). Denn nach Applikation von **Colchicin**, das die Funktion der **Neurotubuli** in spezifischer Weise blockiert, indem es das tubuläre **Tubulinprotein** in seine inaktiven Untereinheiten dissoziiert, oder durch **Vinblastin** kommt der schnelle Transport sofort zum Erliegen. Dieses kann u.a. daran gezeigt werden, daß nach Colchicingaben die Ansammlung von löslichen Proteinen, z.B. **Acetylcholinesterase**, auf der oberhalb von Nervenschnürungen liegenden Seite unterbunden wird. Dieser Colchicintest läßt jedoch noch einige Fragen offen: Denn mit Hilfe von **Colchicein** (= O-Dimethylcolchicin), einem Colchicinderivat, läßt sich der schnelle neuronale Transport wesentlich wirksamer blockieren, obgleich diese Substanz keine aktiven Bindungseigenschaften gegenüber dem Tubulin aufweist.

Über den inneren Ablauf des schnellen Transports gehen die Meinungen noch weit auseinander: Während die einen eine hohe Spezifität der Wechselbeziehungen zwischen Neurotubuli und transportierten Substanzen fordern, gehen die anderen von einem unspezifischen, für alle transportierten Verbindungen einheitlichen System aus. Weitgehend einig ist man sich in der Annahme, daß alle schnell translozierten Substanzen in partikelgebundener Form vom Perikaryon zu den Nervenendigungen gebracht werden. Hierbei wurde die Vorstellung entwickelt, daß die **neuronalen Vesikel** im Wechselspiel mit den **Neurotubuli** für den Transport eine Vehikelfunktion ausüben:

– Nach dem „**Transportfilament**"- bzw. „Transportvesikel"-**Modell** sollen die eventuell an Neurofilamente gebundenen Vesikel an den Neurotubuli aufgrund ähnlicher chemischer Affinitäten entlang gleiten, wie sie für das Actin-Myosin-Filamentsystem der Muskelkontraktion bekannt sind.

– Ein mehr „**mechanisch-chemisches Modell**" geht davon aus, daß anionische Polyelektrolyte (saure Polysaccharide) die Neurotubuli umgeben, die sich aufgrund von Ionenströmen (Ca^{2+}) kontrahieren können, so daß hierdurch die verschiedenen, an den Polyelektrolytmantel gebundenen und geladenen Verbindungen intraneuronal entlang den Tubuli verschoben werden.

– Gemäß einer „**Mikrostrom**"-**Hypothese** sollen neuronale Bestandteile in kleinen, weniger viskosen Unterströmungen der Neuroplasmasäule fortbewegt werden. Die Hypothese basiert auf der Vorstellung, daß auch im Neuroplasma – wie im Cytoplasma aller Zellen – Bereiche unterschiedlicher Viskosität bestehen, woraus verschiedenste Unterströmungen resultieren. Im Sonderfall der Nervenfasern könnten Bereiche niederer Viskosität die Neurotubuli röhrenförmig umgeben. Die Tubulioberfläche müßte danach so beschaffen sein, daß von ihr aus Scherkraftwirkungen in die Umgebung ausgehen würden, die sich in ihrer Ausbreitungsrichtung durch die Struktur der Neurotubuli sowie durch die gerichtete Freisetzung der elektrostatischen Energie des Rückstoßes leiten ließen. Die von ATPase-Reaktionen freigesetzte Energie soll danach an der Tubulioberfläche mittels Auflösung von Wasserstoff- und Ionenbindungen für die Bildung von niederviskosem Material verantwortlich sein. Unterschiedliche Viskositätsbereiche bedingen demnach unterschiedliche Strömungsgeschwindigkeiten.

– Nach neueren Vorstellungen, die sich auf videomikroskopische Analysen der Transportbewegungen von Neuroplasmaorganellen sowie ergänzende biochemische Untersuchungen stützen, soll der schnelle Transport der Organellen direkt von deren Interaktion mit den Neurotubuli abhängen. Hierbei soll der anterograde Transport ausschließlich abhängen von ladungsmäßigen Interaktionen eines aus dem Axoplasma isolierten **Kinesin**, einem Protein mit einem Molekulargewicht von 500 000, zwischen den Neurotubuli und den Organellen. Der retrograde Transport wäre demzufolge angewiesen auf ein anderes Translokatorprotein. – Auch hier steht ein endgültiger Beweis für die Richtigkeit dieser Hypothese noch aus.

– Diese Vorstellungen ließen sich näher spezifizieren anhand der Auswertung von Filmaufnahmen, die mit einer neuen leistungsstarken computerunterstützten Kontrastverstärkungsmethode für die Lichtmikroskopie gewonnen wurden. Sowohl innerhalb des Axons der Riesennervenfasern von Tintenfischen als auch im daraus herausgequetschten freien Axoplasma selbst ließen sich kontinuierliche, bidirektionale Organellenbewegungen darstellen, die gebunden sind an die im Axoplasma reichlich vorhandenen Neurotubuli. Nach dem **Modell der „aktiven Mikrotubuli"** (Abb. 9.8) sollen das Gleiten der Mikrotubuli und die Organellenbewegung auf dasselbe

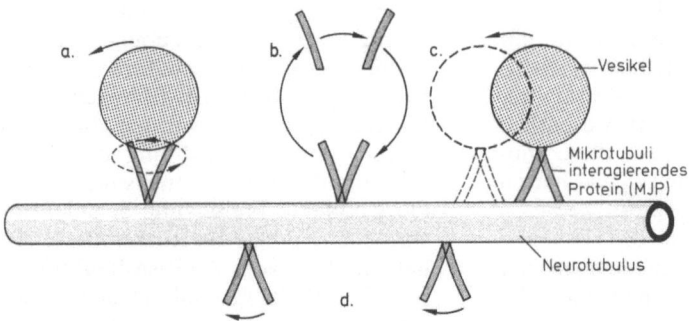

Abb. 9.8. Verschiedene
Hypothesenvarianten
über die funktionelle In-
teraktion zwischen kraft-
erzeugenden ATPase-
Molekülärmchen, Mikro-
tubulus und Transportve-
sikeln als Grundlage für
den schnellen, bidirektionalen neuronalen Stoff-
transport

krafterzeugende Enzym (ATPase) zurückgehen, das entweder auf den Neurotubuli sitzen (a, d) und diese mit den Vesikeln verbinden (c) oder mit dem Substrat interagieren (b) soll. Die ärm-
chenartigen Seitenquerbrücken lassen
sich jedenfalls mit der Hochleistungs-
elektronenmikroskopie darstellen. Die
kleinen Molekülseitenarme der Neurotubuli durchlaufen – so die Hypothese
– einen Cyclus von Konformationsänderungen zwischen einem aktivierten
und einem Ruhezustand. Hierdurch bedingt kann zum einen der Tubulus selbst
fortbewegt werden, oder aber es werden
Organellen (Mitochondrien, neuronale
Vesikel) kontinuierlich weitergereicht.
Durch ellipsoide Ärmchenbewegungen
könnte sich sowohl der anterograde als
auch gleichzeitig der retrograde Orga-
nellentransport am selben Tubulus erklären lassen, der sich lichtmikrosko-
pisch auch tatsächlich zeigen läßt.

Trotz der außerordentlich bewundernswer-
ten mikrophotographischen Detailanalyse
steht ein endgültiger Beweis für den wirklichen Funktionsmechanismus des schnellen
bidirektionalen neuronalen Stofftransports
bislang noch aus. Dennoch steht inzwischen
eine Technik zur Verfügung, mit deren
Hilfe die Bewegungen von Neurotubuli und
anderen neuronalen Organellen in vivo direkt beobachtet werden können, was als
eine wesentliche Grundvoraussetzung für
die Aufklärung des Kausalmechanismus für
das neuronale Transportgeschehen anzusehen ist.

9.1.3 Retrograder Transport

Zusätzlich zum anterograd, d.h. vom Zellkörper in die Nervenfaserendigungen, verlaufenden schnellen Substanzfluß findet
nun auch ein gegenläufiger, **retrograder
Stofftransport** statt. Auf diesen wurde man
erstmals aufmerksam, als nach unvollstän-
diger Schnürung von Nervenfasern Materialansammlungen (z.B. Noradrenalin),
wenn auch in geringerem Ausmaß als oberhalb von der Schnürung, auch auf der distalen Seite auftraten. Mit Hilfe radioaktiver
Tracerstudien wurde nachgewiesen, daß
markierte Substanzen von der Peripherie in
den entsprechenden Nervenfasern bis in die
dazugehörigen Zellkörper im ZNS gelangten.

Inzwischen weist man den retrograden
Transport mit anderen Markersubstanzen
schneller nach: Wird beispielsweise **Meer-
rettich-Peroxidase** (ein im Meerrettich vor-
kommendes Enzym), die wegen ihrer Elek-
tronendichte als Markerverbindung in der
Elektronenmikroskopie verwandt wird, in
den **Musculus gastrocnemius** injiziert, so
läßt sich anschließend deren rückläufiger
Transport innerhalb des **Nervus ischiadicus**
bis in die Motoneuronzellkörper im Rükkenmark verfolgen.

Detailuntersuchungen ergaben, daß die
zunächst extrazellulär vorkommende Indi-
katorsubstanz im Bereich der synaptischen
Kontaktzone der Nervenendigungen per Pinocytose in synaptische Vesikel, die unmittelbar zuvor ihren Transmitterinhalt in den
synaptischen Spaltraum abgegeben haben,
eingebaut werden. Die so mit der Peroxi-

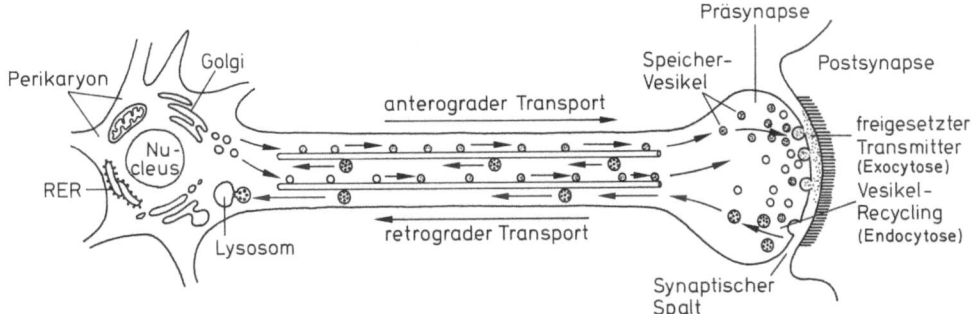

Abb. 9.9. Schemadarstellung des schnellen anterograden Vesikeltransports und des nach Vesikel-recycling von der Nervenendigung zum Perikaryon erfolgenden retrograden Transports von komplexe-ren Vesikeln

dase angereicherten Vesikel werden irgend-wann von **Lysosomen** erfaßt und zum Zell-körper zum Zwecke des lysosomalen Ab-baus in den Zellkörper transportiert (Abb. 9.9).

Unter Verwendung von fluoreszenzmar-kiertem **Noradrenalin** ließ sich nachweisen, daß offensichtlich auch Bestandteile von Transmittersubstanzen nach deren Aus-schüttung in den synaptischen Spalt wieder in die Präsynapse aufgenommen und retro-grad zum Zellkörper zum Zwecke des Ab-baus oder einer Resynthese zurück translo-ziert werden. Auch der sog. „**nerve growth factor**" (NGF), ein Protein, das sowohl Wachstum als auch Differenzierung des pe-ripheren sympathischen Nervensystems fördert, wird von Nervenendigungen adren-erger Neurone aufgenommen und retro-grad in die Zellkörper verfrachtet.

Als ein sicherlich nicht im Sinne der nor-malen Nervenzellfunktion stehendes Phä-nomen dürfte der retrograde Transport von **Tollwut-** und **Herpesviren** sowie des Giftes der Erreger des Wundstarrkrampfes (**Teta-nus**) anzusehen sein. Möglicherweise haben diese pathogenen Erreger in einer Art Co-evolution diese ökologische Nische der syn-aptischen Pinocytose sowie des retrograden Transportes genutzt, um sich innerhalb der Nervenzellen zu vermehren. Die Zeit, die beispielsweise im Falle des **Tetanus** zwi-schen einer Verletzung und dem Ausbre-chen des Wundstarrkrampfes vergeht, ent-spricht nämlich in etwa der Zeit, die das Gift braucht, um mit dem retrograden neurona-len Transport diejenigen Zellkörper zu er-reichen, deren Stoffwechsel sie pathogen

beeinträchtigen. (Daß bei der Inkorpora-tion der toxischen Komponente des Teta-nustoxins membrangebundene **Ganglioside** beteiligt sind, dürfte eine weitere coevolu-tive Anpassung auf molekularer Ebene dar-stellen.)

Die **Geschwindigkeit des retrograden Transportes** ist nur etwa 1/2 bis 2/3 so groß wie die des schnellen anterograden Trans-ports, d.h. etwa 100−200 mm/d. Sein Me-chanismus ist aber ebenso wie der des ante-rograden Transports stark temperaturab-hängig und offensichtlich an das Vorhan-densein intakter Neurotubulistrukturen ge-bunden, da auch der rückläufige Transport nach Verabreichung von **Colchicin** zum Er-liegen kommt.

9.1.4 Transneuronaler Transport

Lange Zeit ging man bei der Diskussion um die Bedeutung des neuronalen Stofftrans-portgeschehens von der Vorstellung aus, daß die im Zellkörper einer Nervenzelle neu synthetisierten Verbindungen nach ih-rem Transport zu den Nervenfaserendigun-gen in denselben weitgehend − bis auf den geringen Anteil an retrograd fließenden Verbindungen − abgebaut würden. Ein ho-her Gehalt an katabolischen Enzymen in den Faserterminalen spricht hierfür. Inzwi-schen mehren sich jedoch Befunde dafür, daß neuronal transportierte Verbindungen, und zwar nicht nur Transmittersubstanzen (!), aus den Endformationen an nachge-schaltete Zellen oder auch an die Cerebro-spinalflüssigkeit weitergereicht werden.

Ein derartiger **transneuronaler Transport** wurde bisher nachgewiesen für markierte Aminosäurederivate, Transmittersubstanzen und auch größere Moleküle wie Nucleoside und Neuropeptide. Diese Verbindungen werden nach ihrer Synthese im Perikaryon, ihrem neuronalen Transport und ihrer Abgabe aus den Faserterminalen offensichtlich nicht alle vollständig zerlegt (z.B. Acetylcholin durch Acetylcholinesterase), sondern im postsynaptischen Ganglion können durch sie Enzyminduktionen (z.B. Synthese der Tyrosinhydroxylase, Aktivierung von sekundären Messengersystemen) ausgelöst werden.

Auf diesem Hintergrund hat in der Neurobiologie die Erforschung von neuroaktiven Peptiden **(= Neuropeptiden)** während der letzten Jahre große Bedeutung erlangt. Diese Verbindungen, die ihren Namen vielfach nach dem Organ ihrer Wirkung erhielten (z.B. Vasopressin, Prostaglandin, Enkephalin), entfalten wie Neurotransmitter neuroaktive Wirkungen, häufig im Sinne von **Neuromodulatoren**. Wie periphere Hormone (Insulin, Glucagon, LH) oder biogene Amine bewirken die Neuropeptide nach ihrer Abgabe aus Nervenendigungen transneuronal in den Membranen nachgeschalteter Neurone die Aktivierung von **Adenylatcyclasen,** die ihrerseits intrazellulär das sekundäre Messengersystem aktivieren, das letztlich die Umstellung der Proteinsyntheseleistungen in diesen Zellen bewirkt (Einzelheiten zur Abgrenzung „Neurotransmitter-Neuromodulator" vgl. Kap. 8.1).

Von großer Bedeutung für die richtige Einschätzung derartiger transneuronaler Transportvorgänge im neuronalen Gesamtgeschehen ist in diesem Zusammenhang der erst kürzlich erfolgte Nachweis von **Ektoenzymen**, speziell von **Ektonucleotidasen** und **Ektoglykosyltransferasen**, an der Membranaußenseite von Neuronen, deren Aktivität vor allem während der neuronalen Zellreifung und Synapsenbildung stark gesteigert wird. Von diesen neuronalen Ektoenzymen dürfte insbesondere den **Ektosialyltransferasen** eine bedeutsame Rolle insofern zukommen, als ihre Existenz die Synthesemöglichkeit von membranständigen **Gangliosiden** in der Synapse eröffnet. Den Gangliosiden ihrerseits wird im Zusam-

menwirken mit extrazellulärem Ca^{2+} eine wichtige funktionelle Bedeutung beim kurzfristigen Ablauf der synaptischen Transmission sowie bei langfristigen neuronalen Adaptationen (z.B. Temperaturadaptation) zugesprochen (vgl. Kap. 8.2.4).

Im Falle der Abgabe von neuronalen Verbindungen, die im Perikaryon synthetisiert und nach einem schnellen Transport aus den Faserendigungen an die **Cerebrospinalflüssigkeit** (CSF) abgegeben werden, dürfte es sich um eine **cerebrospinale Neurokrinie** handeln, d.h. die Freisetzung neuronaler Produkte zum Zwecke einer humoralen, d.h. auf dem Flüssigkeitswege erfolgenden, Eigensteuerung innerhalb des ZNS. Zusätzlich zur Absonderung von Sekreten aus **zirkumventrikulären Organen** an die CSF scheint nämlich auch eine Abgabe von Proteinen aus Hirnregionen an den Liquor zu erfolgen, die nicht zum zirkumventrikulären System gehören, wie etwa aus den Endigungen des Nervus opticus nach deren neuronalem Transport aus der Retina. Das bedeutet, daß Liquorproteine nicht ausschließlich serogenen Ursprungs (von seiten der Plexus choroidei) sein müssen, sondern auch aus dem Nervengewebe selbst stammen können.

Insgesamt zeichnet sich derzeit ab, daß das Phänomen transneuronaler Transportvorgänge im Nervensystem von außerordentlicher Bedeutung für eine interneuronale Kommunikation zu sein scheint und somit wahrscheinlich auch essentiell am Zustandekommen von Gedächtnisspuren im synaptischen Kontaktzonenbereich beteiligt sein dürfte. In jedem Falle ist dem transneuronalen Transportgeschehen unter dem Gesichtspunkt der neuronalen Plastizität ein besonderes Gewicht beizumessen.

9.1.5 Transmembranöser Transport

Unter dem Terminus des **transmembranösen Transports** ist im wesentlichen das molekulare Geschehen bei der Erregungsleitung längs der Nervenfasern bzw. der Erregungs- (und damit Informations-)übertragung im Bereich der Synapse subsummiert. Hierbei handelt es sich um die Austauschvorgänge von Ionen sowie höhermolekularen Verbindungen zwischen dem Extrazellularraum und dem Neuroplasma unter Einschaltung von z.T. komplizierten ionalen Pumpmechanismen und membranständigen molekularen Kanalsystemen. Bezüglich der Einzelheiten dieser Vorgänge wird auf Kap. 7 verwiesen.

9.1.6 Bedeutung des neuronalen Transportgeschehens

Im Anschluß an die Darstellung der einzelnen neuronalen Stofftransportarten sowie deren Mechanismen sind in Abb. 9.10 die wesentlichsten neuronalen Vorgänge in einer präsynaptischen Faserendigung noch einmal im Überblick dargestellt.

Der **langsame, anterograde neuronale Transport** (1–3 mm/d) dient offensichtlich

der Aufrechterhaltung und Erneuerung von Substanzen, u.a. von löslichen Proteinen und Membranbausteinen, die für den Bestand der Nervenfaser sowie vor allem für den Bereich der Nervenfaserendformation unerläßlich sind. Ein solches Transportsystem mußte sich im phylogenetischen Verlauf der Nervenzellentwicklung praktisch zwangsläufig herausbilden, da es einerseits unter dem Gesichtspunkt der Erregungsleitung zweckmäßig war, möglichst lange Leitstrukturen (Axone und Dendriten) zu entwickeln, es aber andererseits unter molekularbiologischen Aspekten nicht möglich war, an jedem nur denkbaren Zellort und insbesondere den zudem ständig in Wandlung begriffenen Nervenfortsätzen den gesamten codierungsabhängigen Prozeß der Proteinsynthese (Translation) ab-

Abb. 9.10. Zusammenfassende Schemadarstellung der verschiedenen neuronalen Transportvorgänge im Bereich einer Nervenfaserendformation

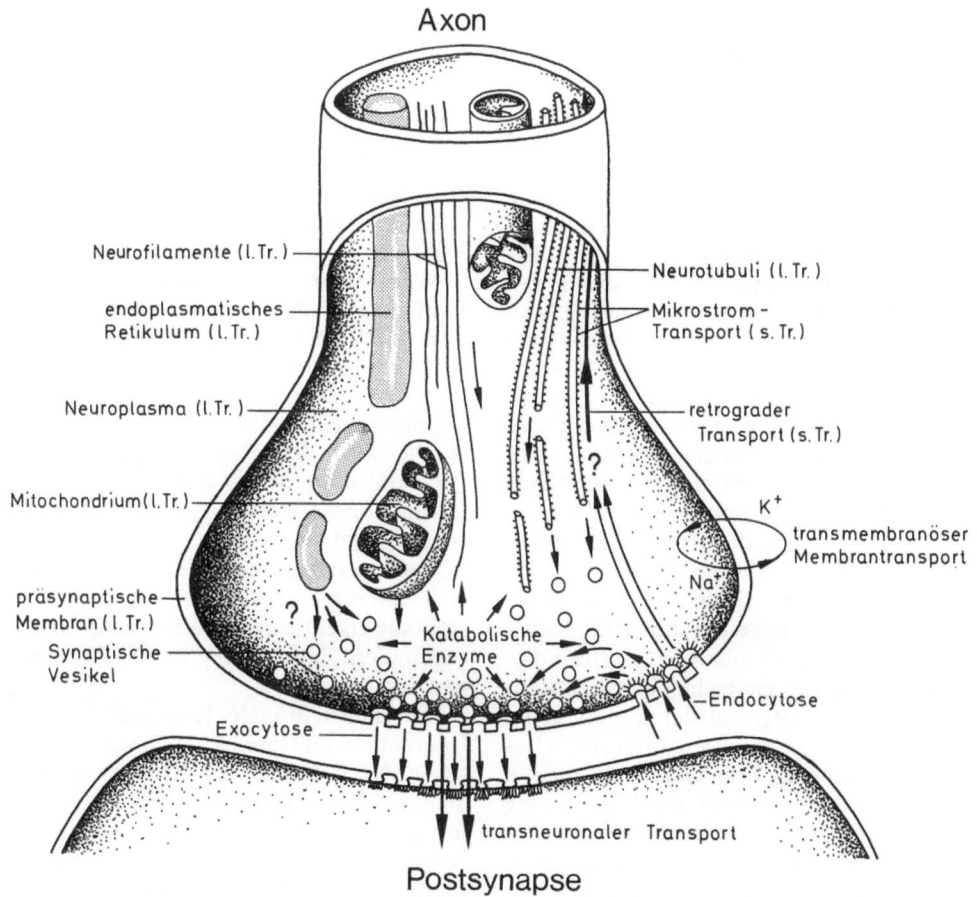

laufen zu lassen. Es liegen nämlich viel zu lange Wegstrecken zwischen der Nervenfaserendformation und dem Zellkern mit darin gelagerter DNS und den molekularen Mechanismen, die zur Bildung der verschiedenen RNS-Sorten und letztlich zur Eiweißsynthese erforderlich sind. Somit erfolgt in ausdifferenzierten Nervenzellen die Synthese der wichtigsten strukturerhaltenden Substanzen, vor allem von Proteinen, im Nervenzellperikaryon unter der steuernden Kontrolle des Zellkerns, nachdem die hierzu benötigten Metaboliten (vor allem Aminosäuren) unter der selektiven Kontrolle der Zellmembranen zuvor in das Perikaryon aufgenommen wurden. Neben der Synthese von löslichen Proteinen, die das neuronale Hyaloplasma ausmachen, findet auch eine von solchen Eiweißen statt, die als Untereinheiten zum Aufbau von Membranelementen, Neurotubuli, Neurofilamenten, endoplasmatischem Reticulum und Mitochondrien dienen. Die Grundmasse des Hyaloplasmas sowie die darin enthaltenen Organellen werden nach ihrer Synthese im Perikaryon kontinuierlich zur Peripherie transportiert.

Der **schnelle**, **anterograde Transport** (>100 mm/d) hingegen, welcher sich innerhalb der Neuroplasmasäule der Fasern an den Neurotubuli als Leitstruktur vollzieht, ist offensichtlich erforderlich für die Erneuerung von solchen Stoffen, die in den synaptischen Endformationen im Zusammenhang mit der Erregungsübertragung stehen. Dazu gehören vor allem diejenigen Plasmakomponenten, die für die Bildung von Membranstrukturen und Vesikeln bzw. zu deren Regeneration und Regulation der Wachstumsvorgänge notwendig sind, sowie Material für die Transmitterherstellung.

Gewöhnlich wird der Begriff des schnellen neuronalen Transports nur für die am schnellsten transportierten Substanzen bei Höchstgeschwindigkeiten benutzt. Inzwischen hat man aber mehrere Geschwindigkeitsbereiche für unterschiedliche Substanzen erkannt. Aufgrund der komplexeren Transportmechanismen wird nun in den Bereich des schnellen Transports, und zwar in beiden Richtungen, auch die Verlagerung von fertigen Zellorganellen aller Art einbezogen. Der schnelle Transport steht offensichtlich im Zusammenhang mit der Erneuerung von Stoffen aller Art, die für die Erregungsübertragung gebraucht werden. Die unmittelbare Bedeutung für die synaptische Transmission wird dadurch besonders deutlich, daß durch eine Transportblockierung, z.B. durch Colchicingabe, die Erregungsleitung zwar weiter abläuft, die Erregungsübertragung an den Synapsen jedoch unterbleibt. Darüber hinaus dürfte der schnelle Transport auch wichtige Aufgaben im Zusammenhang mit den trophischen Funktionen der Nervenzelle erfüllen, und zwar für alle Stoffe, die einem besonders schnellen Verbrauch unterliegen oder zur Umstrukturierung bestimmter anderer Komponenten benötigt werden. Das trifft zu vor allem für Enzyme, die für die Synthese oder den Abbau von Transmittersubstanzen notwendig sind, sowie für den Ersatz verbrauchter Vesikel und zur Steuerung von Membranveränderungen, bei der die Vesikel aus der Präsynapse in den synaptischen Spalt abgegeben werden. Daß der schnelle Transport niedermolekularer Verbindungen unter anderem im Zusammenhang mit der Komplettierung bzw. Umstrukturierung hochmolekularer Substanzen im Synapsenbereich stehen kann, wurde z.B. anhand der für die Membranen charakteristischen Sialoglykolipide (Ganglioside) dargestellt (vgl. Kap. 7.1.1 und 8.2).

Neben dem anterograden neuronalen Stofftransport läuft der **retrograde Transport** von den Nervenendigungen ausgehend in Richtung zum Zellkörper. Er steht offensichtlich im Dienste der molekularen Rückkopplung (feed back), wahrscheinlich dient er aber auch dem Rücktransport von solchen Substanzen aus den Synapsen, die letztlich im Zellkörper mit Hilfe der Lysosomen abgebaut werden.

Der **transmembranöse Transport** – speziell von Ionen (Na^+, K^+, Cl^-, Ca^{2+}) – stellt die eigentliche Voraussetzung der Erregungsleitfähigkeit neuronaler Membranen dar.

Der **transneuronale Transport** dient der Interaktion auf trophischer Grundlage zwischen Nervenzelle und nachgeschalteten Strukturen. In diesem Bereich sind vor allem die neuroendokrinen, d.h. von Hormonen ausgelösten Interaktionen angesiedelt, bei denen Nerven- oder auch andere Zellen direkt auf die stofflichen Substanzen, die von einer Nervenzelle abgegeben werden, reagieren. So wirken die von der Präsynapse abgegebenen und über den synaptischen Spaltraum hinweg diffundierenden Transmittersubstanzen (wie z.B. Noradrenalin) an der postsynaptischen Membranseite über dort vorhandene spezifische Rezeptormoleküle. Jedoch nicht nur die Ab-

und Übergabe der Neurotransmittersubstanzen erfolgt transneuronal, vielmehr werden in ähnlicher Weise zahlreiche weitere Substanzen, wie vor allem viele Neuropeptide und sogar Nucleoside transneuronal von einer Nervenzelle zur nächsten weitergereicht, wo sie Veränderungen des Stoffwechsels bewirken.

9.2 Synaptische Plastizität

Die Fähigkeit des Individuums, sein Verhalten aufgrund zuvor gesammelter Erfahrungen zu verändern, ist begründet in der hohen **Plastizität** des Nervensystems. Diese Plastizität äußert sich nicht nur im Phänomen des neuronalen Stofftransports oder dem des hohen Regenerationsvermögens von Nervenfasern, sondern es wird vermutet, daß erfahrungsabhängige Veränderungen von neuronalen Prozessen auch Abänderungen von synaptischen Funktionen bewirken. Diesbezüglich richtet sich das Interesse neurobiologischer Forschung seit einigen Jahrzehnten in zunehmendem Maße auf die Untersuchung einerseits von stimulationsbedingten morphologischen Veränderungen im Bereich der Nervenfaserendigungen sowie andererseits auch von funktionellen Anpassungen.

Weitgehend unabhängig von der neurobiologischen Forschungsentwicklung wurden parallel die Grundlagen der genetischen Codierung der Lebewesen und damit des molekulargenetischen Hintergrundes ihres Stoffwechsels einer Klärung näher gebracht. Auf diesen Erkenntnissen aufbauend richtet sich das Interesse der molekularen Neurobiologie auf die Untersuchung der Frage, inwieweit die Ausprägung neuronaler Verschaltungssysteme genetisch determiniert sei bzw. inwieweit diese auch epigenetisch durch funktionelle Beanspruchungen der beteiligten Nervenzellen zustande kommen können. Im letzteren Fall ist von zentraler Bedeutung die Frage des Zeitpunktes einer erfahrungsbedingten Inbetriebnahme neuronaler Strukturen entweder im Verlauf der frühen perinatalen Entwicklung oder auch danach während der Erwachsenenphase. Gerade dieser Frage

kommt besondere Bedeutung insofern zu, als die Fähigkeit zum Lernen und zur Gedächtnisausprägung zeitlebens bestehen bleibt.

Auf dem Hintergrund der hier angeschnittenen Problematik wird im folgenden zunächst die Frage der möglichen Bildung neuronaler Netzwerke während der frühen Embryonalentwicklung untersucht. Danach wird auf die Bedeutung adäquater Stimulation für das Zustandekommen von Neuronenschaltkreisen während der postnatalen Entwicklung sowie im Adultzustand eines Individuums eingegangen. Anschließend sollen die der synaptischen Verknüpfung möglicherweise zugrundeliegenden biochemischen Mechanismen und deren Bedeutung für die Ausprägung von Gedächtnis angesprochen werden.

9.2.1 Selektive Stabilisation von Synapsen als Mechanismen für die spezielle Ausprägung von neuronalen Verschaltungssystemen während der frühen Entwicklung

Die in der befruchteten Eizelle vorgegebene DNA vermag im erwachsenen Organismus bekanntlich nur einige wenige Millionen Proteinsorten zu codieren, von denen ein außerordentlich hoher Prozentsatz bei den verschiedenen Tierarten gleich ist. Mehr als 60% dieser Proteine dienen lediglich Steuerungsvorgängen des Stoffwechsels, stehen somit als Strukturbausteine, wie sie z.B. bei der Verknüpfung neuronaler Schaltkreise denknotwendig sind, nicht zur Verfügung. Damit stellt sich die Frage, auf welche Weise die so ungeheure Komplexität neuronaler Schaltsysteme mit ihren beim menschlichen Hirn theoretisch zu fordernden 10^{14-15} synaptischen Verknüpfungen von einer relativ begrenzten Anzahl von Genen gesteuert werden kann. Die Antwort auf diese Frage muß im Mechanismus der embryonalen Entwicklungsweise des Nervensystems gesucht werden. Das Ausmaß der neuronalen Verknüpfung in einem adulten Wirbeltierhirn ist derart komplex, daß die Annahme eines „Genersparnis-Prinzips" eine schlichte Denknotwendigkeit darstellt. Dem tragen die bisherigen Modellvorstellungen auch Rechnung insoweit, als sie davon ausgehen, daß auf der Grundlage eines relativ groben, genetisch festgelegten Entwicklungsgrundmusters die Feinverschaltung der Nervenzellen zu neuronalen Schaltkreisen letztlich in Abhängigkeit von einer funktionellen Inanspruchnahme erfolgen muß. Einerseits geht man heute also nicht mehr davon aus anzunehmen, daß die Verschaltung des neuronalen Netzwerks bereits genetisch bis ins letzte präformiert, d.h. vor einer funktionellen Inbetriebnahme festgelegt, ist. Andererseits hat man auch Abstand genommen von der Annahme, daß eine funktionelle Aktivität der beteiligten Neurone deren Verschaltungsweise rein zufallsmäßig bewirkt.

Im Sinne eines Kompromisses zwischen einem präformistischen gegenüber einem empirischen Erklärungsversuch für die neuronale Verschaltung geht man heute davon aus, daß ein genetisches Grundprogramm die eigentlichen Wechselbeziehungen zwischen größeren Neuronenkategorien etwa mit Hilfe der in Kap. 2.2 referierten Mechanismen der **Zelldifferenzierung** und **Chemoaffinität** etc. dirigiert. Darüber hinaus besteht jedoch innerhalb einer derart genetisch determinierten Neuronengruppe ein außerordentlich hohes Maß an begrenzter Redundanz oder Flexibilität für eine sehr variable Anlage von vielseitigen neuronalen Kontakten an ein und derselben Stelle. Das bedeutet letztlich, daß eine frühe Aktivierung von neuronalen Schaltkreisen – sei es spontan während der Embryogenese oder von außen induziert nach der Geburt – die spezifische Ausprägung und die Effektivität einer Neuronengruppe beträchtlich erhöht, wobei zwangsläufig deren vorübergehende Redundanz eingeschränkt wird.

Nach einer auf diesen Vorstellungen aufbauenden „**selektiven Stabilisations-Hypothese**" der neuronalen Verschaltung müßten für die Bildung synaptischer Kontakte drei unterschiedliche Zustandsphasen zur Erreichung synaptischer Plastizität gegeben sein: ein **labiler Zustand**, ein **stabiler Zustand** und auch ein **regressiver Zustand**. Hierbei ist die Phase des reinen Auswachsens einer Nervenfaser lediglich eine Voraussetzung für die Ausprägung des labilen Zustandes. Die neuronalen Kontakte vermögen sowohl im labilen als auch im stabilen Zustand Erregungen zu übertragen, im regressiven Zustand hingegen selbstverständlich nicht. Nervenfaserendigungen werden in ihrem labilen Zustand entweder stabilisiert, oder sie werden abgebaut, wobei diese **Regression** irreversibel verläuft (Abb. 9.11). Ein späteres Wiederauswachsen einer Nervenfaser an einer benachbarten Stelle ist jedoch durchaus möglich; es stellt die Grundlage für das zeitlebens andauernde Regenerationsvermögen von Nervenfasern dar (vgl. Kap. 9.4).

Ein ganz wesentlicher Punkt für die Herausbildung langfristiger neuronaler Schaltkreise ist nun, daß der Übergang der neuronalen Kontaktbildung vom labilen in den stabilen Zustand einerseits abhängt vom Zeitpunkt, des weiteren von der Aktivität der erregenden (präsynaptischen) Faser sowie schließlich vom Zustand und der Aktivität der zu erregenden postsynaptischen Zelle. Das bedeutet, daß die anfängliche neuronale Aktivität innerhalb eines sich entwickelnden Netzwerks selektiv nur solche sich bildende Kontaktstellen (Synapsen) stabilisiert, deren postsynaptische, zu erregende Zelle in dem entscheidenden Zeitpunkt auch aufnahmebereit ist. Daraus folgt, daß es im Entwicklungsverlauf einer jeden Nervenendigung eine kritische Phase geben dürfte, innerhalb derer ein bestimmtes äußeres Erregungsmuster eine Stabilisierung der bis dahin labilen synaptischen Kontaktstelle bewirken kann.

Die Hypothese der selektiven Stabilisierung von sich entwickelnden Synapsen und den sich darauf gründenden neuronalen Netzwerken hat den Vorteil, daß sie das Prinzip einer **Ersparnis an Genaktivitäten** einschließt. Sie beansprucht nicht die Aktivierung jeweils eines spezifischen Gens für

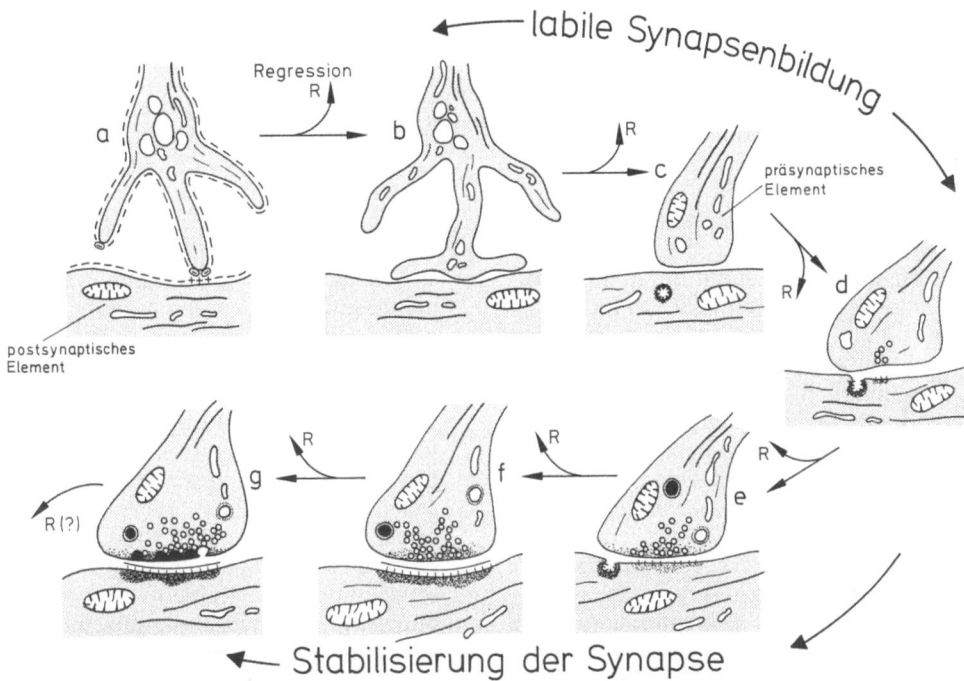

Abb. 9.11. Schematische Darstellung der möglichen Teilabläufe während der Synaptogenese. **a—d:** labile Phase der Synapsenbildung, **e—g:** Stabilisation der Synapse. R: Regressionsmöglichkeit

die Verknüpfung jeweils eines einzelnen synaptischen Kontaktes. Selbstverständlich sind dagegen **allgemeinere Genaktivierungen** erforderlich u.a. für das generelle Auswachsen von Nervenfasern, für die Ausstattung unterschiedlicher Neuronenkategorien mit verschiedenartigen Transmittersubstanzen, für die Erreichung der Reife speziell von postsynaptischen Neuronen, für die Bereitstellung von Substanzen, welche eine Stabilisierung einer Synapse bewirken sowie auch für die eventuell zeitlebens notwendige Aufrechterhaltung einer stabilisierten Synapse. Dennoch beinhaltet das Konzept, daß auf der Basis einer relativ wenig spezifischen genetischen Grundkonstellation von groß angelegten neuronalen Netzwerken die Feinausprägung der eigentlichen synaptischen Kontakte erst epigenetisch erfolgt und äußerst flexibel gehandhabt wird. Sie kann von einer Hirnregion zur anderen variieren. Sie kann sogar so flexibel sein, daß bei eventuellen, durch Entwicklungsstörungen bedingten Ausfällen einer Region eine andere deren Funktion

nachträglich mit übernehmen kann. Diese epigenetische Feinverknüpfung neuronaler Schaltkreise gewährleistet aufgrund der Bildungsmöglichkeit von labilen, stabilen oder regressiven synaptischen Kontakten (= **synaptische Plastizität**) die eigentliche Komplexität eines tierischen Organismus. Während sie bei den wirbellosen Tieren nur sehr eingeschränkt vorkommen dürfte, ist sie speziell bei den höheren Wirbeltieren zur höchsten Vollendung entwickelt.

Im folgenden seien aus der inzwischen außerordentlich großen Fülle experimenteller Arbeiten exemplarisch einige Befunde angeführt, welche die zuvor ausgeführte **Hypothese einer selektiven Stabilisierung von neuronalen Netzwerken** während der frühen Entwicklung untermauern:

— Unter der Annahme, daß die Verknüpfung neuronaler Netzwerke allein genetisch determiniert würde, müßte die Anatomie des Nervensystems adulter, genetisch identischer Individuen (z.B. von eineiigen Zwillingen) einer Art untereinander absolut gleich sein. **In klo-nierten Individuen** bzw. parthenogene-tisch entstandenen und daher genetisch einheitlichen Individuen von Wasserflö-hen sowie auch von Fischen (Guppies) ließ sich zwar zeigen, daß die Grobana-tomie, einschließlich der Zellzahl, des Nervensystems gleich ist, daß jedoch das Verzweigungsmuster der Nervenfaser-endigungen und damit deren Verschal-tungsweise untereinander stark variie-ren kann. Hieraus ist abzuleiten, daß sich die genetische Präformation nicht bis auf das Niveau einer starren Faser-verknüpfung erstreckt, sondern diesbe-züglich noch weitgehende Flexibilität von Verschaltungsmöglichkeiten zuläßt.

– An in Gewebekultur gehaltenen Neuro-nen kann mit Hilfe unterschiedlicher Techniken (Direktbeobachtung mit Zeitrafferfilm, Strukturanalyse, bioche-mische Marker, elektrophysiologische Ableitung) dargestellt werden, daß die **Wachstumskegel von Nervenfaserendi-gungen** bereits lange Zeit vor der end-gültigen Ausprägung einer differenzier-ten Synapse funktionell tätig sein kön-nen. Es scheint so zu sein, daß aus einem zunächst angelegten Überangebot an Nervenendigungen funktionsabhängig nach Versuch und Irrtum nur einige we-nige Wachstumskegel am sich entwik-kelnden Neuritenende selektiv für defi-nitive Synapsen ausgewählt werden, während die übrigen wieder einge-schmolzen werden, d.h. der Regression anheimfallen.

– Gemäß dem genetischen Grundpro-gramm für die Organisation des Nerven-systems findet in der frühen Embryonal-entwicklung zunächst eine beträchtliche **Überproduktion** nicht nur hinsichtlich der Anzahl von Neuronen, sondern vor allem auch von labilen synaptischen Kontakten statt. Mit zunehmender Aus-reifung des Nervensystems erfolgt dann jedoch eine beträchtliche Regression von zuviel angelegten neuronalen Ele-menten. So werden beispielsweise 50% der **Purkinje-Zellen** im Cerebellum von 8–9 Tage alten Ratten jeweils von we-nigstens zwei Kletterfasern innerviert. Bei etwa dreiwöchigen Ratten ist diese Innervation jedoch – wie bei adulten

Tieren – auf eine Eins-zu-Eins-Relation reduziert.

Bei Kaulquappen des Krallenfrosches Xenopus setzen sich die ventralen Vor-derhornbereiche des Rückenmarks zu-nächst jeweils aus etwa 5000 bis 6000 Zel-len zusammen; nach der Metamorphose ist die Zellzahl dagegen auf etwa 1200 vermindert worden. Ähnliche Regres-sionen lassen sich in der frühen Embryo-nalphase von Küken und Mäusen beob-achten. In einer weiteren Phase findet dann später noch eine beträchtliche Re-gression von zunächst im Überschuß an-gelegten Axonkollateralen und Dendri-ten statt.

– Ein Ausfall von zu innervierenden Ziel-zellen in der frühen Embryogenese (z.B. durch experimentelle Entfernung von Extremitätenanlagen bei Kükenem-bryonen oder Amphibienlarven) verur-sacht eine dramatische Zunahme des normalen **frühontogenetischen Zellto-des**, speziell von Motorneuronen und Spinalganglienzellen. Hieraus ist abzu-leiten, daß für eine normale Ausprägung der Nervenzellen eine funktionelle Wechselbeziehung zwischen der Peri-pherie und dem sich entwickelnden Ner-vensystem essentiell ist.

– Infolge von Störungen beim Abfluß der Cerebrospinalflüssigkeit aus den Hirn-ventrikeln kann es beim Menschen wäh-rend der sehr frühen Embryonalent-wicklung aufgrund des dadurch beding-ten Überdrucks des Hirnkammerwas-sers zu einer mehr oder weniger weitrei-chenden Nichtausprägung des Groß-(Vorder-)hirns kommen (= „**Wasser-kopf**"bildung, **Hydrocephalus internus**, vgl. Abb. 3.34). Während die meisten der hiervon betroffenen Kinder wenige Wochen nach der Geburt sterben, wur-den in jüngster Zeit aufgrund von Unter-suchungen mit Hilfe der **Computerto-mographie** (Abb. 9.12) und **Ultraschall-encephalographie** zahlreiche Fälle be-kannt, die zeigen, daß sich eine große Zahl von „Wasserköpfen" bis zum Er-wachsensein entwickelte und dabei eine normale Intelligenz entfaltete. Selbst bei Menschen, bei denen das Vorderhirn zu über 95% durch Wasser verdrängt war, konnte noch ein Intelligenzquotient von

Abb. 9.12. Schichtröntgen-
bild (Computertomo-
gramm) durch das Vorder-
hirn eines normalen **(a)** gegenüber dem eines durch internen Hydrocephalus
(Wasserkopf) geschädigten
Mannes **(b)**, bei dem durch
den Stau von Cerebrospi-
nalflüssigkeit während der
frühontogenetischen Ent-
wicklung etwa 70% des
Großhirns nicht zur Entfaltung kamen. Die höheren
assoziativen Funktionen
des Mannes, eines Sparkas-
sendirektors, werden kom-
pensatorisch vom Stamm-
hirn oder Kleinhirn erfüllt.
Gestrichelte Linie: Grenze
der Hirnventrikel

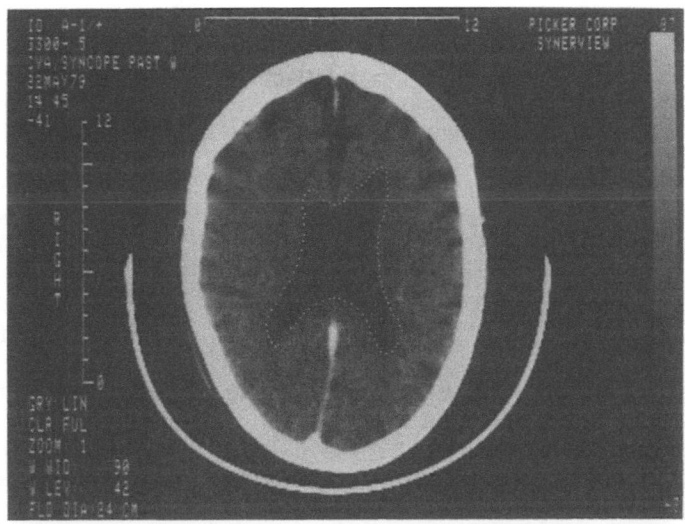

a

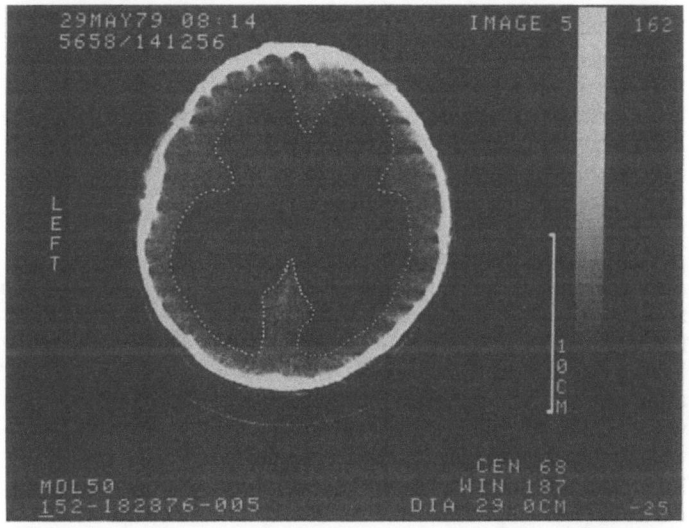

b

über 100 nachgewiesen werden. Einer der Fälle war Mathematiker mit einem IQ von 126; seine Schädelkapsel war im Vorderhirnbereich mit höchstens ein bis zwei Millimetern Hirnrinde ausgekleidet, der Rest war Wasser. – Derartige Studien können sich noch nicht auf Autopsien stützen, da die Patienten noch leben. Man sieht, daß das Hirn in weit größerem Maße, als bisher bekannt, in der Lage ist, Funktionen von geschädigten bzw. sich nicht entwickelnden Bezirken auf andere zu übertragen. Damit finden die bereits in den fünfziger Jahren aufgrund von entsprechenden experimentellen Untersuchungen an Ratten erhobenen Erkenntnisse über eine **Äquipotentialität**, d.h. eine gegenseitige Stellvertretbarkeit, ihre Übertragbarkeit auch auf den Menschen. Voraussetzung hierfür ist jedoch, daß im ausgereiften Zustand letztlich noch genügend Hirnmasse vorhanden ist (**„mass action"**, LASHLEY), um noch ein hinreichend großes Ausmaß an Verschaltungsmöglichkeiten zu erreichen.

– Entgegen der früheren Annahme, daß genetischerseits eine absolute Spezifität bei der neuronalen Zell-zu-Zell-Erkennung bestehen müsse, haben zahlreiche

Experimente gezeigt, daß bei Abwesenheit der eigentlichen Zielzellen oder auch nach künstlicher **Verlagerung von Nervenfasern** in ein anderes Zielgebiet dort dennoch funktionelle Synapsen gebildet werden können. Voraussetzung hierfür ist jedoch, daß die im neuen Zielgebiet vorhandenen Rezeptormoleküle der dortigen Postsynapsen mit dem Transmitter der auswachsenden präsynaptischen Fasern übereinstimmen.

9.2.2 Funktionsabhängige strukturelle Ausprägung neuronaler Verschaltungssysteme während der postnatalen Entwicklung und im ausdifferenzierten Nervensystem

Die Liste experimenteller Befunde zur Untermauerung einer selektiven Stabilisation von neuronalen Netzwerken während der frühen Entwicklung ließe sich durchaus noch weiter fortsetzen. Wichtiger erscheint es jedoch, hier darauf aufmerksam zu machen, daß sich derartige Phänomene nicht nur während der embryonalen und frühen postnatalen Entwicklung abspielen, sondern daß sie bei den Wirbeltieren offenbar zeitlebens ablaufen können, sowie vor allem daß die Ausprägung neuronaler Schaltkreise durch eine funktionelle Inbetriebnahme von Nervenzellen vorgenommen wird. Dadurch wird sie zweifelsfrei zur wichtigsten **morphogenetischen Grundlage** für eine langfristige Herausbildung **von Gedächtnis** (vgl. Kap. 11).

Vorstellbar auf diesem Hintergrund ist, daß die neuronalen Verschaltungen zustande kommen könnten entweder durch langfristige Abänderungen funktioneller Eigenschaften von ursprünglich genetisch bereits fest angelegten neuronalen Verbindungen oder aber – was mehrheitlich angenommen wird – durch eine selektive, funktionsabhängige Bildung und Stabilisierung von neuen Kontakten und/oder die Beseitigung von zunächst nur locker angelegten, nicht benutzten, labilen Verbindungen (Regression, vgl. Kap. 9.2.1).

Erst seit wenigen Jahren werden mit Hilfe von auch quantitativ handhabbaren ultrastrukturellen Untersuchungstechniken vermehrt Arbeiten veröffentlicht, in

denen Befunde über selektive und funktionsabhängige Veränderungen in der Synapsenausprägung nicht nur von sich entwickelnden, sondern vor allem auch von ausdifferenzierten, erwachsenen Nervensystemen referiert werden. Die darin beschriebenen Abfolgen von strukturellen Veränderungen der Nervenendigungen werden letztlich jeweils im Zusammenhang mit dem Lernen und der Gedächtnisbildung diskutiert. Sie erstrecken sich besonders auf die Zahl und Verknüpfungsweise der Synapsen in funktionell beanspruchten Regionen des Zentralnervensystems (Abb. 9.13) sowie auf deren elektrophysiologisch kontrollierbare Effizienz bei der Erregungsübertragung von Neuron zu Neuron.

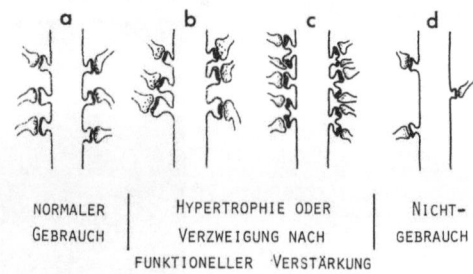

Abb. 9.13. Schematische Darstellung einer strukturellen Plastizität von Synapsen in Abhängigkeit von deren normalem Gebrauch bzw. Nichtgebrauch oder verstärkter funktioneller Beanspruchung

Im folgenden seien auch hier wiederum exemplarisch einige neuere Untersuchungsergebnisse über funktionsabhängige Ausprägungen neuronaler Verschaltungen während der postnatalen Entwicklung sowie im ausdifferenzierten Nervensystem von Wirbeltieren vorgestellt:

– In mehreren Arbeiten wurden die Veränderungen in der Anzahl synaptischer Verknüpfungen während der postnatalen Entwicklung von Versuchstieren unter dem Einfluß unterschiedlicher Umgebungsbedingungen untersucht. So läßt sich bei verschiedenen Tierarten (Nagetieren, Katzen, Fischen) zeigen, daß eine Aufzucht von Tieren im Dauerdunkel (**= Lichtdeprivation**) generell zu einer Verminderung von dendritischen

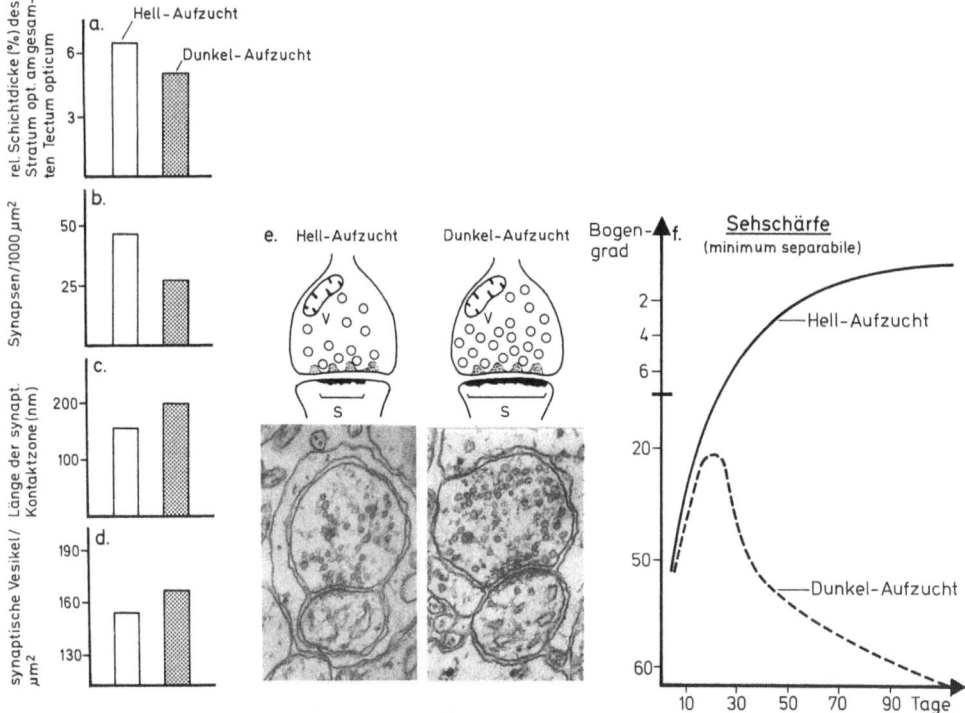

Abb. 9.14. Einfluß einer totalen Dunkelaufzucht (100 Tage) von Buntbarschen auf die Ausprägung von Synapsen in den Schichten der Sehnervenendigungen im Tectum opticum
a: relative Dicke der Schicht der Sehnervenendigungen im Tectum; **b:** Anzahl der Synapsen pro 1000 μm²; **c:** Länge der synaptischen Kontaktzone; **d:** Dichte der synaptischen Vesikel; **e:** elektronenmikroskopischer Gesamtaspekt; **f:** Ausprägung der Sehschärfe, bestimmt mit Hilfe von optomotorischen Reaktionen auf ein gedrehtes schwarz-weißes Streifenmuster

Nervenendigungen, verbunden mit einer veränderten Ausprägung der synaptischen Kontaktflächen führt. So läßt sich beispielsweise an dunkelgehaltenen Fischen zeigen, daß es bei ihnen gegenüber hellgehaltenen Kontrolltieren zu einer Reduktion in der Schichtdicke der Sehnervenendigungen im Mittelhirn kommt (Abb. 9.14a). Diese wird begleitet von einer Abnahme der Synapsendichte (Abb. 9.14b). Parallel hierzu ist der Bereich des eigentlichen synaptischen Kontaktes nicht so prägnant ausgebildet (Abb. 9.14c), und die Vesikeldichte ist wesentlich erhöht (Abb. 9.14d und e). Vor allem letzteres dürfte Ausdruck sein für einen Stau der Vesikel infolge der Nichtbeanspruchung der Synapsen.

Diese ultrastrukturellen Beeinträchtigungen in der Synapsenausprägung im Tectum opticum (Sehhirn) von Fischen lassen sich korrelieren mit einer gravierenden Beeinträchtigung der Sehleistungen von Dunkeltieren: Bei ihnen läßt sich anhand der **Sehschärfe**bestimmung mit Hilfe **optomotorischer Reaktionen** bei der visuellen Unterscheidung unterschiedlich breiter Streifenraster nachweisen, daß sich die Sehschärfewerte mit zunehmendem Alter nach dem Schlupf zunächst zwar noch wie bei Kontrolltieren verbessern, daß sie danach jedoch drastisch bis zur völligen irreversiblen Funktionslosigkeit des Gesichtssinnes zurückgehen (Abb. 9.14f).

– Strukturanalytische Untersuchungen der Synapsenbildung auf spätem Entwicklungsniveau ergaben, daß bei Ratten, die in einer sehr **komplexen Umgebung** (Käfig mit Spieleinrichtungen etc.) gegenüber solchen aufwuchsen, die zu

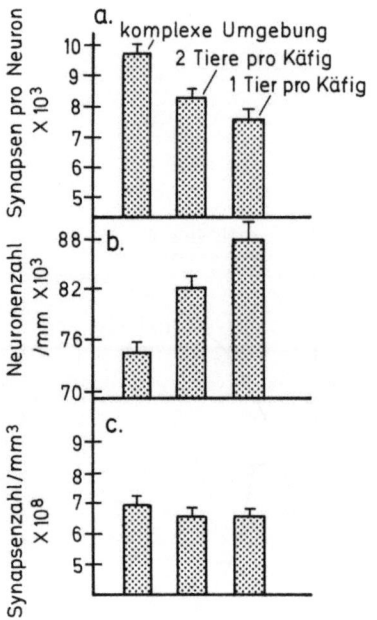

Abb. 9.15. Einfluß unterschiedlicher Aufzuchten von Jungratten (komplexe Umgebung, Haltung in monotonen Laborkäfigen zu zweit, Haltung allein) zwischen dem 23. und 55. Tag auf Synapsen- und Neuronendichte im Vorderhirncortex. (Nach W. T. GREENOUGH, 1984)

zweit oder auch isoliert gehalten wurden (Abb. 9.15), beträchtliche Unterschiede in der Ausdifferenzierung des Vorderhirncortex auftraten: Bei den in der variantenreichen Umgebung aufgezogenen Ratten war nicht nur die Vorderhirnrinde dicker, die Größe der Nervenzellkörper höher sowie auch die Dichte an Gliazellen erhöht, sondern es war auch die Anzahl an Dornsynapsen insgesamt und damit die Synapsendichte pro Neuron beträchtlich, d.h. um 20%, gesteigert (Abb. 9.15).

Auch bei Lernversuchen (Labyrinthlernen bei Ratten, Prägung von neugeborenen Küken) ließen sich markante morphologische Veränderungen in entsprechend beteiligten Hirnregionen (Vorderhirnrinde, Hippocampus) feststellen. Sie betrafen vor allem eine verstärkte Verzweigung von distalen Dendritenbereichen, eine Zunahme in der Synapsenzahl sowie eine Vergrößerung der synaptischen Kontaktzone. Diese Beispiele über die Auswirkungen einer

Aufzucht von jungen Wirbeltieren bei totalem Reizentzug bzw. bei Reizarmut auf die synaptische Differenzierung entsprechender Hirnregionen mögen genügen, um zu verdeutlichen, von welch überragender Bedeutung eine möglichst frühzeitige stimulationsabhängige Inbetriebnahme von neuronalen Strukturen für eine spätere entsprechende Verhaltensentwicklung ist. Diese Erkenntnis kann sicherlich auch direkt auf die Verhältnisse beim Menschen übertragen werden.

9.2.3 Synaptische Plastizität beim elektrischen Antwortverhalten von Neuronen

Synaptische Plastizität im Sinne einer erfahrungsbedingten Veränderung der neuronalen Funktion läßt sich auch mit Hilfe elektrophysiologischer Untersuchungsmethoden insofern nachweisen, als Nervenzellen ihr **bioelektrisches Antwortverhalten** stimulationsabhängig abzuändern vermögen: Ein präsynaptisches Aktionspotential wirkt sich auf die postsynaptischen Potentialänderungen reizabhängig aus. Zwei Kategorien präsynaptischer Mechanismen können hierbei wirksam sein: In einem Falle ist es die Aktivität der präsynaptischen Endigung selbst, die eine mehr oder minder kurzfristige reizabhängige Änderung in der postsynaptischen Zelle bewirkt. Im zweiten Fall werden die Änderungen der synaptischen Funktion durch die Wirkung von Modulatorsubstanzen im Bereich der synaptischen Kontaktzone langfristig determiniert (vgl. Kap. 8.2.4).

a) Kurzfristige bioelektrische Antwortreaktionen von Synapsen

– Eine kurzfristige **synaptische Bahnung (= Facilitation)** läßt sich beispielsweise an der motorischen Endplatte dadurch nachweisen, daß dort die Auslösung eines zweiten synaptischen Potentials – nach vollständigem Abklingen des ersten – eine größere Antwortreaktion (Amplitude) in der postsynaptischen Zelle hervorruft als das vorhergehende (**postsynaptische Potenzierung = PSP;**

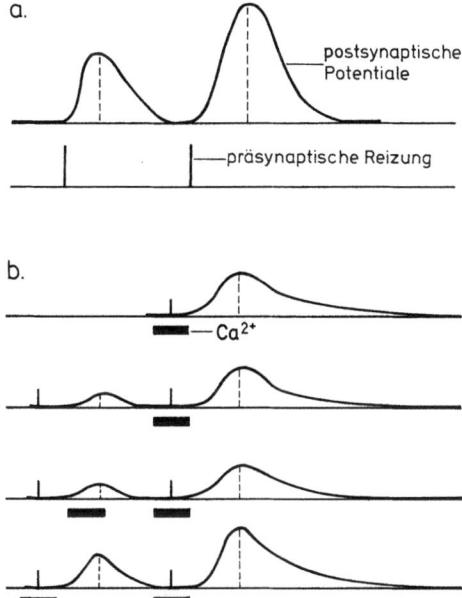

Abb. 9.16. Synaptische Bahnung (Facilitation).
a: Ein zweites synaptisches Potential löst nach
Abklingen des ersten eine verstärkte postsynaptische Antwortreaktion (Amplitude) aus (PSP:
postsynaptische Potenzierung). **b:** Die Bahnung
eines zweiten synaptischen Potentials ist abhängig vom Vorhandensein extrazellulären Calciums
während des ersten präsynaptischen Aktionspotentials. (Nach ECKERT und RANDALL,
1986)

Abb. 9.16a). Bereits 1968 konnten
KATZ und MILEDI zeigen, daß diese
Bahnung auf einem Anstieg der intrazellulären freien Ca^{2+}-Ionenkonzentration
in der Präsynapse beruht. Ca^{2+} muß bereits im Bereich der synaptischen Endigung extrazellulär vorhanden sein, um
während des Eintreffens eines Aktionspotentials in die Präsynapse gelangen zu
können. Die durch wiederholte Stimulationen in die Präsynapse eindringenden
zusätzlichen Ca^{2+}-Ionen bewirken eine
größere postsynaptische Antwortreaktion (Abb. 9.16b).
— Wird ein präsynaptisches Neuron teta-
nisch, d.h. mit einer hohen Frequenz,
stimuliert, so tritt im Falle einer normalen extrazellulären Ca^{2+}-Konzentration
$(1–2 \text{ mM})$ nach Ende der tetanischen
Reizung zunächst eine **posttetanische**

Depression (PTD) des Endplattenpotentials auf, der anschließend eine sehr
rasche **posttetanische Potenzierung
(PTP)** folgt (Abb. 9.17a), d.h. spätere
Testimpulse werden noch bis zu mehreren Minuten nach Reizende verstärkt
beantwortet. Bei einer geringeren extrazellulären Ca^{2+}-Konzentration hingegen
entfällt die anfängliche Depressions-
phase, und das PTP fällt schneller wieder
ab (Abb. 9.17b). Im Falle der hohen
Ca^{2+}-Konzentration dürften die in den
Vesikeln enthaltenen Transmittereinheiten zunächst schneller freigesetzt
werden, als sie ersetzt werden können
($\hat{=}$ Depression). Bei hinreichendem extrazellulären Ca^{2+}-Nachschub werden
die intrazellulären Ca^{2+}-bindenden
Zentren jedoch rasch aufgefüllt und verbleiben dort bis zu ihrem Herauspumpen
mittels Aktivierung von Ca^{2+}-ATPasen
(vgl. Kap. 7.2). Bei verminderter Ca^{2+}-
Konzentration führt die begrenzte Ca^{2+}-
Menge zu einer verringerten synaptischen Vesikelfreisetzung, bei der letztlich noch Transmittereinheiten zur Verfügung stehen: Die Depression entfällt,
die posttetanische Potenzierung ist jedoch von kürzerer Dauer.

Abb. 9.17. Posttetanische Depression (PTD) und
Potenzierung (PTP) von Endplattenpotentialen.
Bei normaler Ca^{2+}-Konzentration folgt nach ei-
ner hochfrequenten Stimulation auf eine Depres-
sion der Endplattenpotentiale eine längerfristige
Potenzierung **(a)**. Bei niedrigem Ca^{2+}-Gehalt
tritt nur eine kurze Potenzierung auf **(b)**. (Nach
ECKERT und RANDALL, 1986)

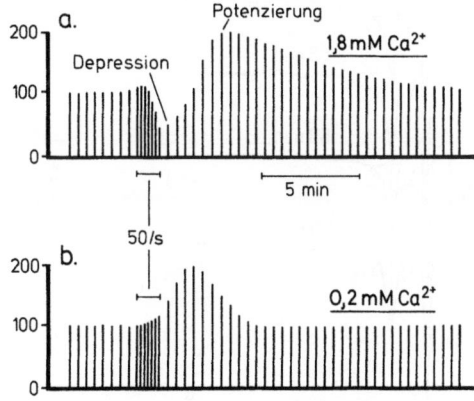

– Wiederholte hochfrequente elektrische Stimulationen von Hirnregionen, z.B. von in vitro untersuchten **Hippocampus**-schnitten, führen zu mehrere Stunden nachweisbaren Verstärkungen (Potenzierungen) des neuronalen Antwortverhaltens von solchen Zellen, die durch die stimulierten Fasersysteme erregt wurden (**= long-term potentiation, LTP**). Mit Hilfe der Ableitung von elektrisch ausgelösten Summenpotentialen aus der Schicht der Körnerzellen des Hippocampus des Meerschweinchens (vgl. Abb. 3.18) lassen sich derartige Verstärkungen in der postsynaptischen Amplitudenantwort um ein Mehrfaches ihrer anfänglichen Reaktionen erzielen (Abb. 9.18). D. O. HEBB hatte bereits 1949 vermutet, daß die durch eine gleichzeitige Aktivierung eines prä- und postsynaptischen Neurons (**= Coaktivierung**) ausgelöste Verstärkung einer Synapse

die Basis für eine Gedächtnisspeicherung sei. Da nun ein LTP-Effekt auf einer längerfristigen Verstärkung eines synaptischen Vorganges beruht, bei dem gleichzeitig in verstärktem Maße auf der präsynaptischen Seite Transmitter freigesetzt und auf der postsynaptischen Seite Depolarisationen ausgelöst werden, wird in einer sich dergestalt dokumentierenden synaptischen Plastizität das elektrophysiologische Korrelat einer beginnenden Gedächtnisausprägung, wie es HEBB voraussagte, gesehen.

b) Langfristige synaptische Reaktionen

– Neben dem LTP-Phänomen kann sich eine synaptische Plastizität in Nervennetzen jedoch auch dokumentieren in Form von wesentlich langwierigeren **Adaptationen der bioelektrischen Reaktionen** des Nervensystems sowie parallel

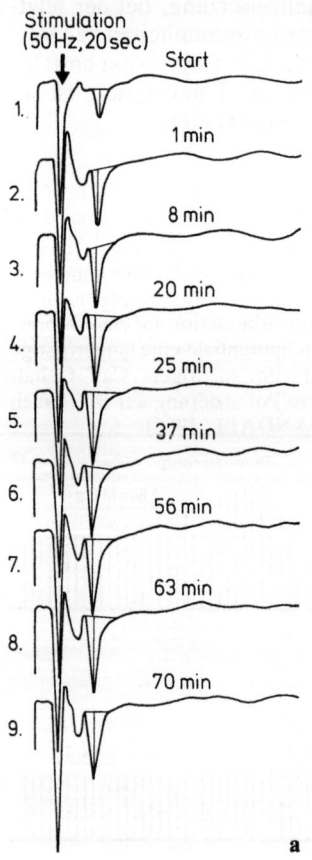

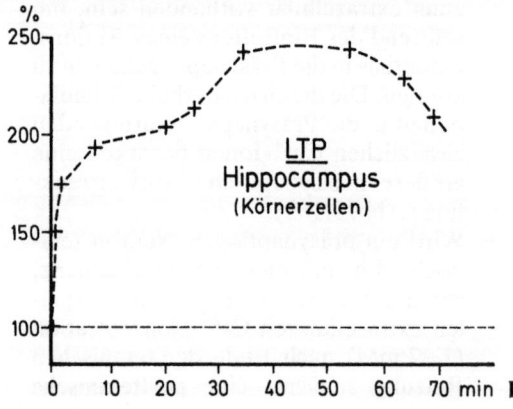

Abb. 9.18. Langzeitpotenzierung (long-term potentiation, LTP), ausgelöst durch wiederholte elektrische Stimulation (50 Hz für 20 s) von Körnerzellen im Hippocampus von in vitro gehaltenen Schnitten vom Vorderhirn des Meerschweinchens. **a:** Verstärkung der Antwortcharakteristik von Summenpotentialen; **b:** relative Veränderung der LTP im Verlauf von 70 min

Abb. 9.19. Einfluß einer drastischen Temperatur-änderung auf die Sensiti-vität bzw. Adaptabilität von Reaktionsweisen bei Fischen. **a:** Motilität (= Schwimmaktivität), **b** und **c:** bioelektrische Aktivität (durch Lichtblitze evo-zierte prä- und postsynap-tische Potentialamplitu-den von Summenpoten-tialen im Tectum opti-cum); **d:** Lernrate (Dres-sur auf elektrische Ver-meidensaufgabe)

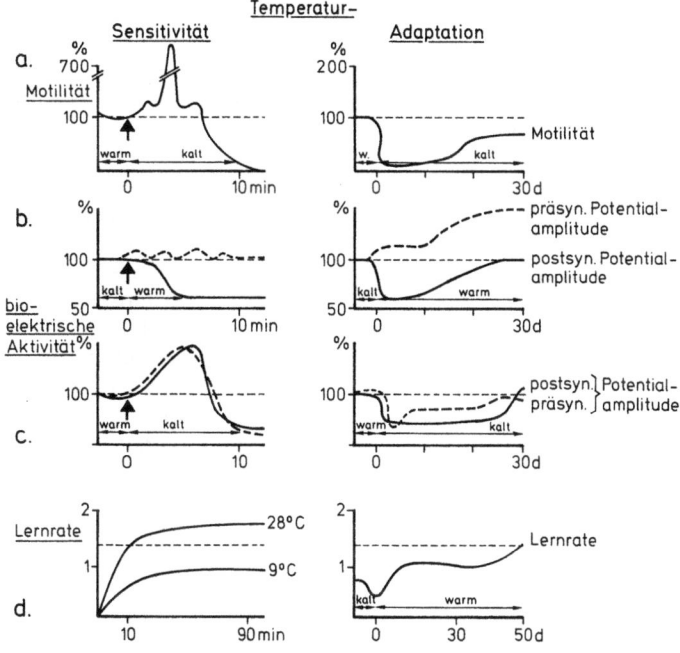

dazu auch in langfristigen **adaptiven Veränderungen** von höheren assoziati-ven Leistungen bei **Lern- und Gedächt-nisvorgängen**. Besonders eindrucksvoll läßt sich das bei wechselwarmen Wirbel-tieren (Fischen) zeigen, die nach einer langfristigen Akklimatisation an eine konstante Umgebungstemperatur ab-rupt, d.h. übergangslos, in eine andere Wassertemperatur umgesetzt werden (Abb. 9.19): Nach einer sehr kurzen Phase (ca. 5 min) von Übererregbarkeit und heftigen, krampfartigen Schwimm-bewegungen sinken die Fische auf den Aquarienboden ab und bleiben dort für etwa zwei Wochen absolut bewegungs-los, d.h. scheintot, liegen. Erst ganz all-mählich gewinnen sie ihre Schwimmfä-higkeit wieder zurück − wenn auch auf geändertem Niveau − (Abb. 9.19a). Parallel zu dieser kurzen anfänglichen Phase krampfartigen Schwimmverhal-tens läßt sich mit Hilfe der Ableitung von durch **Lichtstimulationen** ausgelösten **Summenpotentialen** im **Tectum opticum** feststellen, daß sich speziell die **postsyn-aptischen**, weniger dagegen die **präsyn-aptischen Potentialamplituden** sehr

stark temperatursensitiv ändern (Abb. 9.19b und c). Der Zeitverlauf dieser Än-derungen ist direkt korreliert mit dem der Motilität. Die Abänderungen blie-ben über ein bis zwei Wochen bestehen. Danach änderte sich das Potentialge-schehen kompensatorisch wieder im Verlauf von insgesamt fünf bis sechs Wo-chen auf das ursprüngliche, d.h. vor dem Temperaturwechsel vorhandene, Ni-veau. Besonders eindrucksvoll ist nun, daß sich diese langfristigen adaptiven Veränderungen der **bioelektrischen Ak-tivität** ihrerseits wieder korrelieren las-sen mit der allmählichen Wiederkehr ei-ner durch einen Temperaturwechsel her-vorgerufenen zum Erliegen gekomme-nen **Lernfähigkeit** der Fische (Abb. 9.19d): Während sich warm gehaltene Goldfische innerhalb von 10 min leicht auf eine elektrische Vermeidensaufgabe hin dressieren lassen, ist dieses kalt ge-haltenen Tieren nicht möglich. Werden hingegen die kälteadaptierten Tiere in warmes Wasser gesetzt, so tritt eine Rückkehr ihrer Lernfähigkeit erst ganz allmählich, nach 5 bis 6 Wochen wieder ein.

9.2.4 Strukturelle und biochemische Aspekte der synaptischen Plastizität

Im vorangegangenen Kap. 9.2.3 wurde über verschiedene Formen des elektrischen Antwortverhaltens (postsynaptische Potenzierung, PSP; posttetanische Potenzierung, PTP; Langzeitpotenzierung, LTP) von stimulierten Neuronensystemen referiert, die eine mehr oder minder kurzfristige synaptische Anpassungsfähigkeit dokumentieren. Darüber hinaus wurden aber auch sehr langfristige adaptive Veränderungen von evozierten Potentialamplituden beschrieben, die zeigen, daß das bioelektrische Geschehen offensichtlich von allmählichen Adaptationsvorgängen begleitet wird, die ihre Ursache in strukturellen bzw. letztlich biochemischen Modulationen haben dürften.

Bei derartigen Befunden stellt sich die Frage, auf welche Weise es eigentlich zur Ausprägung von funktionellen Synapsen kommt: Werden arbeitsfähige Synapsen dadurch gebildet, daß selektiv während eines zeitlebens möglichen Bildungsprozesses von einem Überangebot an labilen Synapsenanlagen nur solche ausgeformt werden, die jeweils aufgrund ihres momentanen Reifungszustandes auf eine Erregung hin gerade ansprechen?

9.2.4.1 Strukturelle Aspekte

Neuere Befunde sprechen für eine stimulationsabhängige Synapsenbildung bereits kurz nach erfolgter Reizung: An in vitro gehaltenen **Hippocampus**schnitten läßt sich nämlich darstellen, daß es dort schon nach einer kurzfristigen **LTP**-Stimulation (vgl. Abb. 9.18) zu einer signifikanten Erhöhung der Anzahl von stabilisierten Synapsen kommt (Abb. 9.20). In bestimmten Fällen bewirkt bereits eine nur drei Sekunden lang dauernde Elektrostimulation nachhaltige morphologische Veränderungen in den betroffenen Nervenendigungen. Stimulationen, die keine LTP auslösen, bewirken in den untersuchten Strukturen dagegen keine vermehrte Stabilisierung von Synapsen.

Über die bloße Erhöhung der Synapsenzahl hinaus können bei langfristigen Adaptationen von neuronalen Prozessen auch zahlreiche Veränderungen an Synapsen nachgewiesen werden: So treten im Falle der im vorausgehenden Abschnitt referierten mehrwöchigen Akklimatisation von Fischen an geänderte Wassertemperaturen parallel zu den berichteten Abänderungen im Schwimmverhalten, in der Ausprägung von evozierten Potentialen sowie in der Wiedererlangung der Lernfähigkeit (vgl. Abb. 9.19) deutliche Veränderungen in den Synapsen des Tectum opticum auf, welche die Dichte der präsynaptischen Vesikel, der Mitochondrien von Glykogengrana und von Ca^{2+}-ATPase-Reaktionsprodukten sowie die Lokalisation von Calcium im synaptischen Kontaktbereich betrafen (Abb. 9.21a, vgl. auch Abb. 7.20).

Derartige Befunde über strukturelle Veränderungen im Feinbau von Synapsen in Abhängigkeit von einer geänderten Funktionslage sprechen insgesamt also sehr eindeutig für eine außerordentliche Flexibilität der Nervenfaserendformation.

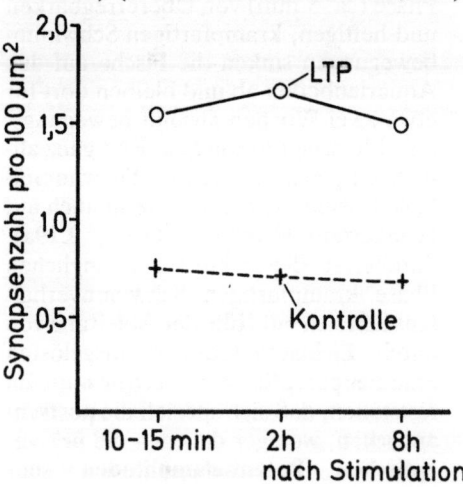

Abb. 9.20. Vermehrung der Synapsendichte im Hippocampus von Ratten bereits 10 min nach LTP-auslösender elektrischer Stimulation (100 Hz/s) von in vitro gehaltenen Hirnschnitten (vgl. Abb. 9.16). (Nach W. T. GREENOUGH, 1984)

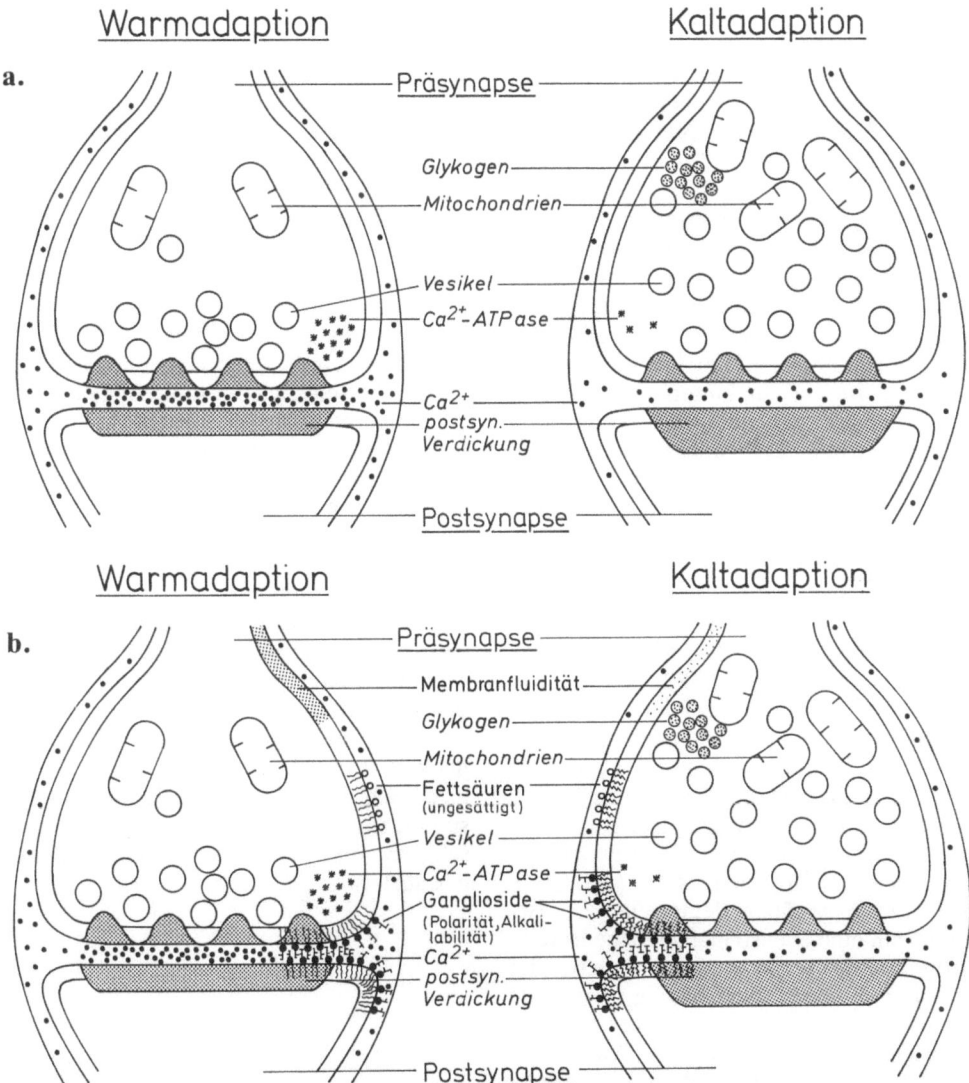

Abb. 9.21. Schema **a:** elektronenmikroskopisch darstellbare strukturelle Veränderungen (Vesikel-dichte, Glykogenspeicherung, Ca^{2+}-ATPase-Aktivität, Ca^{2+}-Lokalisation, Membranausprägung). Schema **b:** biochemisch bzw. physikochemisch registrierbare Veränderungen (Ausmaß der Sättigung von Fettsäuren, Gangliosidpolarität, Membranfluidität) in Synapsen aus dem Hirn von warm gegen-über kalt gehaltenen Fischen

9.2.4.2 Biochemische Aspekte

Es stellt sich die Frage, ob sich die zuvor aufgezeigten strukturellen Veränderungen im Synapsenbereich eventuell korrelieren lassen mit biochemischen und/oder physi-kochemischen Anpassungen, durch welche die Effektivität der synaptischen Erre-gungsübertragung den veränderten Bedin-gungen jeweils optimal angepaßt würde. Diesbezüglich sind bereits einige adaptive Veränderungen parallel zu den zuvor refe-rierten strukturellen Befunden am Modell der Temperaturadaptation bei Fischen aufgespürt worden. So lassen sich die mit Hilfe elektronenmikroskopischer Analysen erbrachten Befunde über morphologische Anpassungen im ultrastrukturellen Bereich (Abb. 9.21a) gut korrelieren mit adaptiven Veränderungen in der Membranfluidität, die ihrerseits zurückgeführt werden kann auf molekulare Anpassungen im Grad der Ungesättigtheit der Fettsäuren von membrangebundenen Phospholipiden sowie vor allem auf Polaritätsänderungen der in Synapsenmembranen hoch angereicherten Ganglioside (Abb. 9.21b). Vor diesem Hintergrund ist nun zu hinterfragen, welche Rolle der prä- gegenüber der postsynaptischen Seite beim Zustandekommen von aktivitätsabhängigen funktionellen Anpassungen, wie beispielsweise bei der LTP-Reaktion, zukommt und welche modulatorischen Mechanismen dabei beteiligt sein könnten.

Prä- oder postsynaptische Induktion einer Langzeitpotenzierung (LTP)?

Die Frage, ob der prä- oder der postsynaptischen Seite bei einer LTP-Ausprägung eine größere Bedeutung zukommt, kann nach dem derzeitigen Stand der Forschung noch nicht eindeutig beantwortet werden. Vieles spricht zwar dafür, daß ein LTP-Phänomen postsynaptisch induziert wird (vgl. Kap. 11). Demgegenüber deuten andere Befunde auf eine ebenso maßgebliche Beteiligung der Präsynapse insofern, als sich in der Präsynapse eine reizabhängig verstärkte Transmitterfreisetzung beobachten läßt.

Insgesamt gesehen ist eine Synapse jedoch eine funktionelle Einheit. In ihr findet nicht nur ein Stoffaustausch in Form einer Transmitterausschüttung von der Prä- zur Postsynapse statt. Vielmehr werden auch von der postsynaptischen Zelle spezifische Stoffe (Polypeptide = **Retrophine**) wie der **Nervenwachstumsfaktor** (NGF, vgl. Kap. 2.2.3.1) abgegeben, die von der präsynaptischen Membran aufgenommen und mittels retrograden Transports (vgl. Kap. 9.1.3) zum präsynaptischen Zellkörper für entsprechende trophische Reaktionen desselben transportiert werden. Unterbleibt eine solche trophische Rückkopplung von der post- zur präsynaptischen Zelle, so bedeutet dieses den Untergang der präsynaptischen Zelle.

Hinsichtlich einer sich etwa anläßlich eines LTP-Phänomens allmählich herausbildenden Kommunikation zwischen zwei Nervenzellen ist in jedem Falle eine Feinabstimmung der verschiedenen Teilschritte erforderlich. Eine solche erfolgt mit Hilfe der beschriebenen Mechanismen der Neuromodulation (vgl. Kap. 7.1.3.2 und Kap. 8). Hierdurch wird der Prozeß der Signalumwandlung, an dem vor allem die spannungsabhängige Tätigkeit von Ionenkanälen sowie die Ionenpumpen und Rezeptormoleküle eine ausschlaggebende Rolle spielen, jeweils sichergestellt, obgleich sich die Umgebungsbedingungen (physikalische und chemische Rahmenparameter wie Temperatur, Druck, pH, Ionenmilieu) eventuell geändert haben könnten. Auf diesem Hintergrund sind neben bestimmten **Neuropeptiden** (vgl. Kap. 7.1.2.3) besonders Membranlipide (bei Wirbeltieren vor allem Ganglioside) als **Modulatorsubstanzen** von ausschlaggebender Bedeutung. Als Membranmatrixmoleküle umgeben sie die o.a. Proteinfunktionsmoleküle und können aufgrund ihrer modulatorischen Veränderlichkeit eine effiziente, stimulationsabhängige synaptische Transmission auch langfristig im Sinne der Ausbildung einer synaptischen Bahnung (= Gedächtnisausprägung) gewährleisten (vgl. Kap. 11.2.4).

9.3 Degeneration im Nervensystem

Zellaufbau wie Zellabbau sind unerläßliche Bestandteile der embryonalen Entwicklung sowie der Ausdifferenzierung von Strukturen und damit Grundlage der Entwicklung während des gesamten Individualcyclus eines Lebewesens bis zu seinem natürlichen Tod. Für das Absterben von Zellen während der frühen Entwicklung liegen verschiedene Möglichkeiten vor:

1. Der sog. **phylogenetische Zelltod** betrifft das Zugrundegehen von Zellen ganzer Strukturen während der Embryonalentwicklung, die zuvor bis zur Funktionstüchtigkeit und zum Gebrauch aufgebaut wurden (z.B. der Schwanz der Kaulquappen) oder während einer intrauterinen Phase der Entwicklung vorhanden waren (z.B. ebenfalls der Schwanz beim Menschen).
2. Der **morphogenetische Zelltod** setzt ein, wenn bestimmte Gewebe ihre endgültige Gestalt annehmen (z.B. die nekrotischen Zonen zwischen Fingern und Zehen in den tellerförmigen Anlagen).
3. Der **histogenetische Zelltod** betrifft eine gewisse Anzahl von Zellen, die in endgültig differenzierten Geweben wieder zugrunde gehen. Hierher gehört auch der **Zelltod** von Neuronen während der frühen Entwicklung des Nervensystems. Im Nervensystem wird die Neuronenzahl bis auf wenige Ausnahmen nach ihrer ursprünglichen Anlage nicht mehr vermehrt. Allerdings wird zunächst ein gewisser **Überschuß an Zellen** produziert, der dann jedoch in bestimmter Weise im Laufe der Entwicklung wieder abgebaut wird. Dieser **embryonale Zelltod** ist auf bestimmte Regionen beschränkt: im Hirn auf bestimmte Kerngebiete und im peripheren NS auf einige Ganglienzentren. In diesen werden in fest umschriebenen Zeitspannen Zellen wieder abgebaut. Generell erfolgt das zu dem Zeitpunkt, an dem die Nervenfasern untereinander sowie auch mit der Peripherie Kontakt aufnehmen und somit in Funktion genommen werden. Überschüssige, nicht verknüpfte Zellen werden eliminiert. Die **Absterberate** ist für die jeweilige Region charakteristisch

festgelegt und kann zwischen 30 und 70% des gesamten Neuronenmaterials ausmachen. Beispielsweise sterben beim Küken etwa 40% der ursprünglich angelegten Retinaganglienzellen während der frühen Entwicklung des Sehnervs wieder ab.

Neben dem embryonalen Zelltod gibt es auch im ausdifferenzierten Nervensystem zahlreiche nicht natürliche Ursachen für neuronale Degeneration wie traumatische Verletzungen der Nervenfaser oder -zellkörper selbst, Schädigung durch Gifte, Drogen, Medikamente, Alkohol, Krankheit oft genetischer Herkunft bzw. durch Infektion oder das Fehlen von trophischen Faktoren (z.B. nerve growth factor, NGF). Nach einer **traumatischen Verletzung** einer Nervenzelle ist die Möglichkeit der Degeneration besonders häufig; sie läuft in mehreren Phasen ab (Abb. 9.22), und zwar relativ stereotyp, wobei zunächst die Nervenfasern und danach die Zellkörper degenerieren (= **Waller'sche Degeneration**):

– Bei der **primären Degeneration** wandern Makrophagen an die Verletzungsstelle und bauen zerstörte Gewebeteile der Markscheide sowie Proteine und Lipide ab (Abb. 9.22a).
– Im Verlauf der sich anschließenden **sekundären Degeneration** zerfällt vom Verletzungsort aus gesehen der distale, vom Zellkörperbereich abgeschnittene Teil der Nervenfasern, wobei ein enzymatischer Abbau des Cytoplasmas und der Membranen erfolgt. Letztlich bleiben hierbei nur die Hüllen der Nervenfasern als sog. **Hanken-Büngner'sche Bänder** zurück, die als Leitstrukturen für anschließende Regenerationsprozesse dienen können und aus proliferierenden Schwann'schen Zellen in Form von längsorientierten Zellsäulen bestehen (Abb. 9.22b, c).
– Bei der **retrograden Degeneration** zerfällt auch das proximale Teilstück der Faser, ebenfalls unter Ausbildung der Hanken-Büngner'schen Bänder, sofern es sich bei der degenerierenden Zelle um eine voll ausgereifte Nervenzelle handelt. Im günstigsten Fall kann die retro-

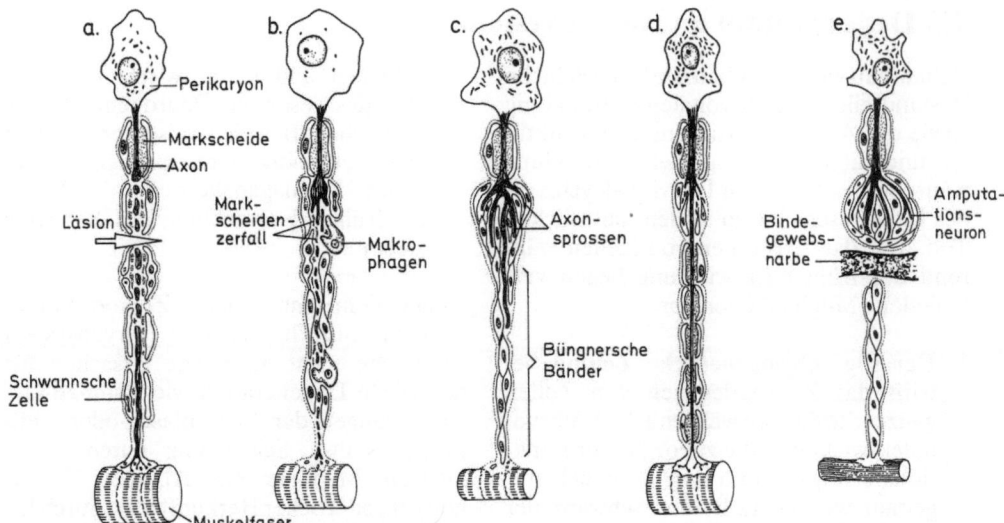

Abb. 9.22. Phasen der De- und Regeneration einer peripheren markhaltigen Nervenfaser eines Säugers nach Durchtrennung. **a:** Waller'sche Degeneration (retrograd, im proximal von der Durchtrennungsstelle gelegenen Stumpf; im Zellkörper beginnende Chromatolyse). **b:** totale Degeneration des distalen Astes. **c:** fortschreitende Regeneration mit 1−3 mm/d von auswachsenden Axonsprossen, ausgeprägte Denervierungsatrophie der Muskelfaser. **d:** Reinnervation des Zielorgans; Neubildung der Myelinscheide; Neubildung der Nissl-Substanz im Zellkörper. **e:** Neurombildung durch Narbenbildung von seiten der Glia und Fibroblasten; die Hanken-Büngner'schen Bänder werden nicht reinnerviert, die Muskelfaser bildet sich bindegewebig um

grade Degeneration nur einige Segmente der Faser von Schnürring zu Schnürring erfassen und dann zum Stillstand kommen, ohne daß der Zellkörper selbst zugrunde geht. Es kann sich dann die Regeneration der Faser anschließen (Abb. 9.22d).

– Im Falle einer schweren Schädigung verläuft die Regeneration dagegen nicht erfolgreich. Zwischen dem distalen und proximalen Teilstück der Nervenfaser bildet sich eine Bindegewebsscheide, die beide Faserabschnitte endgültig voneinander trennt (Abb. 9.22e). Am proximalen Stumpfende kann es dabei zur Bildung eines sog. **Amputationsneurons** kommen, bei dem knotenartig myelinisierte Axonkollateralen zusammenliegen.

– Bei sehr schweren Schädigungen stirbt auch der Zellkörper ab. Als Folge davon kann es aufgrund einer **transneuralen Degeneration** zu einem anschließenden Untergang von Folgeneuronen kommen, insofern als durch das Ausbleiben

von trophischen Informationen von seiten der degenerierten Zelle ein Funktionsniedergang der nachfolgenden eintritt (= **Inaktivitätsatrophie**; Abb. 9.22e).

Während all dieser Degenerationserscheinungen treten auf zellulärer Ebene folgende morphologische Veränderungen auf: Im distalen Teil der degenerierenden Nervenfasern werden zunächst folgende cytoplasmatische Änderungen sichtbar: Die Neurofilamente werden hypertonisch, d.h. sie schwellen unter Überdruck an, die Zahl der Mitochondrien nimmt zu, das glatte endoplasmatische Reticulum und die Mitochondrien schwellen ebenfalls an, die Neurofilamente lagern sich zusammen, und es kommt schließlich zum Anschwellen des Axonzylinders. Funktionell gesehen kommt das Transportgeschehen zum Erliegen. Im proximalen Teil der Nervenfasern und im Zellkörper kommt es ebenfalls aufgrund der Zunahme von Axoplasma und Neurofibrillen zu Anschwellungen. Hier bleibt das Transportsystem jedoch noch erhalten. Da die Substanzen jedoch ihr Endziel nicht mehr erreichen können, kommt es im Zellkörper zu einer Zunahme speziell an Transmitterenzymen, da diese mit dem schnellen retrograden Transport zurückkommen (vgl. Kap. 9.1.3). Noch offen ist die Frage, ob möglicherweise in der geänderten Rate des retrograden Transports eines geschädigten Axons das Signal für eine Aktivierung des Regenerationsprogramms beinhaltet sein könnte, durch die regenerative und restaurative Funktionen ausgelöst werden können.

Bei fortschreitender Degeneration löst sich im Nervenzellkörper als erstes das Chromatin der Nissl-Substanz, d.h. des rauhen ER auf (= **Tigrolyse**, Abb. 9.22b). Danach erfolgt ein Rückgang der RNA-Synthese, sowie als Folge davon ein Zusammenbruch der Synthese von Proteinen. Zum Schluß lösen sich der Zellkern und die Plasmamembranen auf.

Neben den zuvor aufgeführten Ursachen für eine Degeneration von Nervenzellen können auch Hormone eine wichtige Rolle spielen. Beispielsweise kann Thyroxinmangel während der frühen Embryonalentwicklung die normale Entfaltung des Hirns so stark beeinträchtigen, daß es beim Menschen zu schweren geistigen Störungen **(Kretinismus)** kommen kann. Andererseits vermögen bei adulten Säugern bereits geringe Thyroxingaben ein Absterben von Nervenzellen auszulösen.

Zusätzlich zu den zuvor besprochenen, durch unnatürliche Ursachen ausgelösten Degenerationserscheinungen des Nervensystems ging die Hirnforschung seit über 30 Jahren im Sinne einer Art Dogma davon aus, daß beim alternden Menschen von den nach der Geburt angelegten rund 14 Milliarden Nervenzellen der Vorderhirnrinde (Cortex) täglich einige Millionen Zellen zugrunde gehen. Erst seit kurzem müssen wir aufgrund genauer Vermessungen einer großen Anzahl verschieden großer Hirne jedoch davon ausgehen, daß Gehirnzellen beim gesunden Menschen nicht absterben. Zwar werden die einzelnen Zellen kleiner, ihre Zahl bleibt hingegen erhalten. Während der ersten 60 Lebensjahre bleibt das Hirngewicht und damit das Volumen relativ konstant, danach tritt dann jedoch eine Abnahme beider Faktoren ein, die bis zum 90. Lebensjahr im Durchschnitt etwa 7 bis 8% ausmachen kann. Dieser **Abbau an Hirnsubstanz** beruht jedoch lediglich auf einer **Schrumpfung der Nervenzellen**, vermutlich bedingt durch einen allgemeinen Wasserverlust. Da das Ausmaß dieser Schrumpfung bei jungen Gehirnen viel stärker ist als bei alten, entstand der fälschliche Eindruck, daß die Zellzahl in jüngeren Hirnen größer sei als bei älteren. Während die Zellzahl auch in den verschiedenen Hirnregionen also konstant bleibt, kann die Schrumpfungsrate in den einzelnen Hirnabschnitten sehr unterschiedlich sein. Beispielsweise bleibt die Zellgröße im **Sehcortex** (Area 17) zwischen dem 20. und 110. Lebensjahr weitgehend konstant. Auch in der Area 7, der sensorischen Verarbeitungsregion für visuelle Eindrücke, kommt es zu keinen drastischen Volumenabnahmen. Ein relativ starker Schwund an Zellgröße läßt sich hingegen im motorischen Bereich nachweisen, in dem die Volumenabnahme der Zellen ab dem 45. Lebensjahr 30 bis 35% betragen kann. Ob diese unterschiedlichen Schrumpfungen nun bedingt sind durch festgelegte genetische Programme oder durch Nachlassen bestimmter Funktionsansprüche im Alter ausgelöst werden, ist schwer zu entscheiden. Für letzte Interpretation spricht, daß die geistige Beweglichkeit, die im Alter oder nach längeren Krankenhausaufenthalten oftmals stark beeinträchtigt ist, durch entsprechende psychophysiologische Übungen wieder mobilisiert werden kann. Das wäre im Fall abgestorbener Zellen jedoch nicht möglich.

Letztlich hat also die Kenntnis, daß die Zellzahl im Hirn im Alter nicht abnimmt, außerordentliche Konsequenzen für die **Rehabilitation** von Patienten mit **Hirnleistungsschwächen** insofern, als davon ausgegangen werden kann, daß durch gezielte geistige Übungsprogramme im Sinne eines „Gehirn-Jogging" die Leistungsfähigkeit des Gehirns, etwa nachlassende Merkfähigkeit für ehemals Erlerntes oder auch für neu zu Erlernendes, aktiv erhöht werden kann. Auch im hohen Alter hat das menschliche Gehirn noch eine erhebliche Leistungsreserve und bleibt damit lernfähig.

9.4 Regeneration im Nervensystem

Der Aufbau und Abbau von Zellen (turn over) gehört zu den normalen Erscheinungen im Individualcyclus eines Lebewesens. Dabei können die einzelnen Organsysteme ganz unterschiedliche Zellumsatzraten aufweisen: Besonders hoch sind z.B. beim Menschen die Geschwindigkeitsraten bei Blutzellen oder Epithelzellen. Das Nervensystem nimmt diesbezüglich eine Sonderstellung ein, denn speziell bei höheren Wirbeltieren sind Nervenzellteilungen weitestgehend auf die Phase der Embryonalentwicklung beschränkt. Nach dem zweiten Lebensjahr können Zellteilungen beim Menschen im ZNS nur für Gliazellen nachgewiesen werden. Nur bei niederen Wirbeltieren (z.B. Fischen und Amphibien) bleiben einige sog. **Matrixzonen** auch in der Postembryonalzeit erhalten. Es handelt sich dabei um Hirnbereiche, aus denen einerseits Epithelzellen des olfaktorischen Systems erneuert werden können, andererseits vor allem um periventrikulär gelegene Strukturen, die während der Embryogenese eine besonders hohe Mitoserate aufweisen. Diese Matrixzonen können bei erwachsenen Amphibien und Fischen insbesondere nach Verletzungen wieder aktiviert werden und bedingen dadurch das relativ hohe Regenerationsvermögen des Nervengewebes (z.B. Nachwachsen von verlorengegangenen Gliedmaßen). Bei höheren Wirbeltieren gibt es jedoch keine Regeneration von Nervenzellen. Generell gilt, daß eine Nervenzelle zugrunde geht, wenn der Zellkörper beschädigt worden ist, da dieses einen irreversiblen Funktionsausfall der betreffenden Nervenzelle bedeutet.

Ist jedoch nur das Axon betroffen, kann es im Sinne einer vom intakten Zellkörper abhängigen Reparatur regenerieren (**Axon-** bzw. **Synapsenregeneration**). Dies gilt gleichermaßen für periphere Axone, wie für die des ZNS und möglicherweise sowohl bei niederen als auch bei höheren Wirbeltieren, jedoch mit markanten Unterschieden:

Besetzen nämlich regenerierende Motorneurone beispielsweise eines Salamanders nach dem Wiederauswachsen exakt ihre ehemaligen Endplatten in der ursprünglichen Muskelfaser, gilt dies insbesondere für

Säuger nicht. Hier wird die Muskelfaser an der erstbesten Stelle wieder innerviert.

Sensorische Axone verhalten sich in beiden Fällen ähnlich, doch kann es sein, daß sie — wie an Axonen des Nervus opticus vom Goldfisch gezeigt wurde — auf dem Weg zum endgültigen Innervationsgebiet „Umwege" machen, die im Laufe der Zeit korrigiert werden.

Die **Faserregeneration** erfolgt in der Weise, daß im distalen Stumpf zunächst nur eine feine Spitze des Axons, ein „Axontip", ausgebildet wird (Abb. 9.22b, c). Dieser sieht ähnlich aus wie der Wachstumskegel (growth cone) einer Nervenzelle während der Embryogenese. Vom Perikaryon her wächst nun anterograd ein neuer Achsenzylinder mit einer Geschwindigkeit von 1–3 mm/d aus. Wahrscheinlich wachsen auch Pionierfasern aus, die als Leitstrukturen für das auswachsende Axon dienen. Eine weitere Leitstruktur sind die **Hanken-Büngner'schen Bänder**, die durch Proliferation der Schwann'schen Zellen entstehen. Sie wachsen bei der Regeneration von Nervenzellen pilzförmig aus dem degenerierenden Stumpf der Nervenfaser und dienen dann den in sie einwachsenden Axonsprossen als Leitstruktur bei der weiteren Regeneration. Die Möglichkeit zur Wiederanbindung einer auswachsenden Nervenfaser ist jedoch zeitlich begrenzt durch die Geschwindigkeit, mit der die degenerierende, abgetrennte Faser zerfällt. Daher beschränkt sich die Funktion der Hanken-Büngner'schen Bänder als mögliche Leitstruktur wahrscheinlich auf leicht beschädigte Axone (Abb. 9.22c, d). Nach Totalzerstörung schreitet hingegen die Degeneration zu schnell voran, so daß eine Regeneration nicht mehr möglich ist.

Während der neue Achsenzylinder zunächst mit der normalen Wachstumsgeschwindigkeit von etwa 1 mm/d auswächst, kann im Zellkörper, dem Perikaryon, eine deutlich erhöhte Syntheserate bestimmter Substanzen festgestellt werden. Morphologisch erkennbar ist dies durch eine Größenzunahme des Zellkörpers, eine Vergrößerung der Nucleoli, d.h. eine Zunahme der RNA-Synthese, sowie durch eine verstärkte Proteinsynthese. Damit geht natürlich die Zunahme der Menge an anterograd transportierten Substanzen einher, die dann die Regeneration des Axons gewährleisten.

Da die auswachsende Faser jedoch noch keine Funktion beim neuronalen Transmissionsgeschehen hat, erfolgt zunächst eine Reduktion der Transmittersynthese im Gegensatz zu einer Steigerung der Syntheserate anderer Enzyme, die die Synthese der Membranproteine steuern sowie die Bildung anderer löslicher Proteine wie Actin und Calmodulin steigern.

An Rhesusaffen konnte nachgewiesen werden, daß selbst das ZNS höherer Wirbeltiere partiell in der Lage ist, Fasern zu regenerieren und sogar neue Synapsen zu bilden. Sogar die Projektion der Fasern kann dabei wiederhergestellt werden. Bei derartigen Experimenten wurde beispielsweise eine bestimmte Region im Stirnlappen der Vorderhirnrinde entfernt. Durch Markierung von transportierten Proteinen mit radioaktiven Aminosäuren konnte danach festgestellt werden, daß die Fasern im Laufe der Zeit allmählich regenerieren und neue synaptische Kontakte geknüpft wurden. Dieser Versuch demonstriert sehr eindrucksvoll die **Plastizität des Nervensystems**.

Während das Auswachsen des Axons vom Nervenzellkörper gesteuert wird, müssen von der zu innervierenden Zelle besondere Signale ausgehen. Diese müssen so eindeutig sein, daß die auswachsende Nervenfaser anhand dieser Signale erkennt, mit welcher Zelle eine Verbindung eingegangen werden muß. Beispielsweise muß jede Muskelzelle anders markiert sein, damit sie wiedererkannt werden kann. Diese Signale haben, wie Untersuchungen von P. WEISS (1931) ergaben, mit dem jeweiligen Entwicklungszustand der Zelle und mit ihrer Funktion zu tun. Schüler von WEISS fanden bei ihren Untersuchungen am Sehnerven, daß das Prinzip dieser chemischen Signalgebung nicht nur für den peripheren Bereich (Nerv-Muskelzelle), sondern auch für das ZNS gilt: An Amphibien konnten sie zeigen, daß durchtrennte Sehnerven repariert wurden und die zunächst blinden Tiere nach Wochen bzw. Monaten wieder ihre vollständige Sehtüchtigkeit zurückerlangt

hatten. SPERRY (1963) untersuchte vor allem die **Chemospezifität** in der Entwicklung neuronaler Verknüpfungen im Hinblick auf die mögliche Regeneration, wie sie bei niederen Wirbeltieren auftreten kann. Bei höheren Wirbeltieren findet nur eine begrenzte Reparation nach Durchtrennung des Sehnerven statt. Auch die Reparation der Funktionen im peripheren neuromuskulären Bereich ist wesentlich eingeschränkt. Eine erfolgreiche Wiederherstellung der Funktionen ist auf bestimmte Entwicklungsstufen während der Individualentwicklung begrenzt. So führt beim Menschen eine Reparation des Sehnerven nach einer Schädigung in einer sehr frühen Embryonalphase wieder zu normalem Sehen. Ist jedoch eine Frist von etwa 26 Tagen überschritten, so bewirkt die Reparation danach ein Verkehrtherum-Sehen beim Erwachsenen.

Mit Hilfe biochemischer Analysen läßt sich nachweisen, daß während dieser Frist von 26 Tagen eine plötzliche Reduktion der DNA-Syntheserate in der Retina eintrat. Diesbezüglich wies SPERRY bereits 1944 darauf hin, daß sich die chemische Spezifizierung von Nervenzellen wie nach einem „Fahrplan" entwickelt. Morphogenetische Substanzen aus dem epidermalen Bereich beeinflussen während der embryonalen Entwicklung das sich entwickelnde Nervensystem in unterschiedlicher Weise. Sie wirken im Sinne von chemischen Diffusionsgradienten, die von der Epidermis ausgehen und dadurch die Ausprägung von spezifischen Merkmalen bedingen. Bei der Zellzu-Zell-Erkennung während der Regeneration von Nervenfasern spielen an den Membranaußenseiten vorhandene Glykomakromoleküle, darunter vor allem Ganglioside, eine nicht unbedeutende Rolle.

Die Frage nach den möglichen Ursachen für nur eine stark eingeschränkte Reparationsfähigkeit von durchtrennten Nerven bei höheren Wirbeltieren, speziell bei Säugern, könnte auch eine Antwort finden in der generell unterschiedlichen Ausgestaltung der **Astrocytenglia** bei höheren gegenüber niederen Wirbeltieren.

Daß nicht bloß **Oligodendroglia** bei der Regeneration eine Rolle spielt, beweisen etliche Untersuchungen am Goldfisch-ZNS, aus denen deutlich hervorgeht, daß

Astrocyten aufs Engste mit wachsenden und regenerierenden Fasern assoziiert sind. Hinzu kommt, daß diese Astrocyten die Fähigkeit besitzen – insbesondere nach Läsionen –, **Laminin** zu produzieren, eine Substanz, der man die Eigenschaften zuspricht, das Neuritenwachstum zu fördern. Man vermutet, daß die Astrocyten höherer Vertebraten besagtes Laminin **nicht** synthetisieren. Erwiesen ist dieses zumindest für **Astrocyten** im Hirn von Säugern. Ein weiterer Unterschied zwischen niederen und höheren Vertebraten liegt in der Membranbeschaffenheit der Astrocyten (vgl. Abb. 1.19): Bei Küken, Tauben und Ratten finden sich in der Astrocytenmembran sog. **„orthogonal arrays or assemblies of particles** (= OPA)"**, hingegen fehlen diese stäbchenförmigen Partikel in der Astrocytenmembran niederer Vertebraten.

Es wird vermutet, daß beide Unterschiede (Laminin und OAP) für die Regenerationsfähigkeit eine entscheidende Rolle spielen. Eine diesbezügliche Arbeitshypothese lautet nun folgendermaßen: Generell haben alle Astrocyten die Fähigkeit, Laminin zu produzieren. In der phylogenetischen Reihe „verlernen" jedoch einige Astrocyten – eventuell erst postnatal – die Lamininsynthese in Verbindung mit der Einführung der OAP. Die Kapazität für ein Auswachsen degenerierter Neurone ist damit herabgesetzt, und eine undurchdringliche Bindegewebsscheide kann sich zwischen dem Neuronstumpf und dem degenerierten Neuronabschnitt ausbilden, womit eine Regeneration verhindert wird.

10. Verhaltensphysiologische Grundlagen des Gedächtnisses

Grundlegende Kenntnisse des gesamten Verhaltensspektrums eines Organismus sind von ausschlaggebender Bedeutung für ein besseres Verständnis des Phänomens Gedächtnis. Denn nur anhand von nachhaltigen Verhaltensänderungen auf bestimmte Umweltreize hin kann darauf geschlossen werden, ob ein Organismus Gedächtnis ausgeprägt hat oder nicht.

Unter **Verhalten** versteht man ganz generell die Gesamtheit aller an Lebewesen beobachtbaren (meßbaren und feststellbaren) Reaktionsweisen oder Zustandsänderungen auf Reize hin. Im engeren Sinne ist Verhalten die Umsetzung der in einem Organismus ablaufenden neuronalen Aktivitäten in äußerlich feststellbare Reaktionen, insbesondere in motorische Aktivitäten, Lautäußerungen, Duftabsonderungen etc. Diese neuronalen Aktivitäten können entweder bewirkt werden durch einen inneren Zustand oder durch Zustandsänderungen im Organismus, die ihrerseits durch Änderung von Umweltfaktoren ausgelöst werden.

Verhaltensreaktionen können der **Kommunikation** eines Individuums mit seiner Umwelt dienen. Im Normalfall sind sie darauf ausgerichtet, die Überlebenschancen des betreffenden Individuums zu verbessern. Darüber hinaus stehen sie im Dienste der innerartlichen wie auch der zwischenartlichen **Information**, denn sie rufen ihrerseits Reaktionen bei anderen hervor.

Die Information zur Ausbildung von Verhaltensäußerungen kann entweder im Genom gespeichert sein (= **Artgedächtnis**) und so an die nächste Generation weitergegeben werden. Der Anteil der daraus resultierenden **angeborenen Verhaltensweisen** überwiegt vor allem bei niederen Vertebraten und Evertebraten eventuell deshalb, weil das Nervensystem bei ihnen eine geringere Plastizität besitzt als das von höheren Vertebraten. Die Information zur Verhaltensausprägung kann jedoch auch im Laufe der Individualentwicklung aus der

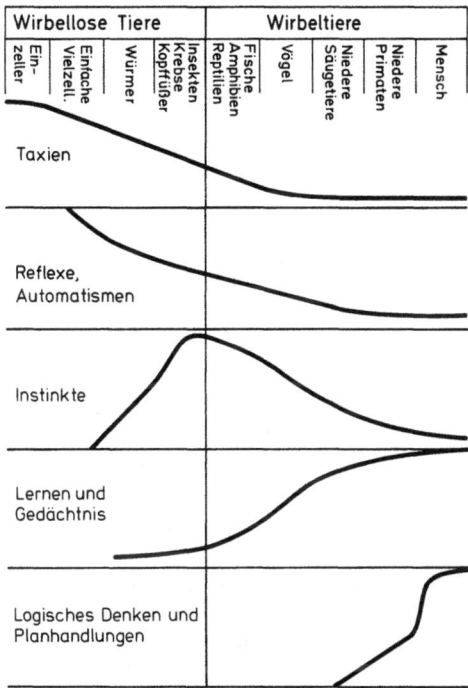

Abb. 10.1. Relative Bedeutungsverlagerung der verschiedenen Verhaltensweisen im Verlauf der Phylogenese

Umwelt erworben werden (= „**Individualgedächtnis**"). Der daraus resultierende Anteil an **erworbenen Verhaltensweisen** ist besonders stark bei höheren Vertebraten angelegt, bei denen die große Plastizität ihres Nervensystems gegenüber Umweltveränderungen eine außerordentlich große Verhaltensflexibilität bewirkt.

Vor dem Hintergrund der Ausprägung einerseits von angeborenen wie auch von erworbenen Verhaltensweisen sollen im folgenden kurz die Basiserkenntnisse der modernen Verhaltensphysiologie referiert werden. Diesbezüglich veranschaulicht Abb. 10.1 in schematischer Weise, wie sich das Spektrum angeborener gegenüber erworbenen Verhaltensformen mit zunehmender stammesgeschichtlicher Entwicklung der Tiere verschiebt. Es zeigt sich, daß bei phylogenetisch höher stehenden Gruppen zusätzlich zu der allen Tieren eigenen Grundausstattung von erblich festgelegten Verhaltensweisen vermehrt individuell erworbene hinzukommen, die also auf der Fähigkeit der Organismen beruhen, zu lernen und die individuell gemachten Erfahrungen langfristig in Form von Gedächtnis zu speichern. Das bedeutet, daß sich im Verlauf der Entwicklungsgeschichte der Tiere und des Menschen sowohl auf stammes- als auch individualgeschichtlicher Ebene bei den höher entwickelten Organismen eine verbesserte Anpassungsfähigkeit an sich verändernde Umweltbedingungen herausgebildet hat. Demzufolge können die Reaktionen eines Individuums auf seine Umwelt erfolgen sowohl auf der Basis von ererbten Programmstrukturen, die jeweils stereotyp ohne individuelle Lernkorrekturen bereits unmittelbar nach ihrer Ausreifung zuverlässig funktionieren, als auch auf der Basis von

spezifisch angepaßten Reaktionen auf der Grundlage von individuell erworbenen Erfahrungen, und schließlich auf einer Kombination der beiden Komponenten.

In jedem Fall nimmt ein Organismus zunächst selektiv und aktiv Informationen über sich ändernde Umweltsituationen mit Hilfe seiner Sinnesorgane auf. Sie werden dann in den Funktionsstrukturen des Hirns so verarbeitet und umgesetzt, daß die daraus resultierende Reaktion darauf ausgerichtet ist, die Überlebenschance des Individuums während sich ändernder Umweltverhältnisse zu erhöhen. Eine Speicherung der neuen Situationsmerkmale zusätzlich zu den schon zuvor erfahrenen versetzt den Organismus schließlich in die Lage, sein internes Modell ständig an die neuen Umgebungseigenschaften anzupassen und bei hoch entwickelten Arten sogar Vorhersagen über künftige Ereignisse zu machen, d.h. also planvoll zu handeln und somit in zunehmendem Maße Unabhängigkeit gegenüber der Umwelt zu erlangen.

10.1 Phänomenologie des Gedächtnisses

Wir hatten uns in den vorhergehenden Kapiteln Schritt für Schritt mit den strukturellen Grundlagen des Nervensystems und den neurobiologischen Basismechanismen vertraut gemacht. Darauf fußend wollen wir im folgenden die wesentlichsten, im Tierreich verwirklichten Möglichkeiten angeborener wie auch erworbener Verhaltensweisen kurz darstellen. Hierbei wird vor allem die tragende Rolle deutlich, die das Gedächtnis für das gesamte Spektrum an Verhaltensäußerungen spielt. Deshalb soll vorweg an dieser Stelle auf die Phänomenologien des Gedächtnisses eingegangen werden. Über den derzeitigen Stand der Kenntnis über die mögliche Funktionsweise und Funktionsmechanismen des Gedächtnisses wird im abschließenden Kapitel 11 detailliert referiert.

Gedächtnis ist die Fähigkeit, individuell gesammelte Informationen wieder abrufbar (ekphorierbar) zu speichern. Es setzt sich aus verschiedenen Prozessen zusammen, an denen folgende Teilabläufe beteiligt sind:

– Aufnahme von Informationen aus der Umwelt mittels Sinnesorganen,
– Auswahl (Filterung) von zu speichernden Informationen,
– dauerhafte Informationsspeicherung (= **Engrammierung**),
– Vernetzung mit anderen gespeicherten Informationen, sowie
– Reaktivierung (**Ekphorierung**) von gespeicherten Informationen im Sinne des Sicherinnerns.

Ein Gedächtnis besitzen alle vielzelligen, mit Nervenzellen ausgestatteten Tiere. Für Einzeller ist der Nachweis eines Gedächtnisses bisher nicht erbracht worden. Das menschliche Gedächtnis arbeitet in drei Stufen (Abb. 10.2a, b):

– Im **Kurzzeitgedächtnis** werden alle von den Sinnesorganen einlaufenden Informationen für etwa 6 bis 25 s gespeichert. Es umfaßt unser eigentliches aktives **Bewußtsein**, das sich aus Informationen zusammensetzt, die das Nervensystem di-

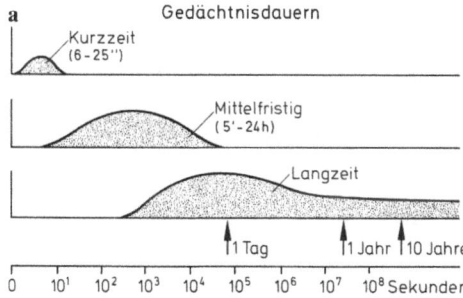

a Gedächtnisdauern

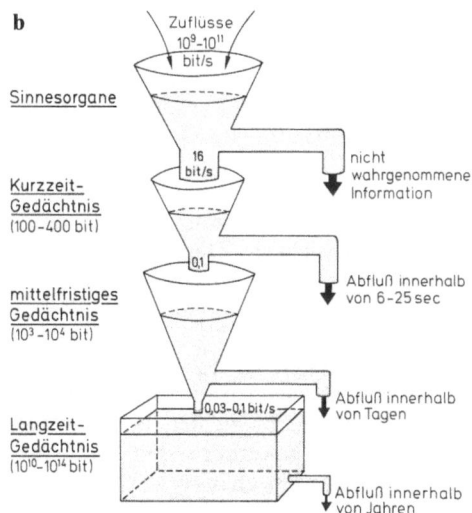

b

Abb. 10.2. Schematische Darstellung des drei-stufigen menschlichen Gedächtnisses. **a:** Ge-dächtnisdauer in Sekunden. **b:** Abschätzung der Informationszu- und -abflüsse sowie der Ge-dächtniskapazität

rekt unter Vermittlung der Sinnesorgane erhält oder auch die aus dem Langzeit-speicher – im Sinne des **Sicherinnerns** – wieder reaktiviert werden **(= Ekphorie-rung).** Von den verschiedensten Sinnes-organen gehen dem Nervensystem pro Sekunde etwa 10^9-10^{11} bit an Informa-tionen zu (1 **bit** entspricht der Informa-tionsmenge, die sich durch eine Ja-Nein-Entscheidung erfragen läßt). Pro Se-kunde können jedoch nur etwa 16 bit in das Bewußtsein (= Kurzzeitspeicher) fließen, die übrigen sind nicht wahrge-nommene Informationen. Somit umfaßt der Kurzzeitspeicher eine Kapazität von

etwa 100–400 bit; diese Werte dürften jedoch in Abhängigkeit von Alter und der jeweiligen Konstitution großen Schwankungen unterliegen.

– Das **mittelfristige Gedächtnis** über-nimmt aus dem Kurzzeitspeicher nur ei-nen Bruchteil an Informationen, näm-lich 0,3–1 bit/s. Es umfaßt eine Spei-cherzeit zwischen wenigen Minuten bis zu vielen Stunden. Seine Speicherkapa-zität wird mit etwa 10^3-10^4 bit angenom-men (Abb. 10.2b). Es stellt die labile Vorstufe für das Langzeitgedächtnis dar, da es aus der Flut von ständig einlaufen-den Informationen lediglich die für das

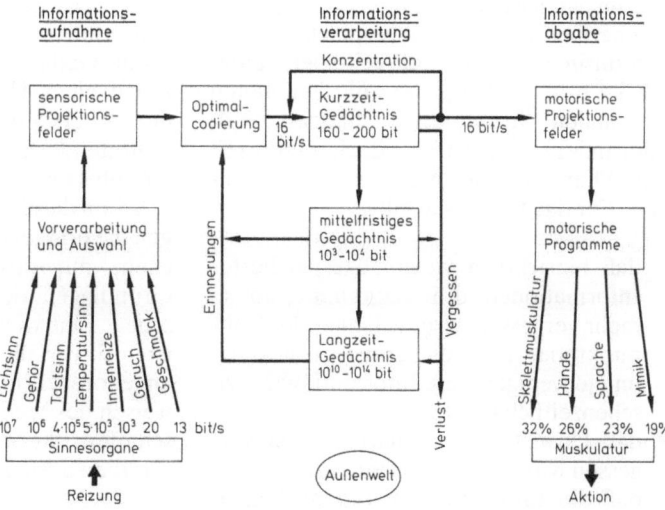

Abb. 10.3. Schematische Darstellung des der Be-wußtseinskontrolle unter-liegenden Informations-flusses beim Menschen. (In Anlehnung an FRANK, 1969)

Individuum jeweils wichtigsten herausfiltert.
- Im **Langzeitgedächtnis** werden schließlich pro Zeiteinheit nur einige Informationen (0,03–0,1 bit/s) nach entsprechender Kontrolle durch das mittelfristige Gedächtnis weitergeleitet und dauerhaft für Tage, Monate oder gar zeitlebens gespeichert. Die Kapazität des langfristigen Gedächtnisses wird mit 10^{10}–10^{14} bit angenommen.

Im Übersichtsschema der Abb. 10.3 sind einige der zuvor erörterten Zusammenhänge über den möglichen, der Bewußtseinskontrolle unterliegenden Informationsfluß beim Menschen zusammengefaßt. Viele Einzelheiten über den Bereich der Informationsaufnahme und -abgabe sind heute bereits bekannt. Demgegenüber ist unser Wissen über den Bereich der Informationsverarbeitung und -speicherung im Gehirn noch sehr lückenhaft. Speziell für das Zustandekommen der drei Stufen des Gedächtnisses werden unterschiedliche Mechanismen angenommen, auf die im abschließenden Kap. 11 näher eingegangen wird. Eine plausible Erklärung für das Phänomen des **Sicherinnerns** steht noch aus.

Bislang völlig ungeklärt ist das Problem des **Vergessens**. Dieser Vorgang läuft der Gedächtnisbildung, d.h. dem Behalten und Sicherinnern, entgegen. Er bedingt, daß Erlerntes bzw. Wahrgenommenes nicht mehr oder nur unvollständig reproduziert werden kann.

Zum einen ist davon auszugehen, daß die Erinnerung an einmal abgespeicherte Gedächtnisinhalte potentiell zeitlebens möglich ist bzw. so lange, wie die beteiligten neuronalen Strukturen vorhanden sind. Zum anderen werden wir jedoch ständig mit dem Phänomen des Vergessens konfrontiert. Für das Vergessen gilt,

- daß hinsichtlich vieler abgespeicherter Informationen, d.h. **Engramme**, um so mehr vergessen wird, je länger der Zeitpunkt der Einspeicherung zurückliegt und je weniger diese Informationen zwischenzeitlich benutzt wurden,
- daß Unwichtiges, Sinnarmes eher vergessen wird als Basiserfahrungen,
- daß die auf einen Lernvorgang folgen-

den Eindrücke das Ausmaß des Vergessens stark beeinträchtigen, sowie
- daß die Motivationslage zum Zeitpunkt der Einspeicherung sowie auch die während des Versuches, sich zu erinnern, vorhandene Motivationslage entscheidenden Stellenwert für die Behaltensdauer haben.

Auf welche Weise erworbene Informationen letztlich zeitlebens gespeichert werden, d.h. durch welche strukturell-molekularen Mechanismen Erregungen in Form von **Gedächtnisspuren (Engrammen, Mnemen** oder **Residuen)** fixiert werden, ist zum gegenwärtigen Zeitpunkt erst in Ansätzen zu beantworten (vgl. Kap. 11). Eine Intensivierung der Forschungsaktivitäten auf diesem Gebiet ist unbedingt notwendig. Denn die Gedächtnisforschung wird während der letzten Jahrzehnte in vermehrtem Maße vor allem auch wegen der speziell unter zivilisatorischen Bedingungen beobachteten erschreckenden Zunahmen an **Gedächtnisstörungen** (Dysmnesien) herausgefordert. Hierbei handelt es sich um vorübergehende oder anhaltende Veränderungen des Erinnerungsvermögens oder der Merkfähigkeit, die im Rahmen einer organisch oder psychisch bedingten Erkrankung auftreten können. So tritt beispielsweise ein totaler oder teilweiser Erinnerungsausfall **(Amnesie)** nach schwerer Gehirnerschütterung auf. Zumeist seelisch bedingt ist demgegenüber die mangelhafte Erinnerung an Vorgänge, die unter starker Gefühlserregung **(Emotion)** bei Bewußtseinseinschränkungen erlebt werden **(Hypomnesie)**. Gravierende Gedächtnisschwäche kann auch die Folge einer Hirnarterienverkalkung oder der Alters**demenz** sein, denen ein fortschreitender partieller Abbau an neuronaler Substanz parallel läuft.

Schon diese wenigen Gesichtspunkte mögen die dringende Notwendigkeit verdeutlichen, mit größtmöglichem Einsatz die Grundlagen des Gedächtnisses zu erforschen. Eine wichtige Voraussetzung hierfür ist, sich vor allem Klarheit über diejenigen angeborenen und erworbenen Verhaltensweisen des Menschen und der Tiere zu verschaffen, die ihr Verhalten in seiner Gesamtheit ausmachen.

10.2 Angeborenes Verhalten

Im folgenden werden die verschiedenen Ausprägungen von angeborenen gegenüber erworbenen Verhaltensweisen der Übersichtlichkeit halber voneinander getrennt referiert, wohl wissend, daß heute eine eindeutige Unterscheidung der beiden Bereiche – insbesondere auf dem Niveau der höheren Wirbeltiere (Vertebraten) – nicht unbedingt möglich ist. Denn bisher kann oftmals nicht klar unterschieden werden, was auf angeborenes Verhalten und was auf Umwelteinflüsse bei der Ausformung eines bestimmten Verhaltensmerkmals zurückzuführen ist.

Angeborene Verhaltensweisen können mit Hilfe verschiedener Untersuchungsmethoden kenntlich gemacht werden kann:

1. **Verhaltensgenetische Untersuchungen**: Nach experimenteller Ausschaltung von einzelnen Genen oder Gengruppen treten Ausfälle bestimmter Verhaltensweisen auf. Hauptforschungsobjekt ist auf diesem Gebiet die Taufliege **Drosophila**.
2. **Aufzucht von Nachkommen unter Erfahrungsentzug (Kaspar-Hauser-Versuche**, siehe auch S. 252 f.): Bei Tieren liefern sog. **Kaspar-Hauser-Versuche** Auskunft über den Anteil an angeborenen gegenüber erworbenen Verhaltensweisen. (Kaspar Hauser, angeblich am 30. 4. 1812 geboren, am 17. 12. 1833 in Ansbach ermordet, war ein Findelkind unbekannter Herkunft, das 1828 in Nürnberg auftauchte und anscheinend in fast völliger Isolierung aufgewachsen war.) Treten bestimmte Verhaltensweisen auch bei oder nach **Kaspar-Hauser-Versuchen**, d.h. unter Entzug von adäquaten Reizen, auf, so können sie als angeboren angesehen werden. Bleiben jedoch charakteristische Verhaltensweisen unter Reizentzug aus, so ist nicht ohne weiteres zu sagen, daß diese Verhaltenskomponenten erworben werden müssen. Vielmehr kommt es gerade bei Isolationsexperimenten oft zu degenerativen Begleiterscheinungen.
3. **Kreuzungsexperimente**: Die Artspezifität von Verhaltensweisen und ihr Erbgang werden besonders gut durch Kreuzungsexperimente, die mit Kaspar-Hau-

ser-Experimenten gekoppelt werden, dargestellt. Beispielsweise fand man bei Grillenhybriden, daß der Gesang intermediär zwischen den beiden Ausgangsarten vererbt wird; hierzu mußten zuvor in schallisolierten Räumen die einzelnen Arten aufgezogen und ihr Gesang studiert werden.

4. **Ermittlung der Formkonstanz von Verhaltensweisen**: Beim Studium des Verhaltensinventars und des Ablaufs der einzelnen Reaktionen lassen sich bei Angehörigen einer Art vielfach Verhaltensformen herausfiltern, die durch Außenreize unbeeinflußbar stets gleichförmig ablaufen.
5. **Die Gleichheit im Ablauf allererster Verhaltensweisen** kann bei Jungtieren vieler Arten beobachtet werden. Hier wird mit verschiedenen Methoden an möglichst großen Arten- und Individuenzahlen gearbeitet.

10.2.1 Taxien

Taxien sind erblich fixierte, auf äußere Reizquellen gerichtete Einstellungsbewegungen. Sie lassen sich bei allen Tieren, einschließlich der Einzeller, nachweisen. Einstellungsbewegungen können auftreten gegenüber dem Licht **(Phototaxis)**, dem

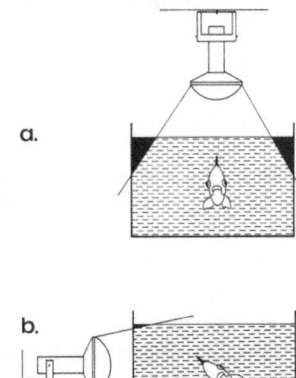

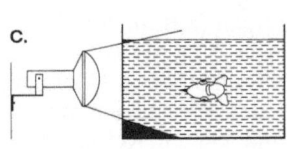

Abb. 10.4. Kombinierte Orientierung eines Fisches nach Licht und Schwerkraft (Photo- und Geotaxis). **a:** normale Vertikallage bei Licht von oben; **b:** leichte Seitenlage bei seitlichem Lichteinfall; **c:** volle Seitenlage bei seitlichem Lichteinfall und gleichzeitiger Entfernung der Otolithen aus dem Gleichgewichtsorgan

Schatten **(Skototaxis)**, der Temperatur **(Thermotaxis)**, der Schwerkraft **(Geotaxis)** oder Berührungsreizobjekten **(Thigmotaxis)**. Derartige Einstellungsbewegungen können positiver wie auch negativer Art sein (z.B. positive gegenüber negativer Phototaxis; Abb. 10.4). Bei Vielzellern sind die Taxien gebunden an spezielle Reizaufnahmesysteme, d.h. Sinnesorgane, sowie an reizverarbeitende, die Motorik steuernde Nervenstrukturen.

10.2.2 Reflexe

Unbedingte Reflexe sind erblich determinierte, stereotyp ablaufende motorische (oder sekretorische) Antwortreaktionen auf einfache Sinnesreize. Anatomische Grundlage für einen Reflexablauf ist der Reflexbogen, der im einfachsten Fall aus einer afferenten Faser besteht, die Erregungen von einer Effektor-(Sinnes-)zelle einholt und sie über eine synaptische Verknüpfung an eine efferente Faser weiterleitet, die ihrerseits die Effektorzelle beeinflußt (= **monosynaptischer Reflexbogen**; vgl. Abb. 5.1). Werden in einen derartigen Reflexbogen ein oder mehrere Zwischenneurone eingeschaltet, so können Erregungen aus anderen Neuronenketten den Ablauf des Reflexvorganges beeinflussen, bzw. können Impulse an andere neuronale Schaltkreise weitergereicht werden (= **polysynaptischer Reflexbogen**). – Über die verschiedenen Möglichkeiten reflektorischer Verschaltungen referiert Kap. 5.

Je nach Art der Verschaltung kann beim Menschen zwischen **animalischen (somatischen)** und **vegetativen Reflexen** unterschieden werden. Die **animalischen Reflexe** unterliegen der Bewußtseinskontrolle, die vegetativen laufen hingegen ohne Beeinflussung durch den Willen ab. Bei den animalischen Reflexen ist zu differenzieren zwischen den sog. Eigenreflexen und den Fremdreflexen.

Bei den **Eigenreflexen** befinden sich Anfang und Ende der Reflexbahn im gleichen Organ (z.B. in der Skelettmuskulatur; vgl. Abb. 5.3). Sie werden nur durch einen monosynaptischen Übergang verbunden und leiten Erregungen mit sehr kurzen Reflex- und kurzen Refraktärzeiten. – Beispiele

für derartige Eigenreflexe sind der Kniesehnen-(Patellar-)reflex, der Achillessehnenreflex oder der Lidschlußreflex nach Berührung des Augenlides.

Bei den **Fremdreflexen** liegen Anfang und Ende der Reflexbahn in getrennten Organen, was polysynaptische Verknüpfungen mit wesentlich längeren Reflex- und Refraktärzeiten bedingt (vgl. Abb. 5.5). Die Fremdreflexe stehen vornehmlich im Dienste von Schutz- (z.B. Husten, Lidschluß), Abwehr- (Wischen, Kratzen), Annäherungs- (Saugen) oder regulatorischen (Körperhaltung) Funktionen des Organismus.

Vegetative Reflexe regulieren alle diejenigen Körpervorgänge, die für gewöhnlich ohne Mitwirkung des Bewußtseins ablaufen. Die Schaltung dieser Vorgänge erfolgt über bestimmte vegetative Zentren im Rükkenmark, im Nachhirn (Medulla oblongata), im Zwischenhirn oder über weit in der Peripherie, d.h. im Bereich der Eingeweide, liegende Nervenzentren (Ganglienknoten). – Beispiele für vegetative Reflexe sind u.a. Schweißsekretion, „Gänsehaut", reflektorische Atemsteigerung auf Impulse der Chemorezeptoren bei O_2-Mangel bzw. CO_2-Überangebot im Blut, Schluck- und Brechreflex, reflektorische Speichelabsonderung.

Vorstellungsreflexe erlangen eine besondere Bedeutung im höheren assoziativen Hirnleistungsvermögen. Es kann hierbei ein für den Ablauf eines vegetativen Reflexes ursprünglich notwendiger Außenreiz durch die bloße Vorstellung des Reizes ersetzt werden. Beispielsweise wird die Speichelsekretion nicht nur durch Sehen oder Riechen wohlschmeckender Speisen ausgelöst, sondern schon die bloße Vorstellung eines Leckerbissens läßt „das Wasser im Munde zusammenlaufen". Umgekehrt können aversive Reflexe, z.B. der Brechreflex, durch Aktivierung besonders abstoßender Assoziationsinhalte in analoger Weise ausgelöst werden.

Insgesamt können allein durch die Aktivierung von Vorstellungen psychische Zustände wie Angst, Schrecken, Freude und dergleichen ausgelöst werden und damit Organfunktionen wie Herzschlag, Atmung, Schweißdrüsentätigkeit, Gefäßweite usw. gravierend beeinflußt werden. Diese Phänomene finden bekanntlich praktische Bedeutung in der angewandten Psychologie (z.B. beim Lügendetektor).

Psychosomatische Zusammenhänge haben häufig ihre Ursache darin, daß psychische Einflüsse über vegetative Zentren des Zwischenhirns auf die Organfunktionen einwirken können. Der Zusammenhang wird z.B. deutlich beim **autogenen Training**, welches den umgekehrten Weg beschreitet, wo durch intensive Übungen willentlich auf vegetative Funktionen Einfluß genommen wird.

10.2.3 Instinkte

Instinkte sind nach TINBERGEN „hierarchisch organisierte nervöse Mechanismen, die auf bestimmte vorwarnende, auslösende und richtende Impulse – sowohl innere wie äußere – ansprechen und sie mit wohlkoordinierten, lebens- und arterhaltenden Bewegungen beantworten".

Nach Definition von IMMELMANN versteht man unter Instinkten „angeborene Verhaltensmechanismen, die sich in geordneten Bewegungsabläufen (Erbkoordinationen) äußern, und die durch bestimmte Reize über einen neuronalen Auslösemechanismus in Gang gesetzt werden können".

Diese Definitionen zeigen bereits an, daß ein Instinkt ein außerordentlich komplexer neuronaler Mechanismus ist, der sich aus verschiedenen Teilkomponenten zusammensetzt: Appetenzverhalten, angeborener auslösender Mechanismus (AAM) und Endhandlung müssen in ausgewogener Weise aufeinander abgestimmt sein, damit eine Instinkthandlung koordiniert ablaufen kann.

10.2.3.1 Appetenzverhalten

Grundlage für einen Instinktablauf sind innere Faktoren, die so zusammenwirken müssen, daß im ZNS Energien in spezifischer Weise aufgestaut werden und dadurch den Gesamtorganismus in entsprechende Handlungsbereitschaft (Appetenz, Stimmung, Antrieb) versetzen. Unter **Appetenz** versteht man ein spezifisches und anpas-

sungsfähiges Suchverhalten nach einer auslösenden Reizsituation zur Einleitung einer Endhandlung.

Am Zustandekommen des Appetenzverhaltens sind in der Regel verschiedene Faktoren beteiligt: Reaktionen auf Sinnesreize von außen oder innen, spontanes Verhalten induziert durch Aktion zentralnervöser Automatiezentren sowie auch hormoneller Zustandsänderungen.

Auch die Motivation (vgl. Kap. 10.3.3) kann als innerer Faktor auf das Appetenzverhalten einwirken. Ganz im Gegensatz zur Endhandlung (vgl. Kap. 10.2.3.3) ist der Ablauf des Appetenzverhaltens äußerst plastisch und variabel angelegt: Es kann aus einer einfachen Taxis bestehen (vgl. Kap. 10.2.1) oder aber aus einer komplexen Handlungskette (z.B. beim Vogelzug). Das Appetenzverhalten muß nicht zwangsläufig in eine Endhandlung münden, sondern es kann durch ein weiteres, spezielleres Appetenzverhalten abgelöst werden. Es kann auch wieder ganz eingestellt werden. Bei einem Appetenzverhalten handelt es sich durchaus nicht immer um positive Suchreaktionen, ebenso häufig kann es auch durch Vermeidreaktionen im Sinne eines Aversionsverhaltens bestimmt sein.

10.2.3.2 Angeborener Auslösemechanismus (AAM, releaser)

Auslösemechanismus (AM) ist ein Sammelbegriff für alle peripheren und neuronalen Filtermechanismen, die dafür sorgen, daß nicht alle auf ein Individuum einwirkenden Reize eine Verhaltensreaktion auslösen, sondern nur die für das Individuum biologisch bedeutsamen, nämlich sog. Schlüsselreize. Unter einem **Schlüsselreiz** wird demzufolge ein Außenreiz oder eine Reizkombination verstanden, die ein bestimmtes Verhalten in Gang setzt bzw. aufrechterhält.

Als **Auslöser** wird in diesem Zusammenhang ein Schlüsselreiz bezeichnet, der Auslöserfunktion im Kontext artspezifischer Kommunikation hat.

Er kann erfahrungsabhängig zustande gekommen oder aber angeboren sein (= AAM, **releaser**). Die Eigenschaften des auslösenden Reizes müssen im Detail oft

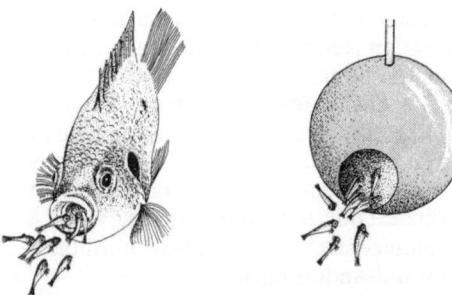

Abb. 10.5. Die Jungfische des maulbrütenden Buntbarsches Oreochromis (Tilapia) suchen bei Gefahr eine Öffnung in einer Kugelattrappe genauso auf wie das Maul der Mutter

erst gelernt werden: So ist beispielsweise bei Küken die sog. „Nachlaufreaktion" auf erstmalig beim Schlupf gesehene bewegte Objekte angeboren; die detailliertere Unterscheidbarkeit des Objektes nach seinem genaueren Aussehen wird jedoch erst nach und nach erworben.

Die Analyse des AAM kann mit Hilfe von **Attrappenversuchen** erfolgen, in deren Verlauf die wirksamen Schlüsselreize durch Lernen von neutralen Objekten unterschieden werden müssen (Abb. 10.5). Es zeigte sich, daß ein Auslöser etwas unverhältnis-

mäßig Einfaches, wenig Spezialisiertes sein kann. Bleibt man bei dem bildlichen Vergleich von Schlüssel und Schloß − von dem sich der Begriff ableitet −, so hat man es nicht mit einem Spezialschlüssel für ein Sicherheitsschloß zu tun, sondern eher mit einem „Dietrich". Der Reiz wirkt auch noch in sehr abstrahierter und generalisierter Form als Auslöser für manchmal außerordentlich komplizierte Handlungsabfolgen. Hierin mag die Fähigkeit höherentwickelter Tiere, vor allem des Menschen beruhen, sich beim Lernen nicht nur Detailmerkmale einzuprägen, sondern beim Lernen zu generalisieren und zu abstrahieren (vgl. Kap. 10.3.1.10). Natürliche Objekte lösen interessanterweise nicht immer so optimale Wirkungen aus wie künstliche **„supranormale Auslöser"**:

Ein natürlicher orangeroter Schnabelfleck von fütternden Altmöwen löst z.B. bei Jungvögeln geringere Bettelreaktionen aus als ein künstlich auf einer Schnabelattrappe angebrachter schwarzer Fleck (Abb. 10.6).

Auslösemechanismen − ob angeboren oder erst allmählich erworben, ist nicht in jedem Fall festzustellen − lassen sich auch bei uns Menschen nachweisen. Hinsichtlich des Erkennens von Gesichtsausdrücken

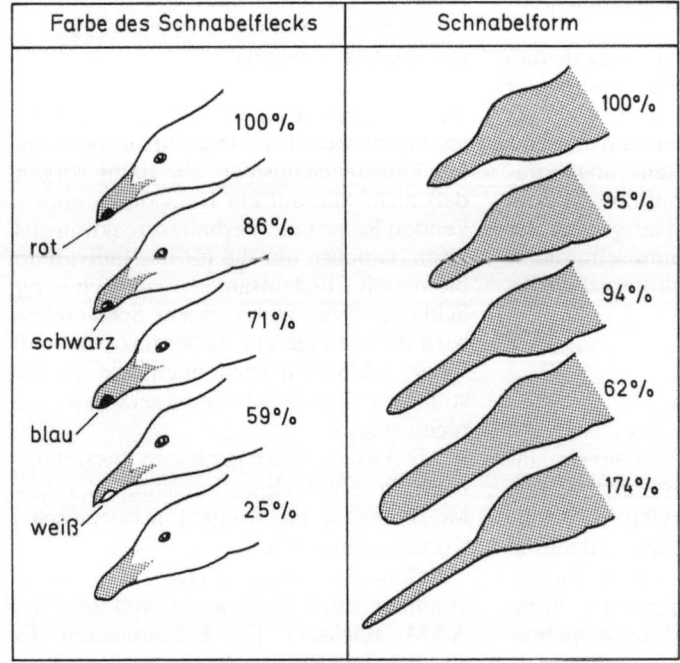

Abb. 10.6. Schnabelform und Farbe des Flecks am elterlichen Schnabel als Schlüsselreize bei der Auslösung der Pickreaktionen von Silbermöwenküken. Die Zahlen geben die relative Wirksamkeit der Attrappen im Wahltest an. (Nach TINBERGEN, 1966)

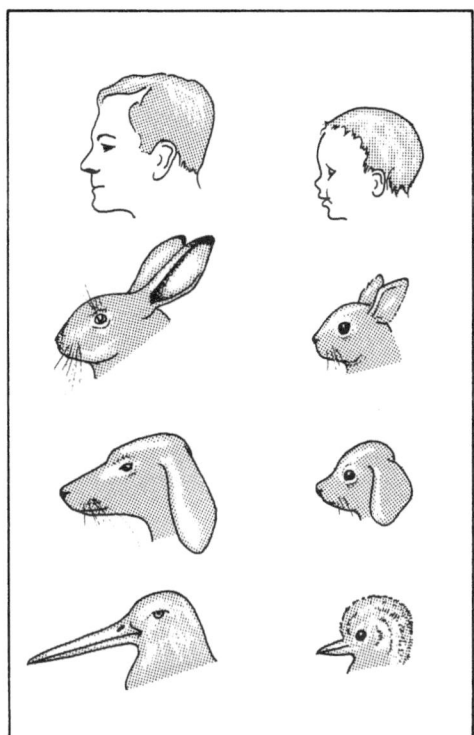

Abb. 10.7. Das Kindchen-Schema: Elternreaktionen beschränken sich beim Menschen nicht nur auf Kinder, sondern beziehen sich auch auf Haustiere und Puppen

stinktablauf schließlich seinen Abschluß. Erst in der Endhandlung erfolgt für den Organismus die Triebbefriedigung: Schluckvorgang bei Nahrungsinstinkt, Kopulation beim Fortpflanzungsinstinkt.

Die Starrheit von Endhandlungen dokumentiert sich auch dadurch, daß sie unter Umständen auch in Form von **Leerlaufhandlungen** erfolgen können: Ein Hund trampelt sich vor dem Schlafengehen auch auf glattem Fußboden eine imaginäre Schlafgrube zurecht. Andererseits kann ein Instinktablauf letztlich unterdrückt werden, wenn eine Endhandlung häufig in kurzer Folge wiederholt wird: Ein Buchfink unterläßt schließlich seine Warnreaktionen, wenn ihm eine Eulenattrappe wiederholt gezeigt wird; er hat nämlich inzwischen gelernt, daß von seiten der Attrappe keine echte Gefahr droht.

Zu **Übersprungshandlungen** kann es in Konfliktsituationen kommen, wenn beispielsweise Flucht- und Angriffsappetenzen einander die Waage halten. Die Erregung kann in solchen Fällen eventuell nicht situationsmäßig abfließen, sondern zu unsinnigen Handlungen, wie z.B. Gähnen, Kratzen, Haarordnen, Kauen an der Unterlippe, führen.

10.2.3.4 Reiz-Reaktionsketten (Instinktketten)

Anhand seiner Verhaltensanalysen an Schwimmenten wies LORENZ darauf hin, daß Instinktabläufe offenbar im Laufe der Stammesgeschichte erst allmählich durch Verknüpfung unabhängig voneinander bestehender Handlungs- und Bewegungsfolgen entstanden sind. Nach und nach entwikkelten sich Koordinationsmechanismen für Verhaltensweisen heraus, die vom ZNS bahnend oder hemmend gesteuert wurden. So lassen sich viele Instinktabläufe als komplexe Aktionssysteme nachweisen, deren Einzelkomponenten kettenartig untereinander verschaltet sind **(Instinktketten, Reiz-Reaktionsketten)**.

Die letzte Phase einer Endhandlung kann oftmals bereits wieder der Auslöser für ein neues Appetenzverhalten sein. Besonders eindrucksvoll stellt sich das Wirken derartiger Instinktketten im Sinne einer **Instinkt-**

scheint das Baby offenbar einen angeborenen Auslösemechanismus für das Erkennen eines lachenden gegenüber einem zornigen Elterngesicht zu besitzen:

Kleinstkinder antworten nämlich auf senkrechte „zornige" Stirnfalten mit negativen Reaktionen, auf breite, hochgezogene, d.h. „lachende" Mundspalten hingegen mit positiven. Elterliche Gefühle werden demgegenüber erregt durch das sog. „Kindchen-Schema", d.h. durch kurze Gesichter, gewölbte Stirnen, runde Augen und Pausbacken (Abb. 10.7). Auch bei der Partnerwahl dürften Auslösemechanismen mit dafür verantwortlich sein, daß sich Paare häufig entweder besonders ähnlich sehen, oftmals erst mit zunehmendem Alter, oder das komplette Gegenteil voneinander sind.

10.2.3.3 Endhandlung

Mit der **Endhandlung**, einer genetisch starr fixierten Verhaltensäußerung, findet ein In-

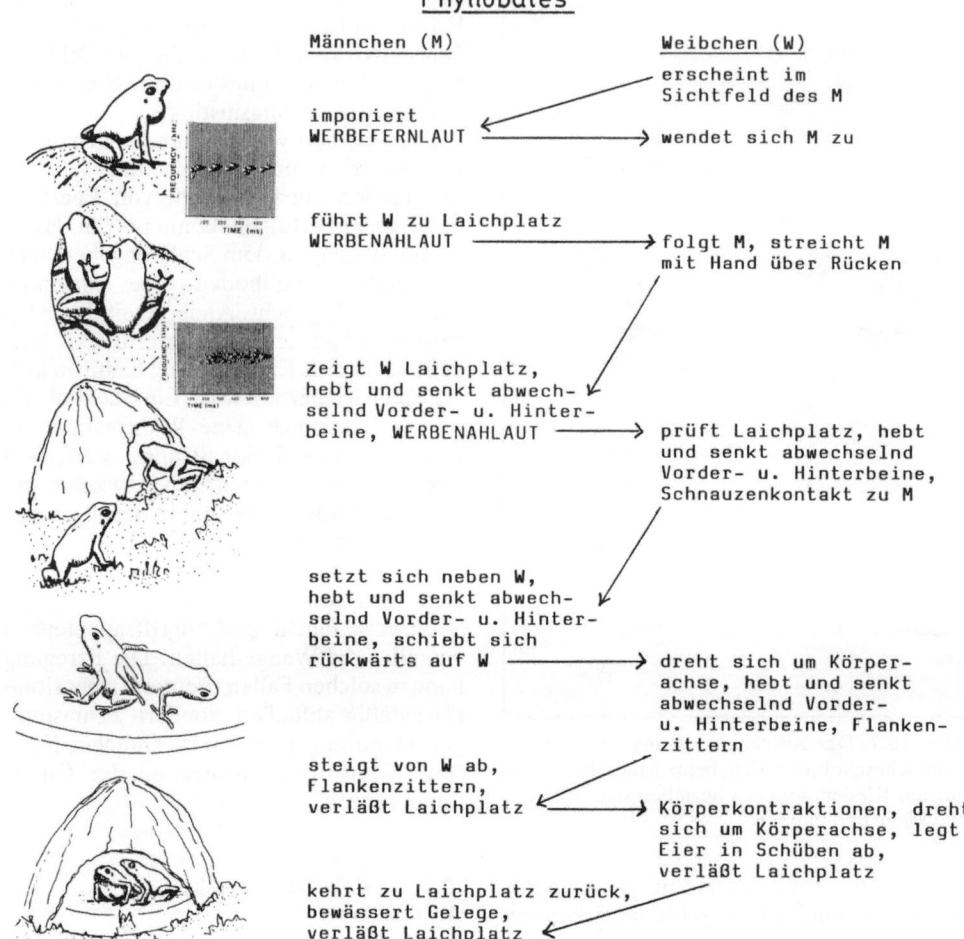

Abb. 10.8. Reiz-Reaktionskette während der Balz eines südamerikanischen Pfeilgiftfrosches (Phyllobates terribilis). (Nach H. ZIMMERMANN und E. ZIMMERMANN, 1985)

verschränkung zwischen zwei Sexualpartnern bei der innerartlichen Kommunikation während des Fortpflanzungsgeschehens dar. Als klassisches Beispiel wird hierfür oftmals die Instinktverschränkung während des Fortpflanzungsverhaltens von Stichlingen referiert. Aber auch viele andere Arten zeigen sehr eindrucksvoll derartige Reaktionsketten. So gibt Abb. 10.8 in schematischer Form die Reiz-Reaktionskette während der Werbung und Eiablage eines südamerikanischen Pfeilgiftfrosch-Pärchens wieder. Das Auftreten eines bestimmten Verhaltensmerkmals bei dem einen ist jeweils der Schlüsselreiz für das Auslösen einer Handlungsfolge bei dem anderen Partner. Werberufe des Männchens haben hierbei einen besonderen Stellenwert, ihnen folgt das Weibchen in unbedingter Weise, selbst wenn sie künstlich über einen Lautsprecher vom Tonband angeboten werden. Eine sinnvolle Koordination des Balz- und Paarungsverhaltens mit dem Brutpflegeverhalten gewährleistet die Arterhaltung.

10.3 Erworbenes Verhalten

Mit zunehmender Höherentwicklung der Tiere treten zu den angeborenen Verhaltensweisen nicht angeborene, sondern erworbene, auf individueller Erfahrung beruhende Verhaltenselemente hinzu. Sie erlangen zunehmende Bedeutung für das Gesamtverhalten des Individuums und ermöglichen speziell höheren Tieren ein wesentlich plastischeres, d.h. anpassungsfähigeres Handeln, welches sie von ihrer Umwelt mehr und mehr unabhängig macht. Auf der Basis selbstgesammelter Erfahrungen wird in mehr oder weniger begrenztem Umfang eine Voraussicht auf künftige Ereignisse möglich und damit eine individuelle planvolle Gestaltung der eigenen näheren oder ferneren Zukunft.

Generell sind die nichtangeborenen Verhaltensformen ein Ergebnis von Lernvorgängen und als deren Resultat Ausdruck von Gedächtnisleistungen.

Wenn im folgenden – wiederum in geraffter Weise – die verschiedenen Ausprägungsformen erworbener Verhaltensweisen nacheinander besprochen werden, so sei darauf hingewiesen, daß die vorgenommene Klassifizierung eine mehr oder minder willkürliche ist. Die verschiedenen Formen des Lernens z.B. gehen normalerweise ineinander über oder laufen gleichzeitig ab. Die hier vorgenommene Untergliederung wurde lediglich aus Gründen einer besseren Übersicht gewählt.

10.3.1 Lernvorgänge

Lernen ist ein Sammelbegriff für durch individuelle Erfahrungen entstandene, mehr oder weniger langfristig anhaltende Verhaltensänderungen bzw. -möglichkeiten. Das Lernen kann als ein Prozeß verstanden werden, der viele Organismen (und auch technische Automaten) befähigt, aufgrund von gemachten Erfahrungen effizienter als zuvor zu reagieren.

Generell ist beim Lernen zwischen verschiedenen Lernarten zu unterscheiden, wie **Lernen durch Gewöhnung, durch Prägung, durch Konditionierung, durch Versuch und Irrtum, durch Dressur**, durch Nachahmung und letztlich **aufgrund von Einsicht**.

Für uns Menschen stellt das Lernen vorwiegend eine einsichtige, aktive, sozial vermittelte Aneignung von Fertigkeiten und Kenntnissen, Verhaltensweisen und Überzeugungen dar. Der Lernvorgang gliedert sich hierbei in vier **Lernphasen**:

– in eine **Vorbereitungsphase**, in welcher aufgrund der durch bestimmte Motivationslagen die Aufmerksamkeit zur Wahrnehmung und Reizunterscheidung erzeugt wird;

– in eine **Aneignungsphase**, in deren Verlauf durch assoziative Verknüpfungen das neue Erfahrungsmaterial als solches erkannt und verarbeitet wird;

– in eine **Speicherungsphase**, in der die individuellen Erfahrungen gespeichert werden, sowie

– in eine **Erinnerungsphase**, in welcher die gespeicherte Information wieder in das Bewußtsein zurück gelangt als Reaktionsgrundlage.

In allen Phasen können Störungen (Lern-, Gedächtnis-, Erinnerungsstörungen) auftreten, wie etwa unzureichendes Intelligenzniveau, partielle Begabungsstörungen (z.B. **Legasthenie**), Entwicklungsstörungen, Antriebsschwächen, Milieuschädigungen (z.B. Reizüberflutung, fehlender Sozialkontakt) etc.

Generell wird von einem Lernvorgang gesprochen, wenn ein bestimmter, für längere Zeit gebotener Reiz gleichartige Reaktionen auslöst, die nicht erblich festgelegt sind. Derartige assoziativ gebildete Reaktionen werden normalerweise erst nach häufigen, sukzessiven Wiederholungen des gleichen Reizes ausgelöst, weniger hingegen durch einen einmaligen intensiven Reiz.

Je nach Reiz- und Reaktionsmodalität lassen sich folgende **Lernarten** unterscheiden:

– **Wahrnehmungslernen**, bei dem vornehmlich die visuelle, taktile oder auditive Wahrnehmung durch Lerntraining verändert wird (z.B. Gehörschulung);

– **motorisches Lernen**, bei dem z.B. Bewegungsabläufe durch wiederholte Handlungsweisen trainiert werden (z.B. Klavierspielen, Autofahren);

– **verbales Lernen**, bei dem Spracherwerb durch Nachsprechen von Wörtern und Texten ermöglicht wird;

– **kognitives Lernen**, bei dem höhere Erkenntnisse (Begriffe, Regeln, Systemkategorien, Problemlösungen) gewonnen werden; sowie

– **soziales Lernen**, bei dem Sozialstrukturen (soziale Regeln und Gesetze) sowie soziale Verhaltensweisen etc. erfaßt werden.

Lernbereitschaft, d.h. eine positive Einstellung gegenüber der zu erbringenden Lernleistung, ist beim Menschen von essentieller Bedeutung für den angestrebten Lernerfolg; sie ist ein zentraler Begriff für die Lernpsychologie, deren Aufgabe es u.a. ist, den **Lernwillen** und die **Lernmotivation** durch das Ausweisen entsprechender **Lernziele** (z.B. in Form eines sinnvollen Curriculum) zu unterstützen.

10.3.1.1 Lernen durch Prägung

Als **Prägung** wird ein artspezifisch bedeutsamer Informationserwerb während sensibler Entwicklungsphasen bezeichnet, der irreversible Reaktionen bedingt, die z.T. zum Zeitpunkt der Prägung infolge der Unreife des Individuums noch nicht auslösbar sind. Die Prägung befähigt ein Individuum zum dauerhaften Wiedererkennen der gleichen Merkmalsgestaltung, die späterhin immer gleichartige Verhaltensreaktionen auslöst.

Neurophysiologisch muß unter Prägung der Vorgang der allerersten Verknüpfung von Nervenfasern in gerade ausgereiften Nervenzellen verstanden werden, die hierdurch wahrscheinlich auch strukturell in bestimmten Abschnitten eine entsprechende Gestaltung erfahren (vgl. Kap. 11.3).

Reize, die eine Prägungsreaktion auslösen, sind oftmals unverhältnismäßig einfach und nicht spezifisch, sondern weitgehend eher generalisiert. Außerdem ist die Prägung nicht starr genetisch fixiert, sondern vor allem ein modifizierbarer Vorgang.

Dieser braucht nicht unbedingt mit dem normalen artgemäßen Verhalten übereinzustimmen.

Sehr eindrucksvoll stellt sich das Prägungsphänomen bei Entenküken dar (LORENZ), die instinktiv darauf festgelegt sind, sofort nach dem Schlüpfen, als Nestflüchter den Elternvögeln zu folgen. Unmittelbar nach dem Schlupf sind sie jedoch auf alles Mögliche, sogar auf mechanische Attrappen zu prägen, denen sie auch dann noch folgen, wenn sie späterhin erwachsene Tiere ihrer eigenen Art sehen.

Neben dieser Nachlaufprägung nestflüchtender Vögel sind zahlreiche andere Prägungsphänomene beschrieben worden, so z.B. die Prägung auf den Geburtsort bei Zugvögeln, die Prägung auf Wirte (Kuckuck, afrikanische Witwenvögel), die Prägung auf den Gesang (Buchfink; Abb. 10.9) etc.

Abb. 10.9. Gesangsprägung beim Buchfink; akustisch isoliert aufgezogene Buchfinkenmännchen bringen nur verstümmelten Gesang hervor. Bei Darbietung von Wiesenpiepergesang erwerben sie wesentliche Gesangselemente dieser Art. (Nach THORPE, 1964)

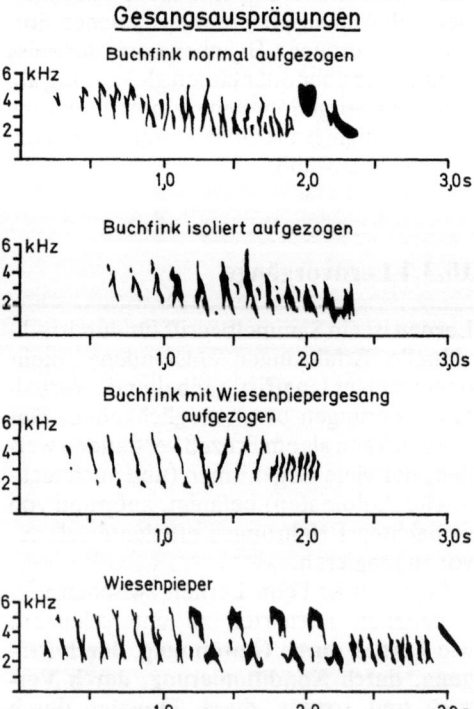

Gesangsausprägungen

Auch für den Menschen ist davon auszugehen, daß bei ihm ebenso sensible Entwicklungsphasen bestehen, innerhalb nur derer bestimmte Wahrnehmungs- und Verhaltensmuster ausgebildet werden können. Während sehr früher perinataler Entwicklungszeiträume sind bestimmte neuronale Netzwerke besonders flexibel für die Informationsaufnahme, -verarbeitung und -speicherung angelegt. In ihnen erfolgen offenbar nur zu diesen Zeitpunkten irreversible Formungen im ZNS aufgrund der durch die Sinneseindrücke hervorgerufenen ersten inneren Abbilder der Umwelt. Diese Abbilder sind zweifelsfrei von Mensch zu Mensch unterschiedlich. Sie bedingen somit unterschiedlichste **Prägungsgrundmuster** im Gehirn. Aber wesentliche Elemente der Wahrnehmungsgrundmuster beziehen sich auf die Umwelt. Diese kann mehr oder weniger natürlich oder künstlich gestaltet sein, ist aber in bestimmten Kulturregionen relativ allgemein verbreitet. Daher werden schon vom Säuglingsalter an auch typische Elemente der Umwelt, in die das Individuum eingebettet ist, mit eingeprägt. So kommt es dazu, daß die Prägungsgrundmuster z.B. bei einem europäischen „Durchschnitts"-säugling aus einer hoch technisierten Zivilisation völlig von denen verschieden sind, die unter naturgemäßen und möglicherweise anderen Klimabedingungen ausgebildet werden.

Die ersten prägenden Eindrücke ergeben später z.T. die Grundlage für das Reaktionsschema eines Individuums und auch besonders für die vielen Mißverständnisse, wenn Angehörige verschiedener Kulturen ohne die notwendige Kenntnis gegenseitiger Grundstrukturmuster aufeinandertreffen. Denn bekanntlich versucht jeder Mensch − ob bewußt oder unbewußt −, in seinem späteren Leben alle neuen Wahrnehmungen und Informationen in sein ursprüngliches Wahrnehmungsmuster einzufügen. Und so erscheinen gerade im kulturellen Umfeld bei den verschiedenen Menschenrassen Außenstehenden Verhaltensausprägungen außerordentlich eigentümlich. Wir Europäer wundern uns über so manches, was Menschen anderer Kulturen selbstverständlich ist, und diese wiederum mißverstehen uns in vielerlei Hinsicht ebenso gründlich. Das beginnt mit den Eß-

und Lebensgewohnheiten und endet bei Rechts- und Moralvorstellungen. An vielen Beispielen könnte veranschaulicht werden, welchen Stellenwert die soziale Erst- und Früherfahrung des Individuums für die Ausprägung einer menschlichen Gesellschaftsordnung und vor allem auf deren ethische Grundlage haben kann.

Prägung erfolgt ohne inneren Widerstand, da noch keine anderen evtl. gegenteiligen Eindrücke fixiert sind, die als Hemmnis auftreten könnten. Die **soziale Lernerfahrung** ist für eine normale Entwicklung des Gesamtverhaltens aller höher organisierten sozialen Wirbeltiere, und darunter besonders des Menschen, von allergrößter Bedeutung. Für die **Pädagogik** mußte daraus hergeleitet werden, in der frühkindlichen Phase zunächst einmal für vielfältige Möglichkeiten an Sinneswahrnehmungen, die eingeprägt werden, zu sorgen. Reiche Erfahrungsmuster fördern die Adaptabilität des Individuums im Erwachsenenalter. Breit angelegte Prägungen auf die Umwelt vor allem in sozialer und kultureller Hinsicht, führen später weniger zu inneren Konflikten und der Notwendigkeit, umdenken oder umlernen zu müssen. Denn früheste Informationen über erstes Hören, Tasten, Riechen, Sehen, Schmecken usw. werden offensichtlich ähnlich dauerhaft gespeichert wie die erblich determinierten Verhaltensreaktionen (Reflexhandlungen etc.), in jedem Fall fester als die meisten später aufgenommenen Informationen. Bei Reizentzug im Sozialbereich, wie z.B. einem mutterlosen Aufwachsen von Kindern, können schwere Entwicklungsschäden im Sinne eines **Hospitalismus** auftreten: So weisen in Säuglingsheimen ohne feste Bezugsperson aufwachsende Kinder oftmals gravierende körperliche und seelische Schäden (retardiertes Wachstum, größere Anfälligkeit gegenüber Infektionskrankheiten, Bewegungsstereotypien, vermindertem Spieltrieb und Neugierverhalten, Sprachstörungen, Kontaktschwäche etc.) auf. Derartige **Deprivationssyndrome** entwickeln sich beim Menschen vornehmlich in der prägungslabilen Phase, die mit etwa drei Monaten nach der Geburt beginnt und nach etwa drei Jahren stark abnimmt. Während dieser Periode erfolgt offenbar die Grundlegung des Sozialverhaltens, die **Sozialisation**.

Wird während dieser Zeit ein Kleinstkind durch Zufall oder mit Absicht dem Umfeld menschlicher Erziehung entzogen, so kommt es zum sog. **Kaspar-Hauser-Komplex**. Hierunter werden in der Sozialpsychologie durch Gefühlsarmut und Kontaktschwierigkeiten gekennzeichnete Entwicklungsstörungen infolge Isolierung, Aufzucht (bei Tieren) unter Erfahrungsvorenthaltung verstanden.

10.3.1.2 Lernen durch Gewöhnung (Habituation) bzw. Sensibilisierung

Die Gewöhnung stellt die einfachste Form des Lernens dar. Man versteht hierunter das langsame Nachlassen einer durch einen Reiz ausgelösten Reaktion (G. TEMBROCK). **Gewöhnung (Habituation)** ist also das Phänomen, wonach eine ursprünglich ausgeprägte neurophysiologische Gegenreaktion auf einen Reiz allmählich verschwindet, wenn sich nach wiederholter Reizung erweist, daß diese für das Individuum bedeutungslos ist. Eine Weinbergschnecke (Helix) reagiert beispielsweise auf einen ersten Berührungsreiz außerordentlich empfindlich durch Einziehen der Fühler und Körperkontraktion. Nach vielfach gleichartiger Reizwiederholung schwächt sich die Reaktion jedoch bald ab, um jedoch nach kurzer Reizunterbrechung wieder voll

auslösbar zu sein. Die Abnahme der Reaktion ist reizspezifisch. Wird die Qualität des Wiederholungsreizes nur geringfügig geändert, so tritt die ursprüngliche Reaktion wieder in voller Intensität auf.

Die **Habituation** – gelegentlich auch als Ermüdung, negatives Lernen, afferente Drosselung bezeichnet – ist nicht etwa auf eine Ermüdung der Erfolgsorgane (Muskulatur) zurückzuführen, ihre Ursache ist vielmehr in den beteiligten neuronalen Strukturen zu suchen. So konnte elektrophysiologisch nachgewiesen werden, daß bei Aufnahme einer neuen Information z.B. im Hippocampus von Säugetieren ein neuartiges, regelmäßiges Potentialmuster aus Theta-Wellen induziert wird, das allmählich in dem Maße wieder verschwindet, wie der Reiz seinen Neuheitswert verliert.

Das Lernen durch Gewöhnung dürfte maßgeblich mit dazu beitragen, daß der neurophysiologische Bereich, der für die Verarbeitung bzw. Selektion neuer Informationsgehalte zuständig ist, relativ schnell wieder für Neuinformationen freigemacht wird, damit sich die Aufmerksamkeit des Individuums auf Neues, Unbekanntes konzentrieren kann.

Gegenüber der Habituation ist die **Sensitivierung (Sensibilisierung)** bereits eine etwas komplexere Form des Lernens, und zwar wird hier die Stärke einer ausgeprägten Reaktion vergrößert, wenn ein weite-

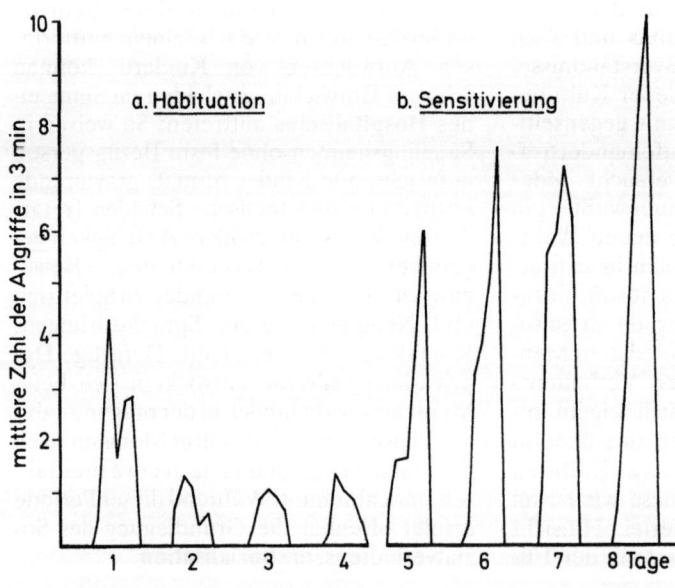

Abb. 10.10. Habituation und Sensitivierung der Angriffe eines Kampffischmännchens bei täglicher Darbietung eines Artgenossen in 15 min-Perioden, die in 3 min-Schritte untergliedert wurden. (Nach PEEKE und MERZ, 1973)

rer, evtl. schmerzhafter Reiz hinzukommt. Wird man beispielsweise einmal von einem lauten Geräusch aufgeweckt, so reagiert man auf ein nachfolgendes leiseres wesentlich empfindlicher. Von biologischer Bedeutung erweist sich die Sensibilisierung insofern, als z.B. die Alarmbereitschaft gegenüber Gefahrenquellen wesentlich erhöht wird. Sensitivierung und Habituation können einander ablösen. So verteidigen Kampffischmännchen ihr Brutrevier gegen Neueindringlinge besonders heftig, während sie sich an bekannte Nachbarn allmählich gewöhnen (Abb. 10.10).

10.3.1.3 Lernen durch Konditionierung (bedingte Reaktion; bedingter = konditionierter Reflex; klassische Konditionierung)

Gegenüber den bisher besprochenen relativ einfachen Lernformen handelt es sich bei dem im folgenden zu erörternden **assoziativen Lernen** darum, daß hier zwischen einem neutralen Reiz und einem zweiten Stimulus, der entweder eine Belohnung oder aber eine Bestrafung darstellt, eine neuronale Verknüpfung vorgenommen wird. Die Ausprägung von dabei zustande kommenden Gedächtnisleistungen läßt sich im Laborexperiment unter weitgehend standardisierbaren und reproduzierbaren Bedingungen verfolgen und hat dadurch für die experimentelle Lernpsychologie große Bedeutung erlangt. Hierbei ist vor allem zu unterscheiden zwischen dem Lernen aufgrund einer klassischen Konditionierung durch Ausprägung von bedingten Reflexen gegenüber der sog. operanten Konditionierung oder Dressur.

Als Modell für ein Lernen im Sinne der klassischen Konditionierungstheorie wird die bedingte Reaktion (= **bedingter Reflex**; engl. **conditioned reflex**) angesehen, der erstmals von J. P. PAWLOW (1889) als dem Begründer der experimentellen Lernpsychologie erforscht wurde: Wird gleichzeitig mit einem natürlichen (**unbedingten**) **Reiz** (engl. unconditioned stimulus, UCS) zusätzlich ein neutraler (**bedingter**) **Reiz** (engl. conditioned stimulus, CS) geboten, so löst der bedingte Reiz nach dessen mehrfacher Wiederholung bereits allein die Reaktion aus.

Im ursprünglichen PAWLOW'schen Hundeversuch konnte gezeigt werden, daß ein zunächst gleichzeitig beim Vorzeigen eines Fleischstückes ertönendes Glockensignal nach einiger Zeit auch allein ohne das Fleisch zu einer vermehrten Speichelabsonderung bei den Hunden führte (Abb. 10.11). Anstelle eines natürlichen Reizes löst also der bedingte (konditionierte) Reiz eine Reaktion, d.h. einen bedingten Reflex aus. Es fand eine assoziative Verknüpfung statt, die als neuronale Bahnung im Sinne einer **Gedächtnisspur (Engramm, Residue)** im Nervensystem festgelegt wurde (vgl. Kap. 11).

10.3.1.4 Lernen durch Versuch und Irrtum

Gemäß den **Reiz-Reaktions-Theorien** (Stimulus-Response oder S-R-Theorien) laufen Lernprozesse über eine Verknüpfung von Reizkonstellationen und Reaktionsweisen ab. Je nachdem, ob dem Lernprozeß noch bestimmte Zusatzmechanismen unterlagert sind, wird unterschieden zwischen S-R-Verstärkungstheorien bzw. S-R-Kontiguitätstheorien. Zu den **S-R-Verstärkungstheorien** gehört die von E. L. THORNDIKE (1898) propagierte Verknüpfungstheorie, derzufolge Lernen durch **Versuch und Irrtum (trial-and-error-Methode)** zustande kommt. So verwenden junge Kolkrabeneltern zum Nestbau zunächst alle Gegenstände, derer sie habhaft werden, bis sie recht bald durch Versuch und Irrtum lernen, nur noch Zweige, die sich beim Bau ineinander verhaken, zu neh-

Abb. 10.11. Unbedingte (links) und bedingte (rechts) Auslösung von Speichelsekretion beim Hund (Pawlow-Versuch)

men. Oder auch Jungtiere (ob Vögel, Frö-
sche, Säuger) jagen zunächst alle Formen
von Insekten, bis sie wiederum durch Versuch und Irrtum gelernt haben, schlecht
schmeckende Arten, die in vielen Fällen
Warnfarben tragen, zu vermeiden.

Zu den S-R-Kontiguitätstheorien wird
die von E. R. GUTHRIE konzipierte Theorie des instrumentellen Lernens gerechnet,
derzufolge es vor allem auf die zeitliche Berührung (Kontiguität) zwischen Reiz und
ausgeführter Reaktion ankommt, wobei
der Verstärkung einer S-R-Verbindung nur
eine untergeordnete Rolle beigemessen
wird.

Derartige Theorien leiten kontinuierlich
über zur Lerntheorie durch operante Konditionierung.

10.3.1.5 Lernen durch operante (operative oder instrumentelle) Konditionierung (Dressur)

Während das Tier bei der klassischen Konditionierung nur ein passiver Teilnehmer
ist, der auf irgendwelche Reize reagiert,
muß es im Falle der **operanten Konditionierung** selbst Probleme lösen oder Entschei-

dungen treffen. Die Theorie der operanten
Konditionierung wurde von B. F. SKIN-
NER aufgrund zahlreicher Experimentalbefunde entwickelt; sie hat bis heute nachhaltige Bedeutung für den sog. **programmierten Unterricht** behalten. Sehr häufig
dokumentiert sich hier die Lernleistung in
Form eines **Lernens am Erfolg**, der sich
quantitativ erfassen läßt in verschiedenartigen Versuchsapparaturen (Skinner-Box,
Labyrinth, Zwei- oder Mehrfachwahlappa-
raturen zur Unterscheidung von visuellen
Merkmalen; Abb. 10.12 und 10.13). In derartigen Apparaturen hat das Versuchstier
zu handeln, es muß selbst tätig (operativ)
werden, um durch Versuch und Irrtum entweder eine Belohnung zu erhalten oder einen Strafreiz (z.B. Elektroschock) zu vermeiden.

Verstärkt werden kann ein solches ope-
rantes Konditionierungslernen (auf eigener
Tätigkeit beruhendes Lernen) durch motorische Bewegungsfolgen, z.B. rhythmische
Handlungsfolgen unter Ausnutzung des
kinästhetischen Grundvermögens höherer
Wirbeltiere (M. RAHMANN-ESSER,
1964). Nach und nach kommt es nach einer
Reihe von operanten Konditionierungsfol-
gen bzw. nach einer Reihe von Wahlhand-

Abb. 10.12. Skinner-Box und elektronisches Zubehör zur computergesteuerten automatisierten, fut-
terbelohnten Dressur von Mäusen oder Ratten auf die Unterscheidung optischer Muster (hier Kreis
von Dreieck). Nach Aufleuchten des „Hauslichts" betätigt das Versuchstier einen Hebel unter dem positiven Muster (SS) und erhält eine Futterbelohnung (F)

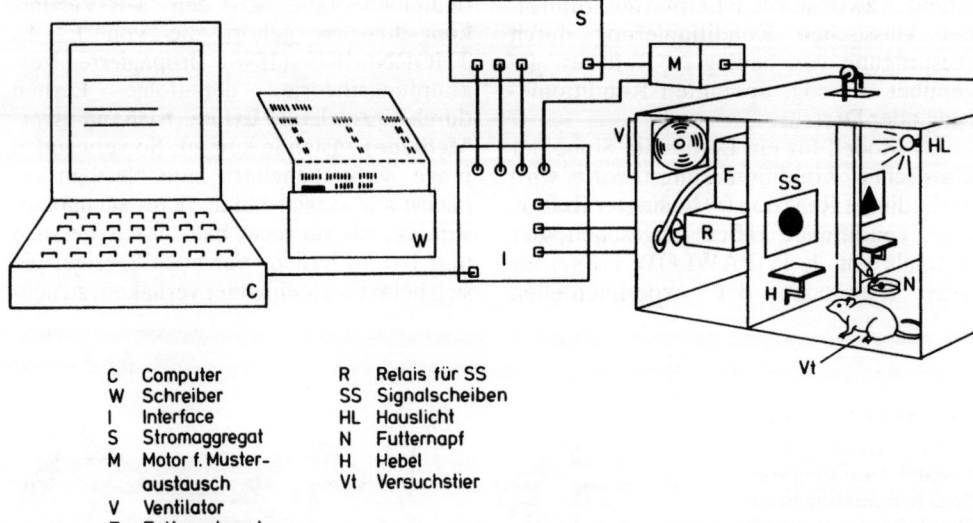

C	Computer	R	Relais für SS
W	Schreiber	SS	Signalscheiben
I	Interface	HL	Hauslicht
S	Stromaggregat	N	Futternapf
M	Motor f. Muster-	H	Hebel
	austausch	Vt	Versuchstier
V	Ventilator		
F	Futterautomat		

Abb. 10.13. Wahlapparatur für Kleinsäuger zur Dressur auf die Unterscheidung optischer Musterpaare, die auf Klapptüren (Kl) angebracht sind, und von denen das Negativtürchen versperrt ist. St: Startkammer, W: Wahlkammer, U: Umkehrkammern für Futterbelohnung, R: Rücklaufgänge, T: Trenntürchen, S: Anzeigelampe

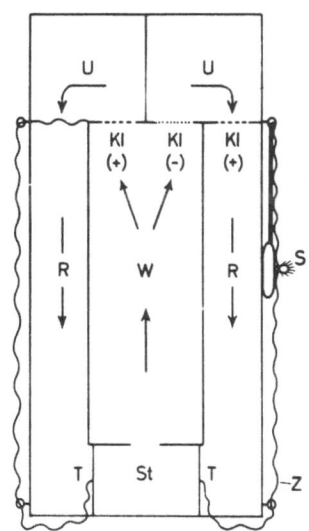

lungen zu einer mehr oder weniger sicheren Beherrschung der Situation. Der gesamte Ablauf läßt sich dann eindrucksvoll in Form von sog. Lern- und Gedächtniskurven quantitativ darstellen.

10.3.1.5.1 Lernkurven

Beim Labyrinthlernen wird beispielsweise mit Hilfe der Erstellung von **Lernkurven** die Abnahme der Fehlerzahl in aufeinanderfolgenden Läufen dargestellt. Zusätzlich dient hier die Dauer der Zeit bis zum Erreichen des Zieles als Lernkriterium. In Skinner-Boxen oder Wahl-Lauf-Kästen (vgl. Abb. 10.12 und 10.13) läßt sich hingegen das assoziative Lernen von optischen Signalmustern (z.B. Dreieck mit Futterbelohnung gegenüber Quadrat ohne Futter) quantitativ dadurch erfassen, daß das Versuchstier hier lernt, den Hebel eines Futterspendeautomaten nur dann zu drücken, wenn das positive Signalmuster (Aufleuchten des Dreieckmusters) geboten wird. Bei derartigen Dressuren muß das Versuchstier täglich zwischen 30 bis 50 einzelne Wahlentscheidungen treffen, von denen für eine statistische Signifikanzberechnung zwischen 75 bis 80% an Richtigwahlen erfolgt sein müssen, um das sog. **Lernkriterium** zu erreichen. Lag die Lernleistung an drei aufeinanderfolgenden Tagen über der Signifikanz-

grenze, so wird ein **Lerntest** durchgeführt, bei dem nun beide Merkmalsmuster futterbelohnt werden. Die **Gedächtnisdauer** läßt sich anschließend ermitteln, indem in größeren Zeitabständen (etwa alle 10 Tage) ein weiterer, beidseitig belohnter Gedächtnistest durchgeführt wird. Bei Absinken der Gedächtnisleistung unter die Signifikanzgrenze hat das Tier die eigentliche Aufgabe wieder vergessen.

Diese Zweifachwahlversuche lassen sehr eindrucksvoll unterschiedlichste Aussagen über das höhere assoziative Leistungsvermögen von Tieren zu. So kann gezeigt werden, daß innerhalb eines Versuchstierkollektivs die Tiere nicht etwa alle einheitlich reagieren, sondern sich − ähnlich wie bei uns Menschen − unterteilen lassen in „gute" und „schlechte Lerner" (Abb. 10.14). Jungtiere können unter solchen Versuchsbedingungen einfache Musterpaare schneller unterscheiden erlernen als ältere; diese vermögen hingegen komplexere Strukturen besser zu erfassen. Mit derartigen Methoden wird u.a. der Einfluß psychotroper Pharmaka oder anderer Testsubstanzen auf Lerngeschwindigkeit und Gedächtnisdauer geprüft.

So veranschaulicht Abb. 10.15 exemplarisch, daß Goldhamster unter dem Einfluß von 0,5 mg/kg Körpergewicht Methamphetamin (Pervitin), das während der An-

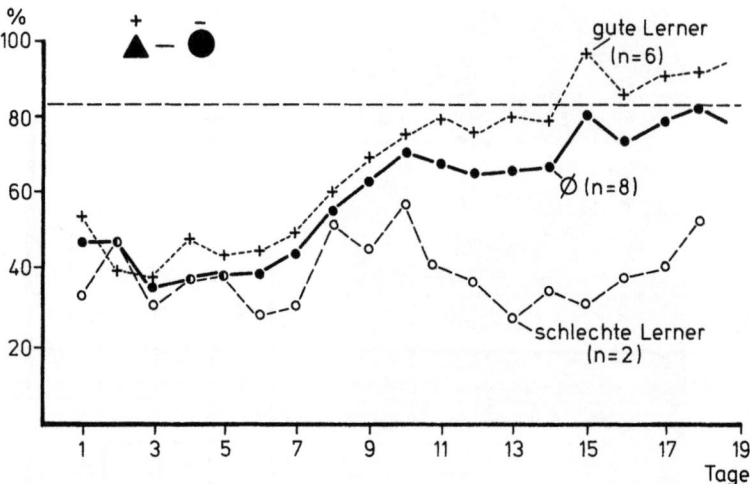

Abb. 10.14. Durchschnittliche Lerndauer von 8 weißen Labormäusen bei einer simultanen Zweifach-dressur zur Unterscheidung der Aufgabe „Dreieck" (= futterbelohnt) gegen „Kreis" (ohne Beloh-nung). Ordinate: Prozentsatz an Richtigwahlen. Gestrichelte Waagerechte: statistische Signifikanz-grenzen (82% bei 20 Wahlen pro Tag und Tier)

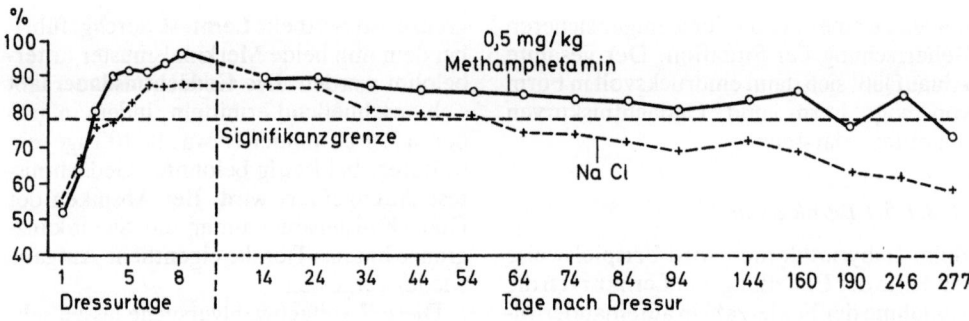

Abb. 10.15. Einfluß eines Psychopharmakons (Pervitin) auf die Lern- und Gedächtnisleistung von Goldhamstern bei der Unterscheidung eines horizontalen von einem vertikalen Streifenraster. Ab-szisse: Tage nach Dressurbeginn (mit Pervitin) bzw. Dressurende (ohne Pervitin); Ordinate: durch-schnittlicher Prozentsatz an Richtigwahlen von je 12 Tieren. (Nach RENSCH und RAHMANN, 1960)

lernphase intraperitoneal verabreicht wurde, das Gedächtnis an eine erlernte vi-suelle Zweifachaufgabe (Unterscheidung eines horizontalen von einem vertikalen Streifenraster) etwa viermal länger (bis zu 200 Tage nach abgeschlossenem Lerntest) bewahrten als Kontrolltiere. Eine vierfach stärkere Pervitindosis hatte hingegen einen völlig gegenteiligen Effekt.

10.3.1.5.2 Lern- und Gedächtniskapazität, Gedächtnisdauer

Auf der Basis von visuellen Zweifachunter-scheidungsaufgaben läßt sich nun auch die

Lern- und Gedächtniskapazität, d.h. die Grenze des Erfassungsvermögens für un-terschiedliche Reizmuster ermitteln. Die Kapazität scheint nicht so sehr von der phy-logenetischen Stellung der Tiere als viel-mehr von der absoluten Hirngröße und -komplexität, d.h. von der Anzahl an Ner-venzellen insgesamt und deren Verschal-tung, abzuhängen (Abb. 10.16).

Die **Gedächtnisdauer** läßt sich ebenfalls, wie oben dargestellt, erfassen. Je nach Or-ganisationshöhe des Nervensystems ist sie bei den Wirbellosen auf wenige Tage bis Wochen beschränkt, bei den Wirbeltieren kann sie sich – ebenfalls in Abhängigkeit vom Organisationsniveau des Nervensystems – auf viele Monate bis Jahre erstrekken (Abb. 10.17). Auf die physiologischen und biochemischen Grundlagen der Gedächtnisbildung und -speicherung wird detailliert in Kap. 11 eingegangen.

10.3.1.6 Lernen durch Nachahmung bzw. Beobachtung

Dieser Lernform wird häufig zu wenig Beachtung geschenkt. Oftmals wird hier als Beispiel lediglich die Ausprägung des Vogelgesanges genannt: So ist etwa beim Buchfink nur das Grundmuster des Artgesanges erblich festgelegt, die Variabilität des Gesanges lernen junge Buchfinken jedoch erst durch Nachahmung des väterlichen Gesangs (vgl. Abb. 10.9). Ein Nachahmungslernen ist besonders deutlich auch bei Primaten ausgeprägt: Junge Schimpansen lernen in freier Wildbahn innerhalb ihres Sippenverbandes den Gebrauch z.B. von Werkzeugen und dgl. durch Nachahmung. Auf dieser Grundlage ist aber nicht nur bei Tieren, sondern in sehr viel ausgeprägterer Weise auch bei uns Menschen die

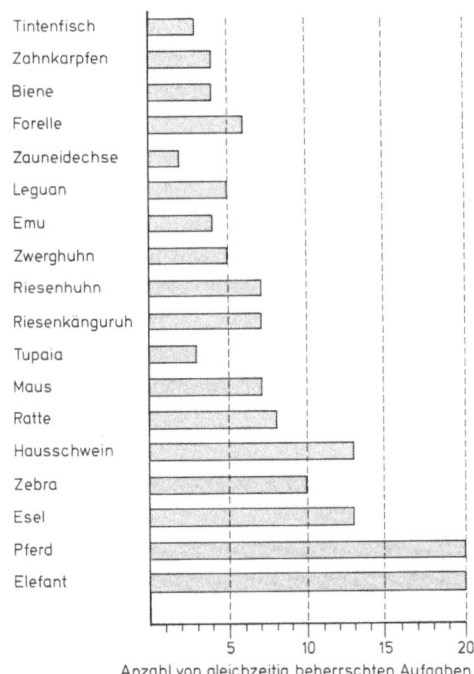

Abb. 10.16. Unterschiedliche Lern- und Gedächtniskapazität bei Tieren, aufgezeigt anhand der unterschiedlichen Anzahl von gleichzeitig beherrschten optischen Musterpaaren

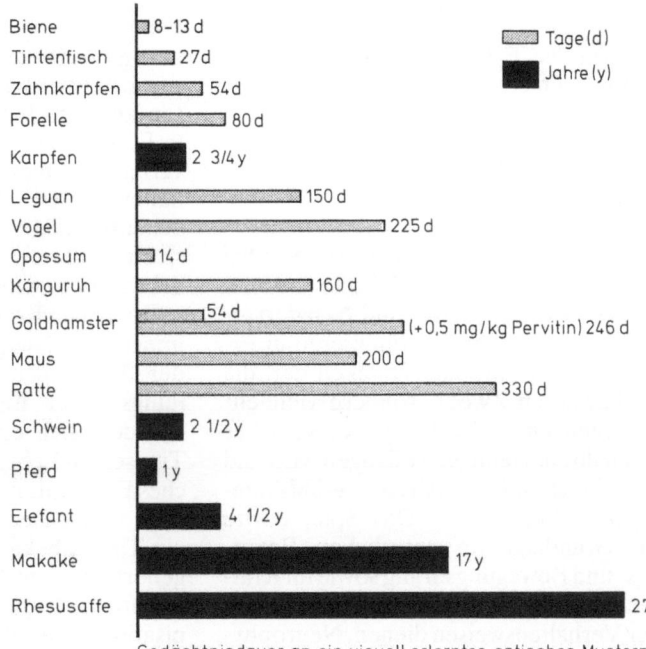

Abb. 10.17. Unterschiede in der maximalen Gedächtnisdauer von Tieren an ein visuell erlerntes optisches Musterpaar. Beachte beim Goldhamster die Beeinflußbarkeit der Gedächtnisdauer durch ein Psychopharmakon (vgl. Abb. 10.15)

Traditionsbildung, d.h. die nichtgenetische Weitergabe individuell gesammelter Erfahrungen von Generation zu Generation, möglich. Außerordentlich viele Komponenten der Erfahrungsbildung (Werkzeugherstellung, -handhabung, viele Verhaltensweisen etc.) basieren auf einem Lernen durch einfache Nachahmung. Vieles spricht dafür, daß Nachahmungslernen in der früheren Entwicklung bereits zu einem Zeitpunkt stattfindet, wenn − mangels Ausreifung von Funktionsstrukturen − die Folgehandlung noch gar nicht geleistet werden kann (= Beobachtungslernen).

10.3.1.7 Lernen durch Training von Handlungsabläufen

Ein Lernen durch Training von Handlungsabläufen dürfte den meisten Lernformen, vor allem auch dem Lernen durch operante Konditionierung (vgl. Kap. 10.3.1.5), unterlagert sein. Hierbei handelt es sich um die Verfeinerung bereits grob ausgeprägter Fähigkeiten. Diese können entweder erblich angelegt worden sein − wie etwa Bewegungsformen (Fliegen, Schwimmen usw.) − und müssen nur verfeinert werden, oder aber sie wurden individuell erst erworben, wie besondere Fertigkeiten (Klavierspiel, Aufrechtgehen etc.) oder auch assoziative und kognitive Erfahrungen (Sprachenlernen, Rechnen etc.).

10.3.1.8 Lernen durch Spiel- und Neugierverhalten

Das besonders bei höheren Tieren wie bei Fischen, vor allem aber bei Vögeln und Säugern beobachtbare **Spiel-** und **Neugierverhalten** tritt vor allem bei Jungtieren in Erscheinung. Es stellt eine Tätigkeit dar, die ohne bewußten Zweck, sondern vielmehr aus Vergnügen an der Tätigkeit als solcher bzw. an ihrem Gelingen vollzogen wird und offensichtlich mit **positiven Gefühlsbetonungen** verbunden ist. Das Spiel dürfte seine Grundlage im natürlichen Betätigungs- und Bewegungsdrang sowie im Kräfteüberschuß haben und dem Einüben arteigener Verhaltensweisen dienen. Neurophysiologische Grundlage für das Spiel- und Neugierverhalten dürfte eine erhöhte Anlage labiler Synapsen während früher Entwicklungsphasen sein.

Bei Tieren sind am häufigsten **Kampf- und Jagdspiele** ausgeprägt. Sie unterscheiden sich vom Ernstverhalten dadurch, daß bei diesen Handlungsabläufen Hemm-Mechanismen (z.B. Beißhemmung) eingeschaltet sind. Bei derartigen Spielen sammeln die Tiere zugleich individuelle Erfahrungen über die Einsatzmöglichkeiten ihres Körpers (z.B. Zielanflüge von Vögeln auf Äste u. dgl.).

Das Spiel des Kindes vermag neben der Funktion, kognitive Fähigkeiten zu trainieren, dessen soziale Identität zu entwickeln. Besonders während der beiden ersten Lebensjahre übt das Kind mit Hilfe häufig wiederholter Bewegungen körperliche Funktionen ein (Funktionsspiele), danach setzt die Phase der **Fiktionsspiele** (Rollen-, Illusions-, Deutungsspiele) ein, während derer das Kind mit Mimik und Gestik Handlungen und Verhaltensweisen anderer nachzuahmen versucht. Insgesamt stellt das Spiel des Menschen ein von unterschiedlichsten Faktoren bestimmtes Verhalten dar, das für die Wechselbeziehungen zwischen Individuum und Gesellschaft essentielle Bedeutung hat.

Allgemeinere Kennzeichen des Spiels können sein: Verhaltensweisen ohne Ernstbezug; Auftreten völlig neuen Verhaltens und/oder frei kombinierter Verhaltensweisen aus verschiedensten Funktionskreisen (z.B. aus Beutefang, Angriffs- oder Fluchtverhalten); übertriebene, z.T. sinnlose Verhaltensweisen; Verhalten mit energie- und zeitaufwendiger Durchführung; Objektspiele mit eigenem Körper (z.B. mit Schwanz bei Affen).

Das in den Komplex der Spielhandlungen integrierte **Neugierverhalten** dürfte eine der Grundlagen für das so wichtige Erkundungs- oder **Explorationsverhalten** sein, mit dem sich ein heranreifendes höheres Tier seinen Lebensraum erschließt. Ein solches Explorationsverhalten drückt sich u.a. auch in der Reaktionsbereitschaft aus, die ein Tier unbekannten Testobjekten entgegenbringt. Hierbei zeigen sich z.T. beträchtliche Unterschiede parallel zur Organisationshöhe des Hirns: Primaten und Raubtiere zeigen sich gegenüber neuartigen

Testobjekten wesentlich aufgeschlossener als Nage- oder Beuteltiere; Reptilien verhalten sich in vergleichbaren Versuchssituationen weitgehend indifferent (Abb. 10.18).

Im Gegensatz zum starrer ablaufenden Instinktverhalten wird beim Spiel- und Neugierverhalten die normale Reihenfolge von Appetenzverhalten, Schlüsselreiz (= angeborener Auslösemechanismus), Endhandlung nicht immer eingehalten. Vielmehr werden einzelne Teilhandlungen eines Gesamtverhaltenskomplexes oftmals hintereinander wiederholt. Spiele bei Erwachsenen sind relativ selten und erfolgen dann zumeist nur in völlig entspanntem Zustand, d.h. losgelöst von äußeren Sachzwängen (z.B. von Feindbedrohung oder Nahrungssuche).

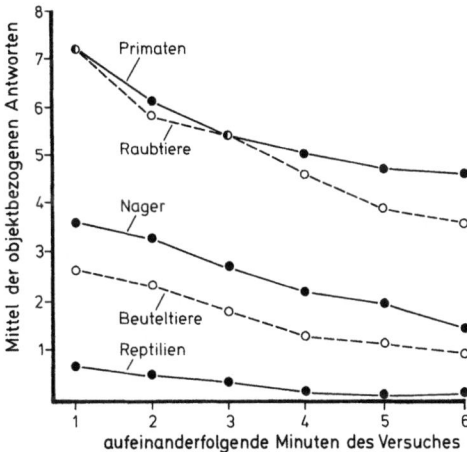

Abb. 10.18. Neugier- und Explorationsverhalten bei Wirbeltieren unterschiedlicher Organisationshöhe. Getestet wurde die mittlere Reaktionsbereitschaft gegenüber neuartigen Testobjekten im Verlauf einer 6 min-Periode, wobei die Anzahl an Zuwendungen der Tiere zu einem Objekt in 5 s-Perioden gewertet wurde. (Nach FRANCK, 1985)

10.3.1.9 Lernen durch einsichtiges Verhalten (kognitives Lernen), planvolles Handeln

Unser menschliches Lernen besteht neben dem individuellen Erwerb von Fertigkeiten und Verhaltensweisen zu einem sehr großen Anteil aus einer überwiegend einsichtigen, aktiven, sozial vermittelten Aneignung von Kenntnissen und Überzeugungen. Aufgrund der kognitiven Lerntheorien (W. KÖHLER, E. C. TOLMAN) sollen Problemsituationen durch einsichtiges Lernen, mit dessen Hilfe Begriffe gebildet oder Ordnungen, Regeln und Systeme erfaßt werden, bewältigt werden können. **Einsichtslernen** stellt gewissermaßen ein „Durchspielen" von Verhaltensalternativen auf der Grundlage von wahrgenommenen Umweltmerkmalen sowie von individuell gespeicherten früheren Erfahrungen dar mit dem Ergebnis einer angepaßten Verhaltensweise. Einsichtslernen kann auch als Versuch und Irrtum-Lernen am eigenen inneren Modell bezeichnet werden. Die während dieses Prozesses vorgenommenen Korrekturen an einer sich ausprägenden Gedächtnisspur erfolgen von innen heraus durch „verinnerlichtes Handeln" (= **Denken**) aufgrund des Abgleichens aktueller Informationen mit früheren Erfahrungen.

Einsichtiges Verhalten läßt sich nicht nur beim Menschen, sondern auch bereits bei höheren Affen eindeutig belegen. Die ersten diesbezüglichen Versuche gehen auf WOLFGANG KÖHLER zurück, der nachwies, daß Schimpansen über ein primitives Erfassen von Zusammenhängen hinaus bereits über ein gewisses Maß an Voraussicht verfügen. So ist ein Schimpanse in der Lage, nach einer Phase des Überlegens in zielgerichteter Weise Werkzeuge und andere Hilfsmittel einzusetzen, um eine bis dahin unerreichbare Futterbelohnung zu erreichen.

BERNHARD RENSCH und Mitarbeiter wiesen in wesentlich komplexeren Lernversuchen mit einer jungen Schimpansin nach, daß diese fähig ist, in einer längeren Planungsphase die verschiedensten Handlungsmöglichkeiten im Hinblick auf den zu erwartenden Erfolg vorwegzunehmen. So hatte die Schimpansin in einer Versuchsreihe gelernt, mit einem Schlüssel eine Kiste zu öffnen, in der sie ein Werkzeug zum Öffnen einer nachfolgenden, andersartig zu öffnenden Kiste vorfand usw., bis sie schließlich in einer letzten Kiste eine Futterbelohnung erhielt. Nach Beherrschen dieser Grundaufgabe wurden diese und einige zusätzliche Kisten unregelmäßig im Käfigraum der Schimpansin aufgestellt. Acht enthielten ein Öffnungswerkzeug, eine blieb leer, und in einer fand sich die Futterbelohnung. Gleichzeitig wurde der Schimpansin eine Wahlkiste mit zwei Öffnungsgeräten geboten, von denen jedoch nur eines die Futterkiste aufschloß. Bevor der Affe sich anschickte, aus der Wahlkiste eines der beiden Öffnungsinstrumente auszusuchen, setzte er sich in seinem Käfigraum auf einen erhöhten Beobachtungssitz und musterte für einige Zeit den Versuchsaufbau. Hierbei mußte er vorausschauend im Sinne planvollen Handelns die verschiedensten Möglichkeiten durchdenken, auf welche Weise er am rationellsten zum Ziel, nämlich der Futterbelohnung käme (Abb. 10.19). Nach kurzem Überlegen fand die Schimpansin fast immer die schnellste Lösung heraus und

öffnete dann in richtiger Reihenfolge die Kisten mit sprichwörtlich „affenartiger Geschwindigkeit".

In einer zweiten Versuchsserie lernte die Schimpansin, mit Hilfe eines Magneten einen unter einer Plexiglasscheibe befindlichen Eisenring durch ein Labyrinthsystem auszuschleusen, um mit ihm anschließend aus einem Automaten eine Futterbelohnung einzutauschen. Die Apparatur war so beschaffen, daß der Affe das jeweils neu gesteckte Labyrinth auf seine Wegführung hin überblicken mußte, um den Eisenring richtig auszuschleusen, da schon ein einziger falscher Zug am Start den Ring nicht wieder freigab (Abb. 10.20). Auch in diesem Fall betrachtete die Äffin das jeweilige Labyrinth ausgiebig, plante ihre Handlungen sorgfältig voraus und führte sie dann in einem Zuge mit größter Treffsicherheit aus. Parallel hierzu getestete Studenten beherrschten die Situation eher schlechter.

Derartige planvolle Handlungsweisen lassen sich nun nicht nur von Affen in Laborexperimenten belegen, sondern sind auch unter Freilandbedingungen zu beobachten: So sammeln z.B. Schimpansen bereits in beträchtlicher Entfernung von mehreren hundert Metern vor einem Termiten-

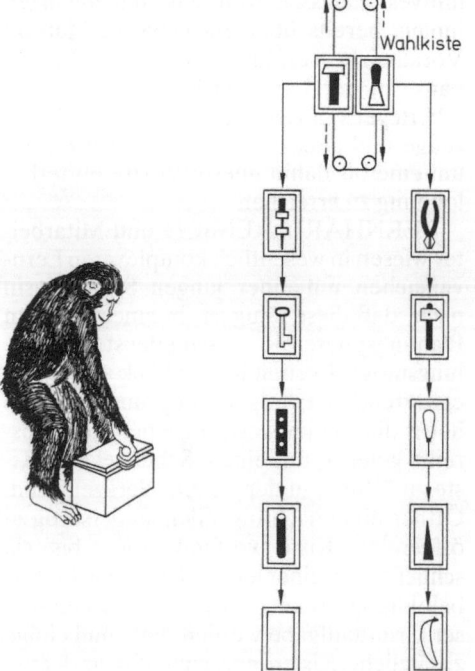

Abb. 10.19. Planvolles Handeln: Eine Schimpansin lernte, nacheinander Kisten zu öffnen, in denen jeweils das Werkzeug zum Öffnen der nächsten Kiste lag. Die im Schema gezeichneten Kisten wurden im Aufenthaltskäfig wahllos verteilt. Bei Vorweisen unterschiedlich „wertiger" Öffner wählte die Schimpansin nach einer Phase des Planens jeweils denjenigen Schlüssel aus, der am raschesten zum Erfolg (Banane) führte. (Nach RENSCH, 1973)

Abb. 10.20. Planvolles Handeln: Mit Hilfe eines Magneten gelang es einer Schimpansin nach längerem Training, einen Eisenring fehlerfrei durch ein kompliziertes Labyrinth zu ziehen, dessen Gänge von Versuch zu Versuch verändert wurden. Vor jedem Versuch plante die Schimpansin ihre Handlungen vor und führte sie dann zügig und zumeist fehlerfrei aus. (Nach RENSCH, 1973)

bau geeignete Stöcke auf, mit deren Hilfe sie anschließend im Termitenbau herumstochern, um Termiten dadurch aus dem Bau zu locken.

Diese Versuche bzw. Beobachtungen zeigen, daß neben dem Menschen zumindest auch die Menschenaffen bereits fähig sind, einfache Kausalzusammenhänge zu erfassen und die Folgen von längeren Handlungsketten planend in ihr Verhalten mit einzubauen.

Das Erfassen von kausalen und letztlich auch logischen Zusammenhängen dürfte bei den Tieren zum Teil auf **averbalem Urteilsvermögen** beruhen, d.h. auf der Fähigkeit, Beziehungen zwischen zwei Wahrnehmungs- (oder Vorstellungs)komplexen herzustellen, wie es etwa beim Erfassen von Gleichheiten oder Ungleichheiten der Fall ist. Zum anderen dürfte es auf der Fähigkeit zu **averbalen Schlußfolgerungen** fußen, die etwa beim spontanen Erfassen neuer Sachverhalte gezogen werden. Solche Assoziationsabläufe sind Ausdruck für ein **averbales Denken**.

Die Art und Weise, in der innerhalb des Nervensystems eine Verknüpfung von früher gesammelten Erfahrungen mit aktuellen Informationen erfolgt, so daß daraus einsichtiges, eventuell zukunftsorientiertes bzw. planvolles Handeln resultiert, ist bislang experimentell noch nicht faßbar. In jedem Fall dürfte als Voraussetzung dafür ein hinreichend großer Fundus an Erfahrungen und damit ein differenziertes internes Modell von der Außenwelt erforderlich sein. Letzteres dürfte seinerseits an Gedächtnisstrukturen gebunden sein, die mittels einfacherer Lernformen erworben wurden.

10.3.1.10 Abstraktion, Generalisation und Extrapolation beim Lernen

Aus den Ergebnissen von Lernversuchen mit höheren Wirbeltieren läßt sich ableiten, daß sich diese beim Lernen, ähnlich wie der Mensch, von den einzuprägenden Merkmalen nicht etwa jedes einzelne Detail merken (= Absolutlernen), sondern sich vielmehr auf wesentliche Charakteristika beschränken. Auch Tiere können erlernte Merkmale selbst dann noch wiedererkennen, wenn späterhin gegebenenfalls nur noch einzelne,

jedoch markante Teilkomponenten derselben vorhanden sind. Auch Tiere besitzen demnach die Fähigkeit zur Abstraktion, Generalisation und Extrapolation.

Unter **Abstraktion** ist in diesem Zusammenhang die Fähigkeit zu verstehen, das unter einem bestimmten Gesichtspunkt Wesentliche vom Unwesentlichen oder Zufälligen zu unterscheiden und herauszusondern. Diese Fähigkeit dürfte im Prinzip allen tierischen Lernvorgängen zugrunde liegen. Bei den Wirbeltieren jedoch dürfte sie zu averbalen, d.h. nicht durch Wortsymbole gekennzeichneten, Vorstellungskomplexen, also zu averbalen **Begriffen** führen. Im Falle einer visuellen Zweifachwahldressur muß ein Versuchstier zunächst von der Umgebung in der Dressurapparatur abstrahieren und sich nur auf die Mustermerkmale konzentrieren. Von den Mustern geht bald eine stärkere Reizwirkung aus, da an diese, wie bereits nach wenigen Wahlen erkannt wird, eine Belohnungserwartung geknüpft werden kann und dadurch die Aufmerksamkeit gesteigert wird. Das Tier lernt beim Einprägen eines Musters einmal die Aufgabe als solche, nämlich nach einem richtigen Wahlvorgang Futter zu erlangen, zum anderen erkennt es gleichzeitig dabei aber auch den Unterschied zwischen dem positiven und negativen Muster. Beim Lernen der eigentlichen Muster prägt sich das Tier nun normalerweise nicht alle Einzelheiten eines zu erlernenden Musters ein, sondern nur die charakteristischen Merkmale bzw. diejenigen, die seine Aufmerksamkeit besonders erregen. Es findet also auch hierbei eine Abstraktion bzw. Generalisation statt. Bei der Unterscheidungsdressur auf „horizontal stehendes Quadrat gegenüber einem Dreieck" reagiert ein Fisch beispielsweise auch noch im Dressursinne, wenn ihm nur die obere und untere Begrenzungslinie des Quadrates gegen einen Winkel geboten werden.

Die besonderen intellektuellen Leistungen des Menschen wären ohne Vorhandensein eines außerordentlichen Generalisationsvermögens nicht vorstellbar. In der Lernpsychologie versteht man unter **Generalisation** das Phänomen, daß erlernte Reaktionen außer durch bedingte Reize auch durch solche ausgelöst werden können, die diesen bedingten Reizen ähnlich sind. Mit anderen Worten bedeutet generalisieren, aus Einzelfällen allgemeine Begriffe zu gewinnen, also zu verallgemeinern.

Werden bei einer Dressur auf ein Merkmalspaar anschließend die Ausgangsmuster stufenweise abgeändert, so kann man beobachten, daß das Versuchstier letztlich ein Musterpaar auch dann noch richtig unterscheiden kann, wenn es nur noch wenige Komponenten des erlernten Ausgangsmusters enthält. Das Tier handelt so, als ob es einen Allgemeinbegriff gebildet hätte. Figuren werden also auch dann noch wiedererkannt, wenn sie vergrößert, verkleinert, gedreht oder nur durch Teilkomponenten oder in anderen Farben dargestellt werden; in jedem Fall müssen jedoch irgendwelche charakteristischen Teilmerkmale erhalten geblieben sein. So lernen Rhesusaffen beispielsweise, „gleich" von „ungleich" zu unterscheiden, wenn sie von drei gleichzeitig gebotenen Testobjekten, bei denen immer zwei gleich sind und eines jedoch anders ist,

jeweils dressurgemäß nur das „ungleiche" herausfinden, obgleich die Testobjekte in immer wieder anderer Form geboten werden. In einem anderen Fall wurde eine Zibetkatze (Viverricula) in einer Andressur auf zwei ungleiche gegen zwei gleiche Kreisflächen dressiert. In anschließenden Gedächtnistests wurde nun das Grundmuster ständig immer weiter abgeändert, so daß vom kreisförmigen Ausgangsmuster schließlich nichts mehr übrig blieb außer dem Grundprinzip „Gleichheit" gegenüber „Ungleichheit". In überraschend sicherer Weise konnte die Zibetkatze jedoch demonstrieren, daß sie das Gleichbleiben einer in jeder neuen Aufgabe enthaltenen Relation zwischen beiden Mustern erkannte (Abb. 10.21). Diese Fähigkeit zur Generalisation beinhaltet z.T. auch diejenige zur **Extrapolation**, d.h. der näherungsweisen Bestimmung von Funktionswerten außerhalb des eigenen Erfahrungsspektrums aufgrund der bisherigen individuellen Erfahrung.

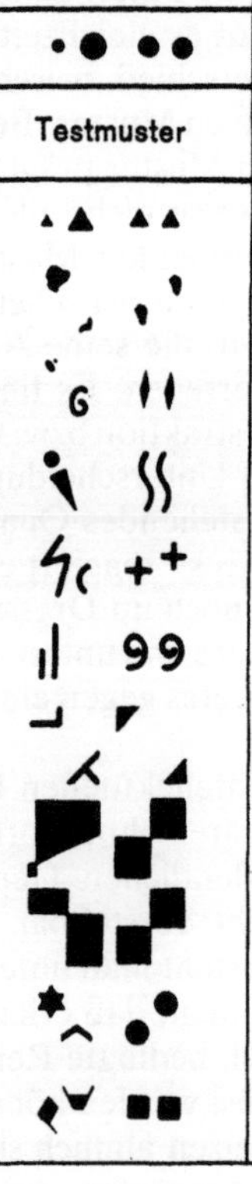

Nr.	Ausgangsmuster		
1.	• ● ••		
	Testmuster	Anzahl der Tests	Prozentsatz der „Richtig-Wahlen"
2.	▴ ▲ ▲ ▴	100	70
3.		95	87
4.	6 ‖	70	99
5.	\ ₰	50	90
6.	⅄ʕ +⁺	60	80
7.	‖ 99	60	85
8.		110	75
9.		50	78
10.		60	73
11.	★ • ●	50	90
12.	◆ᵛ ■■	50	80

Abb. 10.21. Prozentsätze an Spontanwahlen einer Zibetkatze (Viverricula) im Sinne einer Ausgangsdressur auf ungleiche gegen gleiche Kreisflächen bei einer Serie neuer, nicht andressierter Musterpaare. Die ersten 12 Generalisationen. (Aus RENSCH, 1973)

Diese Fähigkeit äußert sich letztlich in planvollen, zukunftsorientierten Handlungsweisen (vgl. Kap. 10.3.1.9).

10.3.1.11 Bildung von vorsprachlichen Wertbegriffen beim Lernen

Die Fähigkeit höherer Wirbeltiere zur Abstraktion und Generalisation dürfte wohl allen Lernvorgängen zugrunde liegen. Sie führt u.a. zu Vorstellungskomplexen, die nicht durch ein Symbol (z.B. Wort) gekennzeichnet sind, d.h. zu **unbenannten**, **averbalen Begriffen**.

Die vorauf geschilderten Beispiele der Fähigkeit zur Bildung eines **Gleichheitsbegriffes**, in denen Affen bzw. eine Zibetkatze während einer Dressur lernten, aus einer Reihe von visuellen Objekten jeweils gleiche herauszusuchen, gelten auch bei Reizen anderer Sinne. So reagierte ein dressierter Graupapagei bei Umstellung von optischen auf akustische Signale spontan richtig. In anderen Versuchen ertasteten Schimpansen in einem Sack mit dreidimensionalen Gegenständen ohne optische Kontrolle denjenigen, der einem zuvor gezeigten, nur optisch wahrgenommenen, glich. Hier zeigt sich also eine noch weitergehende Generalisation des Gleichheitsbegriffes. So können beispielsweise Dohlen lernen, von zwei Futterschälchen mit Pappdeckeln, auf die drei oder vier Punkte aufgemalt waren, stets nur den Deckel mit drei Punkten abzuwerfen, um darunter eine Futterbelohnung vorzufinden. Die Punktmuster konnten in unterschiedlichster Anordnung oder Stärke geboten werden. Selbst als die Tuschepunkte durch Mehlwürmer ersetzt wurden, wählten die Dohlen spontan nur die drei und ließen die vier unbeachtet. Späterhin wählten die Dohlen die Punktzahlen sogar, wenn ihnen diese zuvor per Anweisertafel gezeigt worden waren. Sie hatten also die Fähigkeit erworben, gleichzeitig dargebotene Gegenstände allein nach ihrer Anzahl zu beurteilen (Erkennen von gleichen Anzahlen, Erfassen des **Zahlenbegriffs**).

Des weiteren läßt sich bei Vögeln in rhythmusfreier Folge ein „Abhandeln von Anzahlen" andressieren, wobei sich feststellen ließ, daß beim Graupapagei 8 die höchste erkennbare Anzahl ist, bei Rabe,

Elster und Eichelhäher 7; bei Wellensittich und Dohle 6 und bei der Taube 5. Erstaunlich ist, daß der Mensch ohne benanntes Abzählen auch nicht über die Anzahl 8 hinauskommt. Er verfügt demnach über ein vorsprachliches Erfassungsvermögen von Anzahlen in ähnlicher Weise wie höhere Wirbeltiere allgemein. Das sprachgebundene Zählen des Menschen dürfte sich wahrscheinlich also auf der Grundlage des bereits bei höheren Wirbeltieren nachweisbaren averbalen Zahlenbegriffes entwickelt haben. (Interessant ist es, daß z.B. die japanische Sprache ursprünglich nur für die Zahlen 1−9 ein eigenes Wort und darüber hinaus nur „viel" besaß.)

Auch **vorsprachliche Wertbegriffe** sind bei Primaten bereits ausgeprägt: So wurde ein Rhesusaffe daraufhin dressiert, von 12 verschiedenfarbigen Metallringen jeweils nur 3 auszuwählen, die in einem Futterautomaten gegen unterschiedliche Futtermengen eingetauscht werden konnten (Abb. 10.22): gelber Ring gegen 15 Erdnüsse, weißer gegen 6, grüner gegen 3, blauer gegen 1 und roter gegen keine Erdnuß. Nach entsprechender Andressur wechselten die Häufigkeit und die Anordnung der Ringe auf dem Wahlbrett ständig. Fast immer wählte der Rhesusaffe die 3 höchstbelohnten Ringe. Er beherrschte die Wertstufung Gelb − Weiß − Grün − Blau noch nach

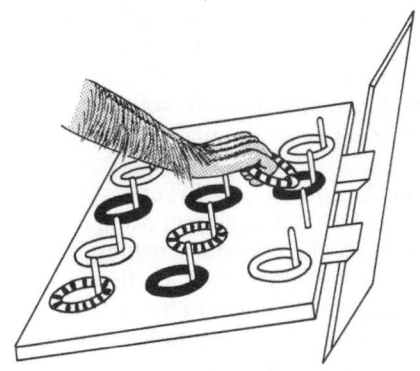

Abb. 10.22. Wertbegriffe bei Affen: Eine Rhesusäffin wählte von 12 verschiedenfarbigen Ringen nacheinander die jeweils drei höchstbelohnten Farbringe aus, um sie anschließend in einem Futterautomaten gegen Erdnüsse einzutauschen. (Nach RENSCH, 1973)

knapp 3 Jahren. Lediglich das ursprünglich spontan bevorzugte Rot, das im Test keine Futterbelohnung erbrachte, dominierte nach dieser langen Zeit wieder über Blau.

Insgesamt lehren derartige Versuche, daß höhere Affen also bereits zur Entwicklung von vorsprachlichen Wertbegriffen gegenüber Materiellem befähigt sind.

Von besonderer Bedeutung ist in diesem Zusammenhang, ob Tiere ähnlich wie der Mensch einen averbalen Begriff der eigenen Individualität, also einen **Ich-Begriff** bilden können. Aufgrund der Struktur und Funktion von Sinnesorganen, Nervensystem, Physiologie und Verhalten sollte – zumindest für höhere Primaten – von dem Vorhandensein eines Ich-Begriffs ausgegangen werden. Speziell das Putzen und Pflegen des eigenen Körpers und die dabei auftretende Doppelempfindung beim Tasten und Sehen der eigenen bewegten Gliedmaßen und der durch sie ausgelösten Effekte am eigenen Körper dürften bewirken, die eigene Individualität abzugrenzen gegenüber der Umwelt. Auch die Einordnung des Individuums in den Gruppenverband, die Stellung innerhalb der Rangfolge, die Ausprägung von Imponiergehabe, zeitweisen Besitzansprüchen und das Hören auf den eigenen Namen deuten darauf hin, daß zumindest für die Menschenaffen die Bildung eines Ich-Begriffs anzunehmen ist (B. RENSCH).

10.3.2 Kreativität

Unter dem Begriff „**Kreativität**" wird gemäß allgemeiner Übereinkunft die Fähigkeit des Menschen verstanden, produktiv zu denken und die Ergebnisse dieses Denkens, vor allem die originelle Neuverarbeitung bereits existierender individueller Informationen, zu konkretisieren. Ein solcher Kreativitätsprozeß vollzieht sich in mehreren Phasen, nämlich

- im Aufspüren und Erkennen von Problemen (oder auch von Mängeln, Lückenhaftigkeiten oder Unstimmigkeiten) in bis dahin bestehenden theoretischen oder praktischen Systemen,
- im Definieren von Problem- und damit von Fragestellungen,

- im Formulieren neuer Hypothesen,
- in der Suche nach Lösungen zur Untermauerung dieser Hypothesen,
- in der Weitervermittlung der neu gewonnenen Erkenntnisse, sowie letztlich
- in der Durchsetzung der neuen Erkenntnisse gegenüber etablierten Vorstellungen.

Die neurobiologische Grundlage auch der Kreativität ist vor allem die Fähigkeit eines Individuums, zu lernen und **Gedächtnis** auszuprägen, d.h. individuell gesammelte Erfahrungen wieder abrufbar zu speichern.

Elementare Grundvoraussetzung für ein eventuell später in Erscheinung tretendes kreatives Verhalten ist eine **ungestörte morphologische Differenzierung** der neuronalen Bahnungssysteme im Verlauf der frühen ontogenetischen Entwicklung. Eine solche ist notwendig, damit eine normgerechte Ausprägung von erblich festgelegten Verhaltensweisen (Taxien, Reflexen, Automatismen, Instinkten) gewährleistet ist.

Für die Kreativitätsentfaltung ist sicher nicht ohne Belang, daß es bereits in der pränatalen Entwicklung zum Erwerb erster individueller Erfahrungsmuster kommt, die sich u.a. in deutlichen Reaktionen eines Embryos gegenüber taktilen oder akustischen Reizen äußern, die somit einen prägenden Einfluß auf spätere Verhaltensnormen haben dürften. Im weiteren Verlauf der Entwicklung erfolgen während labiler postnataler Phasen irreversible Festlegungen (= Prägungen) von Früherfahrungen des Individuums, im Verlaufe derer u.a. Grundmuster zum Erkennen von Gesichtern, Raumgestalten sowie vor allem auch von Sprache als Basis für verbales Denken fixiert werden.

Parallel mit der Festigung der erblich angelegten Verhaltensstrukturen kommt es dank der **Lernfähigkeit** zur weiter fortschreitenden Aneignung von Gedächtnisinhalten, sei es durch Gewöhnung bzw. Sensitivierung neuronaler Bahnen, sei es durch Training von Handlungsabläufen, durch Prägung oder durch Konditionierung auf der Basis von Versuch und Irrtum. Aus all diesen Lernleistungen erwächst die Bildung des individuellen Gedächtnisses (vgl. Kap. 10.1 und 11).

Bei all diesen Lernvorgängen kommt der **Prädisposition** des Individuums (d.h. u.a. der genetischen Basis, der perinatalen Früherfahrung, dem sozialen Umfeld) und der Steuerung der Motivationslage (positiver oder negativer Gefühlsbetonung beim Lernen) besondere Bedeutung zu. Eine Intensivierung des Lerntrainings vor allem auf solchen Gebieten, auf denen Sonderveranlagungen erkennbar werden, sollte unter Einbeziehung des **Spiel- und Neugierverhaltens** sowie bei zunehmender Schulung des **einsichtigen Verhaltens** (kognitiven Lernens) flankiert sein von einem ausgewogenen Verhältnis zwischen positiv motiviertem **Leistungsdruck** und Phasen der Muße, d.h. des individuellen Spielraumes.

Es dürfte allgemein erkannt sein, daß eine Perfektion von Trainingsmaßnahmen (= **Virtuosität**) allein nicht zu kreativem Verhalten führt. Andererseits dürfte ein intensives Training auf verschiedenen Erfahrungsgebieten die Fähigkeit zur **Abstraktion**, **Generalisation** und **Extrapolation** von individuell gesammelten Erfahrungen erleichtern.

Fragen wir abschließend noch einmal: Wodurch wird dem Menschen eigentlich Kreativität ermöglicht? Wodurch kommt sie zustande? Die Antwort: Es ist die Fähigkeit zu vielseitigem Lernen, d.h. Sammeln von individuellen Erfahrungen, zur Abstraktion, Generalisation und Extrapolation, sowie die langfristige Speicherung dieser Erfahrungen. Diese befähigen den Menschen letztlich zur originellen Neuverarbeitung der bereits (im Prinzip bei allen als Möglichkeit vorhanden) existierenden individuellen Information im Sinne produktiven Denkens. Jedoch müssen diese Fähigkeiten in harmonischer und ausreichender Weise trainiert werden.

10.3.3 Motivation und Emotion

Die bioelektrischen und biochemischen Mechanismen, die den Vorgängen des Lernens und der Gedächtnisbildung, dem assoziativen und kreativen Denken sowie vor allem auch dem Sicherinnern zugrunde liegen, funktionieren nicht losgelöst von einer entsprechenden Motivationslage, in der sich ein Individuum zu Beginn dieser neuronalen Funktionsabläufe befindet. **Motivation** ist in diesem Zusammenhang die Summe jener Motive, die bestimmten Verhaltensweisen oder Handlungen vorausgehen und die sie leitend (vor allem richtungsweisend und fördernd oder hemmend bei Motivmangel) beeinflussen. Die Motivation bedingt also den **Impuls** oder **Antrieb** (drive) für Verhaltensabläufe. Dieser Antrieb kann entweder von außen angeregt sein, oder er erfolgt aufgrund innerer physiologischer Zustände (u.a. hormonelle Ausgangssituation, Stoffwechsellage). Die inneren Aktivitätsmuster des Nervensystems sind dabei oftmals rückgekoppelt mit geeigneten Schlüsselreizen der Umwelt.

Zu einem effektiven Lernen gehört, daß es von einer positiven Motivationslage begleitet wird. Freude und Interesse am Lernstoff und damit am Zugewinn von Wissen oder individuellen Erfahrungen sowie Belohnungen bedingen **positive Gefühlsbetonungen**, wohingegen Angst, z.B. vor Strafe, oder Schmerz negative Begleitgefühle auslösen.

Bekanntlich können sowohl Belohnung als andererseits auch Strafe als äußere Motivationsfaktoren zum Lernerfolg führen. Unter Strafandrohung wird häufig sogar beträchtlich schneller gelernt; jedoch kann hierbei der Lernerfolg oftmals durch parallel auftretende **Neurosen** wieder zunichte gemacht werden. Auf diesem Hintergrund erhalten **Emotionen**, also Gefühls- oder Gemütsbewegungen, einen außerordentlich hohen Stellenwert für Lern- und Assoziationsvorgänge.

Der **Motivationskomplex**, dessen Wirkungsgefüge beim Menschen aus verschiedenartigen Antrieben, wie etwa Spiel-, Manipulations-, Explorations- und Lerntrieb, bestehen kann, läßt sich u.a. in folgende Teilkomponenten gliedern, von denen jede für sich Einfluß nehmen kann auf die Art und Weise einer Gedächtnisspeicherung:

- physiologische Grundbedürfnisse wie Hunger, Durst, Schlaf, Entspannung, sexueller Trieb;
- Vermeiden von Bedrohung und Gefahr;
- Gefühle wie Furcht, Liebe, Eifersucht, Sympathie und Antipathie;
- Emotionen, Affekte, Streß, Krankheit;

- Selbstwertgefühl, Prestige, Vollkommenheitsbedürfnis;
- Selbstbestätigung, Selbstverwirklichung;
- geistige Anregung;
- Einfluß von Erziehung, Religion, Jugenderfahrung;
- besondere Interessenslage;
- ästhetisches Bedürfnis;
- Freiheitsbedürfnis;
- Bedürfnis, etwas zu verstehen;
- Vorurteile;
- Sozialeinflüsse wie Familienzugehörigkeit, Gesellschaftszugehörigkeit, Prägung durch Tradition und Brauchtum, Freundschaftsbeziehung;
- Frustration.

Unter **Antrieb** wird in diesem Zusammenhang ein spontan aktivierbares, auf neuronalen Strukturen basierendes Funktionssystem verstanden, das durch äußere Auslöser, Lernerfahrungen, aber auch durch innere Rückkopplungsmechanismen in Betrieb genommen werden kann, so daß hierdurch vegetative, motorische sowie vor allem auch kognitive Verhaltensweisen ausgelöst werden können.

Die kausalen Mechanismen über die Ausprägung sowie das Zustandekommen der verschiedenen o.a. Motivationsformen, vor allem hinsichtlich ihrer neurobiologischen Grundlagen, sind noch weitgehend unentdeckt, zumal zwischen den verschiedenen Typen diffizile Interaktionen bestehen dürften. Gegenwärtig können lediglich detailliertere Angaben gemacht werden über den Ursprung und den Verlauf relativ einfacher, jedoch ungeheuerlich bedeutsamer Motivationsfaktoren wie Hunger, Durst, Streß, Schmerz, Sexualität und Brutpflegetriebe sowie auch in etwa über Gemütsbewegungen **(Emotionen)**. Steuerzentralen hierfür sind vor allem im **Hypothalamus** nachgewiesen worden, wobei Einzelheiten über die Interaktionen zwischen den einzelnen Neuronengebieten sowie auch gegenüber dem neuroendokrinen System erst anfänglich erkannt werden. Die neuronalen Grundlagen für komplexere Motivationsformen wie Furcht, Sympathie, Antipathie, Eifersucht sind außerordentlich schwierig zu erfassen; genetische Grunddisposition und individuelle Erfahrungen

haben hier einen hohen Stellenwert. In diesem Zusammenhang gewinnen die Strukturen des **Hippocampus** in zunehmendem Maße an Bedeutung insofern, als sie Teilkoordinationen für integrierende vegetative und somatische Reaktionen ausführen und gravierend beteiligt sein sollen an der Steuerung der Motivations- und Emotionslage sowie der Aufmerksamkeitsspannung.

Welche Bedeutung kommt nun dem Motivations-Antriebs-Komplex beim Lernen sowie bei der Gedächtnisbildung zu?

Bekanntlich wird ein Lerninhalt niemals für sich alleine abgespeichert, sondern immer im Zusammenhang mit zahlreichen Begleitinformationen. Hinsichtlich der Fixierung von Gedächtnisinhalten ist daher besonders zu berücksichtigen, daß also nicht nur das Engramm eines bestimmten Ereignisses isoliert festgehalten wird, sondern daß parallel hierzu auch die Begleitumstände wie vor allem die jeweils unterlegte Motivationslage, wie etwa **positive oder negative Gefühlsbetonungen**, mit engrammiert werden. Die Stärke und Richtung der Motivation kann dabei mit entscheidend sein für die Nachhaltigkeit der Engrammierung. Beim Lernen sollte daher neben der Prädisposition des Individuums (u.a. genetische Basis, perinatale Früherfahrung, soziales Umfeld) vor allem der **Motivationslage** hinsichtlich Motivationsstärke und -richtung ein essentieller Stellenwert beigemessen werden.

Beim Sicherinnern (oder auch beim freien Assoziieren) dürften die aktuelle und die seinerzeitige Emotionslage, unter deren Einwirkung die entsprechende Gedächtnisfixierung zustande kam, einander entsprechen. Aus humanpsychologischen Studien geht hervor, daß beim Wieder-ins-Gedächtnis-Rufen (Ekphorieren) zunächst Erinnerungen an ganz frische, noch nicht lange zurückliegende Ereignisse wieder wachgerufen werden, anschließend erst die an länger zurückliegende Vorkommnisse. Letztere werden jedoch nicht unbedingt in ihrer ursprünglichen zeitlichen Folge, sondern vielmehr in der Reihenfolge der zum aktuellen Zeitpunkt stärksten Emotionsbeladenheit wachgerufen. Daraus ist abzuleiten, daß für die Rückerinnerung zum einen die Motivationslage und -stärke zum Zeitpunkt der

Engrammierung und zum anderen auch die Motivationslage und -stärke zum Zeitpunkt des Sicherinnerns miteinander abgeglichen sein müssen. Es ist also festzuhalten, daß sich punktuelle Gedächtnisinhalte trotz ihrer materiell-biochemischen Fixierung nicht beliebig abrufen lassen, wenn nicht gleichzeitig eine Abgleichung der früheren mit der aktuellen Emotionslage stattfand.

Störungen beim **Sicherinnern** können – bei gleichem Erscheinungsbild – sehr unterschiedliche Ursachen haben, entweder durch irreversiblen Ausfall entsprechender Nervenstrukturen (z.B. infolge Hirnverletzungen) oder durch reversible Störungen aufgrund krankhafter Veränderungen (z.B. **Schlaganfall**) oder aber durch reversible Verschiebungen der Motivationslage.

Eine Negativverschiebung der aktuellen Motivationslage kann bei uns Menschen u.a. ausgelöst sein durch **geistige Überforderung** oder auch durch **geistige Unterforderung** insofern, als ein intellektuell hochausgebildeter Mensch etwa infolge langfristiger nicht adäquater Tätigkeit, wie z.B. Arbeitslosigkeit, Pensionierung oder unterqualifiziert Arbeit, so negativ motiviert wird, daß daraus entsprechende Fehlleistungen resultieren.

Negative Motivationslagen können also ähnliche Defekte der höheren Nerventätigkeit bewirken wie physiologische. Mit Veränderungen der Motivationslage dürften jedoch ebenso materielle Veränderungen im Nervensystem (Hypothalamus, Hippocampus?) einhergehen wie bei leichter ermittelbaren physiologischen. Hieraus ist hinsichtlich der Behandlung von Patienten mit Hirnleistungsdefekten unbekannter Ursache abzuleiten, daß bei ihnen bei therapeutischen Gegenmaßnahmen mit besonderer Aufmerksamkeit vor allem auch der Motivationshintergrund intensiv zu durchforschen ist.

10.3.4 Sozialverhalten

Der Begriff **Sozialverhalten** ist eine Sammelbezeichnung für Verhaltensformen von Tieren, die in Gruppen leben, sowie des Menschen als soziales Wesen. Im Gegensatz zu den bisher besprochenen, weitgehend auf das Individuum bezogenen Ver-

haltensweisen ist das Sozialverhalten der Tiere keinem speziellen Funktionskreis – etwa im Sinne einer Instinkthandlungskette – zugeordnet, sondern es setzt sich heterogen aus unterschiedlichsten Verhaltenskomponenten zusammen. Soziales Verhalten bewirkt die Bildung von **Sozietäten** unterschiedlicher Größe und Struktur, im Gegensatz zu bloßen Ansammlungen von Tieren ohne verhaltensmäßige Beziehungen.

Wesentliche Anteile sozialen Verhaltens dienen der sozialen Verständigung bzw. Kommunikation, wofür z.T. hochritualisierte Verhaltensweisen entwickelt worden sind (optische, akustische oder chemische Verständigung, bestimmte Körperbewegungen wie Demuts- oder Drohgebärde, Imponiergehabe etc.).

Das **Sozialverhalten der Tiere** wird zwar weitgehend instinktiv gesteuert und durch bestimmte Signale (Schlüsselreize, Auslöser) veranlaßt, doch spielen mit zunehmendem phylogenetischen Entwicklungsniveau auch soziale Lernprozesse eine bedeutsame Rolle. Demgegenüber wird das **Sozialverhalten des Menschen** zudem auch durch Traditionsbildung (kulturelle Symbole und Normen) gesteuert.

10.3.4.1 Soziallebensformen, soziale Organisation

Soziale Tiere entwickeln Organisationsformen des Zusammenlebens, die durch geeignete Kommunikationssysteme zwischen den beteiligten Artgenossen aufrechterhalten werden. Das Zusammenleben braucht nicht zeitlebens anzudauern, es kann vielmehr auf die Paarungszeit beschränkt sein, wie es beispielsweise bei solitär lebenden Arten der Fall ist.

Die tierischen Soziallebensformen können umweltbedingt sein (= **Aggregationen** von Tieren, die sich beispielsweise an einer Tränke oder einem geeigneten Überwinterungsplatz zusammenfinden) oder auf zusätzlicher **Sozialattraktion** (= sozialer Vergesellschaftung) beruhen. Bei der Sozialattraktion handelt es sich um das Wirken eines erblich festgelegten Sozialtriebs, d.h. ein generell bei allen Individuen einer Art vorhandenes Streben nach Gemeinschaft: Jungtiere reagieren auf Isolierung mit Kontaktfühlungslauten, Angstrufen oder Nachlaufen. Ein Normalverhalten tritt erst wieder bei Wiederanschluß an die Gruppe ein. Von Schwärmen abgesprengte Vögel versuchen auch stets, den Anschluß wieder zu erlangen.

Bei Sozialattraktionen ist zu unterscheiden zwischen anonymen und individualisierten Verbänden. Innerhalb eines **anonymen Verbandes** (Vogelschwarm, Fischlaichzüge von Lachs oder Aal, Wanderzüge des Lemmings) gibt es kein persönliches Kennen; die Individuen sind in ihrer Position im Verband weitgehend austauschbar, der aufgrund der Ausprägung von Gruppenmerkmalen (Insektenstaat, Rattensippe) zusammengehalten wird. Die Grenzen der **Sozialbilität** sind innerhalb des anonymen Verbandes unter den Einzeltieren recht weit gezogen und können – neben der beliebigen Austauschbarkeit der Individuen untereinander – sogar die Artgrenzen überschreiten (Schwarmvergesellschaftung von Dohlen, Krähen und Staren, Verbandbildung bei steppenbewohnenden Huftieren, wie Zebras, Gnus, Gazellen, Giraffen).

Gegenüber dem anonymen ist der **individualisierte Verband** gekennzeichnet durch persönliches Kennen der Tiere untereinander und vielfältige soziale Beziehungen der Gruppenangehörigen. So löst das Fehlen eines Gruppenmitgliedes Suchreaktionen aus (Affenhorde, Wolfsrudel). Der Zusammenschluß der Einzeltiere kann außerordentlich eng sein (Zusammenrücken bis zum körperlichen Kontakt bei Schlafgesellschaften von Zaunkönigen, Goldhähnchen, Baumläufern).

Innerhalb derartiger Schwarm- oder Verbandsbildungen richten sich die Aktionen der Gruppe entweder nach einem Initiator (Leittier), oder sie werden bestimmt durch das Verhalten der Majorität (z.B. beim Aufbruch eines Vogelschwarms). Im Sinne einer **Sozialimitation** kann die von einem Initiator ausgehende Handlung von Fall zu Fall von einem anderen Individuum nachgeahmt werden. In jedem Fall bewirkt eine Sozialimitation jedoch eine Koordination und Festigung von Handlungsweisen innerhalb der Sozietät.

Die Sozialbilität innerhalb individualisierter Verbände ist am intensivsten ausgeprägt im Falle von **Familien**. Sie treten besonders

bei Vögeln und Säugern auf und sind gegenüber dem anonymen Schwarmverband charakterisiert durch das geordnete Zusammenleben von Eltern und Kindern. Diese exklusive, **temporäre Sozietät** dient insbesondere der Aufzucht der Jungen und beginnt mit der Eipflege, wie sie z.B. bereits von Wabenkröten oder südamerikanischen Pfeilgiftfröschen ausgeübt wird. Einen echten Familienverband gibt es sogar schon bei maulbrütenden Fischen (Cichliden), bei denen sich an die Phase des Maulbrütens eine Periode der Führung und des Schutzes der Jungen anschließt. **Familienzusammenschlüsse** werden möglich aufgrund einer Verminderung oder gar Beseitigung der Isolierung und Exklusivität der Familie. So findet beispielsweise bei Pinguinen durch Abbau des Brutegoismus die Bildung integrierter Gruppen statt, in denen die Brutpflege kollektiv in „Krippen" durchgeführt wird. **Großfamilien (Sippen)** entstehen durch ein Verbleiben der fortpflanzungsfähigen Nachkommen im Familienverband. Sie sind relativ selten, sind allerdings bei der Wanderratte besonders ausgeprägt, bei der innerhalb einer Sippe Revierverteidigung und Fortpflanzung kollektiv erfolgen, Angehörige fremder Sippen jedoch getötet werden.

Die **biologische Funktion sozialer Zusammenschlüsse** dürfte in folgendem bestehen:
– im Schutz vor Freßfeinden durch gegenseitige Warnung oder gemeinsame Verteidigung (Moschusochsen),
– im Nahrungserwerb durch gemeinsame Jagd und wechselseitigen Informationsaustausch,
– in der Feindvermeidung bei der Fortpflanzung (Koloniebrüter, gemeinsame Brutpflege) sowie
– im Ausnutzen der Vorteile, die ein Leben in Gemeinschaftsbauten mit sich bringt (staatenbildende Insekten).

10.3.4.2 Soziale Verhaltensweisen

Bei sozial lebenden Tieren haben sich charakteristische **soziale Verhaltensweisen** herausgebildet, die nur in der Form des Zusammenlebens, nicht hingegen beim solitär lebenden Tier auftreten. Der Begriff „sozial" beinhaltet in der Biologie jegliches interaktive Verhalten zwischen Artgenossen, also auch agonistische, d.h. aggressive und defensive, Verhaltensweisen. Er ist somit wertfrei zu gebrauchen; er ist nicht mit dem positiv getönten Begriff aus der menschlichen Sozialgesellschaft gleichzusetzen. Das Sozialverhalten umfaßt im wesentlichen vier Funktionskreise, nämlich agonistisches Verhalten, Sexualverhalten, Brutpflegeverhalten sowie Gruppenverhalten.

10.3.4.2.1 Agonistisches Verhalten (Kampf- und Drohverhalten)

Im Sinne einer **intraspezifischen Aggression** haben sich oftmals bei sozial lebenden Tieren agonistische Verhaltensweisen entwickelt. Ihre biologische Bedeutung ist darin zu sehen, daß eine gleichmäßige Verteilung der Individuen über den Raum und damit eine optimale Ausnutzung der Nahrungsgrundlage gewährleistet werden. Parallel geht hiermit eine sexuelle Selektion einher, die dazu führt, daß nur die gesündesten und stärksten Individuen zur Fortpflanzung kommen. Da hierbei kämpfende Tiere verletzt oder zumindest geschwächt werden können, haben sich zum Aggressionsverhalten ergänzende Verhaltensweisen herausgebildet, die die Nachteile der Aggression weitgehend kompensieren:

So dient das Droh- und **Imponierverhalten**, das sich aus einer Überlagerung von Angriffs- und Fluchttendenzen erklären läßt, der Einschüchterung eines Konkurrenten, um einen wirklichen Kampf zu vermeiden. Äußere Erscheinungsformen dieses Verhaltens sind zum einen die vergrößerte Darstellung des Körperumrisses (Fell- oder Gefiedersträuben, Abspreizen von Körperteilstrukturen wie Kiemendeckel oder Kehlsack) sowie zum anderen das demonstrative Zurschaustellen von Waffen (Zähne, Schnabel, Geweih).

Demuts- und Beschwichtigungsgebärden sind das genaue Gegenteil des Drohverhaltens: Der Körper wird so klein wie nur möglich gemacht, gefährliche Waffen und aggressive Auslöser (Farbsignale bei Fischen) werden demonstrativ abgewendet. **Demutsgebärden** sind besonders deutlich bei wehrhaften Tieren ausgeprägt. Sie treten in Situationen auf, in denen eine Flucht nicht möglich ist. **Beschwichtigungsgebärden** be-

ruhen auf der Aktivierung von Verhaltenstendenzen, die mit Aggression nicht vereinbar sind (Beziehungen zwischen Sexualpartnern oder zwischen Eltern und Kind). Sie treten oftmals als Begrüßungsgebärden bei paar- oder gruppenlebenden Tieren auf und ermöglichen eine größere Annäherung und ein Zusammenleben von Artgenossen.

Territorialverhalten innerhalb agonistischer Verhaltensweisen ist ausgeprägt, um ggf. zu weit gehende Aggressionsschäden zu vermeiden. Es ermöglicht die Einrichtung von festen Revieren, die den Revierinhabern das Vorhandensein ausreichender Nahrungsmengen sichern und die Paarbildung sowie bei Gefahr das Aufsuchen von Zufluchtsstätten erleichtern. Revierbesitz kommt bei allen Wirbeltieren vor und tritt vereinzelt bereits bei Wirbellosen auf (Spinnen, Krebsen, Insekten).

Zur Kenntlichmachung der Reviere dient das **Markierungsverhalten**. Es legt die Grenzen weitgehend fest und reduziert Kämpfe. Hier wird unterschieden zwischen optischer Reviermarkierung (Präsentieren auffälliger Körpersignale, Aufenthalt an exponierten Plätzen), akustischer Reviermarkierung (bei zahlreichen Vögeln, Robben, Gibbons, nachtaktiven Halbaffen), olfaktorischer Reviermarkierung (durch Kot: Fuchs, Nashorn; Harn: Hunde, Katzen, Halbaffen; Drüsensekrete: Murmeltier, Antilopen, Kleinbären, Rehe) sowie elektrischer Reviermarkierung (schwach elektrische Fische).

Das **Rangordnungsverhalten** innerhalb höherer Sozietäten setzt ein persönliches Kennen der Artgenossen voraus. Im Normalfall ist die Rangordnung einreihig mit einem ranghöchsten, sog. α-Tier und einem rangniedersten, sog. ω-Tier angelegt. Es gibt jedoch auch mehrstufig gegliederte Rangordnungen, innerhalb derer die Geschlechter jeweils in verschiedenen Rangordnungen organisiert sein können. Dieses Verhalten kann sich bei Eheschließung ändern, wobei dann ein rangniederes Weibchen den Stellenwert eines ranghohen Männchens einnehmen kann (Dohlen). Die Rechte und Aktivitäten der Ranghohen, die gleichzeitig einen größeren Individualraum beanspruchen, erstrecken sich auf zahlreiche Sozialhandlungen: So haben ranghohe Männchen bei der Begattung der

Weibchen einen wesentlich höheren Anteil als rangniedere, was u.a. in der Größe eines Harems zum Ausdruck kommen kann. Bei Vögeln besteht eine negative Korrelation zwischen dem sozialen Rang und der Paarungshäufigkeit dadurch, daß α-Weibchen rangniedere Geschlechtsgenossinnen aus der Nähe des α-Männchens vertreiben; sie legen aufgrund ihrer besseren physiologischen Konstitution (mehr Futter) auch mehr Eier. Zu den Pflichten des Ranghöheren gehören innerhalb eines Sozialverbandes die Exploration des Territoriums, Nahrungsbeschaffung und Schutz der Sozietät vor Feinden sowie auch Beilegung von Streitigkeiten innerhalb der Gruppe. In der Regel ist der Ranghohe aggressiv gegenüber rangniederen Tieren, unterstützt jedoch die in der „Hackordnung" ganz unten stehenden ω-Tiere, wodurch deren Untergang verhindert wird. Auch beim Menschen sind Rangordnungsinstinkte noch deutlich ausgeprägt. Sie äußern sich in Machtstreben, wobei die jeweils erreichte Stufe in der Rangordnung durch entsprechende Statussymbole wie Titel, Orden, Schmuck etc. gegenüber anderen deutlich zur Schau getragen wird.

Rivalenkämpfe unter Artgenossen (Brunstkämpfe bei Hirschen) sind auch Ausdrucksformen des Aggressionsverhaltens. Normalerweise sind sie weitestgehend ritualisiert (**Ritualkampf, Kommentkampf**), da Hemm-Mechanismen in den Verhaltensablauf eingebaut werden, die den Gegner vor ernsthaften Verletzungen schützen. Dieses **Ritualisierungsverhalten** ist vielfach gekennzeichnet durch ein Drohverhalten mit Kampftendenzen oder durch ein Imponierverhalten, das den Rivalen einschüchtern soll. Auch die o.a. Demuts- und Beschwichtigungsgebärden gehören in diesen Kontext des Verhaltens.

Beschädigungskämpfe einschließlich des Tötens eines Artgenossen kommen gelegentlich trotz aller aggressionsmindernden Mechanismen vor. Getötet werden beispielsweise erwachsene, gruppenfremde Artgenossen (Verhinderung einer Übernutzung der Ernährungsgrundlage bei Nagern, Schimpansen) oder Jungtiere (Infantizid von entwicklungsgestörten Jungen bzw. in der Gefangenschaft durch Streß: Tupaia, Schimpansen nach Tod des α-Tieres und Kampf um dessen Weibchen).

10.3.4.2.2 Sexualverhalten

Im Dienste des Fortpflanzungsgeschehens sind spezifische Sexualverhaltensweisen entwickelt worden, deren Ziel es ist, die Nachkommenschaft zu sichern. Hierfür sind zwei Strategien entwickelt worden: zum einen, möglichst viele Nachkommen zu haben, um Verluste auszugleichen, und zum anderen, bei Arten mit relativ wenigen Nachkommen diese durch Brutpflege vor Feinden und ungünstigen Umwelteinflüssen zu sichern.

Für eine erfolgreiche Fortpflanzung müssen neben morphologischen und physiologischen Vorbedingungen auch wesentliche verhaltensphysiologische Voraussetzungen erfüllt sein: Die Sexualpartner müssen sich nach Art und Geschlecht erkennen, sie müssen zueinander finden, sie müssen synchron begattungsbereit sein, und sie müssen sonst übliche innerartliche Aggressionen überwinden.

Die Anlockung des Partners erfolgt zumeist durch das Männchen mit Mechanismen, die häufig mit denen der Reviermarkierung identisch sind. Die Synchronisation der Sexualpartner geschieht weitgehend durch Umweltfaktoren (z.B. Jahreszeit, veränderte Tageslänge), wobei das eine Geschlecht stärker auf die geänderten Umweltreize reagiert und seinerseits die sexuelle Bereitschaft des anderen stimuliert (Balzverhalten von männlichen Singvögeln stimuliert Gonadenreifung bei Weibchen). Die Überwindung der innerartlichen Aggression ist bei solitär lebenden Arten besonders bedeutsam: Die Mechanismen sind die gleichen wie bei den o.a. Demuts- oder Beschwichtigungsgebärden. Zusätzlich werden jedoch auch aus dem kindlichen Verhaltensrepertoire Bewegungen, Lautäußerungen und Körperhaltungen übernommen.

Das Paarbindungsverhalten kann entweder durch die Umwelt erzwungen werden (gemeinsame Siedlung noch junger männlicher und weiblicher Krebse in Wohnhöhlen, die später aufgrund zugenommener Körpergröße nicht mehr verlassen werden können), oder aber es resultiert aus der persönlichen Partnerbeziehung (Paarbindung durch Instinktverschränkung bei Balz und Brutpflege; Duett- und Wechselgesänge bei afrikanischen Würgern bzw. Gibbons; gegenseitige Fell- oder Gefiederpflege).

10.3.4.2.3 Brutpflegeverhalten

Bei Arten mit relativ wenigen Nachkommen wurden zur Sicherung derselben zum Teil sehr komplexe Brutpflegeverhaltensweisen entwickelt. Deren Bedeutung besteht im Schutz und in der Ernährung der Jungtiere sowie in der Informationsübermittlung (Vogelgesang, Kenntnisgabe von Nahrungsquellen, Warnung vor Feinden etc.). Gerade die Informationsübermittlung ist gebunden an lang dauernde Eltern-Kind-Beziehungen, die sich oftmals gründen auf einer **Familienbildung**. Die Organisationsweise derartiger Familien kann sehr unterschiedlich sein: In einer Elternfamilie kümmern sich beide Eltern gleichzeitig oder abwechselnd um die Aufzucht der Jungen (bei den meisten Vögeln); in der Vater-Mutter-Familie findet eine Arbeitsteilung zwischen den Geschlechtern statt (Nashornvogel); in der Mutterfamilie übernimmt allein das Weibchen die Brutpflege (die meisten Säuger); in der Vaterfamilie hingegen betreut das Männchen vornehmlich die Brut (Stichling, Emu); in der Gruppenfamilie schließlich beteiligen sich auch andere Artgenossen (Geschwister, Verwandte) an der Brutpflege (Schleiereule, Zwergmungo).

10.3.4.2.4 Kommunikationsverhalten

Wesentlicher Bestandteil für ein harmonisches Sozialverhalten ist das **Kommunikationsverhalten**, d.h. der Austausch von Informationen und die Übermittlung von Nachrichten zwischen den Mitgliedern der Sozietät. Diese Kommunikation beruht auf verschiedenen Mechanismen: Die **hormonale Kommunikation** koordiniert durch artspezifische Abgabe von Exo- oder Soziohormonen **(Pheromonen, Telergonen)** physiologische Zustände (z.B. Brunst) bei Gliedern der Sozietät (Abgabe von Pheromon-Hemmstoffen durch Bienenkönigin zur Verhinderung der Ovarienreife in Arbeiterinnen, Abgabe von Sexuallockstoffen während der Brunst bei vielen Säugetieren). Die hormonalen Beziehungen werden innerhalb einer Sozietät wahrscheinlich in

sehr ähnlicher Weise nach dem Regelkreisprinzip gesteuert wie die Organfunktionen innerhalb eines Individuums.

Die **neuronale Kommunikation** basiert auf der Perzeption spezifischer Reize durch die Sinnesorgane, die Leitung der Sinneserregungen zum ZNS, deren dortige Umwandlung zu bestimmten Erregungsmustern in verschiedenen Koordinationszentren sowie auf ihrer Umsetzung über motorische Zentren zu bestimmten Verhaltensänderungen. In der Stammesgeschichte bildeten sich zwei unterschiedliche Typen der nervösen Kommunikation heraus:

– Bei Insekten dominiert ein starres Verhalten, auf das Lernvorgänge kaum Einfluß nehmen. Hier gibt es die wohl kompliziertesten Formen tierischer Kommunikation (**Schwänzeltänze** bei Bienen).
– Bei Wirbeltieren läßt sich ein eindeutiger Einbau von Erlerntem in das Verhalten nachweisen (**Instinkt-Dressur-Verschränkung**). Lernvorgänge sind für kommunikatives Verhalten sehr oft obligatorisch und an bestimmte sensible Phasen gebunden (Prägung, vgl. Kap. 10.3.1.1). Erst durch die Verknüpfung der erblich festgelegten mit erworbenen Verhaltensweisen wird die außerordentliche Plastizität des Verhaltens der Wirbeltiere erreicht.
– Beim Menschen, der zwar auch über eine Palette **averbaler Kommunikationsmittel** (Mimik, Gesten, Pheromone etc.) verfügt, hat der Informationsaustausch zwischen den Angehörigen einer Gruppe durch die Entwicklung einer **verbalen Sprache** eine besondere Perfektion erlangt. Diese Fähigkeit, die an die spezifische Ausprägung besonderer Hirnstrukturen im Cortex (Broca-, Wernicke-Region) gebunden ist, versetzt uns in die Lage, durch differenzierte Lautäußerungen Erfahrungen, Gefühle und Gedanken auszudrücken, uns untereinander zu verständigen. Die Erfahrungen anderer können für eigenes Handeln mit verwertet werden. Im Sinne einer **Traditionsbildung**, die bei Tieren erst in Anfangsstadien zu beobachten ist (Primaten, Vögel), können die Erfahrungen verbal (Unterricht) an die nachfolgende Generation weitervermittelt werden,

wobei die Entwicklung der **Schrift** sowie von anderen Informationsspeichern (Film, Tonband etc.) es dem Menschen ermöglicht, sprachliche und andere Informationsgehalte zum jederzeitigen Abruf für andere Menschen in Form von **„extracerebralen Assoziationsketten"**

(RENSCH) zu fixieren. Diese Informationsspeichermöglichkeiten führten letztlich zu dem exponentiellen Anwachsen des menschlichen Erfahrungsgutes und damit zur Traditionsbildung als eigentlicher Grundlage für eine kulturelle Evolution.

11. Neurobiologische Funktionsmodelle des Gedächtnisses

In den vorangegangenen Kapiteln wurden die wesentlichsten Grundlagen der Informationsaufnahme, -leitung, zellulären Übertragung sowie Speicherung unter zellulären, morphogenetischen und funktionellen Gesichtspunkten erörtert. Dabei wurde besonderes Gewicht gelegt auf die große Modulationsfähigkeit neuronaler Prozesse, vor allem im Bereich der Informationsübertragung, sowie auf die erstaunliche Plastizität, d.h. Anpassungsfähigkeit aller neuronalen, speziell jedoch der synaptischen Vorgänge. Vor dem Hintergrund dieser Erkenntnisse ist es nun angebracht, Schlußfolgerungen zu ziehen hinsichtlich der Möglichkeiten für ein Zustandekommen von langfristigem Gedächtnis auf neuronaler Basis. Diesbezüglich wird es darum gehen, die verschiedenen bestehenden Gedächtnishypothesen auf ihre Stichhaltigkeit, besonders unter Aspekten der Allgemeingültigkeit sowie der Effizienz ihrer Wirkungsmöglichkeit, zu hinterfragen.

Im folgenden werden zunächst im Sinne einer kurzen historischen Hinführung auf das Problem der Gedächtnisausprägung einige frühere und hinsichtlich ihrer Spezifität inzwischen zumeist wieder verworfene molekulare Gedächtnismodelle gestreift, um danach einige der derzeit häufiger diskutierten Hypothesen zu referieren. Hierbei wird das Konzept einer Gedächtnisbildung durch molekulare Bahnung in Synapsen unter maßgeblicher Beteiligung von Gangliosiden abschließend erörtert; für dieses Modell wurden bereits an verschiedenen Stellen dieses Buches, speziell bei der Behandlung des Kapitels 8 über die Modulation der neuronalen Informationsübertragung vielseitige Experimentalbefunde referiert.

Erst vor dem Hintergrund der Erörterung eines plausibel erscheinenden Gedächtnismodells ist es angebracht, sich abschließend auch kurz noch einmal mit der Frage nach der Lokalisierbarkeit von Engrammen, also Gedächtnisinhalten, zu befassen.

11.1 Historischer Rückblick auf frühere Modelle einer molekularen Gedächtnisausprägung

Das Konzept einer molekularen Codierung von erworbenen Informationen, also eines nicht genetisch festgelegten Gedächtnisses, geht auf die Untersuchungen von HYDEN und Mitarbeitern Anfang der sechziger Jahre zurück. Ausgehend von den Überlegungen, wonach einerseits der menschliche Genbestand nur wenige Millionen (10^6) Gene als Träger der Erbinformation umfaßt, wonach andererseits die Verschaltungskapazität des menschlichen Hirns mit 10^{14}–10^{15} Synapsen unvergleichlich größer ist, wurde vermutet, daß nicht die DNA des Zellkerns einer Nervenzelle, sondern die **neuronale RNA** der Träger des Individualgedächtnisses sei. HYDEN sowie zahlrei-

che andere Autoren fanden zwar reizabhängige Änderungen in der Basenzusammensetzung der neuronalen RNA, die gleichgesetzt wurden mit der Ausprägung von spezifischen Gedächtnismolekülen. Doch dürften die nachgewiesenen Veränderungen eher anderen Faktoren zuzuordnen sein, wie etwa einer geänderten physiologischen Aktivität und/oder Streßphänomenen während des Lernvorganges. Heute wird jedenfalls die Hypothese, wonach die neuronale RNA Träger von spezifischen individuellen Gedächtnisinhalten sei, nicht weiter aufrechterhalten.

Die molekulare Gedächtnisforschung wandte sich daraufhin (ab etwa 1970–75) verstärkt dem **allgemeinen Proteinstoffwechsel** des Nervensystems zu. Auch hier ergaben vielfältige Befunde, daß die Proteinsynthese im Hirn generell in Abhängigkeit von adäquaten Stimulationen oder auch von speziellen Lernleistungen regionsspezifisch verändert wird. Die Unterbrechung der Protein- (oder auch RNA-)Synthese durch entsprechende Syntheseblokker (z.B. Puromycin, Cycloheximid) bewirkte erwartungsgemäß eine Verhinderung der Ausprägung von Langzeitgedächtnis, der Lernvorgang selbst war dabei jedoch nicht beeinträchtigt. Zwar ließen sich nach definierten Stimulationen mit Hilfe von radioaktiven Tracertechniken unter Verwendung von markierten Aminosäuren oder Zuckern in speziellen Regionen des Hirns streng lokalisierte Erhöhungen der allgemeinen Proteinsynthese darstellen, die in einzelnen Experimenten noch bis zu 2 Tage nach Reizung bestehen blieben, doch konnte hieraus nicht auf die Ausprägung von gedächtnisspezifischen Molekülveränderungen, sondern lediglich auf geänderte Stoffwechselintensitäten geschlossen werden.

Daraufhin richtete sich das Forschungsinteresse eine Zeitlang auf die Suche nach spezifischen **Proteinen**, die als **Gedächtnismoleküle** in Frage kommen könnten. Der seinerzeit (Anfang der 70er Jahre) spektakulär gewordene „molekulare Gedächtnis-Transfer" von spezifischen Proteinen (z.B. dem Dunkelfluchtstoff Scotophobin) aus dem Hirn von trainierten Spendertieren auf untrainierte Empfänger erwies sich dabei jedoch als wissenschaftlich nicht haltbar.

Dennoch wurde seitdem die Möglichkeit einer Beteiligung von ganz spezifischen Proteinen an der Gedächtnisausprägung weiterverfolgt: Eiweißen, wie etwa dem **S-100 Protein**, einem löslichen Protein aus Gliazellen, dem **14.3.2.-Protein**, dem **Vasopressin** (vgl. Kap. 7.1.3.2) oder dem **Synapsenmembranprotein** (SMT), wurden spezifische Eigenschaften der Gedächtnisspeicherung zugesprochen, da u.a. applizierte Antisera gegen diese Proteine bei in Dressur befindlichen Tieren eine Ausprägung an Gedächtnis verhinderten. Künftige weiterführende Untersuchungen müßten erweisen, inwieweit die beschriebenen Phänomene spezifische Reaktionen darstellen, oder ob auch die Möglichkeit in Betracht gezogen werden muß, daß die Antisera irgendeine unspezifische Form einer akuten oder verzögerten Toxizität bewirkten.

11.2 Gedächtnisbildung durch molekulare Bahnung in Synapsen

Bei der Favorisierung der Idee von gedächtnisspezifischen Proteinverbindungen ist insgesamt jedoch große Skepsis angebracht, und zwar aufgrund folgender Überlegungen: In der Nervenzelle sind die codierungsabhängigen Stoffwechselleistungen der **Transcription** (RNA-Synthese) bzw. **Translation** (Proteinsynthese) bekanntlich auf den Zellkörper (Perikaryon) beschränkt. Da in den Nervenfasern und damit auch in den Synapsen kein rauhes endoplasmatisches Reticulum und damit keine ribosomale RNA vorhanden ist (vgl. Kap. 1.1.3), erfolgt die Versorgung der Nervenfaserendformationen mit Syntheseprodukten, vor allem mit Proteinen und Membranlipiden, mit Hilfe des neuronalen Transports (vgl. Kap. 9.1). Für kurzfristig erforderliche, stimulationsabhängige Veränderungen im Synapsenbereich dürfte also – besonders im Hinblick auf die z.T. beträchtliche Länge der an Lernvorgängen beteiligten Nervenfasern – eine unmittelbare Beteiligung des codierungsabhängigen Stoffwechsels zunächst nicht wahrscheinlich sein. Das bedeutet, daß die zuvor beschriebenen biochemischen, stimulationsabhängigen Veränderungen auf RNA- bzw. Proteinbasis Ausdruck von **mittelbaren** Stoffwechselreaktionen sein müssen, die nach erfolgten Primärprozessen im Bereich der Synapse zu gewährleisten haben, daß die **unmittelbar** durch eine Stimulation in den prä- und postsynaptischen Membranen ausgelösten molekularen und letztlich strukturellen Veränderungen auch langfristig Bestand haben.

An dieser Stelle kommt es zu einer Zusammenführung derartiger theoretischer Erwägungen mit verschiedenen alternativen Modellvorstellungen einer **Gedächtnis-**

bildung durch molekulare Bahnung in den Synapsen selbst. Allgemein ausgedrückt wird nach den Vorstellungen von RAMON Y CAJAL (1911), SHERRINGTON (1940), D. O. HEBB (1949), LASHLEY (1950), ECCLES (1953), KANDEL und SPENCER (1968), SZENTAGOTAJ (1971), CHANGEUX (1976), RAHMANN (1975/76) angenommen, daß das Phänomen des Langzeitgedächtnisses in der Art und Weise der synaptischen Verknüpfung (= synaptische Konnektivität) verschlüsselt sei.

Aufgrund dieser Überlegungen müßte es eigentlich möglich sein, die vielfach beschriebenen funktionsabhängigen morphologischen Veränderungen an Synapsen (= synaptische Plastizität; vgl. Kap. 9.2.1 und 9.2.2) sowie auch die adaptiven elektrophysiologischen Antwortreaktionen von Neuronen (vgl. Kap. 9.2.3) in Beziehung zu setzen mit stimulationsabhängigen biochemischen Veränderungen im Bereich der Synapsen. Diesbezüglich wurden nun auch verschiedene Modellvorstellungen für biochemische und funktionelle Mechanismen, die für eine langfristige Informationsspeicherung in neuronalen Netzwerken verantwortlich sein könnten, entwickelt.

Im folgenden seien aus einer größeren Anzahl von miteinander konkurrierenden bzw. einander ergänzenden Gedächtnishypothesen exemplarisch einige bedeutsamere Modelle, die derzeit häufiger diskutiert werden, referiert, nämlich

- das Aplysia-Gedächtnismodell,
- das Proteinkinase C-Modell,
- die Hypothese der Bedeutung von extrazellulären Proteinen beim Lernen und Gedächtnis,
- das Hippocampus-Gedächtnismodell sowie
- das Gangliosid-Gedächtnismodell.

11.2.1 Das Aplysia-Gedächtnismodell

Wirbellose Tiere haben ähnlich wie die Wirbeltiere die Fähigkeit, zu lernen und Gedächtnis auszuprägen. Diese Fähigkeit ist nicht nur bei hoch entwickelten Mollusken wie der Weinbergschnecke oder Meeresschnecken der Gattungen Aplysia (= See-

hase) und Hermissenda, sondern auch für nicht soziale Insekten wie Heuschrecken, Stubenfliegen oder die Taufliege Drosophila nachgewiesen worden. Durch assoziatives Lernen werden individuell erworbene Erfahrungen auch bei Wirbellosen im Langzeitgedächtnis gespeichert. Speziell die Meeresschnecken Hermissenda und Aplysia wurden von den Neurobiologen als ideale Untersuchungsmodelle für elektrophysiologische sowie neurochemische Studien ausgewählt, und zwar wegen der überschaubaren geringen Anzahl von Neuronen sowie der eindeutigen Verwendungsmöglichkeiten der Schnecken für die Untersuchung von Kurzzeithabituationen und Sensitivierungen sowie auch ihrer Dressierbarkeit und der damit möglichen Analyse der Ausprägung von Langzeitgedächtnis.

Bei Aplysia lassen sich aus ihren nur etwa 20 000 Nervenzellen, die das gesamte Nervensystem ausmachen, sensorische Neurone identifizieren, die den Siphon (= Atemwasserschnorchel) umgeben und die ihrerseits mit sechs Motorneuronen verbunden sind, die eine Kiemenrückzugsmuskulatur innervieren. Nach mehrfacher, leichter mechanischer Reizung des Siphon reagiert Aplysia mit einem immer schwächer werdenden Rückzug der Kiemen (= Habituation, vgl. Kap. 10). Wird bei Aplysia die Schwanzregion mit elektrischen Stromschlägen stark gereizt, so wird das Nervensystem des gesamten Tieres in Alarmbereitschaft versetzt. In einem solchen Fall bewirkt eine sehr schwache Berührung des Siphon dann eine unverhältnismäßig starke Kiemenrückzugsreaktion (= Sensitivierung, vgl. Kap. 10).

Aplysia kann im Sinne einer klassischen Konditionierung, d.h. einer bedingten Reflexdressur (vgl. Kap. 10.3.1.3) darauf dressiert werden, schwache Berührungsreize aus dem Siphon zu assoziieren mit starken Elektroschockreizen an der Schwanzregion: Bereits nach wenigen Kombinationen beider Reize lernt die Schnecke, daß der schwachen Berührung ein Elektroschock folgt; somit reagiert sie bereits nach der Siphonberührung mit einer starken Kiemenreaktion, d.h. sie hat gelernt.

Die Frage ist nun, welche Mechanismen dieser Gedächtnisausprägung zugrunde liegen könnten. Vielseitige biochemische und elektrophysiologische Messungen von E. R. KANDEL und J. H. SCHWARTZ an den beteiligten Neuronensystemen von Aplysia ermöglichten die Erstellung des folgenden Modells (Abb. 11.1):

Während einer anfänglichen Stimulation reagieren die sensorischen Siphonneurone auf die schwachen Berührungsreize (1) in den entsprechenden präsynaptischen Endigungen im Sinne der Ausprägung eines Fremdreflexes (vgl. Kap. 10.2.2) mit einer Öffnung von K$^+$- und Ca^{2+}-Kanälen. Hierauf können beide Kationen vermehrt in die Präsynapsen einströmen (2). Hier bewirkt **Ca^{2+} als sekundärer Botenstoff** (second messenger) die Freisetzung des **Neurotransmitters (Serotonin)** in den synaptischen Spalt (3), so daß das nachgeschaltete postsynaptische Motorneuron, das die Kiemenreaktion zu steuern hat, reagiert (4).

Wird jetzt im Falle der Ausprägung eines bedingten Reflexes unmittelbar nach der schwachen Siphonreizung der Schwanzteil von Aplysia elektrisch stark gereizt (5), so löst die Transmitterfreisetzung (6) aus den Schwanzneuronen (und Interneuronen) im sensorischen Siphonneuron eine Kaskade von sekundären biochemischen Reaktionen aus (7–12): Da aufgrund der vorausgegangenen Siphonreizung noch Ca^{2+} im sensorischen Siphonneuron vorhanden ist (2), bewirkt die neuerliche Erregung eine Verstärkung von dessen sekundären Messengereffekten: Die Aktivierung einer membranständigen **Adenylatcyclase** (7) führt zu einer Erhöhung des **cyclischen AMP** (Adenosinmonophosphat)-Spiegels (8). Das cAMP aktiviert ein Enzym **(Proteinkinase)**, das Phosphatgruppen auf bestimmte K$^+$-Kanalproteine in der Membran über-

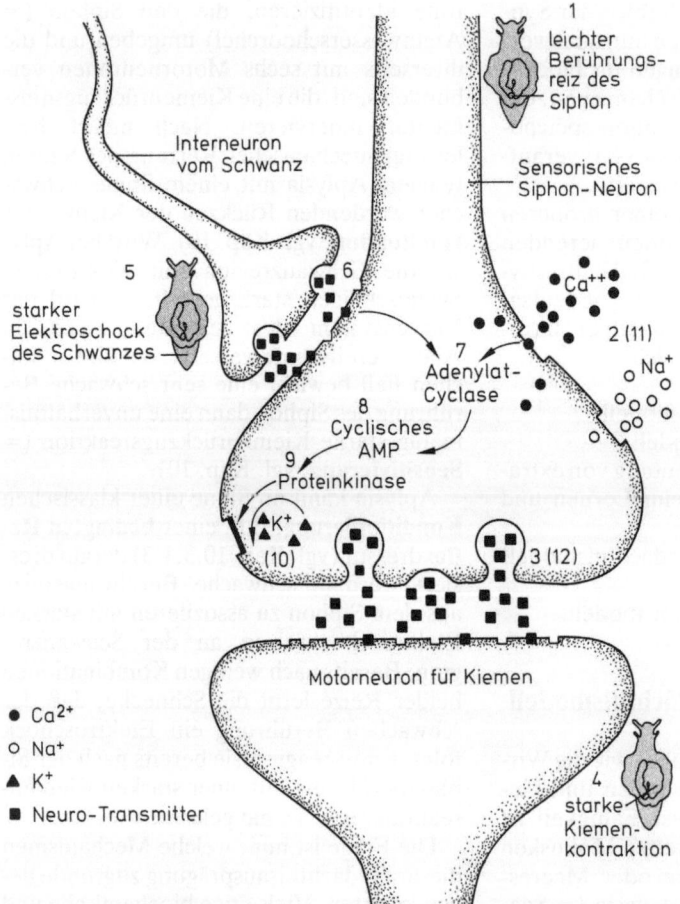

1
leichter Berührungsreiz des Siphon

Interneuron vom Schwanz

Sensorisches Siphon-Neuron

5
starker Elektroschock des Schwanzes

6

Ca^{++}

7
Adenylat-Cyclase

2 (11)

Na$^+$

8
Cyclisches AMP

9
Proteinkinase

K$^+$
(10)

3 (12)

Motorneuron für Kiemen

• Ca^{2+}
○ Na$^+$
▲ K$^+$
■ Neuro-Transmitter

4
starke Kiemen-kontraktion

Abb. 11.1. Funktionsschema der Ausprägung von bedingtreflektorischen Reaktionen bei der Meeresschnecke Aplysia und den dabei beteiligten biochemischen Veränderungen im Nervensystem als Modell für eine molekulare Bahnung im Bereich der Präsynapsen. Einzelheiten vgl. Text. (Nach E. KANDEL, 1984)

trägt (9). Hierdurch wird ein K^+-Ausstrom aus der Zelle verhindert (10). Da zu diesem Zeitpunkt die Ca^{2+}-Kanäle jedoch noch geöffnet sind (2, 11), werden Transmitter in erhöhtem Maße auf das Motorneuron ausgeschüttet (3, 12), so daß hierdurch eine starke Kontraktion der Kiemenmuskulatur erfolgt.

Nach mehrfachen derartigen Reiz-Reaktionsketten löst ein schwacher Berührungsreiz aus dem Siphon eine gleich starke Kiemenreaktion aus wie im Falle eines starken Elektroschocks des Schwanzteils der Schnecke: Ein **bedingter Reflex**bogen wurde geknüpft.

Das Beispiel von Aplysia zeigt, wie eine Aktivierung der Adenylatcyclase stimulationsabhängig ausgelöst wird und wie bei hinreichendem Vorhandensein von Ca^{2+}-Ionen in der Präsynapse die sekundäre Messengerkaskade verstärkt wird, so daß es zu einer vermehrten Transmitterfreisetzung und damit zu einer bedingten Reflexauslösung, d.h. zu einem Lernvorgang, kommt. Dieses Aplysia-Modell geht davon aus, daß ein einmaliger Trainingsvorgang nur die Bildung eines **Kurzzeitgedächtnisses** bewirkt. Für die Ausprägung eines **Langzeitgedächtnisses** sind wiederholte Reaktionen erforderlich. Zeitabhängig bewirken diese im Dienste der Informationsspeicherung stehenden Vorgänge allmähliche funktionelle Veränderungen in den membrangebundenen Ionenkanälen, im Mechanismus der Transmitterfreisetzung; sie verursachen schließlich strukturelle Änderungen in der synaptischen Kontaktzone sowie Veränderungen in den Eigenschaften der postsynaptischen Membranrezeptoren.

– Das **Kurzzeitgedächtnis** kommt zustande durch kovalente Veränderungen von bereits bestehenden Proteinen. Allgemeine Bestandteile der cytoplasmatischen Signalverarbeitung: Membrangebundene Rezeptoren, Überträgerproteine, verstärkende Enzyme (Adenylatcyclase oder Phospholipase C), cytoplasmatische Signale (cAMP, Ca^{2+}) und Proteinkinasen werden eingesetzt, um eine Veränderung eines Funktionsproteins (K^+-Kanalprotein, Ca^{2+}-Kanalprotein, Transmitterfreisetzungsmechanismen) zu bewirken und dadurch eine

Information auf ein nachgeschaltetes Neuron zu übertragen.

– Das **mittelfristige Gedächtnis** könnte damit erklärt werden, daß die zuvor geschilderten, in der Peripherie des Neurons (Synapse) ablaufenden Prozesse sich untereinander für eine kürzere Zeit aufgrund wiederholter Stimulationen selbst verstärken.

– Das **Langzeitgedächtnis** könnte dadurch zustande kommen, daß nach wiederholter bzw. hinreichend starker Aktivierung der beteiligten Neurone sekundäre Botenstoffinformationen eine Aktivierung von **Effektor-** und **Regulatorgenen** im Zellkern der Neurone bewirken, die ihrerseits gewährleisten, daß die o.a. Veränderungen im Synapsenbereich langfristig aufrechterhalten werden.

Das **Aplysia-Modell**, das bereits hinsichtlich vieler biochemischer Teilaspekte experimentelle Verifikation erfuhr, bietet aufgrund seiner Überschaubarkeit die Möglichkeit, sich vorzustellen, daß eventuell in den wesentlich komplexeren Neuronenschaltkreisen der Wirbeltiere ähnliche molekulare Mechanismen bei der Ausprägung von Gedächtnisinhalten vonstatten gehen könnten. Es setzt an bei der Auslösung von Sekundärphänomenen an den Innenseiten der Synapsenmembranen. Dabei steht eine Beantwortung der Fragen nach den Primärvorgängen bei der Internalisierung der elektrisch codierten Erregungsmuster an der Außenseite der präsynaptischen Membran sowie nach den möglichen Vorgängen bei einer Ekphorierung (= Reaktivierung) von ehemals abgespeicherten Informationen noch aus.

11.2.2 Das Proteinkinase C-Modell

Als weiteres molekulares Gedächtnismodell sei in diesem Zusammenhang auch kurz auf eine Hypothese von A. ROUTTENBERG hingewiesen, derzufolge bei Wirbeltieren Regulationen der synaptischen Plastizität und der Gedächtnisausprägung eng gekoppelt sein müssen mit der Aktivierung der im Synapsenbereich vorkommenden **Proteinkinase C** und der Phosphorylierung eines ihrer Substrate, nämlich eines sog. F_1-

Proteins. Dieses Modell stützt sich auf Experimentalbefunde, denen zufolge die Phosphorylierung des F_1-Proteins nach LTP (long-term potentiation)-Stimulation (vgl. Kap. 9.2.3) in entsprechenden Hirnpräparaten verstärkt wird parallel zu einer Aktivierung der membrangebundenen Proteinkinase C bei gleichzeitigem Abfall einer im Plasma vorkommenden Proteinkinase C. Am Sehbahnsystem von Affen konnte gezeigt werden, daß die Phosphorylierung des F_1-Proteins entsprechend der Topographie der einzelnen, an der Verarbeitung des Sehvorgangs beteiligten Vorderhirnrindenfelder unterschiedlich intensiv erfolgt. Hieraus wird geschlossen, daß diese Zentren eine verschiedenartige Fähigkeit zur Informationsspeicherung mittels synaptischer Veränderungen besitzen.

11.2.3 Die Hypothese der Bedeutung von extrazellulären Proteinen beim Lernen und Gedächtnis

Dieses für Wirbeltiere, speziell am ZNS von Fischen, entwickelte Modell geht von dem Denkansatz aus, daß — wie einleitend zu diesem Kapitel erörtert — im Falle einer Inbetriebnahme von neuronalen Schaltkreisen, d.h. nach einer adäquaten Stimulation, kurzfristige molekulare Mechanismen tätig werden müssen, um eine Stabilisierung von bis dahin nur labilen Synapsenanlagen zu bewirken. Einer der Hauptvertreter auf diesem Gebiet, V. E. SHASHOUA, verweist in diesem Zusammenhang auf das Vorhandensein von verschiedenen extra-

zellulären Faktoren im Hirn, die offensichtlich als Vermittler beim Lernvorgang beteiligt sind.

So ist zum einen an die Mitwirkung der hypothalamisch-hypophysären **Neuropeptide Vasopressin** und **ACTH** (vgl. Kap. 7.1.3.2) zu denken, die an den Extrazellularraum abgegeben werden und weit entfernt von ihrem Bildungsort auf bestimmte Zielzellen im Hirn bei der Gedächtnisbildung modulierend wirken sollen. Zum anderen wird auch das von Gliazellen gebildete **S-100 Protein** an die Extrazellularflüssigkeit abgegeben, wo es bei Lernvorgängen mitwirken soll.

Die Funktionshypothese von SHASHOUA befaßt sich mit der möglichen Wirkungsweise von **Ependyminen**, d.h. von Proteinen, die (bei Goldfischen) vom **Ependym**, d.h. den Ventrikelwandzellen, gebildet werden und normalerweise in löslicher Form im Extrazellularraum des Hirns vorkommen. Während eines Lernvorganges sollen die Ependymine jedoch an denjenigen Stellen, an denen **extrazelluläres Ca²⁺** infolge eines Stimulationsvorganges vorübergehend freigesetzt wird, nämlich im Bereich der synaptischen Kontaktzone, von einem löslichen in einen unlöslichen, fibrillären Zustand überführt werden. Die sich hierbei bildende extrazelluläre Matrix (Bildungsstruktur) dient danach einer bis dahin noch labilen Synapse als Anheftpunkt für deren Stabilisierung (Abb. 11.2).

Die Rolle der Ependymine wird also darin gesehen, denjenigen extrazellulären Bereich zu verfestigen, in dem sich stimulationsabhängig ein neuer synaptischer Kon-

Abb. 11.2. Funktionsschema einer möglichen Beteiligung von extrazellulären Proteinen (Ependyminen) beim Lernen und bei der Gedächtnisausbildung. Einzelheiten vgl. Text. (Nach V. SHASHOUA, 1985)

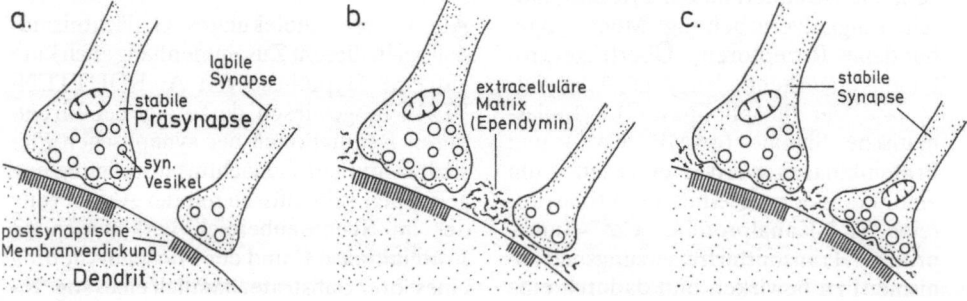

takt bilden soll. Hinweise auf die Richtigkeit eines solchen Funktionszusammenhangs zwischen Ependyminen und einer Gedächtnisbildung meint man davon ableiten zu können, daß einmal die Umsatzrate der Ependymine während eines Lerntrainings erhöht wird, und daß zum anderen eine Applikation von Antisera gegen Ependymine eine Reaktivierung von abgespeicherten Gedächtnisinhalten verhindert.

Die **Ependymin-Hypothese** ist hilfreich für die Hinterfragung der Möglichkeiten, die bei einer synaptischen Verknüpfung berücksichtigt werden sollten. Künftige weiterführende Untersuchungen müssen zeigen, inwieweit die bisher bei Goldfischen (und neuerdings auch an Mäusen) erbrachten Befunde Allgemeingültigkeit bei Wirbeltieren haben könnten. Die Hypothese erklärt bisher noch nicht eine stimulationsabhängige Spezifität bei der Verknüpfung neuronaler Schaltkreise. Auch steht ein Erklärungsversuch über die Möglichkeit einer Reaktivierung (Ekphorierung) von ehemals abgespeicherten Gedächtnisinhalten aus.

11.2.4 Das Hippocampus-Gedächtnismodell

Bei den Säugetieren hat sich bei der Suche nach geeigneten neuronalen Strukturen für die Analyse der Informationsspeicherung der **Hippocampus** als ideales **Gedächtnismodell** herausgestellt. In ihm bieten sich aufgrund der relativen Einfachheit der monosynaptischen Verschaltungsweisen drei Strukturen an (vgl. Kap. 5.3.3 sowie Abb. 5.9): Als erstes liefern Faserbündel aus dem Cortex des Vorderhirns Afferenzen zu den Dendriten der **Körnerzellen** innerhalb der **Fascia dentata**. Zum zweiten treten die Axone dieser Körnerzellen als **Moosfasern** in synaptischen Kontakt mit den Dendritenbäumen von **Pyramidenzellen** in der sog. C_3-Region. Zum dritten werden die als **Schaffer-Kollateralen** bezeichneten Axonabzweigungen dieser Pyramidenzellaxone mit den Dendriten der in der C_1-Region gelegenen Pyramidenzellen synaptisch verknüpft.

Diese bogenartig miteinander zusammenhängenden drei Verschaltungssysteme lassen sich zum einen unter Verwendung von entsprechenden Schnittpräparaten durch den Hippocampus in vitro analysieren sowie inzwischen auch mit Hilfe von implantierten Elektroden in vivo. Wie bereits in Kap. 9.2.3 ausgeführt, lassen sich an diesen drei monosynaptischen Verschaltungssystemen des Hippocampus die verschiedenen Formen adaptiver, d.h. reizabhängiger, bioelektrischer Antwortreaktionen auslösen, nämlich die Phänomene der **postsynaptischen Potenzierung (PSP)**, der **posttetanischen Depression (PTD)** bzw. **Potenzierung (PTP)** sowie vor allem der für die Interpretation des Gedächtnisses besonders bedeutsamen **Langzeitpotenzierung (LTP,** vgl. Abb. 9.18), wobei die Dauer der Ausprägung eines LTP bis zu 10 000fach länger sein kann als die eines PTP. Alle Reaktionssysteme sind an das Vorhandensein von Ca^{2+} gebunden (vgl. Kap. 9.2.3). Die postsynaptischen **Dorn-(spine)synapsen** der Hippocampusneurone sind durch zwei unterschiedliche Typen von **Glutamatrezeptoren** charakterisiert; und zwar zum einen durch **NMDA (= N-Methyl-D-Aspartat)-Rezeptoren**, die bei starker Reizung einen verstärkten Ca^{2+}-Einstrom in die Postsynapse bewirken, und zum anderen durch **Nicht-NMDA-Rezeptoren (Kainat-** bzw. **Quisqualat**typen), welche die postsynaptischen **K^+-Na^+-Ionenkanäle** steuern (vgl. Kap. 7.1.3.1.2).

Die Ausprägung von LTP wiederum scheint essentiell an die Aktivierung speziell der NMDA-Rezeptorsynapsen gebunden zu sein. Denn bei normaler Erregbarkeit von Neuronen werden die NMDA-Rezeptoren nicht aktiviert, sondern nur im Falle von LTP-Stimulationen. Werden andererseits diese NMDA-Rezeptoren durch selektive Antagonisten (z.B. **Aminophosphonovaleriansäure, APS**) spezifisch blockiert, so kommt es weder zur Ausprägung des LTP-Phänomens noch zur Gedächtnisbildung, obgleich der Vorgang der synaptischen Transmission nicht behindert ist.

Aufgrund intensiver Forschungsarbeiten während der letzten Jahre ist man nun in einer Beschreibung der Geschehnisse, durch die ein LTP-Phänomen im Hippocampus als Folge von kurzen, hochfrequenten elektrischen Stimulationen ausgelöst wird, weiter vorangekommen. Hierbei dürfte es sich um folgende Ereigniskette handeln (G. LYNCH und M. BAUDRY):

1. Unterdrückung von inhibitorischen postsynaptischen Potentialaktivitäten (IPSP); dagegen
2. Intensivierung von erregenden postsynaptischen Potentialen (EPSP);
3. Aktivierung der NMDA-Rezeptoren an der Postsynapse;
4. Einstrom von Ca^{2+} in die postsynaptische Zelle;
5. Ca^{2+}-Aktivierung von sekundären Botensystemen in der Postsynapse durch Ca^{2+}-Calmodulin bzw. von anderen Systemen (Calpain-Protease-Einwirkung auf das Cytoskelettprotein Spektrin);
6. Verstärkung der postsynaptischen Membranverdickungen und
7. Erhöhung der Glutamatrezeptoren zur effizienteren Transmitterbindung.

Dieses **Hippocampus-Gedächtnismodell** versucht, die eindrucksvoll elektrophysiologisch registrierbaren LTP-Phänomene mit adaptiven biochemischen und strukturellen Veränderungen vornehmlich im Bereich der postsynaptischen Zelle zu erklären. Eine Einbindung der auslösenden Geschehnisse an der Präsynapse erfolgt bisher nur in unzureichender Weise, obgleich diesbezüglich auch Hinweise dafür erbracht wurden, daß die Transmitterfreisetzung aus der Präsynapse bei einem LTP-Vorgang erhöht wird. Die denknotwendigerweise erforderlichen Primärprozesse an der Präsynapse bei der Internalisierung eines Erregungsmusters bleiben bislang noch ebenso unberücksichtigt wie die Einbeziehung des Problems der Reaktivierung (Ekphorierung) von ehemals abgespeicherten Gedächtnisinhalten. Die Abhängigkeit des LTP-Phänomens – als Grundlage für eine Gedächtnisbildung – vom Vorhandensein von NMDA-Rezeptoren darf nur als Spezialfall des Hippocampus gewertet werden. Eine Gedächtnisbildung ist jedoch auch unter Einbeziehung anderer Hirnregionen ohne NMDA-Rezeptorsynapsen möglich, zumindest auch bei Wirbeltieren, bei denen ein Hippocampus noch nicht vorhanden ist (Fische, Amphibien).

11.2.5 Das Modell einer Gedächtnisbildung durch molekulare Bahnung in Synapsen mit Gangliosiden

Den bisher referierten Gedächtnismodellen ist – im Gegensatz zu früheren Hypothesen – gemeinsam, daß sie für das Zustandekommen von Gedächtnis von einer ausgeprägten Modulationsfähigkeit speziell der synaptischen Endigungen der Nervenzellen ausgehen. Diese **Modulationsfähigkeit der Synapsen** gewährleistet zum einen, daß die Übertragung von elektrisch codierten Informationen von einem Neuron zum anderen nach einer ersten Inbetriebnahme stets in gleichartiger Weise ablaufen kann, obwohl sich eventuell wichtige Rahmenparameter – wie etwa die Temperatur oder das Ionenmilieu – änderten. Zum anderen ermöglicht diese Modulationsfähigkeit der Synapsen auch, daß Informationen, die eventuell über viele Jahre hinweg abgespeichert waren (= langfristiges Gedächtnis), bei Ekphorierungsvorgängen, d.h. beim Sicherinnern, wieder gleichartige Empfindungen und auch Verhaltensreaktionen auslösen, wie sie zum Zeitpunkt der Engrammierung, d.h. der Gedächtnisausprägung, auftraten. Alle Modelle gehen davon aus, daß es infolge einer hinreichend intensiven Funktionsnahme von neuronalen Verschaltungssystemen zu einer Stabilisierung von bis dahin nur labil angelegten Synapsen kommt.

Der **Ependym-Hypothese** zufolge soll diese Stabilisierung neuerer synaptischer Verknüpfungen durch eine stimulationsabhängige Überführung von spezifischen Proteinen (Ependymin) zustande kommen. Diese sollen bis zum Zeitpunkt der Stimulation in der Extrazellularflüssigkeit in löslicher Form vorliegen, danach dann jedoch in einen unlöslichen, fibrillären Zustand überführt werden (vgl. Abb. 11.2). Das **Hippocampus-Modell** sieht den Schwerpunkt der synaptischen Plastizität in einer hohen Modulationsfähigkeit der postsynaptischen Membran, auf der letztlich eine stimulationsabhängige Erhöhung von Rezeptoren eine effizientere Transmitterbindung und damit eine effizientere Informationsübertragung bedingt. Das **Aplysia-Modell** geht von einer kovalenten Veränderung von vorhandenen Proteinen in der Präsynapse aus, wie sie in völlig analoger Weise ganz allgemein bei der Signalverarbeitung im Cytoplasma auch von Nichtnervenzellen stattfindet. Eine zunehmende funktionelle Beanspruchung der beteiligten Neurone bewirkt dann Schritt für Schritt eine Verlagerung der Proteinänderungen von der Synapse auf den Zellkörper, so daß dann langfristig geänderte Proteine gebildet werden, welche die Stabilität der neu geschlossenen synaptischen Kontaktstellen gewährleisten. Diesbezüglich bietet das Proteinkinase C-Modell einen guten Erklärungsansatz dafür, daß das Anlagern einer Phosphatgruppe an das F_1-Protein mit Hilfe der membranständigen Proteinkinase C adaptive, stimulationsabhängige Veränderungen in den Synapsen bewirkt, die dann nach wiederholter Stimulation eine molekulare Bahnung bewirken.

Allen o.a. Modellen ist die Annahme gemeinsam, daß **extrazelluläres Calcium** für die Auslösung einer Reihe von synaptischen Teilreaktionen (z.B. Aktivierung von Adenylatcyclasen, Phospholipasen, Proteinkinasen etc.) erforderlich ist. Der hauptsächliche Ansatzpunkt des durch eine elektrische Erregung in das Synaptoplasma eingeströmten Ca^{2+} als Initiator für adaptive molekulare Modulationen wird jedoch an unterschiedlichen Orten der Synapse gesehen, nämlich entweder vornehmlich postsynaptisch, präsynaptisch oder aber extrazellulär. Von außerordentlicher Bedeutung ist diesbezüglich einerseits der Nachweis der Ca^{2+}-abhängigen Transmitterfreisetzung an der präsynaptischen Endigung, andererseits aber ebenso die Ca^{2+}-abhängige Transmitterbindung an die Rezeptoren der postsynaptischen Seite.

Für die Entwicklung eines die verschiedenen Teilaspekte **integrierenden Gedächtnismodells** ist es nun von Bedeutung hervorzuheben, daß der spannungsabhängige Einstrom extrazellulären Calciums in die Präsynapse, welcher der Transmitterfreisetzung vorausgeht, nicht nur gebunden ist an die Beschaffenheit und Funktionsweise von Kanalproteinen, sondern vor allem auch an die Beschaffenheit der diese Kanäle umgebenden Lipide. Beide Verbindungen arbeiten beim Prozeß der synaptischen Transmission zusammen und gewährleisten hierdurch eine aktivitätsabhängige, dosierte Freisetzung des Neurotransmitters.

Ein integrierendes Funktionsmodell für die am kurzfristigen Prozeß der synaptischen Informationsübertragung sowie die am langfristigen Geschehen der Informationsspeicherung beteiligten Mechanismen hat verschiedensten Anforderungen gerecht zu werden und dabei folgendes zu berücksichtigen, nämlich

— daß die extrazellulären Ca^{2+}-Konzentrationen im ZNS von niederen Vertebraten mit bis zu 5 mM gegenüber denen von höheren Vertebraten mit nur 1−2 mM unterschiedlich hoch sein können,

— daß Ca^{2+} nicht nur als sekundärer Botenstoff (messenger) im intrazellulären synaptischen Stoffwechsel fungiert, sondern auch als primärer Messenger bei der Internalisierung der elektrisch verschlüsselten Information an der präsynaptischen Membranaußenseite sowie auch bei der Transmitter-Rezeptor-Interaktion an der postsynaptischen Membranaußenseite wesentlich beteiligt sein dürfte,

— daß membranständige Lipide die Funktion von Ionenkanälen und Rezeptorproteinen in der Synapse modulierend flankieren,

— daß bei der synaptischen Informationsverarbeitung die primäre Signalverarbeitung an der präsynaptischen Membran adaptive molekulare Veränderungen im Millisekundenbereich auslösen muß, womit zum Ausdruck gebracht wird, daß adaptive Stoffwechselreaktionen im Nervenzellkörper erst sekundärer Art sein könnten, und letztlich

— daß bei hinreichend intensiver und/oder häufig wiederholter Erregung letztlich molekulare Rückkopplungen von den synaptischen Membranen zum Zellkörper erfolgen müssen, die im dortigen Zellkern Aktivierungen von Effektor- und Regulatorgenen auslösen, welche gewährleisten, daß die anfänglichen adaptiven Veränderungen im Synapsenbereich langfristig stabilisiert werden.

Vor diesem Hintergrund wurde die **Hypothese der Gedächtnisbildung durch molekulare Bahnung in Synapsen mit Gangliosi-**

den entwickelt (H. RAHMANN, 1976, 1983,1987). Ganglioside, deren chemischer Aufbau und Vorkommen im Nervensystem, deren physiologische Adaptabilität sowie physikochemische Besonderheiten im Rahmen dieses Buches bereits verschiedentlich ausführlich erörtert wurden (vgl. Kap. 2.2.3.4 sowie 8.2), scheinen bei den Wirbeltieren offensichtlich den o.a. Anforderungen in hervorragender Weise gerecht zu werden. Einerseits haben sie eine Modulatorfunktion beim kurzfristigen Prozeß der synaptischen Transmission (vgl. Kap. 8.2 sowie Abb. 8.15 und 8.16). Andererseits scheinen die Ganglioside auch aufgrund ihrer biochemischen und vor allem physikochemischen Eigenschaften (lange biologische Halbwertszeit sowie hohes Komplexationsvermögen mit Ca^{2+}) besonders gut geeignet zu sein für eine langfristige Stabilisierung von synaptischen Verknüpfungen und damit für eine Bahnung von neuronalen Verschaltungen im Sinne einer Gedächtnisausprägung.

Im folgenden wird nun die mögliche funktionelle Bedeutung von Gangliosiden an kurz- und langfristigen neuronalen Prozessen speziell unter dem Gesichtspunkt ihrer essentiellen Beteiligung bei molekularen Bahnungen in Synapsen als Voraussetzung für die Ausprägung von Gedächtnisspuren erörtert (Tab. 11.1 sowie Abb. 11.3):

– Bereits im Verlauf der sehr **frühen ontogenetischen Entwicklung des Nervensystems**, wenn sich die einzelnen Hirnregionen aufgrund eines genetischen Steuerungsprogrammes allmählich grob herausbilden, kommt es – vor allem vor kritischen Entwicklungsphasen (z.B. Schlupf, Geburt, Augenöffnung usw.) – zu besonderen Gehaltszunahmen der neuronalen Ganglioside (vgl. Abb. 2.12). Diese sind korreliert mit parallel verlaufenden Erhöhungen von Enzymaktivitäten, die den Gangliosidstoffwechsel regulieren (Sialyltransferasen, Neuraminidasen).

– Die Zunahme der Gangliosidkonzentration erfolgt für die verschiedenen Einzelganglioside nicht einheitlich. Vielmehr ist die Synthese einzelner Fraktionen korreliert mit dem Ausmaß der **Neuronendifferenzierung** in der Weise, daß die

verschiedenen Phasen der Neurogenese (Zellteilung und -wanderung, Faserwachstum und -verzweigung, Synapsenbildung sowie Myelinisierung) jeweils charakterisiert werden durch die Synthese von ganz bestimmten Einzelgangliosiden (vgl. Kap. 2.2.3.4 sowie Abb. 2.13 und 2.14). Dieses ist als Zeichen dafür zu werten, daß die einzelnen Gangliosidfraktionen im Verlauf der Neurogenese jeweils spezifische Funktionen erfüllen dürften. Speziell während der **Phase der Neuronenwanderung** sowie vor allem während der **synaptischen Kontaktausprägung** zwischen den Neuronen könnte dabei den neuraminsäurehaltigen Gangliosiden eine ähnliche Bedeutung für die **Zell-zu-Zell-Erkennung** sowie für den **Zellkontakt** zukommen wie den neuraminsäurehaltigen Glykoproteinen, den **cell adhesion molecules** (**CAM**; vgl. Kap. 2.2.3.3).

– Die negativen Ladungen von beiden membranständigen Makromolekülen dürften vor allem im Nahbereich der synaptischen Membranoberflächen, in denen sie erwiesenermaßen hoch konzentriert vorkommen, gravierende funktionelle Bedeutung bei der **Zellerkennung** und **-haftung** erlangen. Hierbei dürften sie besonderen Einfluß nehmen auf die **Ausprägung der elektrischen Feldstärken**, wobei eine reversible, labile Bindung von Kationen, speziell von Ca^{2+}, an die oberflächlich orientierten Ganglioside eine ausschlaggebende Rolle spielt dadurch, daß sie – gemäß der derzeit gängigen Modellvorstellung – in der äußeren Membran in molekularen Aggregaten (Clustern) vorkommen.

– Das Funktionsmodell der Beteiligung von Ca^{2+}-Gangliosid-Komplexen **bei der synaptischen Transmission** (vgl. Kap. 8.2.4) geht davon aus, daß die Ganglioside als integrale Bestandteile der synaptischen Membranen (vgl. Abb. 7.5) auf den Membranoberflächen einer noch labilen Synapsenanlage (vgl. Abb. 9.11) zunächst noch in weitgehend ungeordnetem Zustand vorhanden sind (Abb. 11.3.1). **Lipophile Ca^{2+}-Gangliosid-Komplexe** tragen hier zu einer erhöhten Rigidität (= Starrheit) und damit Abdichtung der synaptischen Membran

Tabelle 11.1. Übersicht über die Abfolge der wichtigsten an einer Gedächtnisbildung durch molekulare Bahnung in Synapsen mit Hilfe von Gangliosiden beteiligten Einzelschritte (vgl. Text und Abb. 11.3)

1. Adaptive Änderung der Biosynthese einzelner Ganglioside während charakteristischer Phasen der **Neuronendifferenzierung**

2. Funktionelle Beteiligung von Gangliosiden bei der **Zell-zu-Zell-Erkennung** und beim **Zellkontakt**

3. Bildung lokaler, noch labiler **Synapsen** unter funktioneller Beteiligung von Ca^{2+}-Gangliosid-Komplexen

4. Bei Auftreten von elektrischen Erregungsimpulsen (= Änderung von elektrischen Feldstärken) erste Funktionsnahme (= **Transmission**) einer labilen Synapsenanlage durch Konformations-änderungen von Gangliosiden infolge der Dissoziation von Ca^{2+} von Gangliosidbindungsstellen, hierdurch u.a. Viskositätsänderungen sowie Aktivierungen von Kanal- und Rezeptormolekülen in den prä- und postsynaptischen Membranen

5. Ausprägung eines **Kurzzeitgedächtnisses** durch wechselseitige Verstärkung der aktivitätsbedingten Konformationsänderungen der Ganglioside und der damit korrelierten Änderung von synaptischen Funktionsproteinen

6. Nach wiederholter gleichartiger Stimulation Ausprägung eines **Langzeitgedächtnisses** in beteiligten neuronalen Bahnungsketten durch molekulare Rückkopplung von den Synapsenmembranen zum Zellkörper mit Hilfe des retrograden Transports; im Zellkörper Aktivierung von Effektor- und Regulatorgenen zur Synthese solcher Substanzen, die mit Hilfe des anterograden Transports zur Synapse geschleust werden, um dort eine funktionelle Stabilisierung der Synapse zu gewährleisten bzw. die Effizienz von Funktionsproteinen (Ionenkanäle, Rezeptorproteine) zu steigern

Abb. 11.3. Funktionsschema für das Modell einer Gedächtnisbildung durch molekulare Bahnung in Synapsen mit Gangliosiden. Einzelheiten im Text. (Nach H. RAHMANN, 1985)

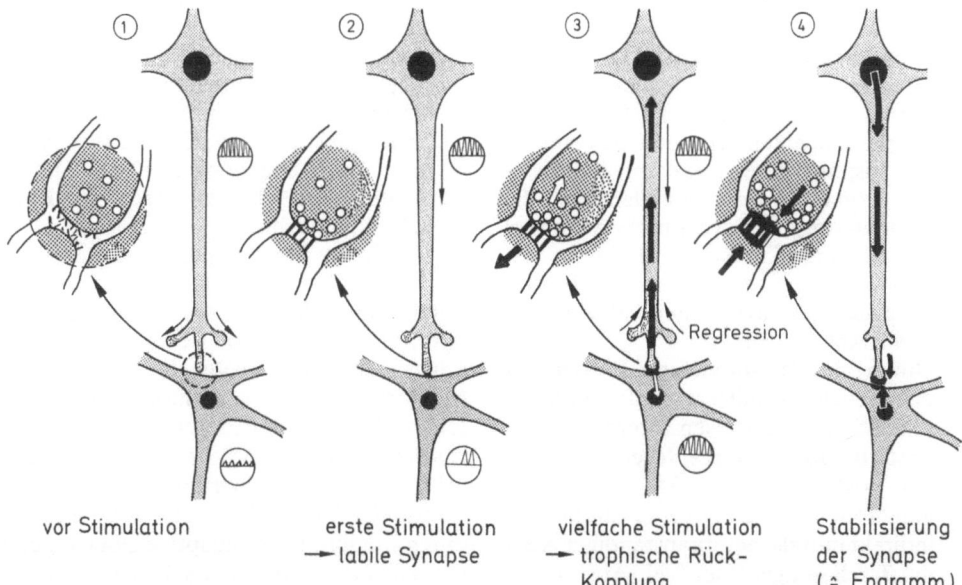

vor Stimulation | erste Stimulation → labile Synapse | vielfache Stimulation → trophische Rück-Kopplung | Stabilisierung der Synapse (≙ Engramm)

bei. Im Falle einer ersten Funktionsnahme der labilen Synapse, d.h. bei Auftreffen eines ersten elektrischen Erregungsimpulses, ist eine schlagartig eintretende **Konformationsänderung** der Gangliosidkonstellation wahrscheinlich, durch die Ca^{2+} über die durch das Aktionspotential in der Nervenendigung ausgelösten Änderungen der elektrischen Feldstärke von den Gangliosidbindungsstellen freigesetzt wird. Durch die Konformationsänderungen der Gangliosidaggregate wird einerseits der entsprechende lokale Membranbereich der Präsynapse fluider. Andererseits dürfte die Zustandsänderung der im Umfeld der präsynaptischen Ionenkanäle anzunehmenden Ca^{2+}-Gangliosid-Aggregate eine schlagartig einsetzende **Freisetzung von Ca^{2+}** bedingen, in deren Gefolge ein sogartiger Einstrom des im Extrazellularraum im Überschuß vorhandenen Calciums in die Präsynapse ausgelöst wird. Bis hierher wirkte das von den Gangliosiden mobilisierte Calcium also **als primärer Botenstoff (messenger)** bei der Internalisierung des elektrisch codierten Signals.

Nach dem Eindringen von Ca^{2+} in die Präsynapse entfaltet es dort eine Kaskade **sekundärer Messengerfunktionen**, wie sie allgemein als Bestandteil der cytoplasmatischen Signalverarbeitung bekannt sind, nämlich die für die Freisetzung von Transmittern notwendigen Schritte der Aktivierung von membranständigen **Phospholipasen**, die ihrerseits über **Inositoltriphosphat** (ITP) **Diacylglycerin** (DAG) bereitstellen, das seinerseits die **Proteinkinase C** aktiviert, welche zum einen verschiedene Proteine zu phosphorylieren und damit zu aktivieren vermag, sowie zum anderen auf die **Fusionierung der synaptischen Vesikel** mit der präsynaptischen Membran einwirkt und damit die Transmitterfreisetzung auslöst (Einzelheiten vgl. Kap. 7.2 sowie Abb. 7.19).

Durch die Ca^{2+}-induzierte **Freisetzung des Neurotransmitters** in den synaptischen Spalt und dessen Interaktion mit **postsynaptischen Rezeptoren** werden in der postsynaptischen Membran gelegene Ionenkanäle entweder direkt oder indirekt mittels membranständiger **Adenylatcyclasen** geöffnet (vgl. Abb. 7.14). Denkwahrscheinlich ist, daß darüber hinaus Ca^{2+} – wie in physikochemischen Versuchen speziell für Acetylcholin nachgewiesen – durch den ausgeschütteten Transmitter von seinen postsynaptischen Gangliosidkomplexen freigesetzt wird und in vergleichbarer Weise – wie zuvor an der präsynaptischen Mem-

bran – nun in die Postsynapse einströmt, um hier ebenfalls eine Kaskade von Ca^{2+}-abhängigen sekundären Stoffwechselveränderungen auszulösen. Die dadurch bewirkte **Öffnung der postsynaptischen Na^+-Kanäle** verursacht in der postsynaptischen Membran deren **lokale Depolarisation**, durch die es – bei hinreichender Reizstärke – zu einer Fortleitung der übertragenen, elektrisch codierten Information in dieser Zelle kommt (vgl. Abb. 8.15).

Die Wiederherstellung der ursprünglichen Membransituation wird anschließend durch die enzymatische Inaktivierung des Transmitters im synaptischen Spalt in die Wege geleitet sowie durch die Aktivierung von membranständigen **Ionenpumpen (Na^+/K^+-ATPase, Ca^{2+}-ATPase)**, mit deren Hilfe u.a. Ca^{2+} wieder in den Extrazellularraum gepumpt wird und sich dort wieder locker an die negativen Neuraminsäurereste der Ganglioside anlagern kann. Hierdurch kommt es zur Konformationsumkehr von einem zuvor fluiden zu einem nun wieder rigideren, d.h. starreren, Zustand des entsprechenden, mit Gangliosidaggregaten angereicherten Membranabschnitts, wodurch dieser nun wiederum gegenüber dem im Extrazellularraum hoch angereicherten Ca^{2+} abgedichtet wird (Einzelheiten vgl. Kap. 8.2.4 sowie Abb. 8.15 und 8.16).

Nach diesen Vorstellungen dürften also Ca^{2+}-Gangliosid-Komplexe bei einem kurzfristigen Transmissionsvorgang eine optimale Konstellation der physikochemischen Rahmenparameter der synaptischen Membranen (Viskosität, molekulares Umfeld für Kanal- und Rezeptorproteine, elektrische Feldstärkenbeschaffenheit etc.) gewährleisten, so daß hierdurch eine modulationsfähige Transmitterfreisetzung und dadurch wiederum eine adaptive Übertragung eines elektrisch verschlüsselten Signals von Neuron zu Neuron ermöglicht wird. (In Kap. 8.3.3 wurden diesbezüglich zahlreiche Experimentalbefunde über die außerordentlich große Anpassungsfähigkeit von Gangliosiden, besonders hinsichtlich ihrer Interaktionen mit Ca^{2+}, referiert; speziell die in physikochemischen Simulationsversuchen erbrachten Ergebnisse verleihen den zuvor erörterten hypothetischen Überlegungen ein hohes Maß an Wahrscheinlichkeit.)

Bei der **synaptischen Transmission** dürften also **Ca²⁺-Gangliosid-Komplexe** insgesamt gesehen die Funktion von **Neuromodulatorsubstanzen** insofern erfüllen, als sie − wie kaum eine andere Stoffklasse − geeignet sind, die Funktion synaptischer Ionenkanal- und Rezeptormoleküle dadurch zu beeinflussen, daß sie in der Lipidschicht der äußeren synaptischen Membranen durch aktivitätsbedingte Konformationsänderungen die basalen Funktionseigenschaften der Membran mit steuern. Aufgrund der sehr variablen Zusammensetzung der in Form von molekularen Aggregaten (Clustern) speziell in den neuronalen Membranen angereicherten Gangliosidgemische ist diese Stoffklasse hervorragend geeignet, das Lipidumfeld der synaptischen Funktionsproteine in ökophysiologischer Anpassung an sich ändernde Rahmenbedingungen (Temperatur, Druck, Ionenmilieu etc.) adaptiv zu verändern.

Ein derartiges Funktionsmodell für die hier näher betrachteten neuronalen Ganglioside erfährt ein um so größeres Ausmaß an Plausibilität aufgrund der folgenden, experimentell untermauerten Fakten, denen zufolge Ganglioside

− generell zur Stabilisierung von Plasmamembranen beitragen,
− als Modulatorsubstanzen bei der Zellanheftung wirken, indem sie spezifische Proteininteraktionen beeinflussen (GM3 und GD3 beeinflussen Fibronectin und Laminin),
− das Zellwachstum regulieren,
− während der Zelldifferenzierung den Zell-zu-Zell-Kontakt steuern,
− beteiligt sind am Informationstransfer zwischen Zelloberfläche und Stoffen der Extrazellularflüssigkeit. Beispiele hierfür sind die Modulatorfunktionen von Gangliosiden für Rezeptoren von Wachstumsfaktoren (EGF) sowie für Rezeptoren von Bakteriotoxinen und Myxoviren.

Das Phänomen **Kurzzeitgedächtnis** könnte nach diesen Vorstellungen damit erklärt werden, daß es an den äußeren Membranen von bis dahin nur **labil** angelegten **Synapsen** aktivitätsabhängig (spannungsabhängig) zu **Konformationsänderungen** sowie zu geordneten molekularen Arrangements der Ca²⁺-Gangliosid-Komplexe speziell im Bereich der sich herausbildenden synaptischen Kontaktstellen kommt. Hierdurch wird ein erster Einstrom von extrazellulärem Ca²⁺ in das Synaptoplasma ermöglicht, durch den wiederum erstmalige Aktivierungen der synaptischen Funktionsproteine ausgelöst werden (Abb. 11.3.1 und 2).

Das **mittelfristige Gedächtnis** läßt sich damit erklären, daß sich bei wiederholten, gleichartigen Stimulationen die zuvor erörterten Prozesse der aktivitätsbedingten Konformationsänderungen von nun geordnet arrangierten Ca²⁺-Gangliosid-Komplexen an den synaptischen Membranoberflächen sowie die aus den sekundären Messengerreaktionen resultierenden Reaktionen der synaptischen Funktionsproteine wechselseitig verstärken (Abb. 11.3.2).

Für die Möglichkeit der Ausbildung eines **Langzeitgedächtnisses** ergibt sich in diesem Zusammenhang folgendes: Waren die in der Präsynapse eintreffenden elektrischen Erregungsimpulse hinreichend stark und/ oder wurden sie oft genug in gleichartiger Weise wiederholt (≙ **Training**), so setzt in der beteiligten neuronalen Bahnungskette die Phase einer molekularen **Stabilisierung der Synapsen** ein (Abb. 11.3.3): Mit Hilfe des **retrograden Stofftransports** (vgl. Kap. 9.1.3) gelangen auf stofflicher Basis Informationen über die durch die Kaskade sekundärer Messengerinduktionen ausgelösten molekularen Veränderungen im Bereich der synaptischen Nervenendigungen in die jeweiligen Nervenzellkörper. Hier erfolgt eine **Aktivierung von Effektor- und Regulatorgenen**, die dazu führt, daß dort von nun an vermehrt solche Substanzen synthetisiert werden, die zur Aufrechterhaltung der aktivitätsabhängigen Veränderungen im Synapsenbereich notwendig sind. Diese Substanzen werden anschließend mit Hilfe des **anterograden Stofftransports** (vgl. Kap. 9.1.2) kontinuierlich vom Zellkörper aus in die molekular gebahnten Synapsen geschleust, wo sie deren langfristige funktionelle Stabilisierung gewährleisten (Abb. 11.3.4). Die Aufrechterhaltung einer derartigen, funktionellen Stabilisierung von Synapsen könnte u.a. dadurch bewerkstelligt werden, daß Ganglioside vermehrt und in spezifischer Zusammensetzung im Nervenzellkörper synthetisiert und nach ihrem axonalen Transport in die Synapsenmembran eingebaut werden und/oder daß durch die Modulatorfunktion der Ganglioside Funktionsproteine der synaptischen Membranen (Ionenkanäle, Rezeptorproteine) künftig effizienter arbeiten können, so daß eine auf diese Weise „gebahnte" Synapse einen zu einem späteren Zeitpunkt eintreffenden elektrischen Erregungsimpuls effizienter von Zelle zu Zelle übertragen kann.

Nach diesen Vorstellungen besteht das Phänomen einer **Gedächtnisbildung auf der** **Grundlage einer molekularen Bahnung** also darin, daß die betroffenen synaptischen Membranbereiche in einem hinreichend stark und/oder in gleichartiger Weise wiederholt erregten Neuronennetz durch physikochemische Konformationsänderungen der unterschiedlich polar gebauten Ca^{2+}-Gangliosid-Komplexe (möglicherweise erregungsspezifisch im Sinne einer „elektrischen Resonanz der Gangliosidstruktur") derart moduliert werden, daß nur in ihnen solche Erregungsimpulse effizient übertragen werden, die den ursprünglichen bei der ersten Gedächtnisspeicherung aufgetretenen entsprechen.

11.3 Aspekte der Bildung eines neuronalen Informationsverarbeitungssystems

An dieses Modell einer Gedächtnisbildung durch molekulare Bahnung im Bereich der synaptischen Kontaktzonen von Nervenendigungen schließt sich die Frage nach den Möglichkeiten der Ausprägung von so komplexen neuronalen Netzwerken, wie sie die Nervensysteme der höheren Tiere und vor allem des Menschen darstellen, an.

Hinsichtlich der Entwicklung eines Informationsverarbeitungs- und -speichersystems ist davon auszugehen, daß ein solches mehrstufig zustande kommt, zum einen aufgrund von genetisch vorprogrammierten Informationsinhalten und zum anderen aufgrund von epigenetisch, d.h. individuell, erworbenen Erfahrungen. Auf dem Hintergrund eines **phylogenetisch programmierten neuronalen Informationssystems** ist davon auszugehen, daß ein bestimmtes Maß an Wissen über die auf das Individuum einwirkende Umwelt angeboren ist. Zum Zeitpunkt der Paarung erkennen beispielsweise viele Tiere ihre Artgenossen, auch wenn sie sie zuvor noch nie gesehen haben: Sie verfügen angeborenermaßen über eine Art „Steckbrief" an Informationen über ihre eigene Spezies, der als **angeborener auslösender Mechanismus (AAM)** im Hirn deponiert ist und sich auf wenige, jedoch markante Merkmale **(Schlüsselreize)** beschränkt, die aber zur Erkennung eines Art- genossen ausreichen (vgl. Kap. 10.2.3.2). Ebenso verfügen die meisten Tiere angeborenermaßen über ein Spektrum an eigenen Verhaltensweisen, das es ihnen ermöglicht, bei einem erstmaligen Kontakt mit einem Artgenossen in einem entscheidenden Augenblick Signale von sich zu geben, die der Situation angemessen sind, und die wiederum für andere Artgenossen als Schlüsselreize dienen. Letztlich bedeutet dieses, daß Informationen aus der Umwelt im ständigen Wechselspiel von **Mutation** und **Selektion** in den genetischen Code der Arten übergegangen sind und auch heute noch übergehen, wo sie sich allmählich genetisch manifestieren und somit von Generation zu Generation weitergegeben werden.

Diese sich genetisch manifestierende Informationsübertragung vermag auch seltsame Wege zu gehen, indem beispielsweise im Falle der **Mimikry** Signale einer Art, wie etwa die Ausprägungsweise von Eulenaugen, von anderen Arten (Schmetterlingen) zum Zwecke der Abschreckung von Feinden kopiert werden.

Die sich anschließende Frage lautet: In welcher Weise findet nun eigentlich die **Überführung der ursprünglich genetisch fixierten Informationsmuster vom Genom in das Verhalten** statt, so daß die angeborenen Programme und Fähigkeiten innerhalb einer Tierart auch auf die ihr eigene Weise zur Entfaltung kommen? Die Beantwortung dieser Frage ist mit letzter Exaktheit heute noch nicht möglich. Doch wurden in Kap. 2 wichtige Teilaspekte der Erforschung dieses **genetisch-embryologischen Informationskanals** referiert. Hierbei wurde besonderer Wert gelegt auf die Erörterung der **molekularen Differenzierung von Neuronenverbänden**, wobei die Bedeutung von Nervenwachstumsfaktoren, von Substanzen mit neuritogenem Einfluß, von Zelladhäsionsmolekülen sowie von Gangliosiden als Markersubstanzen der funktionellen Neuronendifferenzierung für die codierungsabhängige Entfaltung des Nervensystems hervorgehoben wurde. Im Kap. 5 wurden diesbezüglich auch Modellvorstellungen über mögliche Verschaltungsprinzipien bei der neuronalen Informationsverarbeitung unterbreitet. Hierbei wurde aufgezeigt, daß man diesbezüglich einerseits von genetisch fest fixierten Reflexverschaltungen auszugehen hat, welche vor allem der Steuerung der Lebenserhaltungssysteme dienen. Andererseits wurden komplexere neuronale Verschaltungen, z.B. im Cerebellum, im Hippocampus oder im Neocortex des Vorderhirns, vorgestellt, die für eine große Plastizität und Komplexität der Verschaltungsmöglichkeiten sprechen, aufgrund derer wesentlich variablere Verhaltensreaktionen möglich werden. Hiervon ausgehend wird es verständlich, daß es im Verlaufe der Stammesgeschichte (vor allem der Wirbeltiere) zu einer so eindrucksvollen funktionsmorphologischen Differenzierung des Hirnes in einzelne Abschnitte mit jeweils gesonderten Steuerungsaufgaben kam (vgl. Kap. 3).

Hinsichtlich der uns im Rahmen dieses Buches über die o.a. Punkte hinaus jedoch vor allem beschäftigenden Frage nach der dritten Art des neuronalen Informationsflusses, nämlich der **erfahrungsabhängigen Informationsverarbeitung und -speicherung** von Signalen aus der Umwelt über die Sinnesorgane zum Hirn und wieder zurück zur Umwelt in Form von zumeist motorischen Reaktionen, seien – ergänzend zu den in Kap. 11.2.5 unterbreiteten Vorstellungen über eine Gedächtnisbildung durch molekulare Bahnung in Synapsen – folgende Anmerkungen gemacht:

Ähnlich wie **elektronische Rechenanlagen** Signale über zuleitende Drähte aufnehmen, so erhält das Hirn laufend zahllose Informationen über eine Vielzahl von Nervenfasern, die jeweils unabhängig voneinander Signale übermitteln können. Während die Signale in den technischen Rechnern einfache **elektrische Pulse** sind, stellen die Signale der Nervenzellen komplizierte physikalisch-chemische Ereignisse dar (vgl. Kap. 6 und 7). Letztlich hat die Informationsübertragung im Gehirn und in Rechenanlagen jedoch eines gemeinsam, nämlich die Tatsache, daß es sich hierbei jeweils um **Pulse**, d.h. diskrete, zählbare Ereignisse handelt, die sich untereinander klar absetzen. Darin besteht ein Vorteil gegenüber der kontinuierlich veränderbaren Informationsübermittlung eines elektrischen Potentials, das im Verlauf der Übermittlung verzerrt werden kann, womit eine Änderung im Informationsgehalt gegeben wäre. Dieses ist bei einer **Übertragung von Pulsen** jedoch nicht der Fall. Der Puls oder auch eine bestimmte Folge von Pulsen (**= Pulssalven**) stellt gleichsam das eigentliche Symbol für das dar, was übermittelt werden soll. Jedes Symbol wird für sich in Form von einzelnen, sich in ihrer Frequenz unterscheidenden Pulssalven verschlüsselt. Diesbezüglich stellt das Hirn einen Symbolverarbeitungsapparat dar, der die verschiedensten Eingänge aus der Umwelt selektiv aufnimmt und gleichsam wie bei der Informationsverarbeitung von einzelnen Buchstabensymbolen zu Wörtern und von Wortsymbolen zu Sätzen integrierend zusammensetzt. Aus der Flut von verschiedensten Sinneseingängen aus der Umwelt werden also Einzelereignisse mit besonderen Symbolen der Hirnaktivität, in Gestalt von in ihrer Frequenz unterschiedlich zusammengesetzten Pulsmustern in den beteiligten Neuronensystemen belegt.

Dabei dürfte ein Mechanismus aktiviert werden, durch den die neu aufgenommenen Umweltsignale mit den bereits vorhandenen, genetisch festgelegten Symbolmustern verglichen werden. Oder anders ausgedrückt: Der genetisch vorgegebene Symbolvorrat wird ständig an die Gegebenheiten der Umwelt angepaßt. Dabei ist festzustellen, daß mit zunehmender stammesgeschichtlicher Höherentwicklung der Tiere und der damit einhergehenden differenzierteren Organisation des Nervensystems der Anteil an durch Lernvorgänge erworbenen Informationen gegenüber den angeborenen Reiz-Reaktionsmustern eine immer größere Rolle spielt. Zeitlebens lernt man, neue Muster zu unterscheiden, anders geartete Situationen zu erkennen und besondere Eigenreaktionen auszufeilen.

Im Gehirn vollziehen sich währenddessen ständige Neubildungen neuronaler Schaltkreise durch die aktivitätsabhängige Stabilisierung von bis dahin labil angelegten synaptischen Kontakten. Hierbei werden zum einen bereits bestehende Informationsbahnen durch häufigen Gebrauch eingeschliffen und damit verstärkt. Zum anderen werden jedoch auch ständig neue Bahnen geknüpft zwischen funktionell zusammengehörigen Schaltkreisen. Sukzessiv werden einzelne Informationsbahnen bei gleichzeitigem Auftreten zweier oder mehrerer Erregungseingänge – etwa wie im Falle des „Einschleifens" von bedingt-reflektorischen Abläufen beim Prozeß der Konditionierung – miteinander verbunden. Hierdurch entstehen zunächst Neuronennetzwerke, die sich mit weiterer histogenetischer Entwicklung zu räumlichen Verschaltungseinheiten (Columnen) organisieren, welche im Sinne von integrierten Schaltkreisen auf gleichartige Erregungseingänge jeweils mit der Generierung von gleichartigen Pulssalven reagieren. Nach und nach bildet sich also im Hirn ein räumliches Verschaltungsgeflecht von synaptisch verknüpften Nervenbahnen heraus, in dem in zunehmendem Maße bereits die erblich festgelegten Schaltkreise mit neu erworbenen, d.h. aufgrund von individuell gesammelten Erfahrungen hinzuerworbenen, verknüpft werden. Von einem bestimmten Ausmaß an Übereinstimmung zwischen angeborenen und erworbenen neuronalen Informationsmustern von den Dingen der Außenwelt an kommt es zur Ausprägung von **logischen** und **kausalen Verschaltungsarrangements**, bei deren Betätigung man dann Geschehnisse im Hirn probeweise, d.h. ohne jeweils unmittelbare Verifikation mit den Gegebenheiten der Außenwelt, ablaufen lassen kann. Derartige Prozesse bezeichnet man dann als **Denken**. Das Denken stellt sich als ein erstaunlich verschwenderischer Prozeß der Informationsverarbeitung heraus. Denn hierbei kann eine ungeheure Menge an individuell erworbenen Erfahrungen zu neuen Erkenntnissen verknüpft werden, die dann jedoch am Ende des Lebens durch Zerfall wieder verlorengehen, es sei denn, sie werden als „extracerebrale Assoziationsketten" in Form von verschiedensten Symbolinformationsträgern (Schrift, Schallplatten, Magnetband, Film, elektronische Datenträger etc.) festgehalten und damit von Generation zu Generation weitergegeben.

Derartige Modellvorstellungen über eine von der frühontogenetischen Bildung erster einfacher neuronaler Schaltkreise ausgehende Ausprägung von äußerst komplexen räumlichen Neuronennetzen im ausdifferenzierten Hirn haben nun in jüngster Zeit vor allem auch die Informationstechniker und Computerfachleute inspiriert, darüber nachzudenken, ob und ggf. inwieweit die Funktionalität des menschlichen Gehirns physikalisch-technisch erklärt werden könne. Diesbezüglich ist es derzeit bereits möglich, diese Komplexität auf relativ einfache, durchaus plausibel erscheinende Modelle zurückzuführen (P. R. GERKE, 1987; G. PALM, 1988).

11.4 Aspekte der Lokalisation des Gedächtnisses

Zwar hat die Neurobiologie mit Hilfe der ihr zur Verfügung stehenden Methoden, vor allem der Elektrophysiologie, der Histoautoradiographie sowie der verschiedenen Verfahren der Computertomographie, in den letzten Jahren ungeheure Fortschritte hinsichtlich der Aufklärung verschiedenster neuronaler Prozesse gemacht, doch sind wir derzeit noch nicht in der Lage, alle Einzelheiten der so ungeheuer komplexen Gegebenheiten bei der neuronalen Informationsverarbeitung und -speicherung (= Gedächtnisbildung) zu verstehen. Letzteres dürfte darauf zurückzuführen sein,

Tabelle 11.2. Limitierende Faktoren für die Gedächtnisforschung

---

- Zusammensetzung des menschlichen Hirns aus
  - vielen 100 Milliarden ($= 10^{11}$) Nervenzellen
  - einigen Billionen (10^{12}) Glia-(Hüll-)zellen
  - mehreren 100 Billionen (10^{14}) Synapsen
- Gesamtlänge aller im Hirn vorhandenen Nervenfasern $= 2 \times 384\,000$ km ($\hat{=}$ Erde – Mond – Erde)
- Erregungsleitungsgeschwindigkeiten bis zu $100 - 120$ m/s ($\hat{=}$ $360 - 400$ km/h)
- 4×10^9 Impulse/s werden über den Balken zwischen den beiden Großhirnhemisphären ausgetauscht
- >40 verschiedene chemische Transmittersubstanzen differenzieren erregende von hemmenden Synapsen
- 15 000 Eiweißmoleküle werden pro Sekunde in einer aktiven Nervenzelle umgebaut
- Pro Erinnerungsvorgang sollen zwischen 10^7 und 10^8 Nervenzellen aktiviert werden

---

daß sich der Suche nach dem Engramm derzeit noch zahlreiche Faktoren limitierend entgegenstellen (Tab. 11.2).

Insbesondere die Frage nach einer exakten **Lokalisation** des Gedächtnisses innerhalb des Nervensystems ist derzeit noch nicht eindeutig zu beantworten. Generell akzeptiert ist lediglich die zuvor detailliert ausgeführte Ansicht, daß das Gedächtnis letztlich in Form von molekularen Abänderungen in den Synapsen solcher neuronaler Strukturen gespeichert wird, die an der Wahrnehmung, Analyse und Weiterverarbeitung von erworbenen (= erlernten) Informationen beteiligt sind. Übereinkunft herrscht auch darüber, daß in den sensorischen wie auch motorischen Nervenbahnen selbst keine, ihren Funktionen entsprechende Gedächtnisinhalte abgespeichert werden, sondern daß hierfür letztlich nur das ZNS (Hirn und Rückenmark) selbst verantwortlich ist.

Für die Analyse der an einer Gedächtnisspeicherung beteiligten Hirnstrukturen stehen verschiedene Untersuchungstechniken zur Verfügung:

- Zum einen werden in Tiermodellen selektiv Läsionen (Verletzungen) innerhalb des ZNS gesetzt; anschließend wird das Ausmaß an abgeänderten Verhaltensweisen und Reduktion der Gedächtnisleistung überprüft.
- Zum zweiten werden in den verschiedenen Hirnregionen vor und nach erfolgter adäquater Stimulation von Sinnesorganen die neuronalen Aktivitäten entweder elektrophysiologisch mit Hilfe von Ableitelektroden oder aber stoffwechselphysiologisch nach Verabreichung

von Markersubstanzen (z.B. radioaktiv markierte d-Oxyglucose) gemessen.
- Zum dritten tragen zur Abrundung des gegenwärtigen Bildes vom Gedächtnis viele Fallstudien von solchen Patienten bei, bei denen bestimmte Hirnareale durch Krankheiten oder Verletzungen so geschädigt sind, daß sie Teile ihres Lern- und Erinnerungsvermögens eingebüßt haben. So ist beispielsweise seit mehr als 100 Jahren bekannt, daß die Gedächtnisfähigkeit sehr stark bei bilateralen Schädigungen des mittleren Bereichs der Temporallappen im Vorderhirn beeinträchtigt wird. Verletzungen dieser Regionen bereiten außerordentliche Schwierigkeiten, sowohl ein neues Gedächtnis auszubilden (= **anterograde Amnesie**), als auch sich an Dinge zu erinnern, die vor dem Gedächtnisverlust abgespeichert wurden (= **retrograde Amnesie**). Hingegen bleiben bei diesem Schädigungstyp die normale Intelligenz und die Fähigkeit zum Lernen und ein Kurzzeitgedächtnis auszubilden sowie auch das Vermögen, sich an lange zurückliegende Erlebnisse zu erinnern, unbeeinträchtigt. – Der diesbezüglich wohl berühmteste Fall ist der des **Patienten H. M.**, dem 1953 zur Milderung seiner epileptischen Anfälle beidseitig der mediale Temporallappen der Vorderhirnrinde und damit die **Hippocampus**region operativ entfernt wurde. Dieser Eingriff nahm H. M. die Fähigkeit, sich irgendetwas länger als nur wenige Minuten zu merken. Das Kurzzeitgedächtnis ist bei H. M. zwar intakt, man kann sich mit ihm ohne Schwierigkeiten und auf hohem Intelligenzniveau unter-

halten. Auch das Gedächtnis an alles, was lange Zeit vor der Operation geschah, blieb intakt. Lediglich die Übertragung der Erlebnisse vom Kurzzeit- in den Langzeitspeicher wurde durch den operativen Eingriff zerstört. Hieraus wird gefolgert, daß beim Menschen der Hippocampus an der Ausprägung von langfristigem Gedächtnis essentiell beteiligt sein muß, was jedoch nicht besagt, daß diese Hirnregion selbst der eigentliche Langzeitspeicher ist. Neben dem mittleren Temporallappen der Vorderhirnrinde ist offensichtlich auch das Zwischenhirn, speziell eine Gruppe von Kernen im **Thalamus** und **Hypothalamus**, essentiell an einer Gedächtnisausprägung beteiligt. Denn bei Schädigungen dieser Strukturen treten gravierende **Amnesien** (Gedächtnisausfälle) auf: So sind beim sog. **Korsakow-Syndrom**, einer umfassenden Amnesie bei chronischem **Alkoholismus**, nahe der Mittellinie des Zwischenhirns gelegene Strukturen entartet. Schädigungen des Zwischenhirns durch Schlaganfälle, Infektionen oder Tumoren können jedoch gleichartige Amnesieerscheinungen bewirken.

1950 kam KARL LASHLEY aufgrund umfangreicher Verhaltensexperimente vor allem mit Ratten, denen unterschiedlich große Anteile der Großhirnrinde zerstört worden waren, zu dem Schluß, daß es nicht möglich sei, eine isolierte Lokalisation von einzelnen Gedächtnisinhalten irgendwo im Nervensystem nachzuweisen. Vielmehr nahm LASHLEY an, daß die Gedächtnisspeicherung im ZNS diffus erfolge, d.h. auf viele Strukturen verteilt sei. Zudem ging er bereits davon aus, daß dieselben Nervenzellen am Zustandekommen zahlloser Gedächtnisinhalte gleichzeitig beteiligt sein müßten. Das Sicherinnern würde demnach die synergetische Aktion oder eine Art Resonanz bei einer großen Anzahl von Neuronen bedeuten.

Aufgrund der proportional zur entfernten Cortexmasse abfallenden Gedächtnisleistung formulierte LASHLEY das „**Prinzip der Massenaktion**" sowie das der „**Äquipotentialität**", d.h. der gegenseitigen Stellvertretbarkeit der verschiedenen Hirnregionen untereinander. Hiernach soll für die Ausbildung von Gedächtnis mehr die Quantität an vorhandener Hirnsubstanz als die Spezifität einer bestimmten Region verantwortlich sein. Da LASHLEY das Ausmaß an Gedächtniseinbußen nach Hirnläsionen jedoch an solchen Ratten untersuchte, die ein Labyrinth zu erlernen hatten, und da diese Art des Lernens gebunden ist an mehrere Informationskanäle (visuelle, olfaktorische und kinästhetische Orientierung), dürften bei der Gedächtnisausprägung an einem solch komplexen Lernvorgang verschiedenste Hirnregionen gleichzeitig beteiligt sein. Eine klare Aussage über die mögliche Lokalisation der verschiedenen, am **Labyrinthlernen** beteiligten Teilkomponenten des Gedächtnisses ist bei dieser Art des Lernens nicht zu erwarten.

Um nun dennoch eindeutiger Stellung beziehen zu können zu der Frage, ob die Speicherung von Gedächtnisinhalten im Hirn streng lokalisiert ist oder aber diffus erfolgt, konzentrieren sich die sich damit befassenden Forschungsaktivitäten auf eindeutigere Systeme. Da der größte Teil unserer Gedächtnisinhalte auf optische Sinneseindrücke zurückgeht, wurde in der letzten Zeit vor allem der neuronale Verarbeitungsweg, der für das Sehen, also die **visuelle Wahrnehmung**, verantwortlich ist, detaillierter untersucht. Wie bereits in Kap. 3 ausgeführt, erfolgt der Informationsfluß bei der Verarbeitung von visuellen Eindrücken bei den Säugetieren und damit auch bei uns Menschen von der Retina über den Sehnerv **(Nervus opticus)** zunächst bis in die seitlichen Kniehöcker **(Corpora geniculata lateralia)** im Zwischenhirn. Hier wird der Hauptteil der Nervenbahnen auf eine im Hinterhauptsbereich gelegene Region der Großhirnrinde, die **Area striata**, umgeschaltet, in der der erste Teil der Informationsverarbeitung der visuellen Eindrücke erfolgt. In der Area striata antworten einzelne Neurone auf einfache, örtlich begrenzte Elemente im Gesichtsfeld, wie etwa auf kantige Abgrenzungen oder farbige Punkte. Andere Nervenbahnen projizieren innerhalb dieses Teiles der Sehrinde auf andere Nervenzellen, die gröbere Objekteigenschaften wie die Gesamtstruktur oder -farbe analysieren. Am Ende dieser objektbezogenen Bahn, nämlich in der unteren

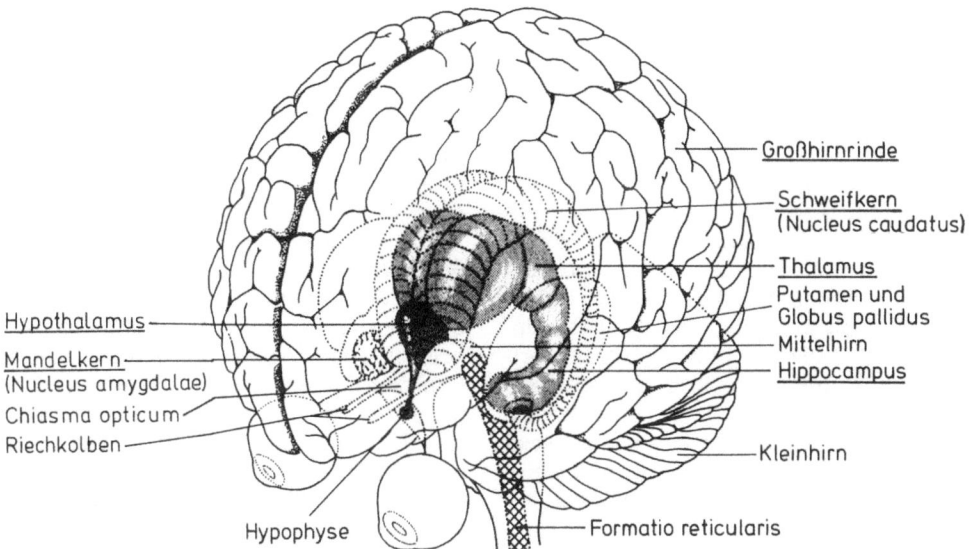

Abb. 11.4. Schematische Darstellung des menschlichen Gehirns unter Betonung derjenigen Strukturen, die an einer Deponierung von Gedächtnisinhalten vornehmlich beteiligt sein dürften

Schläfenlappenrinde **(Gyrus temporalis inferior)**, vermitteln andere Nervenzellen Informationen über eine Vielzahl von Eigenschaften sowie einen weiten Ausschnitt des Gesichtsfeldes. Das läßt darauf schließen, daß hier die endgültige Information über ein Objekt zusammenkommt. Es wird vermutet, daß zusätzlich zu dieser Projektionsbahn auch noch eine weitere im hinteren Scheitellappen besteht, die für eine Verarbeitung der räumlichen Beziehungen einer optischen Szene verantwortlich ist.

Der weitere Verarbeitungsweg von visuellen Informationen von der Großhirnrinde in darunter gelegene Hirnregionen und damit die Nachzeichnung derjenigen Strukturen, die eventuell an einer entsprechenden Gedächtnisspeicherung von visuellen Eindrücken beteiligt sind, läßt sich derzeit bereits recht genau aufgrund der Auswertung von Versuchen an Affen zur Prüfung des visuellen **Wiedererkennungsgedächtnisses** nach unterschiedlichen chirurgischen Eingriffen beschreiben. Hiernach erregt eine visuelle Wahrnehmung, die auf dem letzten Abschnitt der visuellen Projektionsbahn, der unteren Schläfenlappenrinde, zustande kam, zwei parallele Schaltkreise, von denen der eine seinen Ursprung im sog. Mandelkern **(Nucleus amygdalae)** und der andere

im **Hippocampus** hat. Beide Regionen sind offensichtlich für viele Arten **kognitiven Lernens** verantwortlich, d.h. für die Fähigkeit, Gegenstände wiederzuerkennen, ihre im Moment nicht wahrnehmbaren Eigenschaften aus dem Gedächtnis abzurufen und ihnen eine gefühlsbetonte Bedeutung zuzuteilen. Beide Regionen stellen jedoch offensichtlich nicht die Endstationen der an der Wahrnehmung und Speicherung visueller Eindrücke beteiligten Strukturen dar, denn von hier aus ziehen einerseits Projektionsbahnen zum basalen Vorderhirn **(Corpus striatum)** sowie zum Zwischenhirn **(Thalamus** und **Hypothalamus)**, das seinerseits wieder den Kreislauf der Informationsverarbeitung schließt, indem es Nervenbahnen zur Großhirnrinde zurücksendet (Abb. 11.4).

Es wird nun vermutet, daß die wahrscheinlichsten **Speicherorte des Gedächtnisses** diejenigen sind, in denen die Sinneseindrücke Gestalt annehmen. Die Schaltkreise, die unterhalb der Großhirnrinde bestehen, dürften beim Zustandekommen des Gedächtnisses die Funktion von Rückkopplungsaufgaben mit dem Cortex erfüllen: Nachdem ein in der Großhirnrinde verarbeiteter Sinnesreiz den Hippocampus und die Amygdala erregt hat, müssen die

Gedächtnisschaltkreise auf die sensorischen Areale des Cortex zurückwirken.

Mit wechselseitigen Rückkopplungsmechanismen zwischen den neuronalen Repräsentationszentren im **Cortex** (vgl. Kap. 3) und den Schaltkreisen des **Hippocampus** sowie der **Amygdala** dürfte vermutlich das strukturelle Korrelat einer Gedächtnisspeicherung von visuellen Eindrücken gefunden worden sein. Darüber hinaus sprechen weitere Läsionsversuche an Affen dafür, daß die Amygdala auch für die Verknüpfung von Gedächtnisinhalten verantwortlich sein könnte, die durch mehrere verschiedene Sinne vermittelt werden. Sie dürfte im Sinne eines **intermedialen Recall** aktiviert werden, wenn wir beispielsweise beim Hören einer vertrauten Stimme am Telefon an das Gesicht des Anrufers erinnert werden. Des weiteren wird vermutet, daß die Amygdala mit zuständig ist für die den Vorgängen der Sinnesverarbeitung parallel laufenden **Gefühle**. Die Wechselwirkung zwischen Amygdala und Großhirnrinde könnte erklären, warum gefühlsbeladene Ereignisse besonders nachhaltige Gedächtniseindrücke hinterlassen.

Die bisherigen Angaben machen zwar deutlich, daß die Speicherung spezifischer Gedächtnisinhalte im Bereich bestimmter Repräsentationszentren im Cortex unter Einbeziehung von subcorticalen Regionen wie etwa des Hippocampus und der Amygdala erfolgt. Doch muß davon ausgegangen werden, daß die Gedächtnisspeicherung innerhalb derartiger Großregionen **nicht punktförmig lokalisiert** ist, **sondern diffus verteilt** über weite Bereiche dieser neuronalen Netzwerke erfolgt. Die einzelnen Gedächtnisinhalte werden hiernach also weniger im Sinne der einzelnen Bildpunkte einer Photographie abgespeichert als vielmehr wie in einem **Hologramm**, bei dem es möglich ist, räumliche Szenen in ihrer dreidimensionalen Struktur zu speichern und wiederzugeben.

Abschließend gesehen dürfte das Phänomen der Speicherung von individuell gesammelten Informationen, d.h. die Ausprägung von Gedächtnis, gebunden sein an eine genetisch grob vorgegebene neuronale Repräsentationsmöglichkeit der verschiedenen Sinnesmodalitäten in Form von gewissen Anordnungen und bestimmten Verbindungsweisen großer Anzahlen von Nervenzellen in größeren Hirnrealen. Nach Funktionsübernahme derselben entstehen innerhalb dieser Neuronenanordnungen mittels molekularer Bahnung in den beteiligten Synapsen (vgl. Kap. 11.2.5) Gedächtnisschaltkreise durch Rückkopplung in der Weise, daß die entstehenden Verbindungsmuster konserviert werden und damit die individuell gemachten Wahrnehmungen dauerhaft fixiert werden. Ein späteres Wiedererkennen sowie auch ein Sicherinnern könnten damit erklärt werden, daß dieselbe Neuronenanordnung durch gleichartige Sinnesreize erneut erregt würde, durch die sie zuvor ausgeprägt worden war.

Einerseits speichert danach jede einzelne neugebildete Synapse beim Zustandekommen neuer Gedächtnisinhalte einen gewissen Anteil der neu aufgenommenen Gesamtinformation. Andererseits wird jede neue Wahrnehmung − und damit jede neue Information − über ein weit gestreutes Netz neuer synaptischer Verknüpfungen vielfach fixiert. Im Nervensystem wird also jede individuell gesammelte Information über weite Bereiche gestreut gespeichert, während gleichzeitig in jedem einzelnen Teilbereich dieses Systems viele Informationen übereinander gelagert gespeichert werden können.

Literaturverzeichnis

Kapitel 1: Zelluläre Grundlagen des Gedächtnisses

Akert K (1971) Struktur und Ultrastruktur von Nerven und Synapsen. Klin Wochenschr 49: 509–519

Barondes SH (1969) Cellular dynamics of the neuron. Academic Press, New York

Eccles JC (1964) The physiology of synapses. Springer, Berlin Göttingen Heidelberg New York

Greenough WT (1984) Structural correlates of information storage in the mammalian brain: a review and hypothesis. Trends in Neurosciences 7 (7):229–233

Hydén H (ed) (1967) The neuron. Elsevier, Amsterdam

Kandel ER (1976) Cellular basis of behavior. Freeman, San Francisco

Kandel ER, Schwartz JH (eds) (1985) Principles of neural science, 2nd edn. Elsevier Science, Amsterdam

Lockwood APM, Lee AG (1984) The membranes of animal cells, 3rd edn. Arnold, Baltimore (Studies in Biology, vol 27)

Mill JP (1982) Comparative neurobiology: Contemporary biology. Arnold, London

Möllendorf W v (1943) Handbuch der mikroskopischen Anatomie des Menschen. Berlin

Morell P, Norton WT (1984) Myelin. In: Gehirn und Nervensystem. Spektrum der Wissenschaft: 65–74

Palay SL, Palade GE (1955) The fine structure of neuron. J Biophys Biochem Cytol 1:69–88

Popper KR, Eccles JC (1982) Das Ich und sein Gehirn. Piper, München Zürich

Rahmann H (1976) Neurobiologie. Ulmer, Stuttgart (UTB)

Ramon y Cajal S (1909) Histologie du système nerveux de l'homme et des vertèbres (2). Maloine, Paris

Ramon y Cajal S (1933) Histology, 10th edn. Wood, Baltimore

Rasmussen AT (1952) The principal nervous pathways. MacMillan, London

Rohen JW (1971) Funktionelle Anatomie des Nervensystems. Schattauer, Stuttgart New York

Schadé J (1973) Die Funktion des Nervensystems. Fischer, Stuttgart

Sester U, Probst W, Rahmann H (1984) Einfluß unterschiedlicher Akklimationstemperaturen auf die Ultrastruktur neuronaler Synapsen von Buntbarschen (Tilapia mariae; Cichlidae, Teleostei). Z Hirnforsch 25 (6):701–711

Shepherd GM (1983) Neurobiology. Oxford University Press, New York Oxford

Sherrington CS (1897) The central nervous system. In: A textbook of physiology. MacMillan, London

Sherrington CS (1947) The integrative action of the nervous system, 2nd edn. Yale University Press, New Haven

Snyder SH (1985) Signalübertragung zwischen Zellen. Spektrum der Wissenschaft: 126–135

Stevens CF (1984) Die Nervenzelle. In: Gehirn und Nervensystem. Spektrum der Wissenschaft: 3–14

Stöhr P, Möllendorf W v, Görttler K (1963) Lehrbuch der Histologie und der mikroskopischen Anatomie des Menschen. Fischer, Stuttgart

Vrenzen G, Nunes Cardozo J, Mueller L, Van der Went J (1980) The presynaptic grid: A new approach. Brain Res 184:23–40

Waldeyer W (1891) Über einige neuere Forschungen im Gebiete der Anatomie des Zentralnervensystems. Dtsch Med Wochenschr: 1352–1356

Weinberg CB, Sanes JR, Hall ZW (1981) Formation of neuromuscular junction in adult rats: accumulation of acetylcholine receptors, acetylcholinesterase, and compounds of synaptic basal lamina. Dev Biol 84:255–266

Wolburg H, Neuhaus J, Mack A (1986) The glio-axonal-interaction and the problem of regeneration of axons in the central nervous system – concept and perspectives. Z Naturforsch [C] 41:1147–1155

Gehirn und Nervensystem, 4. Aufl. (1984) Spektrum der Wissenschaft, Heidelberg

The Neuroscience I, II, III. The MIT Press, London Cambridge, Mass

Kapitel 2: Grundlagen der Entwicklung des Nervensystems der Wirbeltiere

Blinkov SM, Glezer II (1968) Das Zentralnervensystem in Zahlen und Tabellen. Fischer, Jena

Brauer K, Schober W (1970) Katalog der Säugetiergehirne. Fischer, Jena

Cowan WM (1984) Die Entwicklung des Gehirns. In: Gehirn und Nervensystem. Spektrum der Wissenschaft: 102–110

Eccles JC (1964) The physiology of synapses. Springer, Berlin Göttingen Heidelberg New York

Giersberg H, Rietschel P (1967) Vergleichende Anatomie der Wirbeltiere. Fischer, Jena

Hilbig R, Lauke G, Rahmann H (1983/84) Brain gangliosides during the life span (embryogenesis to senescence) of the rat. Dev Neurosci 6: 260–270

Hilbig R, Rösner H, Merz G, Segler-Stahl K, Rahmann H (1982) Developmental profile of gangliosides in mouse and rat cerebral cortex. Roux's Arch Dev Biol 191:281–284

Jacobson M (1978) Developmental neurobiology. Plenum Press, New York

Kandel ER, Schwartz JH (eds) (1985) Principles of neural science, 2nd edn. Elsevier Science, Amsterdam

Mill JP (1982) Comparative neurobiology: Contemporary biology. Arnold, London

Möllendorf W v (1943) Handbuch der mikroskopischen Anatomie des Menschen. Berlin

Morell P, Norton WT (1984) Myelin. In: Gehirn und Nervensystem. Spektrum der Wissenschaft: 65–74

Nauta WJH, Freitag M (1984) Die Architektur des Gehirns. In: Gehirn und Nervensystem. Spektrum der Wissenschaft: 89–99

Patterson PH, Potter DD, Furshpan EJ (1984) Chemische Differenzierung von Nervenzellen. In: Gehirn und Nervensystem. Spektrum der Wissenschaft: 45–62

Popper KR, Eccles JC (1982) Das Ich und sein Gehirn. Piper, München Zürich

Portmann A (1948) Einführung in die vergleichende Morphologie der Wirbeltiere. Schwabe, Basel

Rahmann H (1976) Neurobiologie. Ulmer, Stuttgart (UTB)

Ramon y Cajal S (1909) Histologie du système nerveux de l'homme et des vertèbres (2). Maloine, Paris

Ramon y Cajal S (1933) Histology, 10th edn. Wood, Baltimore

Ribchester RR (1986) Molecule, nerve and embryo. Blackie, Glasgow

Rösner H, Rahmann H (1987) Ontogeny of vertebrate brain gangliosides. In: Rahmann H (ed) Gangliosides and modulation of neuronal functions. Springer, Berlin Heidelberg New York London Paris Tokyo (NATO ASI Series H: Cell Biology, vol 7, pp 373–390)

Rösner H, Willibald CJ, Schwarzmann B, Rahmann H (1987) Uptake of exogenous gangliosides by the CNS? In: Rahmann H (ed) Gangliosides and modulation of neuronal functions. Springer, Berlin Heidelberg New York London Paris Tokyo (NATO ASI Series H: Cell Biology, vol 7, pp 581–592)

Rohen JW (1971) Funktionelle Anatomie des Nervensystems. Schattauer, Stuttgart New York

Romer AS (1966) Vergleichende Anatomie der Wirbeltiere. Parey, Hamburg Berlin

Schäfer C (1987) Gehirnzellen sterben nicht ab.

Bild der Wissenschaft 9:60–69

Seybold U, Rahmann H (1985) Brain gangliosides in birds with different types of postnatal development (nidifugous and nidicolous type). Dev Brain Res 17:201–208

Seybold V, Rahmann H (1985) Changes in developmental profiles of brain gangliosides during ontogeny of a teleost fish (Sarotherodon mossambicus, Cichlidae). Roux's Arch Dev Biol 194:166–172

Shepherd GM (1983) Neurobiology. Oxford University Press, New York Oxford

Sherrington CS (1947) The integrative action of the nervous system, 2nd edn. Yale University Press, New Haven

Singer W (1985) Hirnentwicklung und Umwelt. Spektrum der Wissenschaft: 48–61

Sperry RW (1951) Mechanisms of neural maturation. In: Stevens SS (ed) Handbook of experimental psychology. Wiley, New York, pp 236–280

Sperry RW (1963) Chemoaffinity in the orderly growth of nerve fibre patterns and connections. Proc Natl Acad Sci USA 50:703–710

Sperry RW, Preilowski B (1972) Die beiden Gehirne des Menschen. Bild der Wissenschaft 9: 921–928

Squire LR, Zola-Morgan S (1988) Memory: brain system and behavior. Trends in Neurosciences 11 (4):170–175

Stevens CF (1984) Die Nervenzelle. In: Gehirn und Nervensystem. Spektrum der Wissenschaft: 3–14

Stöhr P, Möllendorf W v, Görttler K (1963) Lehrbuch der Histologie und der mikroskopischen Anatomie des Menschen. Fischer, Stuttgart

Weiss PA (1934) In vitro experiments on the factors determining the course of the outgrowing nerve fibre. J Exp Zool 68:393–448

Wiesel TN (1982) Postnatal development of the visual cortex and the influence of the environment. Nature 299:583–591

Zeutzius I, Rahmann H (1980) Quantitative ultrastructural investigations on synaptogenesis in the cerebellum and the optic tectum of light-reared and dark-reared rainbow trout (Salmo gairdneri Rich.). Differentiation 17:181–186

Zeutzius I, Rahmann H (1980) Synaptogenesis in cerebellum and optic tectum of dark- and light-reared rainbow trout. IRCS Medical Science 8:47–48

Gehirn und Nervensystem, 4. Aufl. (1984) Spektrum der Wissenschaft, Heidelberg

The Neuroscience I, II, III. The MIT Press, London Cambridge, Mass

Kapitel 3: Funktionsmorphologie des Nervensystems der Wirbeltiere

Blinkov SM, Glezer II (1968) Das Zentralnervensystem in Zahlen und Tabellen. Fischer, Jena

Brauer K, Schober W (1970) Katalog der Säugetiergehirne. Fischer, Jena

Cowan WM (1984) Die Entwicklung des Gehirns. In: Gehirn und Nervensystem. Spektrum der Wissenschaft: 102−110

Creutzfeldt O, Innocenti GH, Brooks D (1974) Vertical organization in the visual cortex (Area 17) in the cat. Exp Brain Res 21:315−336

Douglas RJ, Pribram KH (1966) Learning and limbic lesions. Neurophysiologica 4:197−220

Eccles JC (1979) Das Gehirn des Menschen. Piper, München Zürich

Eccles JC, Ito M, Szentagothai J (1967) The cerebellum as a neuronal machine. Springer, New York Berlin Heidelberg

Forssmann WG, Heym C (1974) Grundriß der Neuroanatomie. Springer, Berlin Heidelberg New York

McGeer PL, Eccles JC, McGeer EG (1987) Molecular neurobiology of the mammalian brain. Plenum Press, New York London

Giersberg H, Rietschel P (1967) Vergleichende Anatomie der Wirbeltiere. Fischer, Jena

Ihle JEW, van Kampen PN, Nierstrasz HF, Versluys J (1927) Vergleichende Anatomie der Wirbeltiere. Springer, Berlin

Ito M (1984) The cerebellum and neural control. Raven Press, New York

Kandel ER, Schwartz JH (eds) (1985) Principles of neural science, 2nd edn. Elsevier Science, Amsterdam

Kleist K (1934) Gehirnpathologie. In: Schjerning OV (Hrsg) Handbuch der ärztlichen Erfahrungen im Weltkriege, Bd 4. Barth, Leipzig

Kuhlenbeck H (1967) The central nervous system of vertebrates, vol 2: Invertebrates and origin of vertebrates. Academic Press, New York

Lashley KS (1950) In search of the engram. Symp Soc Exp Biol 4:454−481

Mill JP (1982) Comparative neurobiology: Contemporary biology. Arnold, London

Mishkin M, Appenzeller T (1987) Die Anatomie des Gedächtnisses. Spektrum der Wissenschaft (8):94−104

Nauta WJH, Freitag M (1984) Die Architektur des Gehirns. In: Gehirn und Nervensystem. Spektrum der Wissenschaft: 89−99

Penfield W, Rasmussen T (1950) The cerebral cortex of man: Additional study on localisation of function. MacMillan, New York

Penfield W, Roberts L (1959) Speech and brain mechanisms. Princeton University Press, Princeton, NJ

Popper KR, Eccles JC (1982) Das Ich und sein Gehirn. Piper, München Zürich

Portmann A (1948) Einführung in die vergleichende Morphologie der Wirbeltiere. Schwabe, Basel

Rahmann H (1976) Neurobiologie. Ulmer, Stuttgart (UTB)

Rohen JW (1971) Funktionelle Anatomie des Nervensystems. Schattauer, Stuttgart New York

Romer AS (1966) Vergleichende Anatomie der Wirbeltiere. Parey, Hamburg Berlin

Schadé J (1973) Die Funktion des Nervensystems. Fischer, Stuttgart

Shepherd GM (1983) Neurobiology. Oxford University Press, New York Oxford

Sherrington CS (1947) The integrative action of the nervous system, 2nd edn. Yale University Press, New Haven

Sinz R (1978) Gehirn und Gedächtnis. Fischer, Stuttgart New York (UTB 852)

Sperry RW (1951) Mechanisms of neural maturation. In: Stevens SS (ed) Handbook of experimental psychology. Wiley, New York, pp 236−280

Sperry RW (1963) Chemoaffinity in the orderly growth of nerve fibre patterns and connections. Proc Natl Acad Sci USA 50:703−710

Sperry RW, Preilowski B (1972) Die beiden Gehirne des Menschen. Bild der Wissenschaft 9: 921−928

Squire LR (1986) Mechanisms of memory. Science 232:1612−1619

Stöhr P, Möllendorf W v, Görttler K (1963) Lehrbuch der Histologie und der mikroskopischen Anatomie des Menschen. Fischer, Stuttgart

Wiesel TN, Hubel DH (1963) Single-cell responses in striate cortex of kittens deprived of vision in one eye. J Neurophysiol 26:1003−1017

Wiesel TN, Hubel DH (1971) Long-term changes in the cortex after visual deprivation. Proceedings of the 25th International Congress of Psychological Science

Gehirn und Nervensystem, 4. Aufl. (1984) Spektrum der Wissenschaft, Heidelberg

The Neuroscience I, II, III. The MIT Press, London Cambridge, Mass

Kapitel 4: Evolution und Architektur des Nervensystems der wirbellosen Tiere

Bullock TH, Horridge A (1965) The structure and function of the nervous system in invertebrates. Freeman, San Francisco

Crow T (1988) Cellular and molecular analysis of associative learning and memory in Hermissenda. Trends in Neuroscience 11 (4):136−141

Hanstroem B (1928) Vergleichende Anatomie des Nervensystems der wirbellosen Tiere. Springer, Berlin

Kandel ER, Schwartz JH (eds) (1985) Principles of neural science, 2nd edn. Elsevier Science, Amsterdam

Mill JP (1982) Comparative neurobiology: Contemporary biology. Arnold, London

Popper KR, Eccles JC (1982) Das Ich und sein Gehirn. Piper, München Zürich

Rahmann H (1976) Neurobiologie. Ulmer, Stuttgart (UTB)

Shepherd GM (1983) Neurobiology. Oxford University Press, New York Oxford

Wells M (1968) Lower animals. McGraw-Hill, New York

Gehirn und Nervensystem, 4. Aufl. (1984) Spektrum der Wissenschaft, Heidelberg

Kapitel 5: Verschaltungsprinzipien bei der neurobiologischen Informationsverarbeitung

Bruggencate G ten (1972) Experimentelle Neurophysiologie – Funktionsprinzipien der Motorik. Goldmann, München

Eccles JC (1964) The physiology of synapses. Springer, Berlin Göttingen Heidelberg New York

Eccles JC, Ito M, Szentagothai J (1967) The cerebellum as a neuronal machine. Springer, New York Berlin Heidelberg

Gerke PR (1987) Wie denkt der Mensch? Bergmann, München

Hassenstein B (1973) Biologische Kybernetik. Springer, Berlin Heidelberg New York

Ito M (1984) The cerebellum and neural control. Raven Press, New York

Kandel ER, Schwartz JH (eds) (1985) Principles of neural science, 2nd edn. Elsevier Science, Amsterdam

Katz B (1971) Nerv, Muskel und Synapse. Thieme, Stuttgart

Palm G (1982) Neural assemblies. Springer, Berlin Heidelberg New York

Palm G (1988) Assoziatives Gedächtnis und Gehirntheorie. Spektrum der Wissenschaft 6: 54–64

Popper KR, Eccles JC (1982) Das Ich und sein Gehirn. Piper, München Zürich

Rahmann H (1976) Neurobiologie. Ulmer, Stuttgart (UTB)

Schmidt RF (Hrsg) (1987) Grundriß der Neurophysiologie, 6. Aufl. Springer, Berlin Heidelberg New York London Paris Tokyo (HTB)

Schmidt RF, Thews G (Hrsg) (1980) Physiologie des Menschen, 20. Aufl. Springer, Berlin Heidelberg New York

Shepherd GM (1978) Microcircuits in the nervous system. Sci Am 238 (2):92–103

Shepherd GM (1983) Neurobiology. Oxford University Press, New York Oxford

Sherrington CS (1947) The integrative action of the nervous system, 2nd edn. Yale University Press, New Haven

Sinz R (1978) Gehirn und Gedächtnis. Fischer, Stuttgart New York (UTB 852)

Wiesel TN (1982) Postnatal development of the visual cortex and the influence of the environment. Nature 299:583–591

Gehirn und Nervensystem, 4. Aufl. (1984) Spektrum der Wissenschaft, Heidelberg

Kapitel 6: Elektrophysiologische Aspekte der Informationsverarbeitung

Berger H (1935) Über das Elektroencephalogramm des Menschen. Arch Psychiatr 102: 538–557

Bingmann D (1984) Lernen und Gedächtnis: Neurophysiologische Grundlagen. Therapiewoche 34:7155–7162

Bruggencate G ten (1972) Experimentelle Neurophysiologie – Funktionsprinzipien der Motorik. Goldmann, München

Creutzfeld OD (1971) Neurophysiologische Grundlagen des Elektroenzephalogramms. In: Haider M (Hrsg) Neuropsychologie. Huber, Bern

Creutzfeldt O, Innocenti GH, Brooks D (1974) Vertical organization in the visual cortex (Area 17) in the cat. Exp Brain Res 21:315–336

Eccles JC (1964) The physiology of synapses. Springer, Berlin Göttingen Heidelberg New York

Eccles JC (1979) Das Gehirn des Menschen. Piper, München Zürich

Eccles JC, Ito M, Szentagothai J (1967) The cerebellum as a neuronal machine. Springer, New York Berlin Heidelberg

Eckert R, Randall D (1986) Tierphysiologie. Thieme, Stuttgart New York

McGeer PL, Eccles JC, McGeer EG (1987) Molecular neurobiology of the mammalian brain. Plenum Press, New York London

Goldman DE (1943) Potential, impedance and rectification in membranes. J Gen Physiol 27: 36–60

Gustafsson B, Wigstroem H (1988) Physiological mechanisms underlying long-term potentiation. Trends in Neurosciences 11 (4):156–162

Hodgkin AL (1964) The conduction of the nerve impulse. Liverpool University Press, Liverpool

Ito M (1984) The cerebellum and neural control. Raven Press, New York

Kandel ER (1984) Kleine Verbände von Nervenzellen. In: Gehirn und Nervensystem. Spektrum der Wissenschaft: 77–85

Kandel ER, Schwartz JH (eds) (1985) Principles

of neural science, 2nd edn. Elsevier Science, Amsterdam

Katz B (1971) Nerv, Muskel und Synapse. Thieme, Stuttgart

Krnjevic K (1974) Chemical nature of synaptic transmission in vertebrates. Physiol Rev 54: 418–505

Lajtha A (ed) (1979–1986) Handbook of neurochemistry, vol I–VII. Plenum Press, New York

Morell P, Norton WT (1984) Myelin. In: Gehirn und Nervensystem. Spektrum der Wissenschaft: 65–74

Popper KR, Eccles JC (1982) Das Ich und sein Gehirn. Piper, München Zürich

Rahmann H (1976) Neurobiologie. Ulmer, Stuttgart (UTB)

Reckhaus W, Rahmann H (1983) Longterm thermal adaptation of evoked potentials in fish brain. J Therm Biol 8:456–457

Regan D (1984) Reaktionspotentiale im menschlichen Hirn. In: Gehirn und Nervensystem. Spektrum der Wissenschaft: 144–151

Schadé J (1973) Die Funktion des Nervensystems. Fischer, Stuttgart

Schmidt RF (Hrsg) (1987) Grundriß der Neurophysiologie, 6. Aufl. Springer, Berlin Heidelberg New York London Paris Tokyo (HTB)

Schmidt RF, Thews G (Hrsg) (1980) Physiologie des Menschen, 20. Aufl. Springer, Berlin Heidelberg New York

Segler K, Rahmann H, Rösner H (1978) Chemotaxonomical investigations on the occurrence of sialic acids in Protostomia and Deuterostomia. Biochem System Ecol 6:87–93

Shepherd GM (1978) Microcircuits in the nervous system. Sci Am 238 (2):92–103

Shepherd GM (1983) Neurobiology. Oxford University Press, New York Oxford

Sherrington CS (1947) The integrative action of the nervous system, 2nd edn. Yale University Press, New Haven

Singer W (1985) Hirnentwicklung und Umwelt. Spektrum der Wissenschaft: 48–61

Sinz R (1978) Gehirn und Gedächtnis. Fischer, Stuttgart New York (UTB 852)

Smith SJ, Augustine GJ, Charlton MP (1985) Transmission at voltage-clamped giant synapse of the squid: Evidence for cooperativity of presynaptic calcium action. Proc Natl Acad Sci USA 82:622–625

Snyder SH (1985) Signalübertragung zwischen Zellen. Spektrum der Wissenschaft: 126–135

Stevens CF (1984) Die Nervenzelle. In: Gehirn und Nervensystem. Spektrum der Wissenschaft: 3–14

Wiesel TN, Hubel DH (1963) Single-cell responses in striate cortex of kittens deprived of vision in one eye. J Neurophysiol 26:1003–1017

Wiesel TN, Hubel DH (1971) Long-term changes in the cortex after visual deprivation. Proceedings of the 25th International Congress of Psychological Science

Gehirn und Nervensystem, 4. Aufl. (1984) Spektrum der Wissenschaft, Heidelberg

The Neuroscience I, II, III. The MIT Press, London Cambridge, Mass

Trends in Neurosciences, vol 11 (4) (1988) Special issue: Learning, Memory. Elsevier, Amsterdam Cambridge

Kapitel 7: Chemische Aspekte der neuronalen Informationsübertragung in Synapsen

Abrams TW, Kandel ER (1985) Roles of calcium and adenylate cyclase in activity-dependent facilitation, a cellular mechanism for classical conditioning in Aplysia. Neurosci Abstr.

McGeer PL, Eccles JC, McGeer EG (1987) Molecular neurobiology of the mammalian brain. Plenum Press, New York London

Gibson GE, Peterson C (1985) Calcium and the aging nervous system. Neurobiol Aging 8: 329–343

Hayashi K, Mühleisen M, Probst W, Rahmann H (1984) Binding of (Ca^{2+}) to phosphoinositols, phosphatidyl-serines and gangliosides. Chem Phys Lipids 34:317–322

Hucho F (1986) Neurochemistry, fundamentals and concepts. VCH, Weinheim

Iversen LL (1984) Die Chemie der Signalübertragung im Gehirn. In: Gehirn und Nervensystem. Spektrum der Wissenschaft: 21–31

Kandel ER (1981) Calcium and the control of synaptic strength by learning. Nature 293: 697–700

Kandel ER (1984) Kleine Verbände von Nervenzellen. In: Gehirn und Nervensystem. Spektrum der Wissenschaft: 77–85

Kandel ER, Schwartz JH (eds) (1985) Principles of neural science, 2nd edn. Elsevier Science, Amsterdam

Katz JJ, Halstead WC (1950) Protein organisation and mental function. Comp Psychol Monogr 20:1–38

Keynes RD (1984) Ionenkanäle in Nervenmembranen. In: Gehirn und Nervensystem. Spektrum der Wissenschaft: 15–19

Krnjevic K (1974) Chemical nature of synaptic transmission in vertebrates. Physiol Rev 54: 418–505

Mühleisen M, Probst W, Hayashi K, Rahmann H (1983) Calcium binding to liposomes composed of negatively charged lipid moieties. Jpn J Exp Med 53:103–107

Nishizuka Y (1984) Turnover of phospholipids and signal transduction. Science 225: 1365–1370

Patterson PH, Potter DD, Furshpan EJ (1984) Chemische Differenzierung von Nervenzellen. In: Gehirn und Nervensystem. Spektrum der Wissenschaft: 45−62

Pfenninger KH (1973) Synaptic morphology and cytochemistry. Fischer, Stuttgart

Popper KR, Eccles JC (1982) Das Ich und sein Gehirn. Piper, München Zürich

Rahmann H (1976) Neurobiologie. Ulmer, Stuttgart (UTB)

Rahmann H (1983) Functional implication of gangliosides in synaptic transmission (Critique). Neurochemistry International 5: 539−547

Rahmann H (1983) Lernen und Gedächtnis sowie Aspekte der Gedächtnissteigerung vom Standpunkt der Neurobiologie. In: Fischer B, Lehrl S (Hrsg) Gehirn-Jogging (biologische und informationspsychologische Grundlagen des zerebralen Jogging). Narr, Tübingen, S 28−44

Rahmann H (1985) Hirnganglioside der Wirbeltiere und ihre funktionelle Bedeutung bei der synaptischen Informationsübertragung. In: Evolution, Festschrift f. Bernhard Rensch. Aschendorff, Münster (Schriftenreihe d. Westf. Wilhelmsuniversität Münster, Bd 4, S 8−50)

Rahmann H (1985) Gedächtnisbildung durch molekulare Bahnung in Synapsen mit Gangliosiden. Funkt Biol Med 4:249−261

Rahmann H, Probst W (1986) Ultrastructural localization of calcium at synapses and modulatory interactions with gangliosides. In: Tettamanti G, Ledeen RW, Sandhoff K, Nagai Y, Toffano G (eds) Gangliosides and neuronal plasticity. Liviana Press, Padova (Fidia Research Series, pp 125−135)

Routtenberg A (1984) Das Belohnungssystem des Gehirns. In: Gehirn und Nervensystem. Spektrum der Wissenschaft: 160−167

Schadé J (1973) Die Funktion des Nervensystems. Fischer, Stuttgart

Schmidt RF (Hrsg) (1987) Grundriß der Neurophysiologie, 6. Aufl. Springer, Berlin Heidelberg New York London Paris Tokyo (HTB)

Schmidt RF, Thews G (Hrsg) (1980) Physiologie des Menschen, 20. Aufl. Springer, Berlin Heidelberg New York

Shapiro E, Castellucci VF, Kandel ER (1980) Presynaptic inhibition in Aplysia involves a decrease in the Ca^{2+}-current of the presynaptic neuron. Proc Natl Acad Sci USA 77: 1185−1189

Shepherd GM (1983) Neurobiology. Oxford University Press, New York Oxford

Singer W (1985) Hirnentwicklung und Umwelt. Spektrum der Wissenschaft: 48−61

Sinz R (1978) Gehirn und Gedächtnis. Fischer, Stuttgart New York (UTB 852)

Smith SJ, Augustine GJ, Charlton MP (1985) Transmission at voltage-clamped giant synapse of the squid: Evidence for cooperativity of presynaptic calcium action. Proc Natl Acad Sci USA 82:622−625

Snyder SH (1985) Signalübertragung zwischen Zellen. Spektrum der Wissenschaft: 126−135

Stevens CF (1984) Die Nervenzelle. In: Gehirn und Nervensystem. Spektrum der Wissenschaft: 3−14

Weinberg CB, Sanes JR, Hall ZW (1981) Formation of neuromuscular junction in adult rats: accumulation of acetylcholine receptors, acetylcholinesterase, and compounds of synaptic basal lamina. Dev Biol 84:255−266

Whittaker VP, Gray EG (1962) The synapse: Biology and morphology. Br Med Bull 18: 223−228

Whittaker VP, Michaelson IA, Kirkland RJA (1964) The separation of synaptic vesicles from nerve ending particles (synaptosomes). Biochem J 90:293−303

Gehirn und Nervensystem, 4. Aufl. (1984) Spektrum der Wissenschaft, Heidelberg

The Neuroscience I, II, III. The MIT Press, London Cambridge, Mass

Trends in Neurosciences, vol 11 (4) (1988) Special issue: Learning, Memory. Elsevier, Amsterdam Cambridge

Kapitel 8: Modulation der neuronalen Informationsübertragung

Berridge M (1986) Second messenger dualism in neuromodulation and memory. Nature 323: 294−295

Hayashi K, Mühleisen M, Probst W, Rahmann H (1984) Binding of (Ca^{2+}) to phosphoinositols, phosphatidyl-serines and gangliosides. Chem Phys Lipids 34:317−322

Hilbig R, Lauke G, Rahmann H (1983/84) Brain gangliosides during the life span (embryogenesis to senescence) of the rat. Dev Neurosci 6: 260−270

Hilbig R, Rahmann H (1980) Variability in brain gangliosides of fishes. J Neurochem 34: 236−240

Hilbig R, Rahmann H (1987) Phylogeny of vertebrate brain gangliosides. In: Rahmann H (ed) Gangliosides and Modulation of Neuronal Functions. Springer, Berlin Heidelberg New York London Paris Tokyo (NATO ASI Series H: Cell Biology, vol 7, pp 373−390)

Hilbig R, Rösner H, Merz G, Segler-Stahl K, Rahmann H (1982) Developmental profile of gangliosides in mouse and rat cerebral cortex. Roux's Arch Dev Biol 191:281−284

Kandel ER, Schwartz JH (eds) (1985) Principles of neural science, 2nd edn. Elsevier Science, Amsterdam

Mühleisen M, Probst W, Wiegandt H, Rahmann H (1979) In-vitro-studies on the influence of cations, neurotransmitters and tubocurarine on calcium-ganglioside-interactions. Life Sci 25: 791–796

Mühleisen M, Probst W, Hayashi K, Rahmann H (1983) Calcium binding to liposomes composed of negatively charged lipid moieties. Jpn J Exp Med 53:103–107

Popper KR, Eccles JC (1982) Das Ich und sein Gehirn. Piper, München Zürich

Probst W, Möbius D, Rahmann H (1984) Modulatory effects of different temperatures and Ca^{2+} concentrations on gangliosides and phospholipids in monolayers at air/water interfaces and their possible functional role. Cell Mol Neurobiol 4 (2):157–176

Probst W, Rahmann H, Rösner H (1977) In vitro studies of neuronal Ca^{2+}-ganglioside complexes. IRCS Medical Science 5:124

Probst W, Rahmann H (1987) Peculiarities of ganglioside-Ca^{2+}-interactions. In: Rahmann H (ed) Gangliosides and modulation of neuronal functions. Springer, Berlin Heidelberg New York London Paris Tokyo (NATO ASI Series H: Cell Biology, vol 7, pp 139–154)

Rahmann H (1976) Neurobiologie. Ulmer, Stuttgart (UTB)

Rahmann H (1978) Gangliosides and thermal adaptation in vertebrates (review). Jpn J Exp Med 48 (2):85–96

Rahmann H (1979) The possible functional role of gangliosides for synaptic transmission and memory formation. In: Matthies H, Krug M, Popov N (eds) Biological aspects of learning, memory formation and ontogeny of the CNS. Abhdlg. Akad. Wiss. DDR, Akademie Verlag, Berlin, pp 83–110

Rahmann H (1981) Die Bedeutung der Hirnganglioside bei der Temperaturadaptation. Zool Jb Physiol 85:209–248

Rahmann H (1982) Correlations among neuronal ganglioside metabolism, bioelectrical activity and memory formation in teleost fishes. In: Marsen CA, Matthies H (eds) Neuronal plasticity and memory formation. Raven Press, New York, pp 203–211

Rahmann H (1983) Functional implication of gangliosides in synaptic transmission (Critique). Neurochemistry International 5: 539–547

Rahmann H (1983) Lernen und Gedächtnis sowie Aspekte der Gedächtnissteigerung vom Standpunkt der Neurobiologie. In: Fischer B, Lehrl S (Hrsg) Gehirn-Jogging (biologische und informationspsychologische Grundlagen des zerebralen Jogging). Narr, Tübingen, S 28–44

Rahmann H (1984) Memory formation by means of molecular facilitation in synapses with Ca^{2+}-ganglioside modulation. Jpn J Neuropsychopharmacol 6:383–391

Rahmann H (1985) Hirnganglioside der Wirbeltiere und ihre funktionelle Bedeutung bei der synaptischen Informationsübertragung. In: Evolution, Festschrift f. Bernhard Rensch. Aschendorff, Münster (Schriftenreihe d. Westf. Wilhelmsuniversität Münster, Bd 4, S 8–50)

Rahmann H (1985) Gedächtnisbildung durch molekulare Bahnung in Synapsen mit Gangliosiden. Funkt Bio Med 4:249–261

Rahmann H (1986) Brain gangliosides: Neuromodulator for synaptic transmission and memory formation. In: Matthies H (ed) Learning and memory. Mechanisms of information storage in the nervous system. Pergamon Press, New York, pp 235–245

Rahmann H (ed) (1987) Gangliosides and modulation of neuronal functions. Springer, Berlin Heidelberg New York London Paris Tokyo (NATO ASI Series H: Cell Biology, vol 7)

Rahmann H (1987) Brain gangliosides, bio-electrical activity and poststimulation effects. In: Rahmann H (ed) Gangliosides and modulation of neuronal functions. Springer, Berlin Heidelberg New York London Paris Tokyo (NATO ASI Series H: Cell Biology, vol 7, pp 501–521)

Rahmann H, Hilbig R (1983) Phylogenetical aspects of brain gangliosides in vertebrates. J Comp Physiol 151:215–224

Rahmann H, Probst W, Mühleisen M (1982) Gangliosides and synaptic transmission (review). Jpn J Exp Med 52:275–286

Rahmann H, Rösner H, Breer H (1975) Sialomacromolecules in synaptic transmission and memory formation. IRCS Medical Science Forum 3:110–112

Rahmann H, Rösner H, Breer H (1976) A functional model of sialo-glycomacromolecules in synaptic transmission and memory formation. J Theor Biol 57:231–237

Rahmann H, Schneppenheim R, Hilbig R, Lauke G (1984) Variability in brain ganglioside composition: A further molecular mechanism beside serum antifreeze-glycoprotein for adaptation to cold in antarctic and arctic-boreal fishes. Polar Biol 3:119–125

Rösner H, Rahmann H (1987) Ontogeny of vertebrate brain gangliosides. In: Rahmann H (ed) Gangliosides and modulation of neuronal functions. Springer, Berlin Heidelberg New York London Paris Tokyo (NATO ASI Series H: Cell Biology, vol 7, pp 373–390)

Rösner H, Willibald CJ, Schwarzmann B, Rahmann H (1987) Uptake of exogenous gangliosides by the CNS? In: Rahmann H (ed) Gangliosides and modulation of neuronal functions. Springer, Berlin Heidelberg New York London Paris Tokyo (NATO ASI Series H: Cell Biology, vol 7, pp 581–592)

Seybold U, Rahmann H (1985) Brain gangliosides in birds with different types of postnatal
development (nidifugous and nidicolous type).
Dev Brain Res 17:201–208

Seybold V, Rahmann H (1985) Changes in developmental profiles of brain gangliosides during
ontogeny of a teleost fish (Sarotherodon mossambicus, Cichlidae). Roux's Arch Dev Biol
194:166–172

Smith SJ, Augustine GJ, Charlton MP (1985)
Transmission at voltage-clamped giant synapse
of the squid: Evidence for cooperativity of presynaptic calcium action. Proc Natl Acad Sci
USA 82:622–625

Gehirn und Nervensystem, 4. Aufl. (1984) Spektrum der Wissenschaft, Heidelberg

Kapitel 9: Neuronale Plastizität

Allen RD, Weiss DG (1987) Mikrotubuli als in-
trazelluläres Transportsystem. Spektrum der
Wissenschaft: 76–85

Barondes SH (1969) Cellular dynamics of the
neuron. Academic Press, New York

Breer H, Rahmann H (1974) Axonal transport of
(3H) glucose radioactivity in the optic system
of Scardinius erythophthalmus. J Neurochem
22:245–250

Changeux J, Danchin A (1976) Selective stabilisation of the developing synapses as a mechanism for the specification of neuronal networks
(review). Nature 264:705–711

Eckert R, Randall D (1986) Tierpysiologie.
Thieme, Stuttgart New York

Greenough WT (1984) Structural correlates of information storage in the mammalian brain: a
review and hypothesis. Trends in Neurosciences 7 (7):229–233

Greenough WT, Bailey CH (1988) The anatomy
of the memory: convergence of results across a
diversity of tests. Trends in Neurosciences 11
(4):142–146

Jeserich G, Rahmann H (1979) Effect of light deprivation on fine structural changes in the optic
tectum of the rainbow trout (Salmo gairdneri
Rich.) during ontogeny. Dev Neurosci 2:
19–24

Kandel ER (1976) Cellular basis of behavior.
Freeman, San Francisco

Kandel ER (1981) Calcium and the control of
synaptic strength by learning. Nature 293:
697–700

Kandel ER (1984) Kleine Verbände von Nervenzellen. In: Gehirn und Nervensystem. Spektrum der Wissenschaft: 77–85

Kandel ER, Castelluci VF, Goelet P, Schacher S
(1987) Cell-biological interrelationships between short-term and long-term memory. In:

Kandel ER (ed) Molecular neurobiology in
neurology and psychiatry. Raven Press, New
York, pp 111–132

Kandel ER, Schwartz JH (eds) (1985) Principles
of neural science, 2nd edn. Elsevier Science,
Amsterdam

Nottebohm F (1975) Vocal behavior in birds. In:
Farner DS, King JR (eds) Avian biology, vol
V. Academic Press, New York, pp 287–332

Nottebohm F (1980) Brain pathways for vocal
learning in birds: A review of the first 10 years.
In: Sprague JM, Epstein AN (eds) Progress in
psychobiology and psychology. Academic
Press, New York

Popper KR, Eccles JC (1982) Das Ich und sein
Gehirn. Piper, München Zürich

Rahmann H (1965) Zum Stofftransport im Zentralnervensystem der Vertebraten. Autoradiographische Untersuchungen mit P-32-Ortho-
phosphat, H-3-Histidin, H-3-Cytidin und H-3-
Uridin an Mäusen und Fischen. Z Zellforsch
66:878–890

Rahmann H (1967) Darstellung des intraneuro-
nalen Proteintransports vom Auge in das Tectum opticum und die Cerebrospinalflüssigkeit
von Teleosteern nach intraocularer Injektion
von 3H-Histidin. Naturwissenschaften 54:
174–175

Rahmann H (1968) Syntheseort und Ferntrans-
port von Proteinen im Fischhirn. Z Zellforsch
86:214–237

Rahmann H (1970) Entstehungsorte und Verbleib von Syntheseprodukten im Zentralnervensystem von Vertebraten (Übersichtsrefe-
rat). Zool Anz [Suppl] 33:430–460 (Verh
Dtsch Zool Ges, Würzburg 1969)

Rahmann H (1970) Transport von 3H-Palmitin-
säure im ZNS von Teleosteern. Z Zellforsch
110:444–456

Rahmann H (1971) Different modes of substance
flow in the optic tract. Acta Neuropathol
[Suppl V]:1962–1970

Rahmann H (1973) Rolltreppe Nervenzelle. Bild
der Wissenschaft 10:1130–1136

Rahmann H (1976) Neurobiologie. Ulmer, Stuttgart (UTB)

Rahmann H (1979) The possible functional role
of gangliosides for synaptic transmission and
memory formation. In: Matthies H, Krug M,
Popov N (eds) Biological aspects of learning,
memory formation and ontogeny of the CNS.
Abhdlg. Akad. Wiss. DDR. Akademie Verlag, Berlin, pp 83–110

Rahmann H (1981) Die Bedeutung der Hirnganglioside bei der Temperaturadaptation. Zool
Jb Physiol 85:209–248

Rahmann H (1982) Correlations among neuronal
ganglioside metabolism, bioelectrical activity
and memory formation in teleost fishes. In:
Marsen CA, Matthies H (eds) Neuronal plasti-

city and memory formation. Raven Press, New York, pp 203–211

Rahmann H (1983) Functional implication of gangliosides in synaptic transmission (Critique). Neurochemistry International 5: 539–547

Rahmann H (1983) Lernen und Gedächtnis sowie Aspekte der Gedächtnissteigerung vom Standpunkt der Neurobiologie. In: Fischer B, Lehrl S (Hrsg) Gehirn-Jogging (biologische und informationspsychologische Grundlagen des zerebralen Jogging). Narr, Tübingen, S 28–44

Rahmann H (1985) Hirnganglioside der Wirbeltiere und ihre funktionelle Bedeutung bei der synaptischen Informationsübertragung. In: Evolution, Festschrift f. Bernhard Rensch. Aschendorff, Münster (Schriftenreihe d. Westf. Wilhelmsuniversität Münster, Bd 4, S 8–50)

Rahmann H (1985) Gedächtnisbildung durch molekulare Bahnung in Synapsen mit Gangliosiden. Funkt Biol Med 4:249–261

Rahmann H (ed) (1987) Gangliosides and modulation of neuronal functions. Springer, Berlin Heidelberg New York London Paris Tokyo (NATO ASI Series H: Cell Biology, vol 7)

Rahmann H (1987) Brain gangliosides, bio-electrical activity and poststimulation effects. In: Rahmann H (ed) Gangliosides and modulation of neuronal functions. Springer, Berlin Heidelberg New York London Paris Tokyo (NATO ASI Series H: Cell Biology, vol 7, pp 501–521)

Rahmann H, Probst W, Mühleisen M (1982) Gangliosides and synaptic transmission (review). Jpn J Exp Med 52:275–286

Rahmann H, Probst W (1986) Ultrastructural localization of calcium at synapses and modulatory interactions with gangliosides. In: Tettamanti G, Ledeen RW, Sandhoff K, Nagai Y, Toffano G (eds) Gangliosides and neuronal plasticity. Liviana Press, Padova (Fidia Research Series, pp 125–135)

Reckhaus W, Rahmann H (1983) Longterm thermal adaptation of evoked potentials in fish brain. J Therm Biol 8:456–457

Schaefer C (1987) Gehirnzellen sterben nicht ab. Bild der Wissenschaft 9:60–69

Schauer R (ed) (1982) Sialic acids. Chemistry, metabolism and function. Springer, Wien New York

Schönharting M, Breer H, Rahmann H, Siebert G, Rösner H (1977) Colchiceine, a novel inhibitor of the fast axonal transport without tubulin binding properties. Cytobiologie 16: 106–117

Sester U, Probst W, Rahmann H (1984) Einfluß unterschiedlicher Akklimationstemperaturen auf die Ultrastruktur neuronaler Synapsen von Buntbarschen (Tilapia mariae; Cichlidae, Teleostei). Z Hirnforsch 25 (6):701–711

Simon H (1981) Geht es auch ohne Gehirn? Naturwiss Rdsch 34 (3):126

Singer W (1985) Hirnentwicklung und Umwelt. Spektrum der Wissenschaft: 48–61

Teyler TJ, Discenna P (1985) The role of hippocampus in memory: A hypothesis. Neurosci Behav Rev 9:377–389

Voronin LL (1983) Longterm potentiation in the hippocampus. Neuroscience 10 (4):1021–1069

Vrenzen G, Nunes Cardozo J, Mueller L, Van der Went J (1980) The presynaptic grid: A new approach. Brain Res 184:23–40

Weiss PA (1934) In vitro experiments on the factors determining the course of the outgrowing nerve fibre. J Exp Zool 68:393–448

Weiss PA (1969) Neuronal dynamics and axonal flow. In: Barondes SH (ed) Symposium of the International Society of Cell Biology, New York

Weiss PA, Hiscoe HB (1948) Experiments on the mechanism of nerve growth. J Exp Zool 107: 315–396

Wiegandt H (ed) (1985) Glycolipids. Elsevier, Amsterdam New York Oxford

Wiesel TN, Hubel DH (1963) Single-cell responses in striate cortex of kittens deprived of vision in one eye. J Neurophysiol 26:1003–1017

Wiesel TN, Hubel DH (1971) Long-term changes in the cortex after visual deprivation. Proceedings of the 25th International Congress of Psychological Science

Yamakawa T, Nagai Y (1978) Glycolipids at the cell surface and their biological functions. Trends in Biochem Sci 3:127–132

Zeutzius I, Probst W, Rahmann H (1984) Influence of dark-rearing on the ontogenetic development of Sarotherodon mossambicus (Cichlidae, Teleostei): II Effects on allometrical growth relations and differentiation of the optic tectum. Exp Biol 43:87–96

Zeutzius I, Rahmann H (1980) Quantitative ultrastructural investigations on synaptogenesis in the cerebellum and the optic tectum of light-reared and dark-reared rainbow trout (Salmo gairdneri Rich.). Differentiation 17:181–186

Zeutzius I, Rahmann H (1980) Synaptogenesis in cerebellum and optic tectum of dark- and light-reared rainbow trout. IRCS Medical Science 8:47–48

Gehirn und Nervensystem, 4. Aufl. (1984) Spektrum der Wissenschaft, Heidelberg

The Neuroscience I, II, III. The MIT Press, London Cambridge, Mass

*Kapitel 10: Verhaltensphysiologische Grund-
lagen des Gedächtnisses*

Alkon DL (1987) Memory traces in the brain.
Cambridge University Press, Cambridge, p 261

Barnett SA (1971) Instinkt und Intelligenz. Fischer, Frankfurt

Basar E (1988) Dynamics of sensory and cogni-
tive processing by the brain. Springer, Berlin
Heidelberg New York London Paris Tokyo

Bouer GH, Hawkins L (eds) (1988) The psychology of learning and motivation. Wiley, Sussex

Buchholtz Ch (1973) Das Lernen bei Tieren. Fischer, Stuttgart

Byrne J, Berry W (eds) (1988) Neural models of
plasticity. Academic Press, New York

Changeux JP, Konishi M (1982) Animal mind –
human mind (Dahlem Konferenzen). Springer, Berlin Heidelberg New York

Changeux JP, Konishi M (1986) Neural and molecular basis of learning (Dahlem Konferenzen). Springer, Berlin Heidelberg New York

Eibl-Eibesfeldt I (1969) Grundriß der vergleichenden Verhaltensforschung. Piper, München

Esser M (1963) Vermögen zum Erlernen von
Handlungsrhythmen bei bin- und monokular
sehenden Hühnern. Naturwissenschaften 50:
602–603

Ewert JP (1976) Neuro-Ethologie. Einführung in
die neurophysiologischen Grundlagen des
Verhaltens. Springer, Berlin Heidelberg New
York

Franck D (1985) Verhaltensbiologie, 2. Aufl.
Thieme, Stuttgart New York

Frank HG (1969) Kybernetische Grundlagen der
Pädagogik, Bd 2. Agis, Baden-Baden

Guthrie DM (1980) Neuroethology (an introduction). Blackwell Scientific, Oxford London
Edinburgh Boston Melbourne

Immelmann K (1976) Einführung in die Verhaltensforschung. Parey, Berlin Hamburg (Pareys
Studientexte 13)

Kandel ER (1976) Cellular basis of behavior. An
introduction to behavioral neurobiology. Freeman, San Francisco

Kandel ER, Schwartz JH (eds) (1985) Principles
of neural science, 2nd edn. Elsevier Science,
Amsterdam

Landfield PW, Readwyter SA (eds) (1988) Long-
term potentiation: From biophysics to behavior. Liss, New York

Lashley KS (1919) Brain mechanisms and intelligence. A quantitative study of injuries to the
brain. Chicago University Press, Chicago

Lashley KS (1950) In search of the engram. Symp
Soc Exp Biol 4:454–481

Lorenz K (1950) The comparative method in stu-
dying innate behavior patterns. Symp Soc Exp
Biol 4:221–268

Lorenz K (1965) Evolution and modification of
behavior. Chicago University Press, Chicago

Nottebohm F (1975) Vocal behavior in birds. In:
Farner DS, King JR (eds) Avian biology, vol
V. Academic Press, New York, pp 287–332

Pawlov IP (1926) Die höchste Nerventätigkeit
(das Verhalten) von Tieren. Bergmann, München

Pawlov IP (1927) Conditioned reflexes: An inve-
stigation of the physiological activity of the cerebral cortex. Oxford University Press, London

Peeke HVS, Merz MJ (1973) Habituation. Academic Press, New York

Ploog D, Gottwald P (1974) Verhaltensfor-
schung. Instinkt – Lernen – Hirnfunktionen.
Urban & Schwarzenberg, München Berlin
Wien

Popper KR, Eccles JC (1982) Das Ich und sein
Gehirn. Piper, München Zürich

Rahmann H (1961) Einfluß des Pervitins auf Gedächtnisleistungen, Verhaltensweisen und
einige physiologische Funktionen von Goldhamstern. Pflügers Arch Ges Physiol 273:247–
263

Rahmann H (1970) The influence of metham-
phetamine on learning, longterm memory and
transposition ability in golden hamsters. In:
Costa E, Garattini S (eds) Amphetamines and
related compounds. Raven Press, New York,
pp 813–817

Rahmann H (1976) Neurobiologie. Ulmer, Stuttgart (UTB)

Rahmann H (1983) Lernen und Gedächtnis sowie
Aspekte der Gedächtnissteigerung vom Standpunkt der Neurobiologie. In: Fischer B, Lehrl
S (Hrsg) Gehirn-Jogging (biologische und informationspsychologische Grundlagen des zerebralen Jogging). Narr, Tübingen, S 28–44

Rahmann H, Rahmann M (1972) Visual acuity in
animals. Informa 31. Boehringer, Ingelheim

Rahmann H, Schmidt W, Schmidt B (1980) Influence of longterm thermal acclimation on the
conditionability of fish. J Therm Biol 5:11–16

Rahmann-Esser M (1964) Erlernen rhythmischer
Handlungsfolgen bei Hühnern. Z Tierpsychol
21 (7):837–853

Rahmann M (1983) Zur Bedeutung der Motivationslage für die höhere assoziative Hirntätig-
keit. In: Fischer B, Lehrl S (Hrsg) Gehirn-Jogging (biologische und informationspsychologische Grundlagen des zerebralen Jogging).
Narr, Tübingen, S 218–220

Rauschecker JP (1987) Imprinting and cortical
plasticity. Wiley, Sussex, p 392

Rensch B (1954) Das Problem der Residuen bei
Lernvorgängen. Westdeutscher Verlag, Köln
Opladen

Rensch B (1962) Gedächtnis, Abstraktion und
Generalisation. Westdeutscher Verlag, Köln

Opladen

Rensch B (1973) Gedächtnis, Begriffsbildung und Planhandlungen bei Tieren. Parey, Berlin Hamburg

Rensch B, Rahmann H (1960) Einfluß des Pervitins auf das Gedächtnis von Goldhamstern. Pflügers Arch Ges Physiol 271:693–704

Rensch B, Rahmann H (1966) Autoradiographische Untersuchung über visuelle „Engramm"-Bildung bei Zahnkarpfen. Pflügers Arch Ges Physiol 290:158–166

Rensch B, Rahmann H, Skrzipek KH (1968) Autoradiographische Untersuchungen über visuelle „Engramm"-Bildung bei Fischen (II). Pflügers Arch Ges Physiol 304:242–252

Sinz R (1978) Gehirn und Gedächtnis. Fischer, Stuttgart New York (UTB 852)

Squire LR (1987) Memory and brain. Oxford University Press, London

Squire LR, Zola-Morgan S (1988) Memory: brain system and behavior. Trends in Neurosciences 11 (4):170–175

Tembrock G (1974) Grundlagen der Tierpsychologie. Vieweg, Braunschweig

Terrace A, Marter P (1984) The biology of learning (Dahlem Konferenzen). Springer, Berlin Heidelberg New York

Thorndike EL (1911) Animal intelligence: Experimental studies. MacMillan, New York London

Thorpe WH (1964) Learning and instinct in animals. Methuen, London

Tinbergen N (1966) Instinktlehre. Parey, Berlin Hamburg

Vester F (1981) Denken, Lernen, Vergessen. Deutscher Taschenbuch Verlag, München

Weinberger N, Lynch G, McGaugh J (eds) (1985) Memory systems of the brain. Gilford Press, New York

Whitaker HA (ed) (1988) Phonological processes and brain mechanisms. Springer, Berlin Heidelberg New York London Paris Tokyo

Woody C, Alkon D, McGaugh JL (eds) (1988) Cellular mechanisms of conditioning and behavioral plasticity. Plenum Press, New York

Zimmermann H, Zimmermann E (1985) Der gelbe Pfeilgiftfrosch Phyllobates terribilis (Werbung und Eiablage). Aquarienmagazin 19:460–463

Gehirn und Nervensystem, 4. Aufl. (1984) Spektrum der Wissenschaft, Heidelberg

Trends in Neurosciences, vol 11 (4) (1988) Special issue: Learning, Memory. Elsevier, Amsterdam Cambridge

Kapitel 11: Neurobiologische Funktionsmodelle für das Gedächtnis

Abrams TW, Kandel ER (1988) Is contiguity detection in classical conditioning a system or a cellular property? Trends in Neurosciences 11: 128–135

Alkon DL (1984) Calcium-mediated reduction of ionic currents: A biophysical memory trace. Science 226:1037–1045

Berridge M (1986) Second messenger dualism in neuromodulation and memory. Nature 323: 294–295

Bingmann D (1984) Lernen und Gedächtnis. Neurophysiologische Grundlagen. Therapiewoche 34:7155–7162

Crow T (1988) Cellular and molecular analysis of associative learning and memory in Hermissenda. Trends in Neurosciences 11 (4): 136–141

Douglas RJ, Pribram KH (1966) Learning and limbic lesions. Neurophysiologica 4:197–220

McGeer PL, Eccles JC, McGeer EG (1987) Molecular neurobiology of the mammalian brain. Plenum Press, New York London

Gerke PR (1987) Wie denkt der Mensch? Bergmann, München, S 150

Greenough WT, Bailey CH (1988) The anatomy of the memory: convergence of results across a diversity of tests. Trends in Neurosciences 11 (4):142–146

Hydén H (1967) Biochemical change accompanying learning. In: Quarton GE, Melnechuk T, Schmitt FO (eds) The neurosciences. Rockefeller University Press, New York, pp 765–771

Hydén H (ed) (1967) The neuron. Elsevier, Amsterdam

Kandel ER (1976) Cellular basis of behavior. Freeman, San Francisco

Kandel ER (1981) Calcium and the control of synaptic strength by learning. Nature 293: 697–700

Kandel ER (1984) Kleine Verbände von Nervenzellen. In: Gehirn und Nervensystem. Spektrum der Wissenschaft: 77–85

Kandel ER, Schwartz JH (eds) (1985) Principles of neural science, 2nd edn. Elsevier Science, Amsterdam

Kandel ER, Castelluci VF, Goelet P, Schacher S (1987) Cell-biological interrelationships between short-term and long-term memory. In: Kandel ER (ed) Molecular neurobiology in neurology and psychiatry. Raven Press, New York, pp 111–132

Katz JJ, Halstead WC (1950) Protein organisation and mental function. Comp Psychol Monogr 20:1–38

Lashley KS (1950) In search of the engram. Symp Soc Exp Biol 4:454–481

Lynch G, Baudry M (1984) The biochemistry of

memory: A new and specific hypothesis. Science 224:1057–1063

Lynch G, Baudry M (1987) Brain spectrin, calpain and long-term changes in synaptic efficacy. Brain Res Bull 18:801–815

Menzel R (1983) Neurobiology of learning and memory: The honeybee as model system. Naturwissenschaften 70:504–511

Mishkin M, Appenzeller T (1987) Die Anatomie des Gedächtnisses. Spektrum der Wissenschaft (8):94–104

Ott T, Matthies H (1978) Lernen und Gedächtnis. In: Die Psychologie des 20. Jahrhunderts. Kindler, Zürich, S 988–1018

Palm G (1988) Assoziatives Gedächtnis und Gehirntheorie. Spektrum der Wissenschaft 6:54–64

Penfield W, Rasmussen T (1950) The cerebral cortex of man: Additional study on localisation of function. MacMillan, New York

Penfield W, Roberts L (1959) Speech and brain mechanisms. Princeton University Press, Princeton NJ

Popper KR, Eccles JC (1982) Das Ich und sein Gehirn. Piper, München Zürich

Rahmann H (1976) Neurobiologie. Ulmer, Stuttgart (UTB)

Rahmann H (1979) The possible functional role of gangliosides for synaptic transmission and memory formation. In: Matthies H, Krug M, Popov N (eds) Biological aspects of learning, memory formation and ontogeny of the CNS. Abhdlg. Akad. Wiss. DDR. Akademie Verlag, Berlin, pp 83–110

Rahmann H (1982) Die Bausteine der Erinnerung. Bild der Wissenschaft 19:74–86

Rahmann H (1982) Correlations among neuronal ganglioside metabolism, bioelectrical activity and memory formation in teleost fishes. In: Marsen CA, Matthies H (eds) Neuronal plasticity and memory formation. Raven Press, New York, pp 203–211

Rahmann H (1983) Functional implication of gangliosides in synaptic transmission (Critique). Neurochemistry International 5:539–547

Rahmann H (1983) Lernen und Gedächtnis sowie Aspekte der Gedächtnissteigerung vom Standpunkt der Neurobiologie. In: Fischer B, Lehrl S (Hrsg) Gehirn-Jogging (biologische und informationspsychologische Grundlagen des zerebralen Jogging). Narr, Tübingen, S 28–44

Rahmann H (1984) Lernen und Gedächtnis vom Standpunkt der Neurobiologie. Therapiewoche 34:7139–7154

Rahmann H (1984) Memory formation by means of molecular facilitation in synapses with Ca^{2+}-ganglioside modulation. Jpn J Neuropsychopharmacol 6:383–391

Rahmann H (1985) Hirnganglioside der Wirbeltiere und ihre funktionelle Bedeutung bei der synaptischen Informationsübertragung. In: Evolution, Festschrift f. Bernhard Rensch. Aschendorff, Münster (Schriftenreihe d. Westf. Wilhelmsuniversität Münster, Bd 4, S 8–50)

Rahmann H (1985) Gedächtnisbildung durch molekulare Bahnung in Synapsen mit Gangliosiden. Funkt Biol Med 4:249–261

Rahmann H (1986) Brain gangliosides: Neuromodulator for synaptic transmission and memory formation. In: Matthies H (ed) Learning and memory. Mechanisms of information storage in the nervous system. Pergamon Press, New York, pp 235–245

Rahmann H (ed) (1987) Gangliosides and modulation of neuronal functions. Springer, Berlin Heidelberg New York London Paris Tokyo (NATO ASI Series H: Cell Biology, vol 7)

Rahmann H (1987) Brain gangliosides, bio-electrical activity and poststimulation effects. In: Rahmann H (ed) Gangliosides and modulation of neuronal functions. Springer, Berlin Heidelberg New York London Paris Tokyo (NATO ASI Series H: Cell Biology, vol 7, pp 501–521)

Rahmann H, Rösner H, Breer H (1975) Sialomacromolecules in synaptic transmission and memory formation. IRCS Medical Science Forum 3:110–112

Rahmann H, Rösner H, Breer H (1976) A functional model of sialo-glycomacromolecules in synaptic transmission and memory formation. J Theor Biol 57:231–237

Rahmann H, Probst W, Mühleisen M (1982) Gangliosides and synaptic transmission (Review). Jpn J Exp Med 52:275–286

Rawlins JN (1985) Associations across time: The hippocampus as a temporary memory store. Behav Brain Sci 8:479–496

Rensch B (1954) Das Problem der Residuen bei Lernvorgängen. Westdeutscher Verlag, Köln Opladen

Rensch B (1973) Gedächtnis, Begriffsbildung und Planhandlungen bei Tieren. Parey, Berlin Hamburg

Rensch B, Rahmann H (1966) Autoradiographische Untersuchung über visuelle „Engramm"-Bildung bei Zahnkarpfen. Pflügers Arch Ges Physiol 290:158–166

Rensch B, Rahmann H, Skrzipek KH (1968) Autoradiographische Untersuchungen über visuelle „Engramm"-Bildung bei Fischen (II). Pflügers Arch Ges Physiol 304:242–252

Routtenberg A (1987) Phospholipid and fatty acid regulation of signal transduction at synapses: potential role for protein kinase C in information storage. J Neurol Transm 24:239–245

Shapiro E, Castellucci VF, Kandel ER (1980) Presynaptic inhibition in Aplysia involves a decrease in the Ca^{2+}-current of the presynaptic neuron. Proc Natl Acad Sci USA 77: 1185–1189

Shashoua VE (1982) Molecular and cell biological aspects of learning: toward a theory of memory. Adv Cell Neurobiol 3:97–141

Shashoua VE (1985) The role of brain extracellular proteins in learning and memory. In: Alkon DL, Woody CD (eds) Neural mechanisms of conditioning. Plenum Press, New York, pp 459–490

Sinz R (1978) Gehirn und Gedächtnis. Fischer, Stuttgart New York (UTB 852)

Smith SJ, Hughes H (1987) Progress on LTP at hippocampal synapses: a post-synaptic Ca^{2+} trigger for memory storage? Trends in Neurosciences 10 (4):142–144

Squire LR (1986) Mechanisms of memory. Science 232: 1612–1619

Squire LR, Zola-Morgan S (1988) Memory: brain system and behavior. Trends in Neurosciences 11 (4):170–175

Teyler TJ, Discenna P (1985) The role of hippocampus in memory: A hypothesis. Neurosci Behav Rev 9:377–389

Vester F (1981) Denken, Lernen, Vergessen. Deutscher Taschenbuch Verlag, München

Trends in Neurosciences, vol 11 (4) (1988) Special issue: Learning, Memory. Elsevier, Amsterdam Cambridge

Neuroscience Research (1986) Special issue 3: Synaptic Plasticity, Memory, and Learning (In Memory of the late Dr. Nakaakira Tsukahara), pp 469–698

Sachregister

MIX
Papier aus verantwortungsvollen Quellen
Paper from responsible sources
FSC® C105338

If you have any concerns about our products,
you can contact us on
ProductSafety@springernature.com

In case Publisher is established outside the EU,
the EU authorized representative is:
Springer Nature Customer Service Center GmbH
Europaplatz 3, 69115 Heidelberg, Germany

Printed by Libri Plureos GmbH
in Hamburg, Germany